国家出版基金项目
NATIONAL PUBLICATION FOUNDATION

"十三五"国家重点图书出版规划项目

中国水稻品种志

万建民　总主编

四川重庆卷

任光俊　主　编

中国农业出版社
北京

内容简介

  自20世纪初四川农业讲习所、农事试验场开展水稻改良以来，四川和重庆（1997年成立直辖市）育成并推广的水稻品种600余个，为本区域及南方稻区的水稻生产做出了重要贡献。本书概述了四川盆地的稻作区划、品种改良历程，选录了1985年以前在四川水稻生产中发挥重要作用的水稻品种以及1985年以后审定的品种或在水稻育种中具有重大影响的品种，共计588个，其中具有植株、稻穗、谷粒、米粒照片和特征特性描述的品种474个，仅有文字介绍而无照片的品种有114个。同时，按四川、重庆顺序对常规稻和杂交稻分类型加以详细介绍。本书还介绍了12位在四川省、重庆市乃至全国水稻育种中做出突出贡献的著名专家。

  为便于读者查阅，各类品种均按汉语拼音顺序排列。同时为便于读者了解品种选育年代，书后还附有品种检索表，包括类型、审定编号和品种权号。

Abstract

  Since the beginning of rice breeding carried out by researchers in previous Sichuan Agricultural Institute and Sichuan Agricultural Experiment Station in early 20th Century, more than 600 rice varieties have been improved in Sichuan and Chongqing, contributing to the rice production of Sichuan, Chongqing and even other regions in South China. This book summarized the rice regionalization in Sichuan Basin, and the development process of rice improvement in Sichuan Province as well as in Chongqing City after it became the municipal city in 1997. Total 588 rice varieties were selected and recorded in this book, including those which played important roles in rice production of Sichuan and Chongqing, and also those approved by the Crop Variety Approval Committee of Sichuan Province since 1985 and the Crop Variety Approval Committee of Chongqing Municipal City since 1997. Among of them, 474 were characterized with both text descriptions and photographs including their plants, spikes and grains individually, while the other 114 only had descriptions. All varieties were presented in two groups of the conventional and the hybrid rice in the order of Chongqing after Sichuan. Moreover, this book also introduced 12 famous rice breeders who made outstanding contributions to rice breeding in Sichuan, Chongqing and even in the whole country.

  For the convenience of readers' reference, all varieties were arranged according to the order of Chinese phonetic alphabet. At the same time, in order to facilitate readers to access simplified variety information, a variety index was attached at the end of the book, including category, approval number and variety right number etc.

《中国水稻品种志》
编辑委员会

四川重庆卷编委会

主　　编　任光俊

副主编　陆贤军　李贤勇

编著者（以姓氏笔画为序）

王　志	付　洪	朱子超	任光俊	任鄄胜
向跃武	严明建	苏　秀	李　耘	李仕贵
李贤勇	李经勇	李乾安	杨成明	吴先军
何　芳	何光华	张志雄	张致力	张浙峰
陆贤军	陈　勇	陈永军	林　纲	郑家国
胡运高	徐敬洪	高方远	康海岐	蒋开锋
曾宪平				

审　　校　任光俊　陆贤军　李贤勇　杨庆文　汤圣祥

摄　　影　唐其敬　吕建群

前　言

　　水稻是中国和世界大部分地区栽培的最主要粮食作物，水稻的产量增加、品质改良和抗性提高对解决全球粮食问题、提高人们生活质量、减轻环境污染具有举足轻重的作用。历史证明，中国水稻生产的两次大突破均是品种选育的功劳，第一次是20世纪50年代末至60年代初开始的矮化育种，第二次是70年代中期开始的杂交稻育种。90年代中期，先后育成了超级稻两优培九、沈农265等一批超高产新品种，单产达到11～12t/hm^2。单产潜力超过16t/hm^{2}的超级稻品种目前正在选育过程中。水稻育种虽然取得了很大成绩，但面临的任务也越来越艰巨，对骨干亲本及其育种技术的要求也越来越高，因此，有必要编撰《中国水稻品种志》，以系统地总结65年来我国水稻育种的成绩和育种经验，提高我国新形势下的水稻育种水平，向第三次新的突破前进，进而为促进我国民族种业发展、保障我国和世界粮食安全做出新贡献。

　　《中国水稻品种志》主要内容分三部分：第一部分阐述了1949—2014年中国水稻品种的遗传改良成就，包括全国水稻生产情况、品种改良历程、育种技术和方法、新品种推广成就和效益分析，以及水稻育种的未来发展方向。第二部分展示中国不同时期育成的新品种（新组合）及其骨干亲本，包括常规籼稻、常规粳稻、杂交籼稻、杂交粳稻和陆稻的品种，并附有品种检索表，供进一步参考。第三部分介绍中国不同时期著名水稻育种专家的成就。全书分十八卷，分别为广东海南卷、广西卷、福建台湾卷、江西卷、安徽卷、湖北卷、四川重庆卷、云南卷、贵州卷、黑龙江卷、辽宁卷、吉林卷、浙江上海卷、江苏卷，以及湖南常规稻卷、湖南杂交稻卷、华北西北卷和旱稻卷。

　　《中国水稻品种志》根据行政区划和实际生产情况，把中国水稻生产区域分为华南、华中华东、西南、华北、东北及西北六大稻区，统计并重点介绍了自1978年以来我国育成年种植面积大于40万hm^{2}的常规水稻品种如湘矮早9号、原丰早、浙辐802、桂朝2号、珍珠矮11等共23个，杂交稻品种如D优63、冈优22、南优2号、汕优2号、汕优6号等32个，以及2005—2014年育成的超级稻品种如龙粳31、武运粳27、松粳15、中早39、合美占、中嘉早17、两优培九、准两优527、辽优1052和甬优12、徽两优6号等111个。

　　《中国水稻品种志》追溯了65年来中国育成的8 500余份水稻、陆稻和杂交水稻现代品种的亲源，发现一批极其重要的育种骨干亲本，它们对水稻品种的遗传改良贡献巨大。据不完全统计，常规籼稻最重要的核心育种骨干亲本有矮仔占、南特号、珍汕97、矮脚南特、珍珠矮、低脚乌尖等22个，它们衍生的品种数超过2 700个；常规粳稻最重要的核心育种骨干亲本有旭、笹锦、坊主、爱国、农垦57、农垦58、农虎6号、测21等20个，衍生的品种数超过2 400个。尤其是携带 *sd1* 矮秆基因的矮仔占质源自早期从南洋引进后就成为广西容县一带优良农家地方品种，利用该骨干亲本先后育成了11代超过405个品种，其中种植面积较大的育成品种有广场矮、珍珠矮、广陆矮4号、二九青、先锋1号、特青、桂朝2号、双桂1号、湘早籼7号、嘉育948等。

《中国水稻品种志》还总结了我国培育杂交稻的历程，至今最重要的杂交稻核心不育系有珍汕97A、Ⅱ-32A、V20A、协青早A、金23A、冈46A、谷丰A、农垦58S、安农S-1、培矮64S、Y58S、株1S等21个，衍生的不育系超过160个，配组的大面积种植品种数超过1 300个；已广泛应用的核心恢复系有17个，它们衍生的恢复系超过510个，配组的杂交品种数超过1 200个。20世纪70～90年代大部分强恢复系引自国外，包括IR24、IR26、IR30、密阳46等，它们均含有我国台湾地方品种低脚乌尖的血缘（*sd1* 矮秆基因）。随着明恢63（IR30／圭630）的育成，我国杂交稻恢复系选育走上了自主创新的道路，育成的恢复系其遗传背景呈现多元化。

《中国水稻品种志》由中国农业科学院作物科学研究所主持编著，邀请国内著名水稻专家和育种家分卷主撰，凝聚了全国水稻育种者的心血和汗水。同时，在本志编著过程中，得到全国各水稻研究教学单位领导和相关专家的大力支持和帮助，在此一并表示诚挚的谢意。

《中国水稻品种志》集科学性、系统性、实用性、资料性于一体，是作物品种志方面的专著，内容丰富，图文并茂，可供从事作物育种和遗传资源研究者、高等院校师生参考。由于我国水稻品种的多样性和复杂性，育种者众多，资料难以收全，尽管在编著和统稿过程中注意了数据的补充、核实和编撰体例的一致性，但限于编著者水平，书中疏漏之处难免，敬请广大读者不吝指正。

编 者
2018年4月

目　录

第二节　四川杂交水稻………………………………………………………………… 110

一、杂交水稻亲本…………………………………………………………………………… 110

第三节　部分老品种介绍………………………………………………… 535

第四章　重庆市稻作区划与品种改良概述 ⋯⋯⋯⋯⋯ 539

第一章
中国稻作区划与水稻品种遗传改良概述

ZHONGGUO SHUIDAO PINZHONGZHI · SICHUAN CHONGQING JUAN

水稻是中国最主要的粮食作物之一，稻米是中国一半以上人口的主粮。2014年，中国水稻种植面积3 031万hm²，总产20 651万t，分别占中国粮食作物种植面积和总产量的26.89%和34.02%。毫无疑问，水稻在保障国家粮食安全、振兴乡村经济、提高人民生活质量方面，具有举足轻重的地位。

中国栽培稻属于亚洲栽培稻种（*Oryza sativa* L.），有两个亚种，即籼亚种（*O. sativa* L. subsp. *indica*）和粳亚种（*O. sativa* L. subsp. *japonica*）。中国不仅稻作栽培历史悠久，稻作环境多样，稻种资源丰富，而且育种技术先进，为高产、多抗、优质、广适、高效水稻新品种的选育和推广提供了丰富的物质基础和强大的技术支撑。

中华人民共和国成立以来，通过育种技术的不断改进，从常规育种（系统选择、杂交育种、诱变育种、航天育种）到杂种优势利用，再到生物技术育种（细胞工程育种、分子标记辅助选择育种、遗传转化育种等），至2014年先后育成8 500余份常规水稻、陆稻和杂交水稻现代品种，其中通过各级农作物品种审定委员会审（认）定的水稻品种有8 117份，包括常规水稻品种3 392份，三系杂交稻品种3 675份，两系杂交稻品种794份，不育系256份。在此基础上，实现了水稻优良品种的多次更新换代。水稻品种的遗传改良和优良新品种的推广，栽培技术的优化和病虫害的综合防治等一系列技术革新，使我国的水稻单产从1949年的1 892kg/hm²提高到2014年的6 813.2kg/hm²，增长了260.1%；总产从4 865万t提高到20 651万t，增长了324.5%；稻作面积从2 571万hm²增加到3 031万hm²，仅增加了17.9%。研究表明，新品种的不断育成和推广是水稻单产和总产不断提高的最重要贡献因子。

第一节　中国栽培稻区的划分

水稻是喜温喜水、适应性强、生育期较短的谷类作物，凡温度适宜、有水源的地方，均可种植水稻。中国稻作分布广泛，最北的稻作区位于黑龙江省的漠河（北纬53° 27′），为世界稻作区的北限；最高海拔的稻作区在云南省宁蒗县山区，海拔高度2 965m。在南方的山区、坡地以及北方缺水少雨的旱地，种植有较耐干旱的陆稻。从总体看，由于纬度、温度、季风、降水量、海拔高度、地形等的影响，中国水稻种植面积存在南方多北方少，东南集中西北分散的状况。

本书以我国行政区划（省、自治区、直辖市）为基础，结合全国水稻生产的光温生态、季节变化、耕作制度、品种演变等，参考《中国水稻种植区划》（1988）和《中国水稻生产发展问题研究》（2010），将全国分为华南、华中华东、西南、华北、东北和西北六大稻区。

一、华南稻区

本区位于中国南部，包括广东、广西、福建、海南等大陆4省（自治区）和台湾省。本区水热资源丰富，稻作生长季260～365d，≥10℃的积温5 800～9 300℃；稻作生长季日照时数1 000～1 800h，降水量700～2 000mm。稻作土壤多为红壤和黄壤。本区的籼稻面积占95%以上，其中杂交籼稻占65%左右，耕作制度以双季稻和中稻为主，也有部分单季晚稻，部分地区实行与甘蔗、花生、薯类、豆类等作物当年或隔年水旱轮作。

2014年本区稻作面积503.6万hm^2（不包括台湾），占全国稻作总面积的16.61%。稻谷单产5 778.7kg/hm^2，低于全国平均产量（6 813.2kg/hm^2）。

二、华中华东稻区

本区为中国水稻的主产区，包括江苏、上海、浙江、安徽、江西、湖南、湖北7省（直辖市），也称长江中下游稻作区。本区属亚热带温暖湿润季风气候，稻作生长季210～260d，≥10℃的积温4 500～6 500℃；稻作生长季日照时数700～1 500h，降水量700～1 600mm。本区平原地区稻作土壤多为冲积土、沉积土和鳝血土，丘陵山地多为红壤、黄壤和棕壤。本区双、单季稻并存，籼稻、粳稻均有。20世纪60～80年代，本区双季稻面积占全国双季稻面积的50%以上，其中，浙江、江西、湖南的双季稻面积占该三省稻作面积的80%～90%。20世纪80年代中期以来，由于种植结构和耕作制度的变革，杂交稻的兴起，以及双季早稻米质不佳等原因，双季早稻面积锐减，使本区的稻作面积从80年代初占全国稻作面积的54%下降到目前的49%左右。尽管如此，本区稻米生产的丰歉，对全国粮食形势仍然具有重要影响。太湖平原、里下河平原、皖中平原、鄱阳湖平原、洞庭湖平原、江汉平原历来都是中国著名的稻米产区。

2014年本区稻作面积1 501.6万hm^2，占全国稻作总面积的49.54%。稻谷单产6 905.6kg/hm^2，高于全国平均产量。

三、西南稻区

本区位于云贵高原和青藏高原，属亚热带高原型湿热季风气候，包括云南、贵州、四川、重庆、青海、西藏6省（自治区、直辖市）。本区具有地势高低悬殊、温度垂直差异明显、昼夜温差大的高原特点，稻作生长季180～260d，≥10℃的积温2 900～8 000℃；稻作生长季日照时数800～1 500h，降水量500～1 400mm。稻作土壤多为红壤、红棕壤、黄壤和黄棕壤等。本区籼稻、粳稻并存，以单季中稻为主，成都平原是我国著名的单季中稻区。云贵高原稻作垂直分布明显，低海拔（<1 400m）稻区多为籼稻，湿热坝区可种植双季籼稻，高海拔（>1 800m）稻区多为粳稻，中海拔（1 400～1 800m）稻区籼稻、粳稻并存。部分山区种植陆稻，部分低海拔又无灌溉水源的坡地筑有田埂，种植雨水稻。

2014年本区稻作面积450.9万hm^2，占全国稻作总面积的14.88%。稻谷单产6 873.4kg/hm^2，高于全国平均产量。

四、华北稻区

本区位于秦岭—淮河以北，长城以南，关中平原以东地区，包括北京、天津、山东、河北、河南、山西、内蒙古7省（自治区、直辖市）。本区属暖温带半湿润季风气候，夏季温度较高，但春、秋季温度较低，稻作生长季较短，无霜期170～200d，年≥10℃的积温4 000～5 000℃；年日照时数2 000～3 000h，年降水量580～1 000mm，但季节间分布不均。稻作土壤多为黄潮土、盐碱土、棕壤和黑黏土。本区以单季早、中粳稻为主，水源主要来自渠井和地下水。

2014年本区稻作面积95.3万hm^2，占全国稻作总面积的3.14%。稻谷单产7 863.9kg/hm^2，高于全国平均产量。

五、东北稻区

本区是我国纬度最高的稻作区，包括黑龙江、吉林和辽宁3省，属中温带—寒温带，年平均气温2～10℃，无霜期90～200d，年≥10℃的积温2 000～3 700℃；年日照时数2 200～3 100h，年降水量350～1 100mm。本区光照充足，但昼夜温差大，稻作生长期短，土壤多为肥沃、深厚的黑泥土、草甸土、棕壤以及盐碱土。稻作以早熟的单季粳稻为主，冷害和稻瘟病是本区稻作的主要问题。最北部的黑龙江省稻区，粳稻品质十分优良，近35年来由于大力发展灌溉设施，稻作面积不断扩大，从1979年的84.2万hm²发展到2014年的320.5万hm²，成为中国粳稻的主产省之一。

2014年本区稻作面积451.5万hm²，占全国稻作总面积的14.90%。稻谷单产7 863.9kg/hm²，高于全国平均产量。

六、西北稻区

本区包括陕西、甘肃、宁夏和新疆4省（自治区），幅员广阔，光热资源丰富，但干燥少雨，季节和昼夜气温变化大，无霜期150～200d，年≥10℃的积温3 450～3 700℃；年日照时数2 600～3 300h，年降水量150～200mm。稻田土壤较瘠薄，多为灰漠土、草甸土、粉沙土、灌淤土及盐碱土。稻作以单季粳稻为主，分布于河流两岸及有灌溉水源的地区。干燥少雨是本区发展水稻的制约因素。

2014年本区稻作面积28.2万hm²，占全国稻作总面积的0.93%。稻谷单产8 251.4kg/hm²，高于全国平均产量。

中华人民共和国成立65年来，六大稻区的水稻种植面积及占全国稻作面积的比例发生了一定变化。华南稻区的稻作面积波动较大，从1949年的811.7万hm²，增加到1979年的875.3万hm²，但2014年下降到503.6万hm²。华中华东稻区是我国的主产稻区，基本维持在全国稻区面积的50%左右，其种植面积的高峰在20世纪的70～80年代，达到全国稻区面积的53%～54%。西南和西北稻区稻作面积基本保持稳定，近35年来分别占全国稻区面积的14.9%和0.9%左右。华北和东北稻区种植面积和占比均有提高，特别是东北稻区，其稻作面积和占比近35年来提高较快，2014年达到了451.5万hm²，全国占比达到14.9%，与1979年的84.2万hm²相比，种植面积增加了367.3万hm²。我国六大稻区2014年的稻作面积和占比见图1-1。

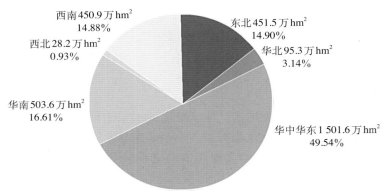

图1-1　中国六大稻区2014年的稻作面积和占比

第二节　中国栽培稻的分类

中国栽培稻的分类比较复杂，丁颖教授将其系统分为四大类：籼亚种和粳亚种，早稻、中稻和晚稻，水稻和陆稻，粘稻和糯稻。随着杂种优势的利用，又增加了一类，为常规稻和杂交稻。本节将根据这五大类分别进行介绍。

一、籼稻和粳稻

中国栽培稻籼亚种（*O. sativa* L. subsp. *indica*）和粳亚种（*O. sativa* L. subsp. *japonica*）的染色体数同为24（$2n=24$），但由于起源演化的差异和人为选择的结果，这两个亚种存在一定的形态和生理特性差异，并有一定程度的生殖隔离。据《辞海》（1989年版）记载，籼稻与粳稻比较：籼稻分蘖力较强；叶幅宽，叶色淡绿，叶面多毛；小穗多数短芒或无芒，易脱粒，颖果狭长扁圆；米质黏性较弱，膨性大；比较耐热和耐强光，主要分布于华南热带和淮河以南亚热带的低地。

按照现代分类学的观点，粳稻又可分为温带粳稻和热带粳稻（爪哇稻）。中国传统（农家/地方）粳稻品种均属温带粳稻类型。近年有的育种家为扩大遗传背景，在育种亲本中加入了热带粳稻材料，因而育成的水稻品种含有部分热带粳稻（爪哇稻）的血缘。

籼稻、粳稻的分布，主要受温度的制约，还受到种植季节、日照条件和病虫害的影响。目前，中国的籼稻品种主要分布在华南和长江流域各省份，以及西南的低海拔地区和北方的河南、陕西南部。湖南、贵州、广东、广西、海南、福建、江西、四川、重庆的籼稻面积占各省稻作面积的90%以上，湖北、安徽占80%～90%，浙江、云南在50%左右，江苏在25%左右。粳稻主要分布在东北、华北、长江下游太湖地区和西北，以及华南、西南的高海拔山区。东北的黑龙江、吉林、辽宁三省是全国著名的北方粳稻产区，江苏、浙江、安徽、湖北是南方粳稻主产区，云南的高海拔地区则以粳稻为主。

2014年，中国籼稻种植面积2 130.8万hm²，约占稻作面积的70.3%；粳稻面积900.2万hm²，占稻作面积的29.7%。据统计，2014年中国种植面积大于6 667hm²的常规水稻品种有298个，其中籼稻品种104个，占34.9%；粳稻品种194个，占65.1%；2014年种植面积最大的前5位常规粳稻品种是：龙粳31（92.2万hm²）、宁粳4号（35.8万hm²）、绥粳14（29.1万hm²）、龙粳26（28.1万hm²）和连粳7号（22.0万hm²）；种植面积最大的前5位常规籼稻品种是：中嘉早17（61.1万hm²）、黄华占（30.6万hm²）、湘早籼45（17.8万hm²）、中早39（16.3万hm²）和玉针香（11.2万hm²）。

二、常规稻和杂交稻

常规稻是遗传纯合、可自交结实、性状稳定的水稻品种类型，杂交稻是利用杂种一代优势、目前必须年年制种的杂交水稻类型。中国是世界上第一个大面积、商品化应用杂交稻的国家，20世纪70年代后期开始大规模推广三系杂交稻，90年代初成功选育出两系杂交稻并应用于生产。目前，常规稻种植面积占全国稻作面积的46%左右，杂交稻占54%左右。

1991年我国年种植面积大于6 667hm²的常规稻品种有193个，2014年增加到298个（图1-2）；杂交稻品种数从1991年的62个增加到2014年的571个。1991年以来，年种植面积大于6 667hm²的常规稻品种数每年较为稳定，基本为200 ~ 300个品种，但杂交稻品种数增加较快，增加了8倍多。

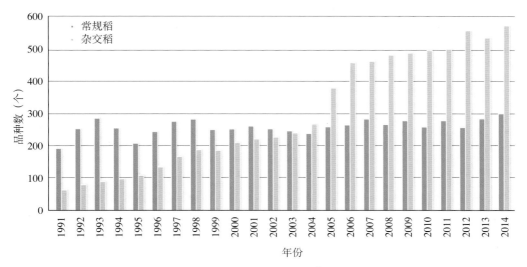

图1-2　1991—2014年年种植面积大于6 667hm²的常规稻和杂交稻品种数

三、早稻、中稻和晚稻

在稻种向不同纬度、不同海拔高度传播的过程中，在日照和温度的强烈影响下，在自然选择和人为选择的综合作用下，栽培稻发生了一系列感光性和感温性的变异，出现了早稻、中稻和晚稻栽培类型。一般而言，早稻基本营养生长期短，感温性强，不感光或感光性极弱；中稻基本营养生长期较长，感温性中等，感光性弱；晚稻基本营养生长期短，感光性强，感温性中等或较强，但通常晚籼稻的感光性强于晚粳稻。

籼稻和粳稻、杂交稻和常规稻都有早、中、晚类型，每一类型根据生育期的长短有早熟、中熟和迟熟之分，从而形成了大量适应不同栽培季节、耕作制度和生育期要求的品种。在华南、华中的双季稻区，早籼和早粳品种对日长反应不敏感，生育期较短，一般3 ~ 4月播种，7 ~ 8月收获。在海南和广东南部，由于温度较高，早籼稻通常2月中、下旬播种，6月下旬收获。中稻一般作单季稻种植，生育期稳定，产量较高，华南稻区部分迟熟早籼稻品种在华中和华东地区可作中稻种植。晚籼稻和晚粳稻均可作双季晚稻和单季晚稻种植，以保证在秋季气温下降前抽穗授粉。

20世纪70年代后期以来，由于杂交水稻的兴起，种植结构的变化，中国早稻和晚稻的种植面积逐年减少，单季中稻的种植面积大幅增加。早、中、晚稻种植面积占全国稻作面积的比重，分别从1979年的33.7%、32.0%和34.3%，转变为1999年的24.2%、48.9%和26.9%，2014年进一步变化为19.1%、59.9%和21.0%（图1-3）。

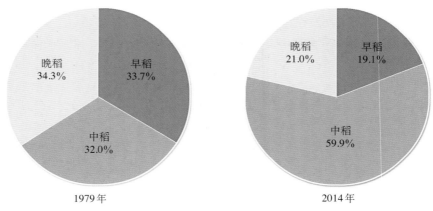

图1-3　1979年和2014年全国早、中、晚稻种植面积比例

四、水稻和陆稻

中国的栽培稻极大部分是水稻，占中国稻作面积的98%。陆稻（Upland rice）亦称旱稻，古代称棱稻，是适应较少水分环境（坡地、旱地）的一类稻作生态品种。陆稻的显著特点是耐干旱，表现为种子吸水力强，发芽快，幼苗对土壤中氯酸钾的耐毒力较强；根系发达，根粗而长；维管束和导管较粗，叶表皮较厚，气孔少，叶较光滑有蜡质；根细胞的渗透压和茎叶组织的汁液浓度也较高。与水稻比较，陆稻吸水力较强而蒸腾量较小，故有较强的耐旱能力。通常陆稻依靠雨水或地下水获得水分，稻田无田埂。虽然陆稻的生长发育对光、温要求与水稻相似，但一生需水量约是水稻的2/3或1/2。因而，陆稻适于水源不足或水源不均衡的稻区、多雨的山区和丘陵区的坡地或台田种植，还可与多种旱作物间作或套种。从目前的地理环境和种植水平看，陆稻的单产低于水稻。

陆稻也有籼稻、粳稻之别和生育期长短之分。全国陆稻面积约57万hm²，仅占全国稻作总面积的2%左右，主要分布于云贵高原的西南山区、长江中游丘陵地区和华北平原区。云南西双版纳和思茅等地每年陆稻种植面积稳定在10万hm²左右。近年，华北地区正在发展一种旱作稻（Aerobic rice），耐旱性较强，在整个生育期灌溉几次即可，产量较高。此外，广东、广西、海南等地的低洼地区，在20世纪50年代前曾有少量深水稻品种，中华人民共和国成立后，随着水利排灌设施的完善，现已绝迹。目前，种植面积较大的陆稻品种有中旱209、旱稻277、巴西陆稻、中旱3号、陆引46、丹旱稻1号、冀粳12、IRAT104等。

五、粘稻和糯稻

稻谷胚乳均有糯性与非糯性之分。糯稻和非糯稻的主要区别在于饭粒黏性的强弱，相对而言，粘稻（非糯稻）黏性弱，糯稻黏性强，其中粳糯稻的黏性大于籼糯稻。化学成分的分析指出，胚乳直链淀粉含量的多少是区别粘稻和糯稻的化学基础。通常，粳粘稻的直链淀粉含量占淀粉总量的8%～20%，籼粘稻为10%～30%，而糯稻胚乳基本为支链淀粉，不含或仅含极少量直链淀粉（≤2%）。从化学反应看，由于糯稻胚乳和花粉中的淀粉基本或完全为支链淀粉，因此吸碘量少，遇1%的碘-碘化钾溶液呈红褐色反应，而粘稻直链淀粉含量高，吸碘量大，呈蓝紫色反应，这是区分糯稻与非糯稻品种的主要方法之一。从外观看，糯稻胚乳在刚收获时因含水量较高而呈半透明，经充分干燥后呈乳白色，这是因为胚乳细胞快速失水，产生许多大小不一的空隙，导致光散射而引起的乳白色视觉。

云南、贵州、广西等省（自治区）的高海拔地区，人们喜食糯米，籼型糯稻品种丰富，而长江中下游地区以粳型糯稻品种居多，东北和华北地区则全部是粳型糯稻。从用途看，糯米通常用于酿制米酒，制作糕点。在云南的低海拔稻区，有一种低直链淀粉含量的籼粘稻，称为软米，其黏性介于籼粘稻和糯稻之间，适于制作饵块、米线。

第三节　水稻遗传资源

水稻育种的发展历程证明，品种改良每一阶段的重大突破均与水稻优异种质的发现和利用相关。20 世纪 50 年代末，矮仔占、矮脚南特、台中本地 1 号（TN1，亦称台中在来 1 号）和广场矮等矮秆种质的发掘与利用，实现了 60 年代我国水稻品种的矮秆化；70 ～ 80 年代野败型、矮败型、冈型、印水型、红莲型等不育资源的发现及二九南 1 号 A、珍汕 97A 等水稻野败型不育系育成，实现了籼型杂交稻的"三系"配套和大面积推广利用；80 年代农垦 58S、安农 S-1 等光温敏核不育材料的发掘与利用，实现了"两系"杂交水稻的突破；90 年代 02428、培矮 64、轮回 422 等广亲和种质的发掘与利用，基本克服了籼粳稻杂交的瓶颈；80 ～ 90 年代沈农 89366、沈农 159、辽粳 5 号等新株型优异种质的创新与利用，实现了北方粳稻直立穗型与高产的结合，使北方粳稻产量有了较大的提高；90 年代以来光温敏不育系培矮 64S、Y58S、株 1S 以及中 9A、甬粳 2 号 A 和恢复系 9311、蜀恢 527 等的创新与利用，选育出一系列高产、优质的超级杂交稻品种。可见，水稻优异种质资源的收集、评价、创新和利用是水稻品种遗传改良的重要环节和基础。

一、栽培稻种质资源

中国具有丰富的多样化的水稻遗传资源。清代的《授时通考》（1742）记载了全国 16 省的 3 429 个水稻品种，它们是长期自然突变、人工选择和留种栽培的结果。中华人民共和国成立以来，全国进行了 4 次大规模的稻种资源考察和收集。20 世纪 50 年代后期到 60 年代在广东、湖南、湖北、江苏、浙江、四川等 14 省（自治区、直辖市）进行了第一次全国性的水稻种质资源的考察，征集到各类水稻种质 5.7 万余份。70 年代末至 80 年代初，进行了全国水稻种质资源的补充考察和征集，获得各类水稻种质万余份。国家"七五"（1986—1990）、"八五"（1991—1995）和"九五"（1996—2000）科技攻关期间，分别对神农架和三峡地区以及海南、湖北、四川、陕西、贵州、广西、云南、江西和广东等省（自治区）的部分地区再度进行了补充考察和收集，获得稻种 3 500 余份。"十五"（2001—2005）和"十一五"（2006—2010）期间，又收集到水稻种质 6 996 份。

通过对收集到的水稻种质进行整理、核对与编目，截至 2010 年，中国共编目水稻种质 82 386 份，其中 70 669 份是从中国国内收集的种质，占编目总数的 85.8%（表 1-1）。在此基础上，编辑和出版了《中国稻种资源目录》（8 册）、《中国优异稻种资源》，编目内容包括基本信息、形态特征、生物学特性、品质特性、抗逆性、抗病虫性等。

截至2010年，在国家作物种质库［简称国家长期库（北京）］繁种保存的水稻种质资源共73 924份，其中各类型种质所占百分比大小顺序为：地方稻种（68.1%）＞国外引进稻种（13.9%）＞野生稻种（8.0%）＞选育稻种（7.8%）＞杂交稻"三系"资源（1.9%）＞遗传材料（0.3%）（表1-1）。在所保存的水稻地方品种中，保存数量较多的省份包括广西（8 537份）、云南（5 882份）、贵州（5 657份）、广东（5 512份）、湖南（4 789份）、四川（3 964份）、江西（2 974份）、江苏（2 801份）、浙江（2 079份）、福建（1 890份）、湖北（1 467份）和台湾（1 303份）。此外，在中国水稻研究所的国家水稻中期库（杭州）保存了稻属及近缘属种质资源7万余份，是我国单项作物保存规模最大的中期种质库，也是世界上最大的单项国家级水稻种质基因库之一。在入国家长期库（北京）的66 408份地方稻种、选育稻种、国外引进稻种等水稻种质中，籼稻和粳稻种质分别占63.3%和36.7%，水稻和陆稻种质分别占93.4%和6.6%，粘稻和糯稻种质分别占83.4%和16.6%。显然，籼稻、水稻和粘稻的种质数量分别显著多于粳稻、陆稻和糯稻。

表1-1   中国稻种资源的编目数和入库数

种质类型	编 目		繁殖入库	
	份数	占比（%）	份数	占比（%）
地方稻种	54 282	65.9	50 371	68.1
选育稻种	6 660	8.1	5 783	7.8
国外引进稻种	11 717	14.2	10 254	13.9
杂交稻"三系"资源	1 938	2.3	1 374	1.9
野生稻种	7 663	9.3	5 938	8.0
遗传材料	126	0.2	204	0.3
合计	82 386	100	73 924	100

截至2010年，完成了29 948份水稻种质资源的抗逆性鉴定，占入库种质的40.5%；完成了61 462份水稻种质资源的抗病虫性鉴定，占入库种质的83.1%；完成了34 652份水稻种质资源的品质特性鉴定，占入库种质的46.9%。种质评价表明：中国水稻种质资源中蕴藏着丰富的抗旱、耐盐、耐冷、抗白叶枯病、抗稻瘟病、抗纹枯病、抗褐飞虱、抗白背飞虱等优异种质（表1-2）。

表1-2   中国稻种资源中鉴定出的抗逆性和抗病虫性优异的种质份数

种质类型	抗旱		耐盐		耐冷		抗白叶枯病	
	极强	强	极强	强	极强	强	高抗	抗
地方稻种	132	493	17	40	142	—	12	165
国外引进稻种	3	152	22	11	7	30	3	39
选育稻种	2	65	2	11	—	50	6	67

（续）

种质类型	抗稻瘟病			抗纹枯病		抗褐飞虱			抗白背飞虱		
	免疫	高抗	抗	高抗	抗	免疫	高抗	抗	免疫	高抗	抗
地方稻种	—	816	1 380	0	11		111	324		122	329
国外引进稻种		5	148	5	14		0	218		1	127
选育稻种	—	63	145	3	7	—	24	205	—	13	32

注：数据来自2005年国家种质数据库。

2001—2010年，结合水稻优异种质资源的繁殖更新、精准鉴定与田间展示、网上公布等途径，国家粮食作物种质中期库［简称国家中期库（北京）］和国家水稻种质中期库（杭州）共向全国从事水稻育种、遗传及生理生化、基因定位、遗传多样性和水稻进化等研究的300余个科研及教学单位提供水稻种质资源47 849份次，其中国家中期库（北京）提供26 608份次，国家水稻种质中期库（杭州）提供21 241份次，平均每年提供4 785份次。稻种资源在全国范围的交换、评价和利用，大大促进了水稻育种及其相关基础理论研究的发展。

二、野生稻种质资源

野生稻是重要的水稻种质资源，在中国的水稻遗传改良中发挥了极其重要的作用。从海南岛普通野生稻中发现的细胞质雄性不育株，奠定了我国杂交水稻大面积推广应用的基础。从江西发现的矮败野生稻不育株中选育而成的协青早A和从海南发现的红芒野生稻不育株育成的红莲早A，是我国两个重要的不育系类型，先后转育了一大批杂交水稻品种。利用从广西普通野生稻中发现的高抗白叶枯病基因 $Xa23$，转育成功了一系列高产、抗白叶枯病的栽培品种。从江西东乡野生稻中发现的耐冷材料，已经并继续在耐冷育种中发挥重要作用。

据1978—1982年全国野生稻资源普查、考察和收集的结果，参考1963年中国农业科学院原生态研究室的考察记录，以及历史上台湾发现野生稻的记载，现已明确，中国有3种野生稻：普通野生稻（*O. rufipogon* Griff.）、疣粒野生稻（*O. meyeriana* Baill.）和药用野生稻（*O. officinalis* Wall. ex Watt），分布于广东、海南、广西、云南、江西、福建、湖南、台湾等8个省（自治区）的143个县（市），其中广东53个县（市）、广西47个县（市）、云南19个县（市）、海南18个县（市）、湖南和台湾各2个县、江西和福建各1个县。

普通野生稻自然分布于广东、广西、海南、云南、江西、湖南、福建、台湾等8个省（自治区）的113个县（市），是我国野生稻分布最广、面积最大、资源最丰富的一种。普通野生稻大致可分为5个自然分布区：①海南岛区。该区气候炎热，雨量充沛，无霜期长，极有利于普通野生稻的生长与繁衍。海南省18个县（市）中就有14个县（市）分布有普通野生稻，而且密度较大。②两广大陆区。包括广东、广西和湖南的江永县及福建的漳浦县，为普通野生稻的主要分布区，主要集中分布于珠江水系的西江、北江和东江流域，特别是北回归线以南及广东、广西沿海地区分布最多。③云南区。据考察，在西双版纳傣族自治州的景洪镇、勐罕坝、大勐龙坝等地共发现26个分布点，后又在景洪和元江发现2个普通野生稻分布点，这两个县普通野生稻呈零星分布，覆盖面积小。历年发现的分布点都集中在流沙河和澜沧江流域，这两条河向南流入东南亚，注入南海。④湘赣区。包括湖南茶陵县及江西东乡县的普通野生稻。东乡县的普通野生稻分布于北纬28°14′，是目前中国乃至全球普通野生稻分布的最北限。⑤台湾区。20世纪50年代在桃园、新竹两县发现过普通野生稻，但目前已消失。

药用野生稻分布于广东、海南、广西、云南4省（自治区）的38个县（市），可分为3个自然分布区：①海南岛区。主要分布在黎母山一带，集中分布在三亚市及陵水、保亭、乐东、白沙、屯昌5县。②两广大陆区。为主要分布区，共包括27个县（市），集中于桂东中南部，包括梧州、苍梧、岑溪、玉林、容县、贵港、武宣、横县、邕宁、灵山等县（市），以及广东省的封开、郁南、德庆、罗定、英德等县（市）。③云南区。主要分布于临沧地区的耿马、永德县及普洱市。

疣粒野生稻主要分布于海南、云南与台湾三省（台湾的疣粒野生稻于1978年消失）的27个县（市），海南省仅分布于中南部的9个县（市），尖峰岭至雅加大山、鹦哥岭至黎母山、大本山至五指山、吊罗山至七指岭的许多分支山脉均有分布，常常生长在背北向南的山坡上。云南省有18个县（市）存在疣粒野生稻，集中分布于哀牢山脉以西的滇西南，东至绿春、元江，而以澜沧江、怒江、红河、李仙江、南汀河等河流下游地区为主要分布区。台湾在历史上曾发现新竹县有疣粒野生稻分布，目前情况不明。

自2002年开始，中国农业科学院作物科学研究所组织江西、湖南、云南、海南、福建、广东和广西等省（自治区）的相关单位对我国野生稻资源状况进行再次全面调查和收集，至2013年底，已完成除广东省以外的所有已记载野生稻分布点的调查和部分生态环境相似地区的调查。调查结果表明，与1980年相比，江西、湖南、福建的野生稻分布点没有变化，但分布面积有所减少；海南发现现存的野生稻居群总数达154个，其中普通野生稻136个，疣粒野生稻11个，药用野生稻7个；广西原有的1 342个分布点中还有325个存在野生稻，且新发现野生稻分布点29个，其中普通野生稻13个，药用野生稻16个；云南在调查的98个野生稻分布点中，26个普通野生稻分布点仅剩1个，11个药用野生稻分布点仅剩2个，61个疣粒野生稻分布点还剩25个。除了已记载的分布点，还发现了1个普通野生稻和10个疣粒野生稻新分布点。值得注意的是，从目前对现存野生稻的调查情况看，与1980年相比，我国70%以上的普通野生稻分布点、50%以上的药用野生稻分布点和30%疣粒野生稻分布点已经消失，濒危状况十分严重。

2010年，国家长期库（北京）保存野生稻种质资源5 896份，其中国内普通野生稻种质资源4 602份，药用野生稻880份，疣粒野生稻29份，国外野生稻385份；进入国家中期库（北京）保存的野生稻种质资源3 200份。考虑到种茎保存能较好地保持野生稻原有的种性，为了保持野生稻的遗传稳定性，现已在广东省农业科学院水稻研究所（广州）和广西农业科学院作物品种资源研究所（南宁）建立了2个国家野生稻种质资源圃，收集野生稻种茎入圃保存，至2013年已入圃保存的野生稻种茎10 747份，其中广州圃保存5 037份，南宁圃保存5 710份。此外，新收集的12 800份野生稻种质资源尚未入编国家长期库（北京）或国家野生稻种质圃长期保存，临时保存于各省（自治区）临时圃或大田中。

近年来，对中国收集保存的野生稻种质资源开展了较为系统的抗病虫鉴定，至2013年底，共鉴定出抗白叶枯病种质资源130多份，抗稻瘟病种质资源200余份，抗纹枯病种质资源10份，抗褐飞虱种质资源200多份，抗白背飞虱种质资源180多份。但受试验条件限制，目前野生稻种质资源抗旱、耐寒、抗盐碱等的鉴定较少。

第四节　栽培稻品种的遗传改良

中华人民共和国成立以来，水稻品种的遗传改良获得了巨大成就，纯系选择育种、杂交育种、诱变育种、杂种优势利用、组织培养（花粉、花药、细胞）育种、分子标记辅助育种等先后成为卓有成效的育种方法。65年来，全国共育成并通过国家、省（自治区、直辖市）、地区（市）农作物品种审定委员会审定（认定）的常规和杂交水稻品种共8 117份，其中1991—2014年，每年种植面积大于6 667hm²的品种已从1991年的255个增加到2014年的869个（图1-4）。20世纪50年代后期至70年代的矮化育种、70～90年代的杂交水稻育种，以及近20年的超级稻育种，在我国乃至世界水稻育种史上具有里程碑意义。

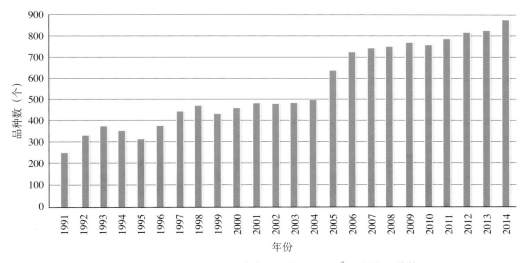

图1-4　1991—2014年年种植面积在6 667hm²以上的品种数

一、常规品种的遗传改良

（一）地方农家品种改良（20世纪50年代）

20世纪50年代初期，全国以种植数以万计的高秆农家品种为主，以高秆（>150cm）、易倒伏为品种主要特征，主要品种有夏至白、马房籼、红脚早、湖北早、黑谷子、竹桠谷、油占子、西瓜红、老来青、霜降青、有芒早粳等。50年代中期，主要采用系统选择法对地方农家品种的某些农艺性状进行改良以提高防倒伏能力，增加产量，育成了一批改良农家品种。在全国范围内，早籼确定38个、中籼确定20个、晚粳确定41个改良农家品种予以大面积推广，连续多年种植面积较大的品种有早籼：南特号、雷火占；中籼：胜利籼、乌嘴川、长粒籼、万利籼；晚籼：红米冬占、浙场9号、粤油占、黄禾子；早粳：有芒早粳；中粳：桂花球、洋早十日、石稻；晚粳：新太湖青、猪毛簇、红须粳、四上裕等。与此同时，通过简单杂交和系统选育，育成了一批高秆改良品种。改良农家品种和新育成的高秆改良品种的产量一般为2 500 ～ 3 000kg/hm²，比地方高秆农家品种的产量高5% ～ 15%。

（二）矮化育种（20世纪50年代后期至70年代）

20世纪50年代后期，育种家先后发现籼稻品种矮仔占、矮脚南特和低脚乌尖，以及粳稻品种农垦58等，具有优良的矮秆特性：秆矮（<100cm），分蘖强，耐肥，抗倒伏，产量高。研究发现，这4个品种都具有半矮秆基因$Sd1$。矮仔占来自南洋，20世纪前期引入广西，是我国20世纪50年代后期至60年代前期种植的最主要的矮秆品种之一，也是60 ～ 90年代矮化育种最重要的矮源亲本之一。矮脚南特是广东农民由高秆品种南特16的矮秆变异株选得。低脚乌尖是我国台湾省的农家品种，是国内外矮化育种最重要的矮源亲本之一。农垦58则是50年代后期从日本引进的粳稻品种。

可利用的$Sd1$矮源发现后，立即开始了大规模的水稻矮化育种。如华南农业科学研究所从矮仔占中选育出矮仔占4号，随后以矮仔占4号与高秆品种广场13杂交育成矮秆品种广场矮。台湾台中农业改良场用矮秆的低脚乌尖与高秆地方品种菜园种杂交育成矮秆的台中本地1号（TN1）。南特号是双季早籼品种极其重要的育种亲源，以南特号为基础，衍生了大量品种，包括矮脚南特（南特号→南特16→矮脚南特）、广场13、莲塘早和陆财号等4个重要骨干品种。农垦58则迅速成为长江中下游地区中粳、晚粳稻的育种骨干亲本。广场矮、矮脚南特、台中本地1号和农垦58这4个具有划时代意义的矮秆品种的育成、引进和推广，标志中国步入了大规模的卓有成效的籼、粳稻矮化育种，成为水稻矮化育种的里程碑。

从20世纪60年代初期开始，全国主要稻区的农家地方品种均被新育成的矮秆、半矮秆品种所替代。这些品种以矮秆（80 ～ 85cm）、半矮秆（86 ～ 105cm）、强分蘖、耐肥、抗倒伏为基本特征，产量比当地主要高秆农家品种提高15% ～ 30%。著名的籼稻矮秆品种有矮脚南特、珍珠矮、珍珠矮11、广场矮、广场13、莲塘早、陆财号等；著名的粳稻矮秆品种有农垦58、农垦57（从日本引进）、桂花黄（Balilla，从意大利引进）。60年代后期至70年代中期，年种植面积曾经超过30万hm²的籼稻品种有广陆矮4号、广选3号、二九青、广二104、原丰早、湘矮早9号、先锋1号、矮南早1号、圭陆矮8号、桂朝2号、桂朝13、南京1号、窄叶青8号、红410、成都矮8号、泸双1011、包选2号、包胎矮、团结1号、广二选二、广秋矮、二白矮1号、竹系26、青二矮等；年种植面积超过20万hm²的粳稻矮秆品种有农垦58、农垦57、农虎6号、吉粳60、武农早、沪选19、嘉湖4号、桂花糯、双糯4号等。

（三）优质多抗育种（20世纪80年代中期至90年代）

1978—1984年，由于杂交水稻的兴起和农村种植结构的变化，常规水稻的种植面积大大压缩，特别是常规早稻面积逐年减少，部分常规双季稻被杂交中籼稻和杂交晚籼稻取代。因此，常规品种的选育多以提高稻米产量和品质为主，主要的籼稻品种有广陆矮4号、二九青、先锋1号、原丰早、湘矮早9号、湘早籼13、红410、二九丰、浙733、浙辐802、湘早籼7号、嘉育948、舟903、广二104、桂朝2号、珍珠矮11、包选2号、国际稻8号（IR8）、南京11、754、团结1号、二白矮1号、窄叶青8号、粳籼89、湘晚籼11、双桂1号、桂朝13、七桂早25、鄂早6号、73-07、青秆黄、包选2号、754、汕二59、三二矮等；主要的粳稻品种有秋光、合江19、桂花黄、鄂晚5号、农虎6号、嘉湖4号、鄂宜105、秀水04、武育粳2号、秀水48、秀水11等。

自矮化育种以来，由于密植程度增加，病虫害逐渐加重。因此，90年代常规品种的选育重点在提高产量的同时，还须兼顾提高病虫抗性和改良品质，提高对非生物压力的耐性，因而育成的品种多数遗传背景较为复杂。突出的籼稻品种有早籼31、鄂早18、粤晶丝苗2号、嘉育948、籼小占、粤香占、特籼占25、中鉴100、赣晚籼30、湘晚籼13等；重要的粳稻品种有空育131、辽粳294、龙粳14、龙粳20、吉粳88、垦稻12、松粳6号、宁粳16、垦稻8号、合江19、武育粳3号、武育粳5号、早丰9号、武运粳7号、秀水63、秀水110、秀水128、嘉花1号、甬粳18、豫粳6号、徐稻3号、徐稻4号、武香粳14等。

1978—2014年，最大年种植面积超过40万hm²的常规稻品种共23个，这些都是高产品种，产量高，适应性广，抗病虫力强（表1-3）。

表1-3　1978—2014年最大年种植面积超过40万hm²的常规水稻品种

品种名称	品种类型	亲本/血缘	最大年种植面积（万hm²）	累计种植面积（万hm²）
广陆矮4号	早籼	广场矮3784/陆财号	495.3（1978）	1 879.2（1978—1992）
二九青	早籼	二九矮7号/青小金早	96.9（1978）	542.0（1978—1995）
先锋1号	早籼	广场矮6号/陆财号	97.1（1978）	492.5（1978—1990）
原丰早	早籼	IR8种子⁶⁰Co辐照	105.0（1980）	436.7（1980—1990）
湘矮早9号	早籼	IR8/湘矮早4号	121.3（1980）	431.8（1980—1989）
余赤231-8	晚籼	余晚6号/赤块矮3号	41.1（1982）	277.7（1981—1999）
桂朝13	早籼	桂阳矮49/朝阳早18，桂朝2号的姐妹系	68.1（1983）	241.8（1983—1990）
红410	早籼	珍龙410系选	55.7（1983）	209.3（1982—1990）
双桂1号	早籼	桂阳矮C17/桂朝2号	81.2（1985）	277.5（1982—1989）
二九丰	早籼	IR29/原丰早	66.5（1987）	256.5（1985—1994）
73-07	早籼	红梅早/7055	47.5（1988）	157.7（1985—1994）
浙辐802	早籼	四梅2号种子辐照	130.1（1990）	973.1（1983—2004）
中嘉早17	早籼	中选181/育嘉253	61.1（2014）	171.4（2010—2014）
珍珠矮11	中籼	矮仔占4号/惠阳珍珠早	204.9（1978）	568.2（1978—1996）
包选2号	中籼	包胎白系选	72.3（1979）	371.7（1979—1993）
桂朝2号	中籼	桂阳矮49/朝阳早18	208.8（1982）	721.2（1982—1995）
二白矮1号	晚籼	秋二矮/秋白矮	68.1（1979）	89.0（1979—1982）
龙粳25	早粳	佳禾早占/龙花97058	41.1（2011）	119.7（2010—2014）
空育131	早粳	道黄金/北明	86.7（2004）	938.5（1997—2014）
龙粳31	早粳	龙花96-1513/垦稻8号的F₁花药培养	112.8（2013）	256.9（2011—2014）
武育粳3号	中粳	中丹1号/79-51//中丹1号/扬粳1号	52.7（1997）	560.5（1992—2012）
秀水04	晚粳	C21///辐农709/辐农709/单209	41.4（1988）	166.9（1985—1993）
武运粳7号	晚粳	嘉40/香糯9121//丙815	61.4（1999）	332.3（1998—2014）

二、杂交水稻的兴起和遗传改良

20世纪70年代初，袁隆平等在海南三亚发现了含有胞质雄性不育基因*cms*的普通野生稻，这一发现对水稻杂种优势利用具有里程碑的意义。通过全国协作攻关，1973年实现不育系、保持系、恢复系三系配套，1976年中国开始大面积推广"三系"杂交水稻。1980年全国杂交水稻种植面积479万hm²，1990年达到1 665万hm²。70年代初期，中国最重要的不育系二九南1号A和珍汕97A，是来自携带*cms*基因的海南普通野生稻与中国矮秆品种二九南1号和珍汕97的连续回交后代；最重要的恢复系来自国际水稻研究所的IR24、IR661和IR26，它们配组的南优2号、南优3号和汕优6号成为20世纪70年代后期到80年代初期最重要的籼型杂交水稻品种。南优2号最大年（1978）种植面积298万hm²，1976—1986年累计种植面积666.7万hm²；汕优6号最大年（1984）种植面积173.9万hm²，1981—1994年累计种植面积超过1 000万hm²。

1973年10月，石明松在晚粳农垦58田间发现光敏雄性不育株，经过10多年的选育研究，1987年光敏核不育系农垦58S选育成功并正式命名，两系杂交水稻正式进入攻关阶段，两系杂交水稻优良品种两优培九通过江苏省（1999）和国家（2001）农作物品种审定委员会审定并大面积推广，2002年该品种年种植面积达到82.5万hm²。

20世纪80～90年代，针对第一代中国杂交水稻稻瘟病抗性差的突出问题，开展抗稻瘟病育种，育成明恢63、测64、桂33等抗稻瘟病性较强的恢复系，形成第二代杂交水稻汕优63、汕优64、汕优桂33等一批新品种，从而中国杂交水稻又蓬勃发展，80年代湖北出现6 666.67hm²汕优63产量超9 000kg/hm²的记录。著名的杂交水稻品种包括：汕优46、汕优63、汕优64、汕优桂99、威优6号、威优64、协优46、D优63、冈优22、Ⅱ优501、金优207、四优6号、博优64、秀优57等。中国三系杂交水稻最重要的强恢复系为IR24、IR26、明恢63、密阳46（Miyang 46）、桂99、CDR22、辐恢838、扬稻6号等。

1978—2014年，最大年种植面积超过40万hm²的杂交稻品种共32个，这些杂交稻品种产量高，抗病虫力强，适应性广，种植年限长，制种产量也高（表1-4）。

表1-4　1978—2014年最大年种植面积超过40万hm²的杂交稻品种

杂交稻品种	类型	配组亲本	恢复系中的国外亲本	最大年种植面积（万hm²）	累计种植面积（万hm²）
南优2号	三系，籼	二九南1号A/IR24	IR24	298.0（1978）	＞666.7（1976—1986）
威优2号	三系，籼	V20A/IR24	IR24	74.7（1981）	203.8（1981—1992）
汕优2号	三系，籼	珍汕97A/IR24	IR24	278.3（1984）	1 264.8（1981—1988）
汕优6号	三系，籼	珍汕97A/IR26	IR26	173.9（1984）	999.9（1981—1994）
威优6号	三系，籼	V20A/IR26	IR26	155.3（1986）	821.7（1981—1992）
汕优桂34	三系，籼	珍汕97A/桂34	IR24、IR30	44.5（1988）	155.6（1986—1993）
威优49	三系，籼	V20A/测64-49	IR9761-19	45.4（1988）	163.8（1986—1995）
D优63	三系，籼	D汕A/明恢63	IR30	111.4（1990）	637.2（1986—2001）

（续）

杂交稻品种	类型	配组亲本	恢复系中的国外亲本	最大年种植面积（万hm²）	累计种植面积（万hm²）
博优64	三系，籼	博A/测64-7	IR9761-19-1	67.1（1990）	334.7（1989—2002）
汕优63	三系，籼	珍汕97A/明恢63	IR30	681.3（1990）	6 288.7（1983—2009）
汕优64	三系，籼	珍汕97A/测64-7	IR9761-19-1	190.5（1990）	1 271.5（1984—2006）
威优64	三系，籼	V20A/测64-7	IR9761-19-1	135.1（1990）	1 175.1（1984—2006）
汕优桂33	三系，籼	珍汕97A/桂33	IR24、IR36	76.7（1990）	466.9（1984—2001）
汕优桂99	三系，籼	珍汕97A/桂99	IR661、IR2061	57.5（1992）	384.0（1990—2008）
冈优12	三系，籼	冈46A/明恢63	IR30	54.4（1994）	187.7（1993—2008）
威优46	三系，籼	V20A/密阳46	密阳46	51.7（1995）	411.4（1990—2008）
汕优46*	三系，籼	珍汕97A/密阳46	密阳46	45.5（1996）	340.3（1991—2007）
汕优多系1号	三系，籼	珍汕97A/多系1号	IR30、Tetep	68.7（1996）	301.7（1995—2004）
汕优77	三系，籼	珍汕97A/明恢77	IR30	43.1（1997）	256.1（1992—2007）
特优63	三系，籼	龙特甫A/明恢63	IR30	43.1（1997）	439.3（1984—2009）
冈优22	三系，籼	冈46A/CDR22	IR30、IR50	161.3（1998）	922.7（1994—2011）
协优63	三系，籼	协青早A/明恢63	IR30	43.2（1998）	362.8（1989—2008）
Ⅱ优501	三系，籼	Ⅱ-32A/明恢501	泰引1号、IR26、IR30	63.5（1999）	244.9（1995—2007）
Ⅱ优838	三系，籼	Ⅱ-32A/辐恢838	泰引1号、IR30	79.1（2000）	663.0（1995—2014）
金优桂99	三系，籼	金23A/桂99	IR661、IR2061	40.4（2001）	236.2（1994—2009）
冈优527	三系，籼	冈46A/蜀恢527	古154、IR24、IR1544-28-2-3	44.6（2002）	246.4（1999—2013）
冈优725	三系，籼	冈46A/绵恢725	泰引1号、IR30、IR26	64.2（2002）	469.4（1998—2014）
金优207	三系，籼	金23A/先恢207	IR56、IR9761-19-1	71.9（2004）	508.7（2000—2014）
金优402	三系，籼	金23A/R402	古154、IR24、IR30、IR1544-28-2-3	53.5（2006）	428.6（1996—2014）
培两优288	两系，籼	培矮64S/288	IR30、IR36、IR2588	39.9（2001）	101.4（1996—2006）
两优培九	两系，籼	培矮64S/扬稻6号	IR30、IR36、IR2588、BG90-2	82.5（2002）	634.9（1999—2014）
丰两优1号	两系，籼	广占63S/扬稻6号	IR30、R36、IR2588、BG90-2	40.0（2006）	270.1（2002—2014）

* 汕优10号与汕优46的父、母本和育种方法相同，前期称为汕优10号，后期统称汕优46。

三、超级稻育种

国际水稻研究所从1989年起开始实施理想株型（Ideal plant type，俗称超级稻）育种计划，试图利用热带粳稻新种质和理想株型作为突破口，通过杂交和系统选育及分子育种方法育成新株型品种［New plant type（NPT），超级稻］供南亚和东南亚稻区应用，设计产量希望比当地品种增产20%～30%。但由于产量、抗病虫力和稻米品质不理想等原因，迄今还无突出的品种在亚洲各国大面积应用。

为实现在矮化育种和杂交育种基础上的产量再次突破，农业部于1996年启动中国超级稻研究项目，要求育成高产、优质、多抗的常规和杂交水稻新品种。广义要求，超级稻的主要性状如产量、米质、抗性等均应显著超过现有主栽品种的水平；狭义要求，应育成在抗性和米质与对照品种相仿的基础上，产量有大幅度提高的新品种。在育种技术路线上，超级稻品种采用理想株型塑造与杂种优势利用相结合的途径，核心是种质资源的有效利用或有利多基因的聚合，育成单产大幅提高、品质优良、抗性较强的新型水稻品种（表1-5）。

表1-5 超级稻品种的主要指标

项　目	长江流域早熟早稻	长江流域中迟熟早稻	长江流域中熟晚稻、华南感光性晚稻	华南早晚兼用稻、长江流域迟熟晚稻、东北早熟粳稻	长江流域一季稻、东北中熟粳稻	长江上游迟熟一季稻、东北迟熟粳稻
生育期（d）	≤105	≤115	≤125	≤132	≤158	≤170
产量（kg/hm²）	≥8 250	≥9 000	≥9 900	≥10 800	≥11 700	≥12 750
品　质	北方粳稻达到部颁二级米以上（含）标准，南方晚籼稻达到部颁三级米以上（含）标准，南方早籼稻和一季稻达到部颁四级米以上（含）标准					
抗　性	抗当地1～2种主要病虫害					
生产应用面积	品种审定后2年内生产应用面积达到每年3 125hm²以上					

近年有的育种家提出"绿色超级稻"或"广义超级稻"的概念，其基本思路是将品种资源研究、基因组研究和分子技术育种紧密结合，加强水稻重要性状的生物学基础研究和基因发掘，全面提高水稻的综合性状，培育出抗病、抗虫、抗逆、营养高效、高产、优质的新品种。2000年超级杂交稻第一期攻关目标大面积如期实现产量10.5t/hm²，2004年第二期攻关目标大面积实现产量12.0t/hm²。

2006年，农业部进一步启动推进超级稻发展的"6236工程"，要求用6年的时间，培育并形成20个超级稻主导品种，年推广面积占全国水稻总面积的30%，即900万hm²，单产比目前主栽品种平均增产900kg/hm²，以全面带动我国水稻的生产水平。2011年，湖南隆回县种植的超级杂交水稻品种Y两优2号在7.5hm²的面积上平均产量13 899kg/hm²；2011年宁波农业科学院选育的籼粳型超级杂交晚稻品种甬优12单产14 147kg/hm²；2013年，湖南隆回县种植的超级杂交水稻Y两优900获得14 821kg/hm²的产量，宣告超级杂交水稻第三期攻关目标大面积产量13.5t/hm²的实现。据报道，2015年云南个旧市的"超级杂交水稻示范基地"百亩连片水稻攻关田，种植的超级稻品种超优千号，百亩片平均单产16 010kg/hm²；2016年山东临沂市莒南县大店镇的百亩片攻关基地种植的超级杂交稻超优千号，实测单产15 200kg/hm²，创造了杂交水稻高纬度单产的世界纪录，表明已稳定实现了超级杂交水稻第四期大面积产量潜力达到15t/hm²的攻关目标。

截至2014年，农业部确认了111个超级稻品种，分别是：

常规超级籼稻7个：中早39、中早35、金农丝苗、中嘉早17、合美占、玉香油占、桂农占。

常规超级粳稻28个：武运粳27、南粳44、南粳45、南粳49、南粳5055、淮稻9号、长白25、莲稻1号、龙粳39、龙粳31、松粳15、镇稻11、扬粳4227、宁粳4号、楚粳28、连粳7号、沈农265、沈农9816、武运粳24、扬粳4038、宁粳3号、龙粳21、千重浪、辽星1号、楚粳27、松粳9号、吉粳83、吉粳88。

籼型三系超级杂交稻46个：F优498、荣优225、内5优8015、盛泰优722、五丰优615、天优3618、天优华占、中9优8012、H优518、金优785、德香4103、Q优8号、宜优673、深优9516、03优66、特优582、五优308、五丰优T025、天优3301、珞优8号、荣优3号、金优458、国稻6号、赣鑫688、Ⅱ优航2号、天优122、一丰8号、金优527、D优202、Q优6号、国稻1号、国稻3号、中浙优1号、丰优299、金优299、Ⅱ优明86、Ⅱ优航1号、特优航1号、D优527、协优527、Ⅱ优162、Ⅱ优7号、Ⅱ优602、天优998、Ⅱ优084、Ⅱ优7954。

粳型三系超级杂交稻1个：辽优1052。

籼型两系超级杂交稻26个：两优616、两优6号、广两优272、C两优华占、两优038、Y两优5867、Y两优2号、Y两优087、准两优608、深两优5814、广两优香66、陵两优268、徽两优6号、桂两优2号、扬两优6号、陆两优819、丰两优香1号、新两优6380、丰两优4号、Y优1号、株两优819、两优287、培杂泰丰、新两优6号、两优培九、准两优527。

籼粳交超级杂交稻3个：甬优15、甬优12、甬优6号。

超级杂交水稻育种正在继续推进，面临的挑战还有很多。从遗传角度看，目前真正能用于超级稻育种的有利基因及连锁分子标记还不多，水稻基因研究成果还不足以全面支撑超级稻分子育种，目前的超级稻育种仍以常规杂交技术和资源的综合利用为主。因此，需要进一步发掘高产、优质、抗病虫、抗逆基因，改进育种方法，将常规育种技术与分子育种技术相结合起来，培育出广适性的可大幅度减少农用化学品（无机肥料、杀虫剂、杀菌剂、除草剂）而又高产优质的超级稻品种。

第五节　核心育种骨干亲本

分析65年来我国育成并通过国家或省级农作物品种审定委员会审（认）定的8 117份水稻、陆稻和杂交水稻现代品种，追溯这些品种的亲源，可以发现一批极其重要的核心育种骨干亲本，它们对水稻品种的遗传改良贡献巨大。但是由于种质资源的不断创新与交流，尤其是育种材料的交流和国外种质的引进，育种技术的多样化，有的品种含有多个亲本的血缘，使得现代育成品种的亲缘关系十分复杂。特别是有些品种的亲缘关系没有文字记录，或者仅以代号留存，难以查考。另外，籼、粳稻品种的杂交和选择，出现了大量含有籼、粳血缘的中间品种，难以绝对划分它们的籼、粳类别。毫无疑问，品种遗传背景的多样性对于克服品种遗传脆弱性，保障粮食生产安全性极为重要。

考虑到这些相互交错的情况，本节品种的亲源一般按不同亲本在品种中所占的重要性和比率确定，可能会出现前后交叉和上下代均含数个重要骨干亲本的情况。

一、常规籼稻

据不完全统计，我国常规籼稻最重要的核心育种骨干亲本有22个，衍生的大面积种植（年种植面积＞6 667hm²）的品种数超过2 700个（表1-6）。其中，全国种植面积较大的常规籼稻品种是：浙辐802、桂朝2号、双桂1号、广陆矮4号、湘早籼45、中嘉早17等。

表1-6　籼稻核心育种骨干亲本及其主要衍生品种

品种名称	类型	衍生的品种数	主要衍生品种
矮仔占	早籼	＞402	矮仔占4号、珍珠矮、浙辐802、广陆矮4号、桂朝2号、广场矮、二九青、特青、嘉育948、红410、泸红早1号、双桂36、湘早籼7号、广二104、珍汕97、七桂早25、特籼占13
南特号	早籼	＞323	矮脚南特、广场13、莲塘早、陆财号、广场矮、广选3号、矮南早1号、广陆矮4号、先锋1号、青小金早、湘早籼3号、湘矮早3号、湘矮早7号、嘉293、赣早籼26
珍汕97	早籼	＞267	珍竹19、庆元2号、闽科早、珍汕97A、Ⅱ-32A、D汕A、博A、中A、29A、天丰A、枝A不育系及汕优63等大量杂交稻品种
矮脚南特	早籼	＞184	矮南早1号、湘矮早7号、青小金早、广选3号、温选青
珍珠矮	早籼	＞150	珍龙13、珍汕97、红梅早、红410、红突31、珍珠矮6号、珍珠矮11、7055、6044、赣早籼9号
湘早籼3号	早籼	＞66	嘉育948、嘉育293、湘早籼10号、湘早籼13、湘早籼7号、中优早81、中86-44、赣早籼26
广场13	早籼	＞59	湘早籼3号、中优早81、中86-44、嘉育293、嘉育948、早籼31、嘉兴香米、赣早籼26
红410	早籼	＞43	红突31、8004、京红1号、赣早籼9号、湘早籼5号、舟优903、中优早3号、泸红早1号、辐8-1、佳禾早占、鄂早16、余红1号、湘晚籼9号、湘晚籼14
嘉育293	早籼	＞25	嘉育948、中98-15、嘉兴香米、嘉早43、越糯2号、嘉育143、嘉早41、嘉早935、中嘉早17
浙辐802	早籼	＞21	香早籼11、中516、浙9248、中组3号、皖稻45、鄂早10号、赣早籼50、金早47、赣早籼56、浙852、中选181
低脚乌尖	中籼	＞251	台中本地1号（TN1）、IR8、IR24、IR26、IR29、IR30、IR36、IR661、原丰早、洞庭晚籼、二九丰、滇瑞306、中选8号
广场矮	中籼	＞151	桂朝2号、双桂36、二九矮、广场矮5号、广场矮3784、湘矮早3号、先锋1号、泸南早1号
IR8	中籼	＞120	IR24、IR26、原丰早、滇瑞306、洞庭晚籼、滇陇201、成矮597、科六早、滇屯502、滇瑞408
IR36	中籼	＞108	赣早籼15、赣早籼37、赣早籼39、湘早籼3号
IR24	中籼	＞79	四梅2号、浙辐802、浙852、中156，以及一批杂交稻恢复系和杂交稻品种南优2号、汕优2号
胜利籼	中籼	＞76	广场13、南京1号、南京11、泸胜2号、广场矮系列品种
台中本地1号（TN1）	中籼	＞38	IR8、IR26、IR30、BG90-2、原丰早、湘晚籼1号、滇瑞412、扬稻1号、扬稻3号、金陵57

品种名称	类型	衍生的品种数	主要衍生品种
特青	中晚籼	>107	特籼占13、特籼占25、盐稻5号、特三矮2号、鄂中4号、胜优2号、丰青矮、黄华占、茉莉新占、丰矮占1号、丰澳占，以及一批杂交稻恢复系镇恢084、蓉恢906、浙恢9516、广恢998
秋播了	晚籼	>60	516、澄秋5号、秋长3号、东秋播、白花
桂朝2号	中晚籼	>43	豫籼3号、镇籼96、扬稻5号、湘晚籼8号、七山占、七桂早25、双朝25、双桂36、旱桂1号、陆青早1号、湘晚籼32
中山1号	晚籼	>30	包胎红、包胎白、包选2号、包胎矮、大灵矮、钢枝占
粳籼89	晚籼	>13	赣晚籼29、特籼占13、特籼占25、粤野软占、野黄占、粤野占26

矮仔占源自早期的南洋引进品种，后成为广西容县一带农家地方品种，携带 $sd1$ 矮秆基因，全生育期约140d，株高82cm左右，节密、耐肥，有效穗多，千粒重26g左右，单产4 500～6 000kg/hm^2，比一般高秆品种增产20%～30%。1955年，华南农业科学研究所发现并引进矮仔占，经系选，于1956年育成矮仔占4号。采用矮仔占4号/广场13，1959年育成矮秆品种广场矮；采用矮仔占4号/惠阳珍珠早，1959年育成矮秆品种珍珠矮。广场矮和珍珠矮是矮仔占最重要的衍生品种，这2个品种不但推广面积大，而且衍生品种多，随后成为水稻矮化育种的重要骨干亲本，广场矮至少衍生了151个品种，珍珠矮至少衍生了150个品种。因此，矮仔占是我国20世纪50年代后期至60年代最重要的矮秆推广品种，也是60～80年代矮化育种最重要的矮源。至今，矮仔占至少衍生了402个品种，其中种植面积较大的衍生品种有广场矮、珍珠矮、广陆矮4号、二九青、先锋1号、特青、桂朝2号、双桂1号、湘早籼7号、嘉育948等。

南特号是20世纪40年代从江西农家品种鄱阳早的变异株中选得，50年代在我国南方稻区广泛作早稻种植。该品种株高100～130cm，根系发达，适应性广，全生育期105～115d，较耐肥，每穗约80粒，千粒重26～28g，单产3 750～4 500kg/hm^2，比一般高秆品种增产13%～34%。南特号1956年种植面积达333.3万hm^2，1958—1962年，年种植面积达到400万hm^{2}以上。南特号直接系选衍生出南特16、江南1224和陆财号。1956年，广东潮阳县农民从南特号发现矮秆变异株，经系选育成矮脚南特，具有早熟、秆矮、高产等优点，可比高秆品种增产20%～30%。经分析，矮脚南特也含有矮秆基因 $sd1$，随后被迅速大面积推广并广泛用作矮化育种亲本。南特号是双季早籼品种极其重要的育种亲源，至少衍生了323个品种，其中种植面积较大的衍生品种有广场矮、广场13、矮南早1号、莲塘早、陆财号、广陆矮4号、先锋1号、青小金早、湘矮早2号、湘矮早7号、红410等。

低脚乌尖是我国台湾省的农家品种，携带 $sd1$ 矮秆基因，20世纪50年代后期因用低脚乌尖为亲本（低脚乌尖/菜园种）在台湾育成台中本地1号（TN1）。国际水稻研究所利用Peta/低脚乌尖育成著名的IR8品种并向东南亚各国推广，引发了亚洲水稻的绿色革命。祖国大陆育种家利用含有低脚乌尖血缘的台中本地1号、IR8、IR24和IR30作为杂交亲本，至少衍生了251个常规水稻品种，其中IR8（又称科六或691）衍生了120个品种，台中本地1号衍生了38个品种。利用IR8和台中本地1号而衍生的、种植面积较大的品种有原丰早、科梅、双科1号、湘矮早9号、二九丰、扬稻2号、泸红早1号等。利用含有低脚乌尖血缘的IR24、IR26、IR30等，又育成了大量杂交水稻恢复系，有的恢复系可直接作为常规品种种植。

早籼品种珍汕97对推动杂交水稻的发展作用特殊、贡献巨大。该品种是浙江省温州农业科学研究所用珍珠矮11/汕矮选4号于1968年育成，含有矮仔占血缘，株高83cm，全生育期约120d，分蘖力强，千粒重27g左右，单产约5 500kg/hm^2。珍汕97除衍生了一批常规品种外，还被用于杂交稻不育系的选育。1973年，江西省萍乡市农业科学研究所以海南普通野生稻的野败材料为母本，用珍汕97为父本进行杂交并连续回交育成珍汕97A。该不育系早熟、配合力强，是我国使用范围最广、应用面积最大、时间最长、衍生品种最多的不育系。珍汕97A与不同恢复系配组，育成多种熟期类型的杂交水稻品种，如汕优6号、汕优46、汕优63、汕优64等供华南、长江流域作双季晚稻和单季中、晚稻大面积种植。以珍汕97A为母本直接配组的年种植面积超过6 667hm^{2}的杂交水稻品种有92个，36年来（1978—2014年）累计推广面积超过14 450万hm^2。

特青是广东省农业科学院用特矮/叶青伦于1984年育成的早、晚兼用的籼稻品种，茎秆粗壮，叶挺色浓，株叶形态好，耐肥，抗倒伏，抗白叶枯病，产量高，大田产量6 750 ～ 9 000kg/hm^2。特青被广泛用于南方稻区早、中、晚籼稻的育种亲本，主要衍生品种有特籼占13、特籼占25、盐稻5号、特三矮2号、鄂中4号、胜优2号、黄华占、丰矮占1号、丰澳占等。

嘉育293（浙辐802/科庆47//二九丰///早丰6号/水原287////HA79317-7）是浙江省嘉兴市农业科学研究所育成的常规早籼品种。全生育期约112d，株高76.8cm，苗期抗寒性强，株型紧凑，叶片长而挺，茎秆粗壮，生长旺盛，耐肥，抗倒伏，后期青秆黄熟，产量高，适于浙江、江西、安徽（皖南）等省作早稻种植，1993—2012年累计种植面积超过110万hm^2。嘉育293被广泛用于长江中下游稻区的早籼稻育种亲本，主要衍生品种有嘉育948、中98-15、嘉兴香米、嘉早43、越糯2号、嘉育143、嘉早41、嘉早935、中嘉早17等。

二、常规粳稻

我国常规粳稻最重要的核心育种骨干亲本有20个，衍生的种植面积较大（年种植面积＞6 667hm^2）的品种数超过2 400个（表1-7）。其中，全国种植面积较大的常规粳稻品种有：空育131、武育粳2号、武育粳3号、武运粳7号、鄂宜105、合江19、宁粳4号、龙粳31、农虎6号、鄂晚5号、秀水11、秀水04等。

旭是日本品种，从日本早期品种日之出选出。对旭进行系统选育，育成了京都旭以及关东43、金南风、下北、十和田、日本晴等日本品种。至20世纪末，我国由旭衍生的粳稻品种超过149个。如利用旭及其衍生品种进行早粳育种，育成了辽丰2号、松辽4号、合江20、合江21、早丰、吉粳53、吉粳88、冀粳1号、五优稻1号、龙粳3号、东农416等；利用京都旭及其衍生品种农垦57（原名金南风）进行中、晚粳育种，育成了金垦18、南粳11、徐稻2号、镇稻4号、盐粳4号、扬粳186、盐粳6号、镇稻6号、淮稻6号、南粳37、阳光200、远杂101、鲁香粳2号等。

表 1-7　常规粳稻最重要核心育种骨干亲本及其主要衍生品种

品种名称	类型	衍生的品种数	主要衍生品种
旭	早粳	>149	农垦57、辽丰2号、松辽4号、合江20、合江21、早丰、吉粳53、吉粳88、冀粳1号、五优稻1号、龙粳3号、东农416、吉粳60、东农416
笹锦	早粳	>147	丰锦、辽粳5号、龙粳1号、秋光、吉粳69、龙粳1号、龙粳4号、龙粳14、垦稻8号、藤系138、京稻2号、辽盐2号、长白8号、吉粳83、青系96、秋丰、吉粳66
坊主	早粳	>105	石狩白毛、合江3号、合江11、合江22、龙粳2号、龙粳14、垦稻3号、垦稻8号、长白5号
爱国	早粳	>101	丰锦、宁粳6号、宁粳7号、辽粳5号、中花8号、临稻3号、冀粳6号、砦1号、辽盐2号、沈农265、松粳10号、沈农189
龟之尾	早粳	>95	宁粳4号、九稻1号、东农4号、松辽5号、虾夷、松辽5号、九稻1号、辽粳152
石狩白毛	早粳	>88	大雪、滇榆1号、合江12、合江22、龙粳1号、龙粳2号、龙粳14、垦稻8号、垦稻10号
辽粳5号	早粳	>61	辽粳68、辽粳288、辽粳326、沈农159、沈农189、沈农265、沈农604、松粳3号、松粳10号、辽星1号、中辽9052
合江20	早粳	>41	合江23、吉粳62、松粳3号、松粳9号、五优稻1号、五优稻3号、松粳21、龙粳3号、龙粳13、绥粳1号
吉粳53	早粳	>27	长白9号、九稻11、双丰8号、吉粳60、新稻2号、东农416、吉粳70、九稻44、丰选2号
红旗12	早粳	>26	宁粳9号、宁粳11、宁粳19、宁粳23、宁粳28、宁稻216
农垦57	中粳	>116	金垦18、双丰4号、南粳11、南粳23、徐稻2号、镇稻4号、盐粳4号、扬粳201、扬粳186、盐粳6号、南粳36、镇稻6号、淮稻6号、扬粳9538、南粳37、阳光200、远杂101、鲁香粳2号
桂花黄	中粳	>97	南粳32、矮粳23、秀水115、徐稻2号、浙粳66、双糯4号、临稻10号、宁粳9号、宁粳23、镇稻2号
西南175	中粳	>42	云粳3号、云粳7号、云粳9号、云粳134、靖粳10号、靖粳16、京黄126、新城糯、楚粳5号、楚粳22、合系41、滇靖8号
武育粳3号	中粳	>22	淮稻5号、淮稻6号、镇稻99、盐稻8号、武运粳11、华粳2号、广陵香粳、武育粳5号、武香粳9号
滇榆1号	中粳	>13	合系34、楚粳7号、楚粳8号、楚粳24、凤稻14、楚粳14、靖粳8号、靖粳优2号、靖粳优3号、云粳优1号
农垦58	晚粳	>506	沪选19、鄂宜105、农虎6号、辐农709、秀水48、农红73、矮粳23、秀水04、秀水11、秀水63、宁67、武运粳7号、武育粳3号、宁粳1号、甬粳18、徐稻3号、武香粳9号、鄂晚5号、嘉991、镇稻99、太湖糯
农虎6号	晚粳	>332	秀水664、嘉湖4号、祥湖47、秀水04、秀水11、秀水48、秀水63、桐青晚、宁67、太湖糯、武香粳9号、甬粳44、香血糯335、辐农709、武运粳7号
测21	晚粳	>254	秀水04、武香粳14、秀水11、宁粳1号、秀水664、武粳15、武运粳8号、秀水63、甬粳18、祥湖84、武香粳9号、武运粳21、宁67、嘉991、矮糯21、常农粳2号、春江026
秀水04	晚粳	>130	武香粳14、秀水122、武运粳23、秀水1067、武粳13、甬优6号、秀水17、太湖粳2号、甬优1号、宁粳3号、皖稻26、运9707、甬优9号、秀水59、秀水620
矮宁黄	晚粳	>31	老来青、沪晚23、八五三、矮粳23、农红73、苏粳7号、安庆晚2号、浙粳66、秀水115、苏稻1号、镇稻1号、航育1号、祥湖25

辽粳5号(丰锦////越路早生/矮脚南特//藤坂5号/BaDa///沈苏6号)是沈阳市浑河农场采用籼、粳稻杂交,后代用粳稻多次复交,于1981年育成的早粳矮秆高产品种。辽粳5号集中了籼、粳稻特点,株高80～90cm,叶片宽、厚、短、直立上举,色浓绿,分蘖力强,株型紧凑,受光姿态好,光能利用率高,适应性广,较抗稻瘟病,中抗白叶枯病,产量高。适宜在东北作早粳种植,1992年最大种植面积达到9.8万hm²。用辽粳5号作亲本共衍生了61个品种,如辽粳326、沈农159、沈农189、松粳10号、辽星1号等。

合江20(早丰/合江16)是黑龙江省农业科学院水稻研究所于20世纪70年代育成的优良广适型早粳品种。合江20全生育期133～138d,叶色浓绿,直立上举,分蘖力较强,抗稻瘟病性较强,耐寒性较强,耐肥,抗倒伏,感光性较弱,感温性中等,株高90cm左右,千粒重23～24g。70年代末至80年代中期在黑龙江省大面积推广种植,特别是推广水稻旱育稀植以后,该品种成为黑龙江省的主栽品种。作为骨干亲本合江20衍生的品种包括松粳3号、合江21、合江23、黑粳5号、吉粳62等。

桂花黄是我国中、晚粳稻育种的一个主要亲源品种,原名Balilla(译名巴利拉、伯利拉、倍粒稻),1960年从意大利引进。桂花黄为1964年江苏省苏州地区农业科学研究所从Balilla变异单株中选育而成,亦名苏粳1号。桂花黄株高90cm左右,全生育期120～130d,对短日照反应中等偏弱,分蘖力弱,穗大,着粒紧密,半直立,千粒重26～27g,一般单产5 000～6 000kg/hm²。桂花黄的显著特点是配合力好,能较好地与各类粳稻配组。据统计,40年来(1965—2004年)桂花黄共衍生了97个品种,种植面积较大的品种有南粳32、矮粳23、秀水115、徐稻2号、浙粳66、双糯4号、临稻10号等。

农垦58是我国最重要的晚粳稻骨干亲本之一。农垦58又名世界一(经考证应该为Sekai系列中的1个品系),1957年农垦部引自日本,全生育期单季晚稻160～165d,连作晚稻135d,株高约110cm,分蘖早而多,株型紧凑,感光,对短日照反应敏感,后期耐寒,抗稻瘟病,适应性广,千粒重26～27g,米质优,作单季晚稻单产一般6 000～6 750kg/hm²。该品种20世纪60～80年代在长江流域稻区广泛种植,1975年种植面积达到345万hm²,1960—1987年累计种植面积超过1 100万hm²。50年来(1960—2010年)以农垦58为亲本衍生的品种超过506个,其中直接经系统选育而成的品种59个。具有农垦58血缘并大面积种植的品种有:鄂宜105、农虎6号、辐农709、农红73、秀水04、秀水11、秀水63、宁67、武运粳7号、武育粳3号、宁粳1号、甬粳18、徐稻3号等。从农垦58田间发现并命名的农垦58S,成为我国两系杂交稻光温敏核不育系的主要亲本之一,并衍生了多个光温敏核不育系如培矮64S等,配组了大量两系杂交稻如两优培九、两优培特、培两优288、培两优986、培两优特青、培杂山青、培杂双七、培杂泰丰、培杂茂三等。

农虎6号是我国著名的晚粳品种和育种骨干亲本,由浙江省嘉兴市农业科学研究所于1965年用农垦58与老虎稻杂交育成,具有高产、耐肥、抗倒伏、感光性较强的特点,仅1974年在浙江、江苏、上海的种植面积就达到72.2万hm²。以农虎6号为亲本衍生的品种超过332个,包括大面积种植的秀水04、秀水63、祥湖84、武香粳14、辐农709、武运粳7号、宁粳1号、甬粳18等。

武育粳3号是江苏省武进稻麦育种场以中丹1号分别与79-51和扬粳1号的杂交后代经复交育成。全生育期150d左右,株高95cm,株型紧凑,叶片挺拔,分蘖力较强,抗倒伏性中等，单产大约8 700kg/hm²，适宜沿江和沿海南部、丘陵稻区中等或中等偏上肥力条件下种植。1992—2008年累计推广面积549万hm²，1997年最大推广面积达到52.7万hm²。以武育粳3号为亲本，衍生了一批中粳新品种，如淮稻5号、镇稻99、香粳111、淮稻8号、盐稻8号、盐稻9号、扬粳9538、淮稻6号、南粳40、武运粳11、扬粳687、扬粳糯1号、广陵香粳、华粳2号、阳光200等。

测21是浙江省嘉兴市农业科学研究所用日本种质灵峰（丰沃/绫锦）为母本，与本地晚粳中间材料虎蕾选（金蕾440/农虎6号）为父本杂交育成。测21半矮生，叶姿挺拔，分蘖中等，株型挺，生育后期根系活力旺盛，成熟时穗弯于剑叶之下，米质优，配合力好。测21在浙江、江苏、上海、安徽、广西、湖北、河北、河南、贵州、天津、吉林、辽宁、新疆等省（自治区、直辖市）衍生并通过审定的常规粳稻新品种254个，包括秀水04、武香粳14、秀水11、宁粳1号、秀水664、武粳15、武运粳8号、秀水63、甬粳18、祥湖84、武香粳9号、武运粳21、宁67、嘉991、矮糯21等。1985—2012年以上衍生品种累计推广种植达2 300万hm²。

秀水04是浙江省嘉兴市农业科学研究所以测21为母本，与辐农70-92/单209为父本杂交于1985年选育而成的中熟晚粳型常规水稻品种。秀水04茎秆矮而硬，耐寒性较强，连晚栽培株高80cm，单季稻95～100cm，叶片短而挺，分蘖力强，成穗率高，有效穗多。穗颈粗硬，着粒密，结实率高，千粒重26g，米质优，产量高，适宜在浙江北部、上海、江苏南部种植，1985—1994年累计推广面积180万hm²。以秀水04为亲本衍生的品种超过130个，包括武香粳14、秀水122、祥湖84、武香粳9号、武运粳21、宁67、武粳13、甬优6号、秀水17、太湖粳2号、宁粳3号、皖稻26等。

西南175是西南农业科学研究所从台湾粳稻农家品种中经系统选择于1955年育成的中粳品种，产量较高，耐逆性强，在云贵高原持续种植了50多年。西南175不但是云贵地区的主要当家品种，而且是西南稻区中粳育种的主要亲本之一。

三、杂交水稻不育系

杂交水稻的不育系均由我国创新育成，包括野败型、矮败型、冈型、印水型、红莲型等三系不育系，以及两系杂交水稻的光敏和温敏不育系。最重要的杂交稻核心不育系有21个，衍生的不育系超过160个，配组的大面积种植（年种植面积＞6 667hm²）的品种数超过1 300个。配组杂交稻品种最多的不育系是：珍汕97A、Ⅱ-32A、V20A、冈46A、龙特甫A、博A、协青早A、金23A、中9A、天丰A、谷丰A、农垦58S、培矮64S和Y58S等（表1-8）。

表1-8　杂交水稻核心不育系及其衍生的品种（截至2014年）

不育系	类型	衍生的不育系数	配组的品种数	代表品种
珍汕97A	野败籼型	＞36	＞231	汕优2号、汕优22、汕优3号、汕优36、汕优36辐、汕优4480、汕优46、汕优559、汕优63、汕优64、汕优647、汕优6号、汕优70、汕优72、汕优77、汕优78、汕优8号、汕优多系1号、汕优桂30、汕优桂32、汕优桂33、汕优桂34、汕优桂99、汕优晚3、汕优直龙

（续）

不育系	类型	衍生的不育系数	配组的品种数	代表品种
Ⅱ-32A	印水籼型	>5	>237	Ⅱ优084、Ⅱ优128、Ⅱ优162、Ⅱ优46、Ⅱ优501、Ⅱ优58、Ⅱ优602、Ⅱ优63、Ⅱ优718、Ⅱ优725、Ⅱ优7号、Ⅱ优802、Ⅱ优838、Ⅱ优87、Ⅱ优多系1号、Ⅱ优辐819、优航1号、Ⅱ优明86
V20A	野败籼型	>8	>158	威优2号、威优35、威优402、威优46、威优48、威优49、威优6号、威优63、威优64、威优647、威优77、威优98、威优华联2号
冈46A	冈籼型	>1	>85	冈矮1号、冈优12、冈优188、冈优22、冈优151、冈优188、冈优527、冈优725、冈优827、冈优881、冈优多系1号
龙特甫A	野败籼型	>2	>45	特优175、特优18、特优524、特优559、特优63、特优70、特优838、特优898、特优桂99、特优多系1号
博A	野败籼型	>2	>107	博Ⅲ优273、博Ⅱ优15、博优175、博优210、博优253、博优258、博优3550、博优49、博优64、博优803、博优998、博优桂44、博优桂99、博优香1号、博优湛19
协青早A	矮败籼型	>2	>44	协优084、协优10号、协优46、协优49、协优57、协优63、协优64、协优华联2号
金23A	野败籼型	>3	>66	金优117、金优207、金优253、金优402、金优458、金优191、金优63、金优725、金优77、金优928、金优桂99、金优晚3
K17A	K籼型	>2	>39	K优047、K优402、K优5号、K优926、K优1号、K优3号、K优40、K优52、K优817、K优818、K优877、K优88、K优绿36
中9A	印水籼型	>2	>127	中9优288、中优207、中优402、中优974、中优桂99、国稻1号、国丰1号、先农20
D汕A	D籼型	>2	>17	D优49、D优78、D优162、D优361、D优1号、D优64、D汕优63、D优63
天丰A	野败籼型	>2	>18	天优116、天优122、天优1251、天优368、天优372、天优4118、天优428、天优8号、天优998、天优华占
谷丰A	野败籼型	>2	>32	谷优527、谷优航1号、谷优964、谷优航148、谷优明占、谷优3301
丛广41A	红莲籼型	>3	>12	广优4号、广优青、粤优8号、粤优938、红莲优6号
黎明A	滇粳型	>11	>16	黎优57、滇杂32、滇杂34
甬粳2A	滇粳型	>1	>11	甬优2号、甬优3号、甬优4号、甬优5号、甬优6号
农垦58S	光温敏	>34	>58	培矮64S、广占63S、广占63-4S、新安S、GD-1S、华201S、SE21S、7001S、261S、N5088S、4008S、HS-3、两优培九、培两优288、培两优特青、丰两优1号、扬两优6号、新两优6号、粤杂122、华两优103
培矮64S	光温敏	>3	>69	培两优210、两优培九、两优培特、培两优288、培两优3076、培两优981、培两优986、培两优特青、培杂山青、培杂双七、培杂桂99、培杂67、培杂泰丰、培杂茂三
安农S-1	光温敏	>18	>47	安两优25、安两优318、安两优402、安两优青占、八两优100、八两优96、田两优402、田两优4号、田两优66、田两优9号
Y58S	光温敏	>7	>120	Y两优1号、Y两优2号、Y两优6号、Y两优9981、Y两优7号、Y两优900、深两优5814
株1S	光温敏	>20	>60	株两优02、株两优08、株两优09、株两优176、株两优30、株两优58、株两优81、株两优839、株两优99

珍汕97A属野败胞质不育系，是江西省萍乡市农业科学研究所以海南普通野生稻的野败材料为母本，以迟熟早籼品种珍汕97为父本杂交并连续回交于1973年育成。该不育系配合力强，是我国使用范围最广、应用面积最大、时间最长、衍生品种最多的不育系。与不同恢复系配组，育成多种熟期类型的杂交水稻供华南早稻、华南晚稻、长江流域的双季早稻和双季晚稻及一季中稻利用。以珍汕97A为母本直接配组的年种植面积超过6 667hm²的杂交水稻品种有92个，30年来（1978—2007年）累计推广面积13 372万hm²。

V20A属野败胞质不育系，是湖南省贺家山原种场以野败/6044//71-72后代的不育株为母本，以早籼品种V20为父本杂交并连续回交于1973年育成。V20A一般配合力强，异交结实率高，配组的品种主要作双季晚稻使用，也可用作双季早稻。V20A是全国主要的不育系之一，配组的威优6号、威优63、威优64等系列品种在20世纪80～90年代曾经大面积种植，其中威优6号在1981—1992年的累计种植面积达到822万hm²。

II-32A属印水胞质不育系。为湖南杂交水稻研究中心从印尼水田谷6号中发现的不育株，其恢保关系与野败相同，遗传特性也属于孢子体不育。II-32A是用珍汕97B与IR665杂交育成定型株系后，再与印水珍鼎（糯）A杂交、回交转育而成。全生育期130d，开花习性好，异交结实率高，一般制种产量可达3 000～4 500kg/hm²，是我国主要三系不育系之一。II-32A衍生了优 I A、振丰A、中9A、45A、渝5A等不育系，与多个恢复系配组的品种，包括 II 优084、II 优46、II 优501、II 优63、II 优838、II 优多系1号、II 优辐819、II 优明86等，在我国南方稻区大面积种植。

冈型不育系是四川农学院水稻研究室以西非晚籼冈比亚卡（Gambiaka Kokum）为母本，与矮脚南特杂交，利用其后代分离的不育株杂交转育的一批不育系，其恢保关系、雄性不育的遗传特性与野败基本相似，但可恢复性比野败好，从而发现并命名为冈型细胞质不育系。冈46A是四川农业大学水稻研究所以冈二九矮7号A为母本，用"二九矮7号/V41//V20/雅矮早"的后代为父本杂交、回交转育成的冈型早籼不育系。冈46A在成都地区春播，播种至抽穗历期75d左右，株高75～80cm，叶片宽大，叶色淡绿，分蘖力中等偏弱，株型紧凑，生长繁茂。冈46A配合力强，与多个恢复系配组的74个品种在我国南方稻区大面积种植，其中冈优22、冈优12、冈优527、冈优151、冈优多系1号、冈优725、冈优188等曾是我国南方稻区的主推品种。

中9A是中国水稻研究所1992年以优 I A为母本，优 I B/L301B//菲改B的后代作父本，杂交、回交转育成的早籼不育系，属印尼水田谷6号质源型，2000年5月获得农业部新品种权保护。中9A株高约65cm，播种至抽穗60d左右，育性稳定，不育株率100%，感温，异交结实率高，配合力好，可配组早籼、中籼及晚籼3种栽培型杂交水稻，适用于所有籼型杂交稻种植区。以中9A配组的杂交品种产量高，米质好，抗白叶枯病，是我国当前较抗白叶枯病的不育系，与抗稻瘟病的恢复系配组，可育成双抗的杂交稻品种。配组的国稻1号、国丰1号、中优177、中优448、中优208等49个品种广泛应用于生产。

谷丰A是福建省农业科学院水稻研究所以地谷A为母本，以[龙特甫B/宙伊B（V41B/汕优菲一//IRs48B）]F₄作回交父本，经连续多代回交于2000年转育而成的野败型三系不育系。谷丰A株高85cm左右，不育性稳定，不育株率100%，花粉败育以典败为主，异交特性好，较抗稻瘟病，适宜配组中、晚籼类型杂交品种。谷优系列品种已在中国南方稻区大面积推广应用，成为稻瘟病重发区杂交水稻安全生产的重要支撑。利用谷丰A配组育成了谷优527、谷优964、谷优5138等32个品种通过省级以上农作物品种审定委员会审（认）定，其中4个品种通过国家农作物品种审定委员会审定。

甬粳2A是滇粳型不育系，是浙江省宁波市农业科学院以宁67A为母本，以甬粳2号为父本进行杂交，以甬粳2号为父本进行连续回交转育而成。甬粳2A株高90cm左右，感光性强，株型下紧上松，须根发达，分蘖力强，茎韧秆壮，剑叶挺直，中抗白叶枯病、稻瘟病、细菌性条纹病，耐肥，抗倒伏性好。采用粳不/籼恢三系法途径，甬粳2A配组育成了甬优2号、甬优4号、甬优6号等优质高产籼粳杂交稻。其中，甬优6号（甬粳2A/K4806）2006年在浙江省鄞州取得单季稻12 510kg/hm²的高产，甬优12（甬粳2A/F5032）在2011年洞桥"单季百亩示范方"取得13 825kg/hm²的高产。

培矮64S是籼型温敏核不育系，由湖南杂交水稻研究中心以农垦58S为母本，籼爪型品种培矮64（培迪/矮黄米//测64）为父本，通过杂交和回交选育而成。培矮64S株高65～70cm，分蘖力强，亲和谱广，配合力强，不育起点温度在13h光照条件下为23.5℃左右，海南短日照（12h）条件下不育起点温度超过24℃。目前已配组两优培九、两优培特、培两优288等30多个通过省级以上农作物品种审定委员会审定并大面积推广的两系杂交稻品种，是我国应用面积最大的两系核不育系。

安农S-1是湖南省安江农业学校从早籼品系超40/H285//6209-3群体中选育的温敏型两用核不育系。由于控制育性的遗传相对简单，用该不育系作不育基因供体，选育了一批实用的两用核不育系如香125S、安湘S、田丰S、田丰S-2、安农810S、准S360S等，配组的安两优25、安两优318、安两优402、安两优青占等品种在南方稻区广泛种植。

Y58S(安农S-1/常菲22B//安农S-1/Lemont///培矮64S)是光温敏不育系，实现了有利多基因累加，具有优质、高光效、抗病、抗逆、优良株叶形态和高配合力等优良性状。Y58S目前已选配Y两优系列强优势品种120多个，其中已通过国家、省级农作物品种审定委员会审（认）定的有45个。这些品种以广适性、优质、多抗、超高产等显著特性迅速在生产上大面积推广，代表性品种有Y两优1号、Y两优2号、Y两优9981等，2007—2014年累计推广面积已超过300万hm²。2013年，在湖南隆回县，超级杂交水稻Y两优900获得14 821kg/hm²的高产。

四、杂交水稻恢复系

我国极大部分强恢复系或强恢复源来自国外，包括IR24、IR26、IR30、密阳46等，它们均含有我国台湾省地方品种低脚乌尖的血缘（*sd1*矮秆基因）。20世纪70～80年代，IR24、IR26、IR30、IR36、IR58直接作恢复系利用，随着明恢63（IR30/圭630）的育成，我国的杂交稻恢复系走上了自主创新的道路，育成的恢复系其遗传背景呈现多元化。目前，主要的已广泛应用的核心恢复系17个，它们衍生的恢复系超过510个，配组的种植面积较大（年种植面积＞6 667hm²）的杂交品种数超过1 200个（表1-9）。配组品种较多的恢复系有：明恢63、明恢86、IR24、IR26、多系1号、测64-7、蜀恢527、辐恢838、桂99、CDR22、密阳46、广恢3550、C57等。

表1-9　我国主要的骨干恢复系及配组的杂交稻品种（截至2014年）

骨干亲本名称	类型	衍生的恢复系数	配组的杂交品种数	代 表 品 种
明恢63	籼型	>127	>325	D优63、Ⅱ优63、博优63、冈优12、金优63、马协优63、全优63、油优63、特优63、威优63、协优63、优Ⅰ63、新香优63、八两优63
IR24	籼型	>31	>85	矮优2号、南优2号、油优2号、四优2号、威优2号
多系1号	籼型	>56	>78	D优68、D优多系1号、Ⅱ优多系1号、K优5号、冈优多系1号、油优多系1号、特优多系1号、优Ⅰ多系1号
辐恢838	籼型	>50	>69	辐优803、B优838、Ⅱ优838、长优838、川香838、辐优838、绵5优838、特优838、中优838、绵两优838、天优838
蜀恢527	籼型	>21	>45	D奇宝优527、D优13、D优527、Ⅱ优527、辐优527、冈优527、红优527、金优527、绵5优527、协优527
测64-7	籼型	>31	>43	博优49、威优49、协优49、油优49、D优64、油优64、威优64、博优64、常优64、协优64、优Ⅰ64、枝优64
密阳46	籼型	>23	>29	油优46、D优46、Ⅱ优46、Ⅰ优46、金优46、油优10、威优46、协优46、优I46
明恢86	籼型	>44	>76	Ⅱ优明86、华优86、两优2186、油优明86、特优明86、福优86、D297优86、T优8086、Y两优86
明恢77	籼型	>24	>48	油优77、威优77、金优77、优Ⅰ77、协优77、特优77、福优77、新香优77、K优877、K优77
CDR22	籼型	24	34	油优22、冈优22、冈优3551、冈优363、绵5优3551、宜香3551、冈优1313、D优363、Ⅱ优936
桂99	籼型	>20	>17	油优桂99、金优桂99、中优桂99、特优桂99、博优桂99（博优903）、华优桂99、秋优桂99、枝优桂99、美优桂99、优Ⅰ桂99、培两优桂99
广恢3550	籼型	>8	>21	Ⅱ优3550、博优3550、油优3550、油优桂3550、特优3550、天丰优3550、威优3550、协优3550、优优3550、枝优3550
IR26	籼型	>3	>17	南优6号、油优6号、四优6号、威优6号、威优辐26
扬稻6号	籼型	>1	>11	红莲优6号、两优培九、扬两优6号、粤优938
C57	粳型	>20	>39	黎优57、丹粳1号、辽优3225、9优418、辽优5218、辽优5号、辽优3418、辽优4418、辽优1518、辽优3015、辽优1052、泗优422、皖稻22、皖稻70
皖恢9号	粳型	>1	>11	70优9号、培两优1025、双优3402、80优98、Ⅲ优98、80优9号、80优121、六优121

明恢63是我国最重要的育成恢复系，由福建省三明市农业科学研究所以IR30/圭630于1980年育成。圭630是从圭亚那引进的常规水稻品种，IR30来自国际水稻研究所，含有IR24、IR8的血缘。明恢63衍生了大量恢复系，其衍生的恢复系占我国选育恢复系的65%～70%，衍生的主要恢复系有CDR22、辐恢838、明恢77、多系1号、广恢128、恩恢58、明恢86、绵恢725、盐恢559、镇恢084、晚3等。明恢63配组育成了大量优良的杂交稻品种，包括油优63、D优63、协优63、冈优12、特优63、金优63、油优桂33、油优多系1号等，这些杂交稻品种在我国稻区广泛种植，对水稻生产贡献巨大。直接以明恢63为恢复系配组的年种植面积超过6 667hm²的杂交水稻品种29个，其中，油优63（珍油97A/

明恢63）1990年种植面积681万hm²，累计推广面积（1983—2009年）6 289万hm²；D优63（D珍汕97A/明恢63）1990年种植面积111万hm²，累计推广面积（1983—2001年）637万hm²。

密阳46（Miyang 46）原产韩国，20世纪80年代引自国际水稻研究所，其亲本为统一/IR24//IR1317/IR24，含有台中本地1号、IR8、IR24、IR1317（振兴/IR262//IR262/IR24）及韩国品种统一（IR8/蜻/台中本地1号）的血缘。全生育期110d左右，株高80cm左右，株型紧凑，茎秆细韧、挺直，结实率85%～90%，千粒重24g，抗稻瘟病力强，配合力强，是我国主要的恢复系之一。密阳46衍生的主要恢复系有蜀恢6326、蜀恢881、蜀恢202、蜀恢162、恩恢58、恩恢325、恩恢995、恩恢69、浙恢7954、浙恢203、Y111、R644、凯恢608、浙恢208等；配组的杂交品种汕优46(原名汕优10号)、协优46、威优46等是我国南方稻区中、晚稻的主栽品种。

IR24，其姐妹系为IR661，均引自国际水稻研究所（IRRI），其亲本为IR8/IR127。IR24是我国第一代恢复系，衍生的重要恢复系有广恢3550、广恢4480、广恢290、广恢128、广恢998、广恢372、广恢122、广恢308等；配组的矮优2号、南优2号、汕优2号、四优2号、威优2号等是我国20世纪70～80年代杂交中晚稻的主栽品种，IR24还是人工制恢的骨干亲本之一。

测64是湖南省安江农业学校从IR9761-19中系选测交选出。测64衍生出的恢复系有测64-49、测64-8、广恢4480（广恢3550/测64）、广恢128（七桂早25/测64）、广恢96（测64/518）、广恢452（七桂早25/测64//早特青）、广恢368（台中籼育10号/广恢452）、明恢77（明恢63/测64）、明恢07（泰宁本地/圭630//测64///777/CY85-43）、冈恢12（测64-7/明恢63）、冈恢152（测64-7/测64-48）等。与多个不育系配组的D优64、汕优64、威优64、博优64、常优64、协优64、优I64、枝优64等是我国20世纪80～90年代杂交稻的主栽品种。

CDR22（IR50/明恢63）系四川省农业科学院作物研究所育成的中籼迟熟恢复系。CDR22株高100cm左右，在四川成都春播，播种至抽穗历期110d左右，主茎总叶片数16～17叶，穗大粒多，千粒重29.8g，抗稻瘟病，且配合力高，花粉量大，花期长，制种产量高。CDR22衍生出了宜恢3551、宜恢1313、福恢936、蜀恢363等恢复系24个；配组的汕优22和冈优22强优势品种在生产中大面积推广。

辐恢838是四川省原子能应用技术研究所以226（糯）/明恢63辐射诱变株系r552育成的中籼中熟恢复系。辐恢838株高100～110cm，全生育期127～132d，茎秆粗壮，叶色青绿，剑叶硬立，叶鞘、节间和稃尖无色，配合力高，恢复力强。由辐恢838衍生出了辐恢838选、成恢157、冈恢38、绵恢3724等新恢复系50多个；用辐恢838配组的Ⅱ优838、辐优838、川香9838、天优838等20余个杂交品种在我国南方稻区广泛应用，其中Ⅱ优838是我国南方稻区中稻的主栽品种之一。

多系1号是四川省内江市农业科学研究所以明恢63为母本，Tetep为父本杂交，并用明恢63连续回交育成，同时育成的还有内恢99-14和内恢99-4。多系1号在四川内江春播，播种至抽穗历期110d左右，株高100cm左右，穗大粒多，千粒重28g，高抗稻瘟病，且配合力高，花粉量大，花期长，利于制种。由多系1号衍生出内恢182、绵恢2009、绵恢2040、明恢1273、明恢2155、联合2号、常恢117、泉恢131、亚恢671、亚恢627、航148、晚R-1、中恢8006、宜恢2308、宜恢2292等56个恢复系。多系1号先后配组育成了汕优多系1号、Ⅱ优多系1号、冈优多系1号、D优多系1号、D优68、K优5号、特优多系1号等品种，在我国南方稻区广泛作中稻栽培。

明恢77是福建省三明市农业科学研究所以明恢63为母本，测64作父本杂交，经多代选择于1988年育成的籼型早熟恢复系。到2010年，全国以明恢77为父本配组育成了11个组合通过省级以上农作物品种审定委员会审定，其中3个品种通过国家农作物品种审定委员会审定，从1991—2010年，用明恢77直接配组的品种累计推广面积达744.67万hm^2。到2010年，全国各育种单位利用明恢77作为骨干亲本选育的新恢复系有R2067、先恢9898、早恢9059、R7、蜀恢361等24个，这些新恢复系配组了34个品种通过省级以上农作物品种审定委员会审定。

明恢86是福建省三明市农业科学研究所以P18（IR54/明恢63//IR60/圭630）为母本，明恢75（粳187/IR30//明恢63）作父本杂交，经多代选择于1993年育成的中籼迟熟恢复系。到2010年，全国以明恢86为父本配组育成了11个品种通过省级以上农作物品种审定委员会品种审定，其中3个品种通过国家农作物品种审定委员会审定。从1997—2010年，用明恢86配组的所有品种累计推广面积达221.13万hm^2。到2011年止，全国各育种单位以明恢86为亲本选育的新恢复系有航1号、航2号、明恢1273、福恢673、明恢1259等44个，这些新恢复系配组了65个品种通过省级以上农作物品种审定委员会审定。

C57是辽宁省农业科学院利用"籼粳架桥"技术，通过籼（国际水稻研究所具有恢复基因的品种IR8）/籼粳中间材料（福建省具有籼稻血统的粳稻科情3号）//粳（从日本引进的粳稻品种京引35），从中筛选出的具有1/4籼核成分的粳稻恢复系。C57及其衍生恢复系的育成和应用推动了我国杂交粳稻的发展，据不完全统计，约有60%以上的粳稻恢复系具有C57的血缘，如皖恢9号、轮回422、C52、C418、C4115、徐恢201、MR19、陆恢3号等。C57是我国第一个大面积应用的杂交粳稻品种黎优57的父本。

参考文献

陈温福,徐正进,张龙步,等,2002.水稻超高产育种研究进展与前景[J].中国工程科学,4(1):31-35.

程式华,曹立勇,庄杰云,等,2009.关于超级稻品种培育的资源和基因利用问题[J].中国水稻科学,23(3):223-228.

程式华,2010.中国超级稻育种[M].北京:科学出版社:493.

方福平,2009.中国水稻生产发展问题研究[M].北京:中国农业出版社:19-41.

韩龙植,曹桂兰,2005.中国稻种资源收集、保存和更新现状[J].植物遗传资源学报,6(3):359-364.

林世成,闵绍楷,1991.中国水稻品种及其系谱[M].上海:上海科学技术出版社:411.

马良勇,李西民,2007.常规水稻育种[M]//程式华,李健.现代中国水稻.北京:金盾出版社:179-202.

闵捷,朱智伟,章林平,等,2014.中国超级杂交稻组合的稻米品质分析[J].中国水稻科学,28(2):212-216.

庞汉华,2000.中国野生稻资源考察、鉴定和保存概况[J].植物遗传资源科学,1(4):52-56.

汤圣祥,王秀东,刘旭,2012.中国常规水稻品种的更替趋势和核心骨干亲本研究[J].中国农业科学,5(8):1455-1464.

万建民,2010.中国水稻遗传育种与品种系谱[M].北京:中国农业出版社:742.

魏兴华,汤圣祥,余汉勇,等,2010. 中国水稻国外引种概况及效益分析 [J]. 中国水稻科学,24(1): 5-11.

魏兴华,汤圣祥,2011. 中国常规稻品种图志 [M]. 杭州:浙江科学技术出版社: 418.

谢华安,2005. 汕优63选育理论与实践 [M]. 北京:中国农业出版社: 386.

杨庆文,陈大洲,2004. 中国野生稻研究与利用 [M]. 北京:气象出版社.

杨庆文,黄娟,2013. 中国普通野生稻遗传多样性研究进展 [J]. 作物学报,39(4): 580-588.

袁隆平,2008. 超级杂交水稻育种进展 [J]. 中国稻米 (1): 1-3.

Khush G S, Virk P S, 2005. IR varieties and their impact[M]. Malina, Philippines: IRRI: 163.

Tang S X, Ding L, Bonjean A P A, 2010. Rice production and genetic improvement in China[M]//Zhong H, Bonjean Alain A P A. Cereals in China. Mexico: CIMMYT.

Yuan L P, 2014. Development of hybrid rice to ensure food security[J]. Rice Science, 21(1): 1-2.

第二章

四川（含重庆）稻作区划与品种改良概述

ZHONGGUO SHUIDAO PINZHONGZHI · SICHUAN CHONGQING JUAN

水稻是四川盆地（含四川省和重庆市）的高产优势农作物，2011年栽插面积为269.44万hm²，以一季杂交中籼为主，总产2 020.6万t，单产7 499.3kg/hm²，面积和总产分别占全国的8.9%和10.1%，单产高于全国平均水平的12.1%。虽然从北纬26°01′～32°52′、东经97°26′～110°12′的广袤地带均有水稻种植，但主要集中分布于四川盆地的平坝和丘陵，其范围在北纬28°30′～32°32′、东经103°～110°的区域。

第一节　四川盆地稻作区划

科学技术的发展和生产条件的改善，引起了农业生产结构、稻田种植制度、品种布局、稻作栽培技术改进等的不断变化，因此稻作区划也处于不断完善过程中。四川盆地稻作区划自20世纪50年代划分为五个区之后一直沿用到80年代初，1986年四川省种植业区划组在原有基础上，利用经验定性分区方法将四川（含四川省和重庆市）分为六个稻作区，《四川稻作》一书全面引用了该成果。张洪松等于1991年利用聚类分析法，以县级农业区划为依据对四川盆地的稻作区划作了进一步研究和深化，确定将四川划分为6个稻作区，分别是：Ⅰ盆南丘陵长暖季伏旱双季稻作区、Ⅱ盆东平行岭谷高温伏旱单双季稻作区、Ⅲ盆中丘陵多旱夏热一季中稻区、Ⅳ盆西平原春夏旱微热一季中稻区、Ⅴ盆周山地冷凉早中熟一季稻作区、Ⅵ川西南中山宽谷亚热带偏干单双季稻作区。地理分布如图2-1，各稻作区的分异特征见表2-1，本区划将依据该研究成果进行综合论述。

表2-1　四川盆地各稻作区分异特征组平均值

分异指标	分　区					
	Ⅰ	Ⅱ	Ⅲ	Ⅳ	Ⅴ	Ⅵ
水稻生育期（d）	212	202	191	182	180.6	147
日温≥10℃初日（d/m）	2/3	7/3	11/3	17/3	15/3	17/3
≥10℃积温（℃）	5 817	5 675	5 463	5 118	5 131	4 399
≥15℃积温（℃）	4 932	4 824	4 637	4 336	4 278	3 041
年降水量/年蒸发量	0.96	0.97	0.81	1.00	0.98	0.51
3～10月日均温（℃）	22.0	21.9	21.4	20.3	20.3	17.7
3～10月降水量（mm）	973.9	1 003.4	893.9	1 006.6	1 058.4	931.1
3～10月日照数（h）	1 055.5	1 125.1	1 072.7	943.1	992.8	1 402.2
3～10月雨日数（d）	118.9	110.8	108.8	124.6	126.3	121.7
4～6月降水量（mm）	348.2	415.2	280.6	262.4	358.5	312.1
日均温≥30℃日数（d）	13.2	21.4	8.3	0.8	8.9	0.7
7～9月日照数（h）	512.0	561.6	488.8	408.0	457.9	466.3
9～10月日均温（℃）	20.6	20.7	19.9	19.2	19.1	16.3

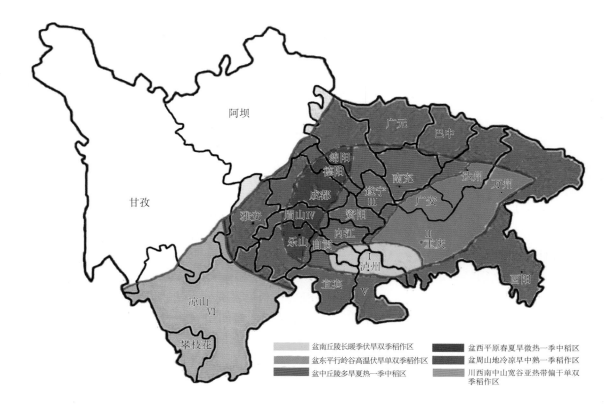

图2-1 四川盆地稻作区划

一、盆南丘陵长暖季伏旱双季稻作区

本区包括泸州、自贡、宜宾、江津四市的长江上游和沱江、岷江下游地区21个县、市（或区）的500多个镇（乡）。本区常年种稻面积43.30万hm²，以丘陵地貌为主，是四川盆地内热量条件最好的地区，春早、夏长而酷热。年≥10℃积温6 400～6 800℃，日温稳定通过10℃ 初日始期在3月上旬，日温稳定通过20℃终止期在9月下旬，水稻安全生长期在180d以上。生长季降水量1 000mm左右，湿期长，干燥度变化小，但7月下旬至8月上旬常出现高温少雨天气；日照时数900～1 100h，太阳总辐射263.77～284.70kJ/cm²。

本区大部分地方可种植双季稻，但现在主推一季中稻蓄留再生稻的种植模式，再生稻面积占稻田面积的70%。本区冬水田面积大，约占稻田面积的73%，深脚烂泥田约占稻田面积的20%。稻田土壤主要是灰棕紫泥和暗紫泥发育而成的水稻土，矿质养分丰富，有机质含量较多，土壤呈中性。

二、盆东平行岭谷高温伏旱单双季稻作区

本区包括重庆大部、涪陵区北部、万州区西部和南充、达州市东南部的44个县、市（区）的1 700多个镇（乡），常年水稻种植面积73.30万hm²左右。本区地貌复杂，气候垂

直变化比较大，但稻田因主要分布在海拔500m以内的丘坝、河谷区，气候变化仍以纬度的地带性影响为主。年平均气温17～18.5℃，水稻安全生育期165～185d，年≥10℃积温5 600～6 000℃，日照时数1 200h左右，年降水量1 000～1 200mm。区内遂宁以下的涪江流域、南充以下的嘉陵江流域、渠县以下的渠江流域和长江河谷海拔400m以下地区，热量条件好，属典型的"三熟不足，两熟有余"的地区，也是杂交中稻蓄留再生稻的适宜区域。

本区水稻生产的气候限制性因素较多。一是早春气温回升虽较早，但很不稳定，不利于水稻适时早播和培育壮秧；二是5月下旬至6月上、中旬的绵雨寡日照，影响水稻分蘖和幼穗分化；三是7月下旬到8月上旬的高温伏旱天气，极端最高温可达42～44℃，酷热程度胜于盆南稻作区，且伏旱频率达60%～70%，是盆地内伏旱最多的区域试验，影响中稻开花结实和再生稻蓄留；四是9月中、下旬的低温秋绵雨，影响再生稻开花结实。本区稻田种植制度以小春作物—中稻和中稻—再生稻一年两熟为主。稻田土壤以棕紫泥、冷沙黄泥和灰棕冲积土为主，土壤较肥，但缺磷、缺锌，下湿田面积较大。

三、盆中丘陵多旱夏热一季中稻区

本区包括内江、遂宁全部，绵阳市南部，南充市西北部，乐山市东部和成都市的金堂，德阳市的中江共33个县（市或区）的约1 400个镇（乡）。常年水稻种植面积55.30万hm²左右，丘陵地貌约占90%。本区热量资源与盆东相近，年均温17～18℃，≥10℃积温5 200～5 600℃；但暑热不及盆东南，最热月日均温26～28℃，极端最高气温38～41℃；年降水量800～1 100mm，雨日和雨量均为盆地内最少的区域。季节降水既相似于盆西多春旱、夏旱，也类似于盆东多伏旱，各类干旱总计频率最大，是盆地内最多旱的地区。但该区域6月份阴雨日数少，秋绵雨频率较低，盛夏高温伏旱持续时间较短，危害比盆东南轻，对杂交中稻生产较为有利。年日照时数1 000～1 200h，太阳总辐射376.81kJ/cm²左右，但4～7月太阳总辐射量多于盆内其他地区。因此，本区虽少雨多旱，引水灌溉也较为困难，但中稻生长季的光、热条件都特别有利。

本区稻田土壤以蓬莱镇层沙泥岩形成的棕紫泥、遂宁层厚泥岩形成的红棕紫泥发育而成的水稻土为主，也有插花成片分布的灰棕紫泥发育的水稻土。土质偏沙，肥力较低，有机质含量1.6%左右，pH为7.5左右，土壤钾素含量高，氮、磷属中下水平。

四、盆西平原春夏旱微热一季中稻区

本区包括成都（除金堂）、德阳（除中江）、眉山三市，绵阳市西南部，乐山市北部和名山县东北浅丘区共34个县（市或区）的600多个镇（乡）。本区属于都江堰灌溉区，水旱轮作，经济发达，素有"天府之国"的称谓。常年水稻种植面积55.30万hm²，主要地貌类型为平原和台状浅丘，海拔高度为450～750m，相对高差一般在50m以内。本区热量条件次于盆内其他区域，年均温16.4℃，水稻生长季的4～8月平均温度22.6℃，极端最高气温36℃左右，日均温≥30℃日数极少出现；年≥10℃积温4 500～5 000℃。年降水量1 000～1 400mm，北部偏少，西南部偏多，降水主要集中在夏季，冬、春降水量仅分别占年降水量的5%和15%左右。年日照时数1 100～1 300h，太阳总辐射376.81kJ/cm²左右。

稻田土壤以冲积平原的灰潮土为主，土层深厚，结构良好，肥力较高；但本区西南部的名山、眉山一带，是老冲积红黄壤、白鳝泥田的集中分布区，土壤母质肥力差。本区由于河渠密布，机耕面积大，水稻以一季中稻为主，水稻后作以小麦、油菜为主，部分区县的蔬菜面积大，绿肥、马铃薯也有一定面积。

五、盆周山地冷凉早中熟一季稻作区

本区包括广元市、黔江区和雅安市大部，绵阳市西北部，达州市北部，万州东北部，涪陵、宜宾南部，乐山市西南部，德阳市西南部山区共75个县（市或区）的2 400多个镇（乡）。常年水稻种植面积62.00万hm²左右。本区范围广，境内山脉绵延，地势起伏较大，垂直分异明显。盆南边缘山地，冬暖夏热，年均温17～18℃，≥10℃积温5 200～5 800℃，是盆周山地热量条件最好的一个小区；年降水量1 100～1 300mm，春旱和伏旱不显著，秋季阴雨绵绵，限制了晚秋资源的充分利用。盆东山地，年均温16～18℃，≥10℃积温4 600～5 600℃；年降水量1 100～1 400mm，河谷地带雨量少，常有伏旱出现，秋雨天气少，每年春夏之际都可能出现冰雹。盆北边缘山地，气候温凉多雨，年均温13.5～16.5℃，≥10℃积温4 250～5 450℃；年降水量1 000～1 400mm，多集中在夏秋季，常造成春旱、夏秋暴雨和洪涝危害；年日照时数可达1 400h左右，是盆周山地光照较多的区域。盆西边缘山地，地处高原干冷气候与东南暖湿气候交汇地带，雨量特多，年雨量1 200～1 500mm，最大降水地带雨量可达2 000mm以上，雨日数为全省之最；日照特少，年日照仅860～1 000h，日照百分率多在25%以下。气温垂直变化，但盆周山区由于起伏大，逆温的出现使气温随高度变化呈非线性递减。盆周东部、南部海拔500m以下，北部600m以下，西部800m以下，递减率一般小于0.4℃/100m；而武陵、乌蒙山区800～1 200m层递减率为0.7～0.9℃/100m；西部和北部山区1 000～1 400m层，递减率最大可达2.0℃/100m。

盆周山地与长江中下游同纬度山区相比，热量条件虽有明显优势，但由于光、热、水间存在一定矛盾，暴雨、大风、冰雹、低温冷害、绵雨等灾害频繁；耕地分散，土壤类型多，土质较差，土壤普遍缺磷；水土流失严重，施肥水平低；稻田种植制度和水稻品种类型差异较大，水稻单产低。

六、川西南中山宽谷亚热带偏干单双季稻作区

本区包括攀枝花市和凉山彝族自治州（木里县一部分）的全部，康定、泸定、九龙、石棉、汉源、峨边、马边、甘洛县的一部分，共25个县（市或区）的700多个镇（乡）。本区大部分地面海拔为1 000～3 000m，地形复杂，坡陡谷深，常年水稻种植面积8.00万hm²。稻田主要分布在南部盆地，水稻种植的海拔上限在2 600m左右。本区气温年变化小而日变化大，干湿季节分明，日照多，辐射强，是四川省光资源最富足的地区。但因地形复杂，气候垂直变化比盆周山地更明显，南、北部的气候差异也较大。南部的米易、宁南一带的河谷地区，日温≥10℃持续日数可达300～360d，积温6 400～7 400℃，年降水量750～1 100mm，年日照时数2 200～2 700h，水稻生长季的太阳总辐射314.01～355.88kJ/cm²。这一地区由于降水少，气候干燥，年均相对湿度仅为60%左右，干旱天数达200d左右。南部半山地区和部分河谷地带，年均温只有13～17℃，≥10℃积温4 800～6 200℃，最热

月平均气温20～22℃；年降水量1 000mm左右，年日照时数1 600～2 200h，年总辐射量418.68～502.42kJ/cm²。

本区稻田土壤主要由燥红土、老冲积黄泥、山地黄棕壤母土发育而成，pH5.7左右，有机质含量2.3%，氮、磷、钾含量分别为0.08%、0.078%和1.98%，无论是全量还是有效量都是全省较低的。但是在充足的光温资源下，只要有水源保证，稻谷单产水平可达13.5t/hm²，是四川水稻生产潜力最高的区域，且所产稻米品质优良。更为突出的是该区域近年来充分利用秋冬季的自然优势，推广水旱轮作发展蔬菜生产，显著地增加了农民收入。

第二节　四川省水稻品种改良历程

四川省水稻改良可分为五个阶段。一是利用地方品种阶段（1949年前），水稻平均产量在2 700kg/hm²左右。二是地方品种改良阶段（1950—1960年），水稻平均产量达到3 000kg/hm²左右。三是矮秆育种阶段（1961—1975年），水稻平均产量稳定跨上3 600kg/hm²台阶。四是常规稻改杂交稻阶段（1976—1995年），1978年水稻平均单产跨上4 500kg/hm²台阶，1983年跨上6 000kg/hm²台阶，1995年则跨上7 500kg/hm²台阶。五是杂交稻向优质、高产、抗病兼顾发展阶段（1996年至今），这一时期，在水稻产量上增加不明显，但在品质、稻瘟病抗性上得到长足的发展。

一、利用地方品种阶段（1949年以前）

四川水稻改良之最早历史大约是从20世纪初开始，即从晚清周孝怀于成都创设农业讲习所、省农事试验场，开展稻作及其他作物改良开始。此后于1933年在重庆磁器口设立中心农事试验场，1934年四川农学院成立，从事水稻改良育种工作。最初的工作是由四川各县采集品种，以供纯系育种，并从国立中山大学农学院及浙江省稻麦改良场等农事机关引进品种品系，做品种比较和纯系育种试验。1936年4月在成都成立四川省稻麦试验场，同年11月合并、扩大，建立四川省稻麦改进所，主要从事稻麦品种之改进，但亦兼及杂粮。1936—1938年参加了全国12省28个场、校合作举行的"全国各地著名稻种比较试验"。

1939年9月1日，在成都外东净居寺，正式成立四川省农业改进所（四川省农业科学院前身），在稻麦改良场内，分设稻作股，专事稻作发育改良之研究，并在省内设立泸县、合川、绵阳3个分场，在达县和阆中设立两个区域试验点，从事水稻品种比较及区域适应性等试验。

1938—1945年在四川稻麦试验场主持下，先后鉴定筛选出永川沙刁早、成都富绵黄（合川油粘）、川农都江玉（郫县大叶子）、成都水白条、开江巴州齐（谷）、宜宾竹桠谷、川农嘉陵雄（隆昌红边粘）、合川托托黄、巴县马边齐（粘）、筠连粘等地方良种，这些地方良种在当地的推广应用，对当时水稻生产淘汰劣种简化良种，起了一定作用。其后通过纯系育种，四川省农业改进所育成川农422（灌县谷儿子选系）、川农303（嘉定疲达谷选系）、川农1051（仁寿东油条选系）、川农282（宜宾竹桠谷选系）、四川省农业改进所稻麦试验场绵阳分场育成绵阳156（德阳B稻选系）、四川省农业改进所稻麦试验场泸州分场育成泸场

142-3（犍为硬秆麻谷子选系），上述品种是四川育成的第一批品种，在省内一些地区推广应用，对当时的水稻生产起到了促进作用。

1937—1945年抗日战争期间，原中央农业实验所迁入四川，于1940年育成中农4号（湖南临湘铁脚早选系）、1944年育成中农34（浙江半早稻选系），中农4号、中农34在我国长江流域稻区得到大面积应用。

1936—1938年由原四川稻麦改进所引进的南特号、胜利籼、浙场3号、浙场9号也在四川得到大面积推广。

二、地方品种改良阶段（1950—1960年）

这一阶段继续扩大1949年前鉴定的地方良种的同时，在各级政府的领导下和各级农业科研单位的参与下，各县普遍开展了地方水稻良种的普查评选，通过各级场、站和大面积生产鉴定出一批地方良种，如开县80早、万县洋早谷、崇庆六月黄、宜宾竹桠谷、犍为硬秆麻谷、岳农1号、光明籼（三百棒）、一根苗、蒲江小酒谷、四川沱沱谷、灌县黑谷子等。其中岳农1号、灌县黑谷子、光明籼（三百棒）种植面积都在数百万亩以上，蒲江小酒谷成为四川20世纪50年代主要优质糯稻品种。育种工作以系统选育为主，也开展杂交育种，同时从省外引进优良品种。生产上应用的地方品种逐步被鉴定良种、系统选育和引进的改良品种所取代。20世纪50年代育成的水稻品种有泸场3号、西南175、川大粳稻等，在当时生产条件下发挥了良好的增产作用。

三、高秆品种改矮秆品种阶段（1961—1975年）

这一时期受引进矮秆品种的增产作用的影响，四川省农业科学院作物研究所、水稻研究所，四川农学院及内江、万县、南充、宜宾等地区农业科学研究所调整育种目标，开展矮秆育种，育成了泸双1011、矮沱谷151、2134、成都矮4号、成都矮8号、八四矮63、一四矮2127、虹双2275、80-133、泸成17、泸岳2号、泸科1号、泸科3号、内中152、蜀丰108、蜀丰109、万中80等中稻品种；泸开早、泸洋早、万早等早稻品种；泸晚4号、泸晚8号、泸晚17、泸晚23、6640、66-19、跃进3号、跃进4号等晚粳品种。实现了早、中、晚稻的配套，满足了当时四川省水稻生产对不同类型品种的需要。

四、常规稻改杂交稻阶段（1976—1995年）

四川省从1976年开始试种杂交籼稻，产量显著高于常规籼稻。经过以后几年的示范推广，至1990年杂交水稻种植面积占四川水稻总面积的93.3%，基本上达到饱和。四川的杂交水稻育种从引进逐步过渡到自主培育，育成了冈二九矮7号A、冈朝阳1号A、泸南1号A、菲改A、矮科早A、索朝A、D汕A、冈46A等不育系；CDR22、多系1号、辐恢838、辐恢06、5716、814111、429、青科51等恢复系；冈矮63、冈朝1号、泸南630、冈优22、汕优多系1号、Ⅱ优838等杂交水稻品种。在水稻生产上四川自主培育的杂交稻品种逐渐替代引进的杂交稻品种，自主品种的种植面积由1990年占不足省水稻生产面积的10%，上升到1996年的90%以上。而冈优22、Ⅱ优838、汕优多系1号亦成为我国南方杂交中籼稻的主栽品种。

五、杂交稻向优质、高产、抗病兼顾型发展阶段（1996年至今）

四川的水稻改良开始是以产量为主要目标进行，特别是杂交水稻培育了一批高产品种，如冈优527、冈优725、冈优188等，而忽略了稻米品质。为此，四川省农业厅于1985年开展了四川省第一届"稻香杯"优质稻评选，嗣后于1999年、2002年、2005年举行了三届"稻香杯"评选，选出一批优质稻品种，满足当时水稻生产对优质稻的需求。根据水稻生产的需要，省内各育种科研教学单位纷纷以改良杂交水稻亲本着手，调整杂交水稻育种目标，育成了一批优质亲本：川香29A、川106A、宜香1A、泸香618A、旌香1A、德香074A、内香2A、内5A、D香A、花香1A、D62A、蓉18A、成恢727、成恢3203、蜀恢527、蜀恢498、雅恢2115、蜀恢162、泸恢602、宜恢7633、宜恢4245等；育成了Ⅱ优7号、Ⅱ优162、Ⅱ优602、D优527、协优527、D优202（泰优1号）、一丰8号（K优2527）、金优527、F优498、德香4103等被农业部确认为超级稻的品种；育成了品质达到国颁三级以上优质米标准的品种川优6203、宜香优2115、旌优127、宜香优7633、宜香4245、川优727、川香8108、川香优178、内5优39、内5优5399、泸优908、花香优1号、内5优306、花香优1618、宜香优2168、宜香2079、宜香2239、宜香2292、D香101、宜香707、宜香3724、内5优317等。特别是川优6203、宜香优2115、旌优127、内5优39、宜香优4245等的育成，解决了四川杂交水稻高产不优质的难题，为四川发展稻米产业奠定了基础。

参考文献

中华人民共和国农业部, 2012. 2011年中国农业统计年鉴[M]. 北京: 中国农业出版社.

四川省农业科学院主编, 1991. 四川稻作[M]. 成都: 四川科学技术出版社.

四川省农业资源与区划编委会. 1986. 四川省农业资源与区划（上、下篇）[M]. 成都: 四川省社会科学院出版社.

张洪松, 尹升华, 黄泽林, 1991. 应用聚类分析方法对四川稻作分区的进一步探讨[J]. 西南农业学报(3): 1-9.

李实蕡, 杨明钧, 崔明新, 1989. 四川省再生稻种植区划初探[J]. 西南农业学报(2): 1-6.

罗继荣, 1994. 四川杂交水稻生产回顾与展望[J]. 杂交水稻(3-4): 82-85.

陆贤军, 任光俊, 李勤修, 彭兴富, 1998. 籼型杂交水稻恢复系选育研究进展[J]. 西南农业学报, 11(院庆专辑): 58-63.

第三章
四川省品种介绍

ZHONGGUO SHUIDAO PINZHONGZHI · SICHUAN CHONGQING JUAN

第一节　常　规　稻

80-133 (80-133)

品种来源：四川省农业科学院作物研究所于1975年以IR24/原丰早为杂交组合，经系谱法于1980年育成。

形态特征和生物学特性：属常规中籼稻品种。作中稻栽培，全生育期145d左右，株高95～105cm，苗期矮健，分蘖力中等，根系发达，生长势旺，拔节后株型紧散适中，剑叶中宽且短，直立不披，抽穗集中，穗层整齐，灌浆速度较快，后期转色好，谷黄秆青。每穗着粒97～106粒，结实率80%以上，稃尖无色，有顶芒，谷粒黄色，籽粒长粒形，种皮白色，千粒重31.5g。

品质特性：糙米率80%，精米率73%，适口性好。

抗性：感稻瘟病，适应性较广。

产量及适宜地区：1982—1983年参加四川省水稻新品种区域试验，2年区域试验平均产量均超过对照桂朝2号，分别增产3.5%和0.77%。该品种1980年以来累计推广面积超过27.00万hm²。适宜四川省平坝和丘陵非稻瘟病常发区种植，但深脚田、烂泥田不宜种植。

栽培技术要点：①建立各级留种田，保证种子纯度。②稀播育壮秧，栽足基本苗，一般生产条件下掌握栽插150万～180万苗/hm²。③适期播种。④按照不同土壤类型，泥田掌握应用氮肥全层一次基施法，其他类型土壤，可用重底肥早追肥施肥技术。根据田间长势，掌握看苗根外追施磷钾肥，切忌中后期施用过量氮肥。⑤及时防治病虫危害。

E优512（E you 512）

品种来源：四川农业大学水稻研究所于1997年用同源三倍体SAR-3作母本，混合花粉作父本，在F_1分离，F_2稳定，F_3育成。2002年通过四川省农作物品种审定委员会审定。

形态特征和生物学特性：属常规中籼糯稻品种。作中稻栽培，全生育期147.8d，比对照荆糯6号早熟1.5d，株叶型较好，剑叶中宽直立，苗期分蘖力稍弱，田间生长整齐，后期转色好。株高110.0cm左右，穗长24.7cm，每穗平均着粒178.5粒，结实率77.2%，颖壳黄色，稃尖无色，籽粒椭圆形，种皮白色，千粒重24.4g，

品质特性：糙米率80.2%，精米率70.0%，整精米率60.5%，糙米粒长5.5mm，糙米长宽比2.3，碱消值3.2级，胶稠度100mm，籽粒蛋白质含量11.1%。达到部颁优质籼糯米二级。适宜作汤圆粉。

抗性：稻瘟病抗性与对照相当，秆硬抗倒伏。

产量及适宜地区：1999—2000年参加四川省糯稻组区域试验，2年区域试验平均产量7.12t/hm^2，比对照荆糯6号增产2.23%。2001年参加四川省内不同生态区的生产试验，平均产量7.65t/hm^2，比对照荆糯6号增产7.80%。适宜四川省籼稻区作一季中稻种植。

栽培技术要点：适时早播，培育多蘖壮秧，栽插规格为16.7cm×23.3cm，栽插基本苗150万～180万苗/hm^2，重施底肥，早追分蘖肥，氮、磷、钾、有机肥配合施用。

矮沱谷151（Aituogu 151）

品种来源：四川省农业科学院作物研究所以成都矮8号/泗沱2521为杂交组合，经系谱法于1961年育成。

形态特征和生物学特性：属常规中籼稻品种。株型适中，剑叶宽大，叶色深绿，柱头紫色，分蘖力较弱，熟期转色好，全生育期139.8d，株高90～100cm，每穗平均着粒130粒，颖壳黄色，籽粒阔卵形，稃尖紫色，种皮白色，无芒，千粒重22～24g。

品质特性：米质中等。

抗性：感稻瘟病。

产量及适宜地区：大田生产产量一般为6.00～6.37t/hm²。该品种1961年以来累计推广面积130.00万hm²。适宜四川平坝、丘陵稻瘟病非常发区种植。

八四矮63（Basiai 63）

　　品种来源：四川省农业科学院作物研究所以成都矮8号/成都矮4号为杂交组合，经系谱法于1972年育成。1982年河南审定，编号：八四矮63。

　　形态特征和生物学特性：属常规中籼稻品种。全生育期135d。分蘖力中等，株高100cm，每穗平均着粒140粒，颖尖紫褐色，颖壳秆黄色，籽粒椭圆形，种皮白色，无芒，千粒重26g。

　　品质特性：米质中等。

　　抗性：感稻瘟病。

　　产量及适宜地区：一般产量在6.00t/hm^{2}左右。该品种1972年以来累计推广面积59.31万hm^2。适宜四川、河南南部种植。

昌米011 （Changmi 011）

品种来源：四川省凉山州西昌农业科学研究所以IR26/成都晚粳//罗密欧///黎优57为杂交组合，经系谱法选育而成。1999年通过四川省农作物品种审定委员会审定。

形态特征和生物学特性：属常规中籼稻品种。全生育期160～170d，比对照汕优63早熟7d左右，株型松紧适中，分蘖力强，剑叶直立，叶色深绿，株高85cm左右，穗长18～20cm，每穗平均着粒120粒左右，结实率80%以上，颖壳黄色，稃尖无色，籽粒细长形，种皮白色，无芒，千粒重25～27g。

品质特性：米粒透明。稻米品质大部分性状达到部颁一级或二级优质米标准。

抗性：抗稻瘟病。

产量及适宜地区：1987—1988年参加凉山彝族自治州水稻新品种区域试验，2年区域试验平均单产8.13t/hm²，比对照涪江2号增产6.4%。适宜四川省海拔1 600m以下常规优质籼稻区种植。

栽培技术要点：适时播种，培育壮秧，栽插基本苗150万～180万苗/hm²。重施底肥、早施追肥，增施磷、钾肥，后期及时防治病虫害，适时收割提高效益。

昌米446（Changmi 446）

品种来源：四川省凉山州西昌农业科学研究所和西昌市良种场以LW2S/昌米017-6为杂交组合，经系谱法选育而成。2007年通过四川省农作物品种审定委员会审定。

形态特征和生物学特性：属常规中籼稻品种。全生育期167.8d，较对照昌米011长9.5d。株高94.6～101.6cm，苗期生长旺盛，叶色浓绿，株型适中，剑叶短，直立，叶缘、叶耳、叶枕、叶舌、节间均为绿色，后期转色落黄好，易脱粒，分蘖力较强，有效穗数一般为330万穗/hm²左右，成穗率70%左右。穗形弯垂形，穗长20.0～21.4cm，每穗着粒104.6～114.9粒，结实率90%，谷粒黄色，籽粒细长形，颖尖浅黄色，芒稀有，种皮白色，千粒重28.0g。

品质特性：糙米率79.4%，精米率73.1%，整精米率69.1%，垩白粒率4%，垩白度0.4%，透明度1级，碱消值7.0级，胶稠度46mm，直链淀粉含量17.5%，蛋白质含量9.2%。

抗性：感稻瘟病。

产量及适宜地区：2004—2005年参加凉山彝族自治州水稻新品种区域试验，2年区域试验平均产量9.00t/hm²，比对照昌米011增产21.4%；2006年生产试验平均产量10.80t/hm²，比对照昌米011增产16.5%。适宜四川省凉山彝族自治州籼稻区种植。

栽培技术要点：①播种期：惊蛰至春分播种为宜，小满前移栽，秧龄40～50d为宜，用种量30～45kg/hm²，培育壮秧。②栽插密度：栽插规格可采用20cm×16.7cm、16.7cm×16.7cm或宽窄行（23.3+16.7）cm×16.7cm、（23.3+16.7）cm×13.3cm，栽插30万～37.5万穴/hm²，每穴栽插4～5苗，栽插基本苗120万～150万苗/hm²为宜。③施肥管理：施肥上应重底肥，早追肥，增施农家肥，氮、磷、钾肥配合施用为佳，并适当补充微量元素肥料（如锌肥等），施肥量应按地力及苗情灵活掌握，避免偏施氮肥。④适时收割：成熟时及时收获，缓慢风干，不宜曝晒，以利于提高产量、品质及色泽，提高商品性。⑤其余栽培管理措施，如除草、防治病虫害、水分管理等均与一般大田生产相同。

成都矮5号（Chengduai 5）

品种来源：四川省农业科学院作物研究所以广场矮1号/成都矮1号为杂交组合，经系谱法于1965年育成。

形态特征和生物学特性：属常规中籼稻品种。全生育期140d，分蘖力中，株高90cm，每穗平均着粒130粒，籽粒阔卵形，颖尖褐紫色，颖壳黄色，种皮白色，无芒，千粒重25g。

品质特性：米质中等。

抗性：感稻瘟病。

产量及适宜地区：一般产量在6.00t/hm²左右。该品种1965年以来累计推广面积3.33万hm²。适宜四川平坝、丘陵非稻瘟病常发区种植。

成都矮7号 （Chengduai 7）

　　品种来源：四川省农业科学院作物研究所以矮脚南特/马边双须谷为杂交组合，经系谱法于1965年育成。

　　形态特征和生物学特性：属常规中籼稻品种。全生育期150d，分蘖力强，株高90cm，每穗平均着粒135粒，籽粒阔卵形，颖尖褐紫色，颖壳黄色，种皮白色，无芒，千粒重23g。

　　品质特性：米质中等。

　　抗性：感稻瘟病。

　　产量及适宜地区：一般大田产量6.0t/hm²。适宜四川平坝、丘陵非稻瘟病常发区种植。1977年最大年推广面积6.67万hm²。

成都矮8号（Chengduai 8）

品种来源：四川省农业科学院作物研究所以广场矮1号/岳农1号为杂交组合，经系谱法于1963年育成。

形态特征和生物学特性：属常规中籼稻品种。全生育期145d，分蘖力弱，株高110cm，每穗平均着粒140粒左右，籽粒阔卵形，颖尖褐紫色，颖壳秆黄色，种皮白色，无芒，千粒重25g。

品质特性：米质中等。

抗性：感稻瘟病。

产量及适宜地区：一般大田产量6.0t/hm²左右。1969年最大年推广面积33.33万hm²。适宜四川平坝、丘陵非稻瘟病常发区种植。

成糯24（Chengnuo 24）

品种来源：成糯24（原名"H7724"）是四川省农业科学院作物研究所1975年以中糯红野为母本，南粳32为父本杂交选育而成。1985年通过四川省农作物品种审定委员会认定。

形态特征和生物学特性：属常规迟熟中粳糯稻品种。在四川作中稻栽培，全生育期150d左右；作双季晚稻栽培，全生育期为132d左右。株高85～100cm，株型松散适中，叶立、叶色淡绿，长势旺，每穗平均着粒75粒，结实率80%，稃尖紫色，颖壳黄色，种皮白色，无芒，千粒重25g。

品质特性：精米率70%，糯性好。

抗性：感稻瘟病，耐寒。

产量及适宜地区：一般大田产量6.0～7.5t/hm²。1983年最大年推广面积0.67万hm²。适宜四川平坝、丘陵非稻瘟病常发区种植。

栽培技术要点：①稀播，培育多蘖壮秧，秧龄40d左右为宜，但不要超过50d。②适当密植，一般株行距13.3cm×23.3cm或16.7cm×23.3cm，每穴栽插6～7苗。③施肥水平可参照杂交稻的方法，一般135～150kg/hm²纯氮。④不宜断水过早或提早收获。⑤作晚稻栽培：宜密植，以10cm×20cm、每穴栽7～8苗为好。⑥播前用1：50的福尔马林药液浸种3h或1%的石灰水浸种2～3d，预防恶苗病。

成糯397（Chengnuo 397）

品种来源：四川省农业科学院作物研究所从香粳糯70681（2300/大白酒谷）中系选而成。2002年通过四川省农作物品种审定委员会审定。

形态特征和生物学特性：属常规中籼糯稻品种。全生育期147.4d，比对照荆糯6号长1d左右，株高121cm，生长势旺，株型松散适中，叶鞘、叶耳无色，分蘖力中等偏上，有效穗数270万穗/hm²左右，穗长23cm，每穗平均着粒134粒，结实率79%左右，籽粒细长形，稃尖无色，颖壳黄色，种皮白色，无芒，千粒重26g。

品质特性：糯性较好，直链淀粉含量1.8%。

抗性：感稻瘟病。

产量及适宜地区：1999—2000年参加四川省糯稻区域试验，2年区域试验平均产量7.34t/hm²，比对照荆糯6号增产5.2%。2001年生产试验平均产量7.44t/hm²，比对照荆糯6号增产5.35%。适宜四川省种植荆糯6号的地区种植。

栽培技术要点：适时早播，秧龄40d左右，合理密植，栽25.5万穴/hm²左右，基本苗180万苗/hm²左右，施纯氮150～180kg/hm²。

成糯88（Chengnuo 88）

品种来源：四川省农业科学院作物研究所以成糯24/艾糯为杂交组合，经系谱法育成。2003年通过四川省农作物品种审定委员会审定。

形态特征和生物学特性：属常规中粳糯稻品种。全生育期140.1d，比对照沱江糯5号短5.6d。株高104.9cm，叶片长宽适中，剑叶直立，叶色深绿。有效穗数240万～270万穗/hm²，穗长20.8cm，每穗平均着粒96.6粒，结实率84.7%，籽粒阔卵形，颖壳黄色，稃尖无色，种皮白色，无芒，千粒重26.7g。

品质特性：糙米率81.4%，精米率75.5%，整精米率61.6%，糙米长宽比1.7，胶稠度96mm，直链淀粉含量1.8%，蛋白质含量10.3%，碱消值6.5级。

抗性：高感稻瘟病。

产量及适宜地区：2001—2002年参加四川省糯稻组区域试验，2年区域试验平均产量5.69t/hm²，比对照沱江糯5号增产2.17%。适宜四川稻区稻瘟病非常发区种植。

栽培技术要点：适时早播，培育多蘖壮秧，栽足基本苗120万～150万苗/hm²。施肥重底肥，早追肥，氮、磷、钾配合，增施有机肥，综合防治病虫害等。

楚粳 28 （Chugeng 28）

品种来源：楚雄彝族自治州农业科学研究推广所用楚粳26/96Y-6杂交，经系谱法选育而成。2012年通过四川省农作物品种审定委员会审定。2010年获国家植物新品种权，品种权号：CNA20070368.4。

形态特征和生物学特性：属常规中粳稻品种。全生育期183.0d，比对照合系22-2长1.6d。株高88cm，株型适中，剑叶内卷直立，叶绿色，穗弯垂，有效穗数511.5万穗/hm^2，穗长16.8cm，每穗平均着粒129.4粒，结实率74.4%，谷粒卵圆形，稃尖无色，颖壳黄色。千粒重22.7g。

品质特性：糙米率79.4%，整精米率63.1%，糙米长宽比1.7，垩白粒率8%，垩白度1.5%，胶稠度64mm，直链淀粉含量16.2%、蛋白质含量10.1%。米质达到国颁三级优质米标准。

抗性：中感稻瘟病。

产量及适宜地区：2011—2012年参加凉山彝族自治州水稻新品种区域试验，2年区域试验平均产量10.06t/hm^2，比对照合系22-2增产9.1%，2012年生产试验，平均产量9.59t/hm^2，比对照合系22-2增产9.7%。适宜四川省凉山彝族自治州海拔1 500～1 850m的常规粳稻区种植。

栽培技术要点：①种子消毒：用咪鲜胺等药剂浸种72h，预防恶苗病。②培育壮秧：扣种稀播，秧龄45～50d。③肥水管理：氮、磷、钾肥搭配使用，够蘖晒田，控制下部节间伸长，增强抗倒伏能力。④根据植保预测预报，综合防治病虫害，注意防治叶鞘腐败病、稻曲病和预防稻瘟病。

楚粳29（Chugeng 29）

品种来源：楚雄彝族自治州农业科学研究推广所用94预46/滇系10号杂交，经系谱法选育而成。2012年通过四川省农作物品种审定委员会审定。2010年获国家植物新品种权，品种权号：CNA20070369.2。

形态特征和生物学特性：属常规粳稻品种。全生育期181.5d，比对照合系22-2长0.1d。株高86.6cm，株型适中，剑叶内卷直立，叶绿色，穗弯垂，有效穗483万穗/hm²，穗长16.3cm，每穗平均着粒118.3粒，结实率74.9%，谷粒卵圆形，稃尖无色，颖壳黄色，种皮白色，千粒重23.3g。

品质特性：糙米率80.4%，整精米率65.7%，糙米长宽比1.6，垩白粒率24%，垩白度2.2%，胶稠度68mm，直链淀粉含量16.7%，蛋白质含量11.0%，米质达到国颁三级优质米标准。

抗性：中感稻瘟病。

产量及适宜地区：2011—2012年参加凉山彝族自治州水稻新品种区域试验，2年区域试验平均产量9.56t/hm²，比对照合系22-2增产3.7%；2012年生产试验，平均产量8.99t/hm²，比对照合系22-2增产2.8%。适宜四川省凉山彝族自治州海拔1 500～1 850m的常规粳稻区种植。

栽培技术要点：①种子消毒：用咪鲜胺等药剂浸种72h，预防恶苗病。②培育壮秧：扣种稀播，秧龄45～50d。③肥水管理：氮、磷、钾肥搭配使用，够蘖晒田，控制下部节间伸长，增强抗倒伏能力。④根据植保预测预报，综合防治病虫害，注意防治叶鞘腐败病、稻曲病和预防稻瘟病。

川米2号（Chuanmi 2）

品种来源：四川省农业科学院水稻高粱研究所1983年从台中选育285中系统选育而成。1989年通过四川省农作物品种审定委员会审定。

形态特征和生物学特性：属常规中熟中籼稻品种。全生育期140d左右，株型紧凑，叶片窄而直立，叶色较绿，分蘖力强，苗期长势中等，较耐寒，抽穗整齐一致，青秆黄熟，易脱粒，株高90～95cm，有效穗数可达345万穗/hm²左右，实粒数75～80粒，结实率80%左右，籽粒细长形，颖壳黄色，稃尖无色，种皮白色，无芒，千粒重24g左右。

品质特性：糙米率75%～80%，精米率70%～75%，米粒半透明，适口性好，1986年被评为四川省优质米。

抗性：较抗稻瘟病，轻感纹枯病。

产量及适宜地区：1986—1987年参加四川省水稻优质米组区域试验，2年区域试验平均产量7.38t/hm²，比对照涪江2号增产6.15%，大面积示范种植一般产量在6.75t/hm²左右。适宜四川省平坝、丘陵地区作搭配品种使用。

栽培技术要点：作中稻栽培，一般3月下旬至4月上旬播种，秧田播种量375～450kg/hm²，秧龄30～40d，栽插基本苗180万～210万苗/hm²，施纯氮135kg/hm²左右。

川新糯 （Chuanxinnuo）

品种来源：四川省原子核应用技术研究所以广解9号/IR8为杂交组合，经系谱法育成。1985年四川省农作物品种审定委员会认定品种。

形态特征和生物学特性：属常规早熟中籼糯稻品种。作中稻栽培全生育期132d，作晚稻栽培130d左右。株高100cm左右。较耐寒，分蘖力较强，叶色深绿，株型适中，成穗率较高，抽穗整齐，成熟一致，后期转色好。每穗平均着粒110粒，结实率90%，谷粒细长，颖壳淡黄色，千粒重28g以上。

品质特性：直链淀粉含量0，支链淀粉含量100%，粗蛋白含量10.1%。

抗性：中抗稻瘟病，较抗倒伏。

产量及适宜地区：一般产量在3.75t/hm²。该品种1985年以来累计推广面积超过7.27万hm²。适宜南方稻区种植。

栽培技术要点：①稀播，培育适龄壮秧。作中稻宜在清明前后播种，播量不超过450kg/hm²，秧龄35～40d为宜。移栽规格。穴行距一般23.3cm×16.7cm，基本苗要保持在180万苗/hm²左右。②肥水管理。前茬麦田施氮量不超过150kg/hm²纯氮，泥田底肥一道清较好。注意重施底肥，早施追肥，以有机肥为主。追肥在栽后10d内完成，栽秧后要深水护苗，返青后浅水灌溉。栽后20d，苗够时即根据苗架长势和土壤性质适当露田、晾田或晒田。大半吊黄即排干田水，注意适时收获，防止自然落粒及鼠雀危害。

川植3号 (Chuanzhi 3)

品种来源: 四川省农业科学院植物保护研究所于1979年用桂朝2号作母本,740098作父本杂交选育而成。1989年通过四川省农作物品种审定委员会审定。

形态特征和生物学特性: 属常规中熟中籼稻品种。作中稻栽培,全生育期一般140d左右,比对照泸科3号长1～2d。苗期长势中等,较耐寒,株型紧凑,叶片窄而直立,分蘖力较强,有效穗数300万～345万穗/hm²,株高100cm左右,每穗平均着粒120粒,结实率80%左右。千粒重23～24g。

品质特性: 糙米率80%左右,精米率70%～71%,垩白较大,适口性一般。

抗性: 抗稻瘟病,中抗白叶枯病,轻感纹枯病。

产量及适宜地区: 1985—1986年参加四川省水稻中籼组区域试验,2年区域试验平均产量7.47t/hm²,与对照泸科3号产量相近,大面积示范种植一般产量6.75～7.5t/hm²。适宜四川省稻瘟病常发区作搭配品种种植。

栽培技术要点: 作中稻栽培一般3月下旬至4月上旬播种,秧田播种量375kg/hm²左右,秧龄35～40d,基本苗180万苗/hm²左右,施纯氮120～135kg/hm²。

涪江2号 (Fujiang 2)

品种来源：绵阳农业专科学校用四优1号（V41A/泰引1号）与矮优3号（二九矮4号A/IR661）配组育成，原编号：82-587。1986年通过四川省农作物品种审定委员会审定。

形态特征和生物学特性：属常规早熟中籼稻品种。全生育期132～138d，比对照汕优63早熟8～10d。株型紧凑，叶片窄直，剑叶角度小，植株和穗层整齐，叶鞘、叶缘、颖尖、柱头无色。株高100cm左右，穗长22cm，每穗平均着粒110.8粒，结实率85.8%，谷粒无芒，谷壳灌浆时为麻壳、成熟后为黄色，种皮白色，籽粒细长形，千粒重25.5g。

品质特性：糙米率79.3%，精米率75%，整精米率69.7%，直链淀粉含量18.34%，糙米长宽比3.03，垩白粒率5%。

抗性：抗叶瘟、穗颈瘟，轻感纹枯病。

产量及适宜地区：1984年参加四川省中籼早熟组区域试验，平均产量7.08t/hm²，比对照泸双1011增产1.10%；1985年参加中籼中熟组区域试验，平均产量6.88t/hm²，比对照泸科3号减产1.22%。该品种1986年以来累计推广面积超过4.00万hm²。适宜四川盆地内海拔800m以下的平丘地区作配搭品种使用。

栽培技术要点：①匀播稀播，培育适龄多蘖壮秧，四川作中稻栽培，3月下旬至4月上中旬播种，秧龄40d左右为宜，育秧方式以地膜或温室两段秧为宜，秧田用种量600kg/hm²。②合理密植，穴行距23.3cm×13.3cm或20cm×13.3cm，栽插基本苗225万苗/hm²。③施足底肥，早施重施分蘖肥，看苗补施穗肥，施纯氮300～375kg/hm²，注意氮磷钾配合使用。④苗期和本田期注意防治蓟马、飞虱、叶蝉等危害。

辐415（Fu 415）

品种来源：四川农业大学用^{60}Coγ射线辐射处理桂朝2号干种子，于1985年选育成的中籼中熟常规种。1988年通过四川省农作物品种审定委员会审定。

形态特征和生物学特性：属常规中籼稻品种。作中稻栽培全生育期140～145d。株型较紧凑，叶片窄而挺直，叶色浓绿，分蘖力强，苗期长势稳健，抽穗整齐，后期转色好，易脱粒，株高97cm左右。每穗平均着粒115粒，结实率85%，颖壳黄色，籽粒椭圆形，种皮白色，无芒，千粒重25～26g。

品质特性：糙米率80%左右，精米率70%～72%，米质中等，较对照桂朝2号有所改进。

抗性：抗性和稳产性与对照泸科3号相一致。

产量及适宜地区：1986—1987年参加四川省水稻区域试验，2年区域试验平均产量7.68t/hm^2，比对照泸科3号增产4.85%。大面积示范种植一般产量7.5t/hm^{2}左右。适宜在四川省种植泸科3号的非稻瘟病常发区种植。

栽培技术要点：作中稻栽培一般3月下旬至4月上旬播种，秧龄40d左右，栽插基本苗180万～210万苗/hm^2，施纯氮150kg/hm^2，注意多施有机肥和钾肥，防止后期脱肥。

辐92-9（Fu 92-9）

品种来源：四川农业大学原子能农业应用研究室系利用辐射与杂交相结合的方法于1994年选育而成的常规粳糯品种。1997年通过四川省农作物品种审定委员会审定。

形态特征和生物学特性：属常规迟熟中粳糯稻品种。全生育期153d左右，比对照沱江糯5号早熟4～5d。株高109cm，苗期长势稳健，叶色浓绿，株型紧凑，剑叶较窄，分蘖力中等。有效穗264万穗/hm²，每穗平均着粒107.3粒，结实率80.7%，脱粒性好，颖壳黄色，籽粒阔卵形，种皮白色，无芒，千粒重25g左右。

品质特性：糯性好。

抗性：中抗穗颈瘟，耐瘠。

产量及适宜地区：1995—1996年参加四川省水稻区域试验，2年区域试验平均产量5.69 t/hm²，比对照沱江糯5号增产4.6%。适于四川省平坝、丘陵和800m以下的山区种植。

栽培技术要点：①稀播，培育适龄壮秧：作中稻宜在清明前后播种，播量不超过450 kg/hm²，秧龄35～40d为宜。②移栽规格：穴行距一般23.3cm×16.7cm，基本苗要保持在180万苗/hm²左右。③肥水管理：前茬麦田施氮量不超过150kg/hm²纯氮，泥田底肥一道清较好。注意重施底肥，早施追肥，以有机肥为主。追肥在栽后10d内完成，栽秧后要深水护苗，返青后浅水灌溉。苗够时即根据苗生长势和土壤性质适当露田、晾田或晒田。大半吊黄即排干田水，注意适时收获。

辐龙香糯（Fulongxiangnuo）

品种来源：四川省原子核应用技术研究所 $^{60}Co\gamma$ 射线处理龙晴2号干种子，经多代选择于1983年育成。1995年通过四川省农作物品种审定委员会审定。

形态特征和生物学特性：属常规中粳糯稻品种。全生育期平均145d，株高95～100cm，株型紧凑，茎秆硬，分蘖力较弱，穗粒重协调，熟期转色好，有效穗数240万穗/hm²，穗长21cm，每穗着粒100～110粒，结实率85%，颖壳黄色，稃尖无色，种皮白色，无芒，千粒重24.5g。

品质特性：糙米率79.7%，整精米率53.4%，直链淀粉含量0.95%，胶稠度100mm。糯性强，适于加工糯性食品。

抗性：高感稻瘟病。

产量及适宜地区：1989—1990年参加四川省重庆市水稻新品种区域试验，2年区域试验平均产量6.23t/hm²，比对照沱江糯5号增产6.29%；同期参加四川省优质糯稻区域试验，平均产量6.45t/hm²，比对照沱江糯5号增产5.38%；在重庆、绵阳、成都等地生产示范，一般产量在6.3t/hm²左右。适宜在四川省平坝、丘陵稻瘟病轻发区作一季中稻种植。

栽培技术要点：①3月上中旬播种，匀播、稀播，培育嫩壮秧，地膜水育秧或旱育秧均可，秧田用种量300kg/hm²左右，以30d左右秧龄为宜。②宽行窄株、合理密植：每穴栽插5～7苗，栽插基本苗150万～180万苗/hm²。③重施底肥，早施追肥，巧施穗肥，以农家肥为主，增施磷钾肥，注意氮磷钾肥合理搭配使用。施肥量纯氮150kg/hm²、过磷酸钙450kg/hm²、氯化钾150kg/hm²。④合理排灌：采用前浇露、中露晒、后湿润的科学排灌技术。⑤加强田间管理，防治病虫危害：播种前用三氯异氰尿酸或生石灰水浸种消毒。田间注意防治螟虫、飞虱、蓟马、叶蝉及纹枯病危害。加强防鼠、防雀、防寒、防旱、防涝等田间管理，确保增产增收。

辐糯 101 （Funuo 101）

品种来源：四川省原子核应用技术研究所用桂朝 2 号干种子经 ^{60}Co γ 射线 7.74C/kg 照射，经多代选择于 1982 年育成。1987 年通过四川省农作物品种审定委员会审定。

形态特征和生物学特性：属常规中籼糯稻品种。全生育期 136d 左右，苗期长势旺，株型紧凑，与桂朝 2 号相似，叶色绿，后期叶片窄而长，株高 105cm 左右，分蘖力中等，穗大粒多，主穗着粒可达 150 ~ 200 粒，每穗平均着粒 135 粒左右，结实率 81.0%，籽粒椭圆形，颖壳黄色，种皮白色，无芒，千粒重 25g 左右。

品质特性：糙米率 79.48%，精米率 71.74%，整精米率 58.84%，支链淀粉含量 98.90%；加工品质、适口性较好，糯性中等。

抗性：稻瘟病中抗至中感，感白叶枯病和纹枯病，适应性强。

产量及适宜地区：1985—1986 年参加四川省水稻区域试验，2 年区域试验平均产量 6.59 t/hm²，比对照川新糯增产 6.65%，1986 年生产试验，平均产量 7.20t/hm²，比对照川新糯增产 7.5%。适宜四川种植川新糯的地区中肥条件下作搭配品种使用。

栽培技术要点：播种期与亲本桂朝 2 号一致，一般在 4 月上旬播种，采用稀播培育多蘖壮秧，秧龄以 35 ~ 40d 为宜。栽插规格 13.3cm×23.3cm 或 16.7cm×23.3cm，每穴栽插 8 ~ 10 苗（包括分蘖），栽插基本苗 180 万 ~ 225 万苗/hm² 为宜。大田苗足后，注意及时晒田，防止后期倒伏；注意防治虫害。其他的田间管理与一般常规中稻基本一致。

辐糯402（Funuo 402）

品种来源：四川省原子核应用技术研究所于1979年用^{60}Coγ射线照射桂朝2号干种子诱变育成。1989年通过四川省农作物品种审定委员会审定。

形态特征和生物学特性：属常规中籼糯稻品种。全生育期140d左右，比对照川新糯迟熟3～5d。株型紧凑，叶片较窄而直立，叶色淡绿，分蘖力较强，苗期长势旺，抽穗整齐，后期转色好，易脱粒，株高105cm左右，有效穗数240万～270万穗/hm^2，每穗结实80～90粒，结实率85％左右，籽粒椭圆形，颖壳黄色，种皮白色，无芒，千粒重26～27g。

品质特性：糙米率80%左右，精米率68%～70%，米粒白色，糯性强，适口性较好。

抗性：稻瘟病有一定抗性，抗倒伏能力较弱。

产量及适宜地区：1987—1988年参加四川省水稻区域试验，2年区域试验平均产量6.58 t/hm^2，比对照川新糯增产18.5％，大面积示范种植，一般产量6.75t/hm^{2}左右。适宜四川省平坝、丘陵稻瘟病非常发区种植。

栽培技术要点：秧田适宜播种量150～225kg/hm^2，秧龄30～40d，栽插基本苗180万～225万苗/hm^2，施纯氮120～135kg/hm^2，不宜施肥太多。

高原粳1号 （Gaoyuangeng 1）

品种来源：凉山彝族自治州盐源县种子站于1978年从中间材料7801-10-2中系统选育而成，原编号8790-1。1996年通过四川省农作物品种审定委员会审定。

形态特征和生物学特性：属常规中粳稻品种。全生育期185d，比对照粳9迟熟4～7d。株型紧凑、剑叶上举，叶片绿色、节间浅绿色，苗期耐寒力强，长势旺，分蘖力强，后期转色好。株高90cm，穗长17cm，每穗平均着粒100粒，结实率70%。谷粒长椭圆形，种皮白色，短芒，千粒重26g。

品质特性：糙米率83.5%，精米率73%，米质半透明，垩白小，食口性好，米质较优。

抗性：中感稻瘟病。

产量及适宜地区：1992—1993年参加凉山彝族自治州高寒粳稻区域试验，2年区域试验平均产量5.72t/hm²，比对照粳9增产9.33%；1993年生产试验，平均产量6.38t/hm²，比对照粳9增产27%。适宜于四川省凉山彝族自治州海拔1 900～2 430m高寒稻区种植。

栽培技术要点：适时早播，栽插基本苗225万～270万苗/hm²，注意防治稻瘟病和恶苗病。

高原粳2号 （Gaoyuangeng 2）

品种来源：凉山彝族自治州盐源县种子站于1978年从中间材料7801-10-2中系统选育而成，原编号8790-2。1998年通过四川省农作物品种审定委员会审定。

形态特征和生物学特性：属常规中粳稻品种。全生育期186～190d，比对照粳9晚熟5～7d。该品种株型紧凑，叶绿色，株高100cm左右，分蘖力强，有效穗数390万～435万穗/hm^2，穗长19cm，每穗平均着粒108粒，结实率73%左右。谷粒椭圆形，种皮白色，短芒，千粒重26g。

品质特性：糙米率82.95%，精米率72.5%，垩白较小，直链淀粉含量20.5%，胶稠度33mm。

抗性：感稻瘟病和恶苗病；耐肥，抗倒伏。

产量及适宜地区：1993—1994年参加凉山彝族自治州高寒粳稻区域试验，2年区域试验平均产量6.31t/hm^2，比对照粳9增产20.74%；1992—1997年生产试验，产量6.17～8.82t/hm^2，比对照粳9增产22.71%～45.9%。适宜于四川省凉山彝族自治州海拔2 000m以上的高寒山区非稻瘟病区种植。

栽培技术要点：适时早播，基本苗225万～270万苗/hm^2，注意防治稻瘟病和恶苗病。

粳香糯1号（Gengxiangnuo 1）

品种来源：四川省凉山州西昌农业科学研究所以LW2S/昌米/017-6为杂交组合，经系谱法选育而成。2003年通过四川省农作物品种审定委员会审定。

形态特征和生物学特性：属常规中粳糯稻品种。全生育期150d，比对照沱江糯5号长5d，株高100cm左右，株形适中。叶片宽，叶色深绿，有效穗数300万穗/hm²，每穗平均着粒115粒，结实率76.1%，颖壳黄色，籽粒阔卵形，种皮白色，无芒，千粒重28g，脱粒性中等。

品质特性：糙米率81.3%，精米率74.7%，整精米率71.6%，糙米粒长4.4mm，糙米长宽比1.7，碱消值7级，胶稠度100mm，直链淀粉含量1.7%，蛋白质含量8%。

抗性：高感稻瘟病。

产量及适宜地区：1999—2000年四川省糯稻新品种区域试验，2年区域试验平均产量5.86t/hm²，比对照沱江糯5号增产2.7%；2001年生产试验，平均单产6.35t/hm²，比对照沱江糯5号增产13.7%。适宜四川省平坝、丘陵及凉山彝族自治州、攀枝花市1 500m以下地区非稻瘟病常发区种植。

栽培技术要点：适时播种，培育壮秧，栽插30万～45万穴/hm²，每穴栽插4～5苗，栽插基本苗150万～180万苗/hm²，宜重底肥，早追肥，多施农家肥，并以氮、磷、钾配合，注意稻瘟病的防治，其他同一般大田生产。

谷梅2号 （Gumei 2）

品种来源：四川省农业科学院植物保护研究所以谷龙13作父本与梅科138作母本杂交用系谱法经多代选择，于1982年培育而成。

形态特征和生物学特性：属籼型常规水稻品种。全生育期145d左右，株叶型较好，分蘖力较强，叶色绿色，叶鞘、叶缘、柱头紫色，株高100cm左右，每穗平均着粒130粒，结实率90%左右，颖尖紫褐色，颖壳黄色，籽粒椭圆形，种皮白色，无芒，千粒重26g。

品质特性：品质一般。

抗性：高抗稻瘟病，稻瘟病的抗源材料。

产量及适宜地区：一般产量在6.75t/hm²左右。适宜南方稻区种植。

栽培技术要点：作中稻栽培一般3月下旬至4月上旬播种，秧田播种量375kg/hm²左右，秧龄35 ～ 40d，栽插基本苗180万苗/hm²左右，施纯氮120 ～ 135kg/hm²。

金竹49（Jinzhu 49）

品种来源：四川省内江地区农业科学研究所以金矮选/竹连矮杂交选育而成。1975年育成，1985年通过四川省农作物品种审定委员会审定。

形态特征和生物学特性：属常规早籼品种。全生育期120d，生育期与泸南早2号接近或略早。株高95cm，苗期长势旺，株叶型适中，分蘖力强，每穗平均着粒90粒，结实率90%左右，籽粒细长形，颖尖无色，颖壳黄色，种皮白色，无芒，千粒重26.6g。

品质特性：米质较优。

抗性：中抗稻瘟病，抗寒力强。

产量及适宜地区：四川省水稻区域试验，3年区域试验平均产量5.88t/hm²，比对照泸南早2号增产3.69%。该品种1985年以来累计推广面积2.33万hm²。适宜四川省双季稻区种植。

栽培技术要点：①适时播种，川南地区2月下旬至3月上旬播种，采用地膜覆盖，湿润育秧，秧苗4～5叶移栽。②稀播匀播，培育壮秧，秧田播种量600～750kg/hm²，大田用种量75～90kg/hm²。③合理密植，栽插规格13.3cm×20cm或10cm×20cm，每穴栽插4～5苗；重底肥，早追肥，全生育期施氮肥150～180kg/hm²，氮磷钾配合使用，追肥在栽后10d左右看苗施肥。④及时防治纹枯病及螟虫。

科成1号（Kecheng 1）

品种来源：中国科学院成都分院生物研究所以朝阳1号/秋长3号为杂交组合，采用系谱法于1985年育成，原代号鉴91。1986年通过四川省农作物品种审定委员会审定。

形态特征和生物学特性：属常规中籼稻品种。全生育期143d左右，比对照桂朝2号约早熟2d，叶片窄直，株型松散适中，叶色较绿，分蘖力较强，前期长势旺，穗层整齐，株高98～102cm，每穗平均着粒120粒左右，结实率85%，颖壳、颖尖秆黄色，籽粒椭圆形，无芒，种皮白色，千粒重25～26g。

品质特性：糙米率81%，精米率72%，蛋白质含量9.75%，直链淀粉含量16.83%。

抗性：中抗稻瘟病，高抗白叶枯病，较抗纹枯病、稻曲病，耐肥，抗倒伏。

产量及适宜地区：1982—1983年参加四川省水稻新品种区域试验，平均产量7.39～7.40t/hm²，比对照桂朝2号增产。1986年最大推广面积4.67万hm²。适宜四川省的川西、川北、川东平坝和丘陵区作搭配品种种植。

栽培技术要点：①适时播种，培育多蘖壮秧。川东南高温伏旱区宜用地膜两段育秧，3月中旬播种，秧龄50d左右，川西北露地湿润育秧4月上、中旬播种，秧田播种225～450kg/hm²，秧龄以40d左右为宜。②合理密植。可采用23.3cm×16.7cm的规格，每穴栽插8～10片，栽插基本苗195万苗/hm²。③重施底肥，早施追肥。注意氮、磷、钾、锌合理配合，总的施肥量控制在中等肥力田纯氮150kg/hm²左右，过磷酸钙375～525kg/hm²。④浅水栽秧，促进低节位分蘖的早生快发，晒田应掌握在幼穗分化前7～10d。⑤注意防治稻蓟马、二化螟危害。

立新粳 （Lixingeng）

品种来源：四川省凉山州西昌农业科学研究所从黄壳早廿日中经系统选育，于1968年培育而成。

形态特征和生物学特性：属常规中粳迟熟品种。全生育期170d，叶片细长，叶色深绿色，叶鞘、叶缘、柱头紫色，株高114cm左右，分蘖力中等，每穗平均着粒180粒，结实率90%左右，颖壳黄色，稃尖紫色，有短芒，千粒重28g。

品质特性：米质中等。

抗性：感稻瘟病。

产量及适宜地区：一般产量7.5t/hm²。适宜凉山彝族自治州的西昌、德昌、宁南、越西、米易县二半山区海拔1 600 ～ 1 800m的稻瘟病非重病区搭配种植。

栽培技术要点：适时早播，栽插基本苗225万～ 270万苗/hm²，注意防治稻瘟病。

凉粳1号（Lianggeng 1）

品种来源：凉山州西昌农业科学研究所以立新粳／藤稔为杂交组合，经系谱法培育的中粳常规水稻品种。1987年通过四川省农作物品种审定委员会审定。

形态特征和生物学特性：属常规中粳稻品种。全生育期160d左右。苗期长势旺，株叶型松紧适中，叶片直立，叶色深绿，分蘖力中等，株高104cm左右，颖壳黄色，籽粒阔卵形，种皮白色，有短芒，千粒重25g左右。

品质特性：加工品质、适口性好，1987年被评为四川省优质稻米。

抗性：轻感稻瘟病，抗白叶枯病；耐寒，耐旱。

产量及适宜地区：1983—1985年凉山彝族自治州水稻区域试验，3年区域试验平均产量8.18t/hm²，产量幅度3.93 ~ 10.71t/hm²。1983—1986年在西昌示范种植，一般产量在7.50t/hm²左右。适宜凉山彝族自治州的西昌、德昌、宁南、越西、米易县二半山区海拔1 600 ~ 1 800m的非重病区搭配种使用。

栽培技术要点：适时早播，栽插基本苗225万~ 270万苗/hm²，注意防治稻瘟病。

凉籼2号 （Liangxian 2）

品种来源：四川省凉山州西昌农业科学研究所以IR24/桂朝2号为杂交组合，经系谱法选育而成。1995年通过四川省农作物品种审定委员会审定。

形态特征和生物学特性：属常规中籼稻品种。全生育期165d左右，比汕优63早熟2～4d，株高80cm左右，株型紧凑，苗期长势旺，分蘖力强，有效穗数354.15万～440.1万穗/hm^2，剑叶挺立，宽窄适度，叶色深绿，叶缘、叶舌无色，节间绿色，穗形呈弧形至半圆形，穗长20cm左右，每穗着粒114.4～118.1粒，结实率平均为76.7%～79.6%，穗层整齐，后期转色落黄好，脱粒性中等，颖壳为褐斑秆黄色，秆尖无色，部分有短芒，千粒重29g左右。

品质特性：糙米率83.7%，精米率71.3%，整精米率67.35%，垩白粒率73.0%，垩白度8.76%，透明度1级，胶稠度34mm，碱消值7级，蛋白质含量7.10%。

抗性：中感稻瘟病。

产量及适宜地区：1991—1992年参加凉山彝族自治州水稻新品种区域试验，2年区域试验平均产量8.61t/hm^2，1994年生产示范100hm^2，产量9.75～10.5t/hm^2。适宜四川省凉山彝族自治州特殊生态条件下海拔1 000～1 650m地区种植。

栽培技术要点：①惊蛰至春分适时早播，培育壮秧，小满前后适时早栽，秧龄45～55d为宜；用种量75～112.5kg/hm^2；栽插规格16.7cm×16.7cm、20cm×16.7cm，每穴栽插5～6苗，基本苗150万～180万苗/hm^{2}为宜。②重底肥，早追肥，多施农家肥，注意氮、磷、钾配合，必要时适当补充微肥，如锌肥等，施肥量按地力和苗情灵活掌握；注意浅水勤灌，及时防治病虫害。

凉籼3号（Liangxian 3）

品种来源：四川省凉山州西昌农业科学研究所以88-16/科青为杂交组合，经系谱法选育而成。2001年通过四川省农作物品种审定委员会审定。

形态特征和生物学特性：属籼型常规水稻。全生育期175d，比对照汕优63早熟1d。株高100～110cm，株型松散适中，苗期长势旺，茎秆硬，分蘖力较强，穗粒重协调，熟期转色好，有效穗数375万穗/hm²，穗长24.4cm，每穗平均着粒110粒，结实率85%左右，颖壳黄色，籽粒细长形，颖尖无色，种皮白色，短芒，千粒重29g。

品质特性：米质优。

抗性：中感稻瘟病，耐寒耐热，抗倒伏性较弱。

产量及适宜地区：1998—1999年参加凉山彝族自治州中籼迟熟组区域试验，2年区域试验平均单产9.20t/hm²，与对照汕优63产量相近；2000年参加凉山彝族自治州生产试验，平均单产8.36t/hm²，比汕优63增产1.1%。适宜于四川省凉山彝族自治州、攀枝花市海拔1 600m以下地区作中稻种植。

栽培技术要点：适时播种，秧龄50～55d；栽插22.5万～27万穴/hm²，每穴栽插2～3苗；施肥原则为重底肥，早追肥，多施农家肥；适时收割。

泸场3号 （Luchang 3）

品种来源：原四川省川南农试场从四川地方水稻品种秧公子中系统选育于1953年育成。

形态特征和生物学特性：属籼型常规中稻品种。全生育期140d，株型较散，叶片较宽，叶色较淡，分蘖力中等，株高173.7cm，每穗平均着粒160粒，结实率90%左右，颖尖紫褐色，颖壳黄色，籽粒阔卵形，种皮白色，无芒，千粒重21.5g。

品质特性：米质一般。

抗性：感稻瘟病，抗倒伏力差。

产量及适宜地区：一般大田生产产量4.5t/hm²左右。1955年最大推广面积6.67万hm²。适宜四川平坝、丘陵区种植。

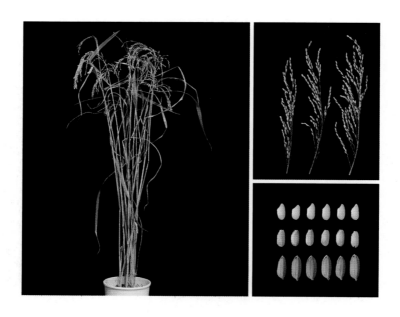

泸朝1号（Luchao 1）

品种来源：四川省农业科学院水稻高粱研究所1975年以朝阳1号/IR665为杂交组合，经系谱法于1981年育成。

形态特征和生物学特性：属籼型常规中稻品种。全生育期140d左右，株高105cm左右。叶片深绿色，叶缘略内卷，芽鞘和叶缘无色，株型较紧凑挺直，茎秆深绿色、粗壮，穗层整齐，有效穗数270万～300万穗/hm²，穗呈纺锤形，穗长25cm左右，每穗平均着粒150粒，结实率85%以上。穗呈叶下藏姿态，籽粒阔卵形，颖尖、颖壳秆黄色，千粒重28.5g。

品质特性：糙米率82.0%，精米率73.5%，食味中等。

抗性：感稻瘟病，轻感纹枯病，对稻曲病有一定抗性；苗期耐寒力强。

产量及适宜地区：一般大面积产量7.5～8.25t/hm²。1985年最大推广面积6.67万hm²。适宜四川省和南方各省大部分稻区栽培种植。

栽培技术要点：①播种期：作中稻，在川东南以3月20日前后，川西北4月上旬至中旬播种为宜；作晚稻，川南地区以6月5～8日为适宜播期。②育秧方法：在川东南、川中等冬水田地区作中稻，由于无前作限制，可利用本品种苗期耐寒特性搞小苗直插，以增加低位分蘖。川西北中稻区，稻田前作多为小麦、油菜，采用两段育秧，寄栽时每穴可寄2苗，本田用种量45～60kg/hm²，或采用稀撒匀播培育多蘖秧，秧田播种300～450kg/hm²，秧龄以35d左右为宜。作晚稻栽培，秧龄35d左右。③种植密度：作中稻，栽插37.5万～45万穴/hm²为宜，栽插基本苗180万～225万苗/hm²。④施肥：耐氮能力强，可比对照汕优2号多施37.5kg/hm²以上纯氮，有利于发挥该品种的高产潜力。

泸成17（Lucheng 17）

品种来源：四川省农业科学院水稻高粱研究所以广场矮1号/成都矮1号为杂交组合，经系谱法于1969年育成。

形态特征和生物学特性：属籼型常规中稻品种。全生育期135d，长势旺，适应性强，株高114cm，穗大、粒多，结实率较高，每穗平均着粒160粒，结实率85%左右，颖尖紫褐色，颖壳黄色，籽粒阔卵形，种皮白色，无芒，千粒重25.5g。

品质特性：米质中等。

抗性：感稻瘟病。

产量及适宜地区：一般产量6.0～6.75t/hm²，比对照珍珠矮增产10%以上。1973年最大推广面积66.67万hm²。适于四川省作中稻种植。

栽培技术要点：①适时播种，川南地区3月中旬播种，采用地膜覆盖，湿润育秧，4～5叶移栽。②稀播匀播，培育壮秧，秧田播种量600～750kg/hm²，大田用种量75～90kg/hm²。③合理密植，栽插规格13.3cm×20cm或10cm×20cm，每穴栽插4～5苗。④重底早追，施氮肥150～180kg/hm²，氮磷钾配合使用，追肥在栽后10d左右看苗施肥。⑤及时防治稻瘟病、纹枯病及螟虫。

泸红早1号 （Luhongzao 1）

品种来源：四川省农业科学院水稻研究所以（珍圭/竹莲矮）1277/红410为杂交组合，经系谱法育成。分别通过四川省（1986）、湖南省（1988）、江西省（1990）和国家（1991）农作物品种审定委员会审定。

形态特征和生物学特性：属籼型常规早稻中熟品种。生育期108～118d。苗期长势旺，分蘖力强，叶色浓绿，叶鞘、叶缘紫色，株高80cm左右，抽穗整齐，每穗平均着粒120粒，结实率85%，颖尖紫褐色，颖壳秆黄色，籽粒椭圆形，种皮白色，无芒，千粒重29g，

品质特性：糙米率81.3%，精米率73.3%，糙米长宽比2.2，垩白度3.5%，直链淀粉含量22.24%，胶稠度47.5mm。

抗性：中抗稻瘟病和白叶枯病，感纹枯病。

产量及适宜地区：1984—1985年参加四川省水稻区域试验，2年区域试验平均产量6.63t/hm²，比对照泸南早增产11.2%，比杂交早稻D优3号增产10.3%；1985年参加全国南方稻区区域试验，平均产量6.45t/hm²。大面积生产一般产量在6.75t/hm²左右。该品种1986年以来累计推广面积超过81.33万hm²。适宜四川、湖南、江西、浙江等省作早稻种植。

栽培技术要点：①适时播种，川南地区3月中旬播种，采用地膜覆盖，湿润育秧，4～5叶移栽。②稀播匀播，培育壮秧，秧田播种量600～750kg/hm²，大田用种量75～90kg/hm²。③合理密植，栽插规格13.3cm×20cm或10cm×20cm，每穴栽插4～5苗。④重底肥、早追肥，全生育期施氮肥150～180kg/hm²，氮磷钾配合使用，追肥在栽后10d左右看苗施肥。⑤及时防治纹枯病及螟虫。

泸开早1号 （Lukaizao 1）

品种来源：四川省农业科学院水稻高粱研究所以矮脚南特/开县80早为杂交组合，经系谱法于1967年育成。

形态特征和生物学特性：属籼型常规早稻品种。全生育期118d，分蘖力中等，叶鞘、叶缘紫色，叶色浓绿，后期转色好，株高75cm，每穗平均着粒120粒，结实率85%左右，颖尖紫褐色，颖壳黄色，籽粒椭圆形，种皮白色，有短芒，千粒重27g。

品质特性：米质中等。

抗性：感稻瘟病。

产量及适宜地区：大田生产一般产量在6.00t/hm²左右。该品种1967年以来累计推广面积1.00万hm²以上。适宜川南及川东南（现重庆市）的稻瘟病非常发区作早稻种植。

栽培技术要点：适时播种，川南地区3月中旬播种，采用地膜覆盖，湿润育秧，4～5叶移栽。稀播匀播，培育壮秧，秧田播种量600～750kg/hm²，大田用种量75～90kg/hm²。合理密植，栽插规格13.3cm×20cm或10cm×20cm，每穴栽插4～5苗。重底肥，早追肥，全生育期施氮肥150～180kg/hm²，氮磷钾配合使用，追肥在栽后10d左右看苗施肥。及时防治稻瘟病、纹枯病及螟虫。

泸开早26（Lukaizao 26）

品种来源：四川省农业科学院水稻高粱研究所以矮脚南特/开县80早为杂交组合，经系谱法于1969年育成。

形态特征和生物学特性：属常规早籼稻品种。全生育期130天，株高100cm，分蘖力中等，叶鞘、叶缘、柱头、颖尖紫色，穗平均着粒110粒，结实率80%，颖壳黄色，籽粒椭圆形，种皮白色，有顶芒，千粒重26g。

品质特性：米质中等。

抗性：感稻瘟病。

产量及适宜地区：一般大田生产产量在6.00t/hm²左右。该品种1969年以来累计推广面积1万hm²以上。适宜川南及川东南（现重庆市）的稻瘟病非常发区作早稻种植。

栽培技术要点：适时播种，川南地区3月中旬播种，湿润育秧，4～5叶移栽。稀播匀播，培育壮秧，秧田播种量600～750kg/hm²，大田用种量75～90kg/hm²。合理密植，栽插规格13.3cm×20cm或10cm×20cm，每穴栽插4～5苗。重底肥，早追肥，全生育期施氮肥150～180kg/hm²，氮磷钾配合使用，追肥在栽后10d左右看苗施肥。及时防治稻瘟病、纹枯病及螟虫。

泸科3号（Luke 3）

　　品种来源：四川省农业科学院水稻高粱研究所以科成17/泸双1011为杂交组合，经系谱法于1978年育成。1985年经四川省农业作物品种审定委员会认定。

　　形态特征和生物学特性：属常规中籼稻品种。全生育期142d，株高100 ～ 105cm，苗期长势旺，根系发达，叶姿挺立，茎秆较粗而坚韧，分蘖力中等偏强，成穗率73%，每穗平均着粒120粒以上，结实率81% ～ 86%，颖壳黄色，籽粒阔卵形，稃尖无色，种皮白色，无芒，千粒重26 ～ 27g。

　　品质特性：米质中等，糙米率82%，精米率可达75%，食味较好。

　　抗性：高抗稻瘟病，轻感纹枯病，苗期较耐寒，抗倒伏能力强。

　　产量及适宜地区：1979—1981年50点次的试验，产量在7.5t/hm²左右。该品种1985年以来累计推广面积34.55万hm²。

　　栽培技术要点：适宜早播早栽，川东南以3月下旬播种（比一般中稻可早5 ～ 10d播），4月下旬或5月上旬移栽，秧龄35d左右为宜。在较高栽培条件下，其长势长相很像杂交水稻，故宜采用与杂交水稻相同的育秧技术，如稀播谷种（秧田播种量225kg/hm²）、培育多蘖壮秧。适宜中上等田栽培，瘦田需施足底肥，早施追肥。施纯氮（有机肥折合）135 ～ 150kg/hm²，过磷酸钙300 ～ 375kg/hm²和适量钾肥。其他栽培管理与一般中稻相同。

泸南早1号（Lunanzao 1）

品种来源：四川省农业科学院水稻高粱研究所以二九矮/矮南早1号为杂交组合，经系谱法于1970年育成。

形态特征和生物学特性：属籼型常规早稻品种。全生育期115～118d，株型适宜，分蘖力中等，叶色较淡，叶鞘、叶缘、叶耳紫色，株高84cm，每穗平均着粒110粒，结实率80%，颖壳黄色，稃尖紫色，籽粒椭圆形，种皮白色，顶芒，千粒重28g。

品质特性：米质中等。

抗性：感稻瘟病。

产量及适宜地区：一般大田生产产量在5.7～6.00t/hm²左右。1974年最大年推广面积20.67万hm²。适宜川南及川东南（现重庆市）的稻瘟病非常发区作早稻种植。

栽培技术要点：适时播种，川南地区3月中旬播种，采用地膜覆盖，湿润育秧，4～5叶移栽。稀播匀播，培育壮秧，秧田播种量600～750kg/hm²，大田用种量75～90kg/hm²。合理密植，栽插规格13.3cm×20cm或10cm×20cm，每穴栽插4～5苗。重底肥，早追肥，全生育期施氮肥150～180kg/hm²，氮磷钾配合使用，追肥在栽后10d左右看苗施肥。及时防治稻瘟病、纹枯病及螟虫。

泸双1011（Lushuang 1011）

品种来源：四川省农业科学院水稻高粱研究所和作物研究所合作以矮脚南特/马边双须谷为杂交组合，经系谱法于1969年育成。

形态特征和生物学特性：属常规中籼稻早、中熟品种。全生育期135～137d，叶色淡绿，株型紧散适度，分蘖中上，成穗率75%，后期转色良好，对光温反应迟钝，适应性广，株高95～100cm，穗长25～27cm，每穗着粒110～125粒，结实率85%左右，穗上部部分籽粒有顶芒，谷粒浅黄色，籽粒椭圆形，种皮白色，千粒重25g。

品质特性：米质中上，糙米率80%，精米率75%。

抗性：苗期耐寒，中抗稻瘟病、纹枯病、稻曲病。

产量及适宜地区：一般产量在6.75t/hm²左右，高的达7.50t/hm²以上。1974—1975年参加南方稻区中稻良种试验，2年区域试验平均产量7.4t/hm²，比对照珍珠矮增产13.4%。适宜四川、云南及贵州省北部、陕南、鄂北种植。该品种1969年以来累计推广面积超过321.53万hm²，其中1976年最大面积达96.00万hm²，是1970年代中稻地区主要良种之一。

栽培技术要点：适时播种，川南地区3月中旬播种，采用地膜覆盖，湿润育秧，4～5叶移栽。稀播匀播，培育壮秧，合理密植，每穴栽插4～5苗。重底肥，早追肥，氮磷钾配合使用，追肥在栽后10d左右看苗施肥。及时防治稻瘟病、纹枯病及螟虫。

泸早 872（Luzao 872）

品种来源：四川省农业科学院水稻高粱研究所以窄叶青8号/七二早粳为杂交组合，经系谱法育成。1990年通过四川省农业作物品种审定委员会审定。

形态特征和生物学特性：属常规早籼稻品种。全生育期120d左右。株高85cm左右，叶色浓绿，叶片挺直、硬健，苗期耐寒，长势旺，分蘖力强，早发性好，一般有效穗数可达315万~330万穗/hm²，每穗着粒100~110粒，结实率74%~82%，颖壳黄色，籽粒椭圆形，稃尖无色，种皮白色，无芒，千粒重29~30g。

品质特性：糙米率81%左右，精米率69%左右，外观品质和食味品质与对照泸红早1号相同。

抗性：中抗稻瘟病，感纹枯病。

产量及适宜地区：1988—1989年参加四川省水稻区域试验，2年区域试验平均产量7.03t/hm²，比对照泸红早1号增产7.14%。大面积示范种植一般产量7.2t/hm²左右。适宜我国南方双季稻区作早稻种植。

马坝香糯（Mabaxiangnuo）

品种来源：广东省曲江县农业科学研究所与华南农业大学农学系合作以泸南早/洪香为杂交组合，采用系谱法选育而成。1984年垫江县从广东省曲江县马坝镇引进。1989年通过四川省农作物品种审定委员会审定。

形态特征和生物学特性：属常规中籼糯稻品种。全生育期145d左右，株型紧凑，叶片窄而直立，叶色深绿，分蘖力强，长势旺，抽穗整齐，不早衰，易脱粒，株高100cm左右，有效穗数315万穗/hm²左右，每穗实粒数70～80粒，结实率70%～80%，颖壳黄色，籽粒椭圆形，种皮白色，无芒，千粒重23～25g。

品质特性：糙米率70%～75%，精米率70%左右，糯性强，适口性好。

抗性：抗稻瘟病，高抗白叶病，轻感纹枯病，苗期耐寒力强。

产量及适宜地区：1986—1987年参加四川省优质米组区域试验，2年区域试验平均产量6.91t/hm²，大面积示范种植一般产量6.75t/hm²左右。适宜广东北部、四川平坝丘陵地区、河南南部种植。

栽培技术要点：作中稻栽培一般4月上旬播种，秧田播种量375～450kg/hm²，秧龄40～45d，栽插基本苗195万苗/hm²左右，施纯氮135～150kg/hm²。

眉糯1号（Meinuo 1）

　　品种来源：四川眉山市裕丰种业有限责任公司以本地糯/余赤231-8为杂交组合，经系谱法选育而成。2001年通过四川省农作物品种审定委员会审定。

　　形态特征和生物学特性：属常规中籼糯稻品种。全生育期145d，株高110cm，株型紧凑，叶片直立，生长整齐，后熟好，有效穗数240万～255万穗/hm²，每穗平均着粒160粒，结实率89%，颖壳黄色，籽粒椭圆形，秆尖紫色，种皮白色，无芒，千粒重29g。

　　品质特性：糙米率80.4%，精米率72%，糙米长宽比2.0，直链淀粉含量0.4%，胶稠度100mm，米质黏软，略带清香。

　　抗性：感稻瘟病，秆硬抗倒伏。

　　产量及适宜地区：四川省糯稻新品种区域试验，3年区域试验平均产量7.72t/hm²，比对照荆糯6号增产6.1%；糯稻新品种生产试验，平均产量8.14t/hm²，比对照荆糯6号增产7.71%。大面积生产一般产量8.25～9.0t/hm²，高产栽培产量可达9.75t/hm²以上。适宜南方籼稻区作一季中稻或晚稻。

　　栽培技术要点：适时播种，培育多蘖壮秧，重施底肥，早施分蘖肥。

内中152（Neizhong 152）

品种来源：四川省内江地区农业科学研究所以八茂22（成都矮8号/茂玉4号）/IR8为杂交组合，经系谱法育成。1985年四川省农作物品种审定委员会认定品种。

形态特征和生物学特性：属常规中籼稻品种。全生育期135～140d，比对照泸双1011迟熟5d左右，比对照桂朝2号早熟6d左右。株高95cm，株型"前松后紧"，苗期较抗寒，前期长势旺，分蘖力强，每穗着粒100～110粒，结实率一般80%以上，颖壳黄色，籽粒细长形，种皮白色，无芒，千粒重30g，最高可达32～33g。

品质特性：糙米率78.2%，精米率73.3%，蛋白质含量11.27%，食味佳。

抗性：较抗稻瘟病。耐瘠，耐旱，对土壤还原性强的冬水田适应力较强，适应性较广。

产量及适宜地区：1977—1980年参加地区水稻区域试验，区域试验产量6.56～7.59t/hm²，比对照泸双1011增产8.73%～19.57%。该品种1985年以来累计推广面积13.47万hm²，1982年最大推广面积5.33万hm²。适宜四川平坝、丘陵稻区作中稻种植。

栽培技术要点：①稀播谷种、培育壮秧：秧田播种量187.5～375kg/hm²，秧龄45d左右，育成多蘖或带蘖秧。②合理密植：采用小株密植23.3cm×16.7cm或26.7cm×13.3cm，每穴栽插主苗2苗（多蘖秧1苗）。栽插基本苗120万～150万苗/hm²。③科学肥水管理：中等肥力田块施纯氮90～120kg/hm²（包括农家肥在内）。底肥用量（包括面肥）占总用肥量的80%～85%，追肥宜在栽后7～10d内结合薅秧施用，中、后期不再追肥。对生长旺盛、有过早封林倾向的田块，必须重晒田，并应用药剂防治纹枯病。

糯选1号（Nuoxuan 1）

品种来源：绵阳农业专科学校（现为西南科技大学）从珍珠糯中系选而成。1986年通过四川省农作物品种审定委员会审定。

形态特征和生物学特性：属常规中籼糯稻品种。全生育期132d，比对照川新糯早6～8d。株高90cm左右，株型紧凑，苗期长势旺，分蘖力较强，叶色浓绿，穗层整齐，着粒密，茎秆中粗，熟相好。有效穗229.5万穗/hm^2，每穗平均着粒202.5粒，结实率77.2%，颖壳黄色，籽粒椭圆形，稃尖紫色，种皮白色，无芒，千粒重25.6g。

品质特性：食味好，糯性强，加工米花糖、桃片糕质量佳。

抗性：轻感稻瘟病和纹枯病，抗倒伏。

产量及适宜地区：1981—1982年参加四川省水稻区域试验，2年区域试验平均产量5.95t/hm^2。适宜四川平丘稻瘟病非常发区种植。

栽培技术要点：适时播种，培育壮秧，栽插30万～45万穴/hm^2，每穴栽插4～5苗，栽插基本苗150万～180万苗/hm^2，宜重底肥，早追肥，多施农家肥，并以氮、磷、钾配合，注意稻瘟病的防治，其他同一般大田生产。

青江糯2号（Qingjiangnuo 2）

品种来源：四川省雅安地区农业科学研究所以相糯选/响壳糯为杂交组合，采用系谱法选育而成。1986年通过四川省农作物品种审定委员会审定。

形态特征和生物学特性：属常规中粳糯稻品种。全生育期140d，比对照沱江糯早熟8d。株型适中，分蘖力中等，叶片浓绿，穗层整齐，着粒密，熟相好，成穗率高，株高145cm，每穗平均着粒110粒，结实率90%左右，颖壳黄色，籽粒阔卵形，种皮白色，无芒，千粒重25g左右。

品质特性：品质好，糯性强。

抗性：轻感稻瘟病，不抗倒伏。

产量及适宜地区：1983—1985年四川省糯稻组区域试验，2年区域试验平均产量5.08t/hm²。适宜雅安、南充、垫江、永川等地的中下肥力稻田种植。

栽培技术要点：适时播种，培育壮秧，栽插30万～45万穴/hm²，每穴栽插4～5苗，栽插基本苗150万～180万苗/hm²，宜重底肥，早追肥，多施农家肥，并以氮、磷、钾配合，注意稻瘟病的防治，其他同一般大田生产。

蜀丰108 （Shufeng 108）

品种来源：四川农业大学用6044作母本，IR2061-464-2-4-5作父本杂交于1984年选育而成。1988年通过四川省农作物品种审定委员会审定。

形态特征和生物学特性：属常规早熟中籼品种，在盆周山区栽培全生育期143d左右，比对照汕窄8号迟熟1～2d。株型松紧适度，秆硬抗倒伏，叶片直立，分蘖力强，长势旺，抽穗整齐，后期转色好，株高91～94cm，每穗平均着粒120粒左右，结实率85%左右，颖壳黄色，籽粒细长形，种皮白色，无芒，千粒重25～26g。

品质特性：糙米率80%，精米率70%～72%，心白和腹白小，米粒半透明，食味一般。

抗性：抗稻瘟病，轻感纹枯病，苗期耐寒。

产量及适宜地区：1985—1986年参加四川省水稻新品种区域试验，2年区域试验平均产量7.76t/hm²，大面积示范种植一般产量7.5t/hm²左右。适宜四川省盆周山区及丘陵地区种植。

栽培技术要点：盆周山区种植一般在4月上、中旬播种，秧龄30～45d，栽插基本苗180万～225万苗/hm²。施纯氮135kg/hm²左右，注意重施底肥，早施追肥，并以有机肥为主。

蜀丰 109 （Shufeng 109）

品种来源：四川农业大学于 1977 年用 6044 作母本，IR2061 作父本杂交，经系谱法于 1985 年选育而成。1989 年通过四川省农作物品种审定委员会审定。

形态特征和生物学特性：属常规中籼早熟品种。在盆周山区种植，全生育 146d 左右。株型松紧适度，剑叶直立，叶片绿色，分蘖力强，有效穗数 300 万 ～ 345 万穗 /hm²，苗期长势旺，抽穗整齐，后期转色好，株高 90cm 左右，每穗平均着粒 120 粒左右，结实率 80% 左右，颖壳黄色，籽粒细长形，种皮白色，无芒，千粒重 27 ～ 28g。

品质特性：糙米率 80 ～ 81%，精米率 71% ～ 72%，米粒心、腹白小，食味较好。

抗性：抗稻瘟病，秆硬抗倒伏，耐寒力强。

产量及适宜地区：1987—1988 年参加四川省水稻新品种区域试验，2 年区域试验平均产量 7.67t/hm²，与对照汕窄 8 号相当，大面积示范种植一般产 7.5t/hm² 左右。适宜四川省盆周山区及粮经作物区搭配种植。

栽培技术要点：盆周山区种植一般在 4 月上旬播种，秧田播种量 300 ～ 375kg/hm²，秧龄 30 ～ 40d，栽插基本苗 180 万苗 /hm²。施纯氮 135 ～ 150kg/hm² 左右，注意重施底肥，早施追肥，并以有机肥为主。

双桂科41（Shuangguike 41）

品种来源：四川省成都市第二农业科学研究所以双桂210/大粒科6为杂交组合，经系谱法选育而成。1987年通过四川省农作物品种审定委员会审定。

形态特征和生物学特性：属常规迟熟中籼稻品种。全生育期146d左右，比对照汕优63早熟2d左右。苗期长势较弱，株高87～100cm，株型集散适中，叶片窄直，叶色浓绿，分蘖力较强，每穗平均着粒130粒左右，结实率80%以上，颖壳黄色，籽粒椭圆形，种皮白色，无芒，千粒重25～26g。

品质特性：加工品质、适口性中等。

抗性：感苗瘟、穗颈瘟和纹枯病。苗期耐寒性较差。

产量及适宜地区：1985—1986年四川省水稻区域试验，2年区域试验平均产量7.96t/hm²。同年成都市示范种植近0.13万hm²，一般产量6.75～8.25t/hm²。该品种1987年以来累计推广面积超过4.60万hm²。适宜川西种植常规稻的地区作搭配种使用。

栽培技术要点：注意防治稻瘟病。其他栽培措施与一般常规中籼稻品种同。

泰激2号选6（Taiji 2 xuan 6）

品种来源：四川省西昌市良种场于1995年从泰激2号中选择的变异单株，经系统选育而成。2005年通过四川省农作物品种审定委员会审定。

形态特征和生物学特性：属中籼常规水稻品种。在西昌市周边种植，较汕优63早熟3d左右，分蘖力中等，茎秆较硬，中等耐肥，后期转色正常，不易倒伏。株高92cm左右，每穗着粒125～140粒，结实率85%～90%，颖壳黄色，籽粒细长形，稃尖无色，种皮白色，无芒，千粒重30g左右。

品质特性：糙米率80.5%，精米率74.6%，整精米率60.8%，糙米粒长6.7mm，糙米长宽比2.9，垩白粒率12%，垩白度0.7%，透明度1级，碱消值7.0级，胶稠度60mm，直链淀粉含量18.1%，蛋白质8.5%，米质达到国颁三级优质米标准。2002年四川省第三届"稻香杯"评选，荣获"稻香杯"奖。

抗性：高感稻瘟病。

产量及适宜地区：2003—2004年参加凉山彝族自治州中籼中熟组区域试验，2年区域试验平均单产8.38t/hm²，比对照昌米011增产10.7%，2004年生产试验，4个点平均单产7.55t/hm²，较对照昌米011增产18%。适宜四川省凉山彝族自治州一季中籼、中稻地区种植。

栽培技术要点：①适期播种，秧龄45～50d。②合理密植，栽插37.5万～45万穴/hm²。③重底肥，早追肥，氮、磷、钾配合施用。④科学管水。⑤及时防治病虫害。

天粳1号 （Tiangeng 1）

品种来源：云南省农业科学院粳稻育种中心、玉溪市红塔区农业科学研究所以云粳13/云粳12为杂交组合，经系统选育而成。2007年由西昌天喜园艺有限责任公司引进。2010年通过四川省农作物品种审定委员会审定。

形态特征和生物学特性：属常规粳稻品种。全生育期167.7d，比对照合系22-2短5.8d。株高89.4cm，叶鞘、叶片绿色，剑叶直立，株型适中。有效穗492万穗/hm²，穗长16.8cm，每穗平均着粒105.6粒，结实率85.5%，谷粒阔卵形，颖壳茸毛多、黄色，种皮白色，无芒，千粒重24.2g。

品质特性：糙米率81.0%，整精米率71.1%，垩白粒率4%，垩白度0.3%，直链淀粉含量18.5%，胶稠度67mm，糙米长宽比1.9，蛋白质含量8.0%，米质达到国颁二级粳稻优质米标准。

抗性：感稻瘟病。

产量及适宜地区：2007—2008年参加凉山彝族自治州水稻新品种区域试验，2年区域试验平均产量10.23t/hm²，比对照合系22-2增产16.7%。2009年生产试验，平均产量9.15t/hm²，比对照合系22-2增产4.6%。适宜凉山彝族自治州海拔1 500～1 800m的常规粳稻区种植。

栽培技术要点：①春分至清明播种，立夏前后移栽，秧龄35～45d，播种量30～60kg/hm²，播种前进行种子处理，预防恶苗病。②栽插密度：栽插45万～60万穴/hm²，每穴栽插3～5苗。③施肥管理：重底肥、早追肥，多施农家肥，氮、磷、钾肥配合施用，适量补充微肥（如锌肥等），忌偏施氮肥。④根据植保预测预报，综合防治病虫害，注意防治稻瘟病。

沱江糯5号（Tuojiangnuo 5）

品种来源：四川省内江市农业科学研究所以罗玛/内盘早杂交育成。1986年通过四川省农作物品种审定委员会审定。

形态特征和生物学特性：属常规中粳糯品种。全生育期143d左右，比对照沱江糯3号迟熟7～8d。株型紧凑，分蘖力中等，叶色较深，株高100cm左右，每穗平均着粒110粒左右，结实率85%，颖壳黄色，籽粒阔卵形，稃尖及芒紫红色，种皮白色，有中短芒，千粒重22～23g。

品质特性：糯性强，食味好，品质优。

抗性：较抗稻瘟病。

产量及适宜地区：1982—1984年参加四川省水稻区域试验，2年区域试验平均产量5.76t/hm²，比对照沱江糯3号增产6.6%。适宜四川省平坝丘陵地区中肥条件下种植。

栽培技术要点：适时播种，培育壮秧，栽插30万～45万穴/hm²，每穴栽插4～5苗，栽插基本苗150万～180万苗/hm²，宜重底肥，早追肥，多施农家肥，并以氮、磷、钾配合，注意稻瘟病的防治，其他同一般大田生产。

万早246（Wanzao 246）

　　品种来源：原四川省万县地区农业科学研究所（重庆市三峡农业科学院前身）以银坊/中农34//矮脚南特/洋早谷为杂交组合，经系谱法于1975年育成。

　　形态特征和生物学特性：属籼型常规稻。作早稻栽培，全生育期118d左右，苗期矮健，株高78cm，分蘖力中等，每穗平均着粒110粒，结实率80%，颖尖、颖壳秆黄色，种皮白色，无芒，千粒重25g。

　　品质特性：米质中等。

　　抗性：感稻瘟病。

　　产量及适宜地区：一般大田生产产量在5.7t/hm²左右。该品种1975年以来累计推广面积超过20.00万hm²。适宜川南和川东南（现为重庆市）的非稻瘟病常发区作早稻种植。

　　栽培技术要点：适时播种，川南、川东南地区3月上、中旬播种，采用地膜覆盖，湿润育秧，4～5叶移栽。稀播匀播，培育壮秧，秧田播种量600～750kg/hm²，大田用种量75～90kg/hm²。合理密植，栽插规格13.3cm×20cm或10cm×20cm，每穴栽插4～5苗。重底肥，早追肥，全生育期施氮肥150～180kg/hm²，氮磷钾配合使用，追肥在栽后10d左右看苗施肥。及时防治稻瘟病及螟虫。

万早 31-8（Wanzao 31-8）

品种来源：原四川省万县地区农业科学研究所（重庆市三峡农业科学院前身）以银坊/中农34//矮脚南特/洋早谷为杂交组合，经系谱法于1975年育成。

形态特征和生物学特性：属常规早籼稻品种。作早稻栽培，全生育期120d左右，苗期矮健，株高76cm，分蘖力中等，每穗平均着粒130粒，结实率85%，颖壳黄色，颖尖无色，籽粒椭圆形，种皮白色，无芒，千粒重24.5g。

品质特性：米质中等。

抗性：感稻瘟病。

产量及适宜地区：一般大田生产产量在5.25t/hm²左右。该品种1975年以来累计推广面积超过20.00万hm²。适宜川南和川东南（现为重庆市）的非稻瘟病常发区作早稻种植。

栽培技术要点：①适时播种，川南、川东南地区3月上、中旬播种，采用水育秧，4～5叶移栽。②稀播匀播，培育壮秧，秧田播种量600～750kg/hm²，大田用种量75～90kg/hm²。③合理密植，栽插规格13.3cm×20cm或10cm×20cm，每穴栽插4～5苗。④重底肥，早追肥，全生育期施氮肥150～180kg/hm²，氮磷钾配合使用，追肥在栽后10d左右看苗施肥。⑤及时防治稻瘟病。

万早4号（Wanzao 4）

品种来源：原四川省万县地区农业科学研究所（重庆市三峡农业科学院前身）以IR54/万野763为杂交组合，经系谱法育成的籼型常规早稻品种。1987年通过四川省农作物品种审定委员会审定。

形态特征和生物学特性：属常规早籼稻品种。全生育期134～138d，比对照威优64早熟4～10d。苗期长势旺，株型紧散适度，再生力强，株高90cm左右，每穗平均着粒115粒，结实率80%左右，颖壳黄色，籽粒椭圆形，种皮白色，无芒，千粒重29g左右。

品质特性：加工品质、适口性中上。

抗性：抗稻瘟病，较抗褐飞虱、黑尾叶蝉、赤枯病，对低温、冷浸田有较好适应性。

产量及适宜地区：1985—1986年参加原四川省万县地区水稻区域试验，2年区域试验平均产量7.05t/hm²，比对照威优64增产6.7%～8.2%，大面积示范种植一般产量6.0～8.25t/hm²。适宜原四川省万县地区中、高山区种植。

栽培技术要点：一般露地育苗中高山区4月中旬播种，栽插基本苗300万苗/hm²左右，若留再生稻适时施催芽肥。在低坝区种植注意防止倒伏。

万中80 （Wanzhong 80）

品种来源：原四川省万县地区农业科学研究所（重庆市三峡农业科学院前身）以G朝阳1号A/IR24为杂交组合，经系谱法于1980年育成。

形态特征和生物学特性：属常规中籼稻品种。作中稻栽培，全生育期126d左右，苗期矮健，株高95cm，分蘖力偏弱，每穗平均着粒130粒，结实率80%左右，颖尖、颖壳秆黄色，籽粒椭圆形，种皮白色，无芒，千粒重24g。

品质特性：米质中等。

抗性：抗赤枯病，感稻瘟病。

产量及适宜地区：一般大田生产产量在7.5t/hm²左右。该品种1984年推广面积超过2.0万hm²。适宜四川省丘陵和平坝地区种植。

栽培技术要点：适时播种，川南、川东南地区3月上、中旬播种，采用地膜覆盖，湿润育秧，4～5叶移栽。稀播匀播，培育壮秧，秧田播种量600～750kg/hm²，大田用种量75～90kg/hm²。合理密植，栽插规格13.3cm×20cm或10cm×20cm，每穴栽插4～5苗。重底肥，早追肥，全生育期施氮肥150～180kg/hm²，氮、磷、钾配合使用，追肥在栽后10d左右看苗施肥。及时防治纹枯病、稻瘟病及螟虫。

温竹糯（Wenzhunuo）

品种来源：四川省成都市第二农业科学研究所以温早糯179/竹云糯为杂交组合，经系谱法于1983年育成。

形态特征和生物学特性：属常规中籼糯稻品种。作中稻栽培，全生育期135d，株型较好，叶色浓绿，分蘖力中等，后期转色好，株高100cm，每穗平均着粒130粒，结实率85%，颖尖、颖壳秆黄色，籽粒椭圆形，种皮白色，无芒，千粒重32g。

品质特性：品质优。

抗性：中抗稻瘟病。

产量及适宜地区：一般产量6.75t/hm²左右。适宜四川平坝、丘陵地区种植。

栽培技术要点：适时播种，培育壮秧，栽插30万～45万穴/hm²，每穴栽插4～5苗，栽插基本苗150万～180万苗/hm²，宜重底肥，早追肥，多施农家肥，并以氮、磷、钾配合，注意稻瘟病的防治，其他同一般大田生产。

西南175（Xinan 175）

品种来源：原西南农业科学研究所从台湾粳稻中经系统选育，于1955年育成。

形态特征和生物学特性：属常规中粳稻品种。全生育期160～165d，分蘖力强，叶色浓绿，叶鞘、叶缘、柱头无色，熟期转色好，株高100cm，每穗平均着粒150粒，结实率85%左右，颖壳黄色，籽粒阔卵型，无芒，种皮白色，千粒重24～25g。

品质特性：米质上等。

抗性：抗逆性强，抗病性弱。

产量及适宜地区：一般产量在7.95t/hm²左右。该品种1955年以来累计推广面积超过41.53万hm²。

栽培技术要点：适时播种，川南地区3月中旬、川西地区4月上旬播种，采用湿润育秧，秧苗4～5叶移栽；每穴栽插4～5苗。追肥在栽后10d左右看苗施肥。及时防治稻瘟病、纹枯病及螟虫。

香粳2号 （Xianggeng 2）

品种来源：云南省农业科学院粳稻育种中心、玉溪市红塔区农业科学研究所以云粳优2号/云粳4号为杂交组合，经系统选育而成的优质常规粳稻品种。2008年通过四川省农作物品种审定委员会审定。

形态特征和生物学特性：属常规粳稻，全生育期164.4d，比对照合系22-2短4.8d。株高87.6cm，株型适中，叶鞘、颖尖绿色，剑叶直立。分蘖力强，有效穗数510万穗/hm²，穗长16.4cm，每穗平均着粒102.6粒，结实率83.1%，易脱粒，谷粒椭圆形，颖壳茸毛多，种皮白色，无芒，千粒重24.5g。

品质特性：糙米率80.1%，整精米率72.3%，垩白粒率2%，垩白度0.1%，直链淀粉含量17.5%，胶稠度66mm，糙米长宽比1.8，蛋白质含量8.8%，米质达到国颁三级优质米标准。

抗性：叶瘟5级，穗颈瘟7级。

产量及适宜地区：2006—2007年参加凉山彝族自治州水稻新品种区域试验，2年区域试验平均产量10.65t/hm²，比对照合系22-2增产13.00%，平均增产点次91%。2007年生产试验平均产量8.28t/hm²，比对照合系22-2增产11.30%。适宜凉山彝族自治州海拔1 500～1 800m的常规粳稻区种植。

栽培技术要点：①春分至清明播种，立夏前后移栽，秧龄35～45d，大田播种量450～900kg/hm²，播种前用"浸种灵"浸种、消毒，预防恶苗病。②栽插密度：规格16.7cm×16.7cm、16.7cm×20cm，栽插45万～60万穴/hm²，穴栽插3～5苗，栽插基本苗180万～225万苗/hm²。③施肥管理：重底肥，早追肥，以农家肥为主。

香粳3号（Xianggeng 3）

品种来源：云南省农业科学院粳稻育种中心、玉溪市红塔区农业科学研究所以云粳优5号/云粳12为杂交组合，经系统选育而成。2009年通过四川省农作物品种审定委员会审定。

形态特征和生物学特性：属常规粳稻品种。全生育期165.7d，比对照合系22-2短5.4d。株高92.7cm，株型适中，叶片浅绿色，叶鞘绿色，有效穗534万穗/hm²，穗长18.0cm，每穗平均着粒100.8粒，结实率88.3%，谷粒椭圆形，颖壳多茸毛、颖尖秆黄色、种皮白色，无芒，千粒重25.2g。

品质特性：糙米率81.7%，整精米率71.8%，糙米长宽比2.3，垩白粒率9%，垩白度1.0%，胶稠度77mm，直链淀粉含量18.4%，蛋白质含量7.7%，米质达到国颁二级粳稻优质米标准，香味浓。

抗性：中感稻瘟病。

产量及适宜地区：2006—2007年参加凉山彝族自治州水稻新品种区域试验，2年区域试验平均产量10.28t/hm²，比对照合系22-2增产9.10%，平均增产点次74%。2007年生产试验平均产量9.47t/hm²，比对照合系22-2增产15.70%。适宜凉山彝族自治州海拔1 500～1 800m的常规粳稻区种植。

栽培技术要点：①春分至清明播种，立夏前后移栽，秧龄35～45d，本田亩用种量30～60kg/hm²，播种前用"浸种灵"浸种、消毒，预防恶苗病。②栽插密度：规格16.7cm×16.7cm、16.7cm×20cm或宽窄行，栽插45万～60万穴/hm²，穴栽插3～5苗，栽插基本苗180万～225万苗/hm²。③配方施肥，重底肥，早追肥，底肥用农家肥22 500kg/hm²，分蘖肥追施尿素300kg/hm²，齐穗期施尿素75kg/hm²，适量补充微肥（锌肥等）。④根据植保预测预报，综合防治病虫害。

香优61（Xiangyou 61）

品种来源：四川省乐山市农牧科学研究所以IR24/云南香型材料为杂交组合，采用系谱法于1997年育成。2002年通过四川省农作物品种审定委员会审定。

形态特征和生物学特性：属籼型常规水稻。全生育期151.6d，比对照汕优63长5d。株高125.3cm，分蘖力中等，株型松散适中，叶色较深，叶缘带刺，剑叶直立，叶耳、叶舌无色，穗长23.7cm，每穗平均着粒数147.5粒，结实率90.5%，颖壳黄色，籽粒细长形，稃尖无色，种皮白色，无芒，千粒重25.5g。

品质特性：糙米率79.6%，精米率68.0%，整精米率57.1%，透明度1级，垩白粒率8.0%，垩白度0.8%，糙米长宽比2.68，直链淀粉含量13.7%，胶稠度94mm，碱消值6.8级，蛋白质含量6.8%。1999年荣获四川省第二届"稻香杯"奖。

抗性：抗稻瘟病，耐肥力中等。

产量及适宜地区：1999—2000年参加攀枝花市中籼稻区域试验，2年区域试验平均产量12.35t/hm²，比对照汕优63增产3.67%。2000—2001年参加乐山市中籼稻区域试验，2年区域试验平均产量7.91t/hm²，比对照汕优63减产6.14%；2000年参加四川省生产试验，五点平均产量7.47t/hm²，较汕优63减产5.36%。适宜乐山、攀枝花市种植汕优63的地方种植。

栽培技术要点：适时早播，培育多蘖壮秧，秧龄不超过40d，合理密植，栽插15万～22.5万穴/hm²，每穴栽插2苗。合理施肥，重底肥，早追肥，够苗晒田，控制无效分蘖。

宜糯931（Yinuo 931）

品种来源：四川省宜宾地区农业科学研究所通过城堡1号/2126杂交培育而成。1997年通过四川省农作物品种审定委员会审定。

形态特征和生物学特性：属粳型常规糯稻品种。全生育期141～144d，比对照沱江糯5号早熟3d，株型紧凑，分蘖力强，苗期耐寒，后期转色好，株高105cm，有效穗数300万穗/hm² 左右，每穗平均着粒88粒，结实率92.8%，颖壳黄色，籽粒阔卵形，种皮白色，无芒，千粒重25.2g。

品质特性：直链淀粉含量1.6%，胶稠度为94mm，蛋白质含量6.78%。加工品质好，食味较佳，糯性较好。

抗性：抗稻瘟病。

产量及适宜地区：1994—1995年参加四川省水稻区域试验，2年区域试验平均产量5.79t/hm²，比对照沱江糯5号增产4.19%。生产试验产量为5.09～6.45t/hm²，平均产量5.73t/hm²，比对照沱江糯5号平均增产5.98%。适宜四川省平丘区种植。

栽培技术要点：在四川东南部3月15日左右播种，四川其他地区一般4月初播种，秧龄30d左右，按30cm×13.3cm规格栽插，每穴栽插6～7苗，栽插基本苗150万～180万苗/hm²，其他措施同一般大田生产。

中农4号（Zhongnong 4）

品种来源：原中央农业实验所四川工作站从湖南地方品种临湘铁脚早中经纯系选育，于1946年育成。

形态特征和生物学特性：属常规中籼稻品种。全生育期126～140d。植株较高，分蘖力弱，叶色淡绿，叶鞘、叶缘、柱头、叶节紫色，熟期转色好，株高133～150cm，每穗平均着粒160粒，结实率85%，颖壳秆黄色，颖尖紫色，籽粒椭圆形，种皮白色，无芒，千粒重25～27g。

品质特性：米质上等。

抗性：高感稻瘟病和白叶枯病，避螟害，耐肥，抗倒伏，耐涝。

产量及适宜地区：一般大田生产产量在3.75t/hm²左右。1958年最大年推广面积53.33万hm²。适宜四川、湖南、江苏、安徽等省种植。

栽培技术要点：适时播种，川南地区3月中旬、川西地区4月上旬播种，采用水育秧，秧苗4～5叶移栽。每穴栽插4～5苗。及时防治稻瘟病、纹枯病。

第二节 四川杂交水稻

一、杂交水稻亲本

D297A (D 297 A)

品种来源：1971年四川农业大学水稻研究所用籼稻蜀丰1号与粳稻盘锦杂交，1977年用F_6（编号为籼粳20）株系作母本配珍汕97。1981年夏，用上述三交组合F_6的79株系再配繁4（从原浙江省温州地区农业科学研究所引进，来源为军协/温选10号//秋唐早），于1983年春在陵水从其F_3中选系与D汕A测交并连续回交，并在1985年夏B_4F_1代定名为D297A。

形态特征和生物学特性：属D型三系迟熟早籼不育系。株叶形态类似粳稻，而穗粒性状似籼稻。四川地区夏播，播种至齐穗74d左右，主茎叶片数14叶左右，株高85cm左右，植株紧凑，上部叶片较狭、夹角小、内卷、浓绿、功能期长。分蘖力中等，叶鞘、柱头紫色。其恢保关系与野败、冈型不育系相似。花药细小，白色，花粉败育方式90%以上为典败，10%以下属圆败。其中极少数花粉对碘化钾溶液浅着色，隔离种植，自交不结实。柱头外露率80%以上，双柱头外露率46.3%。每穗平均着粒85～90粒，颖壳黄色，籽粒细长形，稃尖紫色，种皮白色，短芒，千粒重25g左右。可恢复性好，配合力高。

品质特性：品质较优。米粒透明，腹白极小。

抗性：中抗稻瘟病。

应用情况：适宜配制中籼类杂交水稻组合。配组的品种有D优10号、D优3232、D297优67、D297优155、D297优明86等。

繁殖要点：选择好隔离区，严防生物学混杂。要求隔离区距离应不短于500m；确保适宜的播栽期，保证花期相遇。在成都地区4月30日左右播种，抽穗期7月15日左右。合理密植，科学管理。施足基肥，早施追肥，单株密植；及时去杂，确保种子质量。

D62A（D 62 A）

品种来源：D62A是四川农业大学水稻研究所以D297A为母本，用D297B/红突31的后代作父本杂交、回交转育成的早籼不育系，同时育成保持系D62B。2003年获国家植物新品种权，品种权号：CNA20000075.6。

形态特征和生物学特性：属D型三系早籼不育系。成都地区春播，播始历期为86～95d，主茎总叶片数13～14叶，柱头、叶鞘、叶缘紫色，花药细小，白色，花粉败育方式以典败为主，不育株率100%，不育度100%，其恢保关系与野败、冈型的恢保关系相似。柱头外露率75%左右，异交率高，株高90cm左右，分蘖力较强，株型略散，叶色淡绿，苗期叶片披，后三叶叶片挺，穗长25cm，每穗平均着粒数145粒，籽粒细长，颖壳黄色，颖尖紫色，种皮白色，无芒，千粒重25g。可恢复性好，配合力高。

品质特性：品质较优。

抗性：中抗稻瘟病。

应用情况：适宜配制中籼类杂交水稻组合。配组的品种有D优527、D优725、D优202、D优177、泰优99、西农优3号等32个。

繁殖要点：选择好隔离区，严防生物学混杂。要求隔离区距离应不短于500m；确保适宜的播栽期，保证花期相遇。在成都地区4月20日左右播种，抽穗期7月20日左右。合理密植，科学管理。施足基肥，早施追肥，单株密植；及时去杂，确保种子质量。

D702A （D 702 A）

品种来源：D702A是四川农业大学水稻研究所于1989年以优IB为母本，与D297B为父本杂交组成杂交组合F_1；经加代，在F_4代选株与D297A测交并经连续回交于1996年育成。2003年获国家植物新品种权，品种权号：CNA20000074.8。

形态特征和生物学特性：属D型三系迟熟早籼不育系。在成都地区夏播，抽穗期比对照珍汕97A长4d，株型紧凑，株高70～75cm，秆硬抗倒伏，叶片直立，叶色深绿，功能期长，分蘖力强，成穗率高，穗容量大，芽鞘紫红色，叶鞘紫色线条，柱头、颖尖紫色，花药白色或乳白色。不育株率100%，花粉不育度100%，花粉败育为典败率81.6%，圆败率18.4%，套袋自交结实率为0。花时比珍汕97A早，花时集中。柱头外露率达94.6%，其中，柱头双外露率达55.4%。护颖长度中，落粒性中，可恢复性极好，异交结实率极高。穗平均着粒95～105粒，颖壳黄色，籽粒长粒、椭圆形，稃尖紫色，种皮白色，无芒，千粒重24.2g。

品质特性：糙米率82.6%，精米率75.3%，整精米率65.3%，碱消值5.5级，蛋白质含量10.9%，糙米粒长6.3mm，糙米长宽比2.8，垩白度2.2%，透明度2级，胶稠度41mm，直链淀粉含量24.7%。

抗性：中抗稻瘟病。

应用情况：适宜配制中籼类杂交水稻组合。配组的品种有D优多系1号、D优13、阳鑫优1号等。

繁殖要点：选择好隔离区，严防生物学混杂。要求隔离区距离应不短于500m；确保适宜的播栽期，保证花期相遇。在成都地区5月2日左右播种，抽穗期7月15日左右。合理密植，科学管理。施足基肥，早施追肥，单株密植；及时去杂，确保种子质量。

D汕A（D shan A）

品种来源：D汕A是四川农业大学水稻研究所以DissiD52/37/矮脚南特的1个不育株与意大利B杂交后代B_6F_1为母本，汕-1（珍汕97选系）为父本杂交，并连续回交于1985年育成。

形态特征和生物学特性：属D型三系早籼不育系。四川雅安夏播，播种至齐穗68d左右。主茎叶片数13.3叶，株高68cm，分蘖力中等，穗型较大，叶片稍大，叶鞘、柱头、颖尖紫色，不育性稳定，花药细小，白色，花粉败育方式以典败为主，不育株率100%，不育度100%，套袋自交结实率为0，花时早而集中，异交率高，柱头外露率80%，可恢复性好，一般配合力高。每穗平均着粒116粒，颖壳黄色，籽粒阔卵形，种皮白色，无芒，千粒重24.6g。

品质特性：品质较优。

抗性：中抗稻瘟病。

应用情况：适宜配制杂交早、中、晚稻类型的杂交组合。主要品种有D优63、D优162、D优1号、D优3号、D优64、D优赣9号、D优3550等。

繁殖要点：选择好隔离区，严防生物学混杂。要求隔离区距离应不短于500m；确保适宜的播栽期，保证花期相遇。在成都地区5月10日左右播种，抽穗期7月18日左右。合理密植，科学管理。施足基肥，早施追肥，单株密植；及时去杂，确保种子质量。

K17A (K 17 A)

品种来源：四川省农业科学院水稻高粱研究所于1992年以K青A作母本，K17B（中83-49/玻惠占//温抗3号）为父本测交并连续回交育成。

形态特征和生物学特性：属K型三系杂交水稻早籼不育系。其感温性、感光性、感营养性均弱。经多年分期播种试验，主茎叶片数12～13叶，在泸州夏制播始历期63～65d，播始期比对照珍汕97A早2～3d，有效积温806～813℃。花药呈箭头形，乳白色或水渍状，不育株率为100%，花粉以典败为主，有部分圆败和染败，经1994—1998年套袋测定，自交结实率为0.01%到0.04%之间，达到国家的三系不育系标准。株型紧凑，剑叶较小而上举，叶色较深，叶鞘、叶缘、颖尖及柱头紫色，柱头外露率高达90%～95%，柱头双外露率60%，异交率高，配合力高，可恢复性好，株高65cm左右，每穗平均着粒120粒左右，分蘖力中等，颖壳黄色，籽粒长粒、椭圆形，种皮白色，无芒，千粒重29g左右。

品质特性：糙米率80.6%，精米率71.9%，整精米率41.0%，糙米粒长6.6mm，糙米长宽比2.8，垩白粒率93%，垩白度28.4%，透明度4级，碱消值5.3级，胶稠度42mm，直链淀粉含量24.0%。

抗性：耐肥抗倒伏力强，抗稻瘟病。

应用情况：适宜配制中籼型杂交组合。配组主要品种有K优4号、K优5号、K优17、K优402、K优404、K优77、K优21、K优40、K优AG、K优晚3、K优542、K优7463、K优926、K优金谷1号、K优金谷3号、K优583、K优2020、K优467、K优619、金科1号、贵优2号、益农2号等。

繁殖要点：保持系K17B严格自然隔离繁殖，保持系单株栽插，抽穗前严格去杂，固定K17A、B的繁殖田块，每年进行原种繁殖，用原种繁殖生产用种，K17A繁殖时，用时间隔离，要求在25d以内无其他水稻品种花粉，用自然隔离，要求在1000m以内无其他水稻品种并有自然屏障。

K青A（K qing A）

品种来源：四川省农业科学院水稻高粱研究所于1986年从云南省引进的一个编号为K52的粳稻材料作母本的复合杂交组合K52/泸红早1号//珍新粘2号的F_2群体中，发现几株花药干瘪、水渍状、半透明、I_2-IK染色镜检花粉为典败的不育株，这些不育株比育性正常的植株矮小，有的柱头紫色，有的柱头无色。利用这些不育株与丰龙早/青二矮、泸红早1号、红突5号、83N5-80等材料测交，同年秋在海南省陵水县种植观察测交F_1的育性表现。其中以丰龙早/青二矮作父本的测交F_1表现全不育，选株连续回交育成K青A、K青B。

形态特征和生物学特性：属三系K型杂交水稻早籼不育系。其感温性、感光性、感营养性均弱。经多年分期播种试验，主茎叶片数13叶，在泸州夏制播始历期62d左右，乳白色或水渍状，不育株率为100%，花粉以典败为主，有部分圆败和染败。株型紧凑，剑叶较小而上举，叶色较深，叶鞘、叶缘、颖尖及柱头紫色。配合力高，可恢复性好，但异交率较低。株高60cm左右，每穗平均着粒120粒左右，分蘖力中等，颖壳黄色，籽粒长粒、椭圆形，种皮白色，无芒，千粒重28g左右。

品质特性：米质中等。

抗性：耐肥，抗倒伏能力强，抗稻瘟病。

应用情况：适宜配制中籼型杂交组合。配组主要品种有K优1号、K优48-2等。

繁殖要点：保持系K青B严格自然隔离繁殖，保持系单株栽插，抽穗前严格去杂，固定K青A、B的繁殖田块，每年进行原种繁殖，用原种繁殖生产用种，K青A繁殖时，用时间隔离，要求在25d以内无其他水稻品种花粉，用自然隔离，要求在1 000m以内无其他水稻品种并有自然屏障。

川106A （Chuan 106 A）

品种来源：四川省农业科学院作物研究所以川香28A作母本与（IR58025B/宜香1B）F$_6$代中的优良单株测交并连续回交转育，于2010年育成。2010年8月通过四川省农作物品种审定委员会办公室组织同行专家的技术鉴定。2012年通过海南省农作物品种审定委员会审定。

形态特征和生物学特性：属三系D型早籼不育系。在成都春播、夏播，播种至抽穗历期82d，比对照冈46A长近10d。主茎叶片数13.8叶，比对照冈46A多1叶左右。株高95cm左右，苗期较耐寒，分蘖力中等，叶片浓绿，剑叶大小中等，叶缘、叶鞘、稃尖及柱头无色，株型紧凑适中，在晴天始花时刻9:20，盛花时刻11:30，午前花比例65%左右。柱头外露率78%，其中双外露率46%。经多年观察川106A不育株率100%，套袋自交，其自交结实率为0；花粉镜检鉴定，其花粉败育率100%，其中典败率99.5%、圆败率0.5%。穗长25～26cm，每穗平均着粒140粒，籽粒细长形，种皮白色，有中短芒，千粒重20g。

品质特性：糙米率80.2%，精米率72.2%，整精米率58.6%，糙米粒长9.1mm，糙米长宽比4.1，垩白粒率11%，垩白度2.2%，透明度1级，碱消值6.6级，胶稠度63mm，直链淀粉含量16.6%，川106B的米质指标达部颁二级优质米标准。外观和食味品质好。

抗性：中抗稻瘟病。

应用情况：适宜配制中籼杂交水稻组合。配组的品种有川优6203。

繁殖要点：选择好隔离区，严防生物学混杂。要求隔离区距离应不短于500m；确保适宜的播栽期，保证花期相遇。在成都正季以4月上旬播种，6月25日左右抽穗扬花较为合适。培育双强群体，构建合理穗粒结构稀播培育壮秧适时移栽，合理行比，插足基本苗合理运筹肥水，培育丰产苗架。及时预测花期，适时调控。适时适度割叶和喷施赤霉素，加强人工辅助授粉。严格除杂去劣，确保种子纯度；以防为主，控制病虫害；适时收割，提高种子质量。

川香29A（Chuanxiang 29 A）

品种来源： 四川省农业科学院作物研究所以珍汕97A作母本与川香29B（Ⅱ-32B/香丝苗2号F₄代中的优良单株）测交并连续回交转育，于2000年育成。2001年8月通过四川省科技厅组织的专家技术鉴定。2002年获国家植物新品种权，品种权号：CNA20010002.5。

形态特征和生物学特性： 属籼型三系不育系。在四川省成都地区春播，播种至抽穗112d，主茎叶片数16叶左右，株高100cm，茎秆粗，分蘖力中等，株型紧散适宜，剑叶叶片宽，叶鞘、叶缘、柱头为紫色；柱头外露率为82%，其中双外露率为60%，异交结实率高；花时较早，在晴天9:30左右始花，盛花时刻11:40，午前花比例75%左右，与恢复系花时高峰相遇较好。花期长，单株抽穗历期6d左右，单株开花历期6～7d，单穗开花历期3～4d。不育株率100%，不育度为99.57%，不育性达到国家技术标准。穗形较大，每穗平均着粒190粒，颖壳黄色，籽粒椭圆形，稃尖紫色，种皮白色，无芒，千粒重27g；可恢复性好。

品质特性： 糙米率80.2%，精米率74.1%，整精米率59.4%，糙米长宽比2.4，垩白粒率48.0%，碱消值6.6级，胶稠度54mm，直链淀粉含量21.6%。植株地上部分各器官均有香味，其香味受一对隐性基因控制。米质油浸半透明。

抗性： 抗稻瘟病，抗倒伏。

应用情况： 适宜配制中籼杂交水稻组合。配组的品种有川香优2号、川香3号、川香稻5号、川香优6号、川香8号、川香9号、川香9838、川香优907、川香8108、泰香5号、川香优1011等39个。

繁殖要点： 选择好隔离区，严防生物学混杂。要求隔离区距离应不短于500m；确保适宜的播栽期，保证花期相遇。在成都正季以4月初播种，7月15日左右抽穗扬花较为合适。培育双强群体，构建合理穗粒结构，稀播培育壮秧，适时移栽，合理行比，插足基本苗合理运筹肥水，培育丰产苗架；及时预测花期，适时调控；适时适度割叶和喷施赤霉素；加强人工辅助授粉；严格除杂去劣，确保种子纯度；以防为主，控制病虫害；适时收割，提高种子质量。

菲改 A（Feigai A）

品种来源：菲改 A 系四川省内江市农业科学研究院用菲改与野败二九矮 4 号 A 测交，并连续回交，于 1977 年育成。

形态特征和生物学特性：属三系早籼型野败不育系。在四川内江春播，播抽期 75 ～ 85d。而夏（5 月中旬）播，则播抽期 55 ～ 65d，比对照珍汕 97A 短 3 ～ 4d。主茎平均叶片数 12 叶，播抽期活动积温 1 523.37℃，有效积温 917.6℃。株高 55 ～ 60cm，分蘖力中等，株型松散适中，叶色淡绿，叶鞘绿色，柱头无色，叶片窄长。穗长 20cm，每穗平均着粒 90 粒，颖壳黄色，稃尖无色，种皮白色，无芒，千粒重 26.4g。菲改 A 不育株率 100%，套袋自交结实率为 0，花粉败育度 99.99%，其中以典败为主，有少量圆败和极少染败。

品质特性：糙米率 82.9%，精米率 75.1%，整精米率 57.4%，糙米长宽比 3.2，碱消值 4.8 级，胶稠度 77mm，直链淀粉含量 23.8%。

抗性：中抗稻瘟病。

应用情况：适宜配组籼型迟熟杂交中稻组合。配组育成的品种主要菲优 63、菲优多系 1 号、菲优 188 等。

作亲本育成金 23A、中 9A、常菲 22A、绵香 2A 等。

繁殖要点：春季繁殖可采用时间隔离，4 月上中旬播种，6 月中、下旬抽穗，培育壮秧，合理行比，2m 开箱，父母本行比 2：12，预测花期，调控保证花期全遇，适时喷施赤霉素，人工辅助授粉，除杂保纯，病虫害防治等与早籼不育系繁殖技术相同。

辐74A（Fu 74 A）

品种来源：四川省原子能研究院（原四川省原子核应用技术研究所）用 $^{60}Co\gamma$ 射线300Gy照射杂交中间株系（珍汕97B/红突31），从M4代选出优良单株与珍汕97A测交，并连续回交转育，于1988年育成。

形态特征和生物学特性：属早籼型三系野败胞质不育系。在四川春播播种至抽穗历期约75d。主茎12片叶，茎秆较粗壮，分蘖力强，剑叶直立，叶色浅绿，叶鞘、柱头无色，柱头总外露率70%，异交结实好，晴天10:00开花，12:00～13:00盛花。单株抽穗历期5d，开花历期8d，不育性稳定，不育率100%，套袋无自交结实。株高80cm，穗形中等，每穗平均着粒110粒，颖壳黄色，籽粒椭圆形，稃尖无色，种皮白色，无芒，千粒重25g；配合力强，可恢复性好。

品质特性：糙米率80%，精米率71.5%，整精米率50%，糙米长宽比2.6，垩白粒率50%。

抗性：感稻瘟病，较抗纹枯病，抗倒伏。

应用情况：适宜配组中籼中熟杂交水稻组合。配组的品种有辐优63、辐优838、辐优802、辐优151、辐优6688等。

繁殖要点：适时播种，四川春季繁殖宜在4月中旬播种，7月上旬抽穗。稀播培育带蘖壮秧，2m开箱，合理行比。一般父母本行比2：12，预测花期，调控、喷施赤霉素，人工辅助授粉，除杂保纯，病虫害防治等与早籼（如珍汕97）繁殖技术相同。

辐76A（Fu 76 A）

品种来源：四川省原子能研究院（原四川省原子核应用技术研究所）用 $^{60}Co\gamma$ 射线 300Gy 照射中间株系（珍汕97B/红突31），从 M5 代选出优良株系辐76B，用珍汕97A测交并连续回交，于1990年育成辐76A。

形态特征和生物学特性：属早籼型三系野败不育系。株高85cm，播种至抽穗约85d，主茎叶片12～13片叶，分蘖力强，株叶形态较好，叶鞘、柱头紫红色，谷粒椭圆，柱头总外露率72%，花时比珍汕97早。不育性稳定，不育株率100%，不育度99.9%，镜检花粉以典败为主，套袋自交结实率<0.1%。每穗平均着粒120粒，颖壳黄色，籽粒椭圆形，稃尖紫色，种皮白色，无芒，千粒重24g，配合力强，可恢复性好。

品质特性：糙米率80.2%，精米率70%，整精米率46.5%，糙米长宽比2.6，米粒半透明。

抗性：感稻瘟病，轻感纹枯病，抗倒伏。

应用情况：适宜配组籼型迟熟杂交中稻组合。配组育成的品种有辐优130、辐优19等。

繁殖要点：春季繁殖可采用时间隔离，4月上中旬播种，7月上旬抽穗，培育壮秧，合理行比，2m开箱，父母本行比2∶12，预测花期，调控保证花期全遇，适时喷施赤霉素，人工辅助授粉，除杂保纯，病虫害防治等与早籼不育系繁殖技术相同。

冈46A（Gang 46 A）

品种来源：冈46A是四川农业大学水稻研究所于1979年用二九矮与V41B、珍汕97与雅矮早组织单交、复交。从中选择早熟、株叶型好、穗大粒多、异交习性优良的单株，以冈二九矮A作母本，于1984年回交转育而成。

形态特征和生物学特性：属冈型三系早籼不育系。成都地区春播，播种到始穗约75d，比同等条件下珍汕97A长2～3d。株高75～80cm，主茎总叶数12叶左右，始穗至盛花3～4d，盛花期持续3～4d，群体花期8～9d，花期集中。每日约11:30始花，气温高时花时可提早20min。花粉镜检败育率100%，其中典败率82.4%，圆败率17.6%，套袋自交结实率为0，柱头外露率总平均为71.1%，其中双外露率27.0%。叶片宽大，叶色淡绿，叶鞘、叶缘、柱头紫色，分蘖力中等偏弱，株型紧凑，生长繁茂。对氮肥、赤霉素敏感。每穗平均着粒120粒左右，颖壳黄色，籽粒椭圆形，稃尖紫色，种皮白色，无芒，千粒重24～25g。配合力高，可恢复性好。

品质特性：品质一般。

抗性：感稻瘟病。

应用情况：适宜配制中籼杂交水稻组合。配组的品种有冈优12、冈优22、冈优527、冈优725、冈优151、冈优188、冈优1577、冈优3551等75个，是我国杂交中稻的主要不育系之一。由其衍生出不育系科龙A、金冈35A、锦752A、绵香5A、万6A、冈香1A等20个。

繁殖要点：选择好隔离区，严防生物学混杂。要求隔离区距离应不短于500m；确保适宜的播栽期，保证花期相遇。在成都正季以5月初播种，7月15日左右抽穗扬花较为合适。培育双强群体，构建合理穗粒结构，稀播培育壮秧，适时移栽，合理行比，插足基本苗合理运筹肥水，培育丰产苗架。及时预测花期，适时调控；适时适度割叶和喷施赤霉素。加强人工辅助授粉，严格除杂去劣，确保种子纯度。以防为主，控制病虫害。适时收割，提高种子质量。

糯N2A（Nuo N 2 A）

品种来源：四川省原子能研究院（原四川省原子核应用技术研究所）用辐糯101（桂朝2号糯性突变品种）与珍汕97B杂交经多代选糯制保，获得糯性保持系N2B，再用珍汕97A测交，并连续回交8代育成野败早籼糯稻不育系N2A，1993年通过四川省质量检查站鉴定符合GB4405-84原种标准。

形态特征和生物学特性：属三系早籼型野败糯稻不育系。在四川春繁播抽期为70d，主茎叶片11～12片叶，株高90cm，分蘖力中等，株型松散适度，叶鞘、柱头紫红色，柱头总外露率52%，异交结实率略低于珍汕97A。不育性稳定，不育株率100%，不育度99.0%，套袋自交结实率≤0.2%。每穗着粒100～120粒，颖壳黄色，籽粒椭圆形，稃尖紫色，种皮白色，无芒，千粒重24.5g。配合力强，可恢复性好。

品质特性：米粒乳白色、糯性，糙米率78.8%，精米率71.2%，整精米率46%，糙米长宽比2.5，碱消值4.7级，胶稠度100mm，直链淀粉含量2.2%。

抗性：感稻瘟病，抗倒伏。

应用情况：适宜配组杂交中籼糯稻组合。配组的品种有糯优1号、糯优2号、糯优6211等。

繁殖要点：严格隔离，防止混杂，在四川4月中旬播种，7月上旬抽穗。培育壮秧，合理行比，父母本行比2：10或2：12均可。预测花期，及时调控，适时适度喷施赤霉素，人工辅助授粉。始穗期开始，严格除杂保纯，注意病虫害防治。适时收割，及时晾晒，防止机械混杂。

宜香1A（Yixiang 1 A）

品种来源：四川省宜宾市农业科学研究所以D44A/宜香1B（N542/D44B）测交并连续回交转育，于2000年育成。2000年7月通过四川省技术鉴定。2003年获国家植物新品种权，品种权号：CNA20010090.4。

形态特征和生物学特性：属D型三系中熟早籼不育系。川南春播（3月中下旬播种），播始期有效积温1 034.1℃，播始历期90～95d；川南夏播（4月中下旬播种），播始历期85～90d。株高80～90cm，主茎叶片数14.0～15.0叶，株型挺拔，剑叶较长，叶片较窄直立，叶色浓绿，叶鞘、柱头、颖尖无色，分蘖力较强，败育株率100%，花粉不育度100%，败育为典败率96.00%，圆败率4.00%；套袋自交结实率为0。柱头外露率62.07%，双外露率29.22%；晴天始花时刻9:00，盛花时刻11:25。对赤霉素较敏感，在繁殖、制种时赤霉素用量以225g/hm²左右为宜。穗长24.3～28.5cm，每穗着粒120～130粒，颖壳黄色，谷粒细长形，种皮白色，无芒，千粒重30.5g。配合力高，可恢复性好。

品质特性：糙米率78.9%，精米率72.6%，整精米率64.3%，糙米粒长7.3mm，糙米长宽比3.2，垩白粒率1%，垩白度0.1%，透明度1级，碱消值7.0级，胶稠度82mm，直链淀粉含量14.7%，蛋白质含量11.6%。稻米有香味，其香味受控于一对隐性基因。

抗性：叶瘟7级，穗瘟5级。

应用情况：适宜配制杂交中籼稻组合。配组的品种有宜香1577、宜香3003、宜香2292、宜香9号、宜香10号、宜香优2115、宜香99E-4等71个。

繁殖要点：选好隔离区，严格时间和空间隔离。播差期叶差为1.5叶，时差为7d。栽培规格上，母本株行距13.3cm×20cm，每穴栽插3～5苗，父本每穴保证2～3苗。本田施肥应掌握"前重、中控、后补"的原则。适时适量喷好赤霉素控制在150g/hm²以内，重施时间安排在见穗40%左右为宜。保证种子纯度，搞好田间去杂工作，收获时一定等到种子完熟时收割，以保证种子发芽率。

CDR22（CDR 22）

品种来源：四川省农业科学院作物研究所用 IR50/明恢63 为杂交组合，经系谱法于1990年育成。

形态特征和生物学特性：属籼型三系恢复系。在四川成都春播，播种至抽穗历期110d左右，株型紧凑，叶片较窄、坚挺上举，茎叶淡绿，长穗型，主蘖穗整齐，分蘖力中等，柱头无色，花时较早，花粉量大。株高100cm左右，主茎总叶片数16～17叶，穗大粒多，每穗平均着粒180粒，结实率90%，颖壳及颖尖呈黄色，籽粒细长形，种皮白色，无芒，千粒重29.8g。恢复力强，配合力高。

品质特性：糙米率81%，精米率71%，整精米率50%，支链淀粉含量86.1%，胶稠度77mm，碱消值7级，蛋白质含量9.7%。米粒透明，无心腹白，外观和食味品质较好。

抗性：抗稻瘟病。

应用情况：CDR22适宜配制杂交中籼稻组合，是我国使用面积较大的恢复系之一。主要品种有冈优22、汕优22、香优1号等，特别是冈优22的培育与推广，打破了我国南方中籼稻区汕优63"一统天下"的局面。

由CDR22衍生出了宜恢3551、宜恢1313、福恢936、蜀恢363等29个恢复系。

繁殖要点：适时早播，秧龄25d左右。培育壮秧，株行距16.7cm×26.7cm，栽插22.5万穴/hm²，每穴栽插1苗，适时晒田。施足基肥，早施追肥，防止施肥过迟、过多造成倒伏或加重病虫危害。后期不能过早断水，直到成熟都应保持湿润。注意去杂。

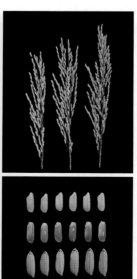

HR195 (HR 195)

品种来源：四川省农业科学院水稻高粱研究所以二九青/泰引1号//泰引1号///N稻////明恢63为杂交组合，经系谱法于1989年育成。

形态特征和生物学特性：属籼型三系杂交中稻恢复系。泸州3月20日播种，播始历期103d，比对照明恢63早10d；主茎叶片数15叶。分蘖力中上，株高118cm，主穗早抽1～2d，抽穗后的第2天开始张颖散粉，单穗开花历期5～6d，花药饱满长大，花粉量大，在泸州花时正常气候条件下从10:50开始，花粉活力强。每穗平均着粒160粒，结实率85%，籽粒细长形，颖壳黄色，种皮白色，无芒，千粒重32g。配合力高，恢复力强。

品质特性：糙米率79.60%，精米率69.55%，整精米率56.23%，糙米粒长0.87cm，糙米长宽比3.0，米半透明，光泽好，心腹白小，垩白粒率25%，直链淀粉含量21.30%，胶稠度71mm，碱消值4级。

抗性：中感稻瘟病，耐高温，抗倒伏能力强，对赤霉素敏感程度为中等。

应用情况：适宜配制早、中熟杂交中籼稻组合。主要品种有汕优195、K17优195、K18优195等。

繁殖要点：适时早播，秧龄25d左右。培育壮秧，株行距16.7cm×26.7cm，栽插22.5万穴/hm²，每穴栽插1苗，适时晒田。施足基肥，早施追肥，防止施肥过迟、过多造成倒伏或加重病虫危害。后期不能过早断水，直到成熟都应保持湿润。注意去杂。

成恢047（Chenghui 047）

品种来源：四川省农业科学院作物研究所用 IR2588-5-1-2 作母本，明恢63 作父本杂交于 1999 年选育而成。2002 年获国家植物新品种权，品种权号：CNA20000080.2。

形态特征和生物学特性：属籼型三系恢复系。在成都地区春播，播种至抽穗113d左右，与明恢63相同，对温光反应较稳定。株高100cm，分蘖力强，生长势旺，株型紧散适中，叶片窄直上举，茎秆粗壮，后期转色好，主茎总叶片数16.0叶，芽鞘紫红色，叶鞘具紫色线条，花药颜色黄色，柱头无色，穗伸出度良好，颖尖无色。抽穗整齐，落粒性好，花药肥大，花粉量充足，散粉性好，单株花期12d，花时较集中。穗大、粒多，每穗平均着粒134粒，结实率90%，籽粒细长形，颖壳黄色，种皮白色，无芒，千粒重21g左右。配合力高，恢复力强。

品质特性：直链淀粉含量13.44%，胶稠度80mm，碱消值6.4级，糙米长宽比3.25，半透明有光泽，透明度1级，垩白粒率7%，垩白度1.2%。

抗性：高抗稻瘟病，耐肥，抗倒伏。

应用情况：适宜配制杂交中籼稻组合。配组的品种有 K优047、Q优2号、Q优5号等。

由其衍生出禾恢6号、保香恢512、蓉恢447、川江恢12、川恢949、R1005、R1099等恢复系，及两用系福稻19S。

繁殖要点：适时早播，秧龄25～30d，单苗栽插，栽插22.5万穴/hm²左右，注意隔离除杂。

成恢177（Chenghui 177）

品种来源：四川省农业科学院作物研究所以绵恢502/Lemont为杂交组合，结合花药培养于1995年育成。2002年获国家植物新品种权，品种权号：CNA19990100.7。

形态特征和生物学特性：属籼型三系恢复系。在成都地区春播，播种至抽穗历期108d，播始历期比对照明恢63短4d左右，主茎叶片数16叶。花粉量足，花粉密度大，散粉性好，花粉活力强，花期10d左右，花时较集中，晴天11:30～12:30为盛花期。株高103cm，苗期较耐寒，分蘖力较强，株型紧散适宜，叶色淡绿，叶片较窄，厚而挺立，叶缘、叶鞘绿色，稃尖及柱头无色，穗颈短（微包颈），长穗型，穗长24～25cm，每穗平均着粒140粒，结实率91%，籽粒细长形，颖壳黄色，种皮白色，无芒，千粒重28～29g。恢复力强，配合力高。

品质特性：糙米率77.1%，精米率70.7%，整精米率64.7%，糙米粒长6.8mm，糙米长宽比3.0，垩白粒率9%，垩白度0.7%，透明度3级，碱消值7级，胶稠度76mm，直链淀粉含量12.8%。

抗性：抗稻瘟病，耐肥，抗倒伏能力强。

应用情况：适宜配制杂交中籼稻组合。主要组合有川香优2号、中优177、冈优177、D优177、川香317等组合。

由成恢177衍生出成恢727、成恢3203、成恢993等恢复系。

繁殖要点：适时早播，秧龄25d左右。培育壮秧，株行距16.7cm×26.7cm，栽插22.5万穴/hm²，每穴栽插1苗，适时晒田。施足基肥，早施追肥，防止施肥过迟、过多造成倒伏或加重病虫危害。后期不能过早断水，直到成熟都应保持湿润。注意去杂。

成恢 448（Chenghui 448）

品种来源：四川省农业科学院作物研究所以绵恢502/Lemont为杂交组合，经系谱法于1995年育成。

形态特征和生物学特性：属籼型三系恢复系。在成都地区春播，播始历期为102d，比对照明恢63短5～7d，主茎平均叶片16.0叶，比明恢63少1.5～1.0叶，花期10～12d，花时较集中，晴天11:30～12:30为盛花期。花粉量足，花粉密度大，散粉性好，花粉活力强。株高95cm左右，分蘖力较强，株型紧散适宜，叶色淡绿，叶片较窄、厚而挺立，叶缘、叶鞘绿色，稃尖及柱头无色，穗颈短（微包颈），穗型长，穗长24～25cm，每穗平均着粒130粒左右，结实率91%，籽粒细长形，颖壳黄色，种皮白色，无芒，千粒重29～30g。恢复力强，配合力高。

成恢448具有广亲和性，其与籼稻测验种南京11、IR36杂交，F_1平均结实率为85.89%；同粳稻测验种巴利拉、秋光测交，F_1平均结实率为69.04%。

品质特性：糙米率77.1%，精米率70.7%，整精米率64.7%，糙米长宽比为3.0，垩白粒率9%，垩白度0.7%，透明度3级，碱消值为7.0级，胶稠度76mm，直链淀粉含量12.8%。

抗性：叶瘟1级、穗颈瘟3级。耐肥，抗倒伏力强，苗期较耐寒。

应用情况：适宜配制中熟杂交中籼及晚籼稻组合。主要品种有川香3号、中优448、D优448、汕优448、金优448、Ⅱ优448、中种优448等组合。

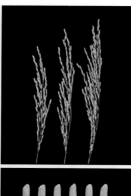
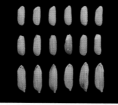

由成恢448衍生出浙恢0508、华恢150、华恢93、成恢4671、成恢377、R600等18个恢复系。

繁殖要点：适时早播，秧龄25d左右。培育壮秧，株行距16.7cm×26.7cm，栽插22.5万穴/hm²，每穴栽插1苗，适时晒田。施足基肥，早施追肥，防止施肥过迟、过多造成倒伏或加重病虫危害。后期不能过早断水，直到成熟都应保持湿润。注意去杂。

成恢727（Chenghui 727）

品种来源：四川省农业科学院作物研究所2000年以成恢177/蜀恢527为杂交组合，经系谱法于2007年育成。2013年获国家植物新品种权，品种权号：CNA20080630.0。

形态特征和生物学特性：属籼型三系恢复系。在成都地区春播，播种至始穗的历期为110d，与对照明恢63相当，主茎平均叶片16叶。花粉量足，花粉密度大，散粉性好，花粉活力强，花期10d左右，花时较集中，晴天11:30～12:30为盛花期。株高110cm，分蘖力较强，株型紧散适宜，叶色淡绿，厚而直挺，叶缘绿色，释尖、叶鞘、叶耳、叶舌、柱头无色。穗颈短，穗型长，着粒密，每穗平均着粒数130粒，结实率88.3%，籽粒细长形，颖壳黄色，种皮白色，无芒，千粒重29.5g。恢复力强，配合力高。

品质特性：糙米率80.7%，整精米率61.0%，垩白粒率15%，垩白度2.3%，糙米长宽比3.5，胶稠度48mm，直链淀粉含量18.0%。

抗性：抗稻瘟病，耐肥，抗倒伏力强。

应用情况：适宜配制杂交中籼稻组合。主要品种有川优727、川香优727、川绿优727、川优3727、旌优127、德优4727、旌优727、福稻优727、蜀优217、泸优727、蜀优727、川作优8727等组合。

繁殖要点：适时早播，秧龄25d左右。培育壮秧，株行距16.7cm×26.7cm，栽插22.5万穴/hm^2，每穴栽插1苗，适时晒田。施足基肥，早施追肥，防止施肥过迟、过多造成倒伏或加重病虫危害。后期不能过早断水，直到成熟都应保持湿润。注意去杂。

川恢802（Chuanhui 802）

品种来源：四川省农业科学院生物技术核技术研究所以紫圭/明恢63为杂交组合，经花培和系谱法选育，于1994年育成。

形态特征和生物学特性：属籼型三系恢复系。在成都地区春播，播种至抽穗历期104d，株高115cm，叶片浅绿色，剑叶长40.4cm，剑叶宽2.0cm。分蘖力强，株型松紧适中，主茎叶片数18叶。穗长25cm，每穗平均着粒180粒，结实率85%以上，谷粒细长形，略有顶芒，颖尖无色，颖壳黄色，种皮白色，千粒重30g。恢复力强。

品质特性：稻米品质一般。

抗性：感稻瘟病。

应用情况：适宜配制杂交中籼稻组合。主要组合有Ⅱ优802、辐优802等组合。

由川恢802衍生出川恢949恢复系。

繁殖要点：适时早播，秧龄25d左右。培育壮秧，株行距16.7cm×26.7cm，栽插22.5万穴/hm²，每穴栽插1苗，适时晒田。施足基肥，早施追肥，防止施肥过迟、过多造成倒伏或加重病虫危害。后期不能过早断水，直到成熟都应保持湿润。注意去杂。

多恢57（Duohui 57）

品种来源：四川省农业科学院水稻高粱研究所以明恢63//明恢63/N127-N4617为杂交组合，经系谱法于1993年育成。

形态特征和生物学特性：属籼型三系恢复系。在泸州3月20日播种，播始历期110d左右，比对照明恢63早2～3d。株高100cm，植株整齐，株型好，分蘖力强，秆挺叶直，叶色淡绿，叶芽鞘、叶缘、叶耳、节间、茎均无色，主茎叶片数15～16叶，茎秆粗壮，后期转色好，穗子呈纺锤形，抽穗整齐，落粒性好。花药大而饱满，花粉量大，有利于制种获高产。穗长24cm左右，每穗平均着粒140粒，结实率85%以上，谷粒淡黄色，种皮白色，颖尖无色，长粒型，无芒，千粒重27g。恢复力强，配合力高。

品质特性：糙米率79.0%，精米率66.3%，整精米率65.4%。糙米粒长6.4mm，糙米长宽比2.6，半透明，垩白粒率25%，垩白度1%，直链淀粉含量10.89%，胶稠度74mm，碱消值4.0级，蛋白质含量7.31%，米饭柔软可口，食味好。

抗性：中感稻瘟病，抗倒伏力强。

应用情况：多恢57适宜配制杂交中籼稻组合。主要组合有Ⅱ优多57。

由多恢57衍生出川种恢578恢复系。

繁殖要点：适时早播，秧龄25d左右。培育壮秧，株行距16.7cm×26.7cm，栽插22.5万穴/hm²，每穴栽插1苗，适时晒田。施足基肥，早施追肥，防止施肥过迟、过多造成倒伏或加重病虫危害。后期不能过早断水，直到成熟都应保持湿润。注意去杂。

多系1号（Duoxi 1）

品种来源：四川省内江市农业科学研究所以明恢63为母本，Tetep为父本杂交，并用明恢63连续回交2次于1991年育成，又名多恢1号。同时育成的还有内恢99-14和内恢99-4。

形态特征和生物学特性：属籼型三系恢复系。在四川内江春播，播种至始穗期有效积温为1 200℃±15℃，播种至抽穗历期120d左右，株型好，分蘖力强，秆挺叶直，叶色淡绿，叶鞘、柱头、稃尖无色，株高100cm左右，主茎总叶片数16～17叶。花粉量大，花期长，历期8～9d，有利于制种。每穗平均着粒150粒，籽粒细长形，颖壳黄色，种皮白色，无芒，千粒重28g。配合力高，恢复力强。

品质特性：品质较优。

抗性：高抗稻瘟病，耐低温、高温，耐瘠、耐肥。

应用情况：适宜配制杂交中籼稻组合。主要品种有汕优多系1号、Ⅱ优多系1号、冈优多系1号、D优多1、D优68、K优5号、特优多系1号等组合。

由多系1号衍生出内恢182、成恢178、绵恢2009、绵恢2040、明恢1273、明恢2155、联合2号、常恢117、泉恢131、亚恢671、亚恢627、航148、晚R-1、中恢8006；宜恢2308、宜恢2292等75个恢复系。

繁殖要点：适时早播，秧龄25d左右。培育壮秧，株行距16.7cm×26.7cm，栽插22.5万穴/hm²，每穴栽插1苗，适时晒田。施足基肥，早施追肥，防止施肥过迟、过多造成倒伏或加重病虫危害。后期不能过早断水，直到成熟都应保持湿润。注意去杂。

辐恢 718（Fuhui 718）

品种来源：四川省原子能应用技术研究所从辐恢838中系统选育而来，于1995年育成。

形态特征和生物学特性：属籼型三系恢复系。在四川4月初播种至抽穗约110d，比对照明恢63早5～7d。主茎15片叶；株高110cm，分蘖力中等，茎秆粗壮，叶色青绿，剑叶较宽厚挺立、略内卷，节间和稃尖无色，花粉黄色饱满，散粉性好，主穗着粒155粒，结实率90%，充实度好，籽粒细长形，颖壳黄色，种皮白色，无芒，千粒重35g，较辐恢838重4g。恢复力强，配合力高。

品质特性：糙米粒长9mm，糙米长宽比2.7，椭圆形，米粒半透明，米质较好。

抗性：中抗稻瘟病。

应用情况：辐恢718适宜配制杂交中籼稻组合。主要组合有Ⅱ优718、金优718、双辐优718等组合。

繁殖要点：适时早播，秧龄25d左右。培育壮秧，株行距16.7cm×26.7cm，栽插22.5万穴/hm²，每穴栽插1苗，适时晒田。施足基肥，早施追肥，防止施肥过迟、过多造成倒伏或加重病虫危害。后期不能过早断水，直到成熟都应保持湿润。注意去杂。

辐恢 838 （Fuhui 838）

品种来源：四川省原子能应用技术研究所在1986年以226（糯）[辐恢06/80182（竹云糯/IR1529）]作母本与明恢63辐射诱变株系r552作父本杂交，经系谱法于1990年育成。

形态特征和生物学特性：属籼型三系恢复系。全生育期140d，播始历期100d，播始历期比对照明恢63短7 ~ 8d。株高100 ~ 110cm，茎秆粗壮，叶色青绿，剑叶硬立，叶鞘、节间和稃尖无色。主茎15片叶，分蘖力中上，大穗大粒，主穗着粒140 ~ 150粒，结实率90%以上，籽粒细长形，颖壳黄色，种皮白色，无芒，千粒重32g。配合力高，恢复力强。

品质特性：糙米粒长9.5mm、宽3.5mm，糙米长宽比2.7。米粒半透明，米质较好。

抗性：中抗稻瘟病，抗白叶枯病，纹枯病轻，较抗倒伏，耐高温。

应用情况：适宜配制杂交中籼稻组合。主要品种有Ⅱ优838、辐优838、特优838、绵2优838、绵5优838、华优838、川香9838、金两优838、孟两优838等组合。

由辐恢838衍生出辐恢838选、成恢157、成恢425、冈恢38、绵恢3724、绵恢3728、中恢218、浙恢0702、福恢5468、龙恢11、辐恢718、糯恢1号、桂339、先恢173等新恢复系50余个。

繁殖要点：适时早播，秧龄25d左右。培育壮秧，株行距16.7cm×26.7cm，栽插22.5万穴/hm²，每穴栽插1苗，适时晒田。施足基肥，早施追肥，防止施肥过迟、过多造成倒伏或加重病虫危害。后期不能过早断水，直到成熟都应保持湿润。注意去杂。

乐恢188 (Lehui 188)

品种来源： 乐山市农业科学研究院以明恢63/IR58为杂交组合，经系谱法于2005年选育而成的籼型三系恢复系。2006年获国家植物新品种权，品种权号：CNA20030560.3。

形态特征和生物学特性： 属籼型三系恢复系。在乐山地区4月上旬播种，播始期111 ~ 113d，比对照明恢63早1 ~ 2d，对温光反应较稳定。主茎总叶片数16.6叶，植株高107cm，茎秆粗壮，抽穗整齐一致。花药发达，花粉量大，开花散粉正常，单株花期13d，穗长27.2cm，每穗平均着粒169.3粒，结实率82.4%。谷粒深黄色，长粒型，籽粒饱满，稃尖无色，部分有短芒，种皮白色，千粒重29.5g。配合力高，恢复力强。

品质特性： 品质一般。

抗性： 感稻瘟病，抗倒伏力强。

应用情况： 适宜配制杂交中籼稻组合。主要品种有冈优188、金优188、菲优188、成丰优188、蓉18优188等，其中冈优188是我国中籼稻区的主推品种之一。

由乐恢188衍生出了内恢3317、R2011、蓉恢918、天龙恢140、R158、瑞恢68等6个恢复系。

繁殖要点： 适时早播，秧龄25d左右。培育壮秧，株行距16.7cm×26.7cm，栽插22.5万穴/hm²，每穴栽插1苗，适时晒田。施足基肥，早施追肥，防止施肥过迟、过多造成倒伏或加重病虫危害。后期不能过早断水，直到成熟都应保持湿润。注意去杂。

泸恢17（Luhui 17）

品种来源：四川省农业科学院水稻高粱研究所以02428/圭630为杂交组合，经系谱法于1993年育成。2002年5月通过四川省科技厅组织的成果鉴定。

形态特征和生物学特性：属籼型三系恢复系。泸州3月20日播种，播始历期105d，比对照明恢63早8d；3月30日播种，播始历期106d，比对照明恢63早6d。主茎叶片数16叶，秆挺叶直，叶色淡绿，叶鞘、柱头无色，分蘖力中上，株高115cm。抽穗后的第2天开始张颖散粉，单穗开花历期4～5d，花药饱满长大，花粉量大，花时在正常气候条件下从11:00开始，花粉活力强。每穗平均着粒150粒，籽粒细长形，颖壳黄色，稃尖无色，种皮白色，无芒，千粒重30g，属中穗大粒恢复系，配合力高，恢复力强。

品质特性：糙米率80.78%，精米率72.15%，整精米率58.7%，糙米粒长0.67cm，糙米长宽比3.0，米半透明，光泽好，无腹白，心白小，垩白粒率15%，直链淀粉含量21.07%，胶稠度69mm，碱消值3级。

抗性：抗稻瘟病，耐高温，抗倒伏力强，对赤霉素敏感程度为中等。

应用情况：适宜配制杂交中籼稻组合。主要品种有Ⅱ优7号，K优17、B优817等。

由泸恢17衍生出R463、R0128、川种R110、HR2115（雅恢2115）、HR2168、R358等6个恢复系。

繁殖要点：适时早播，秧龄25d左右。培育壮秧，株行距16.7cm×26.7cm，栽插22.5万穴/hm²，每穴栽插1苗，适时晒田。施足基肥，早施追肥，防止施肥过迟、过多造成倒伏或加重病虫危害。后期不能过早断水，直到成熟都应保持湿润。注意去杂。

泸恢 3028 （Luhui 3028）

品种来源：四川省农业科学院水稻高粱研究所以二九青/泰引1号//N稻的中间材料1616为母本与浙204作父本配组，通过系谱法于1994年育成。

形态特征和生物学特性：属籼型三系恢复系。在泸州3月20日播种，播始历期110d左右，比对照明恢63早5d。株高100cm，植株整齐，株型好，分蘖力强，秆挺叶直，叶色淡绿，叶芽鞘、叶缘、叶耳、节间、茎均无色，主茎叶片数15～16叶，茎秆粗壮，后期转色好，穗子呈纺锤形，抽穗整齐，落粒性好。花药大而饱满，花粉量大，有利于制种获高产。穗长25cm左右，每穗平均着粒160粒左右，结实率85%以上，谷粒淡黄色，颖尖无色，长粒型，种皮白色，无芒，千粒重28g。恢复力强，配合力高。

品质特性：糙米率80.3%，精米率75.8%，整精米率60.2%。糙米粒长6.9mm，糙米长宽比3.1，半透明，垩白粒率11.27%，垩白度2.17%，直链淀粉含量17.6%，米饭柔软可口，食味好。

抗性：中抗稻瘟病，抗倒伏力强。

应用情况：适宜配制中早熟杂交中稻组合。主要品种有Ⅱ优3028、K优3028。

繁殖要点：适时早播，秧龄25d左右。培育壮秧，株行距16.7cm×26.7cm，栽插22.5万穴/hm²，每穴栽插1苗，适时晒田。施足基肥，早施追肥，防止施肥过迟、过多造成倒伏或加重病虫危害。后期不能过早断水，直到成熟都应保持湿润。注意去杂。

泸恢8258 (Luhui 8258)

品种来源: 四川省农业科学院水稻高粱研究所以圭630//HR615/N45配组, 经系谱法于2002年育成。2009年获国家植物新品种权, 品种权号: CNA20060230.6。

形态特征和生物学特性: 属籼型三系杂交中稻恢复系。在泸州3月20日播种, 播始历期105～110d, 比对照明恢63早3～4d。株高110cm左右, 植株整齐, 株型紧散适中, 分蘖力较强, 秆挺叶直, 叶色淡绿, 叶芽鞘、叶缘、叶耳、节间、茎均无色, 主茎叶片数16～17叶, 后期转色好, 穗子呈纺锤形, 抽穗整齐, 落粒性好。花药大而饱满, 花粉量大, 有利于制种获高产。穗长25～26cm, 每穗着粒150～160粒, 结实率85%以上, 谷粒淡黄色, 长粒型, 颖尖无色, 种皮白色, 有少量顶芒, 千粒重30g左右。恢复力强, 配合力高。

品质特性: 糙米率78.9%, 整精米率53.0%。糙米长宽比3.4, 半透明, 垩白粒率17%, 垩白度5.6%, 直链淀粉含量12.7%, 胶稠度76mm, 米饭柔软可口, 食味好。

抗性: 中感稻瘟病。

应用情况: 适宜配制杂交中籼稻组合。主要品种有川香858、泸香658、德优8258、泸优8258、K优28、泸香优8258、泸优0658、冈优8258等。

繁殖要点: 适时早播, 秧龄25d左右。培育壮秧, 株行距16.7cm×26.7cm, 栽插22.5万穴/hm², 每穴栽插1苗, 适时晒田。施足基肥, 早施追肥, 防止施肥过迟、过多造成倒伏或加重病虫危害。后期不能过早断水, 直到成熟都应保持湿润。注意隔离去杂。

绵恢501（Mianhui 501）

品种来源：四川省绵阳市农业科学研究所用明恢63作母本与泰引1号/IR26的F_1作父本杂交，经多代选择于1989年育成。

形态特征和生物学特性：属籼型三系恢复系。在四川绵阳4月上旬播种，播种至始穗历期106～112d，主茎总叶片数16～17叶，比对照明恢63约少1片。株高100cm左右，株型较紧凑，分蘖力较强，茎秆粗壮，叶片中宽直立、色绿，剑叶斜上举，叶鞘、节间和稃尖无色。穗大粒多，花期11～13d，花粉量充足。主穗着粒150粒左右，籽粒细长形，颖壳黄色，种皮白色，无芒，千粒重27g。恢复力强，配合力高。

品质特性：糙米长宽比3.2，米粒半透明，品质好。

抗性：中感稻瘟病。

应用情况：适宜配制杂交中籼稻组合。主要品种有冈优501、D优501、二汕优501和Ⅱ优501等。

由绵恢501衍生出绵恢725、竹恢3208、GR8206、广陵85等7个恢复系。

繁殖要点：适时早播，秧龄25d左右。培育壮秧，株行距16.7cm×26.7cm，栽插22.5万穴/hm²，每穴栽插1苗，适时晒田。施足基肥，早施追肥，防止施肥过迟、过多造成倒伏或加重病虫危害。后期不能过早断水，直到成熟都应保持湿润。注意去杂。

绵恢 725（Mianhui 725）

品种来源：四川省绵阳市农业科学研究所以培矮64与绵恢501为杂交组合，经系谱法于1997年育成。

形态特征和生物学特性：属籼型三系恢复系。在绵阳3月底至4月上旬播种，播始历期为107～115d，比同期播种的明恢63短3～4d。主茎叶片数为17.0，株高110cm左右。茎秆粗壮，叶片短直，叶色深绿，分蘖力中等，叶鞘和稃尖无色，花时集中，花粉量充足。每穗着粒140～160粒，结实率87%左右，籽粒细长形，颖壳黄色，种皮白色，无芒，千粒重26.5g。恢复力强，配合力高。

品质特性：品质较好。

抗性：中抗稻瘟病。

应用情况：适宜配制杂交中籼稻组合。主要品种有冈优725、Ⅱ优725、金优725、宜香725、D优725等10余个。

由绵恢725衍生出蜀恢158、浙恢0501、信恢688、川种恢578、中恢1681、Q恢108、辐恢576、宜恢72、绵恢272、泸恢H103、华恢007等31个恢复系。

繁殖要点：适时早播，秧龄25d左右。培育壮秧，株行距16.7cm×26.7cm，栽插22.5万穴/hm²，每穴栽插1苗，适时晒田。施足基肥，早施追肥，防止施肥过迟、过多造成倒伏或加重病虫危害。后期不能过早断水，直到成熟都应保持湿润。注意去杂。

内恢182（Neihui 182）

品种来源：四川省内江市农业科学院于1990年以冬32/辐稳三千//IR24///三系68////Te-Tep的花培后代中选得的中间材料H92作母本与抗病恢复系多系1号作父本杂交，经系谱法和恢复力、配合力测定，于1997年育成籼型三系抗病恢复系。2004年获国家植物新品种权，品种权号：CNA20020247.2。

形态特征和生物学特性：属籼型三系恢复系。在内江地区春播，全生育期143d，比对照明恢63短2d；主茎叶片数16叶±0.5叶，比对照明恢63少0.5d。植株100cm，苗期长势旺，分蘖力中等，成穗率高，剑叶中长挺直，后期转色好；叶舌、叶鞘、节环、颖尖及叶缘无色，每穗平均着粒183粒，结实率90%，籽粒细长形，颖壳黄色，种皮白色，穗顶端部分籽粒有芒，千粒重29～30g。配合力高，恢复力强。

品质特性：糙米长宽比3.81，垩白粒率、垩白度较低，透明度1级，加工、外观和食味品质优于汕优63。

抗性：抗稻瘟病。

应用情况：适宜配制杂交中籼稻组合。配组的品种有冈优182、金优182。

繁殖要点：适时早播，秧龄25～30d。单苗栽插，每公顷栽插22.5万穴左右。注意隔离除杂。

内恢92-4（Neihui 92-4）

品种来源：四川省内江市农业科学研究所以明恢63为母本，IR4409为父本杂交，并用明恢63连续回交2次于1992年育成。2006年获国家植物新品种权，品种权号：CNA20030373.2。

形态特征和生物学特性：属籼型三系恢复系。在四川内江春播，播种至始穗期有效积温为1 200℃±15℃，播种至抽穗历期120d左右，植株整齐，株型紧散适中，分蘖力较强，秆挺叶直，叶色淡绿，叶芽鞘、叶缘、叶耳、节间、茎均无色，株高105cm左右，主茎总叶片数16～17叶，花粉量大，花期长，有利于制种。抽穗比较集中，历期7～8d。每穗平均着粒160粒，结实率89%，籽粒细长形，颖壳黄色，稃尖无色，种皮白色，无芒，千粒重26.0g。恢复力强，配合力高。

品质特性：品质较优。

抗性：高抗稻瘟病，

应用情况：适宜配制杂交中籼稻组合。主要品种有Ⅱ优92-4、N优92-4、汕优92-4等组合。由内恢92-4衍生出内恢5550等恢复系。

繁殖要点：适时早播，秧龄25d左右。培育壮秧，株行距16.7cm×26.7cm，栽插22.5万穴/hm²，每穴栽插1苗，适时晒田。施足基肥，早施追肥，防止施肥过迟、过多造成倒伏或加重病虫危害。后期不能过早断水，直到成熟都应保持湿润。注意去杂。

内恢 99-14 （Neihui 99-14）

品种来源：内江杂交水稻科技开发中心以万恢88为母本，内恢94-4为父本杂交，同步进行优势、抗性筛选，于1999年育成。同时育成的还有内恢2539和内恢3015。2006年获国家植物新品种权，品种权号：CNA20030370.8。

形态特征和生物学特性：属籼型三系恢复系。在四川内江春播，播种至始穗期有效积温为1 220℃ ±15℃，播种至抽穗历期125d左右，植株整齐，株型紧散适中，分蘖力强，秆挺叶直，叶色淡绿，叶芽鞘、叶缘、叶耳、节间、茎均无色，株高105cm左右，主茎总叶片数16 ～ 17叶，花粉量大，花期长，有利于制种。抽穗比较集中，历期9 ～ 10d。每穗平均着粒150粒，结实率88%，籽粒细长形，颖壳黄色，种皮白色，无芒，千粒重28.5g。恢复力强，配合力高。

品质特性：品质较优。

抗性：高抗稻瘟病，中抗白叶枯病，中抗褐飞虱。

应用情况：适宜配制杂交中籼稻组合。主要品种有菲优99-14、内香优1号、内香优3号、内香优18号、内香8514、冈优99-14、巴优99等组合。

由内恢99-14衍生出内香恢2156、绵恢662、绵恢146、绵恢523、南恢968、泸恢317、乐恢190、乐恢312等8个恢复系。

繁殖要点：适时早播，秧龄25d左右。培育壮秧，株行距16.7cm×26.7cm，栽插22.5万穴/hm²，每穴栽插1苗，适时晒田。施足基肥，早施追肥，防止施肥过迟、过多造成倒伏或加重病虫危害。后期不能过早断水，直到成熟都应保持湿润。注意去杂。

蜀恢 162 （Shuhui 162）

品种来源：四川农业大学水稻研究所1975年夏用IR661作母本同（Diss D52/37×珍珠矮）F_6作父本杂交；1979年夏用该组合F_8的2022株系作父本，泰国稻选作母本杂交；1984年夏选定707株系，再用707作母本，明恢63作父本杂交，1988年选定72347株系作父本，用引自韩国的密阳46（Miyang46）作母本再杂交，1989年F_1植株花培，于1993年育成。2006年获国家植物新品种权，品种权号：CNA20040694.9。

形态特征和生物学特性：属籼型三系恢复系。在成都地区春播，播种至始穗历期103d，植株紧凑，分蘖力中等，叶色浓绿。叶片短而直立，叶鞘、叶缘、柱头无色，抽穗相对集中，株高95cm，主茎叶片数15～16叶，花粉量较大，散花畅快，对赤霉素反应的敏感性中等。每穗平均着粒180粒，结实率90%，谷粒长、椭圆形，颖壳黄色，稃尖无色，种皮白色，无芒，千粒重29g，恢复力强，配合力高。

品质特性：米粒透明，心腹白小，米质优于测64和窄叶青8号。

抗性：高抗稻瘟病。

应用情况：适宜配制杂交中籼稻早、中熟组合。配组的品种有D优162、Ⅱ优162、池优S162等。

由其衍生出川恢907、田恢109、R9683、绵恢616等恢复系。

繁殖要点：适时播种，秧龄25d左右。栽插规格16.7cm×26.7cm，每穴栽插1苗，适时晒田。施足基肥，早施追肥。后期不能过早断水，直到成熟都应保持湿润。注意隔离除杂和病虫害的防治。

蜀恢498（Shuhui 498）

品种来源：四川农业大学水稻研究所以其发现的水稻单基因隐性核不育材料（ms）为桥梁亲本与绵恢725、广恢128、蜀恢527、蜀恢881等20余个恢复系杂交，建立轮回育种群体。2000年从轮回群体中选择优良单株，经系谱法于2003年育成的籼型三系杂交稻恢复系。2006年通过四川省农作物品种审定委员会办公室组织的技术鉴定。2011年获国家植物新品种权，品种权号：CNA20070221.1。

形态特征和生物学特性：属籼型三系恢复系。在成都温江全生育期145d左右，株高120cm，茎秆粗壮，分蘖力中等，株型松散适中、穗型较大，叶舌、叶鞘、节环、颖尖无色，剑叶内卷上冲直立，有效穗187.5万穗/hm²，穗长25cm，每穗平均着粒208粒，结实率90%，籽粒细长形，颖壳黄色，种皮白色，无芒，千粒重32.3g，恢复力强，配合力高。

品质特性：米质较优。

抗性：耐肥，抗倒伏力强，抗稻瘟病。

应用情况：适宜配制杂交中籼稻组合。配组的品种有Ⅱ优498、F优498、川农优498、内6优498、广优498、川农2优498、川农优298等。

繁殖要点：适时早播，秧龄25～30d。单苗栽插，每公顷栽插22.5万穴左右。注意隔离除杂和病虫害防治。

蜀恢527 (Shuhui 527)

品种来源：四川农业大学水稻研究所用1318与88-R3360杂交育成的一个高配合力、抗病、优质中籼迟熟恢复系。其中母本1318系该所利用强恢复材料圭630、古154和抗稻瘟病品系IR1544聚合杂交育成的高抗稻瘟病强恢复系，父本88-R3360是辐36-2和恢复系IR24杂交育成的优质恢复材料。蜀恢527于2000年7月通过四川省科学技术厅组织的技术成果鉴定。2001年获国家植物新品种权，品种权号：CNA20000073.X。

形态特征和生物学特性：属籼型三系恢复系。温江春季播抽期比对照明恢63早3d左右，主茎叶片数15～16叶，对温光条件的反应与明恢63相似。植株比对照明恢63高5～10cm，分蘖力中等，成穗率高，叶片较长、略内卷，叶色较淡，功能期长，后期转色好。叶舌、叶鞘、节环、颖尖及叶缘无色，每穗着粒160～170粒，结实率90%，籽粒细长形，颖壳黄色，种皮白色，穗顶端部分籽粒有芒，千粒重32.0g。配合力高，恢复力强。

品质特性：糙米率80.8%，精米率73.7%，整精米率52.4%，糙米粒长7.3mm，糙米长宽比3.2，垩白粒率12%，垩白度2%，透明度1级，胶稠度76mm，碱消值4.0级，直链淀粉含量16.9%，蛋白质含量10.4%。

抗性：中抗稻瘟病，抗倒伏力强。

应用情况：适宜配制杂交中籼稻组合，是我国配组最多的恢复系之一。配组的品种有冈优527、新香优527、川江优527、准两优527、一丰8号、D优527、协优527等48个。

由其衍生出福恢616、浙恢0506、成恢727、成恢3203、成恢377、蒲恢85、蜀恢781、华恢7号、华恢150、泸恢5240、川恢1618、绵恢9939、海恢439、Q恢108、渝恢933、龙恢11等149个恢复系。

繁殖要点：适时早播，秧龄25～30d。单苗栽插，每公顷栽插22.5万穴左右。注意隔离除杂。

蜀恢881（Shuhui 881）

品种来源：四川农业大学水稻研究所于1987年春在海南陵水用韩国育成含粳稻血缘、高抗稻瘟病的强恢复系密阳46作母本、福建三明市农业科学研究所育成的抗稻瘟病强恢复系明恢63杂交，连续自交加代（一年两季）定向选择抗稻瘟病、性状偏明恢63的优良株系，于1990年育成恢复系6323，同年11月上旬在陵水播种繁殖6323，翌年2月下旬至3月初因受低温影响，开花散粉不正常，邻近种植的粳稻（品种名不详）飞花串粉。1991年夏，从6323自然籼粳交F_1中选优株连续加代，定向选择优良株系。1997年蜀恢881通过四川省技术鉴定。

形态特征和生物学特性：属籼型三系杂交中稻恢复系。与明恢63同期播种，播始历期短3d左右，主茎叶片数15.6～16.1叶。花期长9～10d，花时比对照明恢63迟，花粉量大，花粉活力强，制种易夺高产、稳产。株型好，秆挺叶直，叶片较宽，叶色淡绿，叶鞘、叶缘、叶耳、柱头无色，分蘖力强，株高120.3cm，穗长27.0cm，单株有效穗20穗，每穗平均着粒171.2粒，单穗重4.31g，结实率88%，籽粒细长形，颖壳黄色，种皮白色，无芒，千粒重28.5g。恢复力强，配合力高。

品质特性：糙米率82.2%，精米率74.4%，糙米粒长7.3mm，糙米长宽比3.3，碱消值7.0级，胶稠度81mm，蛋白质含量9.0%，透明度2级，直链淀粉含量13.8%。米饭洁白，显光泽，食味性好，冷饭不硬。

抗性：抗稻瘟病。

应用情况：适宜配制杂交中籼稻组合。配组的主要品种有冈优881、两优681。

由其衍生出蜀恢202、蜀恢203、南恢511、宁恢288、THR-4-4、Yo613等6个新恢复系。

繁殖要点：适时早播，秧龄25d左右。培育壮秧，株行距16.7cm×26.7cm，栽插22.5万穴/hm²，每穴栽插1苗，适时晒田；施足基肥，早施追肥，防止施肥过迟、过多造成倒伏或加重病虫危害。后期不能过早断水，直到成熟都应保持湿润。注意隔离去杂。

宜恢1313（Yihui 1313）

品种来源：四川省宜宾市农业科学院于1986年用粳质粳籼中间材料81136（苏粳四号/罗玛//IR661）F_8作母本，与抗病、优质、强恢复力的恢复系8008-7（几内亚/太引1号）为父本进行杂交，经系谱法和恢复力、配合力测定，于1993年育成。2006年获国家植物新品种权，品种权号：CNA20030145.4。

形态特征和生物学特性：属籼型三系恢复系。在四川宜宾春季播种，全生育期142d，比明恢63短7d，主茎叶片15.5叶，比对照明恢63少0.5叶。株高105.0cm，苗期早生快发，分蘖力强，株型集散适中，叶片略宽而直立，叶色淡绿，秆尖无色，叶鞘绿色，花粉囊大量足，开花习性好，花时集中，后期转色好，并具有较强的再生能力。穗长23.7cm，每穗平均着粒140粒，结实率85%，籽粒细长形，颖壳黄色，种皮白色，有少量顶芒，千粒重30g。恢复力强，配合力高。

品质特性：稻米品质较优。

抗性：中抗稻瘟病，轻感纹枯病，耐肥，抗倒伏。

应用情况：适宜配制杂交中籼稻组合。配组的品种有冈优1313、Ⅱ优1313、宜香1313等。由其衍生出宜恢2292、宜恢2239、宜恢2308、宜恢19等恢复系。

繁殖要点：适时早播，秧龄25～30d。单苗栽插，每公顷栽插22.5万穴左右。注意隔离除杂。

宜恢1577 (Yihui 1577)

品种来源： 四川省宜宾市农业科学研究所1991年以云南地方偏粳型紫稻NP35作母本，用引自四川省农业科学院作物研究所的IR50/明恢63的选系R16作父本杂交，于1995年育成。2003年获国家植物新品种权，品种权号：CNA20010144.7。

形态特征和生物学特性： 属籼型三系恢复系。在四川宜宾3月上中旬播种，播始历期116～118d，比对照明恢63长1～2d，有效积温为1 126.4℃±16.8℃。3月下旬至4月中旬播种，播始历期105～108d，比对照明恢63短1～2d。主茎叶片数16～17叶，株型紧凑，苗期长势旺，分蘖力强，叶片直立，叶色深绿，叶鞘和稃尖无色。株高95cm，穗长24.5cm，每穗平均着粒165.9粒，结实率91.5%，籽粒椭圆形，颖壳黄色，种皮白色，无芒，千粒重26.5g。恢复力强，配合力高。

品质特性： 糙米率80.3%，精米率74.8%，整精米率53.3%，糙米粒长8.1mm、宽2.8mm，糙米长宽比2.89，垩白粒率45%，垩白度9.8%，透明度2级，碱消值6.3级，胶稠度68mm，直链淀粉含量20.5%，蛋白质含量9.3%。

抗性： 中感稻瘟病。

应用情况： 适宜配组杂交中籼稻组合。主要品种有宜香优1577、冈优1577、Ⅱ优1577、N优1577等。

由宜恢1577衍生出Q恢1108、中恢1681、宜恢4245、宜恢1979、宜恢638、宜恢3003、R183、R319等恢复系。

繁殖要点： 适时早播，秧龄25d左右。培育壮秧，株行距16.7cm×26.7cm，栽插22.5万穴/hm²，每穴栽插1苗，适时晒田；施足基肥，早施追肥，防止施肥过迟、过多造成倒伏或加重病虫危害。后期不能过早断水，直到成熟都应保持湿润。注意去杂。

宜恢 3551 (Yihui 3551)

品种来源：四川省宜宾市农业科学研究所以CDR22/81136（苏粳4号/罗玛//IR661 F_8）//明恢78为杂交组合，经系谱法于2000年育成。2003年获国家植物新品种权，品种权号：CNA20010145.5。

形态特征和生物学特性：属籼型三系恢复系。在四川宜宾3月中上旬春播，宜恢3551播始历期114～116d，比对照明恢63短1～2d；3月下旬至4月中旬播种，宜恢3551播始历期105～108d，比对照明恢63短1～2d。春播播始期有效积温为1052.4℃±46.8℃，主茎叶片数17～18叶。苗期长势旺，分蘖力强，叶片较长直立，株高110cm，叶鞘无色。穗层整齐，长穗形，颖尖无色，后期转色好，穗长24.3cm，每穗平均着粒144.9粒，结实率93.9%，粒形椭圆形，谷粒金黄色，种皮白色，无芒，千粒重25.0g。恢复力强，配合力高。

品质特性：糙米粒长6.7mm、宽2.6mm，糙米长宽比2.6，品质一般。

抗性：中感稻瘟病。

应用情况：适宜配组杂交中籼稻组合。主要品种有冈优3551、宜香3551、绵5优3551等。

由宜恢3551衍生出天龙恢5477、宜恢7262、宜恢1486、宜恢675等恢复系。

繁殖要点：适时早播，秧龄25d左右。培育壮秧，株行距16.7cm×26.7cm，栽插22.5万穴/hm²，每穴栽插1苗，适时晒田；施足基肥，早施追肥，防止施肥过迟、过多造成倒伏或加重病虫危害。后期不能过早断水，直到成熟都应保持湿润。注意去杂。

二、杂交水稻品种

80优151 （80 you 151）

品种来源：江油市水稻研究所用江育80A/江恢151配组而成。1999年通过四川省农作物品种审定委员会审定。

形态特征和生物学特性：属籼型三系杂交中稻品种。全生育期147.5d，比对照汕优63长1.3d；株高113.1cm，苗期长势旺，分蘖力、成穗率与对照汕优63相当。叶鞘、稃尖无色，穗长24.6cm，每穗平均着粒156.4粒，结实率78.38%，颖壳黄色，籽粒椭圆形，种皮白色，无芒，千粒重29.6g。

品质特性：加工、外观品质较优。

抗性：感稻瘟病。

产量及适宜地区：1997—1998年参加四川省水稻新品种区域试验，2年区域试验平均单产8.24t/hm²，比对照汕优63增产2.93%；1998年生产试验，平均单产8.9t/hm²，比对照汕优63增产8.5%。适合四川省平坝和丘陵区稻瘟病非常发区种植。

栽培技术要点：适时早播培育多蘖壮秧，秧龄以45～50d为宜。施氮量不少于150kg/hm²，氮、磷、钾比为1：0.5：1。栽插基本苗135万～150万苗/hm²，栽后20d左右及时晒田。

Ⅱ优11（Ⅱ you 11）

品种来源：四川华龙种业有限责任公司以Ⅱ-32A为母本，与自育恢复系×龙恢11（蜀恢527/辐恢838）作父本配组而成。2007年通过国家农作物品种审定委员会审定。

形态特征和生物学特性：属籼型三系杂交水稻品种。在长江上游作一季中稻种植，全生育期平均154.0d，比对照Ⅱ优838迟熟0.4d。株型适中，叶片较披，叶鞘、叶缘、秆尖紫色，株高116.6cm，有效穗数238.5万穗/hm²，穗长25.3cm，每穗平均着粒168.2粒，结实率80.9%，颖壳黄色，籽粒椭圆形，种皮白色，无芒，千粒重29.0g。

品质特性：整精米率69.5%，糙米长宽比2.5，垩白粒率27%，垩白度5.2%，胶稠度46mm，直链淀粉含量22.6%。

抗性：感稻瘟病。

产量及适宜地区：2005—2006年参加长江上游中籼迟熟组品种区域试验，2年区域试验平均产量8.98t/hm²，比对照Ⅱ优838增产4.45%。2006年生产试验，平均产量8.10t/hm²，比对照Ⅱ优838增产3.85%。适宜在云南、贵州、重庆的中低海拔籼稻区（武陵山区除外）、四川平坝丘陵稻区、陕西南部稻区的稻瘟病轻发区作一季中稻种植。

栽培技术要点：①育秧。适时播种，采用旱育旱发技术，培育多蘖壮秧。②移栽。栽插密度22.5万～30万穴/hm²，每穴栽插2苗。③肥水管理。重底肥早追肥，一般施纯氮150kg/hm²左右，氮、磷、钾比例为1∶0.5∶0.5。浅水栽秧，深水护苗，薄水分蘖，够苗搁田。④病虫害防治。注意及时防治稻瘟病等病虫害。

Ⅱ优1313（Ⅱ you 1313）

品种来源：四川省宜宾市农业科学研究所用Ⅱ-32A/宜恢1313配组而成。2000年通过四川省农作物品种审定委员会审定。

形态特征和生物学特性：属籼型三系杂交中稻品种。全生育期153d，比对照汕优63迟熟3d。株高115cm，株叶形态好，苗期长势旺，分蘖力强，叶色较淡，颖尖紫色，后期转色好。有效穗数240～300万穗/hm²，穗长24cm，每穗着粒140～180粒，结实率80%左右，颖壳黄色，籽粒椭圆形，种皮白色，无芒，千粒重28g。再生力强，腋芽萌发早，节位略高，再生稻收获期与汕优63相近。

品质特性：糙米率81.6%，整精米率54%，垩白粒率24%，垩白度4.8%，胶稠度50.4mm，直链淀粉含量19.5%。

抗性：中感稻瘟病。

产量及适宜地区：1997—1998年参加四川省宜宾市水稻新品种区域试验，2年区域试验平均单产8.34t/hm²，比对照汕优63增产9.35%；1998—1999年参加四川省南充市水稻新品种区域试验，2年区域试验平均单产8.42t/hm²，比对照汕优63增产7.89%。2年两地平均单产8.38t/hm²，比对照汕优63增产8.61%。两地生产试验平均单产8.61t/hm²，比对照汕优63增产8.88%。该品种2000年以来累计推广面积超过1.00万hm²。适宜于宜宾、南充稻区及类似地区种植。

栽培技术要点：①适时早播，川南平丘2月底至3月初播种，秧龄30～40d。②合理密植，栽插15万～22.5万穴/hm²。③中等肥力田，底肥施有机肥7.5t/hm²、尿素75kg/hm²、磷肥600kg/hm²、钾肥75kg/hm²，返青后用尿素45kg/hm²；抽穗前35d，施尿素45kg/hm²、钾肥75kg/hm²作孕穗肥，并控制穗粒肥。再生稻管理，头季稻抽穗前15d施促芽肥尿素75kg/hm²，收获前6d轻喷赤霉素15g/hm²，留桩30～45cm，收后2d施尿素75kg/hm²促苗。

II 优 1577 （II you 1577）

品种来源：四川省宜宾市农业科学研究所用 II -32A/宜恢 1577 配组育成。2002 年通过四川省农作物品种审定委员会审定。2007 年获国家植物新品种权，品种权号：CNA20030447.X。

形态特征和生物学特性：属籼型三系杂交中稻品种。全生育期 155.4d，比对照汕优 63 长 4.4d。株高 115.3cm，苗期生长势旺，叶色浓绿，剑叶挺直，秆粗，叶鞘、叶缘、柱头、稃尖紫色，后期转色好，易脱粒，穗长 25.2cm，有效穗数 249.45 万穗/hm^2，成穗率 65% 以上，每穗平均着粒 178.4 粒，结实率 81.5%，颖壳黄色，籽粒椭圆形，种皮白色，无芒，千粒重 25g。

品质特性：整精米率 74.2%，糙米长宽比 2.4，垩白粒率 68.0%，垩白度 7.3%，胶稠度 68mm，直链淀粉含量 26.0%，蛋白质含量 10.1%。

抗性：高感稻瘟病，抗寒力强。

产量及适宜地区：2000—2001 年参加四川省中籼迟熟组区域试验，2 年区域试验平均产量 8.53t/hm^2，比对照汕优 63 增产 5.62%。该品种 2002 年以来累计推广面积超过 55.00 万 hm^2。适宜四川省平坝丘陵区种植汕优 63 的地区种植。

栽培技术要点：①适时早播，川南 3 月中下旬，川西、川中等地 4 月上旬播种。②培育多蘗壮秧，秧龄 30 ~ 40d，合理密植，栽插 15 万 ~ 22.5 万穴/hm^2，每穴栽插 2 苗。③合理施肥，重底肥，早追肥，够苗晒田，控制无效分蘗。④注意综合措施防治病虫害。

II优162（II you 162）

品种来源：四川农业大学水稻研究所以II-32A/蜀恢162配组而成。分别通过四川省（1997）、浙江省（1999）、国家（2000）和湖北省（2001）农作物品种审定委员会审定，2002年通过福建省农作物品种审定委员会（宁德）审定。2005年被农业部确认为超级稻品种。

形态特征和生物学特性：属籼型三系杂交中稻品种。全生育期145d，比对照汕优63长3～4d。株高114cm，生长整齐，株型紧凑，繁茂性好。叶色深绿，叶鞘、叶缘、稃尖紫色，叶片直立，分蘖力强，成穗率较高，有效穗数300万穗/hm²，穗大粒多，穗长24cm，每穗平均着粒156.5粒，结实率80%。颖壳黄色，籽粒椭圆形，种皮白色，无芒，千粒重28.4g。

品质特性：整精米率59.7%，垩白度18.9%，胶稠度45.5mm，直链淀粉含量20.3%。

抗性：中抗稻瘟病。

产量及适宜地区：1995—1996年参加四川省水稻中籼迟熟组区域试验，2年区域试验平均产量7.18t/hm²，比对照汕优63增产5.39%；1996年生产试验，平均产量8.94t/hm²，比对照汕优63增产11.85%。1997—1998年参加湖北省中稻品种区域试验，2年区域试验平均产量9.11t/hm²，比对照汕优63增产7.50%。1996—1997年参加浙江省温州市单季稻区域试验，2年区域试验平均产量8.09t/hm²，比对照汕优63增产12.15%；1997年生产试验平均产量8.11t/hm²，比对照汕优63增产13.6%。该品种1997年以来累计推广面积超过90.00万hm²。适宜于西南及长江流域白叶枯病轻发区作一季中稻种植。

栽培技术要点：①适当密植，栽足基本苗。一般栽插规格以16cm×20cm为宜，保证基本苗在180万苗/hm²以上。②科学施肥总施肥量要求达到675kg/hm²，N、P₂O₅、K₂O比例为1：0.7：1.3。施肥方法是底肥60%，分蘖肥30%，穗肥10%。③及时防治病虫害，要特别注意稻曲病和纹枯病的防治。

Ⅱ优3028（Ⅱ you 3028）

品种来源：四川省农业科学院水稻高粱研究所用Ⅱ-32A/泸恢3028测配而成。1997年通过四川省农作物品种审定委员会审定。

形态特征和生物学特性：属籼型三系杂交中稻品种。全生育期150d左右，比对照汕窄8号早5d。株型适中，叶色深绿，剑叶大小适中，分蘖力中上，叶鞘、叶缘、柱头、颖尖紫色，熟期转色好。株高99.5cm，有效穗数255～270万穗/hm²，每穗平均着粒142粒，结实率82.9%，颖壳黄色，籽粒椭圆形，种皮白色，无芒，千粒重25～26g。

品质特性：糙米率82%，精米率67.7%，整精米率55.5%。外观、食味品质优于对照汕窄8号。

抗性：中感稻瘟病。

产量及适宜地区：1995—1996年参加四川省中籼早熟组区域试验，2年区域试验平均产量7.39t/hm²，比对照汕窄8号增产13.67%；1996年生产试验，平均产量7.30t/hm²，比对照汕窄8号增产12.13%。1997年以来累计推广面积超过4.20万hm²。适宜四川省盆周山区作早熟一季中稻栽培。

栽培技术要点：①适时早播，确保安全扬花。②培育带蘖壮秧，插足基本苗。栽插30万穴/hm²，每穴栽插2苗。③施足基肥，早追肥，在栽后20～25d内够苗，使有效穗达数255万穗/hm²以上，方能保证高产。

Ⅱ优3213（Ⅱ you 3213）

品种来源：四川双富种子有限公司、四川双丰农业科学技术研究所以Ⅱ-32A/双恢3213配组而成。2008年通过四川省农作物品种审定委员会审定。

形态特征和生物学特性：属籼型三系杂交中稻品种。全生育期151.7d，比对照冈优725长3.0d。株高119.2cm，株型适中，叶色深绿，叶鞘、叶耳、稃尖、柱头均为紫色，叶片长大，微内卷直立，后期转色好。有效穗数223.5万穗/hm^2，穗长25.6cm，每穗平均着粒173.8粒，结实率77.6%，颖壳黄色，长粒，种皮白色，无芒，千粒重28.1g。

品质特性：糙米率82.4%，整精米率70.8%，糙米长宽比2.5，垩白粒率26%，垩白度4.4%，胶稠度48mm，直链淀粉含量21.9%，蛋白质含量10.6%。

抗性：感稻瘟病。

产量及适宜地区：2006—2007年参加四川省中籼迟熟组区域试验，2年区域试验平均单产7.93t/hm^2，比对照冈优725增产3.97%；2007年生产试验，平均单产8.54t/hm^2，比对照冈优725增产2.19%。适宜四川省平坝和丘陵地区作一季中稻种植。

栽培技术要点：①适时播种，培育多蘖壮秧。②合理密植，栽插24万～27万穴/hm^2。③配方施肥，重底肥，早追肥，看苗补施穗粒肥，氮、磷、钾肥合理搭配。够苗晒田，控制无效分蘖。④根据植保预测预报，综合防治病虫害。

Ⅱ优363（Ⅱ you 363）

品种来源：四川农业大学水稻研究所以Ⅱ-32A／蜀恢363配组而成。2005年、2004年分别通过国家和四川省农作物品种审定委员会审定。2009年获国家品种权保护，品种权号：CNA20040581.0。

形态特征和生物学特性：属籼型三系杂交中稻品种。全生育期153d，比对照汕优63长3～4d。株高115cm左右，分蘖力强，叶鞘、叶缘、稃尖紫色，有效穗数255万～270万穗/hm²，穗长24～25cm，每穗平均着粒173粒左右，结实率81.2%，颖壳黄色，籽粒椭圆形，种皮白色，无芒，千粒重28.4g。

品质特性：糙米率81.1%，整精米率62.5%，糙米长宽比2.3，垩白粒率36%，垩白度11.9%，胶稠度86mm，直链淀粉含量21.4%。

抗性：中抗白叶枯病，高感稻瘟病。

产量及适宜地区：2002—2003年参加四川省水稻区域试验，2年区域试验平均产量8.28t/hm²，比对照汕优63增产5.49%。2003年生产试验平均产量8.10t/hm²，比对照汕优63增产6.42%。2003—2004年参加长江上游中籼迟熟组区域试验，2年区域试验平均产量9.01t/hm²，比对照汕优63增产4.22%；2004年生产试验平均产量8.55t/hm²，比对照汕优63增产8.01%。适宜在云南、贵州、重庆的中低海拔稻区（武陵山区除外）、四川平坝丘陵稻区、陕西南部稻区的稻瘟病轻发区作一季中稻种植。

栽培技术要点：①适时早播，培育多蘖壮秧，温室育秧或旱育秧，秧龄45d左右。②合理密植，栽插密度18万～21万穴/hm²，基本苗135万～150万苗/hm²。③合理施肥，一般施纯氮120～165kg/hm²，氮、磷、钾比例为1∶0.5∶0.5。④及时防治病虫害，重点防治蓟马、螟虫、稻苞虫。

Ⅱ优448（Ⅱ you 448）

品种来源：四川省农业科学院作物研究所以引进的不育系Ⅱ-32A为母本，与自育高收获指数广亲和恢复系成恢448作父本配组而成。1998年通过四川省农作物品种审定委员会审定。

形态特征和生物学特性：属籼型三系杂交中稻品种。全生育期145d，比对照汕优195长7d，株高100.5cm，植株茎秆粗壮，苗期长势旺盛，分蘖力强，有效穗多，叶色淡绿，叶鞘、叶缘、稃尖紫色，株叶型适中，剑叶挺立，穗层整齐，后期转色好。穗长25cm，每穗平均着粒142粒，实粒122粒，颖壳黄色，籽粒椭圆形，种皮白色，无芒。千粒重26.88g。

品质特性：糙米率79.1%，精米率72.5%，整精米率64.9%，糙米长宽比2.6，垩白粒率40%，垩白度6.2%，透明度2.5级，碱消值6.0级，胶稠度41mm，直链淀粉含量21.4%。1999年获四川省第二届"稻香杯"一等奖。

抗性：中感稻瘟病、白叶枯病，耐热性3.6级，抗倒伏性好，苗期较耐寒。

产量及适宜地区：1996—1997年四川省中籼中熟组区域试验，2年区域试验平均单产8.52t/hm²，比对照汕优195增产14.57%，1997年生产试验，平均单产8.08t/hm²，比对照汕优195增产8.73%。适宜在四川平坝和丘陵地区种植。

栽培技术要点：①播种期川西北3月底4月初，川东南3月中旬。两段育秧或地膜保温育秧，培育多蘖壮秧，秧龄40～45d。②栽插密度22.5万～27万穴/hm²，栽插基本苗150万苗/hm²左右。③施肥中等肥力田块，一般施纯氮150～180kg/hm²，磷肥375～450kg/hm²，钾肥225～300kg/hm²。

Ⅱ优498（Ⅱ you 498）

品种来源：四川农业大学水稻研究所以Ⅱ-32A/蜀恢498（核不育材料/明恢63+密阳46）配组而成。2007年通过四川省农作物品种审定委员会审定。2011年获国家品种权保护，品种权号：CNA20070220.3。

形态特征和生物学特性：属籼型三系杂交中稻品种。全生育期148.1d，比对照汕优63长2.3d。株高119.1cm，株型紧散适中，叶色深绿，叶片较长大、内卷直立。叶鞘、叶耳、稃尖、柱头均为紫色；分蘖力中等，成穗率高，穗层整齐，转色好。有效穗数201万穗/hm²，穗长26.3cm，每穗平均着粒176.6粒，结实率82.9%。颖壳黄色，中长粒型，部分籽粒有短芒，种皮白色，千粒重29.0g。

品质特性：糙米率79.5%，整精米率62.1%，糙米粒长6.2mm，糙米长宽比2.6，垩白粒率58%，垩白度15.1%，透明度2级，碱消值5.7级，胶稠度82mm，直链淀粉含量21%，蛋白质含量8.5%。

抗性：感稻瘟病。

产量及适宜地区：2005—2006年参加四川省中籼迟熟组区域试验，2年区域试验平均产量8.13t/hm²，比对照汕优63增产8.30%；2006年生产试验平均量8.35t/hm²，比对照汕优63增产9.29%。适宜四川平坝和丘陵地区作一季中稻种植。

栽培技术要点：①适时播种，培育壮秧。②合理密植，栽插基本苗，栽插密度22.5万～25.5万穴/hm²。③配方施肥，重底肥，早追肥，看苗补施穗粒肥，一般中等肥力施纯氮180～210kg/hm²，氮、磷、钾合理搭配；够苗晒田，控制无效分蘖。④根据植保预测预报，综合防治病虫害。

Ⅱ优501（Ⅱ you 501）

品种来源：四川省绵阳市农业科学研究所和绵阳农业专科学校合作用Ⅱ 32A/绵恢501配组而成。分别通过四川省（1993）、湖北省（1998）和国家（2001）农作物品种审定委员会审定。

形态特征和生物学特性：属籼型三系杂交中稻品种。全生育期153d左右，比对照汕优63长3～4d。株高110cm，株型紧凑，剑叶较长，叶色深绿，叶舌、叶耳、柱头紫色，主茎叶片数17叶。分蘖力中等，穗长25cm，每穗着粒150～160粒，结实率81%～87%，抽穗集中，穗层整齐。颖尖有色，护颖短，颖壳黄色，籽粒椭圆形，种皮白色，有短顶芒，千粒重26g左右。

品质特性：精米率70%，整精米率55%，胶稠度80mm，直链淀粉含量18.55%。

抗性：感稻瘟病，稻曲病较重，耐肥，抗倒伏，不早衰。

产量及适宜地区：1990—1992年参加四川省水稻中籼迟熟组区域试验，2年区域试验平均产量7.87t/hm²，与对照汕优63产量相近；1992年生产试验，平均产量9.06t/hm²，比对照汕优63增产5.86%，比再生稻增产18.6%。1996—1997年参加湖北省区域试验，2年区域试验平均产量8.90t/hm²，比对照汕优63增产4.58%，1996—1997年参加湖北省生产试验，平均产量比对照汕优63增产3.78%～9.72%。该品种1993年以来累计推广面积超过350.00万hm²。适宜在四川、湖北、重庆作一季中稻种植。

栽培技术要点：①适时播种，培育多蘖壮秧。川东南蓄留再生稻，宜在3月上旬播种，8月15日前收获，以保证再生稻安全齐称。云、贵、鄂西、湘西可在3月底4月初播种，秧龄25～35d。②栽足基本苗，增加成穗率。采取宽株窄行或宽行窄株，一般栽插密度27万～33万穴/hm²，栽插基本苗180万～225万苗/hm²，以弥补分蘖力和前期分蘖势稍弱的不足。③合理施肥，精细管理。该组合前期长势稍慢，中后期生长稳健。应施足底肥，早施分蘖肥，看苗巧施保花肥和粒肥。并及时晒田或晾田，后期切忌断水过早。④注意及时防治病虫害。

Ⅱ优518（Ⅱ you 518）

品种来源：四川眉山市三丰种业有限公司和四川省乐山市良种场以Ⅱ-32A/乐恢518配组而成。2006年通过四川省农作物品种审定委员会审定。

形态特征和生物学特性：属籼型三系杂交中稻品种。全生育期151.2d，比对照汕优63长2.8d。株高130.2cm，株型紧凑适中，分蘖力中上，叶片较挺直，抽穗整齐，叶缘、稃尖紫色。脱粒性好，有效穗数215.7万穗/hm²，穗长25.2cm，每穗平均着粒185.5粒，结实率75%，籽粒黄色，短粒，种皮白色，无芒，千粒重27.0g。

品质特性：糙米率79.1%，精米率71.1%，整精米率65.3%，糙米粒长5.8mm，糙米长宽比2.3，垩白粒率65%，垩白度18.1%，透明度2级，碱消值5.8级，胶稠度62mm，直链淀粉含量21.9%，蛋白质含量6.7%。

抗性：感稻瘟病。

产量及适宜地区：2004—2005年参加四川省中籼迟熟组区域试验，2年区域试验平均产量7.69t/hm²，比对照汕优63增产4.41%。2005年生产试验平均产量7.61t/hm²，比对照汕优63增产4.74%。适宜四川平坝和丘陵地区作一季中稻种植。

栽培技术要点：适时播种，培育多蘖壮秧。合理密植，栽足基本苗。合理施肥，重底早追，氮、磷、钾配合，够苗晒田，控制无效分蘖。

Ⅱ优527（Ⅱ you 527）

品种来源：成都西部农业工程研究所、四川农业大学水稻研究所、四川省种子站以Ⅱ-32A×蜀恢527配组育成。2003年分别通过国家、四川省和贵州省农作物品种审定委员会审定。

形态特征和生物学特性：籼型三系杂交中稻品种。全生育期155.3d，比对照汕优63长3.8d，株高114.3cm，株型较紧凑，主茎叶片数16～17叶，叶角较小，叶片长宽中等，叶舌、叶鞘、节环、颖尖紫色，叶色青绿，转色顺调，苗期繁茂性好，分蘖力较强，有效穗数236.1万穗/hm²，穗长25.2cm，每穗平均着粒163.6粒，颖壳黄色，籽粒椭圆形，种皮白色，无芒，千粒重28.5g。

品质特性：糙米率81.3%，整精米率65.2%，糙米长宽比2.6，垩白粒率38.0%，垩白度4.8%，胶稠度43mm，直链淀粉含量20.4%。

抗性：感稻瘟病。

产量及适宜地区：2001—2002年参加武陵山区国家水稻品种区域试验，2年区域试验平均产量9.04t/hm²，比对照汕优63增产8.26%；2002年生产试验平均产量8.43t/hm²，比对照汕优63增产5.60%。2001—2002年参加四川省中籼迟熟组区域试验，2年区域试验平均产量8.28t/hm²，较对照汕优63增产4.6%，2002年生产试验，平均产量8.63t/hm²，比对照汕优63增产11.13%。该品种2003年以来累计推广面积超过8.00万hm²。适宜湖北省、湖南省、贵州省和重庆市的武陵山区海拔800m以下及四川平坝和丘陵区作一季中稻种植。

栽培技术要点：①适时播种：一般3月上旬至4月中旬播种，采用旱育早发技术，培育多蘖壮秧。②合理密植：栽插密度30万～33万穴/hm²，栽插基本苗150万～180万苗/hm²。③肥水管理：施足底肥，早施苗肥，重施穗肥，酌情补施粒肥，特别注意磷、钾肥的施用。水分管理要做到寸水活棵，浅水分蘖，足苗晒田，后期湿润管理。④防治病虫：注意防治稻瘟病等病虫的危害。

II优602 (II you 602)

品种来源：四川省农业科学院水稻高粱研究所用II-32A/泸恢602配组而成，又名：倍丰3号。分别通过四川省（2002）和国家（2004）农作物品种审定委员会审定。2005年农业部确认为超级稻品种。

形态特征和生物学特性：属籼型三系杂交中稻品种。全生育期154d，比对照汕优63长2～3d。株叶型偏紧凑，剑叶较宽大而直立，叶色深绿。株高117cm，茎秆粗壮，抗倒伏力强，叶舌、叶鞘、节环、颖尖紫色，分蘖力中上，有效穗数240万穗/hm²以上，抽穗整齐，穗长24.0～25.5cm，每穗着粒150～155粒，结实率85%以上，颖壳黄色，籽粒椭圆形，种皮白色，无芒，饱满度好，千粒重28.8～29.3g。

品质特性：糙米率81.6%，精米率69.8%，整精米率61%，糙米长宽比2.3，垩白粒率38%，垩白度8.1%，胶稠度45mm，直链淀粉含量21.8%。

抗性：高感稻瘟病，感白叶枯病，中感褐飞虱，纹枯病轻，不早衰。

产量及适宜地区：2000—2001年参加四川省水稻中籼迟熟组区域试验，2年区域试验平均产量8.60t/hm²，比对照汕优63增产6.48%。生产试验平均产量8.70t/hm²，比对照汕优63增产8.47%。2001—2002年参加长江上游中籼迟熟高产组区域试验，2年区域试验平均产量8.86t/hm²，比对照汕优63增产4.74%；2003年生产试验平均产量9.21t/hm²，比对照汕优63增产6.42%。该品种2002年以来累计推广面积超过317.00万hm²。适宜在云南、贵州、重庆中低海拔稻区（武陵山区除外）和四川平坝稻区、陕西南部稻瘟病、白叶枯病轻发区作一季中稻种植。

栽培技术要点：①适时播种，培育多蘖壮秧：川东、川南、川中在3月上旬至下旬播种，川北丘陵区、川西平坝区在4月上旬播种。播前应施足底肥，稀播、匀播，播种量为150～300kg/hm²。看苗追肥，以培育多蘖壮秧为目的，秧龄控制在30～40d内。②合理密植，培育健壮协调群体：栽秧前施足底肥，重底肥，早追肥。中等肥力田块，一般每公顷施纯氮150～180kg、磷肥450～525kg、钾肥250～300kg，其中60%～80%作底肥，20%～40%作追肥。栽培规格为26.6cm×16.7cm，穴栽插2苗，栽足基本苗150万苗/hm²，保证有效穗数240万～270万穗/hm²。栽秧后5～7d施追肥，后期注意控制分蘖。③根据当地植保部门病虫害预测预报加强田间病虫害防治。

Ⅱ优6078（Ⅱ you 6078）

品种来源：重庆市作物研究所和四川大学水稻研究所合作以Ⅱ-32A/渝恢6078配组而成。分别通过重庆市（1995）、贵州省（2000）、云南省（2013）农作物品种审定委员会审定。

形态特征和生物学特性：属三系杂交中稻迟熟品种。全生育期160d左右，比对照汕优63长5～7d。苗期长势旺，叶色深绿色，株型前期松散，后期直立适中，剑叶长而内卷直立，分蘖力强，株高115cm，穗长24.4cm，有效穗数240万穗/hm²左右，每穗平均着粒200粒，实粒数170粒，结实率85%，颖壳黄色，籽粒椭圆形，稃尖紫色，无芒，种皮白色，千粒重27.5g。

品质特性：糙米率76.3%，精米率68.5%，整精米率50.6%，垩白粒率38%，垩白度3.8%，透明度1级，碱消值6.5级，胶稠度58mm，直链淀粉含量19.8%，糙米粒长6.3mm，糙米长宽比2.4。

抗性：感稻瘟病，轻感纹枯病，耐肥、抗倒伏。

产量及适宜地区：1996—1997年参加黔东南地区区域试验，2年区域试验平均产量9.21t/hm²，比对照汕优63增产16.1%；1998—2000年累计推广面积5.91万hm²，平均产量9.39t/hm²。2010—2011年两年普洱市杂交水稻区域试验平均产量9.01t/hm²，比对照汕优63增产1.2%。2011年普洱市杂交水稻生产试验平均产量8.58t/hm²，比对照汕优63增产8.3%。该品种1995年以来累计推广面积超过54.30万hm²。适宜重庆市海拔400m以下、年均温度在17.5℃以上、有水源保证的田块，贵州省海拔500m以下的黔东南、铜仁等低海拔水稻适宜地区，云南省普洱市海拔1350m以下杂交水稻生产适宜区域种植。

栽培技术要点：适时早播，采用两段育秧培育壮秧。合理密植，栽插13.5万～15.0万穴/hm²，采用宽窄行栽培，每穴栽插2苗。底肥以农家肥为主，早施分蘖肥，注意氮、磷、钾的合理搭配，冬水田增施7.5kg/hm²锌肥。及时防治病虫害。

Ⅱ优615 （Ⅱ you 615）

品种来源：四川省农业科学院水稻高粱研究所用Ⅱ-32A/泸恢615配组而成。2008年通过四川省农作物品种审定委员会审定。

形态特征和生物学特性：属籼型三系杂交中稻品种。全生育期153d左右，比对照汕优63长3～4d。株型集散适中，主茎总叶片数16～17叶。株高115.3cm，苗期长势较旺，分蘖力中等，有效穗数240万穗/hm²。叶色绿，叶缘、叶舌、叶鞘、稃尖均有紫色。穗成纺锤形，穗长23.6cm，每穗平均着粒150粒，结实率82%左右，谷粒黄色，籽粒椭圆形，种皮白色，无芒，谷粒充实饱满，千粒重27.7g。

品质特性：糙米率81.8%，整精米率40.3%，糙米粒长5.8mm，糙米长宽比2.2，垩白粒率53%，垩白度10.3%，胶稠度34mm，直链淀粉含量21.2%，蛋白质含量7.8%。

抗性：感稻瘟病。根系发达具有较强的耐肥能力。

产量及适宜地区：2004—2005年参加四川省中籼迟熟组区域试验，2年区域试验平均产量7.84t/hm²，比对照汕优63增产4.89%，2006年生产试验平均产量7.68t/hm²，比对照汕优63增产0.56%。该品种2008年以来累计推广面积超过1.00万hm²。适宜四川省平坝和丘陵地区中稻种植。

栽培技术要点：①适时播种，培育多蘖壮秧，用种量15kg/hm²左右。②合理密植，栽插密度18万～22.5万穴/hm²，每穴栽插2苗。③科学用肥，重底肥，早追肥，氮、磷、钾肥配合施用。④根据植保预测预报，综合防治病虫害。

Ⅱ优63（Ⅱ you 63）

品种来源：四川省种子公司新津县种子公司以引进的不育系Ⅱ-32A为母本，与引自福建省三明市农业科学研究所的恢复系明恢63作父本配组而成。1990年通过四川省农作物品种审定委员会审定。

形态特征和生物学特性：属籼型三系杂交中稻品种。在四川作中稻栽培，全生育期153d左右，比对照汕优63迟熟5～7d。株型紧凑，叶片中等，叶色浓绿，秧龄弹性大，茎秆粗壮，分蘖力较强，生长整齐，繁茂性好，叶鞘、叶缘、稃尖紫色，株高115cm左右，每穗平均着粒150粒左右，实粒110粒，结实率75%左右，颖壳黄色，籽粒椭圆形，种皮白色，无芒，千粒重27g左右。

品质特性：糙米率75%～82%，精米率72%，糙米粒长9.5mm，糙米长宽比1.63，外观品质和食味品质优于对照汕优63。

抗性：抗苗瘟、叶瘟和穗颈瘟的能力较汕优63强，苗期较耐低温。

产量及适宜地区：1987—1988年参加四川省水稻区域试验，2年区域试验平均产量8.08t/hm^2，与对照种汕优63相当。大面积示范种植，一般产量8.25t/hm^{2}左右。该品种1990年以来累计推广面积超过257.00万hm^2。适宜川东、川南、川北和川中地区作搭配品种使用。

栽培技术要点：①适时播种。一般3月上旬至4月中旬播种，采用旱育早发技术，培育多蘖壮秧。②合理密植。栽插密度30万～33万穴/hm^2，每穴栽插2苗。③肥水管理。施足底肥，早施苗肥，重施穗肥，酌情补施粒肥，特别注意磷、钾肥的施用。水分管理要做到寸水活棵，浅水分蘖，足苗晒田，后期湿润管理。④防治病虫害。注意防治稻瘟病等病虫的危害。

Ⅱ优7号（Ⅱ you 7）

品种来源：四川省农业科学院水稻高粱研究所用Ⅱ-32A/泸恢17配组而成。1998年、2001年、2004年分别通过四川省、重庆市、福建省农作物品种审定委员会审定。2005年农业部确认为超级稻品种。

形态特征和生物学特性：属籼型三系杂交中稻品种。全生育期151.5d，比对照汕优63长2.4d。株高114.87cm，植株生长整齐，长势较旺，叶鞘、叶缘、稃尖紫色，分蘖力中上。成穗率高，穗层整齐，后期转色好，穗长25.74cm，每穗平均着粒150粒，实粒130粒，颖壳黄色，籽粒椭圆形，种皮白色，无芒，千粒重27.5g。

品质特性：糙米率80.1%，精米率73.1%，整精米率58.5%，糙米粒长6.3mm，糙米长宽比2.6，透明度2级，垩白粒率9%，垩白度5.7%，直链淀粉含量21%，碱消值5级，胶稠度45mm，蛋白质含量11%。在1999年四川省第2届"稻香杯"评选中，评为杂交稻一级优质米品种。

抗性：苗期耐寒性强，抗倒伏力强，中感稻瘟病。

产量及适宜地区：1996—1997年参加四川省水稻中籼迟熟组区域试验，2年区域试验平均产量8.71t/hm²，比对照汕优63增产3.85%，生产试验和示范比对照汕优63增产5%以上。1998年以来累计推广面积超过100.00万hm²。适宜四川海拔800m以下中稻区及重庆市相似生态区、福建省三明市稻瘟病轻发区作中稻种植。

栽培技术要点：采用地膜湿润育秧，催芽播种，播种量225～375kg/hm²。川东南3月10日左右播种，川西北4月上旬播种。在条件允许地区可采用旱育秧，如果采用旱育秧中苗移栽（秧苗4.5～5.0叶），则播种量为135～150g/m²芽谷。秧龄35～40d。栽插规格16.5cm×26.0cm，每穴栽插2苗，浅水栽插，以利返青和早生快发。本田施肥以主攻苗架，促进分蘖，争取穗多穗大，保证高产、稳产为目的，采用重底肥、早追肥后调节的方法。底肥占总量的60%，返青后追施20%，余下20%用于后期调节。用肥总量根据土壤肥力定，一般中等田块施纯氮150kg/hm²，并注意磷、钾肥配合施用。加强病虫害防治，重点防治飞虱和螟虫。

Ⅱ优718（Ⅱ you 718）

品种来源：四川省原子核应用技术研究所、四川省种子站和成都南方杂交水稻研究所用Ⅱ-32A/辐恢718配制而成。分别通过四川省（2000）、湖北省（2002）、国家（2003）和重庆市（2003）农作物品种审定委员会审定。2008年获国家品种权保护，品种权号：CNA20050125.9。

形态特征和生物学特性：属籼型三系杂交中稻品种。全生育期150d左右，比对照汕优63迟熟3d。株高115cm，茎秆粗壮，叶色深绿，剑叶挺立，节间紫色，主茎总叶片数17叶。分蘖力中等，有效穗数225万～255万穗/hm²，穗长25cm，每穗平均着粒150粒，结实率85%，颖壳黄色，籽粒椭圆形，种皮白色，无芒，千粒重30.4g。

品质特性：糙米率78.6%，整精米率50.6%，糙米粒长6.4mm，糙米长宽比2.5，垩白粒率85%，垩白度22.1%，胶稠度44mm，直链淀粉含量23.3%。

抗性：高稻瘟病。

产量及适宜地区：1997—1998年参加四川省水稻中籼迟熟组区域试验，2年区域试验平均产量8.42t/hm²，比对照汕优63增产5.06%；1998年四川省生产试验平均产量9.06t/hm²，比对照汕优63增产10.3%。1999—2000年参加长江流域国家中籼迟熟组区域试验，2年区域试验平均产量8.94t/hm²，比对照汕优63增产5.17%，达极显著水平；2001年参加生产试验，平均产量8.95t/hm²，比对照汕优63增产4.37%。2000—2001年参加湖北省中稻品种区域试验，2年区域试验平均产量8.95t/hm²，比对照汕优63增产3.31%。该品种2000年以来累计推广面积150.00万hm²。适宜在四川、重庆、湖北、湖南、浙江、江西、安徽、上海、江苏等省（直辖市）的长江流域（武陵山区除外）和云南、贵州省海拔1 100m以下以及河南省信阳市、陕西省汉中地区白叶枯病轻发区作一季中稻种植。

栽培技术要点：①培育壮秧。在四川、重庆一般3月底至4月上旬播种，5月中旬移栽，秧龄40～45d。②合理密植。大田栽插规格一般为28cm×16cm，栽插基本苗142.5万～157.5万苗/hm²。③肥水管理。施肥以基肥为主，每公顷施过磷酸钙750kg、钾肥150kg、尿素75～120kg。水层管理采用浅水栽秧，寸水活苗，薄水促蘖，苗足晒田，后期干湿灌溉，防止过早断水。④防治病虫害。根据当地植保部门病虫测报及时防治病虫害。

Ⅱ优725（Ⅱ you 725）

品种来源：四川省绵阳市农业科学研究所用Ⅱ-32-8A/绵恢725配组而成。分别通过四川省（2000）、贵州省（2000）和国家（2001）及湖北省（2001）农作物品种审定委员会审定。

形态特征和生物学特性：属籼型三系杂交中稻品种。全生育期平均153.2d。株型紧凑，叶片硬直，剑叶较长，叶色深绿，叶舌、叶耳、柱头紫色，主茎叶片数17叶。繁茂性好，熟色好。株高114cm。分蘖力中等，穗型弧形，抽穗集中，穗层整齐，有效穗数240.0万穗/hm²，穗大粒多，穗长26cm，每穗平均着粒166.2粒，结实率83.2%，谷壳黄色，颖尖紫色，护颖短，籽粒椭圆形，种皮白色，有短顶芒，千粒重26.3g。

品质特性：糙米率80.6%，整精米率53.9%，糙米粒长6.3mm，糙米长宽比2.5，垩白粒率36%，垩白度4.8%，胶稠度46mm，直链淀粉含量23.5%。

抗性：叶瘟6～9级，穗颈瘟5～9级。

产量及适宜地区：1996—1997年参加四川省水稻中籼迟熟组区域试验，2年区域试验平均产量8.51t/hm²，比对照汕优63增产1.41%，1997年四川省生产试验平均产量8.85t/hm²，比对照汕优63增产8.57%；1998—1999年参加湖北省中稻区域试验，2年区域试验平均产量9.15t/hm²，比对照汕优63增产4.28%；1999年参加黔东南地区中稻区域试验，平均产量8.29t/hm²，比对照汕优63增产8.1%。该品种2000年以来累计推广面积270.00万hm²。适宜四川平坝、丘陵地区，贵州黔东南、铜仁中低海拔地区，湖北稻瘟病轻发地区作一季中稻种植。

栽培技术要点：①适时播种，培育多蘖壮秧。在绵阳3月下旬至4月上旬播种，秧龄45～50d。②栽足基本苗，栽插密度22.5万穴/hm²，栽插基本苗165万～195万苗/hm²。③合理施肥，施纯氮150～180kg/hm²，用硫酸锌18～30kg/hm²作底肥，总肥量中农家肥占50%。施肥方法：底肥占60%～70%，分蘖肥20%～30%，抽穗前7～10d施穗肥10%。④科学管水，适时晒田，注意防治病虫害。

Ⅱ优734（Ⅱ you 734）

品种来源：四川省绵阳市农业科学研究所用Ⅱ-32-8A/绵恢734配组而成。1997年通过四川省农作物品种审定委员会审定。

形态特征和生物学特性：属籼型三系杂交中稻品种。全生育期154d左右，比对照汕优63长3～4d。株高116cm，株型紧凑，叶色偏绿，叶舌、叶耳、柱头紫色，剑叶中长，生长整齐，前期生长繁茂，后期转色好，成穗率高，有效穗数270.0万～277.5万穗/hm²，穗长25cm左右，每穗平均着粒145粒左右，结实率85.7%，颖壳黄色，籽粒椭圆形，种皮白色，无芒，千粒重28g左右。

品质特性：糙米率80%，精米率70%，整精米率50.5%，糙米长宽比2.6，直链淀粉含量20.19%，碱消值5.1级，胶稠度74mm。

抗性：中抗稻瘟病。

产量及适宜地区：1995—1996年参加四川省中籼迟熟组区域试验，2年区域试验平均产量8.4t/hm²，比对照汕优63增产1.55%。1996年参加四川省生产试验，平均产量8.87t/hm²，比对照汕优63增产8.29%。该品种1997年以来累计推广面积5.50万hm²。适宜四川省平坝、丘陵地区种植。

栽培技术要点：①3月底至4月初播种，培育多蘖壮秧，秧龄40～45d。栽插基本苗180万苗/hm²左右，每穴栽插2苗。②配方施肥。施氮120～150kg/hm²，氮、磷、钾比为1：0.5：1，用硫酸锌18～30kg/hm²作底肥，总肥量中农家肥占50%。施肥方法为底肥占60%～70%，分蘖肥20%～30%，穗肥（抽穗前7～10d施)10%。③科学管水，最高苗控制在375万苗/hm²。④适时防治病虫害。

Ⅱ优746（Ⅱ you 746）

品种来源：中国科学院成都生物研究所以Ⅱ-32A/746（云粳/泰引1号//圭630///特育2号抗病变异株）配组而成。1997年通过四川省农作物品种审定委员会审定。

形态特征和生物学特性：属籼型三系杂交中稻品种。全生育期145d，比对照汕优63长3～4d。株高124cm，株型紧凑，茎秆粗壮，叶片直立，分蘖力中上，叶缘、柱头、稃尖紫色，每穗着粒180～190粒，结实率80%左右，颖壳深黄色，籽粒椭圆形，种皮白色，无芒，千粒重27g左右。

品质特性：糙米率80.1%，精米率72.3%，米质中上。

抗性：感稻瘟病，耐肥、抗倒伏。

产量及适宜地区：1995—1996年参加四川省中籼迟熟组区域试验，2年区域试验平均产量8.28t/hm²，比对照汕优63增产0.64%；1996年生产试验，平均产量9.05t/hm²，比对照汕优63增产13.2%，适宜四川省平坝和丘陵地区非稻瘟病常发区种植。

栽培技术要点：①适时播种，培育壮秧。4月中下旬播种，注意稀播壮秧，秧龄30～40d。②提高栽插质量，插足基本苗。个体优势强，边际效应明显，宜宽行窄株栽培。株行距13.3cm×（30.0～33.3）cm，栽插密度22.5万穴/hm²。③肥水管理，多施有机肥，平稳平衡施肥。基肥、分蘖肥、穗粒肥比例为4：3：3；氮、磷、钾比例为2：1：2。在孕穗或齐穗期间，增施钾肥，有条件可喷施根外肥料，以提高穗部生理活力，增加结实。由于穗大粒多，存在二段灌浆现象，后期切忌断水过早，以蜡熟初期断水为宜。

Ⅱ优802（Ⅱ you 802）

品种来源：四川省农业科学院生物技术核技术研究所以Ⅱ-32A／川恢802配组而成。1996年通过四川省农作物品种审定委员会审定。

形态特征和生物学特性：属籼型三系杂交中稻品种。全生育期150d左右，比对照汕优63长2～3d。株型紧凑，分蘖力较强，长势较旺，叶舌、叶耳、柱头、稃尖紫色，剑叶中长。穗大粒多，每穗着粒153.2～157.2粒，结实率79.96%～82.40%，谷粒黄色，籽粒椭圆形，种皮白色，无芒，千粒重28g左右。

品质特性：糙米率80.0%，精米率70.5%，整精米率45.90%，加工、食味品质与对照汕优63相当，外观品质比对照汕优63好。

抗性：感稻瘟病。

产量及适宜地区：1994—1995年参加四川省中籼迟熟组区域试验，2年区域试验平均产量8.52t/hm²，比对照汕优63增产2.59%。1995年生产试验，平均产量9.07t/hm²，比对照汕优63增产8.74%。该品种1996年以来累计推广面积超过133.00万hm²。适宜四川省一季中稻的非稻瘟病常发区和非再生稻区种植。

栽培技术要点：①适时早播、稀播、匀播，结合保温育苗，防止烂种烂秧。一叶一心或寄栽后数日喷施多效唑，培育壮秧，促进分蘖。②播足基本苗，增加有效穗。采用宽窄行栽培，适当稀植，栽双株，提高成穗质量和数量。栽插密度18万～22.5万穴/hm²，栽插基本苗150万～180万苗/hm²。③合理施肥，适时晒田。前期生长势旺，根系发达，吸肥力强，氮肥施用过量易造成剑叶宽大，蜡熟期剑叶披垂。因此，宜重底肥，早追肥，并注意磷、钾肥和有机肥的配合使用。在土壤肥力较低的地区，可增施破口肥，施尿素30kg/hm²。及时晒田，抽穗后不宜断水过早，防早衰。④加强病虫害防治。根据病虫测报统防统治。重点防治叶瘟、穗颈瘟、纹枯病和螟虫、稻飞虱，抽穗后防治1次稻苞虫。

II 优 838 （ II you 838）

品种来源：四川省原子核应用技术研究所用 II -32A/辐恢838配组育成。分别通过四川省（1995）、河南省（1998）、国家（1999）和福建省［宁德（1999）、福州（2000）］、广西壮族自治区（2000）和湖南省（2003）农作物品种审定委员会审定。

形态特征和生物学特性：属籼型三系杂交中稻品种。全生育期平均150d。株高115cm，株型紧凑，秆粗抗倒伏，剑叶直立，叶色深绿色，叶缘、叶鞘、柱头、稃尖紫色，熟期转色好，有效穗数240万/hm²，穗长25cm，每穗平均着粒147.2粒，颖壳黄色，籽粒椭圆形，种皮白色，无芒，千粒重29g。

品质特性：整精米率55.2%，糙米长宽比2.6，垩白粒率62%，垩白度10.5%，胶稠度55mm，直链淀粉含量22.8%。

抗性：感稻瘟病。

产量及适宜地区：1993—1994年参加四川省中籼迟熟组区域试验，2年区域试验平均产量8.23t/hm²；1994年生产试验平均产量9.46t/hm²。1994—1995年参加全国南方稻区区域试验，2年区域试验平均产量8.75t/hm²。1996—1997年参加河南省豫南稻区区域试验，2年平均产量8.97t/hm²；1996—1997年生产试验平均产量8.99t/hm²。该品种1995年以来累计推广面积超过1 087.00万hm²。适宜福建、江西、湖南、湖北、安徽、浙江、江苏等省以及河南南部稻瘟病轻发区作一季中稻种植。

栽培技术要点：按当地适宜播期播种，秧龄40～50d，栽插密度28cm×15cm或用（33+13）cm×13cm宽窄行栽培，适当增栽基本苗，重施底肥，早追肥，其他栽培措施与汕优63相同。

Ⅱ优86 (Ⅱ you 86)

品种来源：原四川省万县市农业科学研究所以Ⅱ-32A/万恢86配组而成。1994年通过四川省农作物品种审定委员会审定。

形态特征和生物学特性：属籼型三系杂交中稻品种。全生育期154d，比对照汕优63迟熟3.4d。株型紧凑，苗期长势旺，叶色浓绿，剑叶长宽适中，后期热色好，谷黄秆青，叶不早衰。株高100～105cm，分蘖力较强，有效穗数270万～300万穗/hm²，叶鞘、叶缘、秤尖紫色，每穗着粒数120～130粒，结实率80%左右，颖壳黄色，籽粒椭圆形，种皮白色，无芒，千粒重28.6g，繁殖制种产量高。

品质特性：糙米率81.80%，精米率69.60%，整精米率63.70%，加工品质、外观品质、食味品质优于汕优63。

抗性：高感稻瘟病，高抗白叶枯病和纹枯病，抽穗扬花期耐高温，茎粗抗倒伏。

产量及适宜地区：1991—1992年参加四川省万县市区域试验，2年区域试验平均单产8.59t/hm²，比对照汕优63增产8.74%。1992—1993年参加四川省区域试验，2年区域试验平均单产7.74t/hm²，比对照汕优63增产4.46%。1994年该品种在湖北宜昌试种表现良好，平均产量为8.71t/hm²，比对照汕优63增产6.74%，比对照Ⅱ优63增产2.57%。该品种1994年以来累计推广面积16.70万hm²。适宜四川省盆丘轻病区作一季中稻种植。

栽培技术要点：①适时早播早栽。川东南、川中、湖北的长江流域等地早茬口，应在4月15日前播种，5月中下旬移栽，最迟不得超过4月底播。②培育壮秧，合理密植。秧田播种量，净秧板播225kg/hm²左右，或温室育苗，秧苗6～7叶移栽，移栽行株距13.3cm×26.7cm或20cm×16.7cm为宜，栽插基本苗135万～165万苗/hm²。③合理施肥。一般施纯氮187.5kg/hm²，基肥应占总肥量的70%～80%，另以10%～15%的氮作保花肥。后期酌情补施少量（5%）粒肥，以提高结实率和粒重。④科学用水管理。浅水插秧，薄水分蘖，活裸后适当露田，促根壮苗。复水后湿润灌溉，抽穗后干干湿湿，黄熟期灌跑马水，收获前5～7d排水晾田。

Ⅱ优9号（Ⅱ you 9）

品种来源：乐山市川农种子开发有限公司、四川省原子核应用技术研究所、攀枝花市仁和区种子公司以Ⅱ-32A/联恢9号配组而成。2002年通过四川省农作物品种审定委员会审定。

形态特征和生物学特性：属籼型三系杂交中稻品种。全生育期151d，比对照汕优63长2～3d。株高125cm，株型半紧凑，茎秆粗壮，长势旺，叶鞘、叶缘、稃尖紫色，后期转色好。每穗着粒200～260粒，结实率78.85%，颖壳黄色，种皮白色，籽粒椭圆形，无芒，千粒重28g左右。

品质特性：外观和食味品质优于汕优63。

抗性：感稻瘟病。

产量及适宜地区：1999—2000年参加攀枝花市水稻区域试验，2年区域试验平均产量13.55t/hm²，比对照汕优63增产13.65%，2000年生产试验，平均产量14.8t/hm²，比对照汕优63增产16.2%。2000—2001年参加乐山市水稻区域试验，2年区域试验平均产量8.84t/hm²，比对照汕优63增产6.8%；2001年生产试验平均产量8.53t/hm²，比对照汕优63增产6.3%。适宜四川省乐山市、攀枝花市等相似地区种植。

栽培技术要点：①育秧，适时播种，采用旱育早发技术，培育多蘖壮秧。②移栽，栽插密度22.5万穴/hm²左右，每穴栽插2苗，栽插基本苗150万苗/hm²左右。③肥水管理，重底肥早追肥，一般施纯氮150kg/hm²左右，氮、磷、钾比例为1∶0.5∶0.5。浅水栽秧，深水护苗，薄水分蘖，够苗搁田。④病虫害防治，注意及时防治稻瘟病等病虫害。

II 优 906（II you 906）

品种来源：四川省成都市第二农业科学研究所以 II -32A/蓉恢90配组而成。分别通过四川省（1999）、江西省（2001）和湖北省（2005）农作物品种审定委员会审定。

形态特征和生物学特性：属籼型三系杂交中稻品种。全生育期153.0d，比对照 II 优725长3.9d。株高114cm，株型较紧凑，叶色浓绿，剑叶中长略挺，叶鞘、柱头、颖尖紫色。穗长23.4cm，每穗平均着粒161粒，实粒138粒，结实率85.2%，颖壳黄色，籽粒椭圆形，种皮白色，无芒，千粒重26.6g。

品质特性：整精米率61.0%，糙米长宽比2.2，垩白粒率50%，垩白度7.4%，胶稠度30mm，直链淀粉含量25.9%。

抗性：中感稻瘟病，轻感纹枯病，耐肥，抗倒伏能力强。

产量及适宜地区：1996—1997年参加四川省中籼迟熟组区域试验，2年区域试验平均产量8.61t/hm²，比对照 II 优725增产2.76%；1998年生产试验平均产量8.45t/hm²，比对照 II 优725增产11%。2003—2004年参加湖北省中稻品种区域试验，2年区域试验平均产量8.65t/hm²，比对照 II 优725增产8.85%。该品种1999年以来累计推广面积超过18.40万 hm²。适宜四川省平坝和丘陵地区、江西省以及湖北省鄂西南山区以外的地区作中稻种植。

栽培技术要点：适时早播，培育多蘖壮秧。秧龄40～45d，栽插27万穴/hm²，栽插基本苗120万～150万苗/hm²。施纯氮165kg/hm²，磷肥375kg/hm²，钾肥225kg/hm²，重底肥，早追肥，适当增加分蘖肥的比重和次数。及时防治病虫害。

II 优 92-4（II you 92-4）

品种来源：内江杂交稻开发中心和四川省种子站合作以 II-32A/内恢 92-4 配组而成。1998 年通过四川省农作物品种审定委员会审定。

形态特征和生物学特性：属籼型三系杂交中稻品种。全生育期 152d，比对照汕优 63 长 4.1d。株高 118cm，苗期耐寒，叶色深绿，长势旺，分蘖力强，株型紧凑，剑叶直立，成穗率高，叶鞘、叶缘、稃尖紫色，后期落黄好。穗长 25cm，每穗平均着粒 141 粒，结实率 85% 左右，颖壳黄色，籽粒椭圆形，种皮白色，无芒，千粒重 28g。

品质特性：糙米率 80.9%，精米率 72.7%，整精米率 58.1%，糙米粒长 6.5mm，糙米长宽比 2.6，垩白粒率 49%，垩白度 5.6%，透明度 2 级，胶稠度 65mm，直链淀粉含量 20.7%。1999 年参加四川省第二届"稻香杯"评比，获"稻香杯"奖。

抗性：高抗稻瘟病，中抗白背飞虱。

产量及适宜地区：1995—1996 年参加四川省水稻区域试验，2 年区域试验平均产量 8.54t/hm²，比对照汕优 63 增产 3.64%。生产试验平均产量 8.77t/hm²，比对照汕优 63 增产 11.65%。该品种 1998 年以来累计推广面积超过 20.00 万 hm²。适宜在川中、川西生态区种植。

栽培技术要点：①适时早播，培育多蘖壮秧，秧龄弹性大，以栽中苗为好。栽两粒谷易获高产。用种量 15kg/hm²，栽插密度 18 万～22.5 万穴/hm²。基本苗保证在 150 万苗/hm² 左右，栽插方式以宽窄行为最好。有效穗控制在 270 万～300 万穗/hm²。②施肥管理宜重底肥，早追肥，注意氮、磷、钾肥合理搭配，忌偏施氮肥。超高产栽培，过磷酸钙用量不少于 375kg/hm²，钾肥不少于 225kg/hm²。③其他栽培方法同汕优 63 的栽培。

II优949（II you 949）

品种来源：四川省农业科学院生物技术核技术研究所和四川金禾种业有限公司以II-32A/川恢949配组而成。2001年通过四川省农作物品种审定委员会审定。

形态特征和生物学特性：属籼型三系杂交中稻品种。全生育153d，比对照汕优63长4d。株型紧凑，株高114cm，茎秆粗壮，苗期长势旺，分蘖力较强，剑叶较窄、直立，叶缘、叶鞘、柱头紫色，颖尖红色，后期转色落黄好。每穗平均着粒160粒，结实率80%，颖壳黄色，籽粒椭圆形，种皮白色，有稃毛，无芒，千粒重27～28g。

品质特性：糙米率80.4%，整精米率51.0%，垩白粒率36%，垩白度3.85%，糙米长宽比2.62，食味品质好。

抗性：中感稻瘟病，较抗倒伏。

产量及适宜地区：1998—1999年参加四川省中籼迟熟组区域试验，2年区域试验平均产量8.14t/hm²，较对照汕优63增产2.25%；2000年生产试验平均产量8.60t/hm²，比对照汕优63增产7.4%。该品种2001年以来累计推广面积超过20.0万hm²。适宜四川省部分平坝丘陵、攀西地区种植。

栽培技术要点：适时早播，栽插180万～22.5万穴/hm²，每穴栽插2苗。施肥和管理与汕优63的相同，重点防治纹枯病。

Ⅱ优95-18 （Ⅱ you 95-18）

品种来源：内江杂交水稻科技开发中心用Ⅱ-32A/内恢95-18配组而成。2001年通过四川省农作物品种审定委员会审定。

形态特征和生物学特性：属籼型三系杂交中稻品种。全生育期153～156d，比对照汕优63长4～5d。株高115～120cm，群体整齐。苗期生长势旺，分蘖力强，叶色淡绿，叶片中宽直立，成穗率高，穗层整齐，黄熟一致，转色好，不早衰。叶鞘、叶缘、稃尖紫色，每穗平均着粒160.5粒左右，结实率80%～90%，颖壳黄色，籽粒椭圆形，种皮白色，无芒，千粒重27.0g左右。

品质特性：糙米率81.1%，精米率74.2%，整精米率58.8%，垩白粒率30%，垩白度4.3%，透明度1级，碱消值4.7级，胶稠度78mm，糙米长宽比2.5，直链淀粉含量22.3%，蛋白质含量8.6%。

抗性：感稻瘟病。

产量及适宜地区：1999—2000年四川省优质米组区域试验，2年区域试验平均产量8.13t/hm²，比对照汕优63增产3.35%；2000年生产试验，平均产量8.81t/hm²，比对照汕优63增产8.41%。适宜四川及南方稻区作一季中稻种植。

栽培技术要点：①适时早播，培育多蘖壮秧，秧龄弹性大，以栽中苗为好。用种量11.25～15kg/hm²，栽插密度18万～22.5万穴/hm²。基本苗保证在150万苗/hm²左右，栽插方式以宽窄行为最好。有效穗数控制在270万～300万穗/hm²间。②宜中等偏上肥水管理。施肥管理上宜重底肥，早追肥，注意氮、磷、钾肥合理搭配，切忌偏施氮肥。超高产栽培，过磷酸钙用量不少于375kg/hm²，钾肥不少于225kg/hm²。③其他栽培方法同汕优63的栽培。

II 优 96 (II you 96)

品种来源：四川省乐山市农牧科学研究所以 II-32A/乐恢96配组而成，又名：神州4号。2003年通过四川省农作物品种审定委员会审定。2007年获国家品种权保护，品种权号：CNA20030559.X。

形态特征和生物学特性：属籼型三系杂交中稻品种。全生育期153.6d，比对照汕优63长2.9d，株高111.9cm，株型较紧凑，分蘖力较强。有效穗数229.1万穗/hm²，穗长24.7cm，每穗平均着粒180.9粒，结实率78.3%。叶鞘、叶缘、稃尖紫色，颖壳黄色，籽粒椭圆形，种皮白色，无芒，千粒重26.1g。

品质特性：糙米率79.6%，精米率72.4%，整精米率56%，糙米粒长5.7mm，糙米长宽比2.1，垩白粒率77%，垩白度6.0%，透明度2级，碱消值6.5级，胶稠度66mm，直链淀粉含量24.1%，蛋白质含量7.5%。

抗性：中感稻瘟病。

产量及适宜地区：2001—2002年参加四川省中籼迟熟组区域试验，2年区域试验平均产量8.35t/hm²，比对照汕优63增产4.45%，2002年生产试验平均产量8.88t/hm²，比对照汕优63增产9.5%。适宜在四川平坝和丘陵区作一季中稻种植。

栽培技术要点：①适期早播，培育壮秧。最佳播期3月20日至4月5日。秧田要施足基肥，基肥以有机肥为主，以培育多蘖适龄壮秧。②适时移栽，合理密植。秧龄控制在35～40d内。中上肥力田块，栽插密度18.0万～22.5万穴/hm²。③科学用肥。在肥料分配上，掌握基肥、分蘖肥及穗肥的比例以4:4:2为宜。④水分管理。水的管理宜采用浅水栽插，寸水返青，薄水分蘖，保水抽穗扬花，干湿交替灌溉的方式进行。⑤加强病虫害防治。生长期间注意做好稻蓟马、稻飞虱、螟虫、稻苞虫等病虫害防治工作。

II优D069（II you D 069）

品种来源：四川省原子核应用技术研究所以Ⅱ-32A为母本，与自育恢复系D069配组而成。分别通过重庆市（2001）和四川省（2002）农作物品种审定委员会审定。

形态特征和生物学特性：属籼型三系杂交中稻品种。全生育期平均155d。株高115cm，株型较紧凑，分蘖力、再生力均较强，秆粗抗倒伏，穗层整齐，叶鞘、叶缘、柱头、稃尖紫色，熟期转色好。有效穗数230万穗/hm²，穗长25cm，每穗平均着粒160粒，颖壳黄色，籽粒椭圆形，种皮白色，无芒，千粒重28g。

品质特性：糙米率80.2%，精米率72.9%，整精米率59.9%，糙米长宽比2.5，透明度2级，直链淀粉含量22.8%，碱消值5.0级，胶稠度47mm，蛋白质含量8.7%。

抗性：高感稻瘟病。

产量及适宜地区：2000—2001年参加四川省中籼迟熟组区域试验，2年区域试验平均产量8.46t/hm²，比对照汕优63增产4.76%；2001年生产试验，平均产量8.60t/hm²，比对照汕优63增产9.2%。1999—2000年参加重庆市中稻、再生稻区域试验，中稻平均产量8.24t/hm²，比对照汕优63增产5.33%；再生稻平均产量2.65t/hm²，比对照汕优63增产30.47%；两季产量10.89t/hm²，比对照汕优63增产10.51%。适宜在四川省平坝和丘陵稻瘟病轻发区和重庆市稻瘟病轻发区作一季中稻种植。

栽培技术要点：①适时早播，培育壮秧，秧龄45d左右。播种期川东南在3月中旬、下旬，川西北地区清明前后播种，宽窄行条栽，栽插基本苗105万～120万苗/hm²左右，有效穗240万穗/hm²左右。②施肥：中等肥力田，施纯氮135～150kg/hm²，氮、磷、钾配合，重底肥，早追肥。③综合防治病虫害。

Ⅱ优H103（Ⅱ you H 103）

品种来源：四川省农业科学院水稻高粱研究所用Ⅱ-32A/泸恢H103配组而成。2002年通过四川省农作物品种审定委员会审定。

形态特征和生物学特性：属籼型三系杂交中稻品种。全生育期154.7d，比对照汕优63长3d左右。株型紧凑，叶鞘、叶缘和柱头均为紫色，分蘖力较强，穗大粒多。株高116cm左右，穗长24.25cm，有效穗数225～240万穗/hm^2，每穗着粒170～180粒，结实率80%左右，颖壳黄色，籽粒椭圆形，种皮白色，无芒，千粒重26～27g。

品质特性：米质与汕优63的相当。

抗性：高感稻瘟病。

产量及适宜地区：2000—2001年参加四川省水稻新品种区域试验，2年区域试验平均单产8.52t/hm^2，比对照汕优63增产4.86%。2001年四川省生产试验，平均单产8.67t/hm^2，比对照汕优63增产5.26%。该品种2002年以来累计推广面积超过15.60万hm^2。适宜四川省种植汕优63的地区种植。

栽培技术要点：①适时早播，培育壮秧，用种量15～18.75kg/hm^2。②合理密植，栽插22.5万穴/hm^{2}左右。③合理配方施肥，科学管水，适时防病治虫害。

Ⅱ优多57（Ⅱ youduo 57）

品种来源：四川省农业科学院水稻高粱所用Ⅱ-32A/多恢57配组而成。1996年通过四川省农作物品种审定委员会审定。

形态特征和生物学特性：属籼型三系杂交中稻品种。全生育期150d，比对照汕优63长3d左右。株高110cm，长势旺，株型紧凑，剑叶大小适中，叶鞘、柱头、叶缘、颖尖紫色，熟期转色好。分蘖力中上，有效穗数240万～255万穗/hm²，穗长24cm，每穗平均着粒150粒，颖壳黄色，籽粒椭圆形，种皮白色，无芒，千粒重27g。

品质特性：糙米率80.22%，精米率71.75%，整精米率56.32%，糙米粒长5.8mm，糙米长宽比2.4，垩白粒少，垩白面积小，半透明，食味品质中上。

抗性：中感稻瘟病。

产量及适宜地区：1994—1995年参加四川省中籼迟熟组区域试验，2年区域试验平均产量8.31t/hm²，比对照汕优63增产1.70%；1995年生产试验，平均产量8.22t/hm²，比对照汕优63增产5.05%。该品种1996年以来累计推广面积超过10.00万hm²。适宜四川省海拔800m以下中稻区种植。

栽培技术要点：①播期与育秧：川东南地区在3月10日左右播种，育秧采用地膜湿润育秧、旱育秧，播种量225～300kg/hm²，催芽点播和撒播，以培育多蘖壮秧为目的进行秧田管理。②秧龄与基本苗：秧龄以35～40d为宜，即秧苗叶龄为5叶左右，带蘖1～2个移栽。③本田栽插规格16.5cm×26.4cm，每穴栽插2苗，最好采用宽窄行条栽，规格为（33.3+19.8）/2cm×16.5cm。浅水栽插，以利返青，早生快发。④肥水管理与病虫害防治：本田采取重底早追，底肥占总量的60%，返青后追施20%，余下20%作后期调节。用肥总量根据土壤肥力而定，一般中等肥力田施纯氮150kg/hm²，注意磷、钾肥配合施用。施肥以主攻苗架，争取穗多穗大，保证高产、稳产为目的。水的管理以浅水灌溉为宜。⑤后期注意防治螟虫和稻飞虱。

II优多系1号（II youduoxi 1）

品种来源：内江杂交水稻科技开发中心和四川省种子站用 II -32A/多系1号配组而成。2000年分别通过四川省和贵州省农作物品种审定委员会审定。

形态特征和生物学特性：属籼型三系杂交中稻品种。全生育期150.2d，比对照汕优63长4d。株高115cm左右。苗期生长势旺，株型紧凑，茎秆硬直，叶片中宽直立，叶色深绿，叶鞘、叶缘、柱头、稃尖紫色，分蘖力强，成穗率高，熟色好，不早衰。每穗平均着粒170粒左右，结实率85%以上，颖壳黄色，籽粒黄色，种皮白色，无芒，千粒重27.4g。

品质特性：糙米率81.6%，整精米率40.6%，糙米粒长6.2mm，糙米长宽比2.5，垩白粒率55%，垩白度11.3%，胶稠度66mm，直链淀粉含量18.2%。

抗性：抗稻瘟病，抗倒伏。

产量及适宜地区：1994—1995年参加四川省中籼迟熟组区域试验，2年区域试验平均产量8.32t/hm²，比对照汕优63增产0.22%。生产试验平均产量8.08t/hm²，比对照汕优63增产1.8%。该品种2000年以来累计推广面积超过70.67万hm²。适宜四川省平坝、丘陵地区作一季中稻种植，贵州省海拔900m以下的黔南、铜仁等具有相似生态的低海拔水稻适宜地区种植。

栽培技术要点：①适播匀播，培育适龄多集壮秧。秧田播种量控制22.5kg/hm²以内，播种适期川南地区3月中下旬，川西及川中地区4月上中旬，秧龄40～45d。②合理密植，插足基本苗。栽插规格中稻区以20cm×20cm或20cm×23cm，栽插18万～22.5万穴/hm²，栽插基本苗120万苗/hm²以上。③合理肥水管理，促高产稳产。施肥上应"攻头、稳中、保尾"。一般施总氮量225kg/hm²左右。做到基肥占50%～60%，分蘖肥占30%～40%，穗肥10%。同时做到寸水护苗，适时搁田，控制无效分蘖。后期保持干干湿湿，以提高千粒重。④搞好病虫害综合防治。

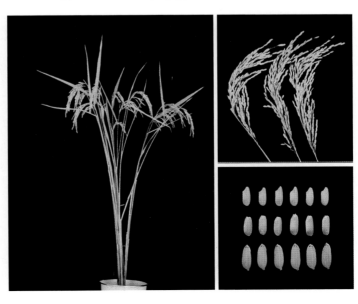

Ⅱ优香13（Ⅱ youxiang 13）

品种来源：内江杂交水稻科技开发中心用Ⅱ-32A/内香恢1号配组而成，又名：内香优13。2004年通过国家农作物品种审定委员会审定。2007年获国家植物新品种权，品种权号：CNA20030379.1。

形态特征和生物学特性：属籼型三系杂交中稻品种。在长江上游作一季中稻种植，全生育期平均156.8天，比对照汕优63迟熟3.6天。茎秆、叶缘、叶节、颖尖均呈紫红色，株型适中，耐寒性中等，穗粒重较协调，熟期转色好。有效穗数240万穗/hm²，株高116.4cm，穗长25.6cm，每穗平均着粒161.6粒，结实率81.8%，颖壳黄色，籽粒椭圆形，种皮白色，无芒，千粒重27.9g。

品质特性：糙米率80.5%，精米率74.0%，整精米率66.5%，糙米长宽比2.3，垩白粒率24%，垩白度3.3%，胶稠度60mm，直链淀粉含量21.9%。

抗性：高感稻瘟病，感白叶枯病。

产量及适宜地区：2002—2003年参加国家长江上游中籼迟熟高产组区域试验，2年区域试验平均产量8.44t/hm²，比对照汕优63增产0.29%；2003年生产试验，平均产量8.98t/hm²，比对照汕优63增产0.94%。适宜在云南、贵州、重庆中低海拔稻区（武陵山区除外）和四川平坝稻区和陕西南部稻瘟病、白叶枯病轻发区作一季中稻种植。

栽培技术要点：①培育壮秧：根据当地种植习惯与汕优63同期播种，因秧龄弹性大，以栽中苗为好。②移栽：栽插方式以宽窄行为好，栽插19.5万~22.5万穴/hm²，基本苗保证在150万苗/hm²左右。③施肥：重施底肥，早追肥，忌偏施氮肥。超高产栽培过磷酸钙用量不少于375kg/hm²，钾肥不少于225kg/hm²。④水分管理：要特别注意后期水分管理，不可脱水过早影响品质和产量。⑤防治病虫害：特别注意防治稻瘟病和白叶枯病。

B优0301 （B you 0301）

　　品种来源：西南科技大学水稻研究所和四川农业大学水稻研究所用B333A/蜀恢527配组而成。2005年通过四川省农作物品种审定委员会审定。

　　形态特征和生物学特性：属籼型三系杂交中稻品种。全生育期152.5d，比对照汕优63迟0.6d。株高117.8cm，株型较紧凑，茎秆粗壮，叶片较长大，叶鞘、叶耳、叶缘、颖尖紫色，分蘖力较强，穗层整齐，后期转色好。有效穗数211.65万穗/hm²，穗长24.8cm，每穗平均着粒172.6粒，结实率80.9%，颖壳黄色，长粒，种皮白色，无芒，千粒重31.1g。

　　品质特性：糙米率0.6%，精米率72.4%，整精米率54.8%，糙米粒长7.1mm，糙米长宽比2.9，垩白粒率87%，垩白度17.5%，透明度2级，碱消值5.5级，胶稠度72mm，直链淀粉含量23.2%，蛋白质含量8.3%。

　　抗性：高感稻瘟病。

　　产量及适宜地区：2003—2004年参加四川省中籼迟熟高产组区域试验，2年区域试验平均产量8.21t/hm²，比对照汕优63增产4.45%；2004年生产试验，平均产量8.99t/hm²，比对照汕优63增产10.51%。适宜四川平坝和丘陵地区作一季中稻种植。

　　栽培技术要点：①适期早播，培育多蘖壮秧，秧龄35～50d。②适时移栽，栽插规格一般为33.3cm×16.7cm或根据当地的高产栽培模式进行栽插，大田栽插基本苗120万～180万苗/hm²。③肥水管理，氮、磷、钾配合施用，重底肥，早追肥，增施有机肥。浅水灌溉，湿润管理，够苗适时晒田（晾田），控制无效分蘖。④选用高效、低毒、低残留农药及时防治病虫害。

B优0601 （B you 0601）

品种来源：西南科技大学水稻研究所以659A/绵恢2009配组而成。2005年通过四川省农作物品种审定委员会审定。

形态特征和生物学特性：属籼型三系杂交中稻品种。全生育期150d左右。株型松紧适中，分蘖力较强，叶鞘、叶缘、柱头紫色，充实度好，后期转色好。株高112cm，穗长25cm左右，每穗平均着粒160粒左右，结实率84%，颖壳黄色，籽粒椭圆形，颖尖紫色，种皮白色，无芒，千粒重31g。

品质特性：糙米率79.5%，精米率57.0%，糙米粒长6.4mm，糙米长宽比2.5，垩白度24.1%，垩白粒率88%，透明度3级，碱消值5.0级，胶稠度85mm，直链淀粉含量22.9%，蛋白质含量8.8%。

抗性：感稻瘟病。

产量及适宜地区：2003—2004年参加四川省水稻新品种区域试验，2年区域试验平均单产8.47t/hm²，比对照汕优63增产5.79%。2004年参加生产试验，平均单产8.71t/hm²，比对照汕优63增产8.74%。适宜四川平坝和丘陵地区作一季中稻种植。

栽培技术要点：①适期播种，培育多蘖壮秧，栽插基本苗120万～180万苗/hm²。②施肥重底肥，早追肥，氮、磷、钾配合施用，增施有机肥。③浅水灌溉，适时晒田（晾田）。④及时防治病虫害。

B优811 （B you 811）

品种来源：西南科技大学水稻研究所和重庆市涪陵区农业科学研究所合作用803A作母本与涪恢311作父本配组而成，又名：B优8311。分别通过四川省（2003）和国家（2004）农作物品种审定委员会审定，2008年通过贵州省引种鉴定。

形态特征和生物学特性：属籼型三系杂交中稻品种。全生育期平均152.0d，比对照汕优63短0.6d。株高114.3cm，株型适中，分蘖力较强，叶鞘、柱头、稃尖紫色，充实度好，熟期转色好。有效穗数224.9万穗/hm²，穗长26.3cm，每穗平均着粒169.2粒，颖壳黄色，籽粒细长形，种皮白色，部分籽粒有顶芒，千粒重26.0g。

品质特性：糙米率81.0%，精米率72.6%，整精米率62.3%，糙米粒长6.9mm，糙米长宽比3.1，垩白粒率23%，垩白度3.4%，透明度2级，碱消值6.3级，胶稠度51mm，直链淀粉含量24.4%，米质达到国颁三级优质米标准。

抗性：感稻瘟病，中感白叶枯病，抗褐飞虱6级。

产量及适宜地区：2001—2002年参加四川省优质稻组区域试验，2年区域试验平均单产8.39t/hm²，比对照汕优63增产4.55%。2002年生产试验，平均单产8.57t/hm²，比对照汕优63增产6.52%。2003年生产试验，平均产量8.40t/hm²，比对照汕优63增产2.86%。该品种2003年以来累计推广面积超过15.40万hm²。适宜云南省、贵州省、重庆市中低海拔稻区（武陵山区除外）和四川平坝稻区、陕西南部稻瘟病和白叶枯病轻发区作一季中稻种植。

栽培技术要点：重庆和川东南低海拔地区3月上旬播种，海拔较高地区3月中下旬播种，川西北地区4月初播种，云、贵高原地区4月中旬播种。地膜覆盖湿润育秧或旱育抛秧，稀播匀播培育多蘖壮秧，用种量15kg/hm²。秧苗5～6叶移栽。重庆低海拔栽插15.0万～18.0万穴/hm²，泸州、宜宾、内江、自贡等栽插18.0万穴/hm²；云南栽插27.0万穴/hm²。每穴栽插2苗。施纯氮110～140kg/hm²，五氧化二磷50～60kg/hm²，氧化钾90kg/hm²；磷肥作底肥一次性施用；氮肥底肥50%、栽后7d追肥50%；钾肥底肥50%，分蘖盛期50%。按当地植保部门的预测预报及时防治稻飞虱、一代和二代螟虫。在稻瘟病常发区，始穗期防治一次稻瘟病。

B优817（B you 817）

品种来源：西南科技大学水稻研究所用803A/泸恢17配组而成。2003年通过四川省农作物品种审定委员会审定。

形态特征和生物学特性：属籼型三系杂交中稻品种。全生育期149d，比对照辐优838长1d。株高119cm，株型适上，叶鞘、叶缘、柱头紫色，后期转色好，分蘖力强。有效穗数220.95万穗/hm²，穗长26.03cm，每穗平均着粒171.7粒，结实率80.1%，颖壳黄色，籽粒细长形，颖尖紫色，种皮白色，有顶芒，千粒重27.2g。

品质特性：糙米率80.7%，精米率71.2%，整精米率54.5%，糙米粒长9.5mm，糙米长宽比3.2。食味品质优良。

抗性：高感稻瘟病。

产量及适宜地区：2001—2002年参加四川省中籼中熟组区域试验，2年区域试验平均产量7.90t/hm²，比对照辐优838增产7.52%；2002年生产试验，平均产量8.70t/hm²，比对照辐优838增产11.7%。适宜四川省平坝和丘陵非稻瘟病常发区种植。

栽培技术要点：适期播种，培育多蘖壮秧，栽插基本苗120万～180万苗/hm²。施肥重底肥，早追肥，氮、磷、钾配合施用，增施有机肥。浅水灌溉，适时晒田。及时防治病虫害。

B优827（B you 827）

品种来源：西南科技大学水稻研究所和四川农业大学水稻研究所合作用803A/蜀恢527配组而成。分别通过四川省（2002）、国家（2003）和河南省（2005）、福建省（2005）、湖北省（2005）农作物品种审定委员会审定。

形态特征和生物学特性：属籼型三系杂交中稻品种。作一季中稻栽培，全生育期149d左右，比对照汕优63早熟0.7～1.2d。株型松紧适中，分蘖力较强，剑叶较长大，叶色浓绿，叶鞘、叶缘、柱头紫色，充实度好，后期转色顺调。株高115cm，有效穗数282万穗/hm^2，穗长26cm，每穗平均着粒165.6粒，结实率80.4%，颖壳黄色，籽粒细长形，稃尖紫色，种皮白色，无芒，千粒重28.6g。

品质特性：糙米率81.0%，精米率73.2%，整精米率52.1%，糙米粒长7.1mm，糙米长宽比3.1，垩白粒率29.5%，垩白度4.1%，透明度1.5级，碱消值5.5级，胶稠度55mm，直链淀粉含量22.5%，米质达到国颁三级优质米标准。

抗性：中感稻瘟病，感白叶枯病。

产量及适宜地区：2000—2001年参加四川省中籼迟熟组区域试验，2年区域试验平均单产8.54t/hm^2，比对照汕优63增产6.75%。2001年参加生产试验，平均单产8.62t/hm^2，比对照汕优63增产8.61%。2001—2002年参加国家长江上游中籼迟熟优质组区域试验，2年区域试验平均单产9.12t/hm^2，比对照汕优63增产8.3%。2002年生产试验，平均单产7.81t/hm^2，比对照汕优63增产10.79%。2003—2004年参加河南省豫南稻区区域试验，2年区域试验平均单产7.28t/hm^2，比Ⅱ优838增产2.72%，2004年参加豫南稻区生产试验，平均单产8.38t/hm^2，比Ⅱ优838增产2.1%。2002—2003年参加福建省中稻组区域试验，2年区域试验平均单产8.14t/hm^2，比对照汕优63增产3.84%；2004年生产试验，平均单产8.74t/hm^2，比对照汕优63增产6.43%。2003—2004年参加湖北省中稻品种区域试验，2年区域试验平均单产8.44t/hm^2，比对照Ⅱ优725增产5.00%。该品种2002年以来累计推广面积超过30.00万hm^2。适宜我国南方稻区稻瘟病轻发区作一季中稻种植。

栽培技术要点：适时早播，培育多蘖壮秧。秧龄45d左右，栽插基本苗150万～180万苗/hm^2。施肥重底肥，早追肥，增施磷钾肥。浅水灌溉，适期晒田，及时防治病虫害。

B优838 （B you 838）

品种来源：西南科技大学水稻研究所用803A/838配组而成。2001年通过四川省农作物品种审定委员会审定。

形态特征和生物学特性：属籼型三系杂交中稻品种。作一季中稻栽培，全生育期148d，比对照辐优838长1d。株型适中，分蘖力强，繁茂性好。叶鞘、叶耳、叶缘、柱头紫色，后期转色好。株高110cm，穗长25.1cm，有效穗数225万穗/hm²。每穗平均着粒157.8粒，结实率83.1%，颖壳黄色，籽粒细长形，稃尖紫色，种皮白色，无芒，千粒重28.4g。

品质特性：糙米率80.5%，精米率73.0%，整精米率51.8%，糙米粒长6.8mm，糙米长宽比2.9，透明度2级，碱消值5.3级，胶稠度54mm，直链淀粉含量19.4%，蛋白质含量9.3%。

抗性：感稻瘟病。

产量及适宜地区：1999—2000年参加四川省中籼迟熟组区域试验，2年区域试验平均单产7.98t/hm²，比对照汕优63增产6.25%；2000年生产试验，平均单产8.25t/hm²，比对照汕优63增产6.38%。该品种2001年以来累计推广面积超过9.00万hm²。适宜四川盆地辐优838和汕优63种植区种植。

栽培技术要点：作一季中稻栽培，适期早播。培育多蘖壮秧，秧龄40d左右，栽基本苗150万～180万苗/hm²。重底肥，早追肥，增施有机肥和磷钾肥。浅水灌溉，适期晒田。及时防治病虫害。

B优840（B you 840）

品种来源：绵阳经济技术高等专科学校用803A/绵恢2040配组而成。分别通过四川省（2000）和云南省（2001）农作物品种审定委员会审定。2005年重庆市引种。

形态特征和生物学特性：属籼型三系杂交中稻品种。全生育期145d，比对照辐优838长1d。株型紧凑，分蘖力较强，叶鞘、叶缘、柱头紫色，繁茂性好，后期转色好，株高108cm。有效穗数241.65万穗/hm²，每穗平均着粒150粒，结实率82.4%，颖壳黄色，籽粒细长形，稃尖紫色，种皮白色，无芒，千粒重26.7g。

品质特性：糙米率80.5%，精米率73%，整精米率51.8%，糙米粒长6.8mm，糙米长宽比2.9，垩白粒率39%，垩白度8.1%，胶稠度44mm，直链淀粉含量19.4%。

抗性：感稻瘟病。

产量及适宜地区：1998—1999年参加四川省中籼中熟组区域试验，2年区域试验平均单产7.97t/hm²，比对照辐优838增产4.48%；1999年生产试验，平均单产7.95t/hm²，较对照辐优838增产8.42%。2008—2009年参加云南省杂交水稻区域试验，2年区域试验平均单产9.73t/hm²，比对照Ⅱ优838增产5.31%。生产试验平均单产9.49t/hm²，比对照Ⅱ优838增产4.7%。2004年参加重庆市杂交水稻引种试验，平均单产8.15t/hm²，比对照汕优63平均增产3.60%。适宜四川省平坝和丘陵辐优838种植区、云南省南部海拔1 300m以下籼稻区、重庆市海拔900m以下稻瘟病非常发区作一季中稻种植。

栽培技术要点：适时播种，培育多蘖壮秧，栽插基本苗150万～180万苗/hm²。重底肥，早追肥，适时晒田，及时防治病虫害。

C优130（C you 130）

品种来源：绵阳经济技术高等专科学校和眉山农业学校用CA/R130配组而成。2000年通过四川省农作物品种审定委员会审定。

形态特征和生物学特性：属籼型三系杂交中稻品种。全生育期150.2d，比对照汕优63长0.5d。株高117.6cm，株型紧凑，繁茂性好，分蘖力强。叶色深绿，叶鞘、叶缘、柱头紫色，后期熟色好，易繁殖制种。有效穗数240万穗/hm²，穗长24.9cm，每穗平均着粒149.6粒，结实率80.8%，颖壳黄色，籽粒椭圆形，颖尖紫色，种皮白色，无芒，千粒重30g。

品质特性：糙米率80.8%，整精米率50.4%，糙米粒长7.1mm，糙米长宽比2.8，垩白粒率91%，垩白度19.6%，胶稠度38mm，直链淀粉含量21.4%。

抗性：高感稻瘟病。

产量及适宜地区：1998—1999年参加四川省中籼迟熟组区域试验，2年区域试验平均产量8.33t/hm²，比对照汕优63增产4.87%。1999年生产试验，平均产量8.89t/hm²，比对照汕优63增产6.25%。适宜四川省平坝、丘陵非稻瘟病区作一季中稻种植。

栽培技术要点：适期早播，培育多蘖壮秧，栽插基本苗120万～180万苗/hm²。浅水灌溉，适时晒田，及时防治病虫害。

C优2009（C you 2009）

品种来源：西南科技大学水稻研究所用CA/绵恢2009配组而成。2002年通过四川省农作物品种审定委员会审定。

形态特征和生物学特性：属籼型三系杂交中稻品种。全生育期平均151d，比对照汕优63长0.8d。株高118cm，株型较紧凑，分蘖力强。剑叶直立，叶鞘、叶耳、叶缘和柱头紫色，穗粒重协调，熟期转色好。有效穗数247.5万穗/hm^2，穗长26.2cm，每穗平均着粒144.3粒，颖壳黄色，籽粒椭圆形，颖尖紫色，种皮白色，无芒，千粒重30.8g。

品质特性：糙米率80.9%，精米率72.5%，整精米率54.9%，糙米粒长6.7mm，糙米长宽比2.7，垩白粒率82%，垩白度19.3%，透明度2级，碱消值5.1级，胶稠度82mm，直链淀粉含量22.5%，蛋白质含量12.5%。

抗性：感稻瘟病。茎秆粗壮，抗倒伏。

产量及适宜地区：1999—2001年参加绵阳、德阳两市区域试验，平均单产8.31t/hm^2，比对照汕优63增产5.14%；2000年参加四川省中籼迟熟B组区域试验，平均单产8.32t/hm^2，比对照汕优63增产3.59%。2001年德阳、绵阳两市生产试验，平均单产8.66t/hm^2，比对照汕优63增产9.93%。该品种2002年以来累计推广面积41.70万hm^2。适宜绵阳、德阳两市汕优63种植区及四川省内相似生态区作中稻种植。

栽培技术要点：适期早播，培育多蘖壮秧，秧龄45d左右，栽插基本苗120万～180万苗/hm^2。重底肥，早追肥，增施有机肥和磷钾肥，浅水灌溉，适期晒田。及时防治病虫害。

C优2040 （C you 2040）

品种来源：西南科技大学水稻研究所用CA/绵恢2040测配而成。2002年通过四川省农作物品种审定委员会审定，2009年通过云南普洱审定。

形态特征和生物学特性：属籼型三系杂交中稻品种。全生育期148d，比对照汕优63长1d。株型较紧凑，分蘖力强，繁茂性好。剑叶较宽大，叶鞘、叶缘和柱头紫色，后期转色好。株高126cm，穗长24.8cm，有效穗数216万穗/hm²。每穗平均着粒178.2粒，结实率78.8%，颖壳黄色，籽粒椭圆形，颖尖紫色，种皮白色，无芒，千粒重28g。

品质特性：糙米率80.3%，精米率71.1%，整精米率50.0%，垩白粒率65%，垩白度8.4%，透明度1级，碱消值5.5级，胶稠度64mm，直链淀粉含量22.8%，糙米粒长7.0mm，糙米长宽比2.9。

抗性：感稻瘟病。茎秆粗壮，抗倒伏。

产量及适宜地区：1998—1999年参加绵阳市区域试验，2年区域试验平均单产8.41t/hm²，比对照汕优63增产7.38%；2000—2001年德阳市区域试验，2年区域试验平均单产7.98t/hm²，比对照汕优63增产2.88%。2001年在绵阳、德阳生态区生产试验，平均单产8.50t/hm²，比对照汕优63增产7.9%。2007年和2009两年参加云南省普洱市杂交水稻品种区域试验，2年区域试验平均单产8.87t/hm²；生产试验平均单产9.69t/hm²，较对照汕优63增产4.1%。适宜四川省绵阳市、德阳市和云南省普洱市海拔1 350m以下的稻区种植。

栽培技术要点：适时早播，培育多蘖壮秧。适时移栽，秧龄45～50d，栽插基本苗150万苗/hm²左右。重底肥，早追肥。

C优2095 （C you 2095）

品种来源：西南科技大学水稻研究所用CA/绵恢2095配组而成。2004年通过四川省农作物品种审定委员会审定。

形态特征和生物学特性：属籼型三系杂交中稻品种。全生育期151d，比对照汕优63长1d。株型较紧凑，分蘖力强。叶色深绿，叶鞘、叶缘、茎节、柱头紫色，后期转色好。株高121.3cm，穗长25.4cm，有效穗数257.85万穗/hm^2，每穗平均着粒172.1粒，结实率80.3%，颖壳黄色，籽粒细长形，颖尖紫色，种皮白色，无芒，千粒重31.5g。

品质特性：糙米率81%，整精米率53.8%，糙米长宽比3.0，垩白粒率62%，垩白度16.2%，直链淀粉含量21.9%，胶稠度85mm。

抗性：高感稻瘟病。

产量及适宜地区：2002—2003年参加四川省中籼迟熟组区域试验，2年区域试验平均单产8.35t/hm^2，比对照汕优63增产5.0%；2003年生产试验，平均单产8.21t/hm^2，比对照汕优63增产6.79%。适宜四川省平坝、丘陵稻瘟病非常发区作一季中稻种植。

栽培技术要点：作一季中稻栽培，适期播种，培育多蘖壮秧。重底肥，早追肥，浅水灌溉，适时晒田。及时防治病虫害。

C优22 (C you 22)

品种来源：绵阳经济技术高等专科学校和四川省省农业科学院作物研究所合作用CA/CDR22配组而成。1999年通过四川省农作物品种审定委员会审定。

形态特征和生物学特性：属籼型三系杂交中稻品种。全生育期148d，比对照汕优63长1.2d。株高111.4cm，穗长25.7cm，分蘖力强，有效穗数253.5万穗/hm²。株型较紧凑，剑叶较长、直立，叶色深绿，叶鞘、叶缘、柱头紫色，每穗平均着粒147.5粒，结实率82%，颖壳黄色，籽粒长大，稃尖紫色，种皮白色，无芒，千粒重29.5g。

品质特性：糙米率80.7%，精米率72.6%，整精米率55.3%，糙米粒长7.2mm，糙米长宽比3.0，垩白度5.2%，透明度3级，碱消值4.6级，胶稠度56mm，直链淀粉含量21.6%，蛋白质含量8.4%。

抗性：感稻瘟病。

产量及适宜地区：1997—1998年参加四川省中籼迟熟组区域试验，2年区域试验平均产量8.46t/hm²，比对照汕优63增产5.64%；1998年生产试验平均产量8.73t/hm²，比对照增产6%。适宜四川省平坝、丘陵等中稻区域种植。

栽培技术要点：①适期早播，稀播育壮秧，秧龄40d左右。②栽插密度30cm×13cm，每穴栽插2苗，栽插基本苗180万苗/hm²左右，在栽培条件较好的地区，可适当放宽行株距和减少基本苗，以尽量发挥其穗大粒重的优势。③重底肥，早追肥，增施有机肥和磷钾肥，适时少量补施穗肥。④浅水灌溉，适期晒田，防治病虫害。

C优527（C you 527）

品种来源：西南科技大学水稻研究所用CA/蜀恢527配组育成。2003年通过四川省农作物品种审定委员会审定。

形态特征和生物学特性：属籼型三系杂交中稻品种。全生育期152d，比对照汕优63长0.5d。株高119.1cm，株型较紧凑，分蘖力较强，叶色深绿，叶鞘、叶缘、柱头紫色，后期转色好。有效穗数228万穗/hm²，穗长26.6cm，每穗平均着粒162.0粒，结实率81.5%，颖壳黄色，籽粒椭圆形，颖尖紫色，种皮白色，无芒，千粒重32.0g。

品质特性：糙米率81.5%，精米率74.1%，整精米率48.3%，糙米粒长7.1mm，糙米长宽比2.8，垩白粒率51.0%，垩白度17.4%，透明度2级，碱消值3.5级，胶稠度73mm，直链淀粉含量22.6%，蛋白质含量7.5%。

抗性：感稻瘟病。

产量及适宜地区：2001—2002年参加四川省中籼迟熟组区域试验，2年区域试验平均产量8.46t/hm²，比对照汕优63增产6.85%。2002年生产试验平均产量8.72t/hm²，比对照汕优63增产8.29%。适宜四川省平坝和丘陵地区汕优63种植区种植。

栽培技术要点：①作一季中稻栽培，适期播种，培育多蘖壮秧，秧龄35～45d。②合理密植，一般栽插密度30cm×13cm或27cm×13cm或根据当地高产栽培模式进行栽插，栽插基本苗120万～180万苗/hm²。③施肥重底肥，早追肥，氮、磷、钾配合施用，增施有机肥；浅水灌溉，适时晒田（晾田）。④选用高效、低毒、低残留的农药及时防治病虫害。

C优725（C you 725）

品种来源：四川省绵阳市农业科学研究所利用CA/绵恢725配组而成。2003年通过四川省农作物品种审定委员会审定；2005年贵州省引种。2007年获国家品种权保护，品种权号：CNA20030425.9。

形态特征和生物学特性：属籼型三系杂交中稻。全生育期151.5d，与对照汕优63相当。株型较紧凑，叶片较大，繁茂性好。叶色深绿，叶鞘、叶缘、柱头紫色，穗层整齐，成熟时转色好。株高115.4cm，穗长25.8cm，有效穗数235.65万穗/hm²，每穗平均着粒172.5粒，结实率81.6%，颖壳黄色，籽粒椭圆形，颖尖紫色，种皮白色，无芒，千粒重29.6g。

品质特性：糙米率81.8%，精米率73.9%，整精米率59.0%，碱消值5.4级，蛋白质含量11.4%，糙米粒长6.3mm，糙米长宽比2.5，透明度2级，胶稠度45mm，直链淀粉含量22.7%，垩白粒率31%，垩白度5%。

抗性：高感稻瘟病。

产量及适宜地区：2001—2002年参加四川省中籼迟熟组区域试验，2年区域试验平均产量8.37t/hm²，比对照汕优63增产5.73%。2002年生产试验，平均产量8.55t/hm²，比对照汕优63增产9.77%。适宜四川省平坝、丘陵一季中稻区和贵州黔南州（平塘县、福泉县、瓮安县、长顺县、罗甸县除外）、黔东南州中籼迟熟稻区种植。该品种2003年以来累计推广面积超过7万hm²。

栽培技术要点：①适时播种，培育多蘖壮秧，川西北4月上旬播种，秧龄45～50d。②合理密植，栽插22.5万穴/hm²，栽插基本苗150万～180万苗/hm²。③重底肥，早追肥，施肥水平以150～225kg/hm²纯氮为宜，氮、磷、钾比例为1.0：0.5：1.0，硫酸锌18～30kg/hm²作底肥，总肥量中农家肥占50%。施肥方法：底肥占60%～70%，分蘖肥20%～30%，穗粒肥（抽穗前7～10d）施10%。④适时晒田，及时防治病虫害。

C优多系1号（C youduoxi 1）

品种来源：西南科技大学（原绵阳经济技术高等专科学校）、内江杂交水稻科技开发中心和四川省种子站以CA/多系1号配组而成。2001年通过四川省农作物品种审定委员会审定。

形态特征和生物学特性：属籼型三系杂交中稻品种。全生育期平均149.3d，比对照汕优63短0.5d。株型较紧凑，分蘖力强。叶鞘、叶耳、叶缘和柱头紫色，茎秆粗壮，穗粒重协调，熟期转色好。株高116.4cm，有效穗数267万穗/hm²，穗长24.4cm，每穗平均着粒136.1粒，颖壳黄色，籽粒椭圆形，颖尖紫色，种皮白色，无芒，千粒重30.7g。

品质特性：糙米率81.4%，精米率74.7%，糙米粒长6.8mm，糙米长宽比2.7，透明度2级，胶稠度54mm，直链淀粉含量21.2%。

抗性：中感稻瘟病。

产量及适宜地区：1999—2000年参加四川省中籼迟熟组区域试验，2年区域试验平均产量8.44t/hm²，比对照汕优63增产4.63%；2000年生产试验，平均产量8.19t/hm²，比对照汕优63增产2.73%。该品种2001年以来累计推广面积31.30万hm²。适宜在四川及相邻稻区汕优63种植区种植。

栽培技术要点：适期播种，培育多蘖壮秧，栽插基本苗120万～180万苗/hm²。重底肥，早追肥，氮、磷、钾配合施用，增施有机肥。浅水灌溉，适时晒田，及时防治病虫害。

D香101（D xiang 101）

品种来源：四川农业大学水稻研究所以D62A/R101配组而成。2005年通过四川省农作物品种审定委员会审定。

形态特征和生物学特性：属籼型三系杂交中稻品种。全育期152d，比对照汕优63迟3.42d。生长势旺，株型适中，分蘖力强。叶鞘、叶缘、柱头、茎节紫色，后期转色好。株高113cm，穗长25.75cm，有效穗数185.85万穗/hm^2，每穗平均着粒178.78粒，每穗实粒138.43粒，结实率77.59%，颖壳黄色，籽粒细长形，颖尖紫色，种皮白色，无芒，千粒重24.94g。

品质特性：糙米率81.5%，精米率74.9%，整精米率62.6%，糙米粒长6.6mm，糙米长宽比3.0，垩白粒率21%，垩白度3.3%，透明度2级，胶稠度86mm，碱消值6.5级，直链淀粉含量21.3%，蛋白质含量9.3%，米质达到国颁三级优质米标准。

抗性：高感稻瘟病。

产量及适宜地区：2003—2004年参加四川省中籼迟熟优质组区域试验，2年区域试验平均产量8.23t/hm^2，比对照汕优63增产2.82%；2004年生产试验平均产量8.36t/hm^2，比对照汕优63增产8%。适宜于四川平坝和丘陵稻瘟病非常发区作一季中稻种植。

栽培技术要点：适时早播，培育多蘖壮秧，合理密植，保证基本苗，合理施肥。

D香707 （D xiang 707）

品种来源：四川农业大学水稻研究所以D香4A/蜀恢707配组而成。2007年通过四川省农作物品种审定委员会审定，2008年通过贵州省引种鉴定。

形态特征和生物学特性：属籼型三系杂交中稻品种。全生育期151.2d，比对照汕优63长2.8d。株高117.7cm，株型松散适中，叶鞘、叶缘、柱头均为紫色，剑叶直立，分蘖力中等，后期转色好。有效穗数238.5万穗/hm²，穗长25.35cm，每穗平均着粒158.14粒，结实率81.51%，颖壳黄色，籽粒椭圆形，颖尖紫色，种皮白色，无芒，千粒重28.3g。

品质特性：糙米率81.0%，精米率72.0%，整精米率49.8%，糙米粒长6.2mm，糙米长宽比2.7，垩白粒率36%，垩白度7.0%，透明度2级，碱消值4.9级，胶稠度73mm，直链淀粉含量22.6%，蛋白质含量9.6%。

抗性：感稻瘟病。

产量及适宜地区：2004—2005年参加四川省中籼迟熟优质组区域试验，2年区域试验平均单产7.98t/hm²，比对照汕优63增产4.6%。2006年生产试验平均单产8.36t/hm²，比对照汕优63增产9.5%。适宜四川平坝和丘陵稻瘟病轻发区作一季中稻种植。

栽培技术要点：①采用保温育秧方式适时早播，培育壮秧。②合理密植，栽足基本苗，栽插27万~30万穴/hm²，每穴栽插2苗，栽插基本苗150万~180万苗/hm²。③科学配方施肥，重底肥，早追肥，看苗补施穗粒肥。一般施纯氮150~180kg/hm²，氮、磷、钾合理搭配。④深水返青，浅水分蘖，够苗晒田。⑤及时防治病虫害。

D优1号（D you 1）

品种来源：四川农学院用D汕A/2229配组而成。1985年通过四川省农作物品种审定委员会审定。

形态特征和生物学特性：属籼型三系杂交中熟中稻品种。全生育期140d左右（中山区稍长），抽穗期比对照汕优2号早7d左右，全生育期短8～10d。株型紧凑，叶片直立，叶色深绿，叶鞘、叶缘、柱头紫色，后期褪色较早。株高104cm，穗长24cm，每穗平均着粒134粒，结实率85%，籽粒椭圆形，颖壳黄色，秤尖紫色，种皮白色，顶芒，千粒重27.3g。

品质特性：米质中上，糙米率80.5%，精米率72%，蛋白质含量9.4%～10.5%，适口性较好。

抗性：抗稻瘟病、白叶枯病，在重庆等地种植，苗期和后期有叶片翻红现象。

产量及适宜地区：1983—1984年参加四川省中籼稻区域试验，2年区域试验平均产量7.40t/hm²，比对照汕优2号减产10.25%；大面积示范种植产量7.50t/hm²左右。适宜四川省盆周低山区和川西地区作搭配品种使用。该品种1985年以来累计推广面积超过7.6万hm²。

栽培技术要点：适时播种，培育多蘖壮秧，秧龄40～45d，栽插31.5万～37.5万穴/hm²，栽插基本苗150万～180万苗/hm²。施肥注意重底肥，早追肥。

D优10号（D you 10）

品种来源：四川农业大学以D297A/明恢63配组而成，又名：D297优63。分别通过四川省（1990）和福建省（1998）农作物品种审定委员会审定。

形态特征和生物学特性：属籼型三系杂交水稻品种。全生育期148～153d，比对照汕优63迟熟3～5d。株型紧凑，繁茂性好，分蘖力较强，成穗率高。叶片窄而长，叶色深绿，叶鞘、叶缘、柱头紫色，株高110～115cm，主茎总叶数16～17片，穗长23～25cm，每穗着粒110～150粒，实粒数80～140粒，结实率80%左右，颖壳黄色，籽粒细长形，颖尖紫色，种皮白色，无芒，千粒重28g左右，

品质特性：糙米率80%，精米率70%左右，外观品质和食味品质好。

抗性：抗苗瘟、叶瘟和穗颈瘟，易感稻粒黑粉病。

产量及适宜地区：1988—1989年参加四川省中籼迟熟组区域试验，产量与对照汕优63的相近；多点试验平均产量8.63t/hm²，比对照汕优63增产3.86%，大面积示范种植，一般产量在8.25t/hm²左右。该品种1990年以来累计推广面积超过60.00万hm²。适宜四川省平坝、丘陵地区作搭配品种使用，以及福建省中部、南部稻瘟病轻病区作单、双晚种植和北部作单季稻种植。

栽培技术要点：①提高一代种发芽势、发芽率。一代种裂颖较多，发芽率相对较低，在浸种、催芽时宜分级泡种，混合催芽。②适时早播，控制秧龄。宜适期早播，秧龄以7～8叶为宜。喷施多效唑，增加秧田分蘖。播后2叶期施用。③宽行窄株，栽足基本苗。栽插基本苗135万～150万苗/hm²，肥力较低的田栽插165万～180万苗/hm²，双晚种植宜适当缩小行株距，栽后20d左右，够苗晒田或晾田。④适当减氮、增钾、稳磷。一般肥力田用纯氮120～150kg/hm²，肥力高的田90kg/hm²。

D优116 （D you 116）

品种来源：四川省乐山市良种场以D62A/乐恢116配组而成。2003年通过四川省农作物品种审定委员会审定。

形态特征和生物学特性：属籼型三系杂交水稻品种。全生育期149.8d，与对照汕优63相同。株型较紧凑，叶色较深，叶缘、叶鞘、叶环、柱头紫色，分蘖力中等，株高113cm，主茎叶片数16叶，有效穗数238.65万穗/hm²，穗长25.6cm，每穗平均着粒154粒，结实率85.21%，颖壳黄色，籽粒椭圆形，颖尖紫色，种皮白色，无芒，千粒重27.16g。

品质特性：糙米率81.3%，精米率73.1%，整精米率53.2%，糙米粒长6.6mm，糙米长宽比2.9，垩白粒率25%，垩白度2.9%，透明度1级，碱消值6.0级，胶稠度50mm，直链淀粉含量21.2%，蛋白质含量9.0%，米质达到国颁三级优质米标准。

抗性：高感稻瘟病。

产量及适宜地区：2001—2002年参加四川省中籼优米组区域试验，2年区域试验平均产量8.37t/hm²，比对照汕优63增产4.41%；2002年生产试验，平均产量9.28t/hm²，比对照汕优63增产6.6%。适宜四川省平坝、丘陵区非稻瘟病常发区种植。

栽培技术要点：适时早播，培育多蘖壮秧，栽插基本苗135万～165万苗/hm²，本田期忌重施氮肥，及时防治病虫害。

D优128（D you 128）

品种来源：四川农业大学水稻研究所以D62A/广恢128配组而成。2002年通过四川省农作物品种审定委员会审定，2004年通过国家和海南省农作物品种审定委员会审定。2007年获国家品种权保护，品种权号：CNA20040270.6。

形态特征和生物学特性：属籼型三系杂交中稻品种。在长江上游作一季中稻种植，全生育期平均155.0d，比对照汕优63迟熟2.4d。株叶形适中，群体整齐，耐寒性中等。叶色较深，叶鞘、叶缘、柱头紫色，分蘖力较强，株高111.5cm。有效穗数265.5万穗/hm²，穗长23.6cm，每穗平均着粒174.3粒，结实率78.9%，颖壳黄色，籽粒椭圆形，颖尖紫色，种皮白色，无芒，千粒重24.5g。

品质特性：整精米率64.1%，糙米长宽比2.8，垩白粒率32%，垩白度2.0%，胶稠度52mm，直链淀粉含量26.2%。

抗性：高感稻瘟病，中感白叶枯病。

产量及适宜地区：2000—2001年参加四川省中籼迟熟组区域试验，2年区域试验平均产量8.42t/hm²，比对照汕优63增产5.31%；2001年生产试验，平均产量8.70t/hm²，比对照汕优63增产8.13%。2002—2003年参加长江上游中籼迟熟优质组区域试验，2年区域试验平均产量8.73t/hm²，比对照汕优63增产4.01%；2003年生产试验，平均产量8.28t/hm²，比对照汕优63增产0.34%。适宜云南省、贵州省、重庆市中低海拔稻区（武陵山区除外）和四川省平坝稻区、陕西省南部稻瘟病轻发区作一季中稻种植，以及海南省种植。

栽培技术要点：①培育壮秧：根据当地种植习惯与汕优63同期播种，秧龄45d左右。②移栽：栽插13.5万～19.5万穴/hm²，栽插基本苗150万苗/hm²左右。③施肥：重底肥，早追肥，一般施纯氮150kg/hm²左右，氮、磷、钾比例为1：0.5：0.5。④水分管理：浅水栽秧，深水护苗，薄水分蘖，够苗晒田。⑤防治病虫害：特别注意防治稻瘟病，注意防治白叶枯病。

D优13（D you 13）

　　品种来源：四川农业大学水稻研究所以D702A/蜀恢527配组而成。分别通过重庆市（2000）、贵州省（2000）、四川省（2001）、福建（三明）省（2002）和国家（2002）农作物品种审定委员会审定，2003年通过陕西省引种鉴定。

　　形态特征和生物学特性：属籼型三系杂交中稻品种。全生育期152d，比对照汕优63长1～2d。主茎叶片数17叶，叶舌、叶鞘、节环、柱头紫色，叶色深绿，叶角较小，落色正常，苗期繁茂性好，分蘖力较强。株高109cm，穗长25cm，有效穗数240万～270万穗/hm²，每穗着粒145～165粒，结实率83%，颖壳黄色，籽粒椭圆形，颖尖紫色，种皮白色，无芒，千粒重27.5g。

　　品质特性：整精米率44.8%，垩白粒率15%，垩白度1.1%，胶稠度52mm，直链淀粉含量21.6%。1999年被评为四川省"稻香杯"二级优质米。

　　抗性：中抗稻瘟病。

　　产量及适宜地区：1999—2000年参加四川省中籼迟熟优米组区域试验，2年区域试验平均产量8.18t/hm²，比对照汕优63增产3.93%；2000年生产试验平均产量8.64t/hm²，比对照汕优63增产7.68%。该品种2000年以来累计推广面积超过4.33万hm²。适宜在四川省平坝和丘陵区、贵州省海拔1 100m以下地区、重庆市、陕西省、福建省三明市稻区种植。

　　栽培技术要点：适时早播，培育多蘖壮秧。合理稀植，栽足基本苗。合理施肥，重底肥、早追肥。够苗晒田，控制无效分蘖。

D优130（D you 130）

品种来源：眉山职业技术学院和四川农业大学水稻研究所以D62A/眉恢130配组而成。分别通过四川省（2003）和福建省（2006）农作物品种审定委员会审定。

形态特征和生物学特性：属籼型三系杂交中稻品种。全生育期154.9d，比对照汕优63长4.2d。株高114.3cm，生长势强，株型紧凑。叶鞘、叶缘、柱头紫色，剑叶中宽直立，分蘖力强，有效穗数247.8万/hm²，穗长25.8cm，每穗平均着粒162.4粒，结实率77.0%，谷粒黄色，长粒型，稃尖紫色，种皮白色，无芒，千粒重28.2g。

品质特性：糙米率78.9%，精米率72.2%，整精米率64.6%，糙米粒长7.0mm，垩白粒率75.5%，垩白度26.5%，透明度1级，碱消值4.7级，胶稠度31.5mm，直链淀粉含量24.1%，蛋白质含量7.2%。

抗性：中抗稻瘟病。

产量及适宜地区：2001—2002年参加四川省中籼迟熟组区域试验，2年区域试验平均产量8.36t/hm²，比对照汕优63增产4.62%；2002年生产试验，平均产量8.90t/hm²，比对照汕优63增产9.33%。2003—2004年参加福建省中稻组区域试验，2年区域试验平均产量8.35t/hm²，比对照汕优63增产2.96%；2005年生产试验平均产量8.87t/hm²，比对照汕优63增产10.47%。该品种2003年以来已累计推广面积2.00万hm²。适宜四川省平坝、丘陵地区和福建稻瘟病轻发区作中稻种植。

栽培技术要点：①适期早播，稀播培育壮秧，秧龄35d左右。②插足基本苗，栽插基本苗120万～150万苗/hm²。③重施基肥，多施有机肥，早施分蘖肥，后期施足穗肥，一般施纯氮150～180kg/hm²，氮、磷、钾比例1∶0.8∶1。④科学管水，够苗晒田，控制无效分蘖发生，改善中后期受光姿态，达到根旺秆壮。⑤及时防治病虫害。

D优158 (D you 158)

品种来源：四川农业大学水稻研究所以D62A/蜀恢158配组而成。2006年通过国家农作物品种审定委员会审定，2010年湖南引种。2011年获国家品种权保护，品种权号：CNA20070274.2。

形态特征和生物学特性：属籼型三系杂交中稻品种。在长江上游作一季中稻种植，全生育期平均155.5d，比对照汕优63迟熟2.8d。株型紧凑，茎秆粗壮。剑叶长，叶色浓绿，叶鞘、叶缘、柱头紫色，有效穗数259.5万穗/hm²，株高113.1cm，穗长25.4cm，每穗平均着粒162.7粒，结实率78.4%，颖壳黄色，籽粒细长形，颖尖紫色，种皮白色，无芒，千粒重29.2g。

品质特性：整精米率62.2%，糙米长宽比3.0，垩白粒率30%，垩白度4.4%，胶稠度75mm，直链淀粉含量23.9%，达到国家三级优质稻谷标准。

抗性：感稻瘟病。

产量及适宜地区：2004—2005年参加国家长江上游中籼迟熟组区域试验，2年区域试验平均单产8.95t/hm²，比对照汕优63增产5.76%。2005年生产试验，平均单产8.60t/hm²，比对照汕优63增产12.40%。适宜云南省、贵州省、重庆市的中低海拔籼稻区（武陵山区除外）、四川省平坝丘陵稻区、陕西省南部稻区的稻瘟病轻发区作一季中稻种植。

栽培技术要点：①育秧：根据各地中籼生产季节适时播种，一般可与汕优63同期播种，培育壮秧。②移栽：栽插13.5万～19.5万穴/hm²，栽插基本苗150万苗/hm²左右。③肥水管理：重施基肥，早施追肥，一般施纯氮150kg/hm²左右，氮、磷、钾比例为1：0.5：0.5。后期不可断水过早。④病虫防治：注意及时防治稻瘟病、白叶枯病、螟虫等病虫害。

D优1609（D you 1609）

品种来源：四川省农业科学院作物研究所用D汕A/R1609配组而成。1991年通过四川省农作物品种审定委员会审定。

形态特征和生物学特性：属籼型三系杂交早熟中稻品种。全生育期与汕优64、汕窄8号等早熟组合相当，在平坝区为135d左右，山区为140～145d。株高90～100cm，株型紧凑，叶片较宽大直立，叶鞘、叶缘、柱头、叶耳紫色，分蘖力中等偏弱。成穗率高，有效穗数300万～330万穗/hm^2，每穗平均着粒130粒左右，结实率80%～85%，颖壳黄色，籽粒椭圆形，稃尖紫色，种皮白色，顶芒，千粒重27.8g。

品质特性：米粒中长，半透明，心腹白较小，适口性好。

抗性：苗期耐寒性强，轻感稻瘟病。

产量及适宜地区：1988—1990年参加四川省中籼早熟组区域试验，2年区域试验平均产量7.76t/hm^2，比对照汕窄8号增产6.31%；生产试验产量7.20～7.48t/hm^2。适宜川东盆周山区、川西平坝稻、菜、麦（油）连作田种植，川西北山区安排在900m以下稻瘟病非常发区种植。

栽培技术要点：秧龄30d左右，栽插密度30万穴/hm^2，栽插基本苗180万苗/hm^{2}以上。D优1609生育期短，在栽培上适当增加用肥量，底肥与追肥比例为7：3。

D优162 （D you 162）

品种来源：四川农业大学水稻研究所以D（汕）A/蜀恢162配组而成。分别通过四川省（1996）、广西壮族自治区（2000）、陕西省（2002）农作物品种审定委员会审定。

形态特征和生物学特性：属籼型三系早熟杂交中稻品种。生育期143d，比对照汕窄8号长1～2d。苗期长势旺，叶鞘、叶缘、柱头紫色，分蘖力强，后期转色好。株高89.9cm，每穗平均着粒137.3粒，结实率为80%左右，颖壳黄色，籽粒椭圆形，稃尖紫色，种皮白色，无芒，千粒重27.5g。

品质特性：糙米率79.9%，精米率70.5%，整精米率30.9%，糙米粒长5.7mm，糙米长宽比2.0，垩白粒率96%，垩白度40.3%，透明度4级，碱消值4.5级，胶稠度50mm，直链淀粉含量23.7%，蛋白质含量8.5%。

抗性：中感稻瘟病。

产量及适宜地区：1994—1995年参加四川省水稻新品种区域试验，2年区域试验平均单产6.73t/hm²，比对照汕窄8号增产5.94%。1995年生产试验，平均单产7.13t/hm²，比对照汕窄8号增产11.3%。陕西省一般单产7.5～8.25t/hm²，高产田块可达9.00t/hm²。1999—2002年参加福建省龙岩市早稻品种区域试验，2年区域试验平均单产7.41t/hm²，比对照汕窄8号增产6.98%。该品种1996年以来累计推广面积超过11.00万hm²。适宜四川省盆周山区及粮经作物区、陕南及相同生态区海拔800～1 000m丘陵山区种植和福建省龙岩市南部作早稻种植。

栽培技术要点：①适时采用薄膜或温室两段育秧，双株寄插，寄插规格5cm×6.67cm，培育多蘖壮秧。②适时插秧，秧龄不超过45d。插植密度株行距17cm×23cm，栽插27万穴/hm²左右；每穴栽插2苗。③科学施肥，大田以基肥为主，农家肥为主，化肥为辅。少施或不施追肥，如施追肥应在插秧后7d内施入。施纯氮180kg/hm²，氮磷比例以2：1为宜。④加强田间管理，适时晒田，控制无效分蘖，采取浅、湿、干交替灌溉。⑤注意及时防治病虫害。

D优17 (D you 17)

品种来源：四川农业大学水稻研究所和中国科学院遗传与发育学研究所以D35A/抗恢527配组而成。分别通过四川省（2005）和浙江省（2009）农作物品种审定委员会审定。

形态特征和生物学特性：属籼型三系杂交中稻品种。全生育期149d，比对照辐优838长1d。株型松散适中，繁茂性好，分蘖力较强。叶片长宽中等，叶角较小，叶舌、叶鞘、节环、柱头紫色，叶色青绿，转色顺调，株高109cm，有效穗数228万穗/hm²，穗长25.6cm，每穗平均着粒150粒，结实率80%，颖壳黄色，籽粒细长形，颖尖紫色，种皮白色，无芒，千粒重29.3g。

品质特性：糙米率81.2%，整精米率42.8%，糙米长宽比3.1，垩白粒率18%，垩白度2.7%，胶稠度82mm，直链淀粉含量21.7%。

抗性：高感稻瘟病；抗白叶枯病。

产量及适宜地区：2003—2004年参加四川省中籼中熟组区域试验，2年区域试验平均产量8.04t/hm²，比对照辐优838增产6.33%，2003年生产试验平均产量8.66t/hm²，比对照辐优838增产8.5%。适宜于四川平坝丘陵地区作搭配品种栽培和浙江省籼稻区作连作晚稻种植。

栽培技术要点：①适时播种，培育多蘖壮秧。②合理密植，栽足基本苗，栽插22.5万～25.5万穴/hm²，栽插基本苗150万～180万苗/hm²。③合理施肥，重底肥，早追肥，氮、磷、钾搭配。够苗晒田，控制无效分蘖。

D优177（D you 177）

品种来源：四川省农业科学院作物研究所和四川农业大学水稻研究所合作用D62A/成恢177配组而成。2003年、2008年分别通过四川、河南省农作物品种审定委员会审定，2007年通过重庆市引种鉴定。

形态特征和生物学特性：属籼型三系杂交中稻。全生育期153.9d，比对照汕优63长2.4d。株型紧散适宜，剑叶大小中等，叶色浓绿，叶鞘、叶缘、柱头紫色。分蘖力较强，熟期转色好。株高108.9cm，穗长26.2cm，有效穗数246万穗/hm²，成穗率64.7%，每穗平均着粒159.1粒，结实率82.1%，颖壳黄色，籽粒长粒、椭圆形，稃尖紫色，种皮白色，无芒，千粒重26.9g。

品质特性：糙米率80.8%，精米率74.4%，整精米率64.1%，糙米长宽比3.0，垩白粒率38%，垩白度6.4%，碱消值6.4级，胶稠度60mm，直链淀粉含量22.6%，蛋白质含量7.3%。1999年四川省"稻香杯"评选获优质米奖。

抗性：中感稻瘟病。

产量及适宜地区：2001—2002年参加四川省中籼迟熟组区域试验，2年区域试验平均单产8.19t/hm²，比对照汕优63增产3.95%；2002年参加四川省生产试验，平均单产7.97t/hm²，比对照汕优63增产6.5%。2005—2006年参加河南省中籼组区域试验，2年区域试验平均单产8.27t/hm²，比对照Ⅱ优838增产3.1%；2007年参加河南省生产试验，平均单产8.42t/hm²，比对照Ⅱ优838增产4.4%。适宜四川、重庆、河南南部地区作中稻种植。

栽培技术要点：作中稻栽培，3月底至4月初播种，采取湿润育秧，培育多蘖壮秧，秧龄40d左右，一般栽插22.5万穴/hm²左右，栽插基本苗180万苗/hm²左右。中等肥力田块，一般施纯氮150～180kg/hm²，磷肥450kg/hm²，钾肥300kg/hm²左右，及时防治病虫害。

D优193 （D you 193）

品种来源：四川省什邡市种子公司以D62A/89-193配组而成。2005年通过四川省农作物品种审定委员会审定。

形态特征和生物学特性：属籼型三系杂交中稻品种。全生育期152d左右，比对照汕优63长3d。株高115cm，株型适中，生长繁茂，分蘖力强，成穗率高。叶色深绿，叶鞘、叶缘、柱头紫色，后期转色好。有效穗数212.4万穗/hm²，穗长26cm，每穗着粒160～180粒，结实率85%，颖壳黄色，籽粒长粒、椭圆形，秄尖紫色，种皮白色，无芒，千粒重28g。

品质特性：糙米率82.4%，整精米率54.1%，糙米粒长6.8mm，糙米长宽比2.9，垩白粒率47%，垩白度8.9%，胶稠度39mm，直链淀粉含量21.0%。

抗性：高感稻瘟病。

产量及适宜地区：1998—1999年参加成都市水稻新品种区域试验，2年区域试验平均单产7.74t/hm²，比对照汕优63增产2.1%；1998—1999年参加德阳市水稻新品种区域试验，2年区域试验平均单产8.22t/hm²，比对照汕优63增产6.5%。适宜于四川省成都、德阳市非稻瘟病常发区以及相似生态区种植。

栽培技术要点：播期参照汕优63，适时早播，稀播培育多蘖壮秧，秧龄45d左右，栽插24万穴/hm²，栽插基本苗120万～165万苗/hm²。施纯氮150～165kg/hm²，重视农家肥和磷肥的配合施用，重施底肥，早施追肥，适时晒田。适时做好田间的病虫害防治。

D优202（D you 202）

品种来源：四川农大高科农业有限责任公司、四川农业大学水稻研究所用D62A/蜀恢202配组而成，又名：泰优1号。分别通过四川省（2004）、浙江省（2005）、广西壮族自治区（2005）、安徽省（2006）、福建省（三明）（2006）、湖北省（2007）和国家（2007）农作物品种审定委员会审定。2007年获国家植物新品种权，品种权号：CNA20040691.4。2006年农业部确认为超级稻品种。

形态特征和生物学特性：属籼型三系杂交中稻迟熟品种，全生育期153d，比对照汕优63长3d。株高115cm，株型适中，分蘖力较强。叶色、叶耳、叶鞘、柱头紫色。有效穗数268.2万穗/hm²，穗长25.3cm，每穗平均着粒152粒，结实率81.9%，谷粒黄色，籽粒细长形，种皮白色，颖尖深紫色，无芒，千粒重29.9g。

品质特性：整精米率57.9%，糙米长宽比3.0，垩白粒率30%，垩白度3.8%，胶稠度51mm，直链淀粉含量22.1%，达到国家三级优质稻谷标准。

抗性：高感稻瘟病。

产量及适宜地区：2002—2003年参加四川省中籼迟熟组区域试验，2年区域试验平均单产8.25t/hm²，比对照汕优63增产4.71%；2003年参加四川省生产试验，平均单产9.20t/hm²，比对照汕优63增产12.59%。2005—2006年参加国家长江上游中籼迟熟组品种区域试验，2年区域试验平均单产8.76t/hm²，比对照Ⅱ优838增产1.89%；2006年生产试验，平均单产7.65t/hm²，比对照Ⅱ优838减产3.25%。该品种2004年以来累计推广面积超过13.00万hm²。适宜云南、贵州的中低海拔区（武陵山区除外）、四川平坝丘陵区、陕西南部、安徽、福建三明市、湖北省鄂西南以外的稻瘟病轻发区作中稻种植，桂南稻作区作早稻或高寒山区稻作区作中稻种植，浙江省全省作单季晚稻种植。

栽培技术要点：①培育多蘖壮秧，秧龄40～45d。②栽插18万～22.5万穴/hm²。③施肥以有机肥为主，施纯氮120～150kg/hm²，施肥方法：底肥占总量的60%～70%，分蘖肥占20%～30%，穗肥10%。④科学管水，注意防治病虫害。

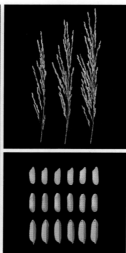

D优2362 （D you 2362）

品种来源：四川农业大学水稻研究所以D23A/蜀恢362配组而成。2005年通过四川省农作物品种审定委员会审定。

形态特征和生物学特性：属籼型三系杂交早熟中稻品种。全生育期151d，比对照汕窄8号长3d左右。株高89cm，分蘖力强，株型适中，后期转色好。穗长23.6cm，有效穗数274.5万穗/hm²，每穗平均着粒151.1粒，结实率77.0%，颖壳黄色，籽粒椭圆形，种皮白色，无芒，千粒重26.35g。

品质特性：整精米率42.5%，垩白粒率54%，垩白度7.8%，胶稠度82mm，直链淀粉含量22.4%。

抗性：高感稻瘟病。

产量及适宜地区：2003—2004年参加四川省中籼早熟组区域试验，2年区域试验平均产量7.40t/hm²，比对照汕窄8号增产10.77%，2004年生产试验，平均产量7.47t/hm²，比对照汕窄8号增产8.02%。适宜四川盆周山区海拔800～1 100m地区种植。

栽培技术要点：适时早播，培育多蘖壮秧。合理密植，保证基本苗。合理施肥，重底肥，早追肥。

D优261 (D you 261)

品种来源：中国科学遗传发育研究所和四川农业大学水稻研究所以D23A/蜀恢361配组而成。2003年通过四川省农作物品种审定委员会审定。

形态特征和生物学特性：属籼型三系杂交早熟中稻品种。全生育期150d左右，比对照汕窄8号长2.3d。株型适中，田间长势较旺，穗层整齐，后期转色好。株高96.98cm，每穗平均着粒150粒，结实率75%～76%，颖壳黄色，籽粒长粒、椭圆形，种皮白色，无芒，千粒重26g左右。

品质特性：糙米率81%，精米率71.6%，整精米率58.8%，糙米长宽比3.1，米质中上。

抗性：高感稻瘟病。

产量及适宜地区：2001—2002年参加四川省中籼早熟组区域试验，2年区域试验平均产量7.03t/hm²，比对照汕窄8号增产10.01%；2002年生产试验平均产量7.23t/hm²，比对照汕窄8号增产11.1%。适宜四川省盆周山区及川西平原粮经作物区种植。

栽培技术要点：培育多蘖壮秧，栽插22.5万～25.5万穴/hm²为宜。施足底肥，适当追肥，适时防治病虫害。

D优287（D you 287）

品种来源：四川省种子公司与新津县种子公司合作以D汕A/水源287配组而成。1989年通过四川省农作物品种审定委员会审定。

形态特征和生物学特性：属籼型三系杂交早熟中稻品种。全生育期141～150d，比对照汕窄8号长3～5d。苗期长势旺，株型紧适度，植株矮健，株高80cm左右，叶片中长略窄，叶色浓绿，分蘖力强，成穗率高。抽穗整齐，有效穗数360万穗/hm²左右，每穗平均着粒176粒，结实率83%，颖壳黄色，籽粒椭圆形，稃尖紫色，种皮白色，无芒，千粒重26g左右。

品质特性：糙米率78%～81%，精米率70%左右，心、腹白小，米质中上，食味较好。

抗性：中抗稻瘟病，秆硬抗倒伏。

产量及适宜地区：1987—1988年参加四川省中籼早熟组区域试验，2年区域试验平均产量8.38t/hm²，比对照汕窄8号增产8.84%；大面积示范种植一般产量7.50t/hm²左右。适宜四川省盆周山区和川西平坝区搭配种植。

栽培技术要点：一般4月上、中旬播种，秧龄35d左右，最长不超过40d，栽插基本苗195万苗/hm²左右，施纯氮150kg/hm²左右。

D优3232 （D you 3232）

品种来源：原四川省万县市农业科学研究所和四川农业大学水稻研究所合作以D297A/3232（IR26//IR54/虹双2275）配组而成，又名：昌生1号。分别通过四川省（1997）和湖北省（2004）农作物品种审定委员会审定。

形态特征和生物学特性：属籼型三系杂交中稻迟熟品种。生育期比对照汕优63长3～4d。株高105.0～110.0cm，分蘖力强，苗期长势旺。叶色深绿，剑叶长宽适中，株型紧凑，穗层整齐，后期籽粒落色好，谷黄叶秆青，不易早衰，再生能力强。有效穗数245.1万穗/hm^2，每穗平均着粒148.6粒，结实率84.8%，谷壳黄色，籽粒细长形，种皮白色，微芒，稃尖无色，千粒重28.3g。

品质特性：糙米率81.3%，整精米率57.1%，糙米长宽比3.4，垩白粒率29%，垩白度4.4%，直链淀粉含量21.0%，胶稠度66mm。

抗性：感穗颈瘟，高感白叶枯病，秆硬抗倒伏。

产量及适宜地区：1994—1996年参加四川省中籼区域试验，3年区域试验平均产量8.49t/hm^2，比对照汕优63增产3.97%；1996年生产试验平均产量8.30t/hm^2，比对照汕优63增产7.59%。2002—2003年参加湖北省中稻品种区域试验，2年区域试验平均产量8.41t/hm^2，比对照汕优63增产4.69%。该品种1997年以来累计推广面积超过7.00万hm^2。适宜四川省平丘地区、湖北省鄂西南山区以外的地区作中稻种植。

栽培技术要点：①适时早播、稀播，培育多蘖壮秧。川东南两季田3月下旬播种，冬水田地区可提早到3月上旬播种。秧田播种量150kg/hm^2。②合理密植，栽足基本苗 栽插规格为33.3cm×13.3cm，栽插22.5万穴/hm^2，一季田中苗栽插基本苗90万～135万苗/hm^2，两季田大苗栽插基本苗210万～240万苗/hm^2。③加强肥水管理。重施底肥，早施追肥，适施穗肥，氮磷钾配合施用，后期控制氮肥用量，防止出现包颈和倒伏。④播种前用药剂浸种，预防恶苗病、白叶枯病，生长期注意防治病虫害，重点防治白叶枯病、稻瘟病和螟虫。⑤适时收获，注意脱晒方式，以保证稻谷品质。

D优361（D you 361）

　　品种来源：四川农业大学水稻研究所以D汕A/蜀恢361配组而成。2000年通过四川省农作物品种审定委员会审定。

　　形态特征和生物学特性：属籼型三系杂交早熟中稻品种。全生育期146.3d，比对照汕窄8号长3.9d。苗期长势旺，分蘖力强，穗层整齐，叶色淡绿，叶鞘、叶缘、柱头紫色，后期转色好。株高94.8cm，穗长24.2cm，有效穗数223.8万穗/hm²，每穗平均着粒165粒，结实率87.3%，颖壳黄色，稃尖紫色，籽粒椭圆形，种皮白色，无芒，千粒重26.5g。

　　品质特性：糙米率80.84%，精米率69.5%，整精米率46.7%，糙米长宽比2.5。

　　抗性：感稻瘟病。

　　产量及适宜地区：1998—1999年参加四川省中籼早熟组区域试验，2年区域试验平均单产7.07t/hm²，比对照汕窄8号增产12.96%；1999年生产试验，平均单产7.30t/hm²，比对照汕窄8号增产13.67%。适宜四川平坝、丘陵及盆周山区种植。

　　栽培技术要点：适时早播，稀植培育多蘖壮秧，适时移栽，栽插基本苗120万～150万苗/hm²。重底肥，早追肥，注意防治虫害。

D优362（D you 362）

品种来源：四川农业大学水稻研究所以D汕A/蜀恢362配组而成。1998年通过四川省农作物品种审定委员会审定。

形态特征和生物学特性：属籼型三系杂交早熟中稻品种。全生育期150d左右，比对照汕窄8号长2～3d。苗期长势旺，分蘖力强，有效穗数250万穗/hm²。叶鞘、叶缘、柱头紫色。株高87.8cm，穗长22cm，每穗平均着粒152粒，结实率81.8%，颖壳黄色，籽粒椭圆形，稃尖紫色，种皮白色，无芒，千粒重26.2g。

品质特性：糙米率82.5%，精米率71.4%，加工外观品质优于对照汕窄8号。

抗性：感稻瘟病。

产量及适宜地区：1996—1997年四川省中籼迟熟组区域试验，2年区域试验平均产量7.47t/hm²，比对照汕窄8号增产10.79%；1997年生产试验，平均产量7.49t/hm²，比对照汕窄8号增产11.13%。适宜四川省盆周山区及部分平坝粮经区作搭配品种种植。

栽培技术要点：适时播种，秧龄45d为宜。栽插22.5万～25.5万穴/hm²，栽插基本苗90万苗/hm²以上。大田施肥重底肥，早追肥，氮、磷、钾配合，适当增施磷钾肥。

D优363 （D you 363）

品种来源：四川农业大学水稻研究所以D62A/蜀恢363配组而成。分别通过四川省（2002）和国家（2004）农作物品种审定委员会审定，2009年获国家植物新品种权，品种权号：CNA20040582.9。

形态特征和生物学特性：属籼型三系杂交中稻品种。全生育期153.3d，比对照汕优63长2.3d。株型适中，分蘖力强，叶鞘深紫色，叶色较深。有效穗数261.56万穗/hm²，株高116.7cm，穗长24.9cm，每穗平均着粒166.5粒，结实率79.8%，颖壳黄色，籽粒长粒、椭圆形，稃尖紫色，种皮白色，无芒，千粒重25.9g。

品质特性：整精米率64.8%，糙米长宽比2.8，垩白粒率32%，垩白度7.7%，胶稠度62mm，直链淀粉含量21.8%。

抗性：高感稻瘟病，感白叶枯病，高感褐飞虱，耐寒性较弱。

产量及适宜地区：2000—2001年参加四川省中籼迟熟组区域试验，2年区域试验平均产量8.64t/hm²，比对照汕优63增产6.08%；2001年生产试验，平均产量8.50t/hm²，比对照汕优63增产7.9%。2002—2003年参加国家长江上游中籼迟熟高产组区域试验，2年区域试验平均产量8.71t/hm²，比对照汕优63增产3.49%；2003年生产试验，平均产量9.68t/hm²，比对照汕优63增产6.53%。适宜在云南、贵州、重庆中低海拔稻区（武陵山区除外）和四川平坝丘陵稻区、陕西南部稻瘟病和白叶枯病轻发区作一季中稻种植。

栽培技术要点：①培育壮秧，根据当地种植习惯与汕优63同期播种，秧龄45d左右。②移栽，栽插12万～18万穴/hm²，栽插基本苗135万～150万苗/hm²。③施肥，重底肥，早追肥，一般施纯氮150kg/hm²左右，氮、磷、钾比例为1∶0.5∶0.5。④田间管理，浅水栽秧，深水护苗，薄水分蘖，够苗晒田。⑤防治病虫害，特别注意防治稻瘟病，注意防治白叶枯病。

D优448（D you 448）

品种来源：四川省农业科学院作物研究所、四川农业大学水稻研究所用D62A/成恢448配组而成。2001年通过四川省农作物品种审定委员会审定，分别通过贵州省（2006）、湖南省（2007）引种鉴定。

形态特征和生物学特性：属籼型三系杂交中熟中稻品种。全生育期148.5d，比对照辐优838长0.9d。株高100cm，株型紧散适宜，剑叶较宽、短、厚而直挺。叶色浓绿，叶鞘、叶缘、柱头紫色，分蘖力较强，穗粒重较协调，有效穗数256.2万穗/hm²，成穗率84%左右，穗长25cm，每穗平均着粒145.2粒，结实率84.17%，颖壳黄色，籽粒长粒、椭圆形，稃尖紫色，种皮白色，无芒，千粒重27.1g；

品质特性：糙米率80.2%，精米率73%，整精米率55%，糙米粒长6.7mm，糙米长宽比2.9，垩白粒率57%，垩白度11.1%，透明度2级，碱消值6.4级，胶稠度51mm，直链淀粉含量21%，蛋白质含量10.6%。

抗性：感稻瘟病，抗倒伏性较好。

产量及适宜地区：1999—2000年参加四川省中籼中熟组区域试验，2年区域试验平均产量7.96t/hm²，比对照辐优838增产5.95%；2000年生产试验，平均产量8.26t/hm²，比对照辐优838增产9.49%。该品种2001年以来累计推广面积超过86.00万hm²。适合四川、贵州、湖南种植。

栽培技术要点：①适时播种，培育多蘖壮秧。作中稻栽培，3月底至4月上旬播种。可采用两段育秧、地膜湿润育秧或旱育秧，以培育多蘖壮秧。②适当密植。栽插22.5万～27.0万穴/hm²，栽插基本苗180万苗/hm²。③科学施肥。中等肥力田块，一般每公顷施纯氮150～180kg、磷肥450～525kg、钾肥300kg。重底肥，早追肥，80%作底肥，20%作追肥。④注意病虫害防治。根据当地植保部门的预报，及时防治病虫害。

D优49 （D you 49）

品种来源：四川农业大学用D汕A/测49测配而成。1992年通过四川省农作物品种审定委员会认定。

形态特征和生物学特性：属籼型三系杂交早稻品种。全生育期120～126d。株型紧凑适中，叶色较深，秆粗坚韧，分蘖力较强，叶鞘、叶缘、柱头紫色。在川南双季稻区的栽培条件下，株高80cm左右，一般有效穗数345万穗/hm²左右，每穗平均着粒125粒左右，结实率80%，颖壳黄色，籽粒椭圆形，颖尖紫色，种皮白色，无芒，千粒重27g。制种产量较高，一般产量3.0t/hm²以上。

品质特性：糙米率82.5%，米质一般。

抗性：高感稻瘟病；中抗纹枯病；苗期耐寒性强，耐肥，抗倒伏，适应性广。

产量及适宜地区：1987—1989年参加四川省水稻新品种早籼早熟组区域试验，3年区域试验平均产量6.71t/hm²，比对照泸红早1号增产2.1%。大田生产一般产量在6.75t/hm²左右。1991年四川省种植面积达2.00万hm²。适应四川省双季稻区作早稻、川西粮区一季晚稻栽培，稻瘟病常发区注意与其他品种搭配种植。

栽培技术要点：在四川双季稻区作早稻栽培，3月10日前后播种，地膜育秧，播种量225.0kg/hm²左右，秧龄30d以内，3月底至4月上旬移栽，7月中旬成熟。本田用种量30kg/hm²左右，栽插规格20cm×13.3cm，栽插37.5万穴/hm²，栽插基本苗90万～120万苗/hm²。施纯氮120～150kg/hm²，氮磷钾肥配合施用，重底肥，早追肥，底肥追肥比7：3，追肥在栽后10d左右施为宜。

D优501 （D you 501）

品种来源：四川省绵阳农业专科学校用D汕A/绵恢501配组而成。1994年通过四川省农作物品种审定委员会审定。中熟杂交水稻新组合D优501获绵阳市1995年度科技进步二等奖，获四川省1997年度科技进步三等奖。

形态特征和生物学特性：属籼型三系杂交中熟中稻品种。全生育期144.8d，比对照矮优S长1.5d，比对照汕优63早熟4.5d。株高107.3cm，株型松紧适中，分蘖力较强，再生力强，后期转色好。有效穗数259.5万穗/hm²，穗长25.2cm，每穗平均着粒161.4粒，颖壳黄色，籽粒椭圆形，稃尖紫色，种皮白色，顶芒，千粒重26～27g。

品质特性：糙米率80.8%，精米率72.1%，整精米率55.2%，粗蛋白含量12.68%，胶稠度54mm，直链淀粉含量20.5%。

抗性：中感稻瘟病，抗倒伏。

产量及适宜地区：1991—1992年参加四川省区域试验，2年区域试验平均产量7.72t/hm²，比对照矮优S增产3.50%；1993年生产试验平均产量7.12t/hm²，比对照矮优S增产8.41%。该1993年以来累计推广面积50.00万hm²。适宜在四川、重庆等地作一季中稻种植，更适合川中作再生稻利用。

栽培技术要点：①适时播种，培育多蘖壮秧。作中稻栽培，3月底至4月上旬播种。可采用两段育秧、地膜湿润育秧或旱育秧，以培育多蘖壮秧。②适当密植。栽插22.5万～27.0万穴/hm²，栽插基本苗180万苗/hm²。③科学施肥。中等肥力田块，一般施纯氮150～180kg/hm²、磷肥450～525kg/hm²、钾肥300kg/hm²。重底肥，早追肥，80%作底肥，20%作追肥。④注意病虫害防治。根据当地植保部门的预报，及时防治病虫害。

D优527 (D you 527)

品种来源：四川农业大学水稻研究所用D62A/蜀恢527配组而成。分别通过贵州省（2000）、四川省（2001）、福建省（2002）、陕西省（2003）、云南省（红河）（2005）和国家（2001）农作物品种审定委员会审定。2003年获国家品种权，品种权号：CNA20010111.0。2005年农业部确认为超级稻品种。

形态特征和生物学特性：属籼型三系杂交中稻迟熟品种，全生育期153.7d，比对照汕优63长3.9d。主茎叶片数17叶，叶舌、叶鞘、节环、颖尖、柱头紫色。剑叶较长大，叶角较小，落色正常，苗期繁茂性好，分蘖力中等。株高114.2cm，穗长25.2cm，有效穗数225万～255万穗/hm²，每穗平均着粒150～170粒，结实率82%，颖壳黄色，籽粒细长形，种皮白色，顶芒，千粒重29g左右。

品质特性：整精米率52.1%，糙米长宽比3.2，垩白粒率43.5%，垩白度7.0%，胶稠度51mm，直链淀粉含量22.7%。1999年被四川省评为"稻香杯"二级优质米。

抗性：中抗稻瘟病，感白叶枯病，高感褐飞虱。

产量及适宜地区：1999—2000年参加四川省中籼迟熟组区域试验，2年区域试验平均单产8.67t/hm²，比对照汕优63增产8.27%；2000年四川省生产试验，平均单产8.84t/hm²，比对照汕优63增产10.85%。2000—2001年参加国家长江流域中籼迟熟组区域试验，平均单产9.14t/hm²，比对照汕优63增产4.93%；2001年生产试验，平均单产9.12t/hm²，比对照汕优63增产6.30%。该品种2000年以来累计推广面积超过160.00万hm²。适宜我国南方稻区白叶枯病轻发区作一季中稻种植。

栽培技术要点：①适时早插，培育多蘖壮秧。秧田播种量150kg/hm²，秧龄40d左右。②合理密植，插足基本苗。宽窄行插植，(16.7+30) cm×15cm，或16.7cm×26.7cm，栽插基本苗135万～150万苗/hm²。③合理施肥，重底肥，早追肥。底肥占60%，分蘖肥占30%，穗肥占10%。一般施氮量150kg/hm²左右，氮、磷、钾肥比例为1：0.5：0.5。④水分管理。浅水栽插，深水护秧，薄水分蘖，湿润灌溉，够苗晒田或晾田。⑤及时防治病虫害。重点防治稻蓟马、螟虫、稻苞虫及稻瘟病。

D优63 （D you 63）

品种来源：四川农业大学水稻研究所用D汕A/明恢63配组而成，又名：D汕优63。分别通过国家（1987）、四川省（1988）、贵州省（1991）和河南省（1992）农作物品种审定委员会审定，1993年通过云南省引种鉴定。

形态特征和生物学特性：属籼型三系杂交中稻品种。作中稻栽培全生育期145～150d，作连晚栽培全生育期130～135d，比对照汕优63早2～3d。株型紧凑，茎秆较粗壮，茎基部节间短而粗，叶鞘包裹节间较紧，叶鞘、叶缘、柱紫色，分蘖力强，穗大粒多，株高100～105cm。一般有效穗数255万～270万穗/hm²，每穗总粒数120～140粒，作单季稻栽培结实率可达90%以上，作连晚稻栽培结实率85%左右，颖壳黄色，籽粒椭圆形，颖尖紫色，种皮白色，无芒，千粒重29～30.9g。

品质特性：糙米率为82%，精米率74%左右，米粒半透明，腹白大小中等，适口性好。

抗性：耐肥，抗倒伏，适应性广，抗稻瘟病的能力比汕优63稍强。

产量及适宜地区：一般产量在9.00t/hm²左右，高的达10.50～12.00t/hm²。该品种1987年以来累计推广面积超过650.00万hm²。适宜四川、云南、贵州、河南等省种植。

栽培技术要点：作单季稻栽培，宜在4月下旬至5月初播种，5月底至6月上旬移栽，作连晚稻栽培宜在6月中旬播种，7月中、下旬移栽，秧龄30～35d，超过40d则采用两段育秧。播种量控制在225kg/hm²左右，培育分蘖壮秧。纯氮用量为135～165kg/hm²，做到重施基面肥，早施分蘖肥，巧施穗粒肥，三者比例分别为40%～45%、40%、15%～20%，氮、磷、钾配比以1：0.5：0.7较好，栽插基本苗90万～120万苗/hm²。

D优64 (D you 64)

品种来源：四川农业大学水稻研究所、四川省种子公司、彭县种子公司用D汕A/测64-7配组而成。1987年通过四川省农作物品种审定委员会认定。

形态特征和生物学特性：属籼型三系杂交中稻品种。全生育期125 ~ 130d。株叶型适中，叶鞘、叶缘、柱头紫色，分蘖力强，繁茂性好，抽穗整齐，株高95 ~ 100cm，有效穗数300万 ~ 375万穗/hm²，每穗总粒数120粒左右，结实率80%，颖壳黄色，籽粒椭圆形，颖尖紫色，种皮白色，无芒，千粒重28 ~ 29g。

品质特性：米质中等。

抗性：抗稻瘟病、白叶枯病。

产量及适宜地区：一般大面积生产，产量在6.75t/hm²左右。该品种1985年以来累计推广面积超过41.60万hm²。适于四川中、高山稻区作一季中稻、平丘经济作物区作为种菜、药前茬稻，种烟、麻后茬稻，也可作双晚种植的搭配组合。

栽培技术要点：①适时播种，培育壮秧。3月底至4月初播种，用薄膜或地膜育秧，秧龄为30 ~ 35d。秧田播种量150 ~ 187.5kg/hm²。秧田要施足底肥。②插足基本苗，增穴增穗。D优64营养生长期短，要夺取高产，必须插足基本苗数，大田宜小穴密植，密度为10cm× 26.7cm或10cm×23.3cm，每穴（包括分蘖）栽插3 ~ 4苗，栽插基本苗120万 ~ 150万苗/hm²。③合理施肥。中等肥力的土壤，要求施足纯氮150kg/hm²，五氧化二磷150 ~ 180kg/hm²，氧化钾225kg/hm²，并以80%作基肥，20%作追肥。④根据当地植保部门的监测，及时防治病虫害。

D优6511（D you 6511）

品种来源：四川省南充市农业科学研究所、四川农业大学水稻研究所以D62A/南恢511配组而成。2005年通过四川省农作物品种审定委员会审定，2008年、2010年通过云南省（红河、临沧）农作物品种审定委员会特审，2008年通过陕西省引种鉴定。2009年获国家品种权，品种权号：CNA20050603.X。

形态特征和生物学特性：属籼型三系杂交中稻迟熟品种。全生育期153.2d，比对照汕优63长1.3d。株型适中，分蘖力较强。叶色浓绿，叶鞘、叶缘、柱头紫色。株高113.6cm，有效穗数227.4万穗/hm²，穗长24.9cm，每穗平均着粒161.1粒，结实率79.8%。颖壳黄色，籽粒椭圆形，稃尖紫色，种皮白色，无芒，千粒重30.0g。

品质特性：糙米率78.6%，精米率66.2%，整精米率32.8%，糙米粒长7.2mm，糙米长宽比2.9，垩白粒率98%，垩白度19.6%，透明度3.0级，碱消值6.5级，胶稠度62mm，直链淀粉含量20.2%。

抗性：感稻瘟病，高抗白叶枯病。

产量及适宜地区：2003—2004年参加四川省中籼迟熟组区域试验，2年区域试验平均产量8.22t/hm²，较对照汕优63增产4.59%；2004年生产试验平均产量8.60t/hm²，比对照汕优63增产8.98%。适宜四川平坝和丘陵地区，云南红河哈尼族彝族自治州内地海拔1 400m以下、边疆1 350m以下和临沧市海拔1 350m以下的籼稻区种植。

栽培技术要点：①培育壮秧，秧龄40～45d。②合理密植，栽插15万～18万穴/hm²。栽插基本苗135万～150万苗/hm²。③重底肥，早追肥，一般施纯氮150～180kg/hm²，氮、磷、钾配合施用。④浅水栽秧、深水护苗，薄水分蘖，够苗晒田。⑤防治病虫害，特别注意防治稻瘟病和螟虫。

D优68 (D you 68)

品种来源：四川农业大学水稻研究所、内江杂交水稻科技开发中心用D62A/多系1号配组而成。分别通过四川省（1997）、国家（2000）、河南省（2000）、陕西省（2000）以及福建省（2001）农作物品种审定委员会审定。

形态特征和生物学特性：属籼型三系杂交中稻品种。生育期154d，比对照汕优63长3～4d。株型较紧凑，繁茂性较好，分蘖力较强。叶色深绿，叶鞘、叶缘、茎节、柱头紫色，株高117cm，有效穗数255万穗/hm²左右，每穗平均着粒140粒，结实率为83.4%，颖壳黄色，籽粒细长形，颖尖紫色，种皮白色，无芒，千粒重27.3g。繁殖制种产量较高。

品质特性：糙米率82.1%，精米率72.2%，整精米率66.5%，糙米长宽比3.39，垩白粒率62%，胶稠度44mm，直链淀粉含量20.9%。

抗性：中感稻瘟病，高感白叶枯病。

产量及适宜地区：1995—1996年参加四川省中籼迟熟组区域试验，2年区域试验平均产量8.35t/hm²，比对照汕优63增产2.65%；1996年生产试验，平均产量8.47t/hm²，比对照汕优63增产5.9%。1996年参加陕西省区域试验，平均产量11.35t/hm²，比对照汕优63增产5.8%。1997年参加云南省区域试验，平均产量11.51t/hm²，比对照汕优63增产9.5%。1997—1998年参加全国南方水稻区域试验，2年区域试验平均产量8.06t/hm²，比对照汕优63增产0.9%。该品种1997年以来累计推广面积超过105.00万hm²。宜于西南及长江流域和河南省、陕西省南部白叶枯病轻发区作一季中稻种植。

栽培技术要点：适时播种，稀播培育壮秧。适时移栽，合理密植，插足基本苗。施肥以基肥为主，追肥为辅；有机肥为主，化肥为辅，增施磷、钾肥。加强田间管理，综合防治病虫害。

D优725（D you 725）

品种来源：四川省绵阳市农业科学研究所和四川农业大学水稻研究所用D62A/绵恢725配组而成。分别通过四川省（2001）和云南省（普洱）（2009）农作物品种审定委员会审定。

形态特征和生物学特性：属籼型三系杂交中稻迟熟品种。全生育期153d，比对照汕优63长3.6d。株型紧凑，叶长大，繁茂性好，叶色浓绿，叶鞘、叶缘、叶耳、柱头紫色，后期转色好。株高113.2d，穗长25.3cm，每穗平均着粒164.7粒，结实率83.2%，颖壳黄色，籽粒长粒、椭圆形，稃尖紫，种皮白色，短芒，千粒重27g。

品质特性：糙米率79.6%，精米率68.2%，整精米率54.4%，垩白粒率66%，垩白度6.6%，透明度1级，碱消值5.3级，胶稠度50mm，直链淀粉含量21.8%，糙米粒长7.2mm，糙米长宽比3.0。

抗性：高感稻瘟病。

产量及适宜地区：1999—2000年参加四川省中籼迟熟组区域试验，2年区域试验平均产量8.22t/hm²，比对照汕优63增产2.62%；2000年生产试验，平均产量8.65t/hm²，比对照汕优63增产8.54%。2008—2009年参加云南省普洱市杂交水稻品种区域试验，2年区域试验平均产量10.16t/hm²，比对照汕优63增产17.8%。生产试验平均产量10.58t/hm²，比对照汕优63增产13.6%。适宜四川省平坝和丘陵非稻瘟病常发区、云南省普洱市海拔1 350m以下的稻区种植。

栽培技术要点：3月下旬至4月上旬播种，培育壮秧，秧龄45～50d，栽插22.5万穴/hm²。施纯氮150～180kg/hm²，重底肥，早追肥，注意病虫防治。

D优多系1号（D youduoxi 1）

品种来源：四川农业大学水稻研究所用D702A/多系1号配组而成。分别通过四川省（2000）、福建省（2001）和国家（2001）农作物品种审定委员会审定，2007年贵州引种。

形态特征和生物学特性：属籼型三系杂交中稻迟熟品种。全生育期146.4d，比对照汕优63长0.5d。主茎叶片数16叶，叶舌、叶鞘、节环、颖尖紫色，剑叶中等大小，叶角较小。苗期繁茂性好，分蘖力强。株高106cm左右，有效穗数270万～285万穗/hm²，每穗着粒107～129粒，结实率83%，颖壳黄色，籽粒椭圆形，稃尖紫色，种皮白色，短芒，千粒重26.4g。

品质特性：糙米率81.8%，整精米率61.8%，糙米粒长6.3mm，糙米长宽比2.6，垩白粒率33%，垩白度3.6%，胶稠度52mm，直链淀粉含量22.1%。

抗性：感稻瘟病。

产量及适宜地区：1997—1998年参加四川省中籼优米组区域试验，2年区域试验平均产量7.95t/hm²，比对照汕优63减产0.2%；1999年生产试验，平均产量8.27t/hm²，比对照汕优63增产3.26%。1998—1999年参加福建省中稻组区域试验，2年区域试验平均产量8.00t/hm²，比对照汕优63分别增产9.20%；2000年生产试验平均产量8.77t/hm²，比对照汕优63增产5.29%。该品种2000年以来累计推广面积超过9.00万hm²。适宜在四川省、福建省作一季中稻种植。

栽培技术要点：①适时早播，适龄移栽。根据茬口决定播期，秧龄40～50d。秧田播种量150kg/hm²，也可旱育抛秧。②合理密植，栽足基本苗。宽行窄株，16.5cm×23cm或（16.5cm+26.4cm）×15cm，栽插基本苗135万～150万苗/hm²。③合理施肥，重底肥早追肥。底肥占60%，蘖肥占30%，穗肥占10%。一般氮用量150kg/hm²左右，氮、磷、钾比例1：0.5：0.5。④水分管理。浅水栽插，深水护苗，薄水分蘖，湿润灌浆，够苗晒田，控制无效分蘖。⑤及时防治稻蓟马、螟虫、稻苞虫及稻瘟病。

F优498 （F you 498）

品种来源：四川农业大学水稻研究所和四川省江油市川江水稻研究所合作以江育F32A/蜀恢498配组而成。分别通过湖南省（2009）和国家（2011）农作物品种审定委员会审定。

形态特征和生物学特性：属三系杂交中籼稻品种。在长江上游作一季中稻种植，全生育期平均155.2d，比对照Ⅱ优838短2.7d。株型适中，叶鞘、叶缘、柱头紫色，熟期转色好。株高111.9cm，穗长25.6cm，有效穗数225万穗/hm²，每穗平均着粒189.0粒，结实率81.2%，颖壳黄色，籽粒椭圆形，稃尖紫色，种皮白色，短芒，千粒重28.9g。

品质特性：整精米率69.2%，糙米长宽比2.8，垩白粒率21%，垩白度4.9%，胶稠度80.5mm，直链淀粉含量23.5%，达到国家三级优质稻谷标准。

抗性：感稻瘟病和褐飞虱，耐热性较弱。

产量及适宜地区：2008—2009年参加长江上游中籼迟熟组品种区域试验，2年区域试验平均产量9.32t/hm²，比对照Ⅱ优838增产5.9%；2010年生产试验，平均产量8.74t/hm²，比对照Ⅱ优838增产4.5%。2007—2008年湖南省中稻组区域试验，2年区域试验平均产量8.96t/hm²，比对照（中、迟熟对照平均产量）增产6.75%。适宜云南省、贵州省（武陵山区除外）、重庆市（武陵山区除外）的中低海拔籼稻区、四川省平坝丘陵稻区、陕西省南部稻区和湖南省海拔600m以下山丘区的稻瘟病轻发区作一季中稻种植。

栽培技术要点：①育秧，做好种子消毒处理，适时播种，培育多蘖壮秧。②移栽，秧龄35～40d，合理密植，栽插22.5万穴/hm²左右，每穴栽插2苗。③肥水管理，配方施肥，重底肥，早追肥，后期看苗补施穗粒肥，施纯氮150～180kg/hm²，氮、磷、钾合理搭配，底肥占70%，追肥占30%。深水返青，浅水分蘖，够苗及时晒田，孕穗抽穗期保持浅水层，灌浆结实期干湿交替，后期忌断水过早。④病虫害防治，注意及时防治稻瘟病、纹枯病、螟虫、稻飞虱等病虫害。

G优802 (G you 802)

品种来源：四川农大高科农业有限责任公司和四川农业大学水稻研究所合作以G2480A/蜀恢202配组而成，原代号GY802。2006年通过国家农作物品种审定委员会审定。

形态特征和生物学特性：属籼型三系杂交中稻品种。在长江上游作一季中稻种植，全生育期平均155.1d，比对照汕优63迟熟2.4d。株型紧凑，茎秆粗壮，叶片挺直，有效穗数235.5万穗/hm²，株高118.0cm，穗长25.9cm，每穗平均着粒175.2粒，结实率77.4%，籽粒椭圆形，颖壳黄色，种皮白色，稃尖紫色，顶芒，千粒重29.3g。

品质特性：整精米率62.9%，糙米长宽比2.6，垩白粒率31%，垩白度4.3%，胶稠度48mm，直链淀粉含量22.2%。

抗性：高感稻瘟病。稻瘟病平均6.3级，最高9级，抗性频率42.9%。

产量及适宜地区：2004—2005年参加长江上游中籼迟熟组品种区域试验，2年区域试验平均单产8.84t/hm²，比对照汕优63增产4.37%；2005年生产试验，平均单产7.79t/hm²，比对照汕优63增产3.79%。适宜在云南、贵州、重庆的中低海拔籼稻区（武陵山区除外）、四川平坝丘陵稻区、陕西南部稻区的稻瘟病轻发区作一季中稻种植。

栽培技术要点：①育秧，根据各地中籼生产季节适时早播，培育多蘖壮秧，秧龄45～50d。②移栽，栽插18万～22.5万穴/hm²，每穴栽插2苗。③肥水管理，施纯氮120～150kg/hm²，总肥量中提高农家肥的比例，施肥方法：基肥占60%～70%，分蘖肥占20%～30%，穗肥占10%。科学管水。④病虫害防治，注意及时防治稻瘟病等病虫害。

K优047 (K you 047)

品种来源：四川省农业科学院作物研究所和水稻高粱研究所用K17A与成恢047配组选育而成。分别通过四川省（2000）、贵州省（2000）、重庆市（2001）和国家（2001）农作物品种审定委员会审定。

形态特征和生物学特性：属籼型三系杂交中稻迟熟品种。全生育期147d左右，与对照汕优63相近。株高108.9cm，主茎叶片数16.5叶，株型紧凑适中，叶片窄直上举，透光性好。叶色浓绿，叶鞘、叶缘、叶耳、柱头紫色，生长茂盛，后期黄熟转色好，分蘖力较强，单株分蘖15～20个，穗长24.4cm，每穗平均着粒136.7粒，结实率83.9%，颖壳黄色，籽粒细长形，稃尖紫色，种皮白色，有短芒，千粒重26.8g。

品质特性：糙米率82.2%，整精米率51%，糙米粒长6.9mm，糙米长宽比3.0，垩白粒率22%，垩白度1.6%，胶稠度44mm，直链淀粉含量21%。1999年获四川省第二届"稻香杯"一等奖。

抗性：感稻瘟病。

产量及适宜地区：1998—1999年参加四川省中籼迟熟优米组区域试验，2年区域试验平均产量7.80t/hm²，比对照汕优63增产0.67%；1999年生产试验，平均产量8.55t/hm²，比对照汕优63增产3.5%。1999—2000年参加贵州省中籼稻区域试验，2年区域试验平均产量8.47t/hm²，比对照汕优63增产10.5%；2000年生产试验，平均产量9.02t/hm²，比对照汕优63增产2.5%。

该品种2000年以来累计推广面积超过15.00万hm²。适宜四川省、重庆市种植汕优63的地区和贵州省海拔1 100m以下的水稻种植区种植。

栽培技术要点：①适时早播，川东南3月中、下旬，川西北4月上旬播种，稀播培育多蘖壮秧。②合理密植，插足基本苗，栽插基本苗150万～180万苗/hm²。③科学管理，建立高产的群体结构。④综合防治病虫害。

K优1号（K you 1）

品种来源：四川省农业科学院水稻高粱研究所用K青A/明恢63测配而成。1994年通过四川省农作物品种审定委员会审定。

形态特征和生物学特性：属籼型三系杂交中稻品种。全生育期153d，比对照汕优63早2～3d；生长势旺，株型松紧适中，叶色深绿，剑叶斜直上挺，中宽，叶缘、叶舌、叶鞘、柱头无色，主茎叶片数15～16叶，分蘖力强，穗层整齐，后期转色好，最高苗450万苗/hm²左右，有效穗数150万～300万穗/hm²，穗长24cm，每穗平均着粒150粒左右，实粒120～130粒，结实率80%以上，籽粒细长形，颖壳黄色，稃尖无色，种皮白色，顶芒，千粒重30g。

品质特性：糙米率80.6%，精米率73.39%，糙米长宽比3.64，垩白粒率6%，垩白度0.72%，直链淀粉含量20.3%，蛋白质含量10.34%，米质好，适口性好。

抗性：中抗稻瘟病，苗期抗寒力强。

产量及适宜地区：1992—1993年参加四川省中稻区域试验，2年区域试验平均单产8.20t/hm²，比对照汕优63增产3.09%；1992年生产试验，平均单产8.15t/hm²，比对照汕优63增产1.80%。再生力强，再生稻产量比对照汕优63高15%以上。适宜于四川及南方稻区作一季中稻和中稻加再生稻种植。

栽培技术要点：①播种：川南最佳播期在3月上旬、川中3月下旬、川西3月底到4月初，湿润地膜或温室两段培育壮秧，秧龄弹性较大，以栽中苗秧为好，用种量22.5kg/hm²。②栽培密度：采用（33.3+20）cm×16.7cm宽窄行，每穴栽插2苗。③施肥及田间管理：采用重底肥，早追肥，后期看苗施肥的方式。中等肥力田块，插秧前施纯氮75kg/hm²，过磷酸钙300kg/hm²，钾肥225kg/hm²作底肥，栽后10d，追纯氮45kg/hm²。

K优130 (K you 130)

品种来源：四川省农业科学院水稻高粱研究所和眉山农校用K17A/R130配组育成。分别通过四川省（1999）、重庆市（2001）、陕西省（2002）农作物品种审定委员会审定。

形态特征和生物学特性：属籼型三系杂交中稻品种。全生育期149.3d，与对照相当。株型紧散适中，剑叶中宽上挺，叶色浓绿，叶鞘、叶缘、叶耳、柱头有色，主茎总叶片数15～16叶。苗期长势旺盛，分蘖力较强，株高112cm，穗长24cm，每穗平均着粒143粒，实粒数116粒，结实率81%，颖壳黄色，籽粒椭圆形，稃尖有色，少量顶芒，千粒重30.75g。

品质特性：糙米率79.7%，精米率69.4%，整精米率42.6%，米粒心腹白小，半透明，适口性好，米质优于对照。

抗性：感稻瘟病。

产量及适宜地区：1996—1997年参加四川省中籼迟熟组区域试验，2年区域试验平均产量8.64t/hm²，比对照汕优63增产2.98%，1997年生产试验，平均产量9.32t/hm²，比对照汕优63增产7.34%。适宜四川及长江流域非稻瘟病常发区作一季中稻种植。

栽培技术要点：①适时播种，采取温室或旱育两段育秧，秧龄45d左右，培育壮秧。②本田插植密度和规格，以宽窄行为好，栽插22.5万穴/hm²，栽插基本苗180万苗/hm²，高产插秧期为5月底前。③施肥技术：用纯氮180kg/hm²、磷120kg/hm²、钾150kg/hm²，氮肥留1/3作追肥用，其余作基肥深施。④田间管理：依据苗势、肥力等具体情况，及时晒田，采取轻、重、早的晒田技术。⑤根据病虫害预报，及时防治病虫害。

K优17 (K you 17)

品种来源：四川省农业科学院水稻高粱研究所用K17A/泸恢17配组而成。分别通过四川省（1997）、湖南省（1999）、国家（2000）农作物品种审定委员会审定。

形态特征和生物学特性：属籼型三系杂交中熟中稻、早熟晚稻兼用型品种。全生育期140d左右，比对照汕优195长6d。株高110cm，植株生长整齐，株型松散适当，茎秆坚挺，叶深绿，叶鞘、叶缘、柱头紫色，剑叶大小适中，分蘖力较强。有效穗数约300万穗/hm²，穗呈纺锤形，穗长24cm，穗层整齐，每穗平均着粒130粒，结实率85.90%，颖壳黄色，籽粒长粒、椭圆形，稃尖紫色，种皮白色，短芒，千粒重30g。

品质特性：糙米率79.8%，精米率71.7%，整精米率56.4%，垩白粒率50%，垩白度9.2%，透明度2级，胶稠度46mm，直链淀粉含量22.6%，米质较好。

抗性：高感稻瘟病，抗倒伏力强。

产量及适宜地区：1995—1996年参加四川省水稻区域试验，2年区域试验平均单产8.17t/hm²，比对照汕优195增产10.8%；1996年生产试验，平均单产8.80t/hm²，比对照汕优195增产15.11%。1997—1998年参加国家南方稻区晚籼早熟组区域试验，平均产量7.08t/hm²，比对照汕优晚3增产10.50%；1998年参加南方稻区晚稻生产试验，平均产量7.25t/hm²，比对照汕优晚3减产2.6%。该品种1997年以来累计推广面积超过7.00万hm²。适宜四川省非稻瘟病常发区搭配种植，以及在长江流域南部稻瘟病轻发区作晚籼种植。

栽培技术要点：①秧龄35d，栽插规格为16.7cm×26.7cm，每穴栽插2苗，浅水栽插。②本田用肥，底肥占总量的60%，中等肥力田块，用肥总量纯氮150kg/hm²左右，并注意磷、钾肥配合使用。水的管理以浅水灌溉为宜。③重点防治螟虫和飞虱，注意防治纹枯病。

K优195（K you 195）

品种来源：四川省农业科学院水稻高粱研究所利用K17A/HR195配制而成。分别通过四川省（1998）、陕西省（1998）和贵州省（2000）农作物品种审定委员会审定。

形态特征和生物学特性：属籼型三系杂交早熟中稻品种。全生育期140d左右，与对照汕优64的相近，比对照汕窄8号长2～3d。分蘖力中上，株型紧凑，叶片中长直立，叶色淡绿，叶鞘、叶缘、叶耳、柱头紫色。株高110cm，穗长22～23cm，每穗平均着粒130粒左右，结实率80%～85%，颖壳黄色，籽粒椭圆形，稃尖有色，种皮白色，顶芒，千粒重29～30g。

品质特性：外观及食味品质中上。

抗性：耐寒性较强，耐肥抗倒伏，中抗稻瘟病。

产量及适宜地区：1995—1996年参加四川省广元市中籼早熟组区域试验，2年区域试验平均产量7.95t/hm²，较对照汕窄8号增产13.6%，1996年广元市生产试验平均产量7.84t/hm²，较对照增产7.7%；1996—1997年参加泸州市中籼早熟组区域试验，2年区域试验平均产量7.56t/hm²，较对照汕窄8号增产9.62%，1997年泸州市生产试验，平均产量8.51t/hm²，比对照汕窄8号增产11.2%。该品种1998年以来累计推广面积超过3.00万hm²。适宜在四川、陕西、贵州等省海拔800m以上山区作中稻种植，也可在川西平坝区作早熟中稻，收后增种晚秋作物。

栽培技术要点：①4月中旬播种，两段育秧，秧龄45d左右。②合理密植，栽插22.5万穴/hm²，采用宽窄行栽培，每穴栽插2苗。③施足底肥，早施分蘖肥，注意氮、磷、钾的合理搭配。④及时防治病虫害。

K优21（K you 21）

品种来源：四川中正科技种业有限责任公司用引自四川省农业科学院水稻高粱研究所的K17A作母本与自育恢复系R21作父本配组而成，原编号：F3018。2006年通过四川省农作物品种审定委员会审定。2008年获国家品种权，品种权号：CNA20040655.8。

形态特征和生物学特性：属籼型三系杂交中稻迟熟品种。全生育期148.2d，比对照汕优63短0.8d。株高114.2cm，苗期长势旺，叶色浓绿，株型松散适中，抽穗整齐，后期转色落黄好。有效穗数249.15万穗/hm²，穗长22.8cm，每穗平均着粒138.3粒，结实率81.2%，颖壳淡黄色，顶芒，颖尖紫红色，谷粒中长形，种皮白色，千粒重28.8g。

品质特性：糙米率80.1%，精米率72.02%，整精米率64.1%，糙米粒长5.8mm，糙米长宽比2.2，垩白粒率97%，垩白度34.9%，透明度3级，碱消值6级，胶稠度68mm，直链淀粉含量24.5%，蛋白质含量7.2%。

抗性：高感稻瘟病。

产量及适宜地区：2004—2005年参加四川省中籼迟熟组区域试验，2年区域试验平均产量7.86t/hm²，比对照汕优63增产5.98%；2005年生产试验平均产量7.64t/hm²，比对照汕优63增产5.20%。适宜四川平坝和丘陵地区作一季中稻种植。

栽培技术要点：①适期播种，培育多蘖壮秧，秧龄35～40d。②一般栽插22.5万～33万穴/hm²，栽插基本苗120万～195万苗/hm²左右，保证有效穗在270万穗/hm²以上。③有机肥与无机肥相结合，氮、磷、钾配合施用，重施底肥，早施分蘖肥，促进早发稳产，提高分蘖成穗率。④根据当地植保部门的预测预报及时综合防治病虫害。

K优213 (K you 213)

品种来源：四川省嘉陵农作物品种研究中心和四川省农业科学院水稻高粱研究所用K17A/R21-3配组而成。2007年通过国家农作物品种审定委员会审定。

形态特征和生物学特性：属籼型三系杂交水稻品种。在长江中下游作一季中稻种植，全生育期平均130.4d，比对照Ⅱ优838早熟3.3d。株型紧凑，叶色浓绿，柱头紫色，熟期转色好。有效穗数276万穗/hm²，株高120.8cm，穗长23.3cm，每穗平均着粒139.3粒，结实率82.8%，颖壳黄色，籽粒椭圆形，稃尖紫色，种皮白色，顶芒，千粒重28.5g。

品质特性：整精米率65.7%，糙米长宽比2.4，垩白粒率88%，垩白度12.2%，胶稠度59mm，直链淀粉含量24.6%。

抗性：高感稻瘟病，中感白叶枯病。

产量及适宜地区：2005—2006年参加国家长江中下游中籼迟熟组品种区域试验，2年区域试验平均单产8.52t/hm²，比对照Ⅱ优838增产5.98%。2006年生产试验，平均单产8.09t/hm²，比对照Ⅱ优838增产2.63%。适宜在江西、湖南、湖北、安徽、浙江、江苏的长江流域稻区（武陵山区除外）以及河南南部稻区的稻瘟病轻发区作一季中稻种植。

栽培技术要点：①育秧，适时早播，培育多蘖壮秧。②移栽，秧龄35d左右移栽，一般栽插22.5万～33万穴/hm²，栽插基本苗120万～195万苗/hm²。③肥水管理，有机肥与无机肥相结合，氮、磷、钾配合施用，重施底肥，早施分蘖肥，促进早发稳产，提高分蘖成穗率。水分管理上，以浅灌为主，间歇露田，够苗搁田，后期进行湿润灌溉管理，切忌断水过早。④病虫害防治，注意及时防治稻瘟病、稻飞虱等病虫害。

K优3号 (K you 3)

品种来源：四川省农业科学院水稻高粱研究所用K19A/明恢63测配而成。1993年通过四川省农作物品种审定委员会审定。

形态特征和生物学特性：属籼型三系杂交中稻品种。全生育期比汕优63长1d，苗期长势旺，早发性好，叶色深绿，主茎叶片15～16叶，株高110cm，分蘖力强，成穗率70%左右，有效穗数300万穗/hm²，穗长24cm，每穗着粒120～150粒，结实率85%左右，籽粒椭圆形，颖壳黄色，种皮白色，顶芒，千粒重29～30g。

品质特性：糙米率80.4%，精米率66.1%，整精米率60.2%，垩白粒率40%，垩白度27%，糙米长宽比2.5，直链淀粉含量21.87%，蛋白质含量8.1%。

抗性：苗瘟0～4级，穗颈瘟1～5级。

产量及适宜地区：1991—1992年参加四川省中籼区域试验，2年区域试验平均产量8.10t/hm²，比对照汕优63增产0.84%；1992年生产试验平均产量8.14t/hm²，比对照汕优63增产5.87%。适宜四川及南方稻区作一季中稻加再生稻栽培。

栽培技术要点：根据当地农时，适时播种，本田用种量18.75～22.5kg/hm²，地膜湿润或温室两段培育壮秧，秧龄弹性较大，但以栽中苗秧为宜，栽插规格（33.3+20）cm×16.7cm宽窄行，每穴栽插2苗；头季稻用纯氮120kg/hm²，按底肥50%、分蘖肥30%、穗粒肥20%施用；磷肥450kg/hm²和钾肥112.5kg/hm²作底肥施用。在分蘖盛期用井冈霉素防治纹枯病1～2次，头季稻齐穗15d后施75～112.5kg/hm²尿素作促芽肥；九成黄收割头季稻，留桩高度3.3cm，收后3d施尿素75～150kg/hm²作发苗肥，再生稻始穗用22.5g/hm²赤霉素对水600kg/hm²喷雾。

K优40（K you 40）

品种来源：四川省农业科学院水稻高粱研究所和南充市农业科学研究所于1995年用K17A/R40配组育成。2000年通过四川省农作物品种审定委员会审定，2007年通过重庆市引种鉴定。

形态特征和生物学特性：属籼型三系杂交中稻迟熟品种。全生育期147d左右，比对照汕优63短1d。株高115cm，株型松散适中，茎秆硬挺，叶片直立，中长宽，叶鞘、叶缘、柱头、叶耳紫色，分蘖力较强。有效穗数255万穗/hm²左右，每穗平均着粒140粒左右，结实率85%，颖壳黄色，籽粒椭圆形，稃尖紫色，种皮白色，顶芒，千粒重29.5g。

品质特性：糙米率82.2%，整精米率45.1%，糙米粒长6.8mm，糙米长宽比2.8，垩白粒率58%，垩白度7.1%，胶稠度60mm，直链淀粉含量22.1%。

抗性：感稻瘟病，抗倒伏力强，苗期耐寒性强。

产量及适宜地区：1998—1999年参加四川省水稻区域试验（优米组），2年区域试验平均产量8.09t/hm²，比对照汕优63增产4.52%。1999年生产试验，平均产量8.32t/hm²，比对照汕优63增产4.36%。适宜四川省中籼稻区、重庆市海拔800m以下稻瘟病非常发区作一季中稻种植。

栽培技术要点：本田用种量19.5kg/hm²；稀播培育壮秧，秧龄35d。栽插基本苗120万～150万苗/hm²，每穴栽插2苗，按水稻规范化栽培技术，栽插规格（33.3+20）cm×16.7cm或16.7cm×26.7cm。施肥采取重底肥，早追肥，促分蘖，控制氮肥量，增施磷钾肥，提高稻米品质；注意对病虫害的防治。

K优402（K you 402）

　　品种来源：四川省农业科学院水稻高粱研究所用自选的K17A与从湖南引进的早熟恢复系402配组而成。分别通过四川省（1996）和国家（1998）农作物品种审定委员会审定。

　　形态特征和生物学特性：属籼型三系杂交早稻品种。全生育期126d，比对照泸红早1号长3d。株型紧散适中，叶色深绿，叶鞘、叶缘、柱头紫色，株高95cm，主茎总叶13～14叶。有效穗数330万～360万穗/hm²，每穗着粒110～125粒，结实率80%左右，颖壳黄色，稃尖紫色，籽粒椭圆形，种皮白色，有顶芒，千粒重28g左右，繁殖制种产量高。

　　品质特性：糙米率80%左右，精米率70%左右，外观、食味品质明显优于对照。

　　抗性：中抗稻瘟病、白叶枯病，苗期耐寒。

　　产量及适宜地区：1994—1995年参加四川省早籼稻区域试验，2年平均产量7.90t/hm²，比对照泸红早1号增产11.62%；1995年生产试验，平均产量7.59t/hm²，比对照泸红早1号增产10.4%；1995—1996年参加全国籼型杂交早稻区域试验，2年区域试验平均产量6.771t/hm²，比威优48-2增产9.59%。该品种1996年以来累计推广面积超过6.00万hm²。适宜长江流域作双季早稻种植。

　　栽培技术要点：①播种量：用种量22.5～26.25kg/hm²，浸种时间比汕A等组合长1d。②栽插密度以13cm×20cm为宜，不少于30万穴/hm²，每穴栽插2～3苗。③栽培上应注意防治纹枯病。分蘖盛期用井冈霉素防治纹枯病1～2次。

K优404（K you 404）

品种来源：四川省农业科学院水稻高粱研究所用K17A/R404配组而成。1999年通过国家农作物品种审定委员会审定。

形态特征和生物学特性：属籼型三系杂交早稻品种。全生育期在江西、湖南、浙江及福建中北部地区为115.5d。叶色深绿，株型紧散适中。株高91cm左右，有效穗数319.5万穗/hm²，穗长19.5cm，每穗平均着粒99粒，结实率72.29%左右，颖壳黄色，籽粒椭圆形，稃尖紫色，种皮白色，有顶芒，千粒重28.2g。

品质特性：糙米率79.0%，精米率68.9%，整精米率26.9%，垩白粒率99%，垩白度26.7%，透明度4级，直链淀粉含量24.9%。

抗性：感稻瘟病和白叶枯病，苗期耐寒。

产量及适宜地区：1997年参加南方稻区早籼中迟熟区域试验，平均产量7.44t/hm²，比对照浙733和博优湛19分别增产10.1%和23.4%，1998续试平均产量6.99t/hm²；与对照威优402产量相近，比对照浙733增产10.1%。1998年生产试验，平均产量7.38t/hm²，比对照威优402增产8.1%。该品种1999年以来累计推广面积超过2.00万hm²。适宜在湖南、江西、浙江省的中南部以及福建省中北部稻瘟病轻发区种植。

栽培技术要点：①播种，用种量要求22.5～26.25kg/hm²，浸种时间比汕优组合长1d。②栽插采用13.3cm×20cm规格，保证30万穴/hm²以上，每穴栽插2～3苗。③分蘖盛期用井冈霉素防治纹枯病1～2次。

K优48-2 (K you 48-2)

品种来源：四川省农业科学院水稻高粱研究所、合江县种子公司用不育系K青A与恢复系测48-2测配而成。1993年通过四川省农作物品种审定委员会审定。

形态特征和生物学特性：属籼型三系杂交早稻品种。全生育期123～125d。苗期长势旺，株型紧散适中，叶色深绿，叶中宽上挺，株高80～85cm，主茎总叶片数13～14，分蘖力强。成穗率80%左右，有效穗数345万～360万穗/hm²左右，穗纺锤形，穗长18～19cm，每穗着粒100～110粒，结实率80%以上，谷粒长粒、椭圆形，颖壳黄色，种皮白色，顶芒，千粒重28g左右。

品质特性：糙米率81.35%，精米率70%，糙米粒长0.7cm、宽0.23cm，糙米长宽比3，米粒心腹白小，透明度中，适口性好。

抗性：感纹枯病，中抗稻瘟病，苗期耐寒力强。

产量及适宜地区：1991—1992年参加四川省早籼稻区域试验，2年区域试验平均产量7.17t/hm²，比对照泸红早1号增产6.14%；1992年生产试验，平均产量6.89t/hm²，比对照泸红早1号增产5.93%。适宜四川省及南方稻区作双季早稻栽培。

栽培技术要点：K优48-2主要栽培技术同威优48-2等杂交早稻组合。主要注意几点：①适时早播，培育壮秧。在泸州3月5日左右播种，以地膜湿润或温室两段培育壮秧，净秧田播225～300kg/hm²种子，本田用种量30～37.5kg/hm²。②合理密植。行穴距20cm×13.3cm，每穴栽插2～3苗为宜。③施肥及田间管理。重施底肥，早施追肥，后期注意防治纹枯病。

K优5号（K you 5）

品种来源：四川省农业科学院水稻高粱研究所用K17A/多恢1号配组而成。分别通过重庆市（1995）、四川省（1996）、贵州省（1998）和国家（1999）农作物品种审定委员会审定。

形态特征和生物学特性：属籼型三系杂交中稻品种。全生育期144d，比对照汕优63短2d。株高110～115cm，主茎总叶数16叶，株型紧凑，叶色浓绿，剑叶中宽上挺，抽穗整齐，熟期转色好，分蘖力中等。有效穗数280万穗/hm^2，成穗率70%左右，穗长23cm，每穗着粒130～140粒，结实率85%，谷粒长粒、椭圆形，颖壳黄色，稃尖有少量短芒，种皮白色，千粒重29.5g。再生稻发苗快，繁殖制种产量高。

品质特性：糙米率80%，精米率70%，米粒心腹白小，透明度中等，适口性好，米质综合评定为中上。

抗性：中感白叶枯病，中抗稻瘟病。

产量及适宜地区：1994—1995年参加四川省中籼迟熟组区域试验，2年区域试验平均产量8.64t/hm^2，比对照汕优63增产4.08%，生产试验平均产量8.83t/hm^2，比对照汕优63增产5.2%。1995—1996年参加南方稻区区域试验，2年区域试验平均产量8.35t/hm^2，比对照汕优63增产4.25%。该品种1995年以来累计推广面积超过35.00万hm^2。适宜四川、重庆、贵州省以及同生态类型的地区作中稻种植。

栽培技术要点：①在四川泸州最佳播期为3月10日左右，稀播地膜湿润育秧，秧龄以30～40d最佳，本田用种量18.75～22.50kg/hm^2。②栽插规格26.6cm×16.7cm，每穴栽插2苗，保证基本苗180万～210万苗/hm^2，栽后20d达到预期有效苗数，30d达最高苗数，确保有效穗达270万～300万穗/hm^2。其他管理技术可参照汕优63进行。

K优77 （K you 77）

品种来源：四川省泸州市农业局、四川省农业科学院水稻高粱研究所以K17A/明恢77配组而成。分别通过贵州省（2000）和国家（2001）农作物品种审定委员会审定。

形态特征和生物学特性：属籼型三系杂交晚稻品种。全生育期平均117d。株叶形态好，叶色浓绿，叶鞘、叶缘、叶耳、柱头紫色，分蘖力较强，后期转色好。株高100cm，有效穗数240万～255万穗/hm²，穗型较大，穗长21.5cm，每穗平均着粒106粒，结实率80%左右，颖壳黄色，籽粒椭圆形，稃尖紫色，种皮白色，无芒，千粒重28.2g。

品质特性：整精米率52.6%，垩白粒率66%，垩白度16.9%，胶稠度74mm，直链淀粉含量22.3%。

抗性：感稻瘟病、白叶枯病、褐飞虱。

产量及适宜地区：1998—1999年参加国家南方稻区晚籼早熟组区域试验，2年区域试验平均产量6.84t/hm²，比对照汕优64增产6.12%；2000年生产试验，平均产量7.32t/hm²，比对照汕优64增产8.7%。该品种2000年以来累计推广面积5.00万hm²。适宜在湖南、湖北、江西、安徽、浙江省稻瘟病、白叶枯病轻发区作双季晚稻种植。

栽培技术要点：由于种子千粒重较大，大田用种量要求22.5～26.255kg/hm²，浸种时间比对照汕优64要长12～24h。播期比对照汕优6号迟10～12d为宜，秧龄30d。栽插基本苗120万～150万苗/hm²，注意防治病虫害。

K优8149 (K you 8149)

品种来源：四川省农业科学院水稻高粱研究所和作物研究所合作用K18A/成恢149配组而成。2000年通过四川省农作物品种审定委员会审定。2011年云南文山、保山审定，编号：滇特（文山、保山）审稻2011013号。

形态特征和生物学特性：属籼型三系杂交中稻。全生育期149.4d，比对照汕优63短2d。株高110cm，株型适中，叶片较长直立，分蘖力中上，叶缘、叶舌、叶鞘为紫色，熟期转色好。有效穗数210万～225万穗/hm²，穗长24.7cm，每穗平均着粒154.3粒，颖壳黄色，籽粒细长形，稃尖紫色，种皮白色，部分顶端籽粒有短芒，千粒重30.8g。

品质特性：糙米率78.6%，精米率68.5%，整精米率57.2%，垩白粒率10%，垩白度1.0%，透明度1级，碱消值6.5级，胶稠度70mm，直链淀粉含量20.5%，糙米粒长6.9mm，糙米长宽比3.0。

抗性：中抗稻瘟病。

产量及适宜地区：1998—1999年参加四川省中籼迟熟组区域试验，2年区域试验平均单产8.25t/hm²，比对照汕优63增产3.82%；1999年生产试验，平均单产9.13t/hm²，比对照汕优63增10.05%。该品种2000年以来累计推广面积超过6.10万hm²。适宜四川省一季中稻区、云南省文山壮族苗族自治州除富宁、砚山县外的海拔1300m以下的籼稻区和保山市除施甸县外的海拔1300m以下的籼稻区种植。

栽培技术要点：适时播种，培育壮秧，播期与汕优63相同，用种22.5kg/hm²。采取宽窄行，每穴栽插2苗。施足底肥，插秧前施纯氮120～150kg/hm²，过磷酸钙300kg/hm²，钾肥75kg/hm²，栽后10d和孕穗期追肥用纯氮各45kg/hm²。

K优817 (K you 817)

品种来源：四川省农业科学院水稻高粱研究所用K18A/泸恢17配组而成，又名：蜀优4号。2000年通过四川省农作物品种审定委员会审定。

形态特征和生物学特性：属籼型三系杂交中熟中稻品种。全生育期146.4d，比对照辐优838短1.2d。株高108.8cm，主茎叶片数14～15叶，叶片浓绿，叶鞘、叶缘、柱头紫色，分蘖力强。有效穗数230.4万穗/hm^2，成穗率77.53%。穗子纺锤形，穗长24.5cm，每穗平均着粒151.64粒，实粒128.19粒，结实率84.53%，颖壳黄色，籽粒椭圆形，部分籽粒有顶芒，稃尖紫色，种皮白色，千粒重30.68g。

品质特性：糙米率82.02%，精米率69.49%，整精米率50.7%，糙米长7.0mm，糙米粒长宽比2.9，食味中等。

抗性：高感稻瘟病。

产量及适宜地区：1998—1999年参加四川省中籼中熟组区域试验，2年区域试验平均单产8.31t/hm^2，比对照辐优838增产8.94%；1999年生产试验，平均单产8.91t/hm^2，比对照辐优838增产14.56%。该品种2000年以来累计推广面积超过4.40万hm^2。适宜四川平坝丘陵种植辐优838的地区种植。

栽培技术要点：根据各地条件，采用地膜育秧或温室两段育壮秧，栽插规格为16.5cm×26.4cm，每穴栽插2苗，用种量22.5kg/hm^2；重施底肥，早施追肥，其他技术可参照汕优195进行。

K优8527 (K you 8527)

品种来源：四川农业科学院水稻高粱研究所用K18A/蜀恢527配组而成。2003年通过四川省农作物品种审定委员会审定。

形态特征和生物学特性：属籼型三系杂交中稻迟熟品种，全生育期151d，与对照汕优63相同。株高115cm，株型紧凑，后期转色好，叶片较宽大，叶色深绿，叶鞘、叶缘、柱头紫色。有效穗数240万～255万穗/hm²，穗长24cm，每穗平均着粒150粒，结实率80%，颖壳黄色，籽粒细长形，稃尖紫色，顶端籽粒有短芒，种皮白色，千粒重31g。

品质特性：糙米率82%，精米率70.8%，整精米率55.8%，糙米长宽比3.1，外观品质优于对照汕优63。

抗性：高感稻瘟病。

产量及适宜地区：2001—2002年参加四川省中籼迟熟组区域试验，2年区域试验平均单产8.44t/hm²，比对照汕优63增产6.6%；2002年生产试验平均单产7.91t/hm²，比对照汕优63增产10.97%。该品种2003年以来累计推广面积超过4.10万hm²。适宜四川作一季中稻种植。

栽培技术要点：适时播种，培育壮秧，用种量18.75～22.5kg/hm²，栽插18万～22.5万穴/hm²，每穴栽插2苗。田间管理重底肥，早追肥，氮、磷、钾配合施肥，施纯氮120～150kg/hm²，过磷酸钙300kg/hm²，钾肥75kg/hm²作底肥，栽后7d施45kg/hm²纯氮作追肥。其他栽培技术与汕优63相同。

K优8602（K you 8602）

品种来源：四川省农业科学院水稻高粱研究所用K18A/泸恢602配组而成，又名：富优2号。分别通过四川省（2002）和国家（2006）农作物品种审定委员会审定，2005年通过重庆市引种鉴定。

形态特征和生物学特性：属籼型三系杂交中稻中熟品种，全生育期149.6d，与对照辐优838相同。株型较紧凑，分蘖力较强，叶片直立，叶色深绿，叶鞘、叶缘、柱头紫色，穗层整齐，适应性好。株高109.9cm，有效穗数255万~270万穗/hm²，穗长23.7cm，每穗平均着粒146.9粒，结实率80.5%，颖壳黄色，籽粒椭圆形，种皮白色，有短芒，千粒重31g。

品质特性：糙米率80.5%，精米率67%，整精米率50.6%，糙米粒长6.83mm，糙米长宽比2.57，垩白粒率55%，垩白度29%，胶稠度38mm，直链淀粉含量22%，蛋白质含量9.8%。

抗性：高感稻瘟病。

产量及适宜地区：2000—2001年参加四川省中籼中熟组区域试验，2年区域试验平均单产7.91t/hm²，比对照辐优838增产6.60%。2001年生产试验，平均单产7.79t/hm²，比对照辐优838增产9.59%。2003—2004年参加长江中下游晚籼中迟熟组品种区域试验，2年区域试验平均单产7.64t/hm²，比对照汕优46增产4.80%。2005年生产试验，平均单产6.85t/hm²，比对照汕优46减产0.24%。该品种2002年以来累计推广面积超过4.00万hm²。适宜在广西中北部、广东北部、福建中北部、江西中南部、湖南中南部、浙江南部的稻瘟病轻发的双季稻区作晚稻种植。以及四川省种植辐优838的地区和重庆市海拔800m以下稻瘟病非常发区作一季中稻种植。

栽培技术要点：①适时早播，培育壮秧。在泸州地区，播期3月10日左右较好，稀播地膜秧，秧龄35d左右较佳，用种量22.5kg/hm²。②适当密植，插足基本苗，栽培规格26.6cm×16.7cm，栽插22.5万~30.0万穴/hm²，每穴栽插2苗。栽后注意控制有效穗，确保有效穗270万~300万穗/hm²。③配方施肥，肥水管理基本同辐优838。④适当防治纹枯病。

K优8615 (K you 8615)

品种来源：四川省农业科学院水稻高粱研究所用K18A/泸恢615配组而成。2001年通过四川省农作物品种审定委员会审定。2007年通过重庆引种试验。

形态特征和生物学特性：属籼型三系杂交中稻迟熟品种，全生育期148.5d，比对照汕优63早熟1d。株高113.3cm，株型较紧凑，叶片直立，叶色深绿，叶缘、柱头紫色，分蘖力较强，穗层整齐，熟期转色好。有效穗数240万～255万穗/hm²，穗长22.7cm，每穗平均着粒129.8粒，结实率82.4%，颖壳黄色，籽粒椭圆形，颖尖紫色，种皮白色，顶部部分籽粒有短芒，千粒重30g。

品质特性：整精米率54.1%，垩白粒率9%，垩白度1.2%，直链淀粉含量16.7%。

抗性：中抗稻瘟病，重感纹枯病。

产量及适宜地区：1999—2000年参加四川省中籼迟熟区域试验，2年区域试验平均单产8.32t/hm²，较对照汕优63增3.93%；2000年参加生产试验，平均单产8.17t/hm²，比对照汕优63增产2.48%，大面积生产试验8.25～9.00t/hm²。该品种2001年以来累计推广面积超过2.00万hm²。适宜四川、重庆海拔800m以下稻瘟病非常发区种植。

栽培技术要点：适时播种，培育壮秧，栽插22.5万穴/hm²。重施底肥，早施追肥，氮、磷、钾配合施用。注意纹枯病防治。

K优8725 (K you 8725)

品种来源：四川省农业科学院水稻高粱研究所用K18A/绵恢725配组而成。2000年通过四川省农作物品种审定委员会审定。

形态特征和生物学特性：属籼型三系杂交中稻迟熟品种，全生育期148d，比对照汕优63早熟1～2d。株高110cm，苗期长势旺，叶色淡绿，叶鞘、叶缘、柱头紫色，株型紧凑适中，分蘖力强，抽穗整齐，后期转色好。有效穗数218.4万穗/hm²，成穗率69%，每穗平均着粒154.8粒，实粒数134.4粒，结实率86.8%，颖壳黄色，籽粒椭圆形，稃尖紫色，种皮白色，有短芒，千粒重29g。

品质特性：糙米率82.9%，整精米率43.5%，糙米粒长6.8mm，糙米长宽比2.8，垩白粒率81%，垩白度16.6%，胶稠度48mm，直链淀粉含量21.6%。

抗性：高感稻瘟病。

产量及适宜地区：1998—1999年参加四川省中籼优质组区域试验，2年区域试验平均单产8.20t/hm²，比对照汕优63增产5.86%；1999年生产试验，平均单产8.79t/hm²，比对照汕优63增产8%。适宜四川稻区作一季中稻种植。

栽培技术要点：适时播种，培育壮秧，播期同汕优63，用种量22.5kg/hm²。栽插密度采用宽窄行16.7cm×（33.3＋20）/2cm，每穴栽插2苗。施足底肥，插秧前施纯氮120～150kg/hm²，过磷酸钙300kg/hm²，钾肥75kg/hm²。栽后7d和孕穗期追肥，施纯氮45kg/hm²。

K优877（K you 877）

品种来源：四川省农业科学院水稻高粱研究所用自育的新质源不育系K18A与早熟恢复系明恢77配组育成。分别通过四川省（2002）、江西省（2008）农作物品种审定委员会审定。2009年通过陕西省引种鉴定。

形态特征和生物学特性：属籼型三系杂交中、早熟中稻品种。全生育期151.0d，比对照汕窄8号长5d。株高85～86cm，株型较紧凑，叶色深绿，叶鞘、叶缘、柱头紫色，主茎叶片数14～15叶，分蘖力较强。有效穗数240万～255万穗/hm²，每穗着粒130～140粒，结实率80%左右，颖壳黄色，籽粒细长形，稃尖紫色，种皮白色，有顶芒，千粒重28～29g。

品质特性：糙米率78.0%，精米率65.8%，整精米率55.5%，糙米粒长7.2mm，糙米长宽比3.0，垩白粒率91%，垩白度10.0%，直链淀粉含量22.9%，胶稠度50mm。

抗性：中感稻瘟病、白叶枯病、稻曲病，感纹枯病。

产量及适宜地区：2000—2001年参加四川省中籼早熟组区域试验，2年区域试验平均产量6.75t/hm²，比对照汕窄8号增产7.36%；2001年生产试验，平均产量6.8t/hm²，比对照汕窄8号增产8.55%。2006—2007年参加江西省水稻区域试验，2年区域试验平均产量6.78t/hm²，比对照金优207增产10.16%。该品种2002年以来累计推广面积超过3.00万hm²。适宜四川省800m以下山区，陕西省汉中、安康市海拔750m以下稻瘟病轻发区和江西省稻瘟病轻发区种植。

栽培技术要点：①适时播种，培育壮秧，用种量18.75～22.5kg/hm²。②合理密植，栽插22.5万穴/hm²以上，每穴栽插2～3苗，5叶前移栽。③合理施肥，重底肥早追肥，氮、磷、钾配合，一般每公顷施纯氮120～150kg、过磷酸钙300kg、钾肥75kg，栽后7d施45kg/hm²纯氮作追肥。④及时防治纹枯病和螟虫。

K优926（K you 926）

品种来源：四川省农业科学院水稻高粱研究所用K17A与泸恢926配组育成。1999年通过重庆市农作物品种审定委员会审定。

形态特征和生物学特性：属籼型三系杂交中稻品种。全生育期147d，比对照汕优63早2～3d。株高105cm，株型紧凑，剑叶直立，叶色深绿，叶鞘、叶缘、叶耳、柱头紫色，分蘖力强，成穗率较高。有效穗数255万～270万穗/hm²，每穗平均着粒135粒左右，结实率83.9%，颖壳黄色，籽粒椭圆形，稃尖紫色，种皮白色，有顶芒，千粒重28.6g。再生力强。

品质特性：稻米整精米率57.8%，透明度1级，适口性好，被评为重庆市优质稻米组合。

抗性：中抗纹枯病和稻瘟病，对不良栽培适应能力较强。

产量及适宜地区：1996年、1998年、1999年三年参加中稻＋再生稻的品种比较试验，平均产量10.9t/hm²，比对照汕优63增产3.36%。据多点试验与示范，K优926头季稻产量变幅为7.5～8.25t/hm²，与对照汕优63产量相近，再生稻比对照汕优63增产20%～30%，两季总产比对照汕优63增产3%～5%。该品种1999年以来累计推广面积超过16.00万hm²。适宜在重庆市海拔350m以下地区作中稻＋再生稻或海拔600～1 000m地区作优质杂交中稻栽培。

栽培技术要点：再生稻地区在3月5日前播种，深丘及低山地区在3月中旬播种，地膜保温旱育秧或旱育抛秧，稀播匀播培育带蘖壮秧，用种量在18.75kg/hm²以上。秧苗4～5叶时移栽，栽插27万穴/hm²左右，每穴栽插2苗。采用"前促中稳后保"的施肥方法，施纯氮120～150kg/hm²、五氧化二磷60kg/hm²、氧化钾75kg/hm²、硫酸锌15kg/hm²，磷、钾、锌全作底肥，氮肥为底肥60%，追肥40%（分两次，栽后7d和孕穗期各追20%）。注意防治病虫害。

K优AG（K you AG）

品种来源：湖南隆平高科农平种业有限公司、四川隆平高科种业有限公司、四川省农业科学院水稻高粱研究所合作以K17A/AG配组而成。2006年通过四川省农作物品种审定委员会审定。

形态特征和生物学特性：属籼型三系杂交中稻品种。全生育期147.2d，比对照汕优63短0.7d。株高114.7cm，株型紧凑适中，叶片挺直，叶缘、叶鞘、叶耳紫色。有效穗数235.5万穗/hm²，穗长24.4cm，每穗平均着粒157.2粒，结实率81.4%，颖壳黄色，籽粒椭圆形，稃尖紫色，种皮白色，部分顶端籽粒有短芒，千粒重28.1g。

品质特性：糙米率81.5%，整精米率63.7%，糙米粒长6.2mm，糙米长宽比2.5，垩白粒率88%，垩白度12.5%，胶稠度55mm，直链淀粉含量21.0%。

抗性：高感稻瘟病。

产量及适宜地区：2004—2005年参加四川省中籼迟熟组区域试验，2年区域试验平均产量8.05t/hm²，比对照汕优63增产7.14%；2005年生产试验平均产量8.08t/hm²，比对照汕优63增产8.26%。适宜四川平坝和丘陵地区作一季中稻种植。

栽培技术要点：①适时播种，宜在3月上旬至4月初播种，秧龄40～45d。②适宜宽窄行种植，栽插19.5万～21万穴/hm²。③宜采用重底肥、早追肥、后补肥的施肥方法，底肥占总用肥量的70%，以有机肥为最好。氮、磷、钾肥配合施用，纯氮：五氧化二磷：氧化钾为2：1：1。④移栽返青后，浅水促分蘖，到时或苗足晒田，幼穗分化减数分裂期复水，收割前1周断水。⑤根据当地植保部门的病虫预报，及时对螟虫、稻瘟病等病虫害进行预防与防治。

N优1577（N you 1577）

品种来源：四川省宜宾市农业科学研究所和内江杂交水稻科技开发中心用N7A/宜恢1577配组而成。2003年通过四川省农作物品种审定委员会审定。

形态特征和生物学特性：属籼型三系杂交中稻品种。全生育期152d左右，比对照汕优63长1.2d。株型较紧凑，前期长势旺，叶色淡绿，剑叶宽直，穗层整齐，穗大粒多，后期转色好，株高112cm左右。每穗着粒180～185粒，结实率75%～78%，颖壳黄色，籽粒椭圆形，种皮白色，有顶芒，千粒重26g左右。

品质特性：糙米率81%，精米率70%左右，整精米率56.65%，糙米长宽比2.7。

抗性：感稻瘟病。

产量及适宜地区：2001—2002年参加四川省中籼迟熟组区域试验，2年区域试验平均产量8.36t/hm^2，比对照汕优63增产4.37%；2002年省生产试验平均产量8.71t/hm^2，比对照种汕优63增产9.49%。适宜四川省平坝、丘陵地区种植。

栽培技术要点：①播种期：四川东南部3月上中旬播种，西北部3月下旬或4月初播种，秧龄30～40d。②栽插密度：26.6cm×16.7cm或（40+20）cm×13.3cm，每穴栽插2苗。③施肥：大田以有机肥为主，氮、磷、钾混合施用，施纯氮150kg/hm^2，重底肥，早追肥。

N优69 （N you 69）

品种来源：内江杂交水稻科技开发中心用N5A/内恢97-69配组而成。2001年通过四川省农作物品种审定委员会审定，2005年通过贵州引种试验。

形态特征和生物学特性：属籼型三系杂交中稻品种。全生育期148d，与对照汕优63相同。株高110～112cm。苗期生长势旺，株松散适中，叶片中直，群体整齐一致，成熟转色好，不早衰，分蘖力强，一般单株有效穗12～14穗，成穗率70％左右，穗长24.0cm，每穗平均着粒150粒左右，结实率85％，颖壳黄色，籽粒椭圆形，种皮白色，籽粒饱满，无芒，千粒重28.5g。

品质特性：糙米率81.6％，精米率68.2％，整精米率49.1％，加工、外观和食味品质优于对照汕优63。

抗性：高感稻瘟病，秆硬抗倒伏。

产量及适宜地区：1999—2000年参加四川省中籼迟熟区域试验，2年区域试验平均产量8.14t/hm²，比对照汕优63增产5.07％。2000年四川省生产试验，平均产量8.20t/hm²，比对照汕优63增产2.88％。适宜四川省及南方稻区作一季中稻或双季晚稻种植。

栽培技术要点：①适时早播，播种期3月下旬至4月上旬为宜，秧龄35～40d，稀播培育多蘖壮秧。②栽插密度：栽插19.5万～22.5万穴/hm²，栽插基本苗控制在120万～150万苗/hm²，有效穗控制在240万～300万穗/hm²。③重底肥，早追肥，注意氮、磷、钾肥的合理搭配使用，中等偏上肥水管理。

N优92-4 （N you 92-4）

品种来源：内江杂交水稻科技开发中心用N7A/内恢92-4配组而成。分别通过贵州省（2000）、四川省（2002）农作物品种审定委员会审定。2007年获国家植物新品种权，品种权号：CNA20030381.3

形态特征和生物学特性：属籼型三系杂交中稻。全生育期153.8d，比对照汕优63长1.8d。株高115～120cm。群体整齐，苗期生长势旺，分蘖力强，叶色淡绿，叶片稍宽长直，株型好，穗大粒重，后期熟色好，不早衰，再生力强。穗长26.0cm左右，每穗平均着粒153.9粒左右，结实率80%以上，颖壳黄色，稃尖紫色，种皮白色，无芒，千粒重29.3g。

品质特性：糙米粒长7.33mm，糙米长宽比3.15，稻米半透明，油渍状，垩白少，加工外观和食味品质均优于汕优63，食味佳，口感好。

抗性：叶瘟4～6级，穗颈瘟1～9级，抗性优于对照。

产量及适宜地区：2000—2001年参加四川省水稻中籼迟熟组区域试验，2年区域试验平均产量8.35t/hm²，比对照汕优63增产2.73%。2001年生产试验，平均产量8.36t/hm²，比对照汕优63增产8.62%。1999—2000年参加贵州省水稻区域试验，2年区域试验平均产量8.68t/hm²，较汕优6 3增产7.9%。1999年参加云南省引种试验，平均产量10.96t/hm²，比对照汕优63增产24.5%。适宜四川省及南方稻区作一季中稻或双季晚稻种植。

栽培技术要点：①适时早播，播种期3月初至4月初为宜，可采用湿润地膜育秧或温室两段育秧，培育多蘖壮秧，以栽中苗为好，每穴栽插2苗，易获高产。②用种量11.25～15.00kg/hm²，栽插18万～19.5万穴/hm²，基本苗保证在150万苗/hm²左右，有效穗控制在17万～19万穗/hm²。③栽培宜中等偏上肥水管理。施肥管理上宜重底肥，早追肥。注意氮、磷、钾肥的合理搭配，忌偏施氮肥。超高产栽培必需增施磷、钾肥，提高结实率。④其他栽培措施同汕优63的栽培。

N优94-11 (N you 94-11)

品种来源：内江杂交水稻科技开发中心用N7A内恢94-11配组而成。2001年通过四川省农作物品种审定委员会审定。

形态特征和生物学特性：属籼型三系杂交中稻品种。全生育期148～152d，比对照汕优63长2～3d。株高115～120cm。株型好，群体整齐，苗期生长势旺，分蘖力强，叶色淡绿，叶片稍宽长直，后期熟色好，不早衰，再生力强。穗大粒重，每穗平均着粒164.0粒左右，结实率80%以上，颖壳黄色，籽粒椭圆形，部分顶端籽粒有顶芒，种皮白色，千粒重30g左右。

品质特性：糙米率81.9%，精米率68.3%，整精米率51.4%，加工、外观和食味品质优于对照汕优63，食味佳，口感好。

抗性：中抗稻瘟病，适应性广。

产量及适宜地区：1999—2000年参加四川省中籼迟熟组区域试验，2年区域试验平均单产8.31t/hm²，比对照汕优63增产3.8%；2000年生产试验，平均单产8.33t/hm²，比对照汕优63增产3.68%。适宜四川省及南方稻区作一季中稻，或一季中稻加再生稻或双季晚稻种植。

栽培技术要点：①适时早播，播种期3月初至4月初为宜，可采用湿润地膜育秧或温室两段育秧，培育多蘖壮秧，以栽中苗为好，栽插2苗易获高产。②用种量11.25～15kg/hm²，栽插18万～19.5万穴/hm²，基本苗保证在150万苗/hm²左右，有效穗控制在18万～20万穗/hm²。③宜中等偏上肥水管理，施肥管理宜重底早追。注意氮、磷、钾肥的合理搭配，切忌偏施氮肥。超高产栽培适当增施磷、钾肥。④其他栽培措施同汕优63的栽培。

Y两优973（Y liangyou 973）

品种来源：四川泰隆超级杂交稻研究所和四川泰隆农业科技有限公司合作以Y58S/泰恢973配组而成。2012年通过四川省农作物品种审定委员会审定。

形态特征和生物学特性：属两系杂交中籼稻品种。作中稻栽培，全生育期平均151.3d，比对照冈优725短1.8d。株高117.2cm，株型适中，叶片绿色，叶鞘、柱头、叶耳紫色。剑叶直立，有效穗数201万穗/hm²，穗长27.2cm，每穗平均着粒193.2粒，结实率85.9%，颖壳黄色，颖尖紫色，籽粒椭圆形，种皮白色，无芒，千粒重27.2g。

品质特性：糙米率80.4%，整精米率58.9%，糙米长宽比2.8，垩白粒率45%，垩白度5.6%，胶稠度88mm，直链淀粉含量14.0%，蛋白质含量7.9%。

抗性：感稻瘟病。

产量及适宜地区：2010—2011年参加四川省水稻中籼迟熟组区域试验，2年区域试验平均产量8.10t/hm²，比对照冈优725增产4.85%，增产点率84%。2011年生产试验，平均产量8.98t/hm²，比对照冈优725增产7.36%。适宜四川平坝和丘陵地区种植。

栽培技术要点：①适时早播，3月上旬至4月初播种，秧龄40～45d。②合理密植，宽窄行种植，栽插18万穴/hm²左右。③肥水管理，宜采用重底肥、早追肥、后补肥的施肥方式，底肥占70%，以有机肥为最好，氮、磷、钾肥搭配使用，前期浅水管理，后期湿润管理至成熟。④根据植保预测预报，综合防治病虫害，注意防治稻瘟病。

Z优272 (Z you 272)

品种来源：四川确良种业有限责任公司、四川神农生物育种有限责任公司以Z7A/R272配组而成。2007年通过四川省农作物品种审定委员会审定，2010年通过重庆市引种鉴定。

形态特征和生物学特性：属籼型三系杂交中稻品种。全生育期149.0d，比对照汕优63长0.1d。株高112.4cm，株型紧凑适中，分蘖力较强，穗层整齐，成熟时落黄转色好，脱粒性好。有效穗数235.05万穗/hm²，穗长24.6cm，每穗平均着粒137.7粒，结实率80.0%，颖壳黄色，籽粒细长形，种皮白色，无芒，千粒重32.2g。

品质特性：糙米率79.7%，精米率70.9%，整精米率58.7%，糙米粒长6.9mm，糙米长宽比3.0，垩白粒率38%，垩白度14.1%，透明度2级，碱消值4.2级，胶稠度76mm，直链淀粉含量12.9%，蛋白质含量7.1%。

抗性：高感稻瘟病。

产量及适宜地区：2004—2005年参加四川省中籼迟熟组区域试验，2年区域试验平均产量7.75t/hm²，比对照汕优63增产5.21%；2006年生产试验平均产量8.05t/hm²，比对照汕优63增产5.38%。四川平坝和丘陵地区作一季中稻种植。

栽培技术要点：①适时播种，培育壮秧。4月上旬播种为宜，秧龄30～40d以内，加强秧田水分管理，培育多蘖壮秧。②合理密植，中等肥力田块移栽密度以18万～22万穴/hm²、栽插基本苗以180万苗/hm²左右为宜。③合理施肥，重施底肥，早追分蘖肥，巧施壮籽肥，底肥以有机肥为主。一般氮、磷、钾用量比例为1.0：0.6：0.8。④科学水分管理，浅水插秧，薄水促蘖。⑤病虫害防治，根据病虫预测预报，及时防治病虫害，而药剂应选择广谱、高效、低毒、低残留、残留期短的。⑥适期收获，保证品质。

矮优S（Aiyou S）

品种来源：原四川省江北县种子公司以二九矮4号A与S配组而成。1985年通过四川省农作物品种审定委员会审定。

形态特征和生物学特性：属籼型三系杂交中熟中稻品种。全生育期140d左右，比对照汕优2号早熟7～10d。株型集散适中，分蘖力较强。株高105cm，每穗平均着粒231粒，结实率80%左右，颖壳黄色，籽粒椭圆形，种皮白色，无芒，千粒重30.4g，需肥量较少，繁殖、制种产量高。

品质特性：米质较好。

抗性：感稻瘟病、白叶枯病。

产量及适宜地区：参加重庆市平丘区区域试验，平均产量7.77t/hm^2，比对照汕优2号减产2.04%；参加四川省中籼山区组区域试验，平均产量8.77t/hm^2，比对照汕优2号增产8.4%。大面积生产示范种植产量在7.5t/hm^{2}以上。适宜在四川省平坝、丘陵、低山区非稻瘟病区或轻病区种植。

栽培技术要点：适时早播，培育多蘖壮秧。合理密植，栽足基本苗。合理施肥，重底肥，早追肥。够苗晒田，控制无效分蘖。

八汕63（Bashan 63）

品种来源：绵阳农业专科学校用八汕A与明恢63配组育成。1987年通过四川省农作物品种审定委员会审定。

形态特征和生物学特性：属籼型三系杂交中稻品种。全生育期150d左右。株型适中，繁茂性好，叶片较宽，色绿，叶鞘、叶缘、柱头紫色，分蘖力较强，后期有早衰现象。株高105cm左右，穗长25.4cm，每穗平均着粒124粒，结实率87.7%，颖壳黄色，籽粒椭圆形，稃尖紫色，种皮白色，有顶芒，千粒重27g左右。

品质特性：加工品质、适口性中上。

抗性：抗稻瘟病，感纹枯病。

产量及适宜地区：1985—1986年参加绵阳市水稻区域试验，2年区域试验平均产量8.37t/hm²，1986年参加成都市水稻区域试验，平均产量9.50t/hm²，比对照汕优63增产1.2%，同年绵阳、德阳、岳池、安县等地示范种植0.47万hm²，一般产量7.50t/hm²以上，与对照汕优63产量相近。该品种1987年以来累计推广面积超过5.13万hm²。适宜四川省平丘区作搭配品种使用。

栽培技术要点：盆地3月下旬至4月初播种为宜，秧龄40～60d，栽插基本苗135万苗/hm²左右。

标优2号 （Biaoyou 2）

品种来源：四川省农业科学院作物研究所所用M52A/成恢19配组而成。2003年通过四川省农作物品种审定委员会审定；2005年通过贵州引种鉴定。

形态特征和生物学特性：属籼型三系杂交早熟中稻品种。全生育期148.8d，比对照汕窄8号长1.6d。株高95.1cm，叶片长宽适中，剑叶直叶，叶色深绿。有效穗数242.7万穗/hm²，穗长24cm，每穗平均着粒数157粒，结实率78.5%，谷粒淡黄色，籽粒长粒、椭圆形，稃尖无色，种皮白色，无芒，籽粒饱满，千粒重23.95g。

品质特性：糙米率82.6%，精米率76.0%，整精米率71.1%，透明度1级，碱消值7.0级，胶稠度75mm，直链淀粉含量17.1%，糙米粒长6.3mm，糙米长宽比2.9，垩白度2.4%，垩白粒率13%，米质达到国颁二级优质米标准。

抗性：高感稻瘟病。

产量及适宜地区：2001—2002年参加四川省水稻中籼早熟组区域试验，2年区域试验平均产量6.81t/hm²，比对照汕窄8号增产6.56%；2001年生产试验，平均产量7.32t/hm²，比对照汕窄8号增产9.8%。该品种2003年以来累计推广面积超过2.00万hm²。适宜四川省盆周山区稻瘟病非常发区，以及贵州省遵义市、贵阳市海拔1100m以下、铜仁地区海拔900m以下、黔南州（都匀市、平塘县、荔波县、惠水县、长顺县除外）、黔东南州、黔西南州中籼迟熟稻区种植。

栽培技术要点：①适时早播，培育多蘖壮秧：3月底或4月上旬播种为宜。②合理密植，插足基本苗：适宜密度为15cm×20cm的宽行条栽，也可采用（30+16）cm×16cm的宽窄行栽培，每穴栽插2～3苗，基本苗要求达到120万～150万苗/hm²。③科学肥水管理，建立高产的群体结构：在重施底肥的基础上，早施分蘖肥，促进早发稳长，提高分蘖成穗率。氮、磷、钾合理配合，适时施入。本田用氮量120～135kg/hm²左右，底肥占70%～80%，追肥20%～30%。④及时综合防治病虫害。

长优838（Changyou 838）

品种来源：四川省农业科学院作物研究所用自育早熟不育系长132A与辐恢838配组而成。分别通过四川省（2002）、湖南省（2009）农作物品种审定委员会审定。

形态特征和生物学特性：属籼型三系杂交中熟中稻品种。全生育期147.6d，比对照辐优838长1d左右。株型较松散，植株整齐，叶下禾，生长繁茂，分蘖力中等，叶色浓绿，剑叶宽大、直立，叶鞘、柱头紫色，分蘖力较强，着粒稀，落色一般。株高105cm，穗长24cm，有效穗数243万穗/hm²，成穗率72%，每穗平均着粒141粒，结实率82%，颖壳黄色，籽粒细长形，稃尖紫色，种皮白色，顶芒，千粒重28.7g。

品质特性：糙米率81.5%，精米率73.2%，整精米率50.9%，糙米粒长7.0mm，糙米长宽比3.0，垩白粒率70%，垩白度16.7%，透明度2级，碱消值4.5级，胶稠度81mm，直链淀粉含量21.8%，蛋白质含量8.0%。

抗性：高感稻瘟病和褐飞虱，中感白叶枯病和纹枯病，耐低温、高温能力较强。

产量及适宜地区：2000—2001年四川省中籼中熟组区域试验，2年区域试验平均单产7.82t/hm²，比对照辐优838增产5.43%；2001年生产试验，平均单产7.83t/hm²，比对照增产7.27%。2006年湖南省高产组区域试验平均单产8.60t/hm²，比对照两优培九减产2.8%；2007年转中熟组续试平均单产8.00t/hm²，比对照金优207增产20.2%，该品种2002年以来累计推广面积超过40万hm²。适宜在四川省平坝、丘陵稻瘟病轻发区和湖南省海拔600m以下稻瘟病轻发的山丘区作一季中稻种植。

栽培技术要点：适时早播；湿润育秧，秧龄35d左右；栽插密度25.5万穴/hm²左右，栽插基本苗180万苗/hm²左右，有效穗255万～270万穗/hm²；肥力中等。

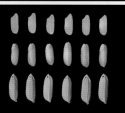

常优87-88 （Changyou 87-88）

品种来源：中国科学院成都生物研究所和湖南长沙农业现代化研究所以常菲22A为母本与恢复系远诱1号作父本配组而成。1994年通过四川省农作物品种审定委员会审定。

形态特征和生物学特性：属籼型三系杂交中稻品种。全生育期146.6d，与对照矮优S相当。株型紧散适中，分蘖力较强，后期转色好，成熟时谷黄秆青，穗层整齐。株高110cm左右，有效穗数240万～270万穗/hm²，每穗平均着粒170粒，结实率80%左右，籽粒饱满，充实度高，颖壳黄色，籽粒椭圆形，稃尖无色，种皮白色，无芒，千粒重28～29g。

品质特性：糙米率80%左右，精米率70%左右。米饭色洁白、滋润可口，冷饭不硬，食味性好，食味佳。

抗性：高抗白叶枯病，中抗稻瘟病，轻感纹枯病，苗期耐寒性强，抽穗及花期耐高温，后期抗倒伏性佳。

产量及适宜地区：1992—1993年参加四川省水稻区域试验，2年区域试验平均产量8.07t/hm²，比对照矮优S增产0.67%；1993年生产试点平均产量6.75t/hm²，比对照矮优S增产6.07%。适宜D优63和汕优63种植的平坝、丘陵、山区各类肥力的稻田，尤其对冷浸田有较强的适应性。

栽培技术要点：①适时早播，培育带蘖壮秧：2月下旬至3月上旬播种，以45d左右秧龄为宜。②宽行窄株，合理密植：规格（33+17）cm×17cm，栽插27万～30万穴/hm²，栽插基本苗150万～180万苗/hm²。③科学配方施肥促高产重施底肥，早施追肥，巧施穗肥。④科学排灌夺高产：浅水栽秧，深水活棵，薄水分蘖。采用灌跑马水，保持田间浅水、湿交替，多次晾田，及早控苗。⑤及时防治病虫危害。

成丰优188（Chengfengyou 188）

品种来源：乐山市农业科学研究院和福建省农业科学院水稻研究所合作以成丰A/乐恢188配组而成。2013年通过四川省农作物品种审定委员会审定。

形态特征和生物学特性：属三系杂交中籼稻品种。作中稻栽培，全生育期平均150.0d，比对照冈优725长2.2d。株高122.7cm，株型适中，叶色较深，叶片较宽大，叶鞘、叶缘、柱头紫色。有效穗数196.5万穗/hm²，穗长26.9cm，每穗平均着粒197.5粒，结实率74.5%，颖壳黄色，籽粒椭圆形，稃尖紫色，部分短顶芒，种皮白色，千粒重31.0g，

品质特性：糙米率80.2%，整精米率54.0%，糙米长宽比2.7，垩白粒率81%，垩白度14.4%，胶稠度78mm，直链淀粉含量20.6%，蛋白质含量9.7%。

抗性：感稻瘟病。

产量及适宜地区：2011—2012年参加四川省水稻中籼迟熟组区域试验，2年区域试验平均产量8.48t/hm²，比对照冈优725增产7.25%。2012年生产试验，平均产量8.53t/hm²，比对照冈优725增产8.52%。适宜四川平坝和丘陵地区种植。

栽培技术要点：①适时播种，培育多蘖壮秧：秧龄35～40d。②合理密植，栽插15万～18万穴/hm²左右。③肥水管理，基肥、分蘖肥及穗肥的比例为4∶4∶2，浅水移栽，薄水分蘖，保水抽穗扬花，干湿交替灌溉方式管水。④病虫害防治，根据植保预测预报，及时防治病虫害，注意防治稻瘟病。

川7优89（Chuan 7 you 89）

品种来源：四川省绵阳市农业科学研究所和四川省农业科学院作物研究所用川7A/绵恢89配组育成。2002年通过四川省农作物品种审定委员会审定。

形态特征和生物学特性：属籼型三系杂交中稻品种。全生育期153.0d，比对照汕优63长1d。株型较紧凑，叶片绿色，叶鞘、柱头紫色，分蘖力较强，繁茂性好，穗层整齐，成熟时转色好。株高119.0cm，穗长26.1cm，有效穗数225万穗/hm²左右，每穗着粒150～160粒，结实率80%左右，颖壳黄色，籽粒细长形，稃尖紫色，种皮白色，部分顶芒，千粒重31.1g。

品质特性：加工、外观、食味品质与对照汕优63相当。

抗性：感稻瘟病。

产量及适宜地区：2000—2001年参加四川省中籼迟熟组区域试验，2年区域试验平均产量8.46t/hm²，比对照汕优63增产4.17%。2001年生产试验，平均产量8.36t/hm²，比对照汕优63增产6.3%。适宜四川省平坝、丘陵地区一季中稻区种植。

栽培技术要点：①适时早播，培育多蘖壮秧，秧龄50d左右（播期在绵阳为3月下旬至4月上旬）。②合理密植，栽插22.5万穴/hm²，栽插基本苗165万～195万苗/hm²。③合理施肥，每公顷施纯氮150～180kg、硫酸锌18～30kg。总肥量中农家肥占50%，底肥占60%～70%，分蘖肥占20%～30%，穗肥占10%（抽穗前7～10d）。④科学管水，注意防治病虫害。

川丰3号 （Chuanfeng 3）

品种来源：四川省川丰种业育种中心、江油市种子公司以Ⅱ-32A/JR885配组而成。2000年通过四川省农作物品种审定委员会审定，2005年通过贵州省引种鉴定。

形态特征和生物学特性：属籼型三系杂交迟熟中稻品种。全生育期153d，比对照汕优63长4d。植株生长整齐，苗期长势中等，株型紧凑，叶色深绿，叶片较窄而长，叶鞘、叶缘、柱头紫色。株高114.9cm，分蘖力偏弱，有效穗数236.7万穗/hm²，穗长24cm，每穗平均着粒153.9粒，结实率84.4%，颖壳黄色，籽粒椭圆形，颖尖紫色，种皮白色，无芒，千粒重28.5g。

品质特性：综合品质优于对照汕优63。

抗性：中感稻瘟病，抗倒伏力较强。

产量及适宜地区：1998—1999年参加四川省中籼迟熟组区域试验，2年区域试验平均产量8.19t/hm²，比对照汕优63增产3.01%；1999年生产试验，平均产量8.37t/hm²，比对照汕优63增产2.6%。2005年贵州省赤水市引种试验中，平均产量7.65t/hm²，与对照冈优151产量相近。该品种2000年以来累计推广面积超过8.50万hm²。适宜四川稻区、贵州省赤水市海拔800m以下中籼迟熟稻区作一季中稻种植。

栽培技术要点：适时早播，培养多蘖壮秧，适龄移栽，合理密植，栽足基本苗，氮、磷、钾配合施用，重底肥，早追肥，及时防治病虫害。

川丰4号（Chuanfeng 4）

品种来源：四川省川丰种业育种中心以江育80A/江恢364配组而成，又名：80优364。2001年通过四川省农作物品种审定委员会审定。

形态特征和生物学特性：属籼型三系杂交水稻。全生育期149.6d，较对照汕优63短0.2d。株型紧凑，叶色深绿，叶片较窄而长，茎秆粗壮，穗粒重协调，熟期转色好，株高111.7cm，分蘖力偏弱。有效穗数240万穗/hm²，穗长24.0cm，每穗平均着粒143.4粒，结实率83.3%，颖壳黄色，籽粒椭圆形，稃尖无色，种皮白色，有短顶芒，千粒重27.4g。

品质特性：糙米率81.3%，精米率66.9%，整精米率42.6%。糙米长宽比2.75，加工品质与对照相当，外观和食味品质优于对照汕优63。

抗性：抗稻瘟病性强于对照汕优63。

产量及适宜地区：1999—2000年四川省中籼迟熟组区域试验，2年区域试验平均产量8.33t/hm²，比对照汕优63增产4.09%；2000年生产试验，平均产量8.00t/hm²，比对照汕优63增产0.03%。适宜四川省平坝及丘陵区作一季中稻种植。

栽培技术要点：①早播适龄移栽。适宜秧龄为45～50d，最迟不超过60d。②栽插密度。栽插22.5万～27万穴/hm²，栽插基本苗135万～150万苗/hm²。③一般田块用纯氮量不少于150kg/hm²，氮、磷、钾比例为1.0∶0.5∶（0.7～1.0）。④及时防治病虫害。

川丰5号 （Chuanfeng 5）

品种来源：四川省川丰种业育种中心以金23A/江恢364配组而成，又名：金优364。2001年通过四川省农作物品种审定委员会审定，2005年通过贵州省引种鉴定。

形态特征和生物学特性：属籼型三系杂交中稻品种。全生育期150.7d，比对照汕优63长0.6d。苗期长势旺，株型紧凑，茎秆粗壮，叶色深绿，叶片较窄而长，株高112.4cm，分蘖力较强，穗粒重协调，谷粒饱满，后期转色好。有效穗数240万穗/hm²，穗长24.7cm，每穗平均着粒159.6粒，颖壳黄色，籽粒长粒、椭圆形，种皮白色，有顶芒，千粒重27.0g。

品质特性：糙米率82.1%，精米率74.9%，整精米率57.1%，糙米长宽比3.0，直链淀粉含量21.65%，蛋白质9.6%。加工、外观、食用品质均优于汕优63。

抗性：高感稻瘟病。

产量及适宜地区：1999—2000年参加四川省优质米组区域试验，2年区域试验平均产量7.77t/hm²，比对照汕优63减产1.24%，2000年生产试验，平均产量7.93t/hm²，比对照汕优63增产2.42%。适宜四川省平坝、丘陵区以及贵州省遵义市、铜仁地区海拔900m以下中籼迟熟稻区种植。

栽培技术要点：①适期早播，适龄移栽，宜栽秧龄45～50d。②施肥比例氮磷钾为1：0.5：（0.7～1），底肥占60%，苗肥20%，穗肥20%。③栽培规格23.3cm×16.7cm或26.7cm×16.7cm为宜，栽插基本苗135万～150万苗/hm²。④及时防治纹枯病和稻瘟病。

川丰6号 （Chuanfeng 6）

品种来源：四川省川丰种业育种中心、中国水稻研究所以中9A/江恢151配组而成。分别通过四川省（2002）和湖北省（2008）农作物品种审定委员会审定，分别通过贵州省（2005）、重庆市（2005）、陕西省（2006）引种鉴定。

形态特征和生物学特性：属籼型三系杂交中稻品种。全生育期150.6d，比对照汕优63短0.5d。株型紧凑，繁茂性好，叶片较窄而长，叶色青绿，叶鞘和稃尖无色。株高120.5cm。有效穗数244万穗/hm²，穗长25.7cm，每穗平均着粒168.6粒，结实率76.3%，颖壳黄色，籽粒细长形，稃尖无色，种皮白色，顶端部分籽粒有顶芒，千粒重27.53g。

品质特性：糙米率78.5%，整精米率52.0%，垩白粒率27%，垩白度3.2%，直链淀粉含量22.0%，胶稠度74mm，糙米长宽比3.0，主要理化指标达到国颁三级优质稻谷质量标准。

抗性：高感稻瘟病。

产量及适宜地区：2000—2001年参加四川省优质米组区域试验，2年区域试验平均产量8.19t/hm²，比对照汕优63增产2.46%。2001年生产试验，平均产量8.30t/hm²，比对照汕优63增产5.27%。2005—2007年参加湖北省杂交中籼稻区域试验，3年区域试验平均产量8.86t/hm²，比对照Ⅱ优58增产0.93%。2004年参加重庆市杂交水稻引种A组试验，平均产量8.27t/hm²，比对照汕优63平均增产6.30%。该品种2001年以来累计推广面积超过16.00万hm²。适宜四川省平坝、丘陵区，湖北省恩施土家族苗族自治州海拔800m以下，重庆市海拔900m以下，贵州省铜仁地区海拔800m以下、黔西南州中籼迟熟稻区，陕西省陕南地区等稻瘟病非常发区作一季中稻种植。

栽培技术要点：①适时播种。3月中旬至4月上旬播种。采用旱育早发和旱育抛秧等技术培育多蘖壮秧。②合理密植。栽插18万～22.5万穴/hm²，每穴栽插1～2苗。③肥水管理。要求底肥足，苗肥早，穗肥巧，酌情补施粒肥，注意增施钾肥，补施锌肥。寸水活棵，浅水分蘖，足苗晒田，湿润壮籽。④病虫害防治。生产上要注意防治稻瘟病、纹枯病、螟虫和稻飞虱等病虫害。

川丰7号 （Chuanfeng 7）

品种来源：四川省川丰种育种中心、中国水稻研究所以中9A/江恢364配组而成，又名：中优2号。分别通过四川省（2002）和云南省（2004）农作物品种审定委员会审定；2005年通过陕西省引种鉴定。

形态特征和生物学特性：属籼型三系杂交中稻品种。全生育期151d，与对照汕优63相当。株型适中，分蘖力较强，叶片较宽大、色深绿，叶鞘、柱头无色，株高117cm。有效穗数255万穗/hm²左右，穗长25.4cm，每穗平均着粒162粒，结实率81%左右，颖壳黄色，籽粒细长形，稃尖无色，种皮白色，顶端部分籽粒有顶芒，千粒重25.4g。

品质特性：米质较优。

抗性：高感稻瘟病。

产量及适宜地区：2000—2001年参加四川省中籼迟熟组区域试验，2年区域试验平均产量8.27t/hm²，比对照汕优63增产2.44%；2001年生产试验，平均产量8.21t/hm²，比对照汕优63增产4.4%。适宜四川省平坝和丘陵区及云南省种植汕优63的地区种植。

栽培技术要点：适期播种，秧龄45 ～ 50d，施纯氮不少于150kg/hm²，栽后20d左右及时晒田。

川谷优202 （Chuanguyou 202）

品种来源：四川农业大学水稻研究所、四川农大高科农业有限责任公司以川谷A/蜀恢202配组而成。2010年通过国家农作物品种审定委员会审定。

形态特征和生物学特性：属籼型三系杂交中稻品种。在武陵山区作一季中稻种植，全生育期平均148.0d，比对照Ⅱ优58长0.8d。株型适中，剑叶较宽，有效穗数253.5万穗/hm²，株高117.3cm，穗长26.0cm，每穗平均着粒157.2粒，结实率78.9%，颖壳黄色，籽粒细长形，稃尖紫色，部分籽粒有顶芒，千粒重30.0g。

品质特性：整精米率49.8%，糙米长宽比3.2，垩白粒率72.0%，垩白度8.6%，胶稠度59mm，直链淀粉含量24%。

抗性：中感稻瘟病，中感纹枯病和稻曲病。

产量及适宜地区：2008—2009年参加武陵山区中籼组品种区域试验，2年区域试验平均单产9.01t/hm²，比对照Ⅱ优58增产5.8%；2009年生产试验，平均单产9.13t/hm²，比对照Ⅱ优58增产10.8%。适宜在贵州、湖南、湖北、重庆的武陵山区海拔800m以下稻区作一季中稻种植。

栽培技术要点：①育秧，适时早播，培育壮秧。②移栽，秧龄35～40d为宜，适时早栽，合理密植，大田栽插基本苗120万～150万苗/hm²。③肥水管理，在施肥管理上，以有机肥为主，化肥为辅，缓速效肥结合，多元肥配合，稳氮、控氮、增磷、增钾、补中微、底肥、追肥并重，平衡施肥，施肥比例为底肥60%、蘗肥30%、穗肥10%。在灌溉技术上，坚持"平水移栽活棵、掌水护秧保苗、薄露发根促蘗、够苗轻晒控蘗、浅水孕穗扬花、干湿交替壮籽、排水落干促熟"，抽穗至灌浆期断水不宜过早。④病虫害防治，注意及时防治稻瘟病、纹枯病、螟虫、褐飞虱、稻曲病等病虫害。

川谷优204（Chuanguyou 204）

品种来源：四川农业大学水稻研究所和四川农大高科农业有限责任公司合作以川谷A/蜀恢204配组而成。2011年通过国家农作物品种审定委员会审定。

形态特征和生物学特性：属籼型三系杂交中稻品种。在长江上游作一季中稻种植，全生育期平均158.5d，比对照Ⅱ优838长0.7d。株型适中，长势繁茂，叶片较宽大、色深，分蘖力较强，株高113.3cm，穗长24.7cm，有效穗数229.5万穗/hm²，每穗平均着粒188.1粒，结实率79.9%，颖壳黄色，籽粒椭圆形，稃尖紫色，种皮白色，有顶芒，千粒重27.6g。

品质特性：整精米率69.0%，糙米长宽比2.8，垩白粒率45%，垩白度8.4%，胶稠度80mm，直链淀粉含量22.9%。

抗性：中抗稻瘟病，高感褐飞虱。

产量及适宜地区：2008—2009年参加长江上游中籼迟熟组品种区域试验，2年区域试验平均产量9.0t/hm²，比对照Ⅱ优838增产4.5%，增产点率83.3%；2010年生产试验，平均产量8.88t/hm²，比对照Ⅱ优838增产5.6%。适宜在云南、贵州（武陵山区除外）、重庆（武陵山区除外）的中低海拔籼稻区、四川平坝丘陵稻区（川南稻区除外）、陕西南部稻区的稻瘟病轻发区作一季中稻种植。

栽培技术要点：①育秧，做好种子消毒处理，适时播种，培育多蘖壮秧。②移栽，秧龄35～40d，合理密植，栽插基本苗120万～150万苗/hm²。③肥水管理，施肥管理应做到增前稳后、平衡施肥，以有机肥为主、化肥为辅，氮、磷、钾肥合理搭配，施肥比例为底肥50%、分蘖肥30%、穗肥15%、粒肥5%。水分管理应坚持浅水移栽活棵、薄水发根促蘖、够苗轻晒控蘖、浅水孕穗扬花、干湿交替壮籽、排水落干促熟，注意后期勿过早断水。④病虫害防治，注意及时防治纹枯病、螟虫、褐飞虱等病虫害。

川谷优2348 （Chuanguyou 2348）

品种来源：四川农业大学农学院和水稻研究所合作以川谷A/雅恢2348配组而成。2013年通过四川省农作物品种审定委员会审定。

形态特征和生物学特性：属籼型三系杂交中稻品种。作中稻栽培，全生育期平均145.6d，比对照冈优725短2.1d。株高115.4cm，株型适中，剑叶直立，叶片绿色，叶鞘、叶耳紫色。有效穗数205.5万穗/hm²，穗长26.7cm，每穗平均着粒168.6粒，结实率84.5%，颖壳黄色。颖尖紫色，籽粒椭圆形，种皮白色，顶芒，千粒重31.0g。

品质特性：糙米率82.5%，整精米率60.3%，糙米长宽比2.6，垩白粒率80%，垩白度15.1%，胶稠度65mm，直链淀粉含量21.4%，蛋白质含量10.6%。

抗性：感稻瘟病。

产量及适宜地区：2011—2012年参加四川省水稻中籼迟熟组区域试验，2年区域试验平均产量8.30t/hm²，比对照冈优725增产4.82%。2012年生产试验，平均产量8.19t/hm²，比对照冈优725增产3.04%。适宜四川平坝和丘陵地区种植。

栽培技术要点：①适时早播，3月上旬至4月初播种，秧龄40～45d。②合理密植，宽窄行种植，栽插18万穴/hm²左右。③肥水管理，采用重底肥、早追肥、后补肥的施肥方式，底肥占70%，氮、磷、钾肥搭配使用，前期浅水管理，后期湿润管理至成熟。④根据植保预测预报，综合防治病虫害，注意防治稻瘟病。

川谷优 399（Chuanguyou 399）

品种来源：四川农业大学水稻研究所和成都科瑞农业研究中心合作以川谷 A／瑞恢 399 配组而成。分别通过四川省（2011）、云南省（2012）农作物品种审定委员会审定。

形态特征和生物学特性：属三系杂交中籼稻。作中稻栽培，全生育期 153.4d，比对照冈优 725 长 1.9d。株高 116.7cm，株型适中，剑叶直立，叶色深绿，叶鞘、叶缘、柱头、叶耳紫色。有效穗 219 万穗/hm²，穗长 25.9d，每穗平均着粒 173.1 粒，结实率 82.1%，颖壳黄色，籽粒椭圆形，稃尖紫色，种皮白色，有顶芒，千粒重 27.4g。

品质特性：糙米率 81.1%，整精米率 59.2%，糙米粒长 7.1mm，糙米长宽比 2.8，垩白粒率 33%，垩白度 5.3%，胶稠度 50mm，直链淀粉含量 24.3%、蛋白质含量 8.0%。

抗性：感稻瘟病。

产量及适宜地区：2009—2010 年参加四川省水稻中籼迟熟组区域试验，2 年区域试验平均产量 8.14t/hm²，比对照冈优 725 增产 6.78%；2010 年生产试验，平均产量 7.91t/hm²，比对照冈优 725 增产 2.12%。2010—2011 年参加云南省中籼 B 组区域试验，2 年区域试验平均产量 10.24t/hm²，比对照增产 7.39%；生产试验平均产量 9.83t/hm²，比对照增产 9.86%。适宜四川平坝和丘陵地区及云南省海拔 1 350m 以下籼稻区种植。

栽培技术要点：①适时播种，3 月底至 4 月初播种，秧龄 35d 左右。②合理密植，栽插 22.5 万穴/hm² 左右，栽插基本苗 180 万苗/hm² 左右。③肥水管理，中等肥力田块，氮、磷、钾肥配合施用，本田要求前期浅水灌溉，中期够苗晒田，后期湿润管理至成熟。④根据植保预测预报，综合防治病虫害，注意防治稻瘟病。

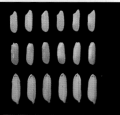

川谷优538（Chuanguyou 538）

品种来源：四川农业大学水稻研究所以川谷 A/ 蜀恢 538 配组而成。2012 年通过国家农作物品种审定委员会审定。

形态特征和生物学特性：属三系杂交中籼稻品种。武陵山区作一季中稻种植，全生育期平均 149.4d，比对照 Ⅱ 优 264 短 0.4d。株型适中，叶挺、较宽、色淡，分蘖力较强，后期转色好，株高 115.7cm，有效穗数 241.5 万穗 /hm²，穗长 25.6cm，每穗平均着粒 154.6 粒，结实率 84.6%，颖壳黄色，籽粒细长形，种皮白色，顶芒，千粒重 31.0g。

品质特性：整精米率 53.5%，糙米长宽比 3.2，垩白粒率 56%，垩白度 6%，胶稠度 41mm，直链淀粉含量 23.4%。

抗性：抗稻瘟病，中抗稻曲病，感纹枯病，抽穗期耐冷性一般。

产量及适宜地区：2010—2011 年参加武陵山区中籼组区域试验，2 年区域试验平均产量 8.29t/hm²，比对照 Ⅱ 优 838 增产 2.3%。2011 年生产试验，平均产量 9.60t/hm²，比对照 Ⅱ 优 838 增产 4.7%。适宜在贵州、湖南、重庆三省所辖的武陵山区海拔 800m 以下稻区作一季中稻种植。

栽培技术要点：①适时早播，秧龄 35～40d，培育多蘖壮秧。②栽插 22.5 万穴 /hm² 左右，每穴栽插 2 苗。③重底肥，早追肥，后期看苗补施穗粒肥，施纯氮 150～180kg/hm²，氮、磷、钾肥合理搭配，底肥 70%、追肥 30%。④深水返青，浅水分蘖，够苗及时晒田，孕穗抽穗期保持浅水层，灌浆期干湿交替，后期忌断水过早。⑤及时防治纹枯病、稻螟虫、稻飞虱、稻曲病等病虫害。

川谷优6684（Chuanguyou 6684）

品种来源：四川省农业科学院水稻高粱研究所和四川农业大学水稻研究所合作以川谷A/泸恢6684配组而成。2013年通过四川省农作物品种审定委员会审定。

形态特征和生物学特性：属籼型三系杂交中稻品种。作中稻栽培，生育期平均154.8d，比对照冈优725长3.4d。株型适中，株高118.6cm，叶片中等直立，叶色深绿，叶鞘、叶耳、叶枕、叶缘、柱头紫色，分蘖力较强，后期转色好。有效穗数202.5万穗/hm²，穗纺锤形，穗长27.0cm，每穗平均着粒178.3粒，结实率78.8%，颖壳黄色，籽粒椭圆形，稃尖紫色，种皮白色，无芒，千粒重30.8g。

品质特性：糙米率81.2%，整精米率59.0%，糙米长宽比2.7，垩白粒率74%，垩白度18.1%，胶稠度86mm，直链淀粉含量26.0%，蛋白质含量7.3%，属高直链淀粉型。

抗性：感稻瘟病。

产量及适宜地区：2010—2011年参加四川省水稻中籼迟熟组区域试验，2年区域试验平均产量8.01t/hm²，比对照冈优725增产3.00%。2012年生产试验，平均产量8.23t/hm²，比对照冈优725增产3.67%。适宜四川平坝和丘陵地区种植。

栽培技术要点：①适时播种，培育壮秧：3月上旬至4月初播种，用种量15kg/hm²左右，秧龄30～35d。②合理密植，栽插15万～18.75万穴/hm²。③肥水管理，氮、磷、钾配合施用，前期浅水灌溉，中期够苗晒田，后期湿润管理至成熟。④病虫害防治，根据植保预测预报，综合防治病虫害，注意防治稻瘟病。

川谷优7329（Chuanguyou 7329）

品种来源：四川省农业科学院水稻高粱研究所和四川农业大学水稻研究所合作以川谷A/泸恢7329配组而成。2013年通过四川省农作物品种审定委员会审定。

形态特征和生物学特性：属籼型三系杂交中稻品种。作中稻栽培，全生育期151.7d，比对照冈优725短0.1d。株高121.2cm，株型适中，叶色深绿，叶鞘、叶耳、叶枕、柱头、叶缘紫色，分蘖力较强。有效穗数201万穗/hm²，穗纺锤形，穗长27.6cm，每穗平均着粒175.4粒，结实率83.2%，颖壳黄色，籽粒椭圆形，稃尖紫色，种皮白色，顶芒，千粒重31.2g。

品质特性：糙米率81.9%，整精米率55.2%，糙米长宽比2.7，垩白粒率84%，垩白度23.1%，胶稠度84mm，直链淀粉含量22.2%，蛋白质含量7.6%。

抗性：感稻瘟病。

产量及适宜地区：2010—2011年参加四川省水稻中籼迟熟组区域试验，2年区域试验平均产量7.92t/hm²，比对照冈优725增产4.03%；2012年生产试验，平均产量8.23t/hm²，比对照冈优725增产3.02%。适宜四川平坝和丘陵地区种植。

栽培技术要点：①适时早播，3月上旬至4月初播种，秧龄30～35d。②合理密植，栽插15万～19.5万穴/hm²。③肥水管理，采用"前促中稳后保"的施肥方式，氮、磷、钾肥搭配使用。④根据植保预测预报，综合防治病虫害，注意防治稻瘟病。

川谷优918（Chuanguyou 918）

品种来源：四川农业大学水稻研究所和四川高地种业有限公司合作以川谷A/宝恢918配组而成。分别通过四川省（2011）和国家（2013）农作物品种审定委员会审定。

形态特征和生物学特性：属籼型三系杂交中稻品种。作中稻栽培，全生育期154.9d，比对照冈优725长2.4d。株型适中，株高123.0cm，叶色深绿，剑叶直立，叶耳紫色。有效穗数196.5万穗/hm²，穗长26.8cm，每穗平均着粒172.3粒，结实率84.0%，颖壳黄色，籽粒椭圆形，种皮白色，顶芒，千粒重31.8g。

品质特性：糙米率80.7%，整精米率51.4%，糙米粒长7.4mm，糙米长宽比2.8，垩白粒率54%，垩白度11.9%，胶稠度74mm，直链淀粉含量23.8%、蛋白质含量7.5%。

抗性：中感稻瘟病，高感褐飞虱。

产量及适宜地区：2009—2010年参加四川省水稻中籼迟熟组区域试验，2年区域试验平均产量8.18t/hm²，比对照冈优725增产7.34%；2010年生产试验，平均产量8.08t/hm²，比对照冈优725增产4.30%。2010—2011年参加国家长江上游中籼迟熟组区域试验，2年区域试验平均产量9.10t/hm²，比对照Ⅱ优838增产6.2%；2012年生产试验，平均产量9.44t/hm²，比对照Ⅱ优838增产9.3%。适宜在云南、贵州（武陵山区除外）、重庆（武陵山区除外）的中低海拔籼稻区、四川平坝丘陵稻区、陕西南部稻区作一季中稻种植。

栽培技术要点：①适时早播，培育多蘖壮秧。②秧龄35～40d，大田栽插株行距16.7cm×20.0cm或16.7cm×23.3cm。③科学施肥，底肥追肥并重。以有机肥为主、化肥为

辅，迟效肥速效肥结合、多元配合，稳氮、增磷、增钾，底肥60%、分蘖肥30%、穗粒肥10%；该品种对氮肥较为敏感，在氮肥用量过大的情况下叶片偏大且易披垂，要注意控制氮肥用量。④水管理坚持"平水移栽活棵、掌水护秧保苗、薄露发根促蘖、够苗轻晒控蘖、浅水孕穗扬花、干湿交替壮籽、排水落干促熟"的原则，抽穗至灌浆期断水不宜过早。⑤注意防治纹枯病、螟虫、褐飞虱等病虫害。

川江优527（Chuanjiangyou 527）

品种来源： 江油市川江水稻研究所和四川农业大学水稻研究所合作以江育F32A/蜀恢527配组而成，又名：川江优3号。2006年通过国家农作物品种审定委员会审定，2008年通过贵州引种鉴定。

形态特征和生物学特性： 属籼型三系杂交中稻品种。在长江上游稻区作一季中稻种植，全生育期平均153.1d，比对照汕优63迟熟0.9d。株型适中，长势繁茂，叶片挺直、较宽、色淡，叶鞘、叶缘、叶耳、柱头紫色，分蘖力强，后期转色好。株高114.5cm，有效穗数243万穗/hm²，穗长26.4cm，每穗平均着粒数176.1粒，结实率80.4%，颖壳黄色，籽粒细长形，稃尖紫色，种皮白色，无芒，千粒重29.3g。

品质特性： 整精米率59.6%，糙米长宽比3.1，垩白粒率28%，垩白度4.3%，胶稠度51mm，直链淀粉含量22.6%，达到国家三级优质稻谷标准。

抗性： 高感稻瘟病。

产量及适宜地区： 2004—2005年参加国家长江上游中籼迟熟组区域试验，2年区域试验平均产量9.44t/hm²，比对照汕优63增产9.96%；2005年生产试验，平均产量8.50t/hm²，比对照汕优63增产12.74%。品种2006年以来累计推广面积超过12.00万hm²。适宜在云南省、贵州省、重庆市的中低海拔籼稻区（武陵山区除外）、四川省平坝丘陵稻区、陕西省南部稻区的稻瘟病轻发区作一季中稻种植。

栽培技术要点： ①育秧，根据各地中籼生产季节适时播种，一般按当地汕优63播种时间播种，播种前晒种，三氯异氰尿酸浸种，稀播匀播，培育多蘖壮秧。②移栽，秧龄一般35d左右，栽插18万～22.5万穴/hm²，每穴栽插7～8苗。③肥水管理，重施底肥，早施追肥，增施磷、钾肥和有机肥。科学管水，够苗晒田，干湿壮籽。④病虫害防治，及时防治稻瘟病、纹枯病等病害。

川农优298 （Chuannongyou 298）

品种来源：四川农业大学水稻研究所以川农2A/蜀恢498配组而成。2012年通过国家农作物品种审定委员会审定。

形态特征和生物学特性：属籼型三系杂交中稻品种。在长江上游稻区作一季中稻种植，全生育期平均158.1d，比对照Ⅱ优838短0.3d。株型适中，叶挺直、较宽、色深，叶鞘、叶缘、叶耳、柱头紫色，分蘖力较强，后期转色好。株高113.6cm，有效穗数202.5万穗/hm²，穗长26.4cm，每穗平均着粒191.4粒，结实率79.5%，颖壳黄色，籽粒椭圆形，秆尖紫色，种皮白色，顶芒，千粒重31.3g。

品质特性：整精米率68.0%，糙米长宽比2.6，垩白粒率38%，垩白度6.4%，胶稠度83mm，直链淀粉含量16.4%。

抗性：感稻瘟病，高感褐飞虱，耐热性弱。

产量及适宜地区：2009—2010年参加长江上游中籼迟熟组品种区域试验，2年区域试验平均产量8.99t/hm²，比对照Ⅱ优838增产5.4%；2011年生产试验，平均产量8.95t/hm²，比对照Ⅱ优838增产4.1%。适宜在云南、贵州（武陵山区除外）、重庆（武陵山区除外）的中低海拔籼稻区、四川平坝丘陵稻区、陕西南部稻区的稻瘟病轻发区作一季中稻种植。

栽培技术要点：①适时早播，培育多蘖壮秧，秧龄35～40d。②栽插密度18万穴/hm²左右，每穴栽插2苗。③重底肥，早追肥，后期看苗补施穗粒肥，施纯氮150～180kg/hm²，氮、磷、钾肥合理搭配，底肥70%、追肥30%。④深水返青，浅水分蘖，够苗及时晒田，孕穗抽穗期保持浅水层，灌浆结实期干湿交替，后期切忌断水过早。⑤注意及时防治稻瘟病、纹枯病、稻曲病、螟虫等病虫害。

川农优445（Chuannongyou 445）

品种来源：南充市农业科学院和四川农业大学水稻研究所合作以川农1A/南恢445配组而成。2013年通过四川省农作物品种审定委员会审定。

形态特征和生物学特性：属籼型三系杂交中稻品种。作中稻栽培，全生育期平均155.1d，比对照冈优725长1.7d。株型松散适中，株高125.6cm，剑叶直立，叶色淡绿，叶角较小，叶缘、叶鞘、叶枕、叶耳、柱头紫色，分蘖力较强，后期转色好。有效穗数202.5万穗/hm²，穗长25.6cm，每穗平均着粒172.2粒，结实率80.2%，颖壳黄色，籽粒椭圆形，颖尖紫色，种皮白色，有顶芒，千粒重30.7g。

品质特性：糙米率79.2%，整精米率55.1%，糙米长宽比2.9，垩白粒率48%，垩白度10.1%，胶稠度78mm，直链淀粉含量22.9%，蛋白质含量8.8%。

抗性：感稻瘟病。

产量及适宜地区：2010—2011年参加四川省水稻中籼迟熟组区域试验，2年区域试验平均产量8.03t/hm²，比对照冈优725增产4.54%；2012年生产试验，平均产量8.14t/hm²，比对照冈优725增产3.49%。适宜四川平坝和丘陵地区种植。

栽培技术要点：①适时播种，培育壮秧，秧龄40～45d。②合理密植，栽插15万～18万穴/hm²。③肥水管理，重施底肥早追肥，氮：磷：钾为2：1：2，浅水栽秧，薄水分蘖，够苗晒田，深水孕穗，干湿交替灌浆。④根据植保预测预报，及时防治病虫害，注意防治稻瘟病。

川农优498 （Chuannongyou 498）

　　品种来源：四川农业大学水稻研究所以川农1A/蜀恢498配组而成。2008年通过四川省农作物品种审定委员会审定。

　　形态特征和生物学特性：属籼型三系杂交中稻品种。全生育期150.1d，比对照冈优725长0.5d。株高116.6cm，株型适中，叶色深绿，叶鞘、叶耳、柱头均为紫色，后期转色好，分蘖力中等。有效穗数201万穗/hm²，穗长27.2cm，每穗平均着粒193.8粒，结实率76.3%，颖壳黄色，籽粒细长形，稃尖紫色，种皮白色，部分籽粒有短芒，千粒重29.5g。

　　品质特性：糙米率81.8%，整精米率67.0%，糙米粒长7.1mm，糙米长宽比3.1，垩白粒率22%，垩白度5.0%，胶稠度80mm，直链淀粉含量15.3%，蛋白质含量11.4%。

　　抗性：感稻瘟病。

　　产量及适宜地区：2006—2007年参加四川省中籼优质组区域试验，2年区域试验平均产量7.93t/hm²，比对照冈优725增产4.36%；2007年生产试验平均产量8.61t/hm²，比对照冈优725增产2.91%。适宜四川省平坝和丘陵地区种植。

　　栽培技术要点：①适时播种，培育壮秧。②合理密植，栽插22.5万～25.5万穴/hm²。③配方施肥，重底肥，早追肥，看苗补施穗粒肥，中等肥力，施纯氮180～210kg/hm²，氮、磷、钾合理搭配。④够苗晒田，控制无效分蘖。⑤根据植保预测预报，综合防治病虫害。

川农优527 （Chuannongyou 527）

品种来源：四川农业大学水稻研究所和四川农业大学正红种业有限责任公司以川农1A（D83A）/蜀恢527配组而成。分别通过四川省（2008）、浙江省（2009）和国家（2010）农作物品种审定委员会审定。

形态特征和生物学特性：属籼型三系杂交中稻品种，全生育期151.0d，比对照冈优725长1.5d。株型适中，叶鞘、叶耳、柱头均为紫色，分蘖力较强，后期转色好。株高118.6cm，有效穗数231万穗/hm²，穗长25.2cm，每穗平均着粒165.5粒，结实率75.9%，颖壳黄色，籽粒细长形，稃尖紫色，种皮白色，部分籽粒有短芒，千粒重29.6g。

品质特性：糙米率81.9%，整精米率61.2%，糙米粒长7.3mm，糙米长宽比3.2，垩白粒率37%，垩白度6.2%，胶稠度50mm，直链淀粉含量22.9%，蛋白质含量9.9%。

抗性：感稻瘟病。

产量及适宜地区：2006—2007年参加四川省中籼迟熟组区域试验，2年区域试验平均单产8.10t/hm²，比对照冈优725增产4.15%；2007年生产试验，平均单产7.95t/hm²，比对照冈优725增产0.99%。2007—2008年参加长江上游迟熟中籼组品种区域试验，2年区域试验平均单产9.22t/hm²，比对照Ⅱ优838增产5.54%；2008年生产试验，平均单产8.65t/hm²，比对照Ⅱ优838增产3.58%。2007—2008年参加浙江省单季杂交晚籼稻区域试验，2年区域试验平均单产8.70t/hm²，比对照冈优725增产6.2%。适宜在云南、贵州、重庆的中低海拔籼稻区（武陵山区除外）、四川平坝丘陵稻区、陕西南部稻区的稻瘟病轻发区作一季中稻种植，以及在浙江省中低肥力地区作单季籼稻种植。

栽培技术要点：①适时播种，培育壮秧。②合理密植，栽插22.5万～25.5万穴/hm²。③配方施肥，重底肥早追肥，看苗补施穗粒肥，氮、磷、钾合理搭配。④够苗晒田，控制无效分蘖。⑤根据植保预测预报，综合防治病虫害。

川农优华占（Chuannongyouhuazhan）

品种来源：中国水稻研究所、四川农业大学水稻研究所和北京金色农华种业科技有限公司以川农1A/华占配组而成。2012年通过四川省农作物品种审定委员会审定。

形态特征和生物学特性：属三系杂交中籼稻。作中稻栽培，全生育期152.7d，比对照冈优725长0.7d。株高116.2cm，株型适中，叶片绿色，叶鞘、叶耳、柱头紫色，剑叶直立，分蘖力较强。有效穗数219万穗/hm²，穗长25.1cm，每穗平均着粒193粒，结实率78.2%，颖壳黄色，籽粒椭圆形，颖尖紫色，种皮白色，部分顶端籽粒有短芒，千粒重26.1g。

品质特性：糙米率81.4%，整精米率65.8%，糙米长宽比2.8，垩白粒率36%，垩白度9.2%，胶稠度79mm，直链淀粉含量23.0%、蛋白质含量7.6%。

抗性：感稻瘟病。

产量及适宜地区：2010—2011年参加四川省水稻中籼迟熟组区域试验，2年区域试验平均产量8.04t/hm²，比对照冈优725增产5.58%。增产点率83%。2011年生产试验，平均产量8.63t/hm²，比对照冈优725增产3.11%。适宜四川平坝和丘陵地区种植。

栽培技术要点：①适时早播：3月上旬至4月初播种，秧龄35～40d为宜。②合理密植：宽窄行种植，栽插19.5万～22.5万穴/hm²。③科学配方施肥，重底肥，早追肥，看苗补施穗粒肥。一般施纯氮150～180kg/hm²，氮、磷、钾合理搭配；前期浅水管理，后期湿润管理至成熟。④根据植保预测预报，综合防治病虫害，注意防治稻瘟病。

川香3号（Chuanxiang 3）

品种来源：四川省农业科学院作物研究所用川香29A/成恢448测配而成。2003年通过四川省农作物品种审定委员会审定。

形态特征和生物学特性：属籼型三系杂交中稻品种。全生育期150.5d，比对照辐优838长1.75d。株型紧散适中，叶色浓绿，剑叶大小中等，叶鞘、叶缘、叶耳、柱头紫色，分蘖力较强。株高99.6cm，有效穗数240万穗/hm²，穗长23.43cm，成穗率76%，每穗平均着粒161粒，结实率80%，颖壳黄色，籽粒椭圆形，稃尖紫色，种皮白色，部分籽粒有顶芒，千粒重29g。

品质特性：糙米率83.3%，精米率76.1%，整精米率72.5%，糙米长宽比2.9，垩白粒率22%，垩白度3%，透明度2级，碱消值5.2级，胶稠度52mm，直链淀粉含量21.3%，蛋白质含量8.2%，米质达到国颁三级优质米标准。

抗性：中抗稻瘟病。

产量及适宜地区：2000—2001年参加四川省中籼中熟组区域试验，2年区域试验平均产量7.60t/hm²，比对照辐优838增产1.18%，2001年生产试验，平均产量7.78t/hm²，比对照辐优838增产7.19%。适合四川省平坝、丘陵地区作搭配品种种植。该品种2003年以来累计推广面积超过8.00万hm²。

栽培技术要点：适时早播，合理密植，一般栽插密度22.5万～27万穴/hm²，栽插基本苗180万苗/hm²左右为宜。中等肥力田块，一般施纯氮150kg/hm²，磷肥450kg/hm²，钾肥300kg/hm²。及时防治病虫害。

川香317 (Chuanxiang 317)

品种来源：四川省农业科学院作物研究所、四川天宇种业有限责任公司用川香31A/成恢177配组而成。2008年通过四川省农作物品种审定委员会审定；2011年通过重庆市农作物品种审定委员会认定。

形态特征和生物学特性：属籼型三系杂交中稻品种。全生育期149.7d，比对照汕优63长3.2d。株高115.0cm，株型适中，剑叶宽大，叶色深绿，叶鞘、叶耳、叶缘、柱头均为紫色，分蘖力强，后期转色好。有效穗数237万穗/hm²，穗长25.9cm，每穗平均着粒161.3粒，结实率81.2%，颖壳黄色，籽粒椭圆形，稃尖紫色，种皮白色，顶芒，千粒重28.5g。

品质特性：糙米率78.6%，整精米率63.3%，糙米粒长6.7mm，糙米长宽比2.8，垩白粒率48%，垩白度10.8%，胶稠度74mm，直链淀粉含量20.7%，蛋白质含量6.9%。

抗性：感稻瘟病。

产量及适宜地区：2005—2006年参加四川省水稻中籼优质组区域试验，2年区域试验平均产量7.95t/hm²，比对照汕优63增产5.80%；2007年生产试验平均产量8.42t/hm²，比对照冈优725增产0.74%。适宜四川省平坝、丘陵地区和重庆市海拔800m以下地区作一季中稻种植。

栽培技术要点：①适时早播、稀播培育多蘖壮秧，秧龄弹性大，以栽中苗为好。②合理密植，栽插密度22.5万穴/hm²左右。③施肥原则：重底肥，早追肥，氮、磷、钾肥合理搭配，忌偏施氮肥。④注意后期肥水管理，忌断水过早，影响品质和产量。⑤根据植保预测预报，综合防治病虫害。

川香8号 （Chuanxiang 8）

品种来源：四川省农业科学院作物研究所用川香29A/成恢157配组而成。分别通过四川省（2004）、河南省（2007）和国家（2008）农作物品种审定委员会审定。

形态特征和生物学特性：属籼型三系杂交中稻品种。全生育期154d，比对照汕优63长4d。株型适中，叶色浓绿，剑叶大小中等，叶鞘、叶缘、叶耳、柱头紫色，后期转色好，分蘖力强。株高116cm左右，有效穗数249万穗/hm²，成穗率63%，穗长25cm，每穗平均着粒170粒，结实率77.2%，颖壳黄色，籽粒椭圆形，稃尖紫色，种皮白色，顶芒，千粒重28g。

品质特性：糙米率81.1%，整精米率62.4%，糙米长宽比2.7，垩白粒率40%，垩白度11.9%，胶稠度58mm，直链淀粉含量21.7%。

抗性：抗稻瘟病，高感白叶枯病，感纹枯病和稻曲病。

产量及适宜地区：2002—2003年参加四川省水稻区域试验，2年平均单产8.18t/hm²，比对照汕优63增产4.25%，生产试验平均单产8.57t/hm²，比汕优63增产6.9%。2004—2005年参加河南省水稻新品种引种试验，2年平均单产稻谷8.31t/hm²，比对照Ⅱ优838增产3.7%；2006年参加豫南稻区籼稻生产试验，平均单产稻谷8.23t/hm²，比对照Ⅱ优838增产2.3%。2005—2006年参加长江中下游迟熟中籼组品种区域试验，2年区域试验平均单产8.45t/hm²，比对照Ⅱ优838增产3.98%。2007—2008年参加武陵山区中籼组品种区域试验，2年区域试验平均单产8.57t/hm²，比对照Ⅱ优58增产1.7%；2009年生产试验，平均单产8.46t/hm²，比对照Ⅱ优58增产2.7%。该品种2004年以来累计推广面积超过20.00万hm²。适宜四川省平坝和丘陵地区，贵州、湖南、湖北、重庆的武陵山区海拔800m以下稻区，江西、湖南、湖北、安徽、浙江、江苏的长江流域稻区以及福建北部稻区，河南南部稻区种植。

栽培技术要点：适时早播，采用湿润或保温育秧，培育多蘖壮秧，秧龄35～45d。一般栽插密度22.5万穴/hm²左右，栽插基本苗180万苗/hm²左右。合理施肥，重底肥，早追肥。

川香8108（Chuanxiang 8108）

品种来源：四川天宇种业有限责任公司、四川省农业科学院作物研究所以川香29A/宇恢8108配组而成。2008年通过四川省农作物品种审定委员会审定。

形态特征和生物学特性：属籼型三系杂交中稻品种。全生育期153.6d，比对照冈优725长3.5d。株形适中，剑叶挺直，叶色深绿，叶鞘、叶缘、柱头紫色，后期转色好，分蘖力较强，株高112.0cm，有效穗数225万穗/hm²，穗长23.9cm，每穗平均着粒177.2粒，结实率73.5%，颖壳黄色，籽粒椭圆形，种皮白色，顶芒，千粒重27.3g。

品质特性：糙米率78.1%，整精米率54.8%，糙米粒长6.6mm，糙米长宽比2.9，垩白粒率30%，垩白度3.0%，胶稠度62mm，直链淀粉含量20.8%，蛋白质含量8.7%，米质达到国颁二级优质米标准。

抗性：感稻瘟病。

产量及适宜地区：2006—2007年参加四川省中籼优质组区域试验，2年区域试验平均产量产7.44t/hm²，比对照冈优725减产2.55%；2007年生产试验平均产量8.65t/hm²，比对照冈优725增产3.34%。适宜四川省平坝和丘陵地区作一季中稻种植。

栽培技术要点：① 3月上旬至4月初适时播种。②施肥原则：重底肥，早追肥，底肥占总用肥量的70%，以有机肥为主，氮、磷、钾肥配合施用。③前期浅水管理，中期够穗苗晒田，后期湿润管理。④根据当地植保部门的病虫害预报，及时对螟虫、稻瘟病等病虫害进行防治。

川香858（Chuanxiang 858）

品种来源：四川省农业科学院水稻高粱研究所、四川省农业科学院作物研究所合作用川香29A/泸恢8258配组而成。2006年通过四川省农作物品种审定委员会审定，2010年通过湖南省引种鉴定。

形态特征和生物学特性：属籼型三系杂交中稻迟熟品种。全生育期152.4d，比对照汕优63长4d。株型紧散适中，叶鞘、叶缘、柱头均为紫色，分蘖力中上，转色好，落粒性适中，株高118cm，有效穗数231万穗/hm²，穗长25.02cm，每穗平均着粒172.93粒，结实率80%，颖壳黄色，籽粒椭圆形，稃尖紫色，种皮白色，顶芒，千粒重29.4g。

品质特性：糙米率81.2%，精米率73.8%，整精米率57.4%，糙米粒长6.8mm，糙米长宽比2.8，垩白粒率28%，垩白度4.4%，透明度1级，碱消值6.5级，胶稠度77mm，直链淀粉含量24.3%，蛋白质含量9.3%。

抗性：高感稻瘟病。

产量及适宜地区：2004—2005年参加四川省中籼迟熟优质组区域试验，2年区域试验平均单产8.15t/hm²，比对照汕优63增产7.41%。2005年生产试验平均单产7.88t/hm²，比对照汕优63增产5.63%。该品种2006年以来累计推广面积超过13.00万hm²。适宜四川平坝和丘陵地区作一季中稻种植。

栽培技术要点：①适时播种，培育壮秧。②栽插密度18万～22.5万穴/hm²，每穴栽插2苗。③重底肥，早追肥，氮、磷、钾配合施肥，一般施纯氮120～150kg/hm²、过磷酸钙300kg/hm²、钾肥75kg/hm²作底肥，栽后7d，施45kg/hm²纯氮作追肥。④根据植保部门预测预报，综合防治病虫害。

川香9号（Chuanxiang 9）

品种来源：四川省农业科学院作物研究所用川香29A/成恢425配组而成。2004年通过四川省农作物品种审定委员会审定。

形态特征和生物学特性：属籼型三系杂交中稻中熟品种。全生育期151d，比对照辐优838长1d。株型适中，叶色浓绿，剑叶大小中等，叶鞘、叶缘、叶耳、柱头紫色，分蘖力较强，后期转色好。株高105cm左右，穗长24cm，有效穗数216万穗/hm²，成穗率63%，每穗平均着粒149粒，结实率81.8%，颖壳黄色，籽粒椭圆形，稃尖紫色，种皮白色，顶芒，千粒重31g。

品质特性：糙米率80%，整精米率55%，糙米长宽比2.7，垩白粒率60%，垩白度16.7%，胶稠度45mm，直链淀粉含量19.5%。

抗性：中抗稻瘟病。

产量及适宜地区：2002—2003年四川省中籼中熟组区域试验，2年区域试验平均单产7.71t/hm²，比对照辐优838增产4.58%；2003年生产试验，平均单产7.79t/hm²，比对照辐优838增产6.65%。该品种2004年以来累计推广面积超过12.30万hm²。适宜四川省种植辐优838的区域种植。

栽培技术要点：适时播种，采用湿润或保温育秧，培育多蘖壮秧，秧龄35d左右。一般栽插22.5万穴/hm²左右，栽插基本苗180万苗/hm²左右。合理施肥，重底肥，早追肥。

川香9838（Chuanxiang 9838）

品种来源：四川天宇种业有限责任公司、四川省农业科学院作物研究所合作以川香29A/辐恢838配组而成。2004年通过四川省农作物品种审定委员会审定，2007年通过重庆市引种鉴定。

形态特征和生物学特性：属籼型三系杂交中稻品种。全生育期152d，比对照汕优63长2d。株型适中，剑叶较宽、挺立，叶色浓绿，叶鞘、叶缘、叶耳、柱头紫色，分蘖力强，后期转色好。株高118.7cm，有效穗数239.25万穗/hm²，穗长25.6cm，每穗平均着粒171粒，结实率79.5%，颖壳黄色，颖尖紫色，籽粒椭圆形，顶芒，千粒重30.4g。

品质特性：糙米率81.4%，精米率73.4%，整精米率56.9%，糙米粒长6.4mm，糙米长宽比2.6，垩白粒率64%，垩白度13.6%，透明度2级，碱消值6级，胶稠度75mm，直链淀粉含量23.2%，蛋白质含量9.6%。

抗性：感稻瘟病。

产量及适宜地区：2002—2003年参加四川省中籼迟熟组区域试验，2年区域试验平均产量8.28t/hm²，比对照汕优63增产5.49%；2003年参加生产试验，平均产量8.25t/hm²，比对照汕优63增产7.71%。适宜四川省平坝、丘陵地区和重庆市海拔800m以下稻瘟病非常发区作一季中稻种植。

栽培技术要点：①培育多蘖壮秧，秧龄45d左右。②栽插密度21万穴/hm²，栽插基本苗180万苗/hm²左右。③需肥中等，一般肥力田块施纯氮150kg/hm²，注意磷、钾肥配合施用。④及时防治病虫害。

川香稻5号 （Chuanxiangdao 5）

品种来源：四川省农业科学院作物研究所用川香29A/成恢761配组而成。2004年通过四川省农作物品种审定委员会审定，2005年通过重庆市引种鉴定。

形态特征和生物学特性：属籼型三系杂交中稻迟熟品种。全生育期153d，比对照汕优63长3～4d。株型适中，剑叶宽大，叶色浓绿，叶鞘、叶缘、柱头紫色，分蘖力中等。株高117cm左右，有效穗数228万穗/hm²，成穗率70.5%，穗长24.8cm，每穗平均着粒175.4粒，穗平均实粒129.6粒，结实率73.9%，颖壳黄色，籽粒细长形，颖尖紫色，种皮白色，无芒，千粒重28.2g。

品质特性：糙米率80%，整精米率61.3%，糙米长宽比3.2，垩白粒率16%，垩白度3.3%，胶稠度52mm，直链淀粉含量21.0%。

抗性：高感稻瘟病，抽穗期不耐高温。

产量及适宜地区：2002—2003年参加四川省中籼迟熟优质组区域试验，2年区域试验平均单产7.69t/hm²，比对照汕优63减产2.4%。2003年生产试验，平均单产8.40t/hm²，比对照汕优63增产6.57%。2004年参加重庆市杂交水稻引种试验，平均单产8.16t/hm²，比对照汕优63增产5.00%。该品种2004年以来累计推广面积超过18.00万hm²。适宜四川省平坝、丘陵地区和重庆市海拔800m以下稻瘟病非常发区作一季中稻种植。

栽培技术要点：适期早播，培育多蘖壮秧，秧龄35～45d。一般栽插密度22.5万穴/hm²左右。中等肥力田一般施纯氮150kg/hm²，磷肥450kg/hm²，钾肥300kg/hm²左右。及时防治病虫害。

川香优178（Chuanxiangyou 178）

品种来源：四川省农业科学院作物研究所用川香31A/成恢178配组而成，又名：川香178。分别通过四川省（2007）和国家（2009）农作物品种审定委员会审定。2013年获国家品种权保护，品种权号：CNA20080632.7。

形态特征和生物学特性：属籼型三系杂交中稻品种。全生育期153.2d，比对照汕优63长4.2d。株型紧散适中，苗期长势较旺，叶色浓绿，剑叶挺立，主茎叶片数为17叶左右，叶鞘、叶缘、柱头紫色，分蘖力强，穗抽出时呈纺锤形，穗藏于叶下，株高118.6cm，有效穗数250.8万穗/hm²，穗长25.5cm，每穗平均着粒157.4粒，结实率73.2%，颖壳黄色。籽粒椭圆形，颖尖紫色，种皮白色，短顶芒，千粒重27.8g。

品质特性：整精米率64.5%，糙米长宽比2.8，垩白粒率20%，垩白度2.8%，胶稠度62mm，直链淀粉含量22.6%，达到国家二级优质稻谷标准。

抗性：抗稻瘟病，高感褐飞虱。

产量及适宜地区：2004—2005年参加四川省中籼迟熟组区域试验，2年区域试验平均产量7.58t/hm²，比对照汕优63增产2.25%。2005年生产试验平均产量7.47t/hm²，比对照汕优63增产2.80%。该品种2007年以来累计推广面积超过10.00万hm²。适宜在云南省、贵州省、重庆市的中低海拔籼稻区（武陵山区除外）、四川省平坝丘陵稻区、陕西省南部稻区作一季中稻种植。

栽培技术要点：①3月底至4月初播种。②一般栽插密度22.5万～27万穴/hm²，栽插基本苗180万苗/hm²左右为宜。③中等肥力田块，一般施纯氮150kg/hm²，磷肥450kg/hm²，钾肥300kg/hm²。④根据当地植保部门的预测及时防治病虫害。

川香优198（Chuanxiangyou 198）

品种来源：四川正兴种业有限公司、四川省农业科学院作物研究所用川香29A/天恢198配组而成。2010年通过四川省农作物品种审定委员会审定。

形态特征和生物学特性：属籼型三系杂交中稻品种。全生育期152.8d，比对照冈优725长2.8d。株型适中，叶色浓绿，剑叶较宽，叶鞘、叶缘、柱头紫色，分蘖力较弱，后转色好。株高120.6cm，有效穗数217.5万穗/hm^2，穗纺锤形、藏于叶下，穗长25.3cm，每穗平均着粒187.7粒，结实率78.4%，颖壳黄色，籽粒椭圆形，颖尖紫色，种皮白色，部分短顶芒，千粒重28.6g。

品质特性：糙米率79.7%，整精米率53.6%，糙米粒长6.8mm，糙米长宽比2.6，垩白粒率50%，垩白度11.2%，胶稠度53mm，直链淀粉含量23.5%，蛋白质含量8.1%。

抗性：感稻瘟病。

产量及适宜地区：2008—2009年参加四川省水稻中籼迟熟组区域试验，2年区域试验平均产量8.19t/hm^2，比对照冈优725增产6.44%。2009年生产试验，平均产量8.37t/hm^2，比对照冈优725增产3.53%。适宜四川平坝和丘陵地区作物一季中稻种植。

栽培技术要点：①适时播种：稀播培育多蘖壮秧，秧龄40d左右。②合理密植：一般栽插22.5万穴/hm^{2}左右。③科学施肥：注意氮、磷、钾肥搭配使用，施纯氮150～180kg/hm^2，需肥量中等。④根据植保部门预测预报，综合防治病虫害，注意防治稻瘟病。

川香优2号 （Chuanxiangyou 2）

品种来源：四川省农业科学院作物研究所于1997年用川香29A/成恢177配组而成。分别通过四川省（2002）和国家（2003）农作物品种审定委员会审定。2003年获国家植物新品种权，品种权号：CNA20020030.5。

形态特征和生物学特性：属籼型三系杂交中稻品种。全生育期155d，比对照汕优63长4d，株型紧散适宜，剑叶大小中等，叶色浓绿，叶鞘、叶缘、叶耳、柱头紫色，分蘖力较强，落粒性中等，后期转色好。株高114.2cm，穗长25cm，成穗率63%，每穗平均着粒159.5粒，结实率79.9%，颖壳黄色，籽粒椭圆形，稃尖紫色，种皮白色，顶芒，千粒重28.14g。

品质特性：糙米率81.2%，精米率75.4%，整精米率67.4%，糙米粒长6.5mm，糙米长宽比2.9，垩白粒率24%，垩白度2.9%，透明度1级，碱消值6.5级，胶稠度70mm，直链淀粉含量20%，蛋白质含量9.8%。

抗性：感稻瘟病，中感褐飞虱，高感白叶枯病，中后期耐寒性较弱。

产量及适宜地区：2000—2001年参加四川省中籼迟熟组区域试验，2年区域试验平均产量8.19t/hm²，比对照汕优63增产2.46%；2001年生产试验，平均产量8.06t/hm²，比对照汕优63增产5.09%。2001—2002年分别参加国家长江上游和长江中下游稻区中籼迟熟优质稻组区域试验，2年区域试验平均产量分别为8.36t/hm²、9.15t/hm²，比对照汕优63增产−0.78%、5.57%；2002年生产试验，平均产量分别为6.99t/hm²、8.89t/hm²，比对照汕优63分别增产−0.81%、6.69%。该品种2002年以来累计推广面积超过100.00万hm²。适宜四川省、湖北省、湖南省、江西省、福建省、安徽省、浙江省、江苏省的长江流域和重庆市、云南省、贵州省的中低海拔稻区（武陵山区除外）以及陕西省汉中、河南省信阳地区白叶枯病轻发区作一季中稻种植。

栽培技术要点：①适时播种，播种期同汕优63，秧田播种量150～225kg/hm²。②合理密植，一般肥力田块栽插24万～30万穴/hm²，栽插基本苗150万～180万苗/hm²为宜。③施肥，一般每公顷施纯氮120～150kg，磷肥375～450kg，钾肥225～300kg。④防治病虫害，注意防治稻瘟病、白叶枯病和褐飞虱等病虫的危害。

川香优308（Chuanxiangyou 308）

品种来源：四川农业大学农学院和四川省农业科学院作物研究所合作以川香29A/雅恢4308配组而成。2013年通过四川省农作物品种审定委员会审定。

形态特征和生物学特性：属籼型三系杂交中稻品种。作中稻栽培，全生育期平均152.9d，比对照冈优725长0.8d。株型适中，剑叶挺直，叶片深绿色，叶鞘、叶耳紫色。株高114.9cm，有效穗数201万穗/hm²，穗纺锤形，穗藏于叶下，穗长24.8cm，每穗平均着粒170.1粒，结实率79.2%，颖壳黄色，籽粒椭圆形，颖尖紫色，种皮白色，无芒，千粒重32.7g。

品质特性：糙米率81.3%，整精米率42.1%，糙米长宽比2.5，垩白粒率81%，垩白度14.8%，胶稠度86mm，直链淀粉含量25.7%，蛋白质含量8.4%。

抗性：感稻瘟病。

产量及适宜地区：2010—2011年参加四川省水稻中籼迟熟组区域试验，2年区域试验平均产量8.12t/hm²，比对照冈优725增产5.38%；2012年生产试验，平均产量8.23t/hm²，比对照冈优725增产4.95%。适宜四川平坝和丘陵地区种植。

栽培技术要点：①适时早播：3月上旬至4月初播种，秧龄40～45d。②合理密植：栽插15万～18万穴/hm²。③肥水管理：采用重底肥、早追肥、后补肥的施肥方式，底肥占70%，以有机肥为最好，氮、磷、钾肥搭配使用，前期浅水管理，后期湿润管理至成熟。④根据植保部门预测预报，综合防治病虫害，注意防治稻瘟病。

川香优 3203（Chuanxiangyou 3203）

品种来源：四川省农业科学院作物研究所用川香 29A/成恢 3203 配组而成。2010 年分别通过四川省和浙江省农作物品种审定委员会审定。

形态特征和生物学特性：属籼型三系杂交中稻品种。全生育期 154.0d，比对照冈优 725 长 3.4d。苗期长势旺，株型适中，叶色淡绿，剑叶较宽，剑叶角度小。植株较高，株高 121.0cm，有效穗 214.5 万穗/hm²，穗藏于叶下，穗长 25.1cm，每穗平均着粒 178.7 粒，结实率 81.0%，稃尖紫色，颖壳黄色，籽粒椭圆形，种皮白色，无芒，千粒重 29.5g。

品质特性：糙米率 78.6%，整精米率 59.3%，糙米粒长 7.0mm，糙米长宽比 2.7，垩白粒率 24%，垩白度 5.5%，胶稠度 39mm，直链淀粉含量 22.1%，蛋白质含量 10.2%。

抗性：中抗稻瘟病，感白叶枯病和褐稻虱，抗倒伏性偏弱。

产量及适宜地区：2007—2008 年参加四川省水稻中籼迟熟组区域试验，2 年区域试验平均产量 8.57t/hm²，比对照冈优 725 增产 5.41%；2008 年生产试验，平均产量 8.73t/hm²，比对照冈优 725 增产 5.14%。2007—2008 年参加浙江省单季杂交晚籼稻新组合区域试验，2 年区域试验平均单产 8.61t/hm²，比对照冈优 725 增产 5.1%；2009 年参加浙江省籼型单季稻生产试验，平均单产 8.42t/hm²，比对照两优培九增产 4.8%。适宜四川平坝和丘陵地区作中稻和浙江省籼稻区作单季稻种植。

栽培技术要点：①适时早播，该品种生育期偏长，播种时，应适时早播。②合理密植，栽插 24 万～30 万穴/hm²。③需肥量中等，一般施纯氮 120～150kg/hm²，氮、磷、钾配合施用。④根据植保预测预报，综合防治病虫害。

川香优37（Chuanxiangyou 37）

品种来源：四川省农业科学院水稻高粱研究所和四川省农业科学院作物研究所合作以川香29A/泸恢37配组而成。2013年通过四川省农作物品种审定委员会审定。

形态特征和生物学特性：属籼型三系杂交中稻品种。作中稻栽培，全生育期平均146.9d，比对照冈优725短1.0d。株型适中，剑叶直立，叶耳、叶枕、叶缘、叶鞘、柱头紫色。株高113.9cm，有效穗数208.5万穗/hm²，穗纺锤形，穗长24.8cm，每穗平均着粒189.5粒，结实率74.5%，颖壳黄色，籽粒椭圆形，稃尖紫色，种皮白色，少量短顶芒，千粒重28.3g。

品质特性：糙米率81.7%，整精米率56.3%，糙米长宽比2.6，垩白粒率63%，垩白度12.5%，胶稠度83mm，直链淀粉含量27.9%，蛋白质含量8.0%，属高直链淀粉型。

抗性：感稻瘟病。

产量及适宜地区：2011—2012年参加四川省水稻中籼迟熟组区域试验，2年区域试验平均产量8.34t/hm²，比对照冈优725增产6.49%；2012年生产试验，平均产量8.45t/hm²，比对照冈优725增产6.30%。适宜四川平坝和丘陵地区种植。

栽培技术要点：①适时播种，培育壮秧：秧龄45d左右。②合理密植，栽插15万～18万穴/hm²。③肥水管理，中等肥力田块，氮、磷、钾配合施用，前期浅水灌溉，中期够苗晒田，后期湿润管理至成熟。④根据植保预测预报，综合防治病虫害，注意防治稻瘟病。

川香优425（Chuanxiangyou 425）

品种来源：四川省农业科学院作物研究所用川香28A/成恢425配组而成。2007年通过四川省农作物品种审定委员会审定。2008年通过贵州省引种鉴定。

形态特征和生物学特性：属籼型三系杂交中早熟中稻品种。全生育期153.5d，比对照汕窄8号长4.8d。株型紧散适中，苗期长势较旺，剑叶挺立，叶色浓绿，主茎叶片数为16叶左右，叶鞘、叶缘、柱头紫色，分蘖力较强，后期转色好，株高96.6cm，穗长25cm，每穗平均着粒154粒，结实率74.3%，颖壳黄色，籽粒细长形，颖尖紫色，种皮白色，无芒，千粒重29.4g。

品质特性：整精米率54.6%，垩白粒率24%，垩白度5.7%，胶稠度76mm，直链淀粉含量21.6%。

抗性：感稻瘟病。

产量及适宜地区：2004—2005年参加四川省中籼早熟组区域试验，2年区域试验平均单产7.20t/hm²，比对照汕窄8号增产11.0%。2005年生产试验，平均单产7.31t/hm²，比对照汕窄8号增产15.1%。适宜四川省盆周山区800m以下区域和贵州省中低海拔籼稻区种植。

栽培技术要点：①适时播种，培育多蘖壮秧，秧龄弹性中等，以栽小苗为好。②栽插密度，栽插22.5万～27万穴/hm²，栽插基本苗180万苗/hm²左右为宜。③施肥：需肥量中等，一般施纯氮150kg/hm²，磷肥450kg/hm²，钾肥300kg/hm²。④注意后期水肥管理，忌脱水过早影响品质和产量。

川香优506 （Chuanxiangyou 506）

品种来源：仲衍种业股份有限公司和四川省农业科学院作物研究所合作用川香29A/蓉恢506配组而成。2011年通过四川省农作物品种审定委员会审定。

形态特征和生物学特性：属籼型三系杂交中稻品种。作中稻栽培，全生育期153.4d，比对照冈优725长3.1d。株型适中，叶色绿色，剑叶挺直，叶鞘、叶缘、柱头紫色，分蘖力较强。株高121.2cm，有效穗数219万穗/hm²，穗长25.5cm，每穗平均着粒174.1粒，结实率82.9%，穗纺锤形。颖壳黄色，籽粒椭圆形，颖尖紫色，种皮白色，部分籽粒短芒，千粒重28.3g。

品质特性：糙米率79.3%，整精米率63.0%，糙米粒长6.5mm，糙米长宽比2.6，垩白粒率18%，垩白度4.4%，胶稠度52mm，直链淀粉含量22.1%，蛋白质含量8.1%。

抗性：感稻瘟病。

产量及适宜地区：2008—2009年参加四川省水稻中籼迟熟组区域试验，2年区域试验平均产量8.35t/hm²，比对照冈优725增产4.30%；2009年生产试验，平均产量8.33t/hm²，比对照冈优725增产3.03%。适宜四川平坝和丘陵地区种植。

栽培技术要点：①适时早播。②合理密植：栽插22.5万穴/hm²左右，栽插基本苗180万苗/hm²左右。③肥水管理：需肥量中等，重底肥，早追肥。④根据植保预测预报，综合防治病虫害，注意防治稻瘟病。

川香优6号（Chuanxiangyou 6）

品种来源：四川省农业科学院作物研究所用川香29A/成恢178配组而成。2005年通过国家农作物品种审定委员会审定。

形态特征和生物学特性：属籼型三系杂交中稻品种。长江上游稻区作一季中稻种植，全生育期158.8d，比对照汕优63迟熟4.9d。株高113.6cm，有效穗数250.5万穗/hm²，穗长25.2cm，每穗平均着粒数167.2粒，结实率77.8%，千粒重28.6g。长江中下游稻区作一季中稻种植，全生育期136.7d，比对照汕优63迟熟3.8d。株高120.5cm，有效穗数17.4万穗/hm²，穗长25.4cm，每穗平均着粒数158.3粒，结实率73.8%，千粒重28.8g。株型适中，叶色深绿，叶鞘、叶缘、柱头紫色，长势繁茂，分蘖力强，后期转色好。颖壳黄色，籽粒椭圆形，稃尖紫色，种皮白色，极少量籽粒有顶芒。

品质特性：糙米率80.6%，精米率73.9%，整精米率65.9%，糙米粒长6.5mm，糙米长宽比2.7，垩白粒率25%，垩白度4.0%，透明度2级，碱消值6.6级，胶稠度78mm，直链淀粉含量21.8%。

抗性：中抗稻瘟病，感白叶枯病，高感褐飞虱。

产量及适宜地区：2003—2004年分别参加国家长江上游和国家长江中下游中籼迟熟优质稻组区域试验，2年区域试验平均产量分别为8.73t/hm²、8.24t/hm²，比对照汕优63分别增产1.72%、5.05%；2004年分别参加国家长江上游和国家长江中下游中籼稻生产试验，平均产量分别为8.03t/hm²、7.87t/hm²，比对照汕优63分别增产3.33%、6.99%。该品种2005年以来累计推广面积超过60.00万hm²。适宜云南、贵州、重庆的中低海拔稻区（武陵山区除外），四川平坝丘陵稻区，陕西南部稻区以及福建、江西、湖南、湖北、安徽、浙江、江苏的长江流域稻区（武陵山区除外），河南南部稻区的白叶枯病轻发区作一季中稻种。

栽培技术要点：①育秧，根据当地生产情况适时播种。②移栽，一般栽插18万～22.5万穴/hm²，基本苗150万～180万苗/hm²。③肥水管理，需肥量中等偏上，一般每公顷施纯氮120～150kg，磷肥375～450kg，钾肥225～300kg。在水分管理上，做到前期浅水，中期轻搁，后期干湿交替。④根据当地病虫害实际和发生动态，注意及时防治白叶枯病等病虫害。

川香优907（Chuanxiangyou 907）

品种来源：四川华丰种业有限责任公司、四川省农业科学院作物研究所合作用川香29A/华恢007配组而成，又名：蜀优978、蜀香978。分别通过重庆市（2006）、四川省（2007）、河南省（2009）农作物品种审定委员会审定。

形态特征和生物学特性：属籼型三系杂交中稻品种。全生育期150.5d，比对照汕优63长3d。株型紧散适中，叶鞘、叶缘、柱头均为紫色，分蘖力中上，转色好，落粒性适中。株高115.2cm，有效穗222.15万穗/hm²，穗长25.7cm，每穗平均着粒171.6粒，结实率78.9%，颖壳黄色，籽粒椭圆形，稃尖紫色，种皮白色，无芒，千粒重29.2g。

品质特性：糙米率80.9%，精米率75.2%，整精米率67.3%，糙米粒长6.6mm，糙米长宽比2.7，垩白粒率45%，垩白度8.0%，透明度2级，碱消值5.8级，胶稠度44mm，直链淀粉含量21.4%，蛋白质含量7.4%。

抗性：抗稻瘟病。

产量及适宜地区：2005—2006年参加四川省中籼迟熟组区域试验，2年区域试验平均单产7.95t/hm²，较对照汕优63增产6.11%；2006年生产试验平均单产8.67t/hm²，比对照汕优63增产9.32%。2003—2004年参加重庆市水稻区域试验，2年区域试验平均单产7.97t/hm²，比对照汕优63增产10.89%。2006—2007年参加河南省籼稻区域试验，2年区域试验平均单产8.51t/hm²，比对照Ⅱ优838增产8.15%；2008年生产试验平均单产9.06t/hm²，比对照Ⅱ优838增产6.0%。在四川省、重庆市、河南省累计推广10.00万hm²。适宜四川平坝和丘陵地区、河南省南部籼稻区以及重庆市海拔800m以下地区作一季中稻种植。

栽培技术要点：①适时播种，培育壮秧。②栽插密度18万~22.5万穴/hm²，每穴栽插2苗。③重底肥早追肥，氮、磷、钾配合施肥，一般施纯氮120~150kg/hm²、过磷酸钙300kg/hm²、钾肥75kg/hm²作底肥，栽后7d施45kg/hm²纯氮作追肥。④根据植保部门预测预报，综合防治病虫害。

川优5108（Chuanyou 5108）

品种来源： 成都科瑞农业研究中心、四川省农业科学院作物研究所以川香29A／科恢5108配组而成。2010年通过国家农作物品种审定委员会审定。

形态特征和生物学特性： 属籼型三系杂交中稻品种。在武陵山区作一季中稻种植，全生育期平均147.8d，比对照Ⅱ优58长0.6d。株型适中，叶鞘、叶耳紫色。有效穗数243万穗/hm²，株高116.9cm，穗长23.9cm，每穗平均着粒数153.5粒，结实率84.3%，颖壳黄色，籽粒椭圆形，稃尖紫色，种皮白色，顶芒，千粒重28.4g。

品质特性： 整精米率63.0%，糙米长宽比2.6，垩白粒率44%，垩白度5.1%，胶稠度55mm，直链淀粉含量22.3%。

抗性： 中感稻瘟病，中感纹枯病，中抗稻曲病。

产量及适宜地区： 2008—2009年参加国家武陵山区中籼组品种区域试验，2年区域试验平均单产8.74t/hm²，比对照Ⅱ优58增产2.5%；2009年生产试验，平均单产8.64t/hm²，比对照Ⅱ优58增产4.9%。适宜在贵州省、湖南省、湖北省、重庆市的武陵山区海拔800m以下稻区作一季中稻种植。

栽培技术要点： ①育秧，适时播种，适施断奶肥和送嫁肥，培育壮秧。②移栽，秧龄30～35d移栽，栽插规格20cm×（25～33）cm，栽插密度15万～18万穴/hm²，每穴栽插1～2苗。③肥水管理，宜多施用有机肥，并适当配施磷、钾肥，前作宜绿肥或油菜，冬闲田施复合肥195～270kg/hm²作底肥；移栽后早施追肥，尿素195～225kg/hm²、氯化钾75～120kg/hm²混合施用。中后期进行间隙灌溉，忌断水过早。④病虫害防治，注意及时防治稻瘟病、纹枯病、螟虫、褐飞虱、稻曲病等病虫害。

川优6203（Chuanyou 6203）

品种来源：四川省农业科学院作物研究所用川106A/成恢3203配组而成。2011年通过四川省农作物品种审定委员会审定。

形态特征和生物学特性：属籼型三系杂交中稻品种。全生育期149.5d，比对照冈优725长0.6d。株型适中，剑叶直立，叶鞘、叶耳绿色，柱头无色，分蘖力中等，株高114.1cm，有效穗数222万穗/hm²，穗纺锤形，穗层整齐，穗长26.5cm，每穗平均着粒166.1粒，结实率82.7%，后期转色好，易脱粒，颖壳黄色，籽粒细长形，颖尖无色，种皮白色，部分籽粒有短芒，千粒重28.2g。

品质特性：糙米率79.1%，整精米率54.4%，糙米粒长7.9mm，糙米长宽比3.6，垩白粒率20%，垩白度2.5%，胶稠度61mm，直链淀粉含量18.1%，蛋白质含量10.8%，米质达到国颁二级优质米标准。

抗性：中抗稻瘟，高感褐飞虱，抽穗期耐热性1级，耐冷。

产量及适宜地区：2008—2009年参加四川省水稻中籼迟熟组区域试验，2年区域试验平均产量8.35t/hm²，比对照冈优725增产2.90%；2010年生产试验，平均产量7.99t/hm²，比对照冈优725增产3.13%。该品种2011年以来累计推广面积24.00万hm²。适宜在云南、贵州（武陵山区除外）、重庆（武陵山区除外）的中低海拔籼稻区、四川平坝丘陵稻区、陕西南部稻区作一季中稻种植。

栽培技术要点：①适时播种，播种前用三氯异氰尿酸或咪鲜胺浸种。秧苗2叶1心时适量喷施多效唑，以培育带蘖壮秧。②及时移栽，插足基本苗。秧龄30～35d。栽插规格

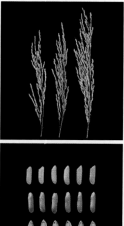

20cm×23.3cm，每穴栽插2粒带蘖谷苗秧，基本苗180万苗/hm²以上。③基肥要足，追肥要早，施纯氮120～50kg/hm²，氮、磷、钾肥比例为1：0.5：0.7。早施追肥，少施或不施穗肥，后期不宜施氮肥，适当增施磷钾肥，以提高抗倒伏性。④水管理以湿为主，干湿相间，寸水返青，浅水分蘖，够苗晒田，有水孕穗，干湿壮籽。⑤注意及时防治稻瘟病、纹枯病、螟虫、褐飞虱、稻曲病等病虫害。

川优727 （Chuanyou 727）

品种来源：四川省农业科学院作物研究所用川358A/成恢727配组而成。2009年、2011年分别通过四川省和国家农作物品种审定委员会审定。

形态特征和生物学特性：属籼型三系杂交中稻品种。全生育期151.4d，比对照冈优725短0.9d。株型适中，叶色淡绿，剑叶较宽，叶鞘绿色，柱头无色，分蘖力较强，后期转色好。株高114.8cm，有效穗数229.5万穗/hm²，穗藏于叶下，穗长25.5cm，每穗平均着粒175.9粒，结实率79.3%，颖壳黄色，籽粒细长形，颖尖无色，种皮白色，短芒，千粒重27.7g。

品质特性：糙米率79.9%，整精米率69.4%，糙米粒长7.1mm，糙米长宽比3.2，垩白粒率8%，垩白度0.7%，胶稠度52mm，直链淀粉含量22.5%，蛋白质含量11.2%，米质达到国颁二级优质米标准。

抗性：抗稻瘟病。

产量及适宜地区：2006—2007年参加四川省水稻中籼优质组区域试验，2年区域试验平均单产7.92t/hm²，比对照冈优725增产2.78%；2008年生产试验，平均单产8.56t/hm²，比对照冈优725增产6.40%。2009—2010年参加国家武陵山区中籼组新品种区域试验，2年区域试验平均单产8.70t/hm²，比对照全优527增产3.1%；2010年生产试验，平均单产8.88t/hm²，比对照全优527增产2.8%。适宜四川平坝和丘陵地区，贵州省、湖南省、湖北省、重庆市的武陵山区海拔800m以下稻区作一季中稻种植。

栽培技术要点：①育秧，做好种子消毒处理，大田用种量19.5～22.5kg/hm²，适时播种，培育壮秧。②移栽，秧龄控制在35d内，适时移栽，栽插规格为20cm×23.3cm，每穴栽插2苗。③肥水管理，施足基肥，早施追肥，一般施纯氮150～182kg/hm²，氮、磷、钾配合施用。灌溉管理以湿为主，干湿相间，做到寸水返青、浅水分蘖、够苗晒田、有水孕穗、干湿壮籽。④病虫害防治，注意及时防治稻瘟病、纹枯病、螟虫、褐飞虱、稻曲病等病虫害。

川优75535（Chuanyou 75535）

品种来源：四川省农业科学院作物研究所用川75A/CDR535配组而成。2001年通过四川省农作物品种审定委员会审定。

形态特征和生物学特性：属籼型三系杂交中稻品种。全生育期153d，比对照汕优63长3d左右。株型紧凑，叶片直立，生长茂盛，分蘖中等。株高114.9cm，比对照汕优63高5cm左右。有效穗数210万～240万穗/hm²，每穗平均着粒171.8粒，结实率78.5%，颖壳黄色，籽粒椭圆形，稃尖紫色，种皮白色，无芒，千粒重26.1g。

品质特性：糙米率80.9%，精米率74.4%，整精米率56.2%，糙米粒长6.0mm、宽2.5mm，糙米长宽比2.4，垩白粒率26.0%，垩白度3.5%，直链淀粉含量15.1%，透明度2级，碱消值4.1级，胶稠度78mm，蛋白质含量11.7%。

抗性：感稻瘟病。

产量及适宜地区：1999—2000年四川省优米组区域试验，2年区域试验平均单产7.62t/hm²，比对照汕优63减产3.2%；2000年生产试验，平均单产8.38t/hm²，比对照汕优63增产6.29%。适宜四川省平坝、丘陵区作一季中稻种植。

栽培技术要点：适时早播，培育多蘖壮秧。合理密植，栽插基本苗120万～180万苗/hm²。重底肥，早追肥，用纯氮120～135kg/hm²。

川优8377（Chuanyou 8377）

品种来源：四川省农业科学院作物研究所用川358A/成恢377配组而成。2012年通过国家农作物品种审定委员会审定。

形态特征和生物学特性：属籼型三系杂交中稻品种。长江上游作一季中稻种植，全生育期平均156.9d，比对照Ⅱ优838短1.8d。株型适中，剑叶较宽、长，柱头无色，分蘖力中等。株高114.0cm，有效穗数234万穗/hm²，穗长25.2cm，每穗平均着粒172.4粒，结实率74.8%，颖壳黄色，稃尖无色，种皮白色，部分籽粒有短芒，千粒重28.0g。

品质特性：糙米率79.6%，精米率72.1%，整精米率69.5%，糙米长宽比2.9，垩白粒率6%，垩白度0.8%，透明度1级，碱消值6.4级，胶稠度71mm，直链淀粉含量21.3%，达到国家优质稻谷标准1级。

抗性：中感稻瘟病，高感褐飞虱，耐冷性弱。

产量及适宜地区：2009—2010年参加长江上游中籼迟熟组品种区域试验，2年区域试验平均产量7.80t/hm²，比对照Ⅱ优838减产6.7%；2011年生产试验，平均产量8.31t/hm²，比对照Ⅱ优838减产3.7%。适宜在贵州黔东南稻区、重庆市（武陵山区除外）的中低海拔籼稻区、四川省平坝丘陵稻区、陕西省南部稻区作一季中稻订单生产种植。

栽培技术要点：①培育壮秧，秧龄35d以内。②栽插规格20cm×23.3cm，每穴栽插2苗带蘖谷种秧，栽插基本苗180万苗/hm²以上。③基肥要足，追肥要早，施纯氮150～180kg/hm²，氮、磷、钾肥比例为1∶0.5∶0.7。④水管理以湿为主，干湿相间，寸水返青，浅水分蘖，够苗晒田，有水孕穗，干湿壮籽。⑤注意及时防治稻瘟病、纹枯病、螟虫、褐飞虱、稻曲病等病虫害。

川优9527 (Chuanyou 9527)

品种来源：江油市川江水稻研究所、四川农业大学水稻研究所合作以江育标9A／蜀恢527配组而成，又名：江优9527，川江优9527，川江优4号。分别通过国家（2007）和贵州省（2006）农作物品种审定委员会审定。

形态特征和生物学特性：属籼型三系杂交中稻品种。在长江上游作一季中稻种植，全生育期平均151.0d，比对照Ⅱ优838早熟3.2d。株型较松散，剑叶较宽，叶色淡绿色，分蘖力强，后期转色好。有效穗数240万穗/hm²，株高118.7cm，穗长26.4cm，每穗平均着粒178.1粒，结实率81.6%，颖壳黄色，籽粒细长形，种皮白色，顶芒，千粒重28.6g。

品质特性：整精米率57.1%，糙米长宽比3.2，垩白粒率24%，垩白度3.8%，胶稠度53mm，直链淀粉含量21.8%，达到国家三级优质稻谷标准。

抗性：高感稻瘟病。

产量及适宜地区：2004—2005年参加贵州省中籼迟熟组品种区域试验，2年区域试验平均单产9.37t/hm²，比对照Ⅱ优838增产7.54%；2005年生产试验，平均单产7.67t/hm²，比对照Ⅱ优838增产7.42%。2005—2006年参加长江上游中籼迟熟组品种区域试验，2年区域试验平均产量9.37t/hm²，比对照Ⅱ优838增产5.89%；2006年生产试验，平均产量7.67t/hm²，比对照Ⅱ优838减产2.53%。该品种2006年以来累计推广面积超过8.00万hm²。适宜云南省、贵州省、重庆市的中低海拔籼稻区（武陵山区除外），四川省平坝丘陵稻区，陕西省南部稻区的稻瘟病轻发区作一季中稻种植。

栽培技术要点：①适时播种，三氯异氰尿酸浸种消毒，稀播、匀播，培育多蘖壮秧。②秧龄35d左右移栽，栽插密度18万～22.5万穴/hm²，每穴栽插2苗。③肥水管理，重底肥，早追肥，增施磷、钾肥和有机肥。够苗晒田，干湿壮籽。④病虫害防治，注意及时防治稻瘟病、纹枯病、螟虫、稻飞虱等病虫害。

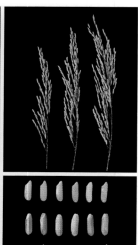

川作6优177 (Chuanzuo 6 you 177)

品种来源：四川省农业科学院作物研究所用川作6A／成恢177配组而成。2010年通过四川省农作物品种审定委员会审定。

形态特征和生物学特性：属籼型三系杂交中熟中稻品种。全生育期146.5d，比对照辐优838短0.8d。株型适中，剑叶直立，叶色深绿，柱头紫色，分蘖力较强。株高107.7cm，有效穗220.5万穗/hm²，穗长25.0cm，每穗平均着粒173.4粒，结实率82.4%，颖壳黄色，籽粒椭圆形，颖尖紫色，种皮白色，无芒，千粒重27.3g。

品质特性：糙米率79.5%，整精米率63.1%，糙米粒长6.5mm，糙米长宽比2.6，垩白粒率58%，垩白度9.2%，胶稠度85mm，直链淀粉含量23.5%，蛋白质含量7.8%。

抗性：感稻瘟病。

产量及适宜地区：2008—2009年参加四川省水稻中籼中熟组区域试验，2年区域试验平均单产8.06t/hm²，比对照辐优838增产7.43%；2009年生产试验，平均单产8.15t/hm²，比对照辐优838增产7.93%。适宜四川平坝丘陵地区作搭配品种种植。

栽培技术要点：①适时播种，培育多蘖壮秧，3月底至4月中旬播种。②合理密植，栽足基本苗，栽插22.5万～27万穴/hm²。③科学施肥：需肥量中等，施纯氮120～150kg/hm²，70%～80%作底肥，20%～30%作追肥。④根据植保预测预报，综合防治病虫害，注意防治稻瘟病。

川作6优178（Chuanzuo 6 you 178）

品种来源：四川省农业科学院作物研究所用川作6A/成恢178配组而成。2013年通过四川省农作物品种审定委员会审定。

形态特征和生物学特性：属籼型三系杂交中熟中稻品种。作中熟中稻栽培，生育期平均147.5d，比对照辐优838长0.1d。株型适中，剑叶直立，叶色深绿，叶鞘、叶舌无色，叶耳浅紫色，柱头紫色。株高112.1cm，有效穗220.5万穗/hm²，穗长24.9cm，每穗平均着粒169.2粒，结实率81.5%，颖壳黄色，籽粒椭圆形，颖尖浅紫色，种皮白色，顶芒，千粒重27.3g。

品质特性：糙米率81.2%，整精米率66.1%，糙米长宽比2.5，垩白粒率76%，垩白度18.4%，胶稠度78mm，直链淀粉含量22.6%，蛋白质含量9.0%。

抗性：感稻瘟病。

产量及适宜地区：2010—2011年参加四川省水稻中籼迟熟组区域试验，2年区域试验平均产量7.92t/hm²，比对照辐优838增产6.18%；2012年生产试验，平均产量8.16t/hm²，比对照辐优838增产9.16%。适宜四川省平坝和丘陵地区种植。

栽培技术要点：①适时播种，培育壮秧，3月底至4月中旬播种。②合理密植，栽插18万～22.5万穴/hm²。③肥水管理，重底肥早追肥，早施分蘖肥，氮、磷、钾合理搭配，科学管水。④病虫害防治，根据植保预测预报，及时防治病虫害，注意防治稻瘟病。

德香4103（Dexiang 4103）

品种来源：四川省农业科学院水稻高粱研究所用香074A/泸恢H103配组而成。分别通过国家（2008）和四川省（2011）、云南（普洱、文山、红河）省（2012）农作物品种审定委员会审定，2011年重庆市认定。2012年农业部确认为超级稻品种。

形态特征和生物学特性：属籼型三系杂交中稻品种。生育期150.2d，比对照冈优725长0.5d。株型适中，叶鞘绿色，柱头白色，分蘖力中上，后期转色好。落粒性适中，株高120.1cm，有效穗数211.5万穗/hm²，穗长26.2cm，每穗平均着粒170.8粒，结实率79.5%，颖壳黄色，籽粒椭圆形，颖尖无色，种皮白色，顶芒，千粒重30.6g。

品质特性：糙米率81.3%，整精米率67.8%，糙米粒长6.6mm，糙米长宽比2.6，垩白粒率32%，垩白度4.7%，胶稠度72mm，直链淀粉含量14.6%，蛋白质含量11.0%。

抗性：高感稻瘟病、白叶枯病，感褐飞虱，抽穗期耐热性一般。

产量及适宜地区：2006—2007年参加四川省中籼优质组区域试验，2年区域试验平均单产8.10t/hm²，比对照冈优725增产5.90%；2007年生产试验，平均单产8.63t/hm²，比对照冈优725增产3.24%。2009—2010年参加国家长江中下游中籼迟熟组区域试验，2年区域试验平均单产8.60t/hm²，比对照Ⅱ优838增产5.2%；2011年生产试验，平均单产8.90t/hm²，比对照Ⅱ优838增产7.1%。该品种2008年以来累计推广面积超过14.00万hm²。适宜南方稻区稻瘟病、白叶枯病轻发区作一季中稻种植。

栽培技术要点：① 适时播种，培育壮秧，大田用种量15kg/hm²左右。② 栽插密度18万～22.5万穴/hm²，每穴栽插2苗。③ 重底肥，早追肥，氮、磷、钾配合施用，一般每公顷施纯氮120～150kg，过磷酸钙300kg，钾肥150kg作底肥，栽后7d施纯氮45kg/hm²作追肥。④ 根据当地病虫害预报，及时防治稻瘟病、螟虫、稻飞虱等病虫害。

德香优146（Dexiangyou 146）

品种来源：四川国豪种业股份有限公司用四川省农业科学院水稻高粱研究所选育的不育系德香074A与绵阳市农业科学研究院选育的恢复系绵恢146配组育成。2013年通过四川省农作物品种审定委员会审定。

形态特征和生物学特性：属籼型三系杂交中稻品种。作中稻栽培，全生育期平均151.5d，比对照冈优725长3.5d。株型适中，叶色、叶鞘绿色，叶耳浅绿色。株高122.6cm，有效穗208.5万穗/hm²，穗长26.1cm，每穗平均着粒181.1粒，结实率76.8%，颖壳黄色，籽粒椭圆形，颖尖秆黄色，种皮白色，穗顶部少量籽粒短顶芒，千粒重30.4g。

品质特性：糙米率81.5%，整精米率66.6%，糙米长宽比2.6，垩白粒率25%，垩白度6.2%，胶稠度83mm，直链淀粉含量14.6%，蛋白质含量9.9%。

抗性：中感稻瘟病。

产量及适宜地区：2011—2012年参加四川省水稻中籼迟熟组区域试验，2年区域试验平均产量8.40t/hm²，比对照冈优725增产6.33%；2012年生产试验，平均产量8.47t/hm²，比对照冈优725增产6.52%。适宜四川平坝和丘陵地区种植。

栽培技术要点：①适时早播，浸种消毒。秧龄40d左右，用种量15kg/hm²左右。②合理密植，栽插18万穴/hm²左右。③肥水管理。重底肥，早追肥。看苗补施穗粒肥，施纯氮120～150kg/hm²，氮、磷、钾配合施用；前期浅水灌溉，适时晒田，后期干湿交替或湿润灌溉，断水不宜过早。④病虫害防治。根据植保预测预报，综合防治稻瘟病、螟虫、稻飞虱等病虫害。

地优151（Diyou 151）

品种来源：四川省江油市种子公司以地谷 A/江恢151（即圭630/IR9361-4-3-2）配组而成。1997年通过四川省农作物品种审定委员会审定。

形态特征和生物学特性：属籼型三系杂交中熟中稻品种。全生育期142d。株型适中，苗期长势旺，叶色浓绿，柱头紫色，分蘖力较强，后期落色顺调，再生力较强。株高104cm，有效穗264万穗hm^2，每穗平均着粒144粒，结实率84.8%，颖壳黄色，籽粒椭圆形，稃尖紫色，种皮白色，无芒，千粒重27.43g。

品质特性：糙米率80.2%，精米率73.4%，整精米率60.7%，米质较优。

抗性：叶瘟和穗颈瘟均为0～3级，抗稻瘟病力强。

产量及适宜地区：1994—1995年参加四川省中籼迟熟 B组和中籼中熟组区域试验，2年区域试验平均产量7.98t/hm^2，比对照汕优63增产1.32%；绵阳市2年区域试验，产量与对照汕优63相近；1996年生产试验，平均产量7.89t/hm^2，比对照汕优195增产14.19%。适宜四川省稻瘟病常发区搭配种植。

栽培技术要点：①适时早播，3月下旬至4月上中旬播种，秧龄40d左右。②采用宽窄行插秧，栽插18万～22.5万穴/hm^2，保证栽插基本苗150万苗/hm^2。③肥水管理，施用纯氮180kg/hm^{2}左右，氮、磷、钾比例以1.0∶0.5∶1.0为宜，氮肥施用以前中期为主，一般是基肥60%、分蘖肥20%、穗肥20%，做到重施基肥，早施分蘖肥，后期施足穗肥；管水上够苗晒田，控制无效分蘖发生，改善中后期受光姿态，达到根旺秆壮。④注意病虫害的防治。

二汕63 (Ershan 63)

品种来源：绵阳农业专科学校用明恢63作父本，与二汕A配组于1985年育成。1988年通过四川省农作物品种审定委员会审定。

形态特征和生物学特性：属籼型三系杂交中稻品种。作中稻栽培全生育期150d左右。株型松紧适中，叶片较宽，叶色浓绿，叶鞘、叶缘、柱头紫色，分蘖力强，抽穗整齐，后期转色好，株高100～105cm，每穗平均着粒150粒，结实率85%左右，颖壳黄色，籽粒椭圆形，稃尖紫色，种皮白色，无芒，千粒重28～29g，繁殖、制种产量高。

品质特性：糙米率80%，精米率70%，加工、外观、食味品质与汕优63相当。

抗性：中抗苗瘟、叶瘟和穗颈瘟，轻感纹枯病。

产量及适宜地区：1986—1987年参加四川省水稻中籼迟熟组区域试验，2年区域试验平均产量8.41t/hm²，大面积示范种植一般产量在7.5t/hm²以上，适宜四川省种汕优63的地区作搭配品种种植。

栽培技术要点：作中稻栽培，一般3月下旬至4月上旬播种，秧龄45～55d，栽插基本苗120万～150万苗/hm²。施纯氮150kg/hm²左右，后期断水不宜过早。

二汕优501 （Ershanyou 501）

品种来源：绵阳农业专科学校和四川省绵阳市农业科学研究所合作用不育系二汕A与恢复系绵复501测配选育而成。1993年通过四川省农作物品种审定委员会审定。

形态特征和生物学特性：属籼型三系杂交中稻迟熟品种，全生育期平均146.0d，比对照矮优S长2.6d。株型适中，叶片绿色，叶鞘、叶缘、柱头紫色，穗大粒多，后期转色好。株高106.8cm，有效穗数243.0万穗/hm²，穗长25.0cm，每穗平均着粒162.5粒，结实率85%左右，颖壳黄色，籽粒椭圆形，稃尖紫色，种皮白色，无芒，千粒重26～27g。

品质特性：糙米率80.5%，精米率72.3%，整精米率55.3%，粗蛋白含量12.77%，胶稠度54mm，直链淀粉含量20.7%。

抗性：感稻瘟病。

产量及适宜地区：1990—1991年参加四川省水稻区域试验，2年区域试验产量分别为8.11t/hm²、7.23t/hm²，分别比对照D汕64和矮优S增产12.52%和4.99%；1992年生产试验，平均产量8.20t/hm²，比对照矮优S增产6.33%。该品种从1993年以来累计推广面积53.30万hm²。适宜在四川省、重庆市等地作一季中稻种植。

栽培技术要点：①适时插栽，培育多蘖壮秧，秧龄40～50d。②栽插基本苗150万～300万苗/hm²，插双株。③重底肥，早追肥，增施有机肥和磷钾肥，再生稻应在头季撒籽时施好促芽肥。④浅水灌溉，适时晒田，防治病虫害。

菲优 188 （Feiyou 188）

品种来源：乐山市农牧科学研究所以菲改A/乐恢188配组育成。2006年通过四川省农作物品种审定委员会审定。

形态特征和生物学特性：属籼型三系杂交中稻品种。全生育期152.9d，比对照汕优63长0.3d。株型适中，苗期叶色深绿，叶片宽，生长势旺，剑叶直立、挺，茎秆粗壮，叶鞘绿色。株高111.2cm，有效穗数218.55万穗/hm²，穗长25.5cm，每穗平均着粒185.1粒，结实率76.3%，颖壳黄色，籽粒椭圆形，稃尖无色，种皮白色，顶芒，千粒重29.7g。

品质特性：糙米率82.2%，精米率74.1%，整精米率46.4%，糙米粒长6.9mm，糙米长宽比2.8，垩白粒率97%，垩白度36.4%，透明度3级，碱消值4.9级，胶稠度84mm，直链淀粉含量26.5%，蛋白质含量9.5%。

抗性：高感稻瘟病。

产量及适宜地区：2003—2004年参加四川省水稻中籼迟熟组区域试验，2年区域试验平均产量8.47t/hm²，比对照汕优63增产6.4%；2004年生产试验，平均产量8.87t/hm²，比对照汕优63增产9.37%。适宜四川省平坝和丘陵地区作一季中稻高直链淀粉专用品种种植。

栽培技术要点：①适期早播，培育壮秧。②适时移栽，合理密植，秧龄控制在35d左右，栽插15万～18万穴/hm²。③科学用肥，掌握基肥、分蘖肥及穗肥比例，以4：4：2为宜。④宜采用浅水栽插，寸水返青，薄水分蘖，保水抽穗扬花，干湿交替灌溉方式进行。⑤加强病虫害综合防治。

菲优63 (Feiyou 63)

品种来源：四川省内江市农业科学研究所用明恢63作父本，与菲改A配组于1985年育成。1988年通过四川省农作物品种审定委员会审定。

形态特征和生物学特性：属籼型三系杂交中稻迟熟品种。全生育期作中稻栽培145～150d。株型集散适中，叶片较窄，叶色淡绿，叶鞘绿色，柱头无色，分蘖力强，繁茂性好，后期转色好，株高100～120cm，每穗平均着粒145粒，结实率85%左右，颖壳黄色，籽粒细长形，稃尖无色，种皮白色，顶芒，千粒重30g左右。

品质特性：糙米率80%～82%，精米率72.4%，外观品质较好，加工品质、食味品质与汕优63相当。

抗性：中抗稻瘟病。

产量及适宜地区：1986—1987年四川省水稻中籼迟熟组区域试验，平均产量8.30t/hm²，大面积示范种植，一般产量7.50t/hm²以上，接近汕优63产量水平。繁殖、制种产量高。该品种1988年以来累计推广面积超过4.00万hm²。适宜四川省平坝、丘陵地区中低肥力田块作搭配品种种植。

栽培技术要点：作中稻栽培一般3月中、下旬播种，秧龄40～50d，栽插基本苗150万～180万苗/hm²。一般施纯氮120～135kg/hm²，高肥田注意防治纹枯病。

菲优99-14 （Feiyou 99-14）

品种来源：内江杂交水稻科技开发中心用菲改A/内恢99-14配组育成。2002年通过四川省农作物品种审定委员会审定。

形态特征和生物学特性：属籼型三系杂交中稻迟熟品种。全生育期151.2d，与对照汕优63相当。株叶型紧凑，群体整齐，苗期生长势旺，分蘖力强，叶色淡绿，叶鞘绿色，柱头无色。穗型中等偏大，后期熟色好，株高110～115cm，穗长25.1cm，每穗平均着粒140.6粒，结实率85%以上，颖壳黄色，籽粒细长形，稃尖无色，种皮白色，无芒，千粒重29.4g，不早衰，再生力强。

品质特性：糙米率81.4%，糙米粒长7.53mm，糙米长宽比3.24，稻米半透明，油渍状，垩白少，加工、外观和食味品质均优于汕优63，食味佳，口感好。

抗性：感稻瘟病。

产量及适宜地区：2000—2001年参加四川省水稻中籼迟熟组区域试验，2年区域试验平均产量8.53t/hm²，比对照汕优63增产5.66%；2001年生产试验，平均产量8.37t/hm²，比对照汕优63增产8.99%。适宜四川省一季中稻或一季中稻+再生稻区应用。

栽培技术要点：①适时早播，川东、川南宜3月中、下旬播种，川西、川北宜4月上旬播种，再生稻区宜3月上、中旬播种。可采用湿润地膜育秧或温室两段育秧，培育多蘖壮秧，以栽中苗为好，栽插2苗易获高产。②用种量15kg/hm²左右，栽插19.5万～22.5万穴/hm²为宜，基本苗150万苗/hm²左右。③宜中等偏上肥水管理。施肥管理上宜重底肥早追肥。注意氮、磷、钾肥的合理搭配，切忌偏施氮肥。超高产栽培适当增施磷、钾肥。④其他栽培措施同汕优63的栽培。

菲优多系1号 （Feiyouduoxi 1）

品种来源：内江杂交水稻科技开发中心于1992年用菲改A/多系1号配组而成。分别通过四川省（1998）、贵州省（2000）和国家（2001、2003）农作物品种审定委员会审定，2004年通过陕西省引种试验。2002年获得四川省科技进步二等奖。

形态特征和生物学特性：属籼型三系杂交中稻迟熟品种。全生育期145～150d，比汕优63短2～3d。株型松散适中，群体整齐，苗期生长势旺，叶色淡绿，叶片中宽直立，叶鞘绿色，柱头无色，分蘖力强。成穗率高，穗层整齐，黄熟一致，转色好，不早衰，株高105～110cm。每穗平均着粒136.5粒，结实率85%～90%，颖壳黄色，籽粒细长形，稃尖无色，种皮白色，无芒，千粒重30g左右。

品质特性：糙米率、精米率、整精米率、粒长、透明度、蛋白质含量、直链淀粉含量、胶稠度、碱消值，九项指标达到部颁一级优质米标准，糙米长宽比、垩白度二项指标达部颁二级优质米标准，垩白粒率31%。1999年获四川省第二届"稻香杯"优质米奖。

抗性：高抗稻瘟病，中抗白背飞虱。

产量及适宜地区：1994—1996年参加省优质米组区域试验，平均产量8.43t/hm²，比对照汕优63增产1.02%。生产试验，平均产量7.68t/hm²，比对照汕优63增产3.07%。该品种1998年以来累计推广面积超过3.00万hm²。适宜四川省、重庆市以及贵州省遵义、安顺等地作一季中稻种植；海南省、广西壮族自治区中南部、广东省中南部、福建省南部双季稻白叶枯病轻发区作早稻种植。

栽培技术要点：①适时早播，在四川播种期3月初至4月初为宜。可采用湿润地膜育秧或温室两段育秧，培育多蘖壮秧，秧龄弹性大，以栽中苗为好，栽插2苗易获高产。②用种量15.0～18.75kg/hm²，栽插19.5万～22.5万穴/hm²。基本苗保证在150万苗/hm²左右。栽插方式上以宽窄行为最好。③施肥管理上宜重底肥，早追肥。注意氮、磷、钾肥合理搭配，切忌偏施氮肥。超高产栽培过磷酸钙用量不少于375kg/hm²，钾肥不少于225kg/hm²。④其他栽培措施同汕优63的栽培。

丰大优2590 （Fengdayou 2590）

品种来源：四川丰大种业有限公司以丰大114A/丰恢2590配组而成。2008年通过四川省农作物品种审定委员会审定。

形态特征和生物学特性：属籼型三系杂交中稻品种。全生育期149.2d，比对照冈优725长0.5d。株型适中，叶色深绿，叶片直立，叶鞘、叶耳、稃尖、柱头均为紫色。株高122.1cm，有效穗数211.5万穗/hm²，穗长26.0cm，每穗平均着粒176.7粒，结实率81.1%，颖壳黄色，籽粒椭圆形，稃尖紫色，部分籽粒有短芒，千粒重29.1g，

品质特性：糙米率81.0%，整精米率65.4%，糙米粒长6.1mm，糙米长宽比2.3，垩白粒率45%，垩白度7.7%，胶稠度52mm，直链淀粉含量25.7%，蛋白质含量11.0%。

抗性：感稻瘟病。

产量及适宜地区：2006—2007年参加四川省中籼优质组区域试验，2年区域试验平均单产8.08t/hm²，比对照冈优725增产6.25%；2007年生产试验平均单产7.88t/hm²，比对照冈优725增产0.04%。适宜四川省平坝和丘陵地区种植。

栽培技术要点：①适时播种，培育壮秧。②合理密植，栽足基本苗。③配方施肥，重底肥早追肥，看苗补施穗粒肥，氮、磷、钾肥合理搭配。④科学管水，移栽返青后浅水促分蘖，时到或苗足适时晒田，控制无效分蘖，孕穗期田间保持水层。⑤根据植保预测预报，综合防治病虫害。

辐优130 （Fuyou 130）

品种来源：原乐山农业学校以辐76A/R130（740098/辐恢6811/明恢63）配组而成。1997年通过四川省农作物品种审定委员会审定。

形态特征和生物学特性：属籼型三系杂交中稻品种。全生育期152.0d，比对照汕优63长1d左右。株型适中，植株生长整齐，苗期耐寒力较强，叶鞘、柱头紫色，分蘖力中上，秆硬抗倒伏，再生力强，株高116.1cm，每穗平均着粒144.0粒，结实率84.7%，颖壳黄色，籽粒椭圆形，稃尖紫色，种皮白色，无芒，千粒重29.3g。

品质特性：糙米率80.5%，精米率70.0%，适口性、加工及外观品质优于对照。

抗性：中感稻瘟病。

产量及适宜地区：1995—1996年参加四川省水稻中籼迟熟组区域试验，2年区域试验平均产量8.54t/hm²，比对照汕优63增产3.59%；1996年生产试验，平均产量10.27t/hm²，比对照汕优63增产12.23%。适宜四川省种植汕优63的一季稻区和再生稻区种植。

栽培技术要点：辐优130穗重优势强，栽培上宜适度稀植，稀播加施多效唑培育多蘖壮秧，以充分发挥主穗和低位蘖成穗的大穗优势。栽插密度28cm×16cm 或用（36+20）cm×16cm宽窄行栽培，栽插基本苗120万～150万苗/hm²为宜。施肥上应氮、磷、钾肥配合施用，增施有机肥，重施底肥，早施追肥，蓄留再生稻的地区在中稻收获前7d施促芽肥。

辐优151 （Fuyou 151）

品种来源：江油市农业科学研究所、成都南方杂交水稻研究所合作以辐74A/江恢151配组而成。2002年通过四川省农作物品种审定委员会审定。

形态特征和生物学特性：属籼型三系杂交中稻品种。全生育期152.2d，比对照汕优63长0.2d，株型较紧凑，穗层整齐，叶鞘绿色，柱头无色，分蘖力较强，株高114.6cm，每穗平均着粒161.5粒，结实率81.2%，颖壳黄色，籽粒圆形，稃尖无色，种皮白色，无芒，千粒重27.6g。

品质特性：糙米率79.40%，精米率72.60%，整精米率50.50%，糙米粒长5.80mm，糙米长宽比2.4，垩白粒率34%，垩白度7.10%，透明度2级，碱消值5.2级，胶稠度68mm，直链淀粉含量22.40%，蛋白质含量8.10%。

抗性：高感稻瘟病。

产量及适宜地区：2000—2001年参加四川省中籼迟熟组区域试验，2年区域试验平均单产8.33t/hm²，比对照汕优63增产2.55%；2001年生产试验，平均单产8.23t/hm²，比对照汕优63增产4.50%。适宜四川省丘陵平坝和重庆市海拔900m以下稻瘟病非常发区作一季中稻种植。

栽培技术要点：①播种期为3月底至4月上旬，培育矮健大窝多蘖壮秧，适栽秧龄40d，切忌栽老秧。栽插规格（27.0～30.0）cm×16.6cm，栽插基本苗150万苗/hm²以上。②施纯氮量不少于150kg/hm²，切忌缺水少肥。氮、五氧化二磷、氧化钾比例1：0.5：0.7为宜。施肥方法宜采用6：2：2（即底肥60%，苗肥20%，穗肥20%）。③及时防治病虫害，尤其要注意预防稻瘟病、纹枯病和稻曲病。

辐优19（Fuyou 19）

品种来源：四川省农业科学院作物研究所、德阳市旌阳区种子公司、四川省原子核应用研究所用辐76A/成恢19配组而成。2002年通过四川省农作物品种审定委员会审定。

形态特征和生物学特性：属籼型三系杂交中稻迟熟品种。全生长育期152.4d，比对照汕优63长1.6d。株型紧凑，叶片直立，叶色深绿，柱头紫色，后期转色好，分蘖力强，株高116.5cm，有效穗数15万～17万穗/hm²，穗长25.2cm，每穗平均着粒170.1粒，结实率80.7%，颖壳黄色，籽粒椭圆形，种皮白色，顶芒，千粒重26.3g。

品质特性：糙米率82.0%，精米率75.6%，整精米率57.5%，碱消值6.5级，直链淀粉含量20.1%，糙米长宽比2.5，透明度2级，垩白粒率64%，垩白度10.2%，胶稠度35mm，蛋白质含量10.1%。

抗性：抗稻瘟病能力优于对照。

产量及适宜地区：2000—2001年参加南充市区域试验，2年区域试验平均产量8.27t/hm²，比对照汕优63增产6.96%；同期参加德阳市区域试验，2年区域试验平均产量8.01t/hm²，比对照汕优63增产3.31%；2年两市区域试验平均产量8.14t/hm²，比对照汕优63增产5.1%。2001年两市生产试验，平均产量8.31t/hm²，比对照汕优63增产7.72%。适宜在南充、德阳两市种植汕优63的地区种植。

栽培技术要点：①适时早播，培育多蘖壮秧。川东南以3月中、下旬，川西北以4月上旬播种为宜。②合理密植，插足基本苗。栽插密度适宜16.5cm×26.5cm的宽行条栽，宽窄行栽培可采用（20+30）cm×16.5cm的排列方式，每穴栽插2苗，栽插基本苗120万～150万苗/hm²。③科学肥水管理，建立高产群体结构。施肥总的原则是在重施底肥的基础上，早施分蘖肥，促进早发稳长，提高分蘖成穗率。氮、磷、钾合理配合，适时施入，本田用氮量120～135kg/hm²，底肥占70%～80%，追肥20%～30%。④综合防治病虫害。

辐优21 （Fuyou 21）

品种来源：四川省嘉陵农作物品种研究中心、四川中正科技有限公司以辐74A /R21配组而成。2010年通过国家农作物品种审定委员会审定。

形态特征和生物学特性：属籼型三系杂交中稻品种。在长江中下游稻区作双季晚稻种植，全生育期平均115.1d，比对照汕优46短0.6d。株型适中，叶片深绿色，叶鞘绿色，柱头无色，长势繁茂。株高115.2cm，有效穗数252万穗/hm²，穗长23.7cm，每穗平均着粒159.1粒，结实率82.8%，颖壳黄色，籽粒椭圆形，稃尖无色，种皮白色，无芒，千粒重27.7g。

品质特性：整精米率61.8%，糙米长宽比2.2，垩白粒率73%，垩白度15.8%，胶稠度38mm，直链淀粉含量24.6%。

抗性：高感稻瘟病和褐飞虱，感白叶枯病。

产量及适宜地区：2008—2009年参加国家长江中下游晚籼中迟熟组品种区域试验，2年区域试验平均单产7.79t/hm²，比对照汕优46增产6.6%；2009年生产试验，平均单产7.36t/hm²，比对照汕优46增产9.4%。适宜在广西壮族自治区桂中和桂北稻作区、福建省北部、江西省中南部、湖南省中南部、浙江省南部的稻瘟病、白叶枯病轻发的双季稻区作晚稻种植。

栽培技术要点：①育秧，适时早播，播前做好种子消毒处理，培育多蘖壮秧。②移栽，秧龄控制在30d左右，适时移栽，合理密植，一般栽插22.5万～30万穴/hm²，每穴栽插2苗。③肥水管理，施足底肥，早施分蘖肥，重施穗肥，酌情补施粒肥，注重有机肥与无机肥相结合，氮、磷、钾配合施用。浅水促分蘖，间歇露田，够苗晒田，后期湿润灌溉，切忌断水过早。④病虫害防治，注意及时防治稻瘟病、白叶枯病、纹枯病、螟虫、稻飞虱等病虫害。

辐优63（Fuyou 63）

品种来源：四川省原子核应用技术研究所用辐74A与63-1测配选育而成。1992年通过四川省农作物品种审定委员会审定。

形态特征和生物学特性：属籼型三系杂交中稻品种。作一季中稻栽培，全生育期135～145d，与中熟组合矮优S熟期相同，比汕优63早5～6d。株型适中，剑叶较宽大，叶片深色，叶鞘绿色，柱头无色，分蘖力较强，穗层整齐，后期转色好。株高100～110cm，有效穗270万～285万穗/hm²，主穗着粒150～200粒，结实率80%～90%，颖壳黄色，籽粒椭圆形，稃尖无色，种皮白色，顶芒，千粒重26～27g。

品质特性：糙米率80%，精米率71.1%，整精米率59.4%，腹白小，外观米质和适口性较好。

抗性：感稻瘟病。

产量及适宜地区：1990—1991年参加四川省水稻新品种中熟组区域试验，产量分别为8.62t/hm²和7.43t/hm²，比对照D优64增产19.71%和对照矮优S增产8.2%。该品种1992年以来累计推广面积超过92.00万hm²。适宜四川省非稻瘟病常发区作中熟中稻种植。

栽培技术要点：作一季中稻栽培，一般4月上中旬播种，5月中下旬栽秧，用种量15kg/hm²，秧龄40d左右，栽插密度25cm×13cm，每穴栽插1～2苗，栽插基本苗180万～195万苗/hm²。秧田施足底肥，早施分蘖壮蘖肥。本田施纯氮150～180kg/hm²，磷肥450kg/hm²，钾肥150kg/hm²，底肥重、追肥轻、抽穗后适当喷施穗粒肥。在川东南及其他两季不足一季有余的地区，可作一季中稻加再生稻栽培，但需在3月底播种，头季收割前10～15d施一次再生催芽肥，收割后再施一次农家肥。再生稻抽穗后适当喷施穗肥和赤霉素，以促穗齐、粒多、粒饱。

辐优6688 (Fuyou 6688)

品种来源：成都龙子生物技术研究所以辐74A/R6688配组而成。2008年通过四川省农作物品种审定委员会审定。

形态特征和生物学特性：属籼型三系杂交中稻品种。全生育期146.4d，比对照冈优725短1.3d。株型适中，叶色淡绿，叶鞘绿色，柱头无色，分蘖力较强，后期转色好，株高123.3cm，有效穗223.5万穗/hm²，穗长25.6cm，每穗平均着粒150.2粒，结实率83.9%，颖壳黄色，籽粒椭圆形，稃尖无色，种皮白色，顶芒，千粒重32.1g。

品质特性：糙米率81.9%，整精米率53.6%，糙米长宽比2.7，垩白粒率62%，垩白度14.1%，胶稠度56mm，直链淀粉含量21.0%，蛋白质含量11.5%。

抗性：感稻瘟病。

产量及适宜地区：2006—2007年参加四川省中籼迟熟组区域试验，2年区域试验平均产量8.52t/hm²，比对照冈优725增产7.73%；2007年生产试验平均产量8.69t/hm²，比对照冈优725增产3.99%。适宜四川省平坝和丘陵地区种植。

栽培技术要点：①适时播种，培育壮秧。②合理密植，栽插22.5万穴/hm²左右。③配方施肥，重底肥、早追肥，看苗补施穗粒肥，氮、磷、钾肥合理搭配。④根据植保部门预测预报，综合防治病虫害。

辐优802 （Fuyou 802）

　　品种来源：四川省农业科学院生物技术和核技术研究所以辐74A/川恢802配组而成。1998年通过四川省农作物品种审定委员会审定；2005年通过重庆市引种鉴定。

　　形态特征和生物学特性：属籼型三系杂交中稻品种。全生育期146d左右，比对照汕优195长6～7d。株叶型好，生长势旺，芽鞘白色，叶鞘（基部）绿色，叶片浅绿色，叶耳浅绿色，叶舌无色，叶枕绿色，剑叶叶片长、较窄，茎秆节绿色，节间黄色，柱头无色，落粒性中，后期转色好。分蘖力强，株高109.4cm，有效穗数270万穗/hm²左右，穗长24.0cm，每穗平均着粒148.2粒，结实率81.4%，颖壳黄色，籽粒椭圆形，颖尖无色，种皮白色，少量顶端籽粒有短芒，千粒重28.0g左右。

　　品质特性：糙米率81.55%，精米率70.04%，整精米率53.59%，米质中等。

　　抗性：感稻瘟病。

　　产量及适宜地区：1995—1996年参加四川省中籼中熟组区域试验，2年区域试验平均产量8.06t/hm²，比对照汕优195增产10.90%。该品种1998年以来累计推广面积超过67.00万hm²。适宜四川省种植汕优195和辐优838的地区，以及重庆市海拔800m以下稻瘟病非常发区作一季中稻种植。

　　栽培技术要点：采用保温育秧或旱育秧，秧龄45d左右，栽插22.5万～25.5万穴/hm²，栽插基本苗150万苗/hm²左右，重底肥早追肥，注意氮、磷、钾肥配合施用。

辐优838 （Fuyou 838）

品种来源：四川省原子核应用技术研究所用辐74A/辐恢838配组而成。1997年通过四川省农作物品种审定委员会审定。

形态特征和生物学特性：属籼型三系杂交中稻品种。全生育期145d，比对照汕优63早熟6～8d，与对照矮优S相同。茎秆粗壮抗倒伏，苗期长势旺，株型紧凑，叶色淡绿，叶鞘绿色，柱头无色，功能叶强，后期熟色好。株高115cm，分蘖力中上，有效穗数240万穗/hm²，穗长27cm，每穗平均着粒数160粒，结实率85%，颖壳黄色，籽粒椭圆形，尖无色，种皮白色，无芒，千粒重29g。

品质特性：糙米率81%，精米率70%。食味和外观品质与汕优63相当。

抗性：中感稻瘟病。

产量及适宜地区：1995—1996年参加四川省中籼中熟组区域试验，2年区域试验平均产量7.82t/hm²。1995—1996年参加全国南方杂交稻中籼早中熟组区域试验，平均产量8.18t/hm²，比对照威优64增15.96%。该品种1997年以来累计推广面积120.00万hm²。适宜在川西平坝及川西北丘陵区作搭配品种种植。

栽培技术要点：辐优838可适当增加用种量和基本苗。秧龄40d左右，栽插基本苗150万～180万苗/hm²。施肥以有机肥为主，增施磷钾肥；以基肥为主，早施追肥。由于功能叶好，不早衰，适当延迟收割更有利于籽粒饱满，增加千粒重。病虫害防治和其他田间管理与一般中稻相同。

福优310（Fuyou 310）

品种来源：成都西部农业工程研究所、福建省农业科学院水稻研究所以福伊A/R310配组而成。2005年通过国家农作物品种审定委员会审定。2008年获国家植物新品种权，品种权号：CNA20050453.3。

形态特征和生物学特性：属籼型三系杂交中稻品种。在武陵山区作一季中稻种植全生育期平均150.1d，比对照Ⅱ优58迟熟0.8d。株叶形好，生长势强，叶片深绿色，叶耳、叶舌无色，叶鞘、柱头紫色，分蘖力强，株高115.2cm，有效穗数267万穗/hm²，穗长24.8cm，每穗平均着粒144.9粒，结实率85.0%，颖壳黄色，籽粒细长形，秆尖浅紫色，种皮白色，无芒，千粒重28.4g。

品质特性：整精米率52.6%，糙米长宽比2.9，垩白粒率48%，垩白度9.4%，胶稠度54mm，直链淀粉含量22.0%。

抗性：中抗稻瘟病。

产量及适宜地区：2003—2004年参加国家武陵山区中籼组区域试验，2年区域试验平均产量8.38t/hm²，比对照Ⅱ优58增产1.06%；2004年生产试验平均产量7.85t/hm²，比对照Ⅱ优58增产2.55%。适宜在贵州省、湖南省、湖北省、重庆市的武陵山区海拔800m以下稻区作一季中稻种植。

栽培技术要点：①育秧，适时播种，采用旱育早发技术，稀播培育多蘖壮秧。②移栽，栽插30万～33万穴/hm²，每穴栽插2苗。③肥水管理，氮、磷、钾肥合理搭配，施足底肥，早施苗肥，重施穗肥，酌情补施粒肥。在水分管理上，做到寸水活棵，浅水分蘖，足苗晒田。④病虫害防治，注意及时防治恶苗病、纹枯病等病虫害。

福优994（Fuyou 994）

品种来源：四川省农业科学院作物研究所、福建省农业科学院水稻研究所用福伊A/成恢994配组而成。2002年通过四川省农作物品种审定委员会审定。

形态特征和生物学特性：属籼型三系杂交中稻迟熟品种。全生育期153.5d，比对照汕优63长1.5d。株型紧散适宜，叶色浓绿，剑叶大小中等，叶鞘、柱头紫色。株高112.7cm，穗长25.4cm，每穗平均着粒146.0粒，结实率89.9%，颖壳黄色，籽粒椭圆形，秆尖紫色，种皮白色，无芒，千粒重27.8g。

品质特性：糙米率80.1%，精米率73.0%，整精米率63.9%，糙米粒长6.3mm，糙米长宽比2.7，垩白粒率78%，垩白度22.5%，透明度2级，碱消值5.8级，胶稠度48mm，直链淀粉含量21.6%，蛋白质含量8.8%。

抗性：中感稻瘟病。

产量及适宜地区：2000—2001年参加四川省水稻中籼迟熟区域试验，2年区域试验平均产量8.50t/hm²，比对照汕优63增产4.59%；2001年生产试验，平均产量8.28t/hm²，比对照汕优63增产5.85%。适宜四川省种植汕优63的地区种植。

栽培技术要点：在四川作中稻栽培，川南、川中地区3月底播种，川西地区4月初播种。湿润育秧，培育多蘖壮秧，秧龄40d左右。一般栽插25.5万穴/hm²，栽插基本苗180万苗/hm²左右，保证有效穗达255万～270万穗/hm²，可获得高产。中等肥力田块，一般施纯氮150～180kg/hm²、磷肥450kg/hm²、钾肥300kg/hm²左右。根据当地植保部门的预测及时防治病虫害。

富优21（Fuyou 21）

品种来源：四川省嘉陵农作物品种研究中心以富4A/R21配组而成，原编号SD-19。2006年和2007年两次通过国家农作物品种审定委员会审定。

形态特征和生物学特性：属籼型三系杂交中稻品种。在长江上游作一季中稻种植全生育期平均155.4d，比对照汕优63迟熟2.7d。株型紧凑，剑叶宽挺，叶色浓绿，长势繁茂。有效穗数268.5万穗/hm²，株高111.0m，穗长23.9cm，每穗平均着粒155.6粒，结实率83.4%，颖壳黄色，籽粒椭圆形，稃尖浅紫色，种皮白色，无芒，千粒重27.4g。

品质特性：中感稻瘟病，感纹枯病，中感稻曲病。

抗性：整精米率63.4%，糙米长宽比2.3，垩白粒率66%，垩白度8.0%，胶稠度43mm，直链淀粉含量23.4%。

产量及适宜地区：2004—2005年参加国家长江上游中籼迟熟组品种区域试验，2年区域试验平均产量9.05t/hm²，比对照汕优63增产6.87%；2005年生产试验，平均产量7.88t/hm²，比对照汕优63增产5.53%。2005—2006年参加国家武陵山区中籼组品种区域试验，2年区域试验平均产量8.84t/hm²，比对照Ⅱ优58减产0.30%；2006年生产试验，平均产量8.76t/hm²，比对照Ⅱ优58增产4.48%。该品种2006年以来累计推广面积超过3.00万hm²。适宜在云南、贵州、重庆的中低海拔籼稻区（武陵山区除外）、四川平坝丘陵稻区、陕西南部稻区以及在贵州、湖南、湖北、重庆的武陵山区海拔800m以下稻区作一季中稻种植。

栽培技术要点：①育秧，根据各地中籼生产季节适时早播，培育多蘖壮秧。②移栽，一般栽插22.5万～30万穴/hm²，规格16.5cm×26.4cm，每穴栽插2苗。③肥水管理，施足基肥，早施分蘖肥，重施穗肥，酌情补施粒肥，注意氮、磷、钾配合施用。后期忌断水过早。④防治病虫害，注意及时防治稻飞虱等病虫害。

富优4号 （Fuyou 4）

品种来源：四川嘉陵农作物品种研究中心、四川中正科技种业有限责任公司以Ⅱ-32A/嘉恢978配组而成。2004年通过四川省农作物品种审定委员会审定；2005年、2008年通过贵州省和重庆市引种鉴定。2007年获植物品种权，品种权号：CNA20040638.8。

形态特征和生物学特性：属籼型三系杂交中稻品种。全生育期155d，比对照汕优63长4.0d。株型适中，叶色浓绿，叶鞘、叶缘、柱头紫色，分蘖力强，成穗率高，后期转色好。株高115cm左右，有效穗268.95万穗/hm²，穗呈纺锤形，穗长24.2cm，每穗平均着粒158粒左右，结实率85.8%，颖壳淡黄色，籽粒椭圆形，颖尖紫红色，种皮白色，无芒，千粒重26～27g。

品质特性：糙米率81.5%，精米率74.6%，整精米率67.5%，糙米粒长5.4mm，糙米长宽比2.1，垩白粒率55%，垩白度12.2%，透明度2级，碱消值6.5级，胶稠度68mm，直链淀粉含量24.5%，蛋白质含量9.0%。

抗性：高感稻瘟病。

产量及适宜地区：2002—2003年参加四川省中籼迟熟组区域试验，2年区域试验平均单产8.53t/hm²，较对照汕优63增产8.22%；2003年参加生产试验，平均单产9.68t/hm²，较对照汕优63增产17.84%。适宜四川省平坝和丘陵区、重庆市海拔800m以下地区及贵州省赤水市海拔800m以下稻瘟病非常发区作一季中稻种植。

栽培技术要点：①适期播种，培育多蘖壮秧，秧龄45d左右。②一般栽插22.5万～33万穴/hm²，栽插基本苗120万～195万苗/hm²。③施肥重底肥早追肥，注意氮、磷、钾配合施用。④综合防治病虫害，注意防治稻瘟病。

赣香优702 （Ganxiangyou 702）

　　品种来源：雅安市农业科学研究所、江西省农业科学院水稻研究所、四川奥力星农业科技有限公司合作以赣香A/雨恢702配组而成。2013年通过四川省农作物品种审定委员会审定。

　　形态特征和生物学特性：属籼型三系杂交中熟中稻品种。作中熟中稻栽培，全生育期平均144.3d，比对照辐优838短0.6d。株型适中，剑叶直立，叶鞘、柱头紫色，叶耳浅绿色，株高109.7cm，有效穗220.5万穗/hm²，穗长23.7cm，每穗平均着粒168.5粒，结实率79%，颖壳黄色，籽粒椭圆形，颖尖紫色，种皮白色，无芒，千粒重27.6g。

　　品质特性：糙米率81.2%，整精米率63.3%，糙米长宽比2.6，垩白粒率75%，垩白度13.7%，胶稠度57mm，直链淀粉含量21.1%，蛋白质含量8.0%。

　　抗性：感稻瘟病。

　　产量及适宜地区：2011—2012年参加四川省水稻中籼中熟组区域试验，2年区域试验平均产量8.20t/hm²，比对照辐优838增产7.09%；2012年生产试验，平均产量8.18t/hm²，比对照辐优838增产9.38%。适宜四川平坝和丘陵地区种植。

　　栽培技术要点：①适时播种，培育壮秧。3月上旬至4月初播种，秧龄40～45d。②合理密植，栽插18万穴/hm²左右。③肥水管理，采用重底肥、早追肥、少补肥的施肥方法，氮、磷、钾合理搭配，科学管水，前期浅水灌溉，中期够苗晒田，后期湿润管理至成熟。④根据植保预测预报，及时防治病虫害，注意防治稻瘟病。

冈香707（Gangxiang 707）

品种来源：四川农业大学水稻研究所、四川金堂莲花农业研究所以冈香1A/蜀恢707配组而成。分别通过国家（2010）和云南省（2008）农作物品种审定委员会审定。

形态特征和生物学特性：属籼型三系杂交中稻品种。在长江上游稻区作一季中稻种植，全生育期平均155.2d，比对照Ⅱ优838短2.7d。株型适中，长势繁茂，熟期转色好，叶鞘、叶缘、颖尖紫色，有效穗数240万穗/hm²，株高114.0cm，穗长25.0cm，每穗平均着粒165.4粒，结实率83.9%，颖壳黄色，籽粒椭圆形，种皮白色，顶芒，千粒重29.4g。

品质特性：整精米率67.9%，糙米长宽比2.8，垩白粒率25%，垩白度5.3%，胶稠度79mm，直链淀粉含量22.1%。

抗性：中感稻瘟病，高感褐飞虱，抽穗期耐冷性弱。

产量及适宜地区：2008—2009年国家长江上游中籼迟熟组区域试验，2年区域试验平均产量9.19t/hm²，比对照Ⅱ优838增产4.7%；2009年生产试验，平均产量8.90t/hm²，比对照Ⅱ优838增产6.7%。适宜在云南省、贵州省、重庆市的中低海拔籼稻区（武陵山区除外），四川省平坝丘陵稻区、陕西南部稻区作一季中稻种植。

栽培技术要点：①育秧，适时早播，培育多蘖壮秧。②移栽，秧龄40～45d移栽，合理密植，栽插27万穴/hm²左右，每穴栽插2苗。③肥水管理，配方施肥，重底肥，早追肥，后期看苗补施穗粒肥，施纯氮150～180kg/hm²，氮、磷、钾合理搭配，底肥占70%，追肥占30%。深水返青，浅水分蘖，够苗及时晒田，孕穗抽穗期保持浅水层，灌浆结实期干湿交替，后期切忌断水过早。④病虫害防治，注意及时防治稻瘟病、纹枯病、螟虫、稻飞虱等病虫害。

冈香828（Gangxiang 828）

品种来源：雅安市山州种业有限责任公司、四川农业大学水稻研究所以冈香1A/山恢8281配组而成。分别通过四川省（2008）、云南省（红河）（2010）农作物品种审定委员会审定，2011年通过重庆市认定。

形态特征和生物学特性：属中籼迟熟杂交稻品种。全生育期145.5d，比对照汕优63短0.4d。株高117.6cm，株型适中，叶鞘、叶缘、颖尖均为紫色。有效穗228万穗/hm²，穗长25.6cm，每穗平均着粒157.0粒，结实率78.2%，颖壳黄色，籽粒细长形，稃尖紫色，种皮白色，顶芒，千粒重29.4g。

品质特性：糙米率80.2%，整精米率48.5%，糙米粒长7.0mm，糙米长宽比3.2，垩白粒率82%，垩白度14.4%，胶稠度76mm，直链淀粉含量20.19%，蛋白质含量7.4%。

抗性：中抗白叶枯病，感稻瘟病。

产量及适宜地区：2005—2006年参加四川省中籼迟熟组区域试验，2年区域试验平均单产7.84t/hm²，比对照汕优63增产4.46%；2007年生产试验平均单产8.01t/hm²，比对照汕优63增产7.46%。2008—2009年参加云南省红河哈尼族彝族自治州区域试验，2年区域试验平均单产11.16t/hm²，比对照汕优63增产10.6%；生产试验平均单产12.14t/hm²，比对照汕优63增产20.3%。2009—2010年参加重庆市引种试验，2年试种平均单产8.36t/hm²，比对照Ⅱ优838增产6.02%。适宜四川省平坝、丘陵、低山区和重庆市海拔800m以下地区作一季中稻种植，以及云南省红河哈尼族彝族自治州南部边疆县海拔1 350m、内地县海拔1 400m以下的籼稻区种植。

栽培技术要点：①适时稀播，培育壮秧；②氮、磷、钾肥合理搭配；③深水返青，浅水分蘖，适时晒田；④根据植保预测预报，及时做好稻瘟病、稻蓟马、螟虫和纹枯病防治。

冈优118（Gangyou 118）

品种来源：乐山市良种场、乐山市种子公司以冈46A/乐恢118配组而成。2001年通过四川省农作物品种审定委员会审定。

形态特征和生物学特性：属籼型三系杂交中稻品种。全生育期150.5d，比对照汕优63长0.7d，主茎总叶17片，株型适中，剑叶较宽，叶色深绿，叶茎、叶鞘、节环、柱头均为紫色，分蘖力较强，后期转色好，株高114.5cm，穗长24.4cm，每穗平均着粒147.7粒，结实率80.6%，颖壳黄色，籽粒椭圆形，稃尖紫色，种皮白色，顶芒，千粒重27.8g。

品质特性：加工品质优于对照汕优63，外观和食味品质与汕优63相当。

抗性：感稻瘟病。

产量及适宜地区：1999—2000年参加四川省中籼迟熟组区域试验，2年区域试验平均产量8.38t/hm²，比对照汕优63增产4.69%；2000年生产试验比对照汕优63增产4.9%～10.2%。该品种2001年以来累计推广面积超过32.0万hm²。适宜四川省平坝和丘陵地区种植。

栽培技术要点：①根据当地生产情况适时播种，培育多蘖壮秧。②秧龄45d左右移栽，栽插22.5万穴/hm²左右、基本苗135万～150万苗/hm²。③一般施氮量150kg/hm²左右，氮、磷、钾比例1：0.5：0.5，重施底肥，早施追肥。④注意及时防治稻瘟病、白叶枯病、蓟马、螟虫、稻苞虫等病虫害。

冈优12（Gangyou 12）

品种来源：四川农业大学水稻研究所以冈46A/明恢63配组而成。分别通过四川省（1992）、重庆市（1992）、贵州省（2000）农作物品种审定委员会审定。

形态特征和生物学特性：属籼型三系杂交中稻品种。全生育期为141.8d，与对照汕优63相同。株型适中，叶片宽大、功能期长，叶色淡绿，叶鞘、叶缘、柱头紫色，生长旺盛，分蘖力中等，根系发达，再生力强，后期落色好，适应性广等特点。株高114cm，有效穗数270万穗/hm²左右，每穗着粒150～160粒，结实率80%，颖壳黄色，籽粒椭圆形，种皮白色，无芒，千粒重27.6g，

品质特性：加工品质优于汕优63。

抗性：感稻瘟病，秆粗抗倒伏。

产量及适宜地区：1989—1990年参加四川省水稻新品种迟熟组区域试验，2年区域试验平均产量8.30t/hm²，比对照汕优63减产0.91%；1991年生产试验，平均产量8.93t/hm²，比对照汕优63增产8.02%。1991—1992年参加贵州省水稻区域试验，2年区域试验平均产量9.82t/hm²，比对照汕优63增产3.7%。该品种1992年以来累计推广面积超过188万hm²。适宜四川、云南、贵州、湖南、湖北、广东、广西、陕西等地种植。

栽培技术要点：①适时早播，育成多蘖壮秧。根据气候和前作特点，川东南蓄再生稻，宜在3月15日前播种，8月15前收获，以保证再生稻安全齐穗。云、贵、鄂西、湘西可在3月底4月初播种，秧龄45～50d。②插足基本苗，增加成穗率。采取宽窄行栽插，发挥其边行优势。适当增加基本苗，有利增加穗数，一般栽插27万～31.5万穴/hm²，每穴栽插4～5苗。③合理施肥，增穗增粒。根据该组合前期生长慢，中后期生长稳健的特点，在施足基肥的基础上，移栽后适当增加分蘖肥的比重，促多分蘖，中后期看苗施保花肥和粒肥，提高结实率，增加粒重。同时注意肥水管理和病虫防治。

冈优130（Gangyou 130）

品种来源：四川农业大学水稻研究所和眉山农校合作以冈46A/R130配组而成。2000年通过四川省农作物品种审定委员会审定。

形态特征和生物学特性：属籼型三系杂交中稻品种。全生育期149.8d，比对照汕优63长1.4d。株型较紧凑、繁茂性好，剑叶较长大，叶色淡绿，叶鞘、叶缘、柱头紫色，分蘖力较强，后期转色好，株高117.8cm，穗长25.0cm。有效穗231.9万穗/hm²，每穗平均着粒161.8粒，结实率84.4%，颖壳黄色，籽粒椭圆形，稃尖紫色，种皮白色，无芒，千粒重28.7g。

品质特性：糙米率80.7%，整精米率48.4%，糙米粒长6.27mm，糙米长宽比2.4。

抗性：高感稻瘟病。

产量及适宜地区：1998—1999年度参加四川省中籼迟熟组区域试验，2年区域试验平均产量8.27t/hm²，比对照汕优63增产3.82%；1999年生产试验，平均产量8.20t/hm²，比对照汕优63增产8.5%。该品种2000年以来累计推广面积超过3.5万hm²。适宜四川省平坝和丘陵非稻瘟病常发区种植。

栽培技术要点：适时早播，培育多蘖壮秧，适时移栽，栽插基本苗120万～150万苗/hm²，施肥重底肥早追肥，注意防治病虫害。

冈优 1313（Gangyou 1313）

品种来源：四川省宜宾市农业科学研究所用冈46A/宜恢1313配组而成。1998年通过四川省农作物品种审定委员会审定。

形态特征和生物学特性：属籼型三系杂交中稻品种。全生育期148d，比对照汕优63早熟2d。株型松散适中，苗期长势旺，分蘖力强，后期转色好，再生力强。株高110cm左右，穗长25.7cm，有效穗225万～270万穗/hm²，每穗着粒150～200粒，结实率85%以上，颖壳黄色，籽粒椭圆形，稃尖紫色，种皮白色，无芒，千粒重28.5g。

品质特性：糙米率81.5%，精米率72.4%，整精米率55.8%。

抗性：抗稻瘟病。

产量及适宜地区：1995—1997年分别参加宜宾、内江市水稻区域试验，平均产量8.47t/hm²，比对照汕优63增产5.38%；两市生产试验平均产量8.59t/hm²，比对照汕优63增产9.5%。该品种1998年以来累计推广面积超过1万hm²。适宜四川省种植杂交中稻地区种植，尤以再生稻种植区更能发挥增产能力。

栽培技术要点：采用旱育秧或地膜湿润秧田育秧，中小苗移栽；秧龄不超过35～40d；栽播规格为26.7cm×16.7cm；施肥以有机肥与氮、磷、钾混合施用，施纯氮120kg/hm²，重底肥，早追肥。

冈优151（Gangyou 151）

品种来源：四川江油市种子公司和四川省种子站以冈46A/江恢151（圭630/IR9361-4-3-2）配组而成。1997年通过四川省农作物品种审定委员会审定。

形态特征和生物学特性：属籼型三系杂交中稻品种。全生育期153.0d，比对照汕优63长2～3d。苗期长势旺，株型适中，秆硬叶挺，叶片较宽大，叶色深绿，叶鞘、叶缘、柱头紫色，分蘖力较弱，后期落黄好。株高119.2cm，每穗平均着粒170.6粒，结实率81.9%，颖壳黄色，籽粒椭圆形，稃尖紫色，种皮白色，无芒，千粒重29.0g。

品质特性：糙米率81.1%，精米率70.0%，整精米率47.6%。加工、外观、食用品质与汕优63相当。

抗性：感稻瘟病。

产量及适宜地区：1995—1996年参加四川省水稻中籼迟熟组区域试验，2年区域试验平均产量8.51t/hm²，比对照汕优63增产4.64%；1996年生产试验，平均产量8.80t/hm²，比对照汕优63增产8.62%。该品种1997年以来累计推广面积超过98万hm²。适宜四川省种植汕优63的地区种植，尤其在川西北高肥水条件下种植，更易获得高产。

栽培技术要点：①适时早播，3月下旬至4月上中旬播种，秧龄40d左右。②采用宽窄行插秧，栽插18万～22.5万穴/hm²，保证插足150万苗/hm²基本苗。③一般施用纯氮180kg/hm²左右，氮、磷、钾比例以1.0：0.5：1.0为宜，氮肥施用以前中期为主，一般是基肥60%、分蘖肥20%、穗肥20%，做到重施基肥，早施分蘖肥，后期施足穗肥。④水管理上，够苗晒田，控制无效分蘖发生，改善中后期受光姿态，达到根旺秆壮。⑤注意病虫害的防治。

冈优1577（Gangyou 1577）

品种来源：四川省宜宾市农业科学研究所用冈46A/宜恢1577配组而成。分别通过四川省（1999）和国家（2003）农作物品种审定委员会审定。2003年获国家植物新品种权，品种权号：CNA20010143.9。

形态特征和生物学特性：属籼型三系杂交中稻品种。全生育期147.4d，比对照汕优63长0.6d；株型紧凑，繁茂性好，剑叶较宽大直立，茎秆粗壮有韧性，叶片颜色深绿色，株高110.8cm，分蘖力中等，有效穗数238.5万穗/hm²，穗长24.1cm，每穗平均着粒171.3粒，结实率83.9%，谷粒金黄色，长椭圆形，无芒，稃尖紫色，千粒重25.2g。

品质特性：糙米率82.2%，精米率67.1%，整精米率53.1%，糙米长宽比2.3，垩白粒率93.3%，垩白度27.1%，胶稠度54mm，直链淀粉含量24.9%。

抗性：感稻瘟病，感白叶枯病，高感褐飞虱。

产量及适宜地区：1997—1998年参加四川省中籼迟熟组区域试验，2年区域试验平均单产8.32t/hm²，比对照汕优63增产3.89%；1998年生产试验平均单产8.85t/hm²，比对照汕优63增产8.59%。1999—2000年参加国家长江流域中籼迟熟组区域试验，2年区域试验平均单产9.01t/hm²，比对照汕优63增产6.06%；2001年生产试验，平均单产9.51t/hm²，比对照汕优63增产14.52%。该品种1999年以来累计推广面积超过65万hm²。适宜四川、重庆、湖北、湖南、江西、安徽、上海、江苏省（直辖市）的长江流域（武陵山区除外）和云南、贵州省海拔1100m以下地区，以及河南省信阳、陕西省汉中地区稻瘟病轻发区作一季中稻种植。

栽培技术要点：①稀播育壮秧，适时早播。一般川南平丘在2月底或3月上旬播种，采用旱地育秧或水田地膜育秧，适当稀播，培育壮秧，秧龄30～40d。②移栽规格，一般中等肥力田采用30.0cm×13.3cm，或宽窄行（33.3+20.0）cm×13.3cm，做到浅水栽秧，每穴栽插2苗。③肥水管理，需中等施肥水平，有机肥与化肥氮、磷、钾配合施用，70%作底肥，30%作穗粒肥，稻田进行浅水管理，够穗苗晒田。④根据当地植保站预报，及时、有效地防治稻瘟病、纹枯病和稻螟虫、稻飞虱等病虫危害。

冈优158（Gangyou 158）

品种来源：四川农业大学水稻研究所以冈46A/蜀恢158配组而成。2007年通过国家农作物品种审定委员会审定。2011年获国家品种权保护，品种权号：CNA20070275.0。

形态特征和生物学特性：属籼型三系杂交中稻品种。在长江上游稻区作一季中稻种植，全生育期平均150.5d，比对照Ⅱ优838早熟3.5d。株型适中，茎秆粗壮，长势繁茂，叶片淡绿色，叶鞘、叶缘、柱头紫色，分蘖力较强，有效穗数231万穗/hm²，株高119.3cm，穗长25.9cm，每穗平均着粒191.2粒，结实率79.7%，颖壳黄色，籽粒椭圆形，稃尖淡紫色，种皮白色，无芒，千粒重28.0g。

品质特性：整精米率63.6%，糙米长宽比2.4，垩白粒率67%，垩白度10.1%，胶稠度45mm，直链淀粉含量21.3%。

抗性：高感稻瘟病。

产量及适宜地区：2005—2006年参加国家长江上游中籼迟熟组品种区域试验，2年区域试验平均单产9.23t/hm²，比对照Ⅱ优838增产6.47%。2006年生产试验，平均单产8.40t/hm²，比对照Ⅱ优838增产6.43%。该品种2007年以来累计推广面积超过18万hm²。适宜在云南、贵州、重庆的中低海拔籼稻区（武陵山区除外）、四川平坝丘陵稻区、陕西南部稻区的稻瘟病轻发区作一季中稻种植。

栽培技术要点：①适时播种，培育壮秧。②掌握适宜秧龄移栽，栽插135万～195万穴/hm²，栽插基本苗150万苗/hm²左右。③肥水管理，重底肥，早追肥，一般施纯氮150kg/hm²左右，氮、磷、钾比例为1∶0.5∶0.5。水分管理上做到浅水栽秧，深水护苗，薄水分蘖，够苗搁田。④病虫害防治，注意及时防治稻瘟病等病虫害。

冈优 169 （Gangyou 169）

品种来源：四川谷满成种业有限责任公司和四川农业大学水稻研究所合作以冈46A/长恢169配组而成。2011年通过四川省农作物品种审定委员会审定。

形态特征和生物学特性：属籼三系杂交中稻品种。作中稻栽培，全生育期153.6d，比对照冈优725长1.6d。株型适中，剑叶直立，叶耳、叶鞘、柱头紫色，分蘖力强，后期转色好，株高122.5cm，有效穗201万穗/hm²，穗长26.5cm，每穗平均着粒189.6粒，结实率80.0%颖壳黄色，籽粒椭圆形，颖尖紫色，种皮白色，无芒，千粒重29.3g。

品质特性：糙米率80.4%，整精米率64.7%，糙米粒长6.2mm，糙米长宽比2.2，垩白粒率46%，垩白度8.0%，胶稠度40mm，直链淀粉含量25.2%、蛋白质含量11.9%。

抗性：感稻瘟病。

产量及适宜地区：2008—2009年参加四川省水稻中籼迟熟组区域试验，2年区域试验平均产量8.09t/hm²，比对照冈优725增产4.26%；2年区域试验增产点率89%。2010年生产试验，平均产量8.08t/hm²，比对照冈优725增产4.28%。适宜四川平坝和丘陵地区种植。

栽培技术要点：①适时播种，3月中下旬播种，秧龄40～45d。②合理密植，栽插16.5万～19.5万穴/hm²。③肥水管理，重底肥，早追肥，氮、磷、钾肥合理搭配，本田前期浅水分蘖，中期够苗晒田，后期薄水或湿润灌溉至成熟。④根据植保预测预报，综合防治病虫害，注意防治稻瘟病。

冈优177（Gangyou 177）

品种来源：四川省农业科学院作物研究所用冈46A/成恢177配组选育而成。分别通过四川省（2000）、河南省（2007）、海南省（2011）农作物品种审定委员会审定，分别通过重庆市（2003）和贵州省（2005）引种鉴定。2007年获国家植物新品种权，品种权号：CNA20020199.9。

形态特征和生物学特性：属籼型三系杂交中稻品种。全生育期150d，比对照汕优63长1d，田间长势旺，株叶型好，叶片淡绿色，叶鞘、叶缘、柱头紫色，分蘖力中等，成熟期转色好。株高112.6cm，有效穗数236.85万穗/hm²，穗长24.8cm，每穗平均着粒159.6粒，结实率86.3%，颖壳黄色，籽粒椭圆形，稃尖淡紫色，种皮白色，顶芒，千粒重27.7g。

品质特性：糙米率80.6%，精米率72.8%，整精米率61.9%，糙米粒长6.2mm，糙米长宽比2.4，垩白粒率59%，垩白度6.0%，透明度3级，碱消值5.9级，胶稠度41mm，直链淀粉含量22.7%，蛋白质含量9.2%。

抗性：抗苗瘟、叶瘟、中抗穗颈瘟，抗倒能力强。

产量及适宜地区：1998—1999年参加四川省水稻中籼迟熟组区域试验，2年区域试验平均产量8.28t/hm²，比对照汕优63增产4.24%；1999年生产试验，平均产量8.99t/hm²，比对照汕优63增产5.45%。2004—2005年河南省水稻新品种引种试验，2年平均产量8.16t/hm²，比对照Ⅱ优838增产3.8%；2006年生产试验，平均产量8.41t/hm²，比对照Ⅱ优838增产4.5%。2009—2010年参加海南省晚稻区域试验，2年区域试验平均产量6.32t/hm²，比对照（特优128、T优551）增产6%；2010年生产试验，平均产量5.44t/hm²，比对照增产6.9%。该品种2000年以来累计推广面积超过30万hm²。适宜四川汕优63种植区域、河南省豫南稻区、重庆市中低海拔稻区、贵州省遵义市、黔东南州中籼迟熟稻区作一季中稻种植，海南省各市县作晚稻种植。

栽培技术要点：①适时早播，培育多蘖壮秧。育秧采用露天湿润育秧、地膜湿润育秧、两段育秧、旱育秧均可。秧龄为35～40d。②适当密植。分蘖力中等，株型紧凑，剑叶挺拔，适宜密植，栽插规格一般20cm×20cm为宜。③合理施肥。氮、磷、钾合理配合，适时施入。总的原则是重施底肥，早施分蘖肥，促进早发稳长，提高分蘖成穗率。中等肥力田块一般用纯氮量150～180kg/hm²，磷肥375～450kg/hm²，钾肥225～300kg/hm²。④及时防治病虫害。

冈优 182 （Gangyou 182）

品种来源：四川省内江市农业科学研究所用冈46A与内恢182配组选育而成。分别通过四川省（2000）、福建省（南平市）（2007）农作物品种审定委员会审定，2003年通过重庆市引种鉴定。2004年获国家植物新品种权，品种权号：CNA20020245.6。

形态特征和生物学特性：属籼型三系杂交中稻品种。全生育期150d左右，与对照汕优63相当。株型较紧凑，繁茂性好，主茎叶片数16叶，叶缘、叶舌、叶鞘、叶腋、节间、柱头紫色，剑叶宽、长而挺直，株高100～115cm，穗长24cm，有效穗225万穗/hm²，每穗平均着粒170粒，结实率88%，颖壳黄色，籽粒椭圆形，稃尖紫色，种皮白色，无芒，千粒重28g。

品质特性：糙米率78.5%，整精米率54.1%，糙米粒长6.3mm，糙米长宽比2.5，垩白粒率88%，垩白度20.7%，胶稠度59mm，直链淀粉含量22%。

抗性：感稻瘟病。

产量及适宜地区：1998—1999年四川省中籼迟熟组区域试验，2年区域试验平均产量8.39t/hm²，比对照汕优63增产5.58%；1999年生产试验平均产量8.06t/hm²，比对照汕优63增产6.7%。该品种2000年以来累计推广面积超过4万hm²。适宜四川省、重庆市、福建省南平稻瘟病轻发区作一季中稻种植。

栽培技术要点：①适时早播，一般3月15～25日播种。②及时移栽，秧龄45～50d，栽插15万～21万穴/hm²。③重底肥，早追肥，总用肥量可比汕优63高5%～10%。④适时防治病虫害。

冈优188（Gangyou 188）

品种来源：四川省乐山市农牧科学研究所以冈46A/乐恢188配组而成。分别通过四川省（2005）、贵州省（2005）和国家（2006）农作物品种审定委员会审定。2010年获国家植物新品种权，品种权号：CNA20050348.0。

形态特征和生物学特性：属籼型三系杂交中稻品种。全生育期153.1d，比对照汕优63迟1.2d，株高120.3cm，株型适中，剑叶直立、叶片宽大，叶鞘、叶缘、柱头紫色。分蘖力中等，后期色较好，易脱粒，有效穗208.8万穗/hm²，每穗平均着粒187.4粒，结实率79.1%，颖壳黄色，粒形椭圆形，秆尖紫色，种皮白色，顶芒，千粒重28.9g。

品质特性：糙米率80.8%，精米率72.9%，整精米率61.6%，糙米粒长6.0，糙米长宽比2.1，垩白粒率55%，垩白度10.7%，透明度1级，碱消值6.1级，胶稠度74mm，直链淀粉含量24.9%，蛋白质含量9.2%。

抗性：高感稻瘟病，感白叶枯病。

产量及适宜地区：2003—2004年参加四川省中籼迟熟组区域试验，2年区域试验平均产量8.40t/hm²，比对照汕优63增产6.92%；2004年生产试验，平均产量8.76t/hm²，比对照汕优63增产9.01%。2004—2005年参加国家长江中下游中籼迟熟组品种区域试验，2年区域试验平均产量8.35t/hm²，比对照汕优63增产3.27%；2005年生产试验，平均产量8.16t/hm²，比对照汕优63增产6.02%。该品种2005年以来累计推广面积超过107万hm²。适宜四川省平坝丘陵地区、贵州省低热地区，福建、江西、湖南、湖北、安徽、浙江、江苏省长江流域稻区（武陵山区除外）以及河南南部稻区的稻瘟病、白叶枯病轻发区作一季中稻种植。

栽培技术要点：①适时播种，培育多蘖壮秧，秧龄35d左右。②合理密植，栽插12万～18万穴/hm²。③合理施肥，基肥、分蘖肥及穗肥比例4：4：2为宜。④水肥管理宜采用浅水栽秧，寸水返青，薄水分蘖，保水扬花，干湿交替灌溉方式。⑤及时防治病虫害。

冈优19（Gangyou 19）

品种来源：四川省农业科学院作物研究所用冈46A与成恢19配组选育而成。2000年通过四川省农作物品种审定委员会审定。

形态特征和生物学特性：属籼型三系杂交中稻品种。全生育期150.8d，比对照汕优63长1d，株高111.5cm，株型紧凑，叶片直立，叶色深绿，叶鞘、叶缘、柱头紫色，生长茂盛，分蘖力强，后期成熟转色好。每穗平均着粒159.0粒，结实率85%，颖壳黄色，籽粒椭圆形，稃尖紫色，种皮白色，顶芒，千粒重25.8g，

品质特性：糙米率82.0%，精米率75.0%，整精米率66.3%，糙米粒长5.8mm，糙米长宽比2.2，垩白粒率72%，垩白度10.8%，胶稠度56mm，直链淀粉含量21.2%。

抗性：中感稻瘟病。

产量及适宜地区：1997—1998年参加四川省南充市水稻区域试验，2年区域试验平均产量8.68t/hm²，比对照汕优63增产8.38%；1998—1999年参加四川省德阳市水稻区域试验，2年区域试验平均产量8.03t/hm²，比对照汕优63增产4.0%；2年两市区域试验平均产量8.36t/hm²，比对照汕优63增产6.18%。参加两市生产试验平均产量8.13t/hm²，比对照汕优63增产5.92%。适宜四川省南充和德阳稻区以及相似生态区种植。

栽培技术要点：①适时早播，培育多蘖壮秧，川东南3月中下旬、川西北4月上旬播种为宜。②合理密植，栽插基本苗120万～150万苗/hm²。③施肥，重底肥，早追肥，底肥70%～80%，追肥20%～30%。④综合防治病虫害。

冈优198（Gangyou 198）

品种来源：成都天府农作物研究所、四川正兴种业有限公司以冈46A/天恢198配组而成。2008年通过四川省农作物品种审定委员会审定。

形态特征和生物学特性：属籼型三系杂交中稻品种。全生育期150.0d，比对照冈优725长0.7d。株高124.0cm，株型适中，叶色深绿，叶鞘、柱头紫色，剑叶直挺，熟期转色好，落粒性中等，有效穗数222万穗/hm²，穗长27.2cm，每穗平均着粒174.3粒，结实率83.9%，谷颖壳黄色，籽粒椭圆形，稃尖紫色，种皮白色，顶芒，千粒重26.6g。

品质特性：糙米率82.0%，整精米率70.2%，糙米粒长6.2mm，糙米长宽比2.5，垩白粒率44%，垩白度8.4%，胶稠度47mm，直链淀粉含量20.8%，蛋白质含量11.3%。

抗性：感稻瘟病。

产量及适宜地区：2006—2007年参加四川省中籼迟熟组区域试验，2年区域试验平均单产7.93t/hm²，比对照冈优725增产4.63%；2007年生产试验平均单产8.68t/hm²，比对照冈优725增产3.72%。适宜四川省平坝和丘陵地区种植。该品种2008年以来累计推广面积超过4万hm²。

栽培技术要点：①适期早播，培育壮秧，最佳播期3月20日至4月5日。②合理密植，栽插18万穴/hm²左右，秧龄35d左右。③科学用肥：基肥、分蘖肥及穗肥的比例4：4：2。④科学管水，浅水栽插，寸水返青、薄水分蘖、保水抽穗扬花，干湿交替灌溉方式进行。⑤病虫害防治，根据植保部门预测预报，及时做好稻蓟马、稻飞虱、螟虫、稻瘟病等病虫害防治工作。

冈优 2009 (Gangyou 2009)

品种来源：绵阳经济技术高等专科学校用冈46A与自育恢复系绵恢2009配组育成。2000年通过四川省农作物品种审定委员会审定，2004年通过贵州引种试验。

形态特征和生物学特性：属籼型三系杂交中稻品种。生育期150d左右，比汕优63长1d。株型紧凑，繁茂性好，茎秆粗壮，叶片深绿，剑叶宽大，叶鞘、叶缘、柱头紫色，抽穗整齐，后期转色好，落粒性好，株高112cm，比对照汕优63高4～5cm，有效穗240万穗/hm²，每穗平均着粒152粒，结实率83%，颖壳黄色，籽粒椭圆形，稃尖紫色，种皮白色，无芒，千粒重27g。

品质特性：糙米率79.8%，精米率72.8%，整精米率36.6%，糙米粒长6.4mm，糙米长宽比2.5，胶稠度62mm，直链淀粉含量20.6%。

抗性：高感稻瘟病。抗倒。

产量及适宜地区：1998—1999年参加四川省水稻中籼迟熟组区域试验，2年区域试验平均产量8.25t/hm²；比对照汕优63增产3.66%，1999年生产试验，平均产量8.82t/hm²，比对照汕优63增产5.77%。2005年贵州省引种试验，黔东南州16个试点平均产量8.53t/hm²，比对照汕优63增产7.84%；黔西南州8个试点平均产量9.86t/hm²，较对照增产12.4%；荔波县平均单产9.30t/hm²，较对照汕优63增产14.3%；三都县平均单产9.96t/hm²，比对照Ⅱ优多系1号增产13.3%。该品种2000年以来累计推广面积超过2.2万hm²。适宜四川省平坝、丘陵汕优63种植区以及遵义市（道真县、绥阳县除外）海拔950m以下，罗甸县，荔波县，三都县，黔东南州，黔西南州中籼迟熟稻区种植。

栽培技术要点：适期早播，培育多蘖壮秧，栽插基本苗120万～180万苗/hm²，重底肥，早追肥，适时晒田，及时防治病虫。

冈优22（Gangyou 22）

品种来源：四川省农业科学院作物研究所和四川农业大学水稻研究所合作用冈46A作母本与CDR22作父本测配育成。分别通过国家（1998）和四川省（1995）、贵州省（1998）、陕西省（1998）、广西壮族自治区（2000）、福建省（1999）农作物品种审定委员会审定。

形态特征和生物学特性：属籼型三系杂交中稻品种。全生育期154.8d，比对照汕优63迟熟2d左右；苗期长势旺，株型适中，分蘖中等、叶色淡绿，叶片较宽大、厚直不披、谷黄秆青，不早衰，转色好，株高107cm，每穗平均着粒149.7粒，结实率83.49％，颖壳黄色，籽粒椭圆形，稃尖有色，种皮白色，无芒，千粒重26.5g。

品质特性：糙米率82.1％，精米率70.2％，整精米率54.4％，直链淀粉含量22.98％，碱消值6.4级，胶稠度76mm。

抗性：中感稻瘟病，耐肥，抗倒伏。

产量及适宜地区：1993—1994年参加四川省水稻中籼迟熟组区域试验，2年区域试验平均产量8.30t/hm²，比对照汕优63增产4.53％；1994年生产试验，平均产量8.46t/hm²，比对照汕优63增产4.24％。1993—1994年参加贵州省水稻区域试验，2年区域试验平均产量8.81t/hm²，居首位，比对照汕优63增产6.32％。该品种1995年以来累计推广面积超过930万hm²。适于我国南方稻区海拔800m以下的河谷、平坝、丘陵籼稻区种植，也可在海拔1 000～1 500m的中籼稻区栽培。

栽培技术要点：①适时早播，培育多蘖壮秧。播期同汕优63，地膜覆盖或两段育秧，施足基肥，及时追肥，苗期喷施多效唑，以利培育壮秧，秧龄40～45d。②插足基本苗，增加成穗率。采用宽窄行栽插，发挥其边际优势，栽插基本苗150万～180万苗/hm²。③合理施肥，增穗增粒。施足底肥，早施追肥，基肥应占总肥量的60％～70％。注意氮、磷、钾适量配合，有机肥和无机肥结合施用。④加强管理，注意病虫害防治。中期强调晾田、晒田，孕穗至齐穗灌深水，齐穗后干湿交替。防治早衰，增粒数和粒重，注意病虫害防治。

冈优26（Gangyou 26）

品种来源：四川农业大学水稻研究所以冈46A/6326（密阳46×明恢63）配组而成。1997年通过四川省农作物品种审定委员会审定。

形态特征和生物学特性：属籼型三系杂交中稻品种。全生育期149.1d，比对照汕优63长1d，株型适中，苗期长势旺，叶色淡绿，叶片较宽大、厚直不披，叶鞘、叶缘、柱头紫色，分蘖力中等，株高113cm，有效穗数240万穗/hm²左右，每穗着粒150～170粒，结实率81%～85%，颖壳黄色，籽粒椭圆形，稃尖有色，种皮白色，顶芒，千粒重28～29g。

品质特性：糙米率79.7%，精米率69.5%，适口性与汕优63相当。

抗性：中抗稻瘟病。

产量及适宜地区：1994—1995年参加四川省水稻中籼迟熟组区域试验，2年区域试验平均产量8.19t/hm²，比对照汕优63增产0.25%；1996年生产试验，平均产量8.34t/hm²，比对照汕优63增产10.82%。该品种1997年以来累计推广面积超过8.3万hm²。适宜在四川省平坝丘陵地区作中稻种植。

栽培技术要点：①适时早播，3月下旬至4月上中旬播种，秧龄40d左右。②采用宽窄行插秧，栽插18万～22.5万穴/hm²，保证基本苗150万苗/hm²。③施用纯氮180kg/hm²左右，氮、磷、钾比例以1.0∶0.5∶1.0为宜，氮肥施用以前中期为主，一般是基肥60%、分蘖肥20%、穗肥20%，做到重施基肥，早施分蘖肥，后期施足穗肥。管水上够苗晒田，控制无效分蘖发生，改善中后期受光姿态，达到根旺秆壮。④注意病虫害的防治。

冈优 305 （Gangyou 305）

品种来源：四川隆平高科种业有限公司以冈46A/FUR305配组而成。分别通过四川省（2006）、云南省（普洱）（2009）农作物品种审定委员会审定。

形态特征和生物学特性：属籼型三系杂交中稻品种。全生育期149.4d，比对照汕优63长0.4d。株高115.8cm，株型紧凑适中，叶片挺直宽大，叶缘、叶鞘、叶耳、柱头紫色，有效穗216万穗/hm²，穗长24.2cm，每穗平均着粒184.1粒，结实率79.9%，颖壳黄色，籽粒椭圆形，稃尖紫色，种皮白色，无芒，千粒重25.7g。

品质特性：糙米率82.2%，整精米率49.4%，糙米长宽比2.5，垩白粒率78%，垩白度14.4%，胶稠度85mm，直链淀粉含量23.25%。

抗性：高感稻瘟病。

产量及适宜地区：2004—2005年参加四川省中籼迟熟组区域试验，2年区域试验平均单产7.94t/hm²，比对照汕优63增产6.25%；2005年生产试验，平均单产7.62t/hm²，比对照汕优63增产4.84%。适宜四川平坝和丘陵地区，以及云南省普洱市海拔1 350m以下的稻区作一季中稻种植。

栽培技术要点：①适期播种，秧龄40～45d。②种植密度：栽插18万～19.5万穴/hm²。③施肥宜采用重底肥、早追肥、后补肥的施肥方法，底肥占总用肥量的70%，以有机肥为最好；氮、磷、钾肥配合施用，氮、五氧化二磷、氧化钾施用比例为2∶1∶1。④水管理：浅水移栽，深水返青，浅水促分蘖，到时或苗足晒田。⑤根据当地植保站的病虫预报，及时对螟虫，稻瘟病等病虫害进行预防与防治。

冈优336（Gangyou 336）

品种来源：四川眉山农校、四川农业大学水稻所合作以冈46A/95-336配组而成。分别通过四川省（2001）和河南省（2005）农作物品种审定委员会审定，2003年通过重庆市引种鉴定。

形态特征和生物学特性：属籼型三系杂交中稻品种。全生育期150～153d，比对照汕优63迟熟2d，株叶型好，生长势旺，苗期耐寒性强，叶鞘、叶缘、柱头紫色，叶舌无色，后期转色好，株高116～120cm，每穗着粒160～170粒，结实率85%左右，颖壳黄色，籽粒椭圆形，稃尖紫色，种皮白色，无芒，千粒重27～28g。

品质特性：加工品质和食味品质与对照汕优63相当。

抗性：感稻瘟病。

产量及适宜地区：1999—2000年参加四川省中籼迟熟组区域试验，2年区域试验平均产量8.42t/hm²，比对照汕优63增产5.12%；2000年生产试验，平均产量8.54t/hm²，比对照汕优63增产7.15%；大面积示范一般产量9.00t/hm²左右。2002—2003年参加豫南稻区籼稻区域试验，2年区域试验平均产量7.82t/hm²，比对照Ⅱ优838增产2.55%；2004年参加豫南稻区生产试验，平均产量8.12t/hm²，比对照Ⅱ优838减产1.1%。适宜四川省平坝、丘陵地区，豫南稻区春茬、麦茬和重庆市作一季稻种植。

栽培技术要点：适时早播，培育多蘖壮秧，栽插基本苗120万～150万苗/hm²，重施底肥，早施追肥。

冈优 3551（Gangyou 3551）

品种来源：四川省宜宾市农业科学研究所用冈46A/宜恢3551测配而成。分别通过四川省（2001）和国家（2003）农作物品种审定委员会审定。2003年获国家植物新品种权，品种权号：CNA20010146.3。

形态特征和生物学特性：属籼型三系杂交中稻品种。全生育期151.1d，比对照汕优63迟熟1.3d。苗期长势旺，叶色较淡，叶鞘、叶缘、叶耳、柱头紫色，后期转色佳，穗大粒多。株高111.6cm，穗长24.4cm，每穗平均着粒157.8粒，结实率83.1%，颖壳黄色，籽粒椭圆形，稃尖紫色，种皮白色，无芒，千粒重26.5g。

品质特性：糙米率82.1%，精米率73.7%，整精米率66.3%，糙米长宽比2.3，垩白粒率93.3%，垩白度23%，胶稠度46.5mm，直链淀粉含量25.3%。

抗性：高感稻瘟病，感白叶枯病，感褐飞虱，轻感纹枯病。

产量及适宜地区：1999—2000年参加四川省中籼迟熟组区域试验，2年区域试验平均单产8.69t/hm²，比对照汕优63增产8.59%；2000年参加生产试验，平均单产8.49t/hm²，比对照汕优63增产6.43%。2000—2001年参加国家长江流域中籼迟熟组区域试验，2年区域试验平均单产9.12t/hm²，比对照汕优63增产4.61%；2002年生产试验，平均单产8.03t/hm²，比对照汕优63增产7.73%。该品种2001年以来累计推广面积超过25万hm²。适宜四川、湖北、湖南、江西、福建、安徽、浙江、江苏省的长江流域和重庆市、云南、贵州省的中、低海拔稻区（武陵山区除外），以及陕西省汉中、河南省信阳地区稻瘟病轻发区种植。

栽培技术要点：①适时早播，培育壮秧。在川南平丘区2月底至3月初播种，秧龄30～40d。②适度密植。栽插15万～22.5万穴/hm²，中等肥力田移栽规格为30cm×13.3cm或（46.7+20）cm×16.7cm。③合理施肥，适施有机肥。中等肥力田，一般底肥施有机肥7 500kg/hm²以上、尿素75k/hm²、磷肥600kg/hm²、钾肥75kg/hm²；分蘖肥于返青后用尿素45kg/hm²；孕穗肥于抽穗前35d用尿素45kg/hm²，钾肥75kg/hm²；穗粒肥于抽穗前7d用尿素30kg/hm²。④及时防治病虫害。注意防治螟虫、稻蓟马、稻苞虫、稻瘟病等。

冈优361（Gangyou 361）

品种来源：四川农业大学水稻所以冈46A/蜀恢361配组而成。2002年通过四川省农作物品种审定委员会审定，2006年通过陕西引种鉴定。

形态特征和生物学特性：属籼型三系杂交早熟中稻品种。全生育期153.8d，比对照汕窄8号长3～4d，株型较好，叶片长大，繁茂性好，叶片挺直，叶色浅绿，叶鞘、叶缘、柱头紫色，穗层整齐，成熟时转色好，株高88.0cm，有效穗数265.2万穗/hm²，每穗平均着粒141.0粒，结实率79.2%，颖壳黄色，籽粒椭圆形，稃尖有色，种皮白色，无芒，千粒重25.6g。

品质特性：精米率71.4%。6项指标达二级优质米标准。

抗性：感稻瘟病。

产量及适宜地区：2000—2001年四川省中籼早熟组区域试验，2年区域试验平均单产7.09t/hm²，比对照汕窄8号增产12.72%；2001年生产试验，平均单产7.58t/hm²，比对照汕窄8号增产14.95%。该品种2002年以来累计推广面积超过1万hm²。适宜四川省盆周山区，部分平坝粮经区种植。

栽培技术要点：适时早播，培育多蘖壮秧，适时移栽，秧龄45～50d，基本苗150万～180万苗/hm²，重底肥，早追肥。

冈优363（Gangyou 363）

品种来源：四川农业大学水稻研究所以冈46A/蜀恢363配组而成。分别通过四川省（2002）和国家（2005）农作物品种审定委员会审定，2003年通过重庆市引种鉴定。2008年获国家植物新品种权，品种权号：CNA20040583.7。

形态特征和生物学特性：属籼型三系杂交中稻品种。在长江上游稻区作一季中稻种植，全生育期平均153.0d，比对照汕优63早熟0.9d。株型紧凑，剑叶挺直，叶鞘、叶缘、柱头紫色，后期转色好，株高109.0cm，有效穗数235.5万穗/hm²，穗长24.8cm，每穗平均着粒180.0粒，结实率82.4%，颖壳黄色，籽粒椭圆形，稃尖紫色，种皮白色，无芒，千粒重27.3g。

品质特性：整精米率63.5%，糙米长宽比2.2，垩白粒率38%，垩白度7.6%，胶稠度64mm，直链淀粉含量23.1%。

抗性：高感稻瘟病、褐飞虱，感白叶枯病。

产量及适宜地区：2003—2004年参加国家长江上游中籼迟熟优质组区域试验，2年区域试验平均产量9.16t/hm²，比对照汕优63增产6.79%；2004年生产试验，平均产量8.62t/hm²，比对照汕优63增产8.52%。该品种2002年以来累计推广面积超过10万hm²。适宜在云南、贵州、重庆的中低海拔稻区（武陵山区除外），四川平坝丘陵稻区，陕西南部稻区的稻瘟病、白叶枯病轻发区作一季中稻种植。

栽培技术要点：①育秧：根据当地生产情况适时播种，培育多蘖壮秧。②移栽：秧龄45d左右移栽，栽插12万～18万穴/hm²，栽插基本苗135万～150万苗/hm²。③肥水管理：一般施氮量150kg/hm²左右，氮、磷、钾比例1∶0.5∶0.5，重施底肥，早施追肥，底肥占60%，分蘖肥30%，穗肥10%。在水浆管理上，做到浅水插秧，深水护秧，薄水分蘖，够苗晒田。④病虫害防治：注意及时防治稻瘟病、白叶枯病、蓟马、螟虫、稻苞虫等病虫害。

冈优 364 （Gangyou　364）

品种来源：四川省江油市水稻研究所与四川省种子站以冈46A/江恢364配组而成，又名：川丰2号。分别通过四川省（1999）、云南省（2000）和国家（2004）农作物品种审定委员会审定。

形态特征和生物学特性：属籼型三系杂交中稻品种。全生育期147.8d，比对照汕优63长1.3d，苗期长势旺，分蘖力较弱，茎秆粗壮，叶宽厚，叶色深绿，叶鞘、叶缘、柱头紫色，后期转色落黄好，株高114.9cm，穗长24.9cm，有效穗数241.5万穗/hm^2，每穗平均着粒169.5粒，结实率80%，颖壳黄色，籽粒椭圆形，颖尖紫色，种皮白色，无芒，千粒重26.7g。

品质特性：糙米率78%，精米率69.4%，整精米率53.2%，垩白度21.4%，透明度3级。

抗性：高感稻瘟病，抗倒力强。

产量及适宜地区：1997—1998年参加四川省中籼迟熟组区域试验，2年区域试验平均单产8.49t/hm^2，比对照汕优63增产4.43%，1998年生产试验平均单产8.52t/hm^2，比对照汕优63增产6.55%。1998—1999年参加国家长江流域稻区水稻新品种区域试验，2年区域试验平均产量9.2t/hm^2，比对照汕优63增产4.36%；1999年生产试验，平均产量8.7t/hm^2，比对照汕优63增产3.53%。该品种1999年以来累计推广面积超过42万hm^2。适宜在长江流域及西南稻区白叶枯病、稻瘟病轻发区作一季中稻种植。

栽培技术要点：栽培上要求偏高肥水，施纯氮不少于150kg/hm^2，氮、磷、钾配合施用，重底肥，早追肥，注重防治稻瘟病，其他栽培技术同对照汕优63。

冈优 501 （Gangyou 501）

品种来源：绵阳经济技术高等专科学校与四川农业大学水稻研究所用冈46A×绵恢501于1991年配组而成。1996年通过四川省农作物品种审定委员会审定。

形态特征和生物学特性：属籼型三系杂交中熟中稻品种。全生育期146d，比对照矮优S长1.7d，株高108cm，株型松紧适中，分蘖力较强，再生力强，苗期繁茂性好，叶片直立，叶鞘、柱头紫色，穗大粒多，每穗平均着粒162.8粒，结实率80.3%，颖壳黄色，籽粒椭圆形，稃尖紫色，种皮白色，无芒，千粒重26.3g。

品质特性：糙米率80.0%，精米率70.0%，整精米率53.0%，直链淀粉含量20.5%，碱消值2级，胶稠度57mm，粗蛋白质含量12.48%，外观和食味品质好。

抗性：中感稻瘟病，较耐寒、抗倒伏。

产量及适宜地区：1993—1994年参加四川省杂交稻中籼中熟组区域试验，平均产量分别为7.34t/hm²和8.47t/hm²，较同熟期对照矮优S增产5.64%和10.14%；1994年四川省生产试验，平均产量8.81t/hm²，较第一对照矮优S增产11.39%，较第二对照汕优63增产5.97%。该品种1996年以来累计推广面积超过102万hm²。适宜四川省平坝、丘陵区作搭配品种种植。

栽培技术要点：适时早播，培育多蘖壮秧，一般栽15万～18万穴/hm²，栽插基本苗120万～150万苗/hm²，促蘖攻穗，增施磷钾肥，中、后期忌多施氮肥。

冈优527（Gangyou 527）

品种来源：四川农业大学水稻研究所于1995年用冈46A/蜀恢527配组而成。分别通过四川省（2000）、贵州省（2000）、福建省（2005）和国家（2003）农作物品种审定委员会审定。

形态特征和生物学特性：属籼型三系杂交中稻品种。全生育期149.1d，比对照汕优63长0.7d。主茎叶片数17叶，叶鞘、叶舌、节环、柱头紫色，剑叶较宽大，叶角较小，落色正常，苗期繁茂性好，分蘖力中等，株高118cm左右，穗长25.5cm，有效穗210万～240万穗/hm²，每穗平均着粒160.180粒，结实率86%左右，颖壳黄色，籽粒椭圆形，稃尖紫色，种皮白色，顶芒，千粒重29.5g。

品质特性：糙米率82.0%，整精米率43.4%，糙米粒长6.4mm，糙米长宽比2.5，垩白粒率57%，垩白度6.3%，胶稠度38mm，直链淀粉含量21.9%。

抗性：感稻瘟病、白叶枯病、褐飞虱7级。

产量及适宜地区：1998—1999年参加四川省中籼迟熟组区域试验，2年区域试验平均单产8.60t/hm²，比对照汕优63增产8.06%；1999年生产试验平均单产9.22t/hm²，比对照汕优63增产9.28%。1999—2000年参加贵州省中籼区域试验，2年区域试验平均单产8.81t/hm²，比对照汕优63增产12.3%；2000年生产试验，平均单产9.58t/hm²，比综合对照（汕优63、K优5号和汕优多系1号的平均值）增产8.9%。1999—2000年参加国家长江流域中籼迟熟组区域试验，2年区域试验平均单产8.96t/hm²，比对照汕优63增产5.47%；2001年参加生产试验，平均单产9.04t/hm²，比对照汕优63增产5.4%。该品种2000年以来累计推广面积超过250万hm²。适宜四川、重庆、湖北、湖南、浙江、江西、安徽、上海、江苏省的长江流域（武陵山区除外）和云南、贵州省海拔1 100m以下以及河南省信阳、陕西省汉中地区稻瘟病轻发区作一季中稻种植。

栽培技术要点：适时早播，培育多蘖壮秧，促进分蘖早生快发，提高有效穗数，本田栽植密度为22.5万穴/hm²左右，施氮量为187.5～240.0kg/hm²，施五氧化二磷量为75kg/hm²，施氧化钾量为170～220kg/hm²，氮、钾肥的穗肥比例应为30%～40%。

冈优615（Gangyou 615）

品种来源：四川省农业科学院水稻高粱研究所用冈46A/泸恢615[（明恢63×繁殖32）×多恢1.4.5混合粉]配组而成。2000年通过四川省农作物品种审定委员会审定，2005年通过贵州引种鉴定。

形态特征和生物学特性：属籼型三系杂交中稻品种。全生育期148.8d左右，比对照汕优63迟熟0.4d，株高116.6cm，株型较紧凑，繁茂性好，叶直立、中长宽，叶鞘、叶缘、柱头紫色，苗期较耐寒，长势旺，分蘖力较强，每穗平均着粒149.7粒，结实率85%，颖壳黄色，籽粒椭圆形，稃尖紫色，种皮白色，无芒，千粒重27.9g。

品质特性：糙米率80.4%，精米率69.9%，整精米率52%。

抗性：中抗稻瘟病，中感纹枯病。

产量及适宜地区：1998—1999年参加四川省中籼迟熟组区域试验，2年区域试验平均单产8.22t/hm²，比对照汕优63增产3.22%；1999年进行生产试验，平均单产8.03t/hm²，比对照汕优63增产6.3%。该品种2000年以来累计推广面积超过9万hm²。适宜于四川省汕优63种植区域和贵州省赤水市海拔800m以下中籼迟熟稻区种植。

栽培技术要点：培育壮秧，秧龄35d左右，栽插22.5万～27万穴/hm²，栽插基本苗120万～150万苗/hm²，重施底肥，早施追肥，氮、磷、钾配合施用，注意病虫防治。

冈优6366（Gangyou 6366）

品种来源：四川省仁寿县陵州作物研究所以冈46A/陵恢6366配组而成。2006年通过国家农作物品种审定委员会审定。

形态特征和生物学特性：属籼型三系杂交中稻品种。在长江上游稻区作一季中稻种植，全生育期平均152.2d，与对照汕优63相同。株型适中，茎秆粗壮，叶片挺直、宽大，叶鞘、叶缘、柱头紫色，后期转色好，株高110.4cm，有效穗数240万穗/hm²，穗长25.2cm，每穗平均着粒176.3粒，结实率81.4%，颖壳黄色，籽粒椭圆形，稃尖紫色，种皮白色，无芒，千粒重27.7g。

品质特性：整精米率65.2%，糙米长宽比2.4，垩白粒率51%，垩白度8.4%，胶稠度56mm，直链淀粉含量22.0%。

抗性：感稻瘟病。

产量及适宜地区：2004—2005年参加国家长江上游中籼迟熟组品种区域试验，2年区域试验平均单产9.20t/hm²，比对照汕优63增产7.09%；2005年生产试验，平均单产8.11t/hm²，比对照汕优63增产9.51%。适宜在云南、贵州、重庆的中低海拔籼稻区（武陵山区除外）、四川平坝丘陵稻区、陕西南部稻区的稻瘟病轻发区作一季中稻种植。

栽培技术要点：①育秧，根据各地中籼生产季节适时播种，一般与汕优63同期播种。②移栽，栽插15万～22.5万穴/hm²、栽插基本苗150万/hm²左右。③施肥，重施基肥，早施追肥，一般施纯氮150kg/hm²左右，氮、磷、钾比例为1∶0.5∶0.5。④病虫害防治，注意及时防治稻瘟病等病虫害。栽培上参照其他冈型组合。

冈优725（Gangyou 725）

品种来源：四川省绵阳市农业科学研究所用冈46A/绵恢725配组而成。分别通过四川省（1998）、贵州省（2000）、湖北省（2000）、江西省（2001）和国家（2001）农作物品种审定委员会审定，2003年通过重庆市引种鉴定。

形态特征和生物学特性：属籼型三系杂交中稻品种。全生育期149.2d，与对照汕优63同期成熟。株型紧凑，叶片挺直、长大，繁茂性好。叶舌、叶耳、柱头紫色，株高114.7cm，穗长24.8cm，有效穗数237.9万穗/hm²，每穗平均着粒164.9粒，结实率85.6%，颖壳黄色，籽粒椭圆形，稃尖紫色，种皮白色，谷粒有短顶芒，千粒重27.0g。

品质特性：糙米率80.8%，整精米率55.4%，糙米长宽比2.4，垩白5级，垩白粒率69%，直链淀粉含量21.2%，胶稠度42mm。

抗性：中感白叶枯病，高感穗颈瘟。

产量及适宜地区：1996—1997年四川省中籼迟熟组区域试验，2年区域试验平均单产8.53t/hm²，比对照汕优63增产3.08%，1997年生产试验，平均单产8.92t/hm²，比对照汕优63增产8.55%。1997—1998年参加贵州省中籼稻区域试验，2年区域试验平均单产8.64t/hm²，比对照汕优63增产2.0%。1998—1999年参加湖北省中稻品种区域试验，2年区域试验平均单产9.00t/hm²，比对照汕优63增产2.60%。该品种1998年以来累计推广面积超过463万hm²。适宜四川省平坝和丘陵区，重庆市、安徽省、贵州省海拔1 100m以下地区及湖北省鄂西南以外地区作中稻种植。

栽培技术要点：① 适时播种，培育多蘖壮秧。冈优725在绵阳3月下旬至4月上旬播种，秧龄45～50d左右。② 栽足基本苗，提高上林穗。栽插22.5万穴/hm²，基本苗165万～195万苗/hm²。③ 合理施肥，保证品种对肥料养分的需求。施纯氮150～180kg/hm²，用硫酸锌18～30kg/hm²作底肥，总肥量中，农家肥占50%。施肥方法底肥占60%～70%，分蘖肥20%～30%，抽穗前7～10d施穗肥10%。④科学管水，适时晒田，注意防治病虫害。

冈优734（Gangyou 734）

品种来源：四川省绵阳市农业科学研究所用冈46A/绵恢734配组育成。1997年通过四川省农作物品种审定委员会审定。

形态特征和生物学特性：属籼型三系杂交迟熟中稻品种。全生育期平均150d。株型紧凑，繁茂性好，剑叶长宽大，叶色浅绿，叶鞘、叶缘、柱头紫色，分蘖力较强，熟期转色好，株高116.1cm，有效穗数262.5万穗/hm²，每穗平均着粒150粒，颖壳黄色，籽粒椭圆形，稃尖紫色，种皮白色，无芒，千粒重27.6g。

品质特性：糙米率80%，精米率70%，整精米率50.5%。适口性优于对照汕优63。

抗性：感稻瘟病。

产量及适宜地区：1995—1996年参加四川省水稻中籼迟熟组区域试验，2年区域试验平均产量8.32t/hm²，比对照汕优63增产2.3%；1996年生产试验，平均产量8.59t/hm²，比对照汕优63增产5.29%。该品种1997年以来累计推广面积超过5万hm²。适宜四川省平坝、丘陵地区作中稻种植。

栽培技术要点：①适时早播，3月下旬至4月上中旬播种，秧龄40d左右。②采用宽窄行插秧，栽插18万～22.5万穴/hm²，保证插足基本苗150万苗/hm²。③一般施用纯氮180kg/hm²左右，氮、磷、钾比例以1.0 : 0.5 : 1.0为宜，氮肥施用以前中期为主，一般是基肥60%、分蘖肥20%、穗肥20%，做到重施基肥，早施分蘖肥，后期施足穗肥。④水管理：够苗晒田，控制无效分蘖发生，改善中后期受光姿态，达到根旺秆壮。⑤注意病虫害防治。

冈优825（Gangyou 825）

　　品种来源：嘉陵农作物品种研究中心以冈46A/嘉恢825配组而成，原代号F3001。分别通过广西壮族自治区（2005）和国家（2006）农作物品种审定委员会审定。2007年获国家植物新品种权，品种权号：CNA20040639.6。

　　形态特征和生物学特性：属籼型三系杂交中稻品种。在长江上游稻区作一季中稻种植，全生育期平均153.6d，比对照汕优63迟熟1.4d。株型紧凑，茎秆粗壮，叶片挺直，叶色浓，叶鞘、叶缘、柱头紫色，分蘖力较强，熟期转色好，株高112.7cm，有效穗数246万穗/hm²，穗长24.7cm，每穗平均着粒168.6粒，结实率83.9%，颖壳黄色，籽粒椭圆形，稃尖紫色，种皮白色，无芒，千粒重28.2g。

　　品质特性：整精米率64.7%，糙米长宽比2.0，垩白粒率84%，垩白度12.9%，胶稠度43mm，直链淀粉含量22.4%。

　　抗性：高感稻瘟病，中感白叶枯病%。

　　产量及适宜地区：2004—2005年参加国家长江上游中籼迟熟组品种区域试验，2年区域试验平均单产9.35t/hm²，比对照汕优63增产8.89%；2005年生产试验，平均单产8.29t/hm²，比对照汕优63增产10.68%。2003—2004年参加国家长江中下游中籼迟熟优质组区域试验，2年区域试验平均单产8.46t/hm²，比对照汕优63增产7.86%；2004年生产试验平均单产7.64t/hm²，比对照汕优63增产4.86%。该品种2005年以来累计推广面积超过16万hm²。适宜我国南方稻区稻瘟病轻发区作一季中稻种植，以及桂南稻作区作早、晚稻或高寒山区稻作区作中稻种植。

　　栽培技术要点：①育秧，根据各地中籼生产季节适时早播。②移栽，一般栽插22.5万～30万穴/hm²，栽插规格16.5cm×26.4cm，每穴栽插2苗。③肥水管理，施足基肥，早施分蘖肥，重施穗肥，酌情补施粒肥，注意氮、磷、钾配合施用。忌后期断水过早。④病虫害防治，注意及时防治稻瘟病、稻飞虱等病虫害。

冈优827 （Gangyou 827）

品种来源：四川川农大高科农业有限责任公司与四川农业大学水稻研究所以G2480/蜀恢527配组而成。分别通过四川省（2003）、贵州省（2005）、浙江省（2006）和湖南省（2008）农作物品种审定委员会审定。2007年获国家植物新品种权，品种权号：CNA20040690.6。

形态特征和生物学特性：属籼型三系杂交中稻品种。全生育期153.4d，比对照汕优63长2.7d。株型适中，叶片深绿色，剑叶宽大，叶鞘、柱头紫色，分蘖力较强，株高117cm，穗长26.4cm，有效穗222.6万穗/hm²，每穗平均着粒178.6粒，结实率82.4%，籽粒椭圆形，稃尖紫色，种皮白色，顶芒，千粒重28.2g。

品质特性：糙米率81.8%，精米率71.1%，整精米率64.3%，垩白粒率30%，垩白度4.0%，胶稠度72mm，直链淀粉含量23.0%，糙米粒长6.8mm，糙米长宽比2.7，加工和食味品质与对照相当，外观品质优于对照。

抗性：高感稻瘟病和褐飞虱，中感白叶枯病。

产量及适宜地区：2001—2002年参加四川省中籼迟熟组区域试验，2年区域试验平均产量8.41t/hm²，比对照汕优63增产5.27%；2002年生产试验，平均产量9.14t/hm²，比对照汕优63增产11.4%。2003—2004年参加国家长江上游中籼迟熟优质组区域试验，2年区域试验平均产量9.02t/hm²，比对照汕优63增产5.16%；2004年生产试验，平均产量8.33t/hm²，比对照汕优63增产5.75%。2003—2004年浙江省杂交单晚籼稻区域试验，2年区域试验平均产量7.88t/hm²，比对照增产7.9%；2005年生产试验，平均产量7.96t/hm²，比对照汕优63增产4.4%。该品种2003年以来累计推广面积超过30万hm²。适宜云南、贵州、重庆的中低海拔稻区（武陵山区除外）、四川平坝丘陵稻区、陕西南部稻区的稻瘟病轻发区作一季中稻种植，以及湖南省海拔200～600m稻瘟病轻发的山丘区作中稻种植和浙江省作单季稻种植。

栽培技术要点：栽培技术与冈型杂交稻冈优527相同，3月下旬至4月上旬播种，培育多蘖壮秧，秧龄45～50d，栽插18万～22.5万穴/hm²，每穴栽插2苗，施纯氮120～150kg/hm²。施肥方法：底肥占60%～70%，分蘖肥占20%～30%，穗肥施10%。科学管水，注意防治病虫害。

冈优881（Gangyou 881）

品种来源：四川农业大学水稻研究所用冈46A/蜀恢881杂交配组而成。分别通过四川省（1999）、云南省（红河）（2005）农作物品种审定委员会审定，2003年通过重庆市引种鉴定。

形态特征和生物学特性：属籼型三系杂交中稻品种。全生育期150d，比对照汕优63长1.1d，株高115cm左右，株型松紧适中，秆硬、粗壮，分蘖力偏弱，成穗率高，叶宽、厚、微内卷、直立、色深绿，叶鞘、叶环、柱头紫色，较难脱粒，每穗着粒180～200粒，结实率82%～87%，颖壳黄色，籽粒椭圆形，稃尖紫色，种皮白色，无芒，千粒重28g。

品质特性：糙米率81.8%，精米率74.2%，整精米率55.8%，碱消值6.3级，直链淀粉含量21.1%，胶稠度45mm，蛋白质含量8.6%。

抗性：抗稻瘟病，耐肥、抗倒性强。

产量及适宜地区：1997—1998年参加四川省水稻中籼迟熟组区域试验，2年区域试验平均产量8.45t/hm²，比对照汕优63增产4.18%；1998年生产试验，平均产量9.35t/hm²，比对照汕优63增产13.12%。该品种1999年以来累计推广面积超过55万hm²。适宜四川省平坝、丘陵地区中稻及省外晚稻地区种植。

栽培技术要点：适时早播培育壮秧，秧龄45d，宜中上等肥力田种植，宽窄行或条栽皆可，栽插18万～22.5万穴/hm²，每穴栽插2苗。氮总用量120～150kg/hm²，重底肥，早追肥（栽后7d），底肥、分蘖肥和穗肥按7：2：1施；过磷酸钙375～450kg/hm²作底肥；钾肥225～300kg/hm²作追肥分2次在栽后和拔节至孕穗期施。适时防治虫害。

冈优900（Gangyou 900）

品种来源：成都天府农作物研究所以冈46A/天恢900配组而成。2011年通过国家农作物品种审定委员会审定。

形态特征和生物学特性：属籼型三系杂交中稻品种。在长江上游稻区作一季中稻种植，全生育期平均157.2d，比对照Ⅱ优838短0.6d。株型适中，群体整齐，长势繁茂，叶色浓绿，剑叶宽长，叶姿披垂。株高114.0cm，穗长24.3cm，有效穗数140万穗/hm²，每穗平均着粒185.2粒，结实率79.8%，颖壳黄色，籽粒椭圆形，稃尖紫色，种皮白色，无芒，千粒重27.2g。

品质特性：整精米率68.5%，糙米长宽比2.2，垩白粒率54%，垩白度13.3%，胶稠度62mm，直链淀粉含量23.2%。

抗性：感稻瘟病，高感褐飞虱，耐热性弱。

产量及适宜地区：2008—2009年参加国家长江上游中籼迟熟组品种区域试验，2年区域试验平均产量9.06t/hm²，比对照Ⅱ优838增产4.1%；2010年生产试验，平均产量8.08t/hm²，比对照Ⅱ优838增产5.5%。适宜在云南、贵州（武陵山区除外）、重庆（武陵山区除外）的中低海拔籼稻区，四川平坝丘陵稻区（川南稻区除外）、陕西南部稻区的稻瘟病轻发区作一季中稻种植。

栽培技术要点：适时播种，培育壮秧，秧龄35d左右，合理密植，栽插18万穴/hm²；施肥以基肥、分蘖肥、穗肥比例以4：4：2为宜；水分管理宜采用浅水栽插、寸水返青、薄水分蘖、保水抽穗、后期干湿交替的灌溉方式；注意及时防治稻瘟病、纹枯病、白叶枯病、稻蓟马、稻飞虱、螟虫、稻苞虫等病虫害。

冈优906（Gangyou 906）

品种来源：成都市第二农业科学研究所以冈46A/蓉稻906（原代号48-6）配组而成。分别通过四川省（1997）和安徽省（2007）农作物品种审定委员会审定，2005年通过贵州引种试验。

形态特征和生物学特性：属籼型三系杂交中稻品种。全生育期145d左右，比对照汕优63长0.8d。株型紧凑，茎秆健壮，叶色深绿，冠层叶片较窄而挺直，剑叶角度小，熟期落黄好，易落粒。叶鞘、叶缘、柱头紫色，分蘖力强，株高114cm，穗长23.4cm，实粒144粒，结实率86.2%，颖壳黄色，籽粒椭圆形，稃尖有色，种皮白色，无芒，千粒重26.8g。

品质特性：糙米率80.2%，精米率70.6%，整精米率65.1%，糙米长宽比2.4，垩白粒率63%，垩白度7.9%，胶稠度30mm，直链淀粉含量23.24%。

抗性：感稻瘟病，轻感纹枯病，耐冷性强。

产量及适宜地区：1995—1996年参加四川省水稻中籼迟熟组区域试验，2年区域试验平均产量8.48t/hm²，比对照汕优63增产4.28%；1996年生产试验，平均产量8.84t/hm²，比对照汕优63增产6.98%。四川省石柱县1996年生产示范100hm²，产量8.32t/hm²，比对照汕优63增产8.7%。该品种1997年以来累计推广面积超过14.5万hm²。适宜四川省川南、川中、川西等片区，安徽省作一季稻种植（但不宜在低洼易涝区种植），以及贵州省遵义市（湄潭县、凤冈县除外）中籼迟熟稻区种植。

栽培技术要点：适时早播，培养多蘖壮秧，适龄移栽，合理密植，栽插基本苗135万苗/hm²左右，栽插21万穴/hm²为宜，氮、磷、钾配合施用，重底肥，早追肥；因不抗稻瘟病，应重点及时防治稻瘟病。

冈优94-11（Gangyou 94-11）

品种来源：四川省内江杂交水稻科技开发中心和四川农业大学水稻所用冈46A与恢复系94-11配组选育而成。2000年通过四川省农作物品种审定委员会审定，2011年通过重庆市认定。

形态特征和生物学特性：属籼型三系杂交中稻品种。全生育期148.9d，比对照汕优63长0.5d，株型紧凑，繁茂性好，剑叶中直、宽大、色深，叶鞘、叶缘、柱头紫色，抽穗整齐，成熟转色好。株高117.8cm，穗长25.0cm，每穗平均着粒161.8粒，结实率84.4%，颖壳黄色，籽粒椭圆形，稃尖紫色，种皮白色，无芒，千粒重28.7g。

品质特性：米质与对照汕优63相当。

抗性：感稻瘟病，抗倒伏。

产量及适宜地区：1998—1999年参加四川省水稻中籼迟熟组区域试验，2年区域试验平均产量8.22t/hm²，比对照汕优63增产3.3%；1999年生产试验，平均产量8.11t/hm²，比对照汕优63增产2.91%。该品种2000年以来累计推广面积超过1.0万hm²。适宜四川稻区作一季中稻或一季中稻加一季再生稻种植。

栽培技术要点：3月下旬至4月上旬播种，秧龄40～45d，栽插19.5万～22.5万穴/hm²，每穴栽插2苗，重底肥，早追肥，氮、磷、钾搭配。

冈优94-4（Gangyou 94-4）

品种来源：四川省内江杂交水稻科技开发中心用内恢94-4与冈46A配制选育而成。2000年通过四川省农作物品种审定委员会审定。

形态特征和生物学特性：属籼型三系杂交中稻品种。全生育期150.2d，比对照汕优63长0.5d，株型松散适中，繁茂性好，分蘖力强，剑叶中直、微内卷，叶片浓绿，叶鞘、叶缘、柱头紫色，抽穗整齐，成熟转色好，不早衰，株高114.9cm，穗长23.9cm，每穗平均着粒158.4粒，结实率86.7%，颖壳黄色，籽粒椭圆形，秆尖紫色，种皮白色，无芒，千粒重27.1g。

品质特性：糙米粒长5.6mm，糙米长宽比2.4，垩白粒率80%，垩白度11.8%，胶稠度41mm，直链淀粉含量19.7%。

抗性：高抗稻瘟病，耐瘠、耐肥、耐低温、抗逆性强。

产量及适宜地区：1998—1999年参加四川省水稻中籼迟熟组区域试验，2年两年区域试验平均产量8.31t/hm²，比对照汕优63增产4.62%；1999年生产试验，平均产量8.36t/hm²，比对照汕优63增产6.05%。该品种2000年以来累计推广面积超过1.0万hm²。适宜四川省平坝丘陵地区作一季中稻种植。

栽培技术要点：①适时播种，培育多蘖壮秧，川东、川南3月中旬、下旬播种。川西、川北宜在4月上旬播种，秧龄35～45d。②合理密植，栽插19.5万～22.5万穴/hm²，每穴栽插2苗，有效穗控制在240万～285万穗/hm²。③重施底肥，早施追肥，注意氮、磷、钾搭配。中等偏上肥水管理易获高产。

冈优99 （Gangyou 99）

品种来源：广汉泰利隆农作物研究所用冈46A与隆恢99配组而成。2012年通过四川省农作物品种审定委员会审定。

形态特征和生物学特性：属籼型三系杂交中稻品种。作中稻栽培，全生育期平均156.2d，比对照冈优725长2.8d。株型适中，叶片绿色、叶鞘、柱头、叶耳紫色；剑叶直立，分蘖力较强，株高122.4cm，有效穗数186万穗/hm²，穗长26.4cm，每穗平均着粒194.4粒，结实率75.5%，颖壳黄色，籽粒椭圆形，颖尖紫色，种皮白色，无芒，千粒重30.2g。

品质特性：糙米率81.6%，整精米率62.9%，糙米长宽比2.3，垩白粒率80%，垩白度20.4%，胶稠度74mm，直链淀粉含量25.2%，蛋白质含量8.3%。

抗性：感稻瘟病。

产量及适宜地区：2009—2010年参加四川省水稻中籼迟熟组区域试验，2年区域试验平均产量7.73t/hm²，比对照冈优725增产3.16%；2011年生产试验，平均产量8.67t/hm²，比对照冈优725增产3.6%。适宜四川平坝和丘陵地区作一季中稻种植。

栽培技术要点：①适时早播，3月上旬至4月初播种，秧龄40～45d。②合理密植，宽窄行种植，栽插18万穴/hm²左右。③肥水管理，宜采用重底肥、早追肥、后补肥的施肥方式，底肥占70%，以有机肥为最好，氮、磷、钾肥搭配使用，前期浅水管理，后期湿润管理至成熟。④根据植保部门预测预报，综合防治病虫害，注意防治稻瘟病。

冈优99-14（Gangyou 99-14）

品种来源：德农正成种业有限公司用冈46A与内恢99-14配组而成。2005年通过四川省农作物品种审定委员会审定。

形态特征和生物学特性：属籼型三系杂交中稻品种。全生育期152.1d，比对照汕优63长0.6d，苗期生长势旺，分蘖力强，株型适中，繁茂性好，叶片中直，叶缘、叶鞘、叶舌、柱头紫色，后期转色好，不早衰。株高110cm左右，有效穗数237万穗/hm²，成穗率70.8%，穗长24.1cm，每穗平均着粒162.2粒，结实率82.5%，颖壳黄色，籽粒椭圆形，稃尖紫色，种皮白色，无芒，千粒重27.5g。

品质特性：达普通4等食用稻标准，优于对照汕优63。

抗性：中抗稻瘟病。

产量及适宜地区：2003—2004年参加四川省中籼迟熟组区域试验，2年区域试验平均产量8.17t/hm²，比对照汕优63增产4.72%；2004年生产试验，平均产量8.30t/hm²，比对照汕优63增产7.95%。适宜在四川省平坝和丘陵地区作一季中稻种植。

栽培技术要点：①适时早播，培育多蘖壮秧，秧龄弹性大，以栽中苗为好。②用种量15kg/hm²，栽18万～22.5万穴/hm²，栽插基本苗150万苗/hm²左右，栽插方式以宽窄行为最好。③施肥管理上宜重底肥，早追肥，注意氮、磷、钾肥合理搭配，切忌偏施氮肥。超高产栽培，过磷酸钙用量不少于375kg/hm²，钾肥不少于225kg/hm²。④冈优99-14属大穗大粒品种，灌浆黄熟期较汕优63长2～3d，要特别注意后期水肥管理，忌脱水过早影响品质和产量。其他栽培同汕优63的栽培。

冈优D069（Gangyou D 069）

品种来源：四川省原子核应用技术研究所用冈46A/D069配组而成。2001年通过四川省农作物品种审定委员会审定。

形态特征和生物学特性：属籼型三系杂交中稻品种。全生育期150d，比对照汕优63长1～2d。株型紧凑，茎秆粗壮，叶片上冲，剑叶宽直，剑叶角度小，叶色深绿，叶鞘、柱头紫色，冠层叶功能期长，分蘖力较强，株高116.5cm，穗长24.6cm，每穗平均着粒157.9粒，结实率81.1%，颖壳黄色，籽粒椭圆形，稃尖紫色，种皮白色，无芒，千粒重28.3g。

品质特性：加工品质优于对照，外观与食味品质与对照相当。

抗性：感稻瘟病，轻感纹枯病。

产量及适宜地区：1999—2000年四川省水稻中籼迟熟组区域试验，2年区域试验平均产量9.30t/hm²，比对照汕优63增产3.64%；2000年生产试验，平均产量8.19t/hm²，比对照汕优63增产8.23%。适宜四川省平坝和丘陵区种植。

栽培技术要点：适当稀植，密度以基本苗105万～120万苗/hm²，有效穗225万穗/hm²左右为宜。施纯氮135～150kg/hm²，氮、磷、钾肥配合，重底肥，早追肥，综合防治病虫害。

冈优多系1号（Gangyouduoxi 1）

品种来源：四川省内江市农业科学研究所和四川农业大学水稻所用冈46A与多系1号测配育成。1995年通过四川省农作物品种审定委员会审定。

形态特征和生物学特性：属籼型三系杂交中稻品种。全生育期149.8d，比对照汕优63迟熟0.7d。株型较紧凑，繁茂性好，剑叶较宽大，叶片深色，叶鞘、叶缘、柱头紫色，株高115cm，每穗着粒130～160粒，结实率85%左右，颖壳黄色，籽粒椭圆形，稃尖紫色，种皮白色，无芒，千粒重27g。

品质特性：糙米率81.1%，精米率70.4%，整精米率43.5%，直链淀粉含量22.96%，胶稠度32mm，碱消值4.6级。

抗性：中感稻瘟病。

产量及适宜地区：1993—1994年参加四川省水稻中籼迟熟组区域试验，平均产量8.10t/hm²，比对照汕优63增产3.69%；1994年生产试验，平均产量8.42t/hm²，比对照汕优63增产5.54%。该品种1995年以来累计推广面积超过138万hm²。适宜四川省平坝、丘陵地区作中稻栽培。

栽培技术要点：①适时早播，培育多蘖壮秧，秧龄弹性大，以栽中苗为好。②用种量15kg/hm²，栽插18万～22.5万穴/hm²，栽插基本苗150万苗/hm²左右，栽插方式以宽窄行为最好。③施肥管理上宜重底肥早追肥，注意氮、磷、钾肥合理搭配，切忌偏施氮肥。超高产栽培，过磷酸钙用量不少于375kg/hm²，钾肥不少于225kg/hm²。④注意后期水肥管理，忌脱水过早影响品质和产量。其他栽培同汕优63的栽培。

广优498（Guangyou 498）

品种来源：四川农业大学水稻研究所以广抗13A/蜀恢498配组而成。2013年通过国家农作物品种审定委员会审定。

形态特征和生物学特性：属籼型三系杂交中稻品种。在长江上游稻区作一季中稻种植，全生育期平均158.4d，比对照Ⅱ优838长0.2d。株型紧凑，剑叶较宽大，叶片深绿色，叶鞘、叶缘、柱头、叶耳紫色，分蘖力较强，熟期转色好，株高110.2cm，有效穗数216万穗/hm²，穗长24.6cm，每穗平均着粒166.1粒，结实率80.5%，颖壳黄色，籽粒椭圆形，稃尖紫色，种皮白色，短芒，千粒重32.6g。

品质特性：整精米率57.4%，糙米长宽比2.6，垩白粒率41.0%，垩白度7.1%，胶稠度82mm，直链淀粉含量21.5%。

抗性：感稻瘟病，高感褐飞虱；抽穗期耐热性一般，耐冷性一般。

产量及适宜地区：2010—2011年参加国家长江上游中籼迟熟组区域试验，2年区域试验平均产量8.92t/hm²，比对照Ⅱ优838增产4.0%。2012年生产试验，平均产量9.18t/hm²，比对照Ⅱ优838增产5.6%。适宜在云南（南部除外）、贵州（武陵山区除外）、重庆（武陵山区除外）的中低海拔籼稻区，四川平坝丘陵稻区、陕西南部稻区作一季中稻种植，稻瘟病重发区不宜种植。

栽培技术要点：①适时早播，培育多蘖壮秧。②秧龄35～40d移栽，栽插22.5万穴/hm²左右，每穴栽插2苗。③配方施肥，重底肥，早追肥，后期看苗补施穗粒肥，施纯氮150～180kg/hm²，氮、磷、钾肥合理搭配，底肥占70%、追肥占30%。④深水返青，浅水分蘖，够苗及时晒田，孕穗抽穗期保持浅水层，灌浆结实期干湿交替，后期切忌断水过早。⑤注意及时防治稻瘟病、纹枯病、稻曲病、螟虫等病虫害。

广优 9939 （Guangyou 9939）

品种来源：四川省绵阳市农业科学研究所和福建省三明市农业科学研究所合作以广抗13A/绵恢9939配组而成。2013年通过四川省农作物品种审定委员会审定。

形态特征和生物学特性：属籼型三系杂交中稻品种。作中稻栽培，全生育期平均149.5d，比对照冈优725长2.0d。株型紧凑，叶色深绿色，叶鞘、叶耳、柱头紫色，剑叶直立、宽大，叶色深绿，分蘖力较强，熟期转色好，株高117.9cm，有效穗211.5万穗/hm²，穗长25.3cm，每穗平均着粒161.8粒，结实率76.6%，颖壳黄色，籽粒细长形，颖尖紫色，种皮白色，穗顶部少量短顶芒。千粒重31.5g。

品质特性：糙米率81.3%、整精米率54.2%，糙米长宽比2.9、垩白粒率79%、垩白度13.3%、胶稠度76mm、直链淀粉含量22.7%、蛋白质含量8.7%。

抗性：叶瘟4～7级，穗颈瘟5～7级。

产量及适宜地区：2011—2012年参加四川省水稻中籼迟熟组区域试验，2年区域试验平均产量8.30t/hm²，比对照冈优725增产5.82%。2012年生产试验，平均产量8.32t/hm²，比对照冈优725增产5.89%。适宜四川平坝和丘陵地区种植。

栽培技术要点：①适时早播，浸种消毒。秧龄40d左右，用种量15kg/hm²左右。②合理密植，栽插18万穴/hm²左右。③肥水管理，重底肥，早追肥，看苗补施穗粒肥，施纯氮120～150kg/hm²，氮、磷、钾配合施用；前期浅水灌溉，适时晒田，后期干湿交替或湿润灌溉，断水不宜过早。④根据植保预测预报，综合防治稻瘟病、螟虫、稻飞虱等病虫害。

和优66 (Heyou 66)

品种来源：四川新丰种业有限公司、江油市太和作物研究所以和2A/和恢66配组而成的中籼早熟杂交水稻品种。2010年通过四川省农作物品种审定委员会审定。

形态特征和生物学特性：属籼型三系杂交早熟中稻品种。全生育期159.4d，比对照汕窄8号长3.6d。株型适中，苗期长势旺，叶鞘无色，节间及内壁秆黄色，剑叶斜上举、宽大，叶片绿色，柱头无色，株高92.9cm，有效穗数231万穗/hm²，穗长24.1cm，每穗平均着粒156.2粒，结实率76.2%，颖壳黄色，籽粒细长形，稃尖无色，种皮白色，部分籽粒有短芒，千粒重28.5g。

品质特性：糙米率78.7%，整精米率46.8%，糙米粒长7.3mm，糙米长宽比2.9，垩白粒率76%，垩白度20.1%，胶稠度69mm，直链淀粉含量15.6%，蛋白质含量7.4%。

抗性：感稻瘟病。

产量及适宜地区：2008—2009年参加四川省水稻中籼早熟组区域试验，2年区域试验平均单产7.54t/hm²，比对照汕窄8号增产10.94%；2009年生产试验，平均单产7.37t/hm²，比对照汕窄8号增产13.31%。适宜四川海拔800～900m山区的向阳坡台田种植。

栽培技术要点：①适时播种，培育多蘖壮秧，秧龄30d左右。②合理密植，栽足基本苗，基本苗180万苗/hm²左右。③科学施肥，施纯氮150kg/hm²左右。④根据植保部门预测预报，综合防治病虫害，注意防治稻瘟病。

黑优1号 （Heiyou 1）

品种来源：中国科学院成都生物研究所以珍汕97A/3350（陕西洋县黑稻/滇瑞499）配组而成。1997年通过四川省农作物品种审定委员会审定。

形态特征和生物学特性：属籼型三系杂交稻。全生育期156.1d，比对照汕优63长5.3d。株型适中，生长旺盛，叶色深绿，叶鞘、叶缘、柱头紫色，分蘖力较强，熟期转色好，易落粒，株高109.9cm，每穗平均着粒166.8粒，结实率76%，颖壳褐色，籽粒椭圆形，种皮紫黑色，无芒，千粒重26.1g。

品质特性：糙米率77.8%，外观品质中上等。

抗性：感稻瘟病。

产量及适宜地区：1995—1996年参加四川省水稻中籼迟熟优米组区域试验，2年区域试验平均产量7.125t/hm²，比对照汕优63减产15.0%；1996年生产试验，平均产量7.596t/hm²，比对照汕优63减产13.05%。适宜四川平坝丘陵地区作搭配品种种植。

栽培技术要点：①适时早播，培育带蘖壮秧。川南、川中2月下旬至3月上旬，川西平坝4月上旬播种，秧田用种量150kg/hm²，匀播，稀播，秧龄50d左右。②窄行密株，合理密植。栽27万～30万穴/hm²，每穴栽插2苗，栽插基本苗150万～180万苗/hm²。③配方科学施肥，施纯氮150kg/hm²、过磷酸钙450～750kg/hm²、氯化钾150～225kg/hm²。重施底肥，早施追肥，巧施穗肥。切忌中、后期用速效氮肥过重。④管好水、晒好田。浇水栽秧，深水活苗，薄水分蘖。切忌断水过早。⑤注意防治病虫害：播种前用三氯异氰尿酸或生石灰水浸种消毒。根据病虫预报，及时防治二化螟、大螟、叶蝉、飞虱、蓟马和纹枯病等病虫危害。

红优2009 (Hongyou 2009)

品种来源：西南科技大学水稻研究所用红矮A与绵恢2009配组育成。分别通过四川省（2001）和国家（2003）农作物品种审定委员会审定。

形态特征和生物学特性：属籼型三系杂交中稻品种。全生育期平均150d，与对照汕优63同熟。株型适中，茎秆粗壮，剑叶宽大，叶色深绿，叶鞘、柱头紫色，分蘖力较强，穗粒重协调，熟期转色好，株高114.5cm，有效穗262.5万穗/hm²，穗长25.4cm，每穗平均着粒146.6粒，颖壳黄色，籽粒长椭圆形，稃尖紫色，种皮白色，顶芒，千粒重30.5g。

品质特性：整精米率43.8%，糙米长宽比2.9，垩白粒率59%，垩白度13.0%，胶稠度63mm，直链淀粉含量21.7%。

抗性：高感稻瘟病，中感白叶枯病，感褐飞虱，抗倒性较差，中后期耐寒性差。

产量及适宜地区：1999—2000年参加四川省中籼迟熟组区域试验，2年区域试验平均单产8.33t/hm²，比对照汕优63增产4.02%；2000年生产试验，平均单产8.51t/hm²，比对照汕优63增产6.72%。2000—2001年参加国家长江上游中籼迟熟组区域试验，2年区域试验平均单产8.82t/hm²，比对照汕优63增产3.63%；2002年生产试验，平均单产7.40t/hm²，比对照汕优63增产6.03%。适宜在贵州、云南、重庆中低海拔稻区（武陵山区除外），四川省平坝稻区以及陕西汉中地区稻瘟病轻发区作一季中稻种植。

栽培技术要点：①适时播种，播期同汕优63，播种量150～225kg/hm²，秧龄35～45d。②合理密植，栽插基本苗120万～180万苗/hm²。③合理施肥，施足基肥，氮、磷、钾配合施用。④防治病虫害，注意防治稻瘟病、白叶枯病以及稻飞虱等病虫的危害。

红优22（Hongyou 22）

品种来源：绵阳经济技术高等专科学校用红矮A与CDR22配组而成。1999年通过四川省农作物品种审定委员会审定。

形态特征和生物学特性：属籼型三系杂交中稻品种。全生育期146d，比对照汕优63长1d。株型适中，剑叶较宽大，叶色深绿，叶鞘、叶缘、柱头紫色，叶舌无色，分蘖力中等，熟期转色好，株高109.8cm，穗长25.8cm，每穗平均着粒138.8粒，结实率86.07%，颖壳黄色，籽粒长椭圆形，稃尖紫色，种皮白色，有短芒，千粒重29克。

品质特性：糙米率79.6%，精米率72.6%，糙米长宽比2.9，米质优于对照汕优63。

抗性：感稻瘟病。

产量及适宜地区：1996年多点试验，平均产量8.66t/hm²，比对照汕优63增产6.12%；1997—1998年参加绵阳市水稻区域试验，2年区域试验平均产量8.56t/hm²，比对照汕优63增产6.51%；1997—1998年参加德阳市水稻区域试验，2年区域试验平均产量8.47t/hm²，比对照汕优63增产8.16%；生产试验产量8.16～9.05t/hm²，比对照汕优63增产8.43%～8.7%。适合四川省绵阳、德阳市种植汕优63的地区种植。

栽培技术要点：适时早播，培育多蘖壮秧，栽插基本苗120万～180万苗/hm²，重底肥，早追肥，氮、磷、钾合理配合，增施有机肥，浅水灌溉，适时晒田，及时防治病虫害。

红优44 （Hongyou 44）

品种来源：江油市太和作物研究所和西南科技大学水稻研究所以红矮A/THR-4-4配组而成。2005年通过四川省农作物品种审定委员会审定。

形态特征和生物学特性：属籼型三系杂交中稻品种。全生育期150.1d，比对照汕优63长0.3d，株型适中，苗期长势旺，叶鞘、柱头紫色，叶舌无色，分蘖力中等，穗层整齐，后期转色好，株高115.7cm，有效穗数230.7万穗/hm²，穗长25.2cm，每穗平均着粒162.3粒，结实率85.12%，颖壳黄色，籽粒长椭圆形，稃尖紫色，种皮白色，穗顶部少数籽粒有顶芒，千粒重30.1g。

品质特性：品质测定为普通5等食用稻，与汕优63相当。

抗性：高感稻瘟病。

产量及适宜地区：2003—2004年参加四川省中籼迟熟组区域试验，2年区域试验平均产量8.47t/hm²，比对照汕优63增产6.37%；2004年生产试验平均产量9.00t/hm²，比对照汕优63增产12.85%。适宜四川省盆地平丘中稻区作一季中稻种植。

栽培技术要点：适时播种，培育多蘖壮苗，秧龄45～50d，合理密植，栽插18万～22.5万穴/hm²，合理施肥，重底肥，早追肥，氮、磷、钾配合施用，及时防治病虫害。

红优527（Hongyou 527）

品种来源：西南科技大学水稻研究所和四川农业大学水稻研究所合作以红矮A/蜀恢527配组而成。分别通过四川省（2003）和国家（2004）农作物品种审定委员会审定。

形态特征和生物学特性：属籼型三系杂交中稻品种。全生育期平均150.3d，比对照汕优63早0.4d。株高108.6cm，株型较紧凑，剑叶较宽大，分蘖力较强，叶鞘、柱头紫色，后期转色好，有效穗243万穗/hm²，穗长25.4cm，每穗平均着粒147.8粒，结实率82.1%，颖壳黄色，籽粒长椭圆形，颖尖紫色，种皮白色，顶芒，千粒重31.4g。

品质特性：糙米率80.6%，精米率73.1%，整精米率53.7%，糙米粒长7.1mm，糙米长宽比2.9，垩白粒率37%，垩白度5.3%，透明度2级，碱消值5.8级，胶稠度70mm，直链淀粉含量22.4%。

抗性：感稻瘟病，中抗白叶枯病。

产量及适宜地区：2001—2002年参加四川省中籼迟熟组区域试验，2年区域试验平均产量8.55t/hm²，比对照汕优63增产6.96%；2002年四川省生产试验，平均产量8.91t/hm²，比对照汕优63增产10.77%。2002—2003年参加国家长江上游中籼迟熟高产组区域试验，2年区域试验平均产量8.92t/hm²，比对照汕优63增产6.07%；2003年参加国家生产试验，平均产量9.32t/hm²，比对照汕优63增产7.47%。2003年以来累计推广面积2.8万hm²。适宜四川及南方稻区汕优63种植区和相近生态区种植。

栽培技术要点：红优527作一季中稻栽培，适时播种，培育多蘖壮秧，秧田播种量150kg/hm²，秧龄控制在40～45d；合理密植，栽插基本苗120万～180万苗/hm²；大田总施纯氮150～180kg/hm²，重底肥，早追肥，增施磷、钾肥。水分管理要做到干湿交替，够苗晒田，后期不可脱水过早；及时防治病虫。

红优5355 （Hongyou 5355）

品种来源：绵阳经济技术高等专科学校用红矮A/CDR5355配组而成。1999年通过四川省农作物品种审定委员会审定。

形态特征和生物学特性：属籼型三系杂交中稻品种。全生育期146.4d，比对照汕优63短0.7d。株型较紧凑，分蘖力较强，叶鞘、柱头紫色，后期转色好，株高113.7cm，穗长24.6cm，每穗平均着粒147.1粒，结实率82.87%，颖壳黄色，籽粒长椭圆形，颖尖紫色，种皮白色，顶芒，千粒重29.7g。

品质特性：米质优。

抗性：抗稻瘟病。

产量及适宜地区：1997—1998年参加四川省中籼迟熟组区域试验，2年区域试验平均单产8.36t/hm^2，比对照汕优63增产3.01%，1998年生产试验，平均单产8.60t/hm^2，比对照汕优63.增产6.1%。适合四川省平坝、丘陵稻区作一季中稻种植。

栽培技术要点：①适时播种，播期同汕优63，播种量150～225kg/hm^2，秧龄35～45d。②合理密植，栽插基本苗120万～180万苗/hm^2。③合理施肥，施足基肥，氮、磷、钾配合施用。④防治病虫害，注意防治稻瘟病、白叶枯病以及稻飞虱等病虫的危害。

花香7号（Huaxiang 7）

品种来源：四川省农业科学院生物技术核技术研究所以花香A/川恢907配组而成。分别通过重庆市（2007）、四川省（2011）、云南省（2012）农作物品种审定委员会审定。2014年获国家植物新品种权，品种权号：CNA20070219.X。

形态特征和生物学特性：属籼型三系杂交水稻。全生育期150.7d，比对照冈优725长0.1d。株型适中，株高117.5cm，剑叶直立，叶片、叶鞘绿色，柱头白色，分蘖力中等，有效穗216万穗/hm²，穗长27.0cm，每穗平均着粒174.8粒，结实率79.7%，颖壳黄色，籽粒长椭圆形，颖尖无色，种皮白色，无芒，千粒重30.7g，

品质特性：糙米率80.4%，整精米率56.2%，糙米粒长7.2mm，糙米长宽比2.8，垩白粒率44%，垩白度10.1%，胶稠度75mm，直链淀粉含量15.7%、蛋白质含量8.2%。

抗性：感稻瘟病。

产量及适宜地区：2008—2009参加四川省水稻中籼迟熟组区域试验，2年区域试验平均产量8.53t/hm²，比对照冈优725增产6.97%；2009年生产试验，平均产量8.42t/hm²，比对照冈优725增产7.88%。2005—2006年参加重庆市杂交水稻区域试验，2年区域试验平均产量8.37t/hm²，比对照Ⅱ优838增产4.0%；2006年生产试验，平均产量8.46t/hm²，比对照Ⅱ优838增产4.02%。2010—2011年参加云南省中籼迟熟C组区域试验。2年区域试验平均产10.5t/hm²，比对照冈优725增产6.63%；生产试验平均产量9.62t/hm²，比对照冈优725增产7.48%。适宜四川平坝和丘陵地区、云南省海拔1 350m以下籼稻区及重庆市海拔800m以下地区作一季中稻种植。

栽培技术要点：①适时播种，3月底至4月上旬播种，秧龄40d左右。②合理密植，栽插2苗，栽插密度18万穴/hm²左右。③肥水管理，氮、磷、钾配合施用。④根据植保预测预报，综合防治病虫害，注意防治稻瘟病。

花香优1号（Huaxiangyou 1）

品种来源：四川丰禾种业有限公司和四川省农业科学院生物技术核技术研究所合作以花香A/丰禾恢1号配组而成。2012年通过四川省农作物品种审定委员会审定。

形态特征和生物学特性：属籼型三系杂交中稻品种。作中稻栽培，全生育期151.2d，比对照冈优725长1.3d。株型适中，叶色淡绿，叶鞘绿色，叶耳浅绿色，剑叶挺直、较宽，分蘖力较强，株高117.9cm，有效穗225万穗/hm²，穗长26.9cm，每穗平均着粒164.5粒，结实率79.7%，颖壳黄色，籽粒长椭圆形，颖尖秆黄色，种皮白色，无芒，千粒重31.1g。

品质特性：糙米率78.6%，整精米率59.4%，糙米粒长7.4mm，糙米长宽比2.9，垩白粒率16%，垩白度2.8%，胶稠度64mm，直链淀粉含量15.2%，蛋白质含量10.7%，米质达到国颁三级优质米标准。

抗性：感稻瘟病。

产量及适宜地区：2008—2009年参加四川省水稻中籼迟熟组区域试验，2年区域试验平均产量7.83t/hm²，比对照冈优725增产3.57%。增产点率84%。2009年生产试验，平均产量8.28t/hm²，比对照冈优725增产6.18%。适宜四川平坝和丘陵地区种植。

栽培技术要点：①适时早播，3月上旬至4月初播种，秧龄40～45d。②合理密植，宽窄行种植，栽插密度18万穴/hm²左右。③肥水管理，宜采用重底肥、早追肥、后补肥的施肥方式，底肥占70%，以有机肥为最好，氮、磷、钾肥搭配使用，前期浅水管理，后期湿润管理至成熟。④根据植保预测预报，综合防治病虫害，注意防治稻瘟病。

花香优1618（Huaxiangyou 1618）

品种来源：四川省农业科学院生物技术核技术研究所以花香A/川恢1618配组而成的。2011年通过四川省农作物品种审定委员会审定。

形态特征和生物学特性：属籼型三系杂交中稻品种。全生育期153.5d，与对照冈优725相当。株型适中，剑叶直立，叶片深绿色，叶鞘绿色，柱头无色，分蘖力中等，株高124.3cm，有效穗193.5万穗/hm²，穗长26.5cm，每穗平均着粒172.2粒，结实率76.9%，颖壳黄色，籽粒长椭圆形，颖尖无色，种皮白色，无芒，千粒重29.7g。

品质特性：糙米率79.1%，整精米率55.7%，糙米长宽比2.9，垩白粒率24%，垩白度5.0%，胶稠度82mm，直链淀粉含量15.6%，蛋白质含量8.6%。米质达到国颁三级优质米标准。

抗性：感稻瘟病。

产量及适宜地区：2009—2010年参加四川省水稻中籼迟熟组区域试验，2年区域试验平均产量7.45t/hm²，比对照冈优725增产3.77%；2010年生产试验，平均产量7.88t/hm²，比对照冈优725增产1.77%。适宜四川平坝和丘陵地区作中稻种植。

栽培技术要点：①适时播种，3月底至4月上旬播种，秧龄40d左右。②合理密植，每穴栽插2苗，栽插密度18万穴/hm²左右。③肥水管理，氮、磷、钾配合施用。④根据植保预测预报，综合防治病虫害，注意防治稻瘟病。

华优1199（Huayou 1199）

品种来源：四川隆平高科种业有限公司和湖南亚华种业科学院合作以华904A/隆恢1199配组而成。2013年通过四川省农作物品种审定委员会审定。

形态特征和生物学特性：属籼型三系杂交中稻品种。作中稻栽培，全生育期平均149.5d，比对照冈优725长1.6d。株型适中，叶鞘、柱头紫色，剑叶直立。株高114.5cm，有效穗210万穗/hm²，穗长24.8cm，每穗平均着粒163.7粒，结实率81.4%，颖壳黄色，籽粒细长形，颖尖紫色，种皮白色，短芒，千粒重30.3g。

品质特性：糙米率81.0%，整精米率58.8%，糙米长宽比2.9，垩白粒率74%，垩白度12.5%，胶稠度66mm，直链淀粉含量21.7%，蛋白质含量9.0%。

抗性：感稻瘟病。

产量及适宜地区：2011—2012年参加四川省水稻中籼迟熟组区域试验，2年区域试验平均产量8.39t/hm²，比对照冈优725增产7.34%；2012年生产试验，平均产量8.32t/hm²，比对照冈优725增产4.69%。适宜四川平坝和丘陵地区种植。

栽培技术要点：①适时播种，培育多蘖壮秧，秧龄40～45d。②合理密植，栽插密度15万穴/hm²左右。③肥水管理，采用重底肥、早追肥、后补肥的施肥方法，底肥70%，注意氮、磷、钾肥合理搭配。④病虫害防治，根据植保预测预报，及时防治病虫害，注意防治稻瘟病。

华优 75 （Huayou 75）

品种来源：湖南亚华种业科学研究院以华297A（原名H297A）/华恢75配组而成。2007年通过四川省农作物品种审定委员会审定，分别通过云南省［西双版纳（2010）、文山（2011）、红河（2012）］农作物品种审定委员会审定。2008年通过陕西省引种鉴定。

形态特征和生物学特性：属中籼迟熟杂交中稻品种。全生育期147.5d，与对照汕优63相当。株型适中，苗期生长势旺，剑叶直立、宽大，叶色深绿，叶鞘、叶耳、叶缘均紫色，分蘖力较强，后期落色好，株高113.9cm，有效穗239.7万穗/hm²，穗层整齐、后期转色好，穗长26.0cm，每穗平均着粒150.7粒，结实率78.2%，颖壳黄色，籽粒细长形，稃尖无色，种皮白色，有极少顶芒，千粒重29.8g。

品质特性：糙米率80.2%，精米率73%，整精米率59.3%，糙米粒长7.3mm，糙米长宽比3.1，垩白粒率34%，垩白度4.1%，透明度2级，碱消值4.5级，胶稠度48mm，直链淀粉含量20.5%，蛋白质含量8.1%。

抗性：感稻瘟病。

产量及适宜地区：2005—2006年参加四川省中籼迟熟组区域试验，2年区域试验平均单产7.85t/hm²，比对照汕优63增产5.11%；2006年生产试验平均单产8.80t/hm²，比对照汕优63增产6.64%。适宜四川平坝和丘陵地区，云南省西双版纳傣族自治州（中、低海拔）、文山壮族苗族自治州（除文山、广南县外）海拔1 300m以下、红河哈尼族彝族自治州海拔1 400m以下的籼稻区，以及陕西省汉中作一季中稻种植。

栽培技术要点：适期播种，培育多蘖壮秧，合理密植，重施底肥，早施追肥，氮、磷、钾配合施用，够苗晒田，及时防治病虫害。

江优126（Jiangyou 126）

品种来源：四川省江油市川江水稻研究所以江育8412A/江恢1766配组而成。2012年通过国家农作物品种审定委员会审定。

形态特征和生物学特性：属籼型三系杂交中稻品种。长江上游稻区作一季中稻种植，全生育期平均157.9d，比对照Ⅱ优838短0.8d。株型适中，叶色深绿，叶鞘、柱头紫色，分蘖力较强，熟期转色好，有效穗数220.5万穗/hm²，株高113.1cm，穗长26.4cm，每穗平均着粒171.8粒，结实率81.2%，颖壳黄色，稃尖无色，籽粒细长形，种皮白色，无芒，千粒重29.9g。

品质特性：整精米率63.0%，糙米长宽比3.0，垩白粒率10.5%，垩白度2.3%，胶稠度70mm，直链淀粉含量16.9%，达到国家二级优质稻谷标准。

抗性：感稻瘟病，高感褐飞虱。

产量及适宜地区：2009—2010年参加国家长江上游中籼迟熟组品种区域试验，2年区域试验平均产量8.78t/hm²，比对照Ⅱ优838增产3.8%；2011年生产试验，平均产量9.18t/hm²，比对照Ⅱ优838增产5.3%。适宜在云南、贵州（武陵山区除外）、四川平坝丘陵稻区、陕西南部稻区的稻瘟病轻发区作一季中稻种植。

栽培技术要点：①播前晒种，适时早播，秧龄一般不超过45d，培育多蘖壮秧。②栽插密度15万～22.5万穴/hm²，每穴栽插2苗。③重底肥、早追肥，注意增施有机肥和磷、钾肥。④浅水促分蘖，够苗晾田，后期见干见湿。⑤播前三氯异氰尿酸浸种，及时杀除田间杂草，做好稻瘟病、纹枯病等病虫害防治。

江优151（Jiangyou 151）

品种来源：四川省江油市种子公司以江育113A/江恢151配组而成。1996年通过四川省农作物品种审定委员会审定。2009年获国家植物新品种权，品种权号：CNA20060193.8。

形态特征和生物学特性：属籼型三系杂交中稻品种。全生育期148.0d，比对照汕优63早熟0.7d，株型较紧凑，繁茂性较好，剑叶较宽，柱头紫色，分蘖力强，穗层整齐，秆粗抗倒，株高105.8cm，有效穗270万穗/hm²，每穗平均着粒131.3粒，结实率87.43%，颖壳黄色，籽粒椭圆形，稃尖无色，种皮白色，无芒，千粒重30.9g，

品质特性：糙米率80.6%，精米率69.0%，整精米率34.7%，加工外观品质与对照相近，食味品质略低于对照。

抗性：感稻瘟病。

产量及适宜地区：1993—1994年参加四川省水稻区域试验，2年区域试验平均产量8.06t/hm²，比对照汕优63增产1.43%。1995年四川省生产试验，平均产量8.95t/hm²，比对照汕优63增产5.82%。适宜在种植汕优63的地区搭配种植，尤其在川西北高肥水地区种植易获高产。

栽培技术要点：①培育矮健多蘖壮秧。播种量以150kg/hm²为宜，稀播匀洒，高肥水管理。②栽适龄秧。最适秧龄为40d。③宜栽宽窄行，栽插密度22.5万穴/hm²，保证基本苗达到180万苗/hm²。④施肥量。一般肥力田块施氮肥量150～175kg/hm²，磷肥90kg/hm²，钾肥105kg/hm²。采用重底稳中攻穗法，即底肥占60%，苗肥（栽后7d内）占20%，穗肥占20%。⑤及时防治病虫害。

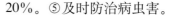

金谷202（Jingu 202）

品种来源：四川农大高科农业有限责任公司和四川省农业生物技术工程研究中心以金谷A／蜀恢202配组而成。分别通过重庆市（2004）、国家（2005）、广西壮族自治区（2006）、云南省（2007）农作物品种审定委员会审定。2007年获国家植物新品种权，品种权号：CNA20040692.2。

形态特征和生物学特性：属籼型三系杂交中稻品种。全生育期128～155d，比对照Ⅱ优58早熟1～2d。株叶形好，叶片直立、较宽、略内卷，叶色深绿，叶鞘、柱头紫色，生长势强，株高113.3cm，有效穗数276万穗/hm²，穗长25cm左右，每穗平均着粒135粒左右，结实率86%左右，颖壳黄色，籽粒细长形，颖尖紫色，种皮白色，无芒，千粒重30g左右。

品质特性：糙米率78.0%，精米率69.0%，整精米率59.8%，糙米粒长7.5mm，糙米长宽比3.1，垩白粒率32%，垩白度3.2%，透明度1级，碱消值5级，胶稠度44mm，直链淀粉含量22.97%。

抗性：感稻瘟病和白叶枯病。

产量及适宜地区：2003—2004年参加国家武陵山区中籼组区域试验，2年区域试验平均单产8.59t/hm²，比对照Ⅱ优58增产3.67%；2004年生产试验平均单产8.03t/hm²，比对照Ⅱ优58增产4.98%。2002—2003年重庆市杂交水稻中稻组区域试验，2年区域试验平均单产8.52t/hm²，比对照Ⅱ优58平均增产5.70%；2003年生产试验，平均单产8.10t/hm²，比对照Ⅱ优58增产5.60%。2005—2006年参加云南省籼型杂交稻品种区域试验（A组），2年区域试验平均单产9.99t/hm²，比对照Ⅱ优58增产7.31%；2006年生产试验，平均单产9.36t/hm²，比对照Ⅱ优58增产11.85%。适宜贵州、湖南、湖北、重庆的武陵山区稻区海拔800m以下的稻瘟病轻发区，重庆市海拔800m以下地区和云南省中低海拔稻作区作一季中稻种植，以及广西桂南稻作区作早稻和中稻种植。

栽培技术要点：①育秧，适时播种，培育多蘖壮秧。②移栽，秧龄45～50d移栽，栽插密度18万～22.5万穴/hm²，每穴栽插2苗。③肥水管理，施纯氮120～150kg/hm²，总肥量中提高农家肥的比例。施肥分配：底肥占60%～70%，分蘖肥占20%～30%，穗肥占10%。在水分管理上，做到前期浅水、中期轻搁、后期干干湿湿。④病虫害防治，注意及时防治稻瘟病等病虫害。

金谷优 3301 （Jinguyou 3301）

品种来源：四川农大高科农业有限责任公司以金谷A/闽恢3301配组而成。2012年通过国家农作物品种审定委员会审定。

形态特征和生物学特性：属籼型三系杂交中稻品种。长江上游稻区作一季中稻种植，全生育期平均160.1d，比对照Ⅱ优838长1.8d。株型紧凑，剑叶宽大、直立、色深，叶鞘、柱头紫色，分蘖力强，熟期转色好，株高114.2cm，有效穗数240万穗/hm²，穗长25.0cm，每穗平均着粒175.2粒，结实率74.0%，颖壳黄色，籽粒细长形，颖尖紫，种皮白色，顶芒，千粒重29.1g。

品质特性：整精米率68.0%，糙米长宽比3.0，垩白粒率22.0%，垩白度3.3%，胶稠度86mm，直链淀粉含量23.1%，达到国家三级优质稻谷标准。

抗性：中抗稻瘟病，感褐飞虱。

产量及适宜地区：2009—2010年参加国家长江上游中籼迟熟组品种区域试验，2年区域试验平均产量8.58t/hm²，比对照Ⅱ优838增产1.8%；2011年生产试验，平均产量9.07t/hm²，比对照Ⅱ优838增产5.2%。适宜云南、贵州（武陵山区除外）、重庆（武陵山区除外）的中低海拔籼稻区，四川平坝丘陵稻区、陕西南部稻区作一季中稻种植。

栽培技术要点：①适时早播，秧龄35d左右，培育多蘖壮秧。②适时早栽，大田栽插规格16.7cm×23.3cm或16.7cm×26.7cm，栽插基本苗120万～150万苗/hm²。③平衡施肥，底早并重，以有机肥为主，增施磷、钾肥，氮肥用量不宜过多；底肥50%、分蘖肥30%、穗肥15%、粒肥5%。④前期深水返青、浅水分蘖，中期苗足晒田，后期不宜脱水过早。⑤播种前用三氯异氰尿酸消毒种子，注意及时防治病虫害。

金优10号 （Jinyou 10）

品种来源：中国科学院成都生物研究所以金23A/科恢10号配组而成。2000年通过四川省农作物品种审定委员会审定，2007年通过重庆市引种鉴定。

形态特征和生物学特性：属籼型三系杂交中稻品种。全生育期150d左右，比对照汕优63早熟1～2d。株型适中，分蘖力强，抽穗整齐，成穗率较高，株高107cm，有效穗261万穗/hm²，每穗平均着粒147.6粒，结实率83.8%左右，颖壳黄色，籽粒长椭圆形，稃尖紫色，种皮白色，顶芒，千粒重26g。

品质特性：糙米率82.2%，整精米率46%，糙米粒长6.6mm，糙米长宽比2.75，垩白粒率24%，垩白度4.8%，胶稠度77mm，直链淀粉含量21.45%。

抗性：高感稻瘟病。

产量及适宜地区：1996—1997年参加四川省水稻中籼优质稻组区域试验，2年区域试验平均产量7.899t/hm²，比对照汕优63减产2.2%；1998年生产试验，平均产量8.23t/hm²，比对照汕优63增产5.1%。适宜四川稻区和重庆市海拔800m以下非稻瘟病常发区作一季中稻种植。

栽培技术要点：适时早播，培育多蘖壮秧。栽插密度21万～25.5万穴/hm²，栽插基本苗120万～180万苗/hm²，最高苗控制在330万～375万苗/hm²，有效穗225万～255万穗/hm²。施纯氮120～135kg/hm²，氮、磷、钾配合施用，增施有机肥。及时防治病虫害。

金优11（Jinyou 11）

品种来源：四川华龙种业有限责任公司以金23A/龙恢11（蜀恢527/辐恢838）配组而成，又名：华优2号。分别通过国家（2006）和浙江省（2009）农作物品种审定委员会审定。

形态特征和生物学特性：属籼型三系杂交中稻品种。在长江上游作一季中稻种植全生育期平均151.7d，比对照汕优63早熟1.3d。株型适中，剑叶宽大，叶色浓绿，叶鞘、叶缘、柱头紫色，分蘖力较强，后期转色好，有效穗数252万穗/hm²，株高110.5cm，穗长25.5cm，每穗平均着粒166.2粒，结实率77.7%，颖壳黄色，籽粒细长形，稃尖紫色，种皮白色，顶芒，千粒重30.1g。

品质特性：整精米率59.5%，糙米长宽比3.1，垩白粒率31%，垩白度4.1%，胶稠度66mm，直链淀粉含量23.7%。

抗性：高感稻瘟病。

产量及适宜地区：2004—2005年参加长江上游中籼迟熟组品种区域试验，2年区域试验平均单产9.05t/hm²，比对照汕优63增产6.34%；2005年生产试验，平均单产8.11t/hm²，比对照汕优63增产6.00%。2006—2007年浙江省单季杂交晚籼稻区域试验，2年区域试验平均单产8.01t/hm²，比对照汕优63增产7.2%。2008年省生产试验平均7.96t/hm²，比对照汕优63增产1.8%。适宜在云南、贵州、重庆的中低海拔籼稻区（武陵山区除外），四川平坝丘陵稻区、陕西南部稻区的稻瘟病轻发区作一季中稻种植，及浙江省籼稻区作单季稻种植。该品种2006年以来累计推广面积超过1万hm²。

栽培技术要点：①育秧，根据各地中籼生产季节适时播种，一般可与汕优63同期播种，秧田播种量150kg/hm²。②移栽，栽插基本苗165万～195万苗/hm²。③肥水管理，施纯氮150～180kg/hm²，重施基肥，早施追肥，增施磷、钾肥。后期不可脱水过早。④病虫害防治，注意及时防治稻瘟病等病虫害。

金优182 (Jinyou 182)

品种来源：四川省内江市农业科学研究所用金23A/内恢182配组而成。2001年通过四川省农作物品种审定委员会审定，2005年陕西引种。2004年获国家植物新品种权，品种权号：CNA20020246.4。

形态特征和生物学特性：属籼型三系杂交中稻品种。全生育期149d，比对照汕优63短1～2d，株高105cm。株叶型紧凑，群体整齐，苗期长势旺，剑叶宽大，叶色淡绿，叶鞘、叶缘、柱头紫色，分蘖力强，后期熟色好。有效穗240万穗/hm²，穗长24cm，每穗平均着粒145粒，颖壳黄色，籽粒细长形，稃尖有色，种皮白色，无芒，千粒重28g。

品质特性：米质较优。

抗性：感稻瘟病。

产量及适宜地区：1999—2000年参加四川省中籼优米组区域试验，2年区域试验平均单产8.16t/hm²，比对照汕优63增产1.94%；2000年生产试验，平均单产8.37t/hm²，比对照汕优63增产8.53%。该品种2001年以来累计推广面积超过2万hm²。适宜四川，陕西安康平坝、丘陵稻区作中稻种植。

栽培技术要点：适宜播期4月5～15日，秧龄40d左右，栽插密度15万～22.5万穴/hm²，施肥为重底肥早追肥，适时防治病虫害。

金优188 （Jinyou 188）

品种来源：四川省乐山市农牧科学研究所以金23A/乐恢188配组育成的中籼迟熟三系杂交稻组合。分别通过四川省（2004）、江西省（2005）农作物品种审定委员会审定。2009年获国家植物新品种权，品种权号：CNA20050710.9。

形态特征和生物学特性：属籼型三系杂交中稻品种。全生育期151d，比对照汕优63长1d。株型松散适中，叶色浓，茎秆粗壮，叶片较宽，剑叶直立，叶鞘、叶缘、柱头紫色，分蘖力较强，后期转色好，株高120cm，有效穗数223.5万～237.9万穗/hm²，每穗平均着粒182粒，结实率75.3%，颖壳黄色，籽粒细长形，稃尖紫色，种皮白色，无芒，千粒重28.2g。

品质特性：糙米率82.3%，整精米率56%，糙米长宽比2.8，垩白粒率85%，垩白度17.8%，胶稠度72mm，直链淀粉含量26.2%。

抗性：高感稻瘟病。

产量及适宜地区：2002—2003年参加四川省中籼迟熟组区域试验，2年区域试验平均单产8.45t/hm²，比对照汕优63增产6.31%；2003年生产试验，平均单产9.16t/hm²，比对照汕优63增产10.78%。2003—2004年参加江西省水稻区域试验，2年区域试验平均单产7.68t/hm²，比对照汕优63增产0.58%。适宜四川省平坝及丘陵地区作一季中稻栽培，江西省稻瘟病轻发区种植。

栽培技术要点：①适时早播，培育壮秧，秧龄35d左右；②适时移栽，合理密植，栽插密度15万～18万穴/hm²；③合理施肥，基肥、分蘖肥及穗肥比例4：4：2；④加强病虫害防治。

金优2248 (Jinyou 2248)

品种来源：中国科学院成都生物研究所以金23A/RT2248配组而成的籼型三系杂交水稻品种。1999年通过四川省农作物品种审定委员会审定。2007年获国家植物新品种权，品种权号：CNA20040584.5。

形态特征和生物学特性：属籼型三系杂交中稻中熟品种。作中稻栽培，全生育期147d。苗期长势旺，株叶型好，分蘖力强，叶片直立，叶色较深，后期熟色好，株高110cm左右，每穗平均着粒130粒，结实率80%以上，颖壳黄色，籽粒细长形，稃尖紫色，种皮白色，无芒，千粒重27～28g。

品质特性：稻米品质较优。

抗性：中感稻瘟病，田间轻感纹枯病。秆硬抗倒伏。

产量及适宜地区：1995—1996年参加四川省中籼中熟组区域试验，2年区域试验平均单产7.51t/hm²，比对照汕优195增产1.45%；1997年参加生产试验，平均单产7.89t/hm²，与汕优195相当。适宜四川省平坝、丘陵地区作一季中稻种植。

栽培技术要点：适时播种，培育多蘖壮秧。栽插基本苗150万～180万苗/hm²。肥水管理上应做到施足底肥，增施磷、钾肥，适时轻施穗肥，后期断水时间适当推迟。

金优448（Jinyou 448）

品种来源：四川省农业科学院作物研究所用金23A/成恢448配组而成。2004年通过国家农作物品种审定委员会审定，2009年通过陕西引种试验。2007年获国家植物新品种权，品种权号：CNA20050243.3。

形态特征和生物学特性：属籼型三系杂交晚稻品种。在长江中下游作双季晚稻种植全生育期平均111.9d，比对照汕优64早熟1.8d。株型适中，植株较矮，剑叶较宽大，叶色较浅，叶鞘、叶缘、柱头、叶耳紫色，穗粒重协调，较易落粒，株高88.4cm，有效穗数306万穗/hm²，穗长23.2cm，每穗平均着粒110.4粒，结实率83.4%，颖壳黄色，籽粒细长形，稃尖紫色，种皮白色，无芒，千粒重28g。

品质特性：糙米率80.7%，精米率72.4%，整精米率58.1%，糙米长宽比3.3，垩白粒率35.5%，垩白度4%，胶稠度45mm，直链淀粉含量22.0%。

抗性：感稻瘟病和白叶枯病，高感褐飞虱。后期较易倒伏。

产量及适宜地区：2001—2002年参加长江中下游晚籼早熟组区域试验，2年区域试验平均单产7.13t/hm²，比对照汕优64增产2.29%；2003年生产试验平均单产7.09t/hm²，比对照汕优64增产8.33%。2008年陕西省水稻引种试验平均产量8.54t/hm²。适宜江西、湖南、浙江中北部、湖北、安徽省稻瘟病和白叶枯病轻发区作双季晚稻种植，以及陕南汉中、安康海拔750m以下稻瘟病轻发区种植。

栽培技术要点：①培育壮秧，根据当地种植习惯与汕优64同期播种。②移栽，栽插密度24万～30万穴/hm²，栽插基本苗150万～180万苗/hm²。③施肥，每公顷施纯氮120～150kg、磷肥375～450kg、钾肥225～300kg。④防治病虫害，注意防治稻瘟病和白叶枯病。

金优527 （Jinyou 527）

品种来源：四川农业大学水稻研究所用金23A/蜀恢527配组而成。分别通过四川省（2002）和国家（2004）农作物品种审定委员会审定，2003年通过陕西引种。2006年获国家植物新品种权，品种权号：CNA20020043.7。2006年农业部确认为超级稻品种。

形态特征和生物学特性：属籼型三系杂交中稻。全生育期155.6d，比对照汕优63短1～2d，株高114cm，生长势旺，株型适中，剑叶较宽、直立，叶鞘、叶缘、柱头紫色，叶舌无色，分蘖力中等，成穗率较高，有效穗数247.5万穗/hm²，穗层整齐，穗大粒多，穗长25.7cm，每穗着粒150～180粒，结实率80%，颖壳黄色，籽粒细长形，稃尖紫色，种皮白色，无芒，千粒重29g。

品质特性：整精米率58.9%，糙米长宽比3.2，垩白粒率17%，垩白度2.9%，胶稠度62mm，直链淀粉含量23.3%。

抗性：高感稻瘟病，中感白叶枯病，感褐飞虱，耐寒性较弱。

产量及适宜地区：2000—2001年四川省中籼优质稻米组区域试验，2年区域试验平均单产8.47t/hm²，比对照汕优63增产5.93%。2002—2003年参加国家长江上游中籼迟熟优质组区域试验，2年区域试验平均单产9.14t/hm²，比对照汕优63增产8.78%；2003年生产试验平均单产8.69t/hm²，比对照汕优63增产5.63%。该品种2002年以来累计推广面积超过40万hm²。适宜在云南、贵州、重庆中低海拔稻区（武陵山区除外）和四川平坝稻区、陕西南部稻瘟病轻发区作一季中稻种植。

栽培技术要点：采用地膜湿润育秧，应做到适时早播，培育壮秧，移栽秧龄35～45d为宜。栽宽窄行或宽行窄株，栽插密度18万～24万穴/hm²，每穴栽插2苗，做到浅水栽插。施肥上要求重底肥早追肥，增施磷钾肥，当苗数达到300万～330万苗/hm²时，适时排水晒田。特别注意防治稻瘟病和白叶枯病。

金优718 (Jinyou 718)

品种来源：成都南方杂交水稻研究所、广汉隆平高科种业有限公司以金23A/辐恢718配组而成。2004年通过四川省农作物品种审定委员会审定，2005年分别通过陕西省和重庆市引种鉴定。2006年获国家植物新品种权，品种权号：CNA20020228.6。

形态特征和生物学特性：属籼型三系杂交中熟中稻品种。全生育期148d，与对照辐优838相当。株型适中，叶片深绿，剑叶略卷，叶鞘、叶耳、柱头紫色，分蘖力较强，株高105.7cm，有效穗223.5万穗/hm²，成穗率72.4%，穗型大，穗长25.5cm，每穗平均着粒126.4粒，结实率79.0%，颖壳黄色，籽粒长椭圆形，稃尖紫色，种皮白色，无芒，千粒重29.6g。

品质特性：糙米率81.1%，精米率70.2%，整精米率44.6%，米粒半透明，糙米长宽比3左右，垩白粒率54%，垩白度16.20%。

抗性：感稻瘟病。

产量及适宜地区：2001—2002年参加四川省中籼中熟组区域试验，2年区域试验平均单产7.69t/hm²，比对照辐优838增产4.57%；2002年生产试验，平均单产8.24t/hm²，比对照辐优838增产8.1%。适宜四川省种植辐优838的区域试验种植，及陕南平坝丘陵稻区和重庆市海拔800m以下稻瘟病非常发区作一季中稻种植。

栽培技术要点：宜4月上旬播种，秧龄30～40d，栽插密度30cm×16cm或（40+10）cm×15cm宽窄行为宜，栽插基本苗135万～150万苗/hm²。浅水栽秧，寸水活苗，返青后浅水勤灌，苗足晒田，孕穗期保持一定水层，后期干湿灌溉，防止过早断水。农家肥与化肥配合施用，适当增施磷钾肥，控制氮肥过量施用。注意防治稻瘟病、螟虫等病虫害。

金优725（Jinyou 725）

品种来源：四川省绵阳市农业科学研究所用金23A/绵恢725配组育成。分别通过四川省（2002）、湖北省（2002）、安徽省（2003）农作物品种审定委员会审定，分别通过陕西省（2003）和重庆市（2005）引种鉴定。2003年获国家植物新品种权，品种权号：CNA20010109.9。

形态特征和生物学特性：属籼型三系杂交中稻。全生育期149.4d，比对照汕优63短1.7d。株型较紧凑，叶片长大，繁茂性好，叶鞘、柱头紫色，成熟时转色好，株高112.1cm，穗长26.5cm，有效穗235.65万穗/hm²，每穗平均着粒167.5粒，结实率79.3%，颖壳黄色，籽粒长椭圆形，稃尖紫色，种皮白色，顶芒，千粒重27.5g。

品质特性：糙米率79.10%，精米率69.80%，整精米率37.90%，糙米粒长6.6mm，糙米长宽比2.9，垩白粒率62%，垩白度16.20%，透明度1级，碱消值5.7级，胶稠度67mm，直链淀粉含量23.40%，蛋白质含量9.00%。

抗性：高感稻瘟病。

产量及适宜地区：2000—2001年四川省中籼迟熟组区域试验，2年区域试验平均单产8.30t/hm²，比对照汕优63增产3.81%；2001年生产试验平均单产8.95t/hm²，比对照汕优63增产9.63%。2000—2001年参加湖北省中稻品种区域试验，2年区域试验平均单产8.82t/hm²，比对照汕优63增产0.28%。安徽省2年区域试验和1年生产试验，平均单产8.32～8.98t/hm²，比对照汕优63增产3.6%～6.2%。该品种2002年以来累计推广面积近100万hm²。适宜四川省平坝、丘陵，安徽省，湖北省鄂西南以外地区，重庆市海拔900m以下稻瘟病非常发区作一季中稻种植。

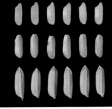

栽培技术要点：适时早播，稀播培育壮秧，适时早栽。栽插密度18万～22.5万穴/hm²。每穴栽插2苗。本田施足底肥，中等肥力田施纯氮150～195kg/hm²。注意在幼穗分化始期适当追施穗肥，促进穗大粒多。按植保部门预报及时做好稻曲病、叶鞘腐败病、白叶枯病等病虫害防治。

旌优127 （Jingyou 127）

品种来源：四川省农业科学院水稻高粱研究所和作物研究所合作以旌香1A/成恢727配组而成。2013年通过四川省农作物品种审定委员会审定。

形态特征和生物学特性：属籼型三系杂交中稻品种。作中稻栽培，全生育期平均144.8d，比对照冈优725短4.2d。株型适中，剑叶较宽，叶色深绿，叶鞘绿色，柱头无色，分蘖力较强，后转色好，株高109.2cm，有效穗222万穗/hm^2，穗纺锤形，穗长23.9cm，每穗平均着粒163.2粒，结实率81.3%，颖壳黄色，籽粒细长形，稃尖无色，种皮白色，顶芒，千粒重28.3g。

品质特性：糙米率80.1%，整精米率58.2%，糙米长宽比3.1，垩白粒率19%，垩白度2.3%，胶稠度84mm，直链淀粉含量16.2%，蛋白质含量7.4%。米质达到国颁二级优质米标准。

抗性：感稻瘟病。

产量及适宜地区：2011—2012年参加四川省水稻中籼迟熟组区域试验，2年区域试验平均产量8.04t/hm^2，比对照冈优725增产1.94%。2012年生产试验，平均产量8.33t/hm^2，比对照冈优725增产4.25%。适宜四川平坝和丘陵地区种植。

栽培技术要点：①适时播种，培育壮秧，大田用种量15kg/hm^{2}左右。②合理密植，5叶前移栽，栽插密度15万~18万穴/hm^2。③肥水管理，重底肥，早追肥，氮、磷、钾配合施用。④根据植保预测预报，及时防治病虫害，注意防治稻瘟病、纹枯病、稻飞虱、螟虫等病虫害。

卡优 6206 （Kayou 6206）

品种来源：四川省绵阳市农业科学研究所用卡潭 A[卡竹 A// 潭引早籼 /842488（GL-1 × *O. longistaminate*）] 与 R6206（IR56 × 光壳稻毫先拿）配组而成。1997 年通过四川省农作物品种审定委员会审定。

形态特征和生物学特性：属籼型三系杂交早熟中稻品种。全生育期 153d，比对照汕窄 8 号长 3 ～ 4d，株型适中，叶色浓绿，叶鞘紫色，穗层整齐，转色好，株高 94cm，分蘖力强，有效穗数 279 万穗 /hm²，每穗着粒 130 ～ 140 粒，结实率 85%，颖壳黄色，籽粒长椭圆形，稃尖紫色，种皮白色，无芒，千粒重 30.6g。

品质特性：糙米率 82.18%，精米率 67.4%，整精米率 50.6%，糙米粒长 0.73cm，糙米长宽比 2.81，垩白粒率 77.5%。食味优于对照。

抗性：中感稻瘟病，秆硬抗倒伏。

产量及适宜地区：1995—1996 年参加四川省中籼早熟组区域试验，2 年区域试验平均单产 7.21t/hm²，比对照汕窄 8 号增产 10.92%；1996 年在四川盆周丘陵和海拔 800m 以上山区进行生产试验，平均单产 7.43t/hm²，比对照汕窄 8 号增产 12.81%。适宜四川省盆丘、盆边海拔较高地区种植。

栽培技术要点：①适期稀播，培育多蘖壮秧。在四川盆地和盆周山区 4 月上旬播种，采取半湿润育秧、两段育秧、秧盘育秧或旱地育秧等育秧方式，秧田播量 200kg/hm²，秧龄 30 ～ 50d，抛栽秧龄宜短，每穴播插 2 苗。②合理密植，插足基本苗。一般中上肥力田块，株行距为 30.0cm × 13.3cm 或 26.7cm × 13.3cm，栽插基本苗 150 万苗 /hm²。③配方施肥，科学管水。做到有机肥和无机肥、氮磷钾肥配合施用，农家肥有效成分不低于总施肥量的 30%，氮磷钾的比例为 1.0：0.5：0.7；施肥方法上要求重底肥早追肥，全部磷肥和 70% 的氮钾肥作底肥，30% 氮钾肥作分蘖肥。肥田、泥性田控制中后期施肥，防止后期贪青，导致病虫危害；沙性田、弱苗田块，补施少量穗肥。栽秧返青后实行浅水分蘖，总苗数达 300 万～ 350 万苗 /hm² 及时排水晒田，肥田、泥性田、旺苗田重晒，瘦田、沙田、弱苗田轻晒，复水后实行浅水灌溉，灌浆后断水晾田。

科稻3号（Kedao 3）

品种来源：四川农业大学水稻研究所用冈46A/蜀恢362配组而成。2005年通过四川省农作物品种审定委员会审定。

形态特征和生物学特性：属籼型三系杂交中稻品种。全生育期150.8d，比对照汕窄8号迟2.2d。株型适中，叶片绿色，叶耳、柱头紫色，分蘖力强，后期转色好，株高92.5cm左右，有效穗265.5万穗/hm²，穗层整齐，穗长24.0cm，每穗平均着粒156.2粒，结实率77.4%，颖壳黄色，粒形椭圆形，稃尖紫色，种皮白色，无芒，千粒重25.42g。

品质特性：整精米率62.3%，垩白粒率28%，垩白度4.2%，胶稠度73mm，直链淀粉含量21.6%。

抗性：高感稻瘟病。

产量及适宜地区：2003—2004年参加四川省中籼早熟组区域试验，2年区域试验平均产量7.38t/hm²，比对照汕窄8号增产9.85%；2004年生产试验平均产量7.31t/hm²，比对照汕窄8号增产9.82%。适宜四川海拔在840～1 100m的地区种植。该品种2005年以来累计推广面积超过1万hm²。

栽培技术要点：适时早播，培育多蘖壮秧，合理密植，保证基本苗，合理施肥，重底肥，早追肥。

乐5优177（Le 5 you 177）

品种来源：乐山市农业科学研究院和四川省农业科学院作物研究所合作以乐5A/成恢177配组而成。2013年通过四川省农作物品种审定委员会审定。

形态特征和生物学特性：属籼型三系杂交中稻品种。作中稻栽培，全生育期平均150.3d，比对照冈优725短1.6d。株型适中，剑叶宽大，叶色深绿，叶鞘绿色，叶舌、叶耳无色，柱头无色，株高109.5cm，有效穗217.5万穗/hm²，穗长26.1cm，每穗平均着粒174.1粒，结实率84.3%，颖壳黄色，籽粒细长形，稃尖无色，种皮白色，顶芒，千粒重27.9g。

品质特性：糙米率80.4%，整精米率59.7%，糙米长宽比3.1，垩白粒率48%，垩白度10.5，胶稠度50mm，直链淀粉含量22.4%，蛋白质含量7.9%。

抗性：感稻瘟病。

产量及适宜地区：2010—2011年参加四川省水稻中籼迟熟组区域试验，2年区域试验平均产量7.87t/hm²，比对照冈优725增产2.71%。2012年生产试验，平均产量8.13t/hm²，比对照冈优725增产3.75%。适宜四川平坝和丘陵地区种植。

栽培技术要点：①适时播种，培育壮秧。②合理密植，栽插密度15万～18万穴/hm²。③肥水管理，基肥、分蘖肥和穗肥的比例为4∶4∶2，浅水移栽，薄水分蘖，保水抽穗扬花，干湿交替灌溉方式管水。④病虫害防治，根据植保预测预报，及时防治稻蓟马、稻飞虱、螟虫、稻苞虫等，注意防治稻瘟病。

乐丰优329（Lefengyou 329）

品种来源：四川农业大学水稻研究所用福建省农业科学院水稻研究所选育的不育系乐丰 A 与自育恢复系蜀恢 329 配组而成。2010 年通过四川省农作物品种审定委员会审定。

形态特征和生物学特性：属籼型三系杂交中稻品种。全生育期 151.1d，比对照冈优 725 短 0.3d。株型适中，叶色淡绿，叶鞘、柱头紫色，叶下禾，分蘖力较强，株高 114.2cm，有效穗 186 万穗/hm²，穗长 24.8cm，每穗平均着粒 186.4 粒，结实率 82.8%，颖壳黄色，籽粒长椭圆形，稃尖紫色，种皮白色，无芒，千粒重 28.0g。

品质特性：糙米率 79.4%，整精米率 57.4%，糙米粒长 7.0mm，糙米长宽比 2.8，垩白粒率 27%，垩白度 6.2%，胶稠度 78mm，直链淀粉含量 25.3%，蛋白质含量 7.4%。

抗性：感稻瘟病。

产量及适宜地区：2008—2009 年参加四川省中籼迟熟组区域试验，2 年区域试验平均单产 8.26t/hm²，比对照冈优 725 增产 4.81%；2009 年生产试验，平均单产 8.30t/hm²，比对照冈优 725 增产 2.73%。适宜四川平坝和丘陵地区作一季中稻种植。

栽培技术要点：①适时早播，培育壮秧，以栽中苗为好。②合理密植，栽插密度 22.5 万穴/hm² 左右，每穴栽插 2 苗，栽插基本苗 180 万苗/hm² 左右。③肥水管理，配方施肥，重底肥早追肥，氮、磷、钾肥搭配使用，需肥量中等，忌偏施氮肥，注意后期肥水管理，忌断水过早影响品质和产量。④根据植保预测预报，综合防治病虫害，注意防治稻瘟病。

乐丰优536 （Lefengyou 536）

品种来源：罗兴元用福建省农业科学院水稻研究所选育的不育系乐丰A与罗兴元选育的恢复系普恢536配组而成。2013年通过四川省农作物品种审定委员会审定。

形态特征和生物学特性：属籼型三系杂交中稻品种。作中稻栽培，全生育期平均154.3d，比对照冈优725长2.6d。株型适中、剑叶宽大、披，叶色深绿，叶鞘、叶耳、柱头紫色，分蘖力较弱，株高119.3cm，有效穗数196.5万穗/hm²，穗长24.8cm，每穗平均着粒197.9粒，结实率77.9%，颖壳黄色，籽粒椭圆形，稃尖紫色，种皮白色，顶芒，千粒重28.3g。

品质特性：糙米率80.6%，整精米率60.2%，糙米长宽比2.5，垩白粒率64%，垩白度17.3%，胶稠度76mm，直链淀粉含量25.5%，蛋白质含量8.4%。

抗性：感稻瘟病。

产量及适宜地区：2010—2011年参加四川省水稻中籼迟熟组区域试验，2年区域试验平均产量8.03t/hm²，比对照冈优725增产5.19%。2012年生产试验，平均产量8.42t/hm²，比对照冈优725增产7.48%。适宜四川平坝和丘陵地区种植。

栽培技术要点：①适时播种，培育多蘖壮秧，秧龄35d左右。②合理密植，栽插密度16.5万穴/hm²左右。③肥水管理，采用重底肥、早追肥、后补肥的施肥方法，底肥占70%，注意氮、磷、钾肥合理搭配。④病虫害防治，根据植保预测预报，及时防治病虫害，注意防治稻瘟病。

乐优198 (Leyou 198)

品种来源：仲衍种业股份有限公司用福建省农业科学院稻麦研究所选育的不育系乐丰A与成都市天府农作物研究所选育的恢复系天恢198配组而成。2012年通过四川省农作物品种审定委员会审定。

形态特征和生物学特性：属籼型三系杂交中稻品种。作中稻栽培，全生育期153.0d，比对照冈优725长0.3d。株型适中，剑叶半直立，叶色绿，叶耳紫色，叶缘、叶舌、叶腋、节间无色，分蘖力中等，株高118.5cm，有效穗数186万穗/hm²，穗长26.6cm，每穗平均着粒189.6粒，结实率83.8%，颖壳黄色，籽粒椭圆形，颖尖紫色，种皮白色，顶芒，千粒重32.0g。

品质特性：糙米率80.9%，整精米率63.1%，糙米长宽比2.5，垩白粒率64%，垩白度16.6%，胶稠度82mm，直链淀粉含量21.5%，蛋白质含量8.4%。

抗性：感稻瘟病。

产量及适宜地区：2010—2011年参加四川省水稻中籼迟熟组区域试验，2年区域试验平均产量8.28t/hm²，比对照冈优725增产6.37%。2011年生产试验，平均产量8.52t/hm²，比对照冈优725增产6.28%。适宜四川平坝和丘陵地区种植。

栽培技术要点：①适时早播，3月上旬至4月初播种，秧龄40～45d。②合理密植，宽窄行种植，栽插密度18万穴/hm²左右。③肥水管理，宜采用重底肥、早追肥、后补肥的施肥方式，底肥占70%，以有机肥为最好，氮、磷、钾肥搭配使用，前期浅水管理，后期湿润管理至成熟。④根据植保预测预报，综合防治病虫害，注意防治稻瘟病。

乐优2号 (Leyou 2)

品种来源：乐山市良种场与乐山市种子公司以冈46A/C3-2配组而成。1999年通过四川省农作物品种审定委员会审定。

形态特征和生物学特性：属籼型三系杂交中稻品种。全生育期149.6d，比对照汕优63长0.6d。株型较紧凑，叶片挺直，倒三叶较宽、浓绿，繁茂性较好，叶鞘、叶缘、柱头紫色，分蘖力中等，株高110cm，穗长24.8cm，每穗平均着粒167.9粒，结实率79.8%，颖壳黄色，籽粒椭圆形，稃尖紫色，种皮白色，顶芒，千粒重27.8g。

品质特性：品质中等。

抗性：抗稻瘟病能力强于汕优63。

产量及适宜地区：1996—1997年参加四川省水稻中籼迟熟组区域试验，2年区域试验平均产量8.46t/hm²，比对照汕优63增产2.01%；在四川省仁寿、眉山、峨嵋、井研和乐山市中区等五县种植，平均产量8.94t/hm²，比对照汕优63增产7.2%。1995—1998年组织示范200hm²，产量变幅8.58 ~ 9.615t/hm²，比对照汕优63增产5.32% ~ 15.1%。适宜四川省平坝、丘陵区种植。

栽培技术要点：①清明前后播种，秧龄40d左右，用种量15 ~ 22.5kg/hm²，宽窄行、双株栽培，栽插密度21万 ~ 24万穴/hm²。②底肥重施农家肥，增施磷、钾肥，补施锌肥，适当补施穗肥。③科学管水，适时晒田，及时防治病虫。

六优105 (Liuyou 105)

品种来源：中国科学院成都生物研究所以613A／明滇105配组而成。1998年通过四川省农作物品种审定委员会审定。2010年10月获国家植物新品种权，品种权号：CNA20060431.7。

形态特征和生物学特性：属籼型三系杂交早熟中稻品种。全生育期151d，比对照汕窄8号长4.2d。苗期长势旺，株型紧散适中，剑叶直立，叶舌无色，柱头紫色，分蘖力中等，抽穗整齐，后期转色好。每穗平着粒150粒左右，结实率80%～82%，颖壳黄色，籽粒细长形，稃尖紫色，种皮白色，顶芒，千粒重28～30g。

品质特性：米粒透明，适口性好。

抗性：中感稻瘟病。

产量及适宜地区：1994—1995年参加四川省中籼早熟组区域试验，2年区域试验平均产量6.56t/hm²，比对照汕窄8号增产3.32%；1996年生产试验平均产量8.64t/hm²，比对照汕窄8号增产11.3%。适宜四川省盆周山区及稻麦菜等三熟制地区种植。

栽培技术要点：4月中旬播种，栽插基本苗150万～180万苗/hm²，栽培上重底肥，早追肥，并适量增加磷肥。

龙优8号（Longyou 8）

品种来源：成都龙子生物技术研究所以龙1A /R6688配组而成。2011年通过四川省农作物品种审定委员会审定。

形态特征和生物学特性：属籼型三系杂交中稻品种。作中稻栽培，全生育期155.1d，比对照冈优725长2.3d。株型适中，剑叶宽大，叶色深绿，柱头紫色，叶舌无色，分蘖力较弱，株高122.4cm，有效穗数199.5万穗/hm²，穗长24.7cm，每穗平均着粒171.8粒，结实率80.5%，颖壳黄色，籽粒椭圆形，稃尖紫色，种皮白色，无芒，千粒重30.4g，

品质特性：糙米率80.0%，整精米率59.4%，糙米长宽比2.6，垩白粒率54%，垩白度11.7%，胶稠度80mm，直链淀粉含量14.4%、蛋白质含量8.5%。

抗性：感稻瘟病。

产量及适宜地区：2009—2010年参加四川省水稻中籼迟熟组区域试验，2年区域试验平均产量8.03t/hm²，比对照冈优725增产7.14%；2010年生产试验，平均产量8.00t/hm²，比对照冈优725增产6.05%。适宜四川平坝和丘陵地区种植。

栽培技术要点：①适时早播，培育壮秧，秧龄35 ~ 40d。②合理密植，栽插密度19.5万 ~ 22.5万穴/hm²，双株栽插。③肥水管理，采用"前促、中控、后补"的施肥原则，氮、磷、钾肥合理搭配，本田前期浅水分蘖，中期够苗晒田，后期薄水或湿润灌溉至成熟。④根据植保预测预报，综合防治病虫害，注意防治稻瘟病。

泸香615 （Luxiang 615）

品种来源：四川省农业科学院水稻高粱研究所用泸香91A/泸恢615配组而成。分别通过四川省（2004）和国家（2006）农作物品种审定委员会审定。

形态特征和生物学特性：属籼型三系杂交中稻品种。在长江上游稻区作一季中稻种植，全生育期平均154.0d，比对照汕优63迟熟1.0d。株型适中，剑叶较宽大、较软，叶色深绿，叶鞘、叶缘、柱头紫色，叶环、叶舌无色，茎秆粗壮，分蘖力强，后期转色好，有效穗数264万穗/hm²，株高112.5cm，穗长25.2cm，每穗平均着粒160.7粒，结实率74.2%，颖壳黄色，籽粒细长形，稃尖紫色，种皮白色，顶芒，千粒重30.1g。

品质特性：整精米率53.1%，糙米长宽比3.0，垩白粒率26%，垩白度4.5%，胶稠度65mm，直链淀粉含量15.9%，达到国家三级优质稻谷标准。

抗性：感稻瘟病。

产量及适宜地区：2002—2003年参加四川省中籼迟熟优质组区域试验，2年区域试验平均产量8.08t/hm²，比对照汕优63增产3.56%；2003年生产试验，平均产量8.10t/hm²，比对照汕优63增产5.55%。2004—2005年参加国家长江上游中籼迟熟组品种区域试验，2年区域试验平均产量8.69t/hm²，比对照汕优63增产2.11%；2005年生产试验，平均产量8.01t/hm²，比对照汕优63增产6.67%。该品种2004年以来累计推广面积超过4万hm²。适宜在云南、贵州、重庆的中低海拔籼稻区（武陵山区除外），四川平坝丘陵稻区、陕西南部稻区的稻瘟病轻发区作一季中稻种植。

栽培技术要点：①育秧，根据各地中籼生产季节适时播种，本田用种量15kg/hm²，秧龄一般35～40d。②移栽，栽插密度一般采用宽窄行栽培，规格16.7cm×（33.3+20）/2cm，每穴栽插2苗。③肥水管理，栽秧前本田施足基肥，施基肥纯氮120～150kg/hm²、过磷酸钙300kg/hm²、钾肥75kg/hm²，移栽后7d和孕穗期各追肥施纯氮45kg/hm²。后期保持湿润，不可过早断水。④病虫害防治，根据当地植保部门的预测预报及时防治稻瘟病等病虫害。

泸香658（Luxiang 658）

品种来源：四川省农业科学院水稻高粱研究所、中国科学院遗传与发育生物学研究所、四川禾嘉种业有限公司用泸香618A/泸恢8258配组而成。分别通过广西壮族自治区（2008）、江西省（2009）、云南省（普洱、文山、西双版纳）（2011）和国家（2010）农作物品种审定委员会审定。

形态特征和生物学特性：属籼型三系杂交晚稻迟熟品种。在长江中下游作双季晚稻种植，全生育期平均118.9d，比对照汕优46长1.1d。株型适中，长势繁茂，剑叶短宽，叶色淡绿，叶舌无色，叶鞘绿色，熟期转色好，有效穗数286.5万穗/hm²，株高103.8cm，穗长25.5cm，每穗平均着粒134.6粒，结实率76.1%，颖壳黄色，籽粒细长形，稃尖无色，种皮白色，顶芒，千粒重27.7g。

品质特性：糙米率81.8%，整精米率56.3%，糙米长宽比3.6，垩白粒率30%，垩白度3.8%，胶稠度79mm，直链淀粉含量15.8%，米质达到国颁三级优质米标准。

抗性：感稻瘟病，高感白叶枯病和褐飞虱，抽穗期耐冷性中等。

产量及适宜地区：2006—2007年参加桂南稻作区早稻迟熟组试验，2年试验平均单产7.80t/hm²，比对照特优63增产4.18%；2007年生产试验平均单产7.94t/hm²，比对照特优63增产1.62%。2007—2008年参加国家长江中下游晚籼中迟熟组品种区域试验，2年区域试验平均单产7.46t/hm²，比对照汕优46增产4.0%；2009年生产试验，平均单产7.34t/hm²，比对照汕优46增产6.5%。适宜广西桂中和桂北稻作区、广东粤北稻作区、福建中北部、江西中南部、湖南中南部、浙江南部的稻瘟病、白叶枯病轻发的双季稻区作晚稻种植。

栽培技术要点：①育秧，适时播种，大田用种量15kg/hm²。②移栽，秧龄30d内、叶龄4～5叶适时移栽，栽插规格16.7cm×13.3cm，每穴栽插2苗，栽插基本苗90万苗/hm²以上。③肥水管理，重施底肥，早施追肥，氮、磷、钾肥配合施用，一般施纯氮120～150kg/hm²、过磷酸钙300kg/hm²、钾肥150kg/hm²作底肥，移栽后7d施纯氮45kg/hm²作追肥。水分管理上做到深水返青，浅水促蘖，及时搁田，后期不宜断水过早。④病虫害防治，注意及时防治稻瘟病、白叶枯病、纹枯病、螟虫、稻飞虱等病虫害。

泸优5号（Luyou 5）

品种来源：四川丰源种业有限公司、四川省农业科学院水稻高粱研究所以泸077A/金恢5号配组而成。2009年通过四川省农作物品种审定委员会审定。

形态特征和生物学特性：属籼型三系杂交中稻迟熟品种。全生育期150.9d，比对照冈优725长2.0d。株型适中，叶缘、叶鞘、柱头紫色，分蘖力较强，熟期转色好，株高117.2cm，有效穗数229.5万穗/hm²，穗长24.9cm，每穗平均着粒170.1粒，结实率78.0%，黄色，籽粒椭圆形，稃尖紫色，种皮白色，短芒，千粒重28.5g。

品质特性：糙米率81.0%，整精米率68.2%，糙米粒长6.6mm，糙米长宽比2.6，垩白粒率59%，垩白度9.9%，胶稠度38mm，直链淀粉含量21.6%，蛋白质含量11.4%。

抗性：中感稻瘟病。

产量及适宜地区：2006—2007年参加四川省水稻中籼迟熟组区域试验，2年区域试验平均单产8.04t/hm²，比对照冈优725增产3.95%；2008年生产试验平均单产8.61t/hm²，比对照冈优725增产7.11%。适宜四川平坝和丘陵地区种植。

栽培技术要点：①适时播种，培育壮秧，大田用种量15kg/hm²左右。②合理密植，栽足基本苗，栽插密度18万～22.5万穴/hm²。③配方施肥，重底肥早追肥，氮、磷、钾肥合理搭配，氮、磷、钾配比2：1：2为宜，一般施纯氮120～150kg/hm²，70%作底肥，30%于栽后7d作分蘖肥，磷、钾全作底肥。④根据植保预测预报，综合防治病虫害。

泸优502 (Luyou 502)

品种来源：四川省绵阳市农业科学研究所用泸九A与绵恢502测配育成。1995年通过四川省农作物品种审定委员会审定。

形态特征和生物学特性：属籼型三系杂交中熟中稻品种，全生育期平均146.9d。比对照矮优S长0.7d，比对照汕优63短6d左右。株型松紧适中，秆硬抗倒，穗层整齐，后期转色好，再生力强，分蘖力强，株高101.1cm，有效穗290.7万穗/hm²，每穗平均着粒132.4粒，结实率85.0%，颖壳黄色，籽粒椭圆形，稃尖无色，种皮白色，无芒，千粒重28.7g。

品质特性：糙米率85.6%，精米率73%，整精米率67.3%，垩白粒率34%，垩白度31%，直链淀粉含量22.2%，胶稠度46mm，碱消值6.3级。

抗性：中感稻瘟病，纹枯病轻。

产量及适宜地区：1992—1993年参加四川省水稻中籼中熟组区域试验，2年区域试验平均产量7.578t/hm²，比对照矮优S增产4.36%；1994年参加省生产试验，平均产量8.15t/hm²，比对照矮优S增产9.3%，经绵阳市涪城区示范种植，一般产量在7.95t/hm²左右。适宜四川省丘陵及盆周低海拔地区作一季中稻种植。

栽培技术要点：①适时早播。在四川作一季中稻或在再生稻区种植，3月下旬或4月上旬播种，半旱式均匀撒播或两段寄插，或旱秧。播量150kg/hm²，秧龄40d左右，一般不超过50d。②合理密植。高肥力田块，以16.7cm×26.7cm为宜，中肥力田块13.3cm×26.7cm为宜，保证基本苗150万～180万苗/hm²。③合理施肥和管理。高肥力田块施纯氮120kg/hm²，中低肥力田块施纯氮150kg/hm²，配施过钙450kg/hm²，钾肥150kg/hm²。氮肥50%和全部磷钾肥作底肥，另外50%氮肥移栽后8～10d作分蘖肥。苗数达450万苗/hm²时，及时晒田。

泸优908（Luyou 908）

品种来源：四川省农业科学院生物技术核技术研究所和水稻高粱研究所合作以泸98A/川航恢908配组而成。2012年通过四川省农作物品种审定委员会审定。

形态特征和生物学特性：属籼型三系杂交中稻品种。作中稻栽培，全生育期平均153.6d，比对照冈优725长0.4d，株高121.7cm，株型适中，叶片、叶鞘绿色，叶耳浅绿色，剑叶宽大、半直立，柱头无色，分蘖力较强，有效穗184.5万穗/hm²，穗长26.2cm，每穗平均着粒188.5粒，结实率78.5%，颖壳黄色，籽粒长椭圆形，颖尖无色，种皮白色，无芒，千粒重30.2g。

品质特性：糙米率80.2%，整精米率58.5%，糙米长宽比2.8，垩白粒率19%，垩白度4.0%，胶稠度61mm，直链淀粉含量24.0%，蛋白质含量8.3%，米质达到国颁三级优质米标准。

抗性：感稻瘟病。

产量及适宜地区：2009—2010年参加四川省水稻中籼迟熟组区域试验，2年区域试验平均产量7.60t/hm²，比对照冈优725增产1.77%。增产点率84%。2011年生产试验，平均产量8.38t/hm²，比对照冈优725增产4.50%。适宜四川平坝和丘陵地区种植。

栽培技术要点：①适时早播，3月上旬至4月初播种，秧龄40～45d。②合理密植，宽窄行种植，栽插密度18万穴/hm²左右。③肥水管理，宜采用重底肥、早追肥、后补肥的施肥方式，底肥占70%，以有机肥为最好，氮、磷、钾肥搭配使用，前期浅水管理，后期湿润管理至成熟。④根据植保部门预测预报，综合防治病虫害，注意防治稻瘟病。

泸优9803 (Luyou 9803)

品种来源：四川省农业科学院水稻高粱研究所以泸98A/泸恢H103配组而成。2011年通过国家农作物品种审定委员会审定。

形态特征和生物学特性：属三系杂交中籼稻迟熟品种。在长江中下游稻区作一季中稻种植，全生育期平均134.4d，与对照Ⅱ优838相同。株型适中，剑叶较宽，叶色深绿，长势繁茂，节间黄色，柱头无色，分蘖力强，熟期转色好，株高126.7cm，穗长25.3cm，有效穗数231万/hm²，每穗平均着粒171.9粒，结实率82.6%，颖壳黄色，籽粒长椭圆形，稃尖无色，种皮白色，顶芒，千粒重29.2g。

品质特性：整精米率62.6%，糙米长宽比2.9，垩白粒率60%，垩白度12.0%，胶稠度48mm，直链淀粉含量22.4%。

抗性：感稻瘟病和白叶枯病，高感褐飞虱，抽穗期耐热性7级。

产量及适宜地区：2008—2009年参加长江中下游中籼迟熟组品种区域试验，2年区域试验平均产量8.79t/hm²，比对照Ⅱ优838增产4.0%；2010年生产试验，平均产量8.53t/hm²，比对照Ⅱ优838增产5.7%。适宜在江西、湖南（武陵山区除外）、湖北（武陵山区除外）、安徽、浙江、江苏的长江流域稻区以及福建北部、河南南部稻区的稻瘟病、白叶枯病轻发区作一季中稻种植。

栽培技术要点：①育秧，做好种子消毒处理，大田用种量15kg/hm²，适时播种，培育壮秧。②移栽，一般栽插规格26.7cm×16.7cm，每穴栽插2苗，基本苗数90万/hm²以上。③肥水管理，重施底肥，早施追肥，氮、磷、钾肥配合施用，一般施120～150kg/hm²纯氮、过磷酸钙300kg/hm²、钾肥150kg/hm²作底肥，移栽后7d施45kg/hm²纯氮作追肥。水分管理注意后期不宜过早断水。④病虫害防治，注意及时防治稻瘟病、白叶枯病、纹枯病、螟虫、稻飞虱等病虫。

绵2优151 (Mian 2 you 151)

品种来源：四川省绵阳市农业科学研究所用绵2A/江恢151配组育成，又名：国豪杂优2号。2002年通过四川省农作物品种审定委员会审定。2006年获国家植物新品种权，品种权号：CNA20030242.0。

形态特征和生物学特性：属籼型三系杂交中稻迟熟品种。全生育期152d，比对照汕优63长2d。株型较紧凑，繁茂性好，叶鞘、柱头紫色，分蘖力较强，成熟时转色好，穗层整齐，株高114.9cm，比对照高2.85cm，穗长24～25cm，有效穗数240万～255万穗/hm²，每穗平均着粒160粒左右，结实率80%左右，颖壳黄色，籽粒细长形，稃尖紫色，种皮白色，无芒，千粒重28.7g。

品质特性：糙米率82.8%，精米率75.9%，整精米率57.8%，糙米长宽比3.2，垩白粒率66%，垩白度11.4%，直链淀粉含量高达26.5%，碱消值5.1级，胶稠度52mm，蛋白质含量7.7%。

抗性：中感稻瘟病。

产量及适宜地区：2000—2001年参加四川省水稻区域试验，2年区域试验平均产量8.34t/hm²，比对照汕优63增产3.28%。2001年生产试验，平均产量8.40t/hm²，比对照汕优63增产7.8%。该品种2002年以来累计推广面积超过55万hm²。适宜四川省平坝、丘陵地区非稻瘟病常发区种植。

栽培技术要点：①适时早播，培育多蘖壮秧，秧龄45～50d（在绵阳播期为3月下旬至4月上旬）。②合理密植，栽插密度22.5万穴/hm²，栽插基本苗165万～195万苗/hm²。③合理施肥，一般施纯氮150～180kg/hm²，施用硫酸锌18～30kg/hm²作底肥。总肥量中农家肥占50%，底肥占60%～70%，分蘖肥20%～30%，穗肥占10%（抽穗前7～10d施用）。④科学管水，注意防治病虫害。

绵2优838 (Mian 2 you 838)

品种来源：四川省绵阳市农业科学研究所用绵2A/辐恢838配组育成，又名：国豪杂优1号。分别通过湖北省（2002）和国家（2004）农作物品种审定委员会审定，2004年通过陕西省引种鉴定。2006年获国家植物新品种权，品种权号：CNA20020214.6。

形态特征和生物学特性：属籼型三系杂交中稻品种。在长江上游稻区作一季中稻种植，全生育期平均150.4d，比对照汕优63早熟2.7d。株型适中，叶片挺拔，叶色深绿，叶鞘、柱头紫色，熟期转色好，分蘖力偏弱，株高110.7cm，有效穗数238.5万穗/hm²，穗长25.2cm，每穗平均着粒163.0粒，结实率81.8%，颖壳黄色，籽粒椭圆形，稃尖紫色，种皮白色，无芒，千粒重28.9g。

品质特性：糙米率80.9%，精米率73.5%，整精米率60.1%，糙米长宽比2.7，垩白粒率42%，垩白度12.9%，透明度2级，碱消值6.3级，胶稠度58mm，直链淀粉含量21.5%。

抗性：高感稻瘟病，感白叶枯病和褐飞虱，抗倒性较强，耐寒性强。

产量及适宜地区：2002—2003年参加国家长江上游中籼迟熟高产组区域试验，2年区域试验平均单产8.83t/hm²，比对照汕优63增产4.99%。2003年生产试验平均单产9.95t/hm²，比对照汕优63增产11.18%。2000—2001年参加湖北省中稻品种区域试验，2年区域试验平均产量9.03t/hm²，比对照汕优63增产4.16%。该品种2002年以来累计推广面积超过55万hm²。适宜云南、贵州、重庆中低海拔稻区（武陵山区除外）和四川平坝稻区，陕西南部、湖北省鄂西南以外地区稻瘟病、白叶枯病轻发区作一季中稻种植。

栽培技术要点：①培育壮秧，根据当地种植习惯与汕优63同期播种，大田播种量112.5～150kg/hm²，两段育秧或旱育秧，秧龄不超过50d。②移栽，栽插密度22.5万～30万穴/hm²，栽插基本苗180万～210万苗/hm²。③施肥，中等肥力田，一般施过磷酸钙675kg/hm²、氯化钾150kg/hm²、纯氮75～150kg/hm²、硫酸锌18～30kg/hm²。④防治病虫害，重点抓好稻瘟病、白叶枯病、稻曲病、螟虫、稻飞虱的防治工作。

绵5优3551 (Mian 5 you 3551)

品种来源：四川宜宾市农业科学研究所用绵5A/宜恢3551配组而成，又名：国豪国杂6号。2004年通过四川省农作物品种审定委员会审定。

形态特征和生物学特性：属籼型三系杂交中稻品种。全生育期153d，比对照汕优63长3d。株型适中，叶色淡绿，剑叶挺直，叶鞘绿色，叶耳无色，株高115.8cm，有效穗282万穗/hm²，穗长24.7cm，每穗平均着粒171粒，结实率79.9%，颖壳黄色，籽粒椭圆形，秆尖紫色、种皮白色，无芒，千粒重25.9g。

品质特性：糙米率81.6%，精米率73.5%，整精米率64.6%，糙米粒长6.0mm，糙米长宽比2.5，垩白粒率80%，垩白度19.4%，透明度2级，碱消值6级，胶稠度86mm，直链淀粉含量26.4%，蛋白质含量9.1%。

抗性：高感稻瘟病。

产量及适宜地区：2002—2003年参加四川省水稻中籼迟熟组区域试验，2年区域试验平均产量8.35t/hm²，比对照汕优63增产6.41%；2003年参加生产试验，平均产量8.71t/hm²，比对照汕优63增产10.53%。适宜四川省平坝和丘陵地区种植。该品种2004年以来累计推广面积超过6 700hm²。

栽培技术要点：①稀播匀播，培育壮秧，秧龄30～40d为宜。②宜宽窄行或宽行窄株移栽，栽插密度19.5万～22.5万穴/hm²，栽插基本苗120万～195万苗/hm²。③合理施肥，氮、磷、钾配合施用，施纯氮120～150kg/hm²，重底肥，早追肥。④及时防治病虫害，后期注意防治穗颈瘟。

绵5优5240 (Mian 5 you 5240)

品种来源：四川省农业科学院水稻高粱研究所、绵阳市农业科学研究所用绵5A/泸恢5240配组而成。2010年通过四川省农作物品种审定委员会审定。

形态特征和生物学特性：属籼型三系杂交中稻迟熟品种。全生育期153.3d，比对照冈优725长3.0d。株型适中，茎秆粗壮，剑叶直立，叶鞘、叶耳、叶枕、柱头、叶缘紫色，分蘖力较强，株高119.5cm，有效穗数240万穗/hm²，穗长25.2cm，穗纺锤形，每穗平均着粒155.0粒，结实率80.6%，颖壳黄色，籽粒细长形，稃尖紫色，顶芒，千粒重29.3g。

品质特性：糙米率79.9%，整精米率56.3%，糙米粒长7.3mm，糙米长宽比3.0，垩白粒率16%，垩白度2.6%，胶稠度46mm，直链淀粉含量20.6%，蛋白质含量10.6%。

抗性：感稻瘟病。

产量及适宜地区：2007—2008年参加四川省水稻中籼迟熟组区域试验，2年区域试验平均单产8.25t/hm²，比对照冈优725增产4.67%；2009年生产试验，平均单产8.55t/hm²，比对照冈优725增产5.82%。适宜四川平坝和丘陵地区种植。

栽培技术要点：①适时播种，秧龄35～40d。②合理密植，栽插密度15万～19.5万穴/hm²，双株栽插。③科学施肥，采用前促、中稳、后保的施肥方法，施纯氮150～195kg/hm²，氮、磷、钾肥配合施用。④根据植保预测预报，综合防治病虫害，注意防治稻瘟病。

绵5优527 (Mian 5 you 527)

品种来源：四川省绵阳市农业科学研究所用绵5A/蜀恢527配组而成，又名：国豪杂优3号、天协5号。分别通过四川省（2003）、安徽省（2003）、重庆市（2004）农作物品种审定委员会审定，分别通过江西省（2006）和河南省（2007）引种鉴定。

形态特征和生物学特性：属籼型三系杂交中稻品种。全生育育期151.1d，比对照汕优63长2.7d。株型较紧凑，繁茂性好，叶色淡绿，剑叶挺直，叶鞘绿色，叶耳无色，柱头紫色，后期转色正常；株高113cm；有效穗240万穗/hm²左右，每穗平均着粒157.4粒，结实率80.7%，颖壳黄色，籽粒细长形，稃尖紫色，种皮白色，顶芒，千粒重28.9g。

品质特性：糙米率80.7%，精米率73.5%，整精米率54.2%，糙米长宽比3.2，垩白粒率18%，垩白度1.6%，透明度2级，碱消值5.3，胶稠度52mm，直链淀粉含量21.7%，蛋白质含量8.6%，米质达到国颁三级优质米标准。

抗性：感稻瘟病。

产量及适宜地区：2001—2002年四川省中籼迟熟优质组区域试验，2年区域试验平均单产8.44t/hm²，比对照汕优63增产5.86%；2002年生产试验平均单产8.50t/hm²，比对照汕优63增产8.93%。安徽省2年区域试验，平均单产9.05t/hm²，比对照汕优63增产5.98%～7.19%。2002—2003年参加重庆市杂交优质稻区域试验，2年区域试验平均单产7.45t/hm²，比对照汕优63增产12.81%；2003年参加重庆市优质稻组生产试验，平均单产7.72t/hm²，比对照增产3.69%。该品种2003年以来累计推广面积超过15万hm²。适宜四川省平坝、丘陵区作一季中稻栽培，安徽省一季稻区中等以上田块种植，重庆市海拔700m以下地区作一季中稻推广种植。

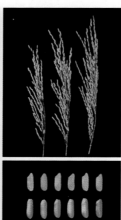

栽培技术要点：作一季中稻栽培，适时播种，培育多蘖壮秧，秧龄45～50d；合理密植，栽插基本苗165万～195万苗/hm²，每穴栽插2苗；用纯氮120～150kg/hm²，按（60%～70%）：（20%～30%）：10%（底肥：分蘖肥：穗肥）的比例施用；科学管水，注意防治病虫害。

绵香576（Mianxiang 576）

品种来源：四川省原子核应用技术研究所和绵阳市农业科学研究所用绵香1A/辐恢576配组而成。分别通过四川省（2006）、云南省［西双版纳（2010）、红河（2010）、玉溪（2011）］农作物品种审定委员会审定。2013年获国家植物新品种权，品种权号：CNA20080215.1。

形态特征和生物学特性：属籼型三系杂交中稻品种。全生育期151.4d，比对照汕优63长1.4d。株型适中，剑叶较直，叶鞘、叶环、叶缘、叶尖、柱头紫色，分蘖力较强，后期转色好，株高123.5cm，有效穗227.4万穗/hm²，穗长25.7cm，每穗平均着粒158.3粒，结实率76.2%，颖壳黄色，籽粒细长形，稃尖紫色，种皮白色，部分顶端籽粒有短芒，千粒重29.7g。

品质特性：糙米率80.6%，精米率72.4%，整精米率48.1%，糙米粒长6.8mm，糙米长宽比2.9，垩白粒率37%，垩白度8.5%，透明度1级，碱消值4.8级，胶稠度72mm，直链淀粉含量15.8%，蛋白质含量10.3%。

抗性：感稻瘟病，中感白叶枯病。

产量及适宜地区：2004—2005年参加四川省中籼迟熟组区域试验，2年区域试验平均单产7.77t/hm²，比对照汕优63增产4.75%。2005年生产试验平均单产7.90t/hm²，比对照汕优63增产5.92%。适宜四川平坝和丘陵地区及云南西双版纳傣族自治州中、低海拔籼稻区，红河哈尼族彝族自治州南部边疆县海拔1 350m和内地县海拔1 400m以下的籼稻区，玉溪市除新平、元江县外的县（区）海拔1 300m以下的籼稻区种植。

栽培技术要点：①海拔400m以下的平丘地区，宜3月中、下旬播种；海拔400m以上的丘陵山区宜4月上旬播种。采用旱地或地膜培育分蘖壮秧。秧龄40～45d为宜。②宜采用宽窄行栽培，栽插密度18万～22.5万穴/hm²，栽插基本苗135万～150万苗/hm²。③中等肥力田，每公顷施有机肥1 125kg以上，尿素90kg、磷肥600kg、钾肥105kg。④稻田要求前期浅水管理，中期苗够晒田，后期湿润管理到成熟。

内5优306 (Nei 5 you 306)

品种来源：四川省内江杂交水稻科技开发中心以内香5A/内香恢3306配组而成。2012年通过四川省农作物品种审定委员会审定。

形态特征和生物学特性：属籼型三系杂交中稻品种。作中稻栽培，全生育期平均153.4d，比对照冈优725长0.8d。株型适中，叶鞘基部、叶舌、柱头、叶缘紫色，剑叶较宽、直立，株高116.6cm，有效穗数201万穗/hm²，穗长26.1cm，每穗平均着粒166.3粒，结实率80.6%，颖壳黄色，籽粒细长形，颖尖紫色，种皮白色，穗顶部少量籽粒有短顶芒，千粒重29.0g。

品质特性：糙米率81.1%，整精米率54.8%，糙米长宽比2.9，垩白粒率20%，垩白度3.9%，胶稠度78mm，直链淀粉含量15.5%，蛋白质含量8.5%。米质达到国颁三级优质米标准。

抗性：感稻瘟病。

产量及适宜地区：2009—2010年参加四川省水稻中籼迟熟组区域试验，2年区域试验平均产量7.48t/hm²，比对照冈优725增产3.75%；2011年生产试验，平均产量8.22t/hm²，比对照冈优725增产2.52%。适宜四川平坝和丘陵地区种植。

栽培技术要点：①做好种子消毒处理，大田用种量15kg/hm²，适时播种，稀播培育多蘖壮秧。②适龄移栽，合理密植，栽插密度18万～21万穴/hm²，栽插基本苗105万～135万苗/hm²。③肥水管理，重施底肥，早施追肥，注意氮、磷、钾肥合理搭配，忌偏施氮肥。超高产栽培适当增施磷、钾肥，多施有机肥。④根据植保预测预报，及时防治纹枯病、螟虫、稻飞虱等病虫害，注意防治稻瘟病。

内5优317 (Nei 5 you 317)

品种来源：四川省内江杂交水稻科技开发中心用内香5A/内恢3317配组育成。2010年通过国家农作物品种审定委员会审定。

形态特征和生物学特性：属籼型三系杂交中稻品种。在长江上游稻区作一季中稻种植，全生育期平均159.0d，比对照Ⅱ优838长1.2d。株型适中，茎秆粗壮，叶片宽大直立，熟期转色好，叶鞘、叶缘、茎节、柱头紫色，有效穗数226.5万穗/hm²，株高117.0cm，穗长26.0cm，每穗总粒数172.9粒，结实率79.7%，颖壳黄色，籽粒长椭圆形，稃尖紫色，种皮白色，无芒，千粒重30.9g。

品质特性：糙米率80.5%，精米率72.1%，整精米率52.4%，糙米长宽比2.8，垩白粒率25%，垩白度4.6%，胶稠度53mm，直链淀粉含量23.3%，达到国家三级优质稻谷标准。

抗性：中感稻瘟病，高感褐飞虱，抽穗期耐热性弱。

产量及适宜地区：2008—2009年参加国家长江上游中籼迟熟组品种区域试验，2年区域试验平均单产8.95t/hm²，比对照Ⅱ优838增产2.8%；2009年生产试验，平均单产8.86t/hm²，比对照Ⅱ优838增产6.2%。该品种2010年以来累计推广面积超过3万hm²。适宜在贵州、重庆的中低海拔籼稻区（武陵山区除外），四川平坝丘陵稻区、陕西南部稻区作一季中稻种植。

栽培技术要点：①育秧，适时早播，采用湿润地膜育秧或温室两段育秧，大田用种量15kg/hm²，培育多蘖壮秧。②适龄移栽，可采用宽行窄株栽插，栽插密度19.5万~22.5万穴/hm²，每穴栽插2苗。③肥水管理，施肥管理上宜重底肥、早追肥，注意氮、磷、钾肥合理搭配，适当增施磷、钾肥，切忌偏施氮肥。应特别注意后期水肥管理，切忌脱水过早。④病虫害防治，注意及时防治稻瘟病、纹枯病、螟虫、稻飞虱等病虫。

内5优39（Nei 5 you 39）

品种来源：四川省内江杂交水稻科技开发中心用内香5A/内恢2539配组而成。2009年、2011年分别通过四川省和国家农作物品种审定委员会审定。

形态特征和生物学特性：属籼型三系杂交中稻。全生育期148.9d，与对照冈优725相当。株型适中，叶片较宽，叶色较浅，叶缘、叶鞘、茎节间、柱头紫色，株高117.2cm，有效穗数229.5万穗/hm²，穗长26.2cm，每穗平均着粒165.9粒，结实率78.4%，颖壳黄色，籽粒细长形，稃尖紫色，种皮白色，无芒，千粒重29.0g。

品质特性：糙米率81.6%，精米率74.0%，整精米率67.0%，糙米长宽比2.9，垩白粒率13.5%，垩白度1.9%，胶稠度71mm，直链淀粉含量16.7%，达到国家二级优质稻谷标准。

抗性：中感稻瘟病，高感褐飞虱，耐热性弱。

产量及适宜地区：2006—2007年参加四川省水稻中籼优质组区域试验，2年区域试验平均单产8.10t/hm²，比对照冈优725增产5.12%；2008年生产试验平均单产8.58t/hm²，比对照冈优725增产3.26%。2009—2010年参加国家长江上游中籼迟熟组品种区域试验，2年区域试验平均单产8.78t/hm²，比对照Ⅱ优838增产3.9%；2010年生产试验，平均单产9.03t/hm²，比对照Ⅱ优838增产7.4%。适宜在贵州、重庆（武陵山区除外）、云南的中低海拔籼稻区、四川平坝丘陵稻区、陕西南部稻区作一季中稻种植。

栽培技术要点：①适时播种，培育壮秧，以栽中苗为好。②合理密植，栽足基本苗，栽插密度19.5万～22.5万穴/hm²，可宽行窄窝栽培，栽插基本苗135万～150万苗/hm²。③配方施肥，重底肥早追肥，注意氮、磷、钾肥搭配使用，忌偏施氮肥，于一叶一心期喷施多效唑，促进秧田早分蘖，多施用有机肥，适当配施磷、钾肥。④注意后期水肥管理，忌断水过早影响品质和产量。⑤根据植保部门预测预报，综合防治病虫害。

内5优5399 (Nei 5 you 5399)

品种来源：四川省内江杂交水稻科技开发中心用内香5A/内恢3399配组育成。2009年通过国家农作物品种审定委员会审定。2014年获国家植物新品种权，品种权号：CNA20090956.1。

形态特征和生物学特性：属籼型三系杂交中稻品种。在长江上游稻区作一季中稻种植，全生育期平均155.6d，比对照Ⅱ优838短1.6d。株型适中，茎秆粗壮，叶片宽大直立，熟期转色好，叶鞘、叶缘、茎节、柱头紫色，分蘖力强，后期转色好，株高113.2cm，有效穗数240万穗/hm^2，穗长24.6cm，每穗平均着粒170.9粒，结实率80.1%，颖壳黄色，籽粒细长形，穗顶部少量籽粒有短芒，千粒重29.0g。

品质特性：整精米率61.1%，糙米长宽比3.1，垩白粒率22%，垩白度2.6%，胶稠度67mm，直链淀粉含量22.9%，达到国家二级优质稻谷标准。

抗性：中感稻瘟病，高感褐飞虱，抽穗期耐热性中等，对低温敏感。

产量及适宜地区：2007—2008年参加国家长江上游迟熟中籼组品种区域试验，2年区域试验平均单产9.00t/hm^2，比对照Ⅱ优838增产0.51%；2008年生产试验，平均单产8.82t/hm^2，比对照Ⅱ优838增产5.00%。适宜在云南、贵州、重庆的中低海拔籼稻区（武陵山区除外），四川平坝丘陵稻区、陕西南部稻区作一季中稻种植。该品种2009年以来累计推广面积超过2万hm^2。

栽培技术要点：①育秧，适时早播，大田用种量15kg/hm^2，采取湿润地膜育秧或两段育秧，稀播，培育多蘖壮秧。②移栽，中苗移栽，宽行窄株规格，栽插密度19.5万～22.5万穴/hm^2，栽插基本苗135万～150万苗/hm^2。③肥水管理，施肥宜重底肥早追肥，多施用有机肥，注意氮、磷、钾肥合理搭配，切忌偏施氮肥，超高产栽培适当增施磷、钾肥。特别注意后期水肥管理，忌脱水过早。④病虫害防治，注意及时防治螟虫、稻瘟病、稻飞虱等病虫害。

内5优828 (Nei 5 you 828)

品种来源: 四川省农业科学院水稻高粱研究所和内江杂交水稻科技开发中心合作以内香5A/泸恢828配组而成。2013年通过四川省农作物品种审定委员会审定。

形态特征和生物学特性: 属籼型三系杂交中稻品种。作中稻栽培,全生育期平均150.9d,比对照冈优725短1.6d。株型适中,叶鞘、叶耳、叶枕、柱头、叶缘紫色。株高121.5cm,有效穗数186万穗/hm²,穗纺锤形,穗长26.2cm,每穗平均着粒188.2粒,结实率77.9%,颖壳黄色,籽粒长椭圆形,稃尖紫色,种皮白色,无芒,千粒重32.3g。

品质特性: 糙米率80.0%,整精米率52.4%,糙米长宽比2.8,垩白粒率63%,垩白度9.9%,胶稠度80mm,直链淀粉含量15.9%,蛋白质含量9.0%。

抗性: 感稻瘟病。

产量及适宜地区: 2010—2011年参加四川省水稻中籼迟熟组区域试验,2年区域试验平均产量7.96t/hm²,比对照冈优725增产4.88%。2011年生产试验,平均产量8.27t/hm²,比对照冈优725增产3.19%。适宜四川平坝和丘陵地区种植。

栽培技术要点: ①适时播种,秧龄35～40d。②合理密植,栽插密度18万穴/hm²左右。③肥水管理,采用"前促、中稳、后保"的施肥方法。④病虫害防治,根据植保预测预报,及时防治病虫害,注意防治稻瘟病。

内5优H25 （Nei 5 you H 25）

品种来源：四川省内江杂交水稻科技开发中心以内香5A/内恢H25配组而成。2012年通过国家农作物品种审定委员会审定。

形态特征和生物学特性：属籼型三系杂交中稻品种。长江上游稻区作一季中稻种植，全生育期平均157.9d，比对照Ⅱ优838短0.4d。株型松散适中，剑叶中宽直立，叶缘、叶鞘、叶腋、茎节、柱头紫色，分蘖力较强，熟期转色好。有效穗数220.5万穗/hm²，株高115.4cm，穗长25.8cm，每穗平均着粒169.9粒，结实率80.0%，颖壳黄色，籽粒椭圆形，稃尖紫色，种皮白色，无芒，千粒重31.2g。

品质特性：整精米率66.6%，糙米长宽比2.7，垩白粒率32.0%，垩白度6.6%，胶稠度57mm，直链淀粉含量22.2%。

抗性：中感稻瘟病，高感褐飞虱。

产量及适宜地区：2009—2010年参加国家长江上游中籼迟熟组品种区域试验，2年区域试验平均产量8.83t/hm²，比对照Ⅱ优838增产4.7%。2011年生产试验，平均产量8.93t/hm²，比对照Ⅱ优838增产2.2%。适宜在云南、贵州（武陵山区除外）、重庆（武陵山区除外）的中低海拔籼稻区，四川平坝丘陵稻区、陕西南部稻区的稻瘟病轻发区作一季中稻种植。

栽培技术要点：①适时早播种，稀播培育多蘖壮秧。②栽插密度18万～21万穴/hm²，栽插基本苗105万～135万苗/hm²。③重底肥，早追肥，注意氮、磷、钾肥合理搭配，多施有机肥，忌偏施氮肥，适当增施磷、钾肥；注意后期水肥管理，忌脱水过早。④及时防治稻瘟病、稻纹枯病、螟虫、稻飞虱等病虫害。

内6优816 (Nei 6 you 816)

品种来源：西南科技大学水稻研究所和内江杂交水稻科技开发中心合作以内香6A/西科恢5816配组而成。2013年通过四川省农作物品种审定委员会审定。

形态特征和生物学特性：属籼型三系杂交中稻品种。作中稻栽培，全生育期平均150.3d，比对照冈优725长2.6d。株型适中，叶片硬直，叶色淡绿，叶舌无色，叶耳、柱头紫色，株高116.6cm，有效穗数219万穗/hm²，穗长26.6cm，每穗平均着粒167.7粒，结实率85.1%，颖壳黄色，籽粒长椭圆形，颖尖紫色，种皮白色，有少许顶芒，千粒重29.1g。

品质特性：糙米率81.4%，整精米率65.7%，糙米长宽比2.8，垩白粒率37%，垩白度4.6%，胶稠度82mm，直链淀粉含量13.1%，蛋白质含量10.3%。

抗性：感稻瘟病。

产量及适宜地区：2011—2012年参加四川省水稻中籼迟熟组区域试验，2年区域试验平均产量8.37t/hm²，比对照冈优725增产5.00%；2012年生产试验，平均产量8.05t/hm²，比对照冈优725增产2.68%。适宜四川平坝和丘陵地区种植。

栽培技术要点：①适时播种，培育多蘖壮秧，秧龄50d以内。②合理密植，栽插15万～18万穴/hm²。③肥水管理，重底肥，早追肥，氮、磷、钾合理搭配，科学管水。④病虫防治：根据植保预测预报，及时防治病虫害，注意防治稻瘟病。

内7优39 (Nei 7 you 39)

品种来源：内江杂交水稻科技开发中心以内香7A/内恢2539配组而成。2012年通过四川省农作物品种审定委员会审定。

形态特征和生物学特性：属籼型三系杂交中稻品种。作中稻栽培，生育期平均152.8d，比对照冈优725长1.0d。株型适中，剑叶直立、较宽，叶片绿色，叶鞘、柱头、叶缘紫色，分蘖力较强，株高117.5cm，有效穗数211.5万穗/hm²，穗长25.0cm，每穗平均着粒180.1粒，结实率84.1%，颖壳黄色，籽粒椭圆形，颖尖紫色，种皮白色，无芒，千粒重27.6g。

品质特性：糙米率81.0%，整精米率62.8%，糙米长宽比2.4，垩白粒率39%，垩白度8.6%，胶稠度84mm，直链淀粉含量15.6%，蛋白质含量8.8%。

抗性：感稻瘟病。

产量及适宜地区：2010—2011年参加四川省水稻中籼迟熟组区域试验，2年区域试验平均产量8.08t/hm²，比对照冈优725增产5.09%。2011年生产试验，平均产量8.31t/hm²，比对照冈优725增产3.65%。适宜四川平坝和丘陵地区种植。

栽培技术要点：①做好种子消毒处理，大田用种量15kg/hm²，适时播种，培育壮秧。②适龄移栽，合理密植，栽插19.5万～22.5万穴/hm²。③肥水管理，重施底肥，早施追肥，注意氮、磷、钾肥合理搭配，忌偏施氮肥。超高产栽培适当增施磷、钾肥，多施有机肥。④病虫害防治，根据植保预测预报，及时防治纹枯病、螟虫、稻飞虱等病虫害，注意防治稻瘟病。

内香2128（Neixiang 2128）

品种来源：四川应林集团种业公司、内江杂交水稻科技开发中心用内香2A/广恢128配组而成。分别通过四川省（2007）和国家（2008）农作物品种审定委员会审定。

形态特征和生物学特性：属籼型三系杂交中稻品种。全生育期150.6d，比对照汕优63长2.7d。株高119.5cm，苗期长势旺，叶色浓绿。株型紧凑，下位叶较窄，上层叶片中宽直立，熟期转色好，叶缘、叶舌、叶鞘、叶腋、节间、茎内壁紫色，有效穗数219.8万穗/hm²，穗长24.0cm，每穗平均着粒176.1粒，结实率76.2%，颖壳黄色、籽粒长椭圆形，稃尖无色，种皮白色，无芒，千粒重27.6g。

品质特性：糙米率82.7%，精米率75.4%，整精米率52.6%，糙米粒长6.6mm，糙米长宽比2.8，垩白粒率54%，垩白度13.9%，透明度2级，碱消值4.8级，胶稠度76mm，直链淀粉含量20.4%，蛋白质含量9.6%。

抗性：感稻瘟病。

产量及适宜地区：2004—2005年参加四川省中籼迟熟组区域试验，2年区域试验平均产量7.86t/hm²，比对照汕优63增产4.55%；2005年生产试验平均产量7.63t/hm²，比对照汕优63增产5.08%。2005—2006年参加国家长江中下游迟熟中籼组品种区域试验，2年区域试验平均产量8.47t/hm²，比对照Ⅱ优838增产5.37%；2007年生产试验，平均产量8.33t/hm²，比对照Ⅱ优838增产4.30%。该品种2007年以来累计推广面积超过3万hm²。适宜四川平坝丘陵地区和江西、湖南、湖北、安徽、浙江、江苏的长江流域稻区（武陵山区除外），以及福建北部、河南南部稻区的稻瘟病、白叶枯病轻发区作一季中稻种植。

栽培技术要点：①适时早播，稀播培育多蘖壮秧，秧龄弹性大，以栽中苗为好。②合理密植，栽插19.5万～22.5万穴/hm²，双株栽插，基本苗120万～150万苗/hm²左右，栽播方式以宽窄行为最好。③施肥管理，重底肥，早追肥，注意氮、磷、钾肥搭配使用，忌偏施肥。④注意后期水肥管理，忌脱水过早影响品质和产量。

内香2550（Neixiang 2550）

品种来源：四川省内江杂交水稻科技开发中心用内香2A/内恢5550配组育成。2005年通过国家农作物品种审定委员会审定。2011年获国家植物新品种权，品种权号：CNA20070006.5。

形态特征和生物学特性：属籼型三系杂交中稻品种。全生育期150d，比对照汕优63长2～3d。株叶紧凑，田间生长势繁茂，剑叶较宽，叶色较浅，叶鞘、柱头紫色，分蘖力强，上林成穗率高，熟期落色好，再生力强。株高115.0cm，有效穗数244.5万穗/hm²，穗长26.9cm，每穗平均着粒173.2粒，结实率85.0%，颖壳黄色，籽粒细长形，种皮白色，无芒，千粒重29.8g。

品质特性：整精米率60.8%，糙米长宽比2.9，垩白粒率13%，垩白度2.1%，胶稠度79mm，直链淀粉含量16.1%，达到国家二级优质稻谷标准。

抗性：中抗白叶枯病，中感稻瘟病，高感褐飞虱，苗期耐寒。

产量及适宜地区：2003—2004年参加国家长江上游中籼迟熟优质组区域试验，2年区域试验平均单产8.71t/hm²，比对照汕优63增产1.45%；2004年生产试验平均单产8.53t/hm²，比对照汕优63增产7.88%。一般单产8.25～9.75t/hm²，高产栽培可达10.50t/hm²以上。该品种2005年以来累计推广面积超过3万hm²。适宜在云南、贵州、重庆的中低海拔稻区（武陵山区除外），四川平坝丘陵稻区、陕西南部稻区作一季中稻种植。

栽培技术要点：①育秧，适时播种，培育多蘖壮秧。②移栽，中苗移栽，栽插方式宜宽窄行，栽插19.5万～22.5万穴/hm²，基本苗达到150万苗/hm²左右。③肥水管理，重施底肥，早施追肥，注意氮、磷、钾肥合理搭配，忌偏施氮肥。高产栽培过磷酸钙用量不少于375kg/hm²、钾肥不少于225kg/hm²。在水分管理上，要特别注意后期忌断水过早。④病虫害防治，根据当地病虫害实际和发生动态，注意及时防治病虫害。

内香2924 （Neixiang 2924）

品种来源：内江杂交水稻科技开发中心用内香2A/内恢92-4配组育成。2006年通过国家农作物品种审定委员会审定。2011年获国家植物新品种权，品种权号：CNA20070007.3。

形态特征和生物学特性：属籼型三系杂交中稻品种。在长江上游稻区作一季中稻种植全生育期平均155.4d，比对照汕优63迟熟3.2d。株型适中，剑叶宽而挺，叶片绿色，叶鞘、叶耳、柱头紫色，分蘖力强，熟期转色好，株高112.6cm，有效穗数265.5万穗/hm²，穗长25.1cm，每穗平均着粒160.7粒，结实率74.5%，颖壳黄色，籽粒细长形，稃尖紫色，种皮白色，无芒，千粒重30.9g。

品质特性：整精米率57.9%，糙米长宽比3.0，垩白粒率19%，垩白度2.9%，胶稠度73mm，直链淀粉含量15.9%，达到国家三级优质稻谷标准。

抗性：高感稻瘟病。

产量及适宜地区：2004—2005年参加国家长江上游中籼迟熟组品种区域试验，2年区域试验平均单产9.08t/hm²，比对照汕优63增产5.70%；2005年生产试验，平均单产8.28t/hm²，比对照汕优63增产8.60%。该品种2006年以来累计推广面积超过5.5万hm²。适宜在云南、贵州、重庆的中低海拔籼稻区（武陵山区除外），四川平坝丘陵稻区、陕西南部稻区的稻瘟病轻发区作一季中稻种植。

栽培技术要点：①育秧，根据各地中籼生产季节适时早播，大田用种量15kg/hm²。②移栽，栽插15.5万～22.5万穴/hm²，基本苗保证在150万/hm²左右。③肥水管理，重施基肥，早施追肥，注意氮、磷、钾肥合理搭配，后期忌脱水过早。其他栽培管理措施与汕优63相似。④病虫害防治，注意及时防治稻瘟病等病虫害。

内香6优498 (Neixiang 6 you 498)

品种来源：四川农业大学水稻研究所以内香6A/蜀恢498配组而成。2013年通过国家农作物品种审定委员会审定。

形态特征和生物学特性：属籼型三系杂交中稻品种。在长江上游稻区作一季中稻种植，全生育期158.2d，比对照Ⅱ优838短0.6d。株型适中，剑叶挺直、较宽，叶色绿色，叶鞘、柱头紫色，分蘖力较强，熟期转色好，株高106.7cm，有效穗数220.5万穗/hm²，穗长26.0cm，每穗平均着粒173.2粒，结实率81.9%，颖壳黄色，籽粒长椭圆形，稃尖紫色，种皮白色，无芒，千粒重30.9g。

品质特性：整精米率51.8%，糙米长宽比2.8，垩白粒率31.0%，垩白度3.3%，胶稠度80mm，直链淀粉含量15.5%。

抗性：中感稻瘟病，高感褐飞虱；抽穗期耐热性较差。

产量及适宜地区：2010—2011年参加长江上游中籼迟熟组区域试验，2年区域试验平均产量9.07t/hm²，比对照Ⅱ优838增产5.4%。2012年生产试验，平均产量9.00t/hm²，比对照Ⅱ优838增产4.3%。适宜在云南、贵州（武陵山区除外）、重庆（武陵山区除外）的中低海拔籼稻区，四川平坝丘陵稻区、陕西南部稻区作一季中稻种植。

栽培技术要点：①适时早播，培育多蘖壮秧。②秧龄35～40d移栽，栽插22.5万穴/hm²左右，每穴栽插2苗。③配方施肥，重底肥，早追肥，后期看苗补施穗粒肥，施纯氮150～180kg/hm²，氮、磷、钾肥合理搭配，底肥占70%、追肥占30%。④深水返青，浅水分蘖，够苗及时晒田，孕穗抽穗期保持浅水层，灌浆结实期干湿交替，后期切忌断水过早。⑤注意及时防治稻瘟病、纹枯病、稻曲病、螟虫等病虫害。

内香8156 (Neixiang 8156)

品种来源：内江杂交水稻科技开发中心用内香5A/内恢2156配组育成。分别通过四川省（2006）和国家（2008）农作物品种审定委员会审定。

形态特征和生物学特性：属籼型三系杂交中稻品种。全生育期149.6d，比对照汕优63短0.1d。株高116.5cm，株型松散适中，下位叶较窄，上层叶片中宽直立，叶缘、叶鞘、叶腋、节间紫色，熟期转色好。有效穗219.45万穗/hm²，穗长25.7cm，每穗平均着粒160.5粒，结实率78.4%，颖壳黄色，籽粒细长形，稃尖无色，种皮白色，无芒，千粒重29.7g。

品质特性：糙米率81.1%，精米率73.3%，整精米率47.1%，糙米粒长6.9mm，糙米长宽比3.0，垩白粒率32%，垩白度4.6%，透明度1级，碱消值5.2级，胶稠度78mm，直链淀粉含量14.3%，蛋白质含量10.3%。

抗性：中感稻瘟病。

产量及适宜地区：2004—2005年参加四川省中籼迟熟优质组区域试验，2年区域试验平均产量7.77t/hm²，比对照汕优63增产4.82%；2005年生产试验平均产量7.71t/hm²，比对照汕优63增产3.41%。2005—2006年参加国家长江上游迟熟中籼组品种区域试验，2年区域试验平均产量8.84t/hm²，比对照Ⅱ优838增产0.80%；2007年生产试验，平均产量8.48t/hm²，比对照Ⅱ优838增产3.98%。该品种2006年以来累计推广面积超过3万hm²。适宜在云南、贵州的中低海拔籼稻区（武陵山区除外），四川平坝丘陵稻区、陕西南部稻区作一季中稻种植。

栽培技术要点：①适时早播，稀播培育多蘖壮秧，秧龄弹性大，以栽中苗为好。②合理密植，栽插19.5万～22.5万穴/hm²，栽插基本苗120万～150万苗/hm²左右。③重底肥，早追肥，注意氮、磷、钾肥搭配使用，忌偏施肥。④注意后期水肥管理，忌脱水过早影响品质和产量。

内香8514 （Neixiang 8514）

品种来源：内江杂交水稻科技开发中心以内香5A/内恢99-14配组而成。2006年通过四川省农作物品种审定委员会审定。2011年获国家植物新品种权，品种权号：CNA20070010.3。

形态特征和生物学特性：属籼型三系杂交中稻品种。全生育期149.9d，比对照汕优63长1.5d。株高118.4cm，株型松散适中，叶片中宽直立，叶缘、叶鞘、叶腋、节间、颖尖紫色，熟期转色好。有效穗数229.8万穗/hm²，穗长25.9cm，每穗平均着粒160.1粒，结实率77.5%，颖壳黄色，籽粒细长形，稃尖无色，种皮白色，无芒，千粒重29.5g。

品质特性：糙米率81.2%，精米率70.7%，整精米率36.2%，糙米粒长7.0mm，糙米长宽比3.1，垩白粒率34%，垩白度4.6%，透明度1级，碱消值4.8级，胶稠度71mm，直链淀粉含量14.5%，蛋白质含量9.0%。

抗性：感稻瘟病。

产量及适宜地区：2004—2005年参加四川省中籼迟熟组区域试验，2年区域试验平均产量7.89t/hm²，比对照汕优63增产5.39%；2005年生产试验，平均产量7.65t/hm²，比对照汕优63增产2.51%。2006年以来累计推广面积超过1万hm²。适宜四川平坝和丘陵地区作一季中稻种植。

栽培技术要点：①适时早播，稀播培育多蘖壮秧，秧龄弹性大，以栽中苗为好。②栽插密度19.5万～22.5万穴/hm²，栽插基本苗120万～150万苗/hm²左右，有效穗控制在240万～300万穗/hm²。③重底肥早追肥，注意氮、磷、钾肥搭配使用，忌偏施肥。超高产栽培过磷酸钙用量不少于375kg/hm²，钾肥不少于225kg/hm²。④注意后期水肥管理，忌脱水过早影响品质和产量。

内香8518（Neixiang 8518）

品种来源：内江杂交水稻科技开发中心用内香85A/内恢95-18配组育成。2006年分别通过国家和广东省农作物品种审定委员会审定。2011年获国家植物新品种权，品种权号：CNA20070009.X。

形态特征和生物学特性：属籼型三系杂交中稻品种。在长江上游作一季中稻种植，全生育期平均152.9d，比对照汕优63迟熟0.2d。株型适中，剑叶宽长稍披，叶色浓绿，叶鞘、柱头紫色，分蘖力强，熟期转色好，有效穗数261万穗/hm²，株高112.3cm，穗长25.6cm，每穗平均着粒154.2粒，结实率80.1%，颖壳黄色，籽粒细长形，稃尖紫色，种皮白色，无芒，千粒重29.9g。

品质特性：整精米率64.1%，糙米长宽比3.0，垩白粒率16%，垩白度3.2%，胶稠度71mm，直链淀粉含量16.3%，达到国家三级优质稻谷标准。

抗性：高感稻瘟病。

产量及适宜地区：2004—2005年参加长江上游中籼迟熟组品种区域试验，2年区域试验平均单产8.97t/hm²，比对照汕优63增产5.90%；2005年生产试验，平均单产8.33t/hm²，比对照汕优63增产6.97%。适宜在云南、贵州、重庆的中低海拔籼稻区（武陵山区除外），四川平坝丘陵稻区、陕西南部稻区的稻瘟病轻发区作一季中稻种植，以及广东省粤北以外稻作区早茬、中南稻作区和西南稻作区晚茬种植。该品种2006年以来累计推广面积超过11万hm²。

栽培技术要点：①育秧，根据各地中籼生产季节适时早播，大田用种量15kg/hm²，培育多蘖壮秧。②移栽，栽插方式以宽窄行最好，栽插19.5万～22.5万穴/hm²、栽插基本苗150万/hm²左右。③肥水管理，重施基肥，早施追肥，注意氮、磷、钾肥合理搭配，高产栽培过磷酸钙用量不少于375kg/hm²，钾肥不少于225kg/hm²，忌偏施氮肥。要特别注意后期水肥管理，忌脱水过早。其他栽培管理措施与汕优63相似。④病虫害防治，注意及时防治稻瘟病等病虫害。

内香优1号（Neixiangyou 1）

品种来源：江杂交水稻科技开发中心以内香1A/内恢99-14配组而成。分别通过四川省（2004）和国家（2005）农作物品种审定委员会审定。2006年获国家植物新品种权，品种权号：CNA20030376.7。

形态特征和生物学特性：属籼型三系杂交中稻品种。全生育期148～150d，比对照汕优63短1～2d。株型适中，剑叶较宽、挺直，叶色浅，叶鞘、叶耳、柱头无色，分蘖力强，熟期转色好，株高114～118cm，穗长26cm左右，每穗着粒146～158粒，每穗平均实粒119粒左右，结实率75%～81.5%，颖壳黄色，籽粒细长形，颖尖无色，种皮白色，无芒，千粒重29g左右。

品质特性：糙米率81.0%，精米率73.7%，整精米率59.0%，糙米长宽比3.0，垩白粒率25%，垩白度3.8%，胶稠度75mm，直链淀粉含量15.0%，达到国家三级优质稻谷标准。

抗性：中抗稻瘟病，中感白叶枯病，高感褐飞虱。

产量及适宜地区：2002—2003年参加四川省优质组区域试验，2年区域试验平均单产7.91t/hm²，比对照汕优63增产2.06%；2003年生产试验，平均单产8.39t/hm²，比对照汕优63增产2.06%。2003—2004年参加国家长江上游中籼迟熟优质组区域试验，2年区域试验平均单产8.58t/hm²，比对照汕优63减产0.06%；2004年生产试验平均单产7.77t/hm²，比对照汕优63减产0.30%。该品种2004年以来累计推广面积超过2万hm²。适宜云南、贵州、重庆的中低海拔稻区（武陵山区除外），四川平坝丘陵稻区、陕西南部稻区作一季中稻种植。

栽培技术要点：①育秧，适时播种，培育多蘖壮秧。②移栽，中苗移栽，栽插方式宜宽窄行，栽插19.5万～22.5万穴/hm²，栽插基本苗150万苗/hm²左右。③肥水管理，重施底肥，早施追肥，注意氮、磷、钾肥合理搭配，忌偏施氮肥。高产栽培过磷酸钙用量不少于375kg/hm²、钾肥不少于225kg/hm²。在水分管理上，要特别注意后期忌断水过早。④根据当地病虫害实际和发生动态，注意及时防治病虫害。

内香优10号 （Neixiangyou 10）

品种来源：内江杂交水稻科技开发中心用内香3A/内恢2539配组而成，又名：德农316，内香10号。2005年分别通过四川省、江西省农作物品种审定委员会审定。2011年获国家植物新品种权，品种权号：CNA20070005.7。

形态特征和生物学特性：属籼型三系杂交中稻品种。全生育期150.4d，比对照汕优63早1.1d。株型适中，叶片中直，叶缘、叶鞘绿色，叶耳淡绿色，柱头白色，分蘖力较强，后期转色好，株高109.6cm，有效穗数248.4万穗/hm²，穗层整齐，穗长25.5cm，每穗平均着粒151.2粒，结实率80.1%，颖壳黄色，籽粒细长形，颖尖无色，种皮白色，无芒，千粒重29.8g。

品质特性：糙米率79.7%，精米率72.5%，整精米率46.0%，糙米粒长7.0mm，糙米长宽比3.0，垩白粒率34%，垩白度7.8%，透明度2级，碱消值5.3级，胶稠度74mm，直链淀粉含量15.0%，蛋白质含量8.6%，米质达到国颁三级优质米标准。

抗性：感稻瘟病。

产量及适宜地区：2003—2004年参加四川省中籼迟熟高产组区域试验，2年平均单产8.20t/hm²，比对照汕优63增产5.09%；2004年生产试验平均单产7.79t/hm²，比对照汕优63增产6.64%。2003—2004年参加江西省水稻区域试验，2年区域试验平均产量7.61t/hm²，与对照汕优63相当。该品种2005年以来累计推广面积超过65万hm²。适宜四川平坝、丘陵地区和江西省稻瘟病轻发区作一季稻种植。

栽培技术要点：①适时播种，宜在3月下旬至4月初播种。②栽插密度18万～19.5万穴/hm²，栽插基本苗135万～150万苗/hm²。③重底肥早追肥，注意氮、磷、钾肥的配合施用，切忌偏施氮肥。

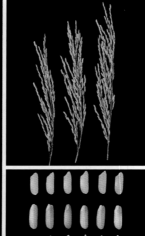

内香优18（Neixiangyou 18）

品种来源：德农正成种业有限公司用内江杂交稻科技开发中心选育的不育系内香2A和恢复系内恢99-14配组而成。2005年分别通过国家和四川省农作物品种审定委员会审定。

形态特征和生物学特性：属籼型三系杂交中稻品种。全生育期155.9d，比对照汕优63长3.2d。株高109.4cm，株型松散适中，下位叶较窄，上层叶片中宽直立，叶色浓绿，叶缘、叶舌、叶鞘、叶腋、节间紫色，苗期长势旺，熟期转色好，不早衰，分蘖力强，有效穗247.65万穗/hm²，穗长24.6cm，每穗平均着粒155.8粒，结实率78.4%，颖壳黄色，籽粒细长形，稃尖紫色，种皮白色，无芒，千粒重30.3g。

品质特性：糙米率80.%，精米率72.8%，整精米率52.7%，糙米长宽比2.9，垩白粒率18%，垩白度3.2%，胶稠度76mm，直链淀粉含量15.7%，达到国家三级优质稻谷标准。

抗性：中抗稻瘟病；中感白叶枯病；高感褐飞虱。

产量及适宜地区：2003—2004年参加四川省中籼迟熟组区域试验，2年区域试验平均产量8.40t/hm²，比对照汕优63增产4.21%；2004年生产试验平均产量8.25t/hm²，比对照汕优63增产6.68%。2003—2004年参加国家长江上游中籼迟熟优质组区域试验，2年区域试验平均产量8.87t/hm²，比对照汕优63增产3.34%；2004年生产试验平均产量8.28t/hm²，比对照汕优63增产4.86%。2003—2004年参加国家长江中下游中籼迟熟优质组区域试验，2年区域试验平均产量8.21t/hm²，比对照汕优63增产4.40%；2004年生产试验平均产量8.04t/hm²，比对照汕优63增产7.54%。该品种2005年以来累计推广面积超过4.3万hm²。适宜云南、贵州、重庆的中低海拔稻区（武陵山区除外），四川平坝丘陵稻区，陕西南部稻区，福建、江西、湖南、湖北、安徽、浙江、江苏的长江流域稻区以及河南南部稻区的稻瘟病轻发区作一季中稻种植。

栽培技术要点：①适时早播，培育多蘖壮秧，秧龄弹性大，以栽中苗为好。②栽插密度19.5万～22.5万穴/hm²，栽插基本苗120万～150万苗/hm²，栽播方式以宽窄行为最好。③重底肥，早追肥，注意氮、磷、钾肥搭配使用，忌偏施肥。④注意后期水肥管理，忌脱水过早影响品质和产量。其他栽培同汕优63。

内香优3号 （Neixiangyou 3）

品种来源：内江杂交水稻中心以内香3A/内恢99-14配组而成。分别通过国家（2004）和广东省（2006）、浙江省（2006）农作物品种审定委员会审定。

形态特征和生物学特性：属籼型三系杂交中稻品种。在长江上游稻区作一季中稻种植，全生育期平均150.3d，比对照汕优63早熟2.3d。株叶形适中，下位叶片较窄，外卷，上层叶片中宽直立，叶色浅，叶鞘绿色，柱头无色，穗层整齐，穗粒较协调，熟期转色好，株高114.2cm，有效穗数261万穗/hm²，穗长25.2cm，每穗平均着粒145.6粒，结实率78.2%，颖壳黄色，籽粒细长形，稃尖无色，种皮白色，顶芒，千粒重30.1g。

品质特性：糙米率80.8%，精米率73.3%，整精米率52.1%，糙米长宽比3.1，垩白粒率26%，垩白度4.1%，胶稠度63mm，直链淀粉含量16%，稻米清香。

抗性：中抗稻瘟病，中感白叶枯病，感褐飞虱，耐寒性中等。

产量及适宜地区：2002—2003年参加国家长江上游中籼迟熟优质组区域试验，2年区域试验平均产量8.70t/hm²，比对照汕优63增产3.63%；2003年生产试验平均产量8.68t/hm²，比对照汕优63增产5.97%。2002—2003年参加浙江省杂交晚籼稻区域试验，2年区域试验平均产量7.51t/hm²，比对照汕优63增产4.2%；2004年生产试验平均产量7.35t/hm²，比对照汕优63增产0.2%。2003—2004年参加广东省晚茬区域试验，2年区域试验平均产量6.645t/hm²，比对照组合培杂双七增产4.81%。适宜云南、贵州、重庆中低海拔稻区（武陵山区除外）和四川平坝稻区、陕西南部作一季中稻种植，以及广东省粤北以外稻作区早茬、中南和西南稻作区晚茬种植，浙江省中低肥力地区作单季稻种植。

栽培技术要点：①适时早播，培育多蘖壮秧，秧龄弹性大，以栽中苗为好。②秧田用种量15kg/hm²，栽插密度18万～22.5万穴/hm²，栽插基本苗150万苗/hm²左右，栽播方式以宽窄行为最好。③施肥管理宜重底肥早追肥，注意氮、磷、钾肥合理搭配，忌偏施氮肥。④注意后期水肥管理，忌脱水过早影响品质和产量。其他栽培同汕优63。

糯优1号（Nuoyou 1）

　　品种来源：四川省原子核应用技术研究所以糯稻不育系N2A/糯恢1号配组而成。1995年通过四川省农作物品种审定委员会审定。

　　形态特征和生物学特性：属籼型三系杂交中糯稻品种。全生育期140～145d，比对照荆糯6号早熟5d左右。株型紧凑，剑叶直立、较宽，叶色淡绿，叶耳、柱头无色，分蘖力强，后期熟色好，株高100～110cm，有效穗270万～300万穗/hm²，每穗着粒150粒左右，结实率80%～85%，颖壳黄色，籽粒椭圆形，稃尖无色，种皮白色，无芒，千粒重28g。

　　品质特性：糙米率81%，精米率71.2%，整精米率55.9%，糯性好，支链淀粉含量100%。

　　抗性：高感稻瘟病。

　　产量及适宜地区：1992—1993年参加四川省区域试验，平均产量7.42t/hm²，比对照荆糯6号增产6.9%；1994年生产试验，平均产量8.43t/hm²，比对照荆糯6号增产21.9%。1995年在四川省的广汉、铜梁、眉山等地示范种植200hm²，产量7.5～9.0t/hm²，与汕优63产量相当，比当地推广的常规糯稻增产20%～30%。该品种1995年以来累计推广面积6万hm²。适宜四川省稻瘟病轻病区种植。

　　栽培技术要点：在四川省作中稻，4月上、中旬播种，秧龄40～45d。栽插行穴距27cm×16cm，双株插植。施肥以农家肥为主，重施基肥，早追肥，少施氮肥，多施磷钾肥。灌溉以浅灌为主，苗足适当晒田，防止倒伏，注意防治病虫害。

糯优100 （Nuoyou 100）

品种来源：四川隆平高科种业有限公司糯N5A/糯恢100配组而成。2010年通过四川省农作物品种审定委员会审定。

形态特征和生物学特性：属籼型三系杂交糯稻品种。全生育期146.3d，比对照荆糯6号短1.8d。株型适中，剑叶直立、较宽，叶色浅绿，叶缘、叶鞘、叶耳、柱头紫色，分蘖力中等，熟期转色好，株高122.1cm，有效穗210万穗/hm²，穗长26.2cm，每穗平均着粒160.9粒，结实率80.4%，颖壳黄色，籽粒阔卵形，秕尖紫色，种皮白色，顶芒，千粒重29.5g。

品质特性：糙米率77.3%，整精米率63.8%，糙米粒长6.4mm，糙米长宽比2.3，胶稠度100mm，直链淀粉含量2.0%，蛋白质含量12.2%，米质达到国颁优质籼糯标准。

抗性：高感稻瘟病。

产量及适宜地区：2007—2008年参加四川省水稻糯稻组区域试验，2年区域试验平均单产7.81t/hm²，比对照荆糯6号增产12.50%；2008年生产试验，平均单产7.60t/hm²，比对照荆糯6号增产6.88%。适宜四川平坝和丘陵非稻瘟病常发地区种植。

栽培技术要点：①适时早播，培育壮秧。根据栽插方式及当地气候确定播种期，秧龄40～45d。②合理密植，栽插密度18万～19.9万穴/hm²。③肥水管理，采用重底肥、早追肥、后补肥的施肥方法，底肥占70%，以有机肥为最好，氮、磷、钾肥配合使用，移栽返青后浅水促分蘖，够苗晒田，幼穗分化减数分裂期复水，收割前一周断水。④根据植保部门预测预报，综合防治病虫害，注意防治稻瘟病。

糯优 2 号 （Nuoyou 2）

品种来源：四川省原子核应用技术研究所用糯稻不育系 N2A 作母本与 D091 测配选育而成。1999 年通过四川省农作物品种审定委员会审定。

形态特征和生物学特性：属籼型三系杂交中糯稻品种。全生育期平均 147d。株型紧凑，叶缘、叶耳紫红色，柱头紫色，茎基部节间短，分蘖力中等，熟期转色好，株高 115cm，主茎总叶片数 15 片，有效穗数 250 万穗/hm²，穗长 22.3cm，每穗平均着粒 160 粒，颖壳黄色，籽粒椭圆形，稃尖紫色，种皮白色，顶芒，千粒重 29.6g。

品质特性：糙米率 74.6%，胶稠度 82mm，直链淀粉含量 2%。

抗性：高感稻瘟病。

产量及适宜地区：1995—1996 年参加四川省糯稻区域试验，2 年区域试验平均产量 7.20 t/hm²，比对照荆糯 6 号增产 5.7%，1997 年在三个不同生态区生产试验，平均产量 8.18t/hm²，比本地酒谷增产 64.3%，比对照汕优 63 减产 4.1%。适宜四川省平坝和丘陵稻瘟病轻病区和非病区种植。

栽培技术要点：川西北宜 3 月下旬至 4 月上旬播种，川东南 3 月下旬播种，播种量 150kg/hm² 为宜，秧龄 45d 左右，栽插 39 万穴/hm²，栽插基本苗 180 万～210 万苗/hm²，保证有效穗达 195 万～210 万穗/hm²，施肥宜重底肥、早追肥、后补肥，氮、磷、钾配合施用。

蓉18优188 （Rong 18 you 188）

品种来源：四川省乐山市农业科学研究院、成都市农林科学院作物研究所以蓉18A/乐恢188配组而成。2010年通过四川省农作物品种审定委员会审定。

形态特征和生物学特性：属籼型三系杂交水稻迟熟品种。全生育期150.2d，比对照冈优725长0.1d。株高117.8cm，苗期叶色绿色，剑叶挺直，叶鞘紫色，株型适中。分蘖力较强，有效穗208.5万穗/hm²，穗长25.8cm，每穗平均着粒207.0粒，结实率77.4%，千粒重28.6g，谷壳秆黄色。

品质特性：糙米率80.5%，整精米率50.9%，糙米粒长7.0mm，糙米长宽比2.7，垩白粒率26%，垩白度7.2%，胶稠度78mm，直链淀粉含量21.9%，蛋白质含量7.7%。

抗性：感稻瘟病。

产量及适宜地区：2008—2009年参加四川省水稻中籼迟熟组区域试验，2年区域试验平均产量8.34t/hm²，比对照冈优725增产6.50%；2009年生产试验，平均产量8.39t/hm²，比对照冈优725增产7.50%。适宜四川平坝和丘陵地区作一季中稻种植。

栽培技术要点：①适时早播，培育壮秧，秧龄35d左右。②合理密植，适时移栽，栽插密度15万～18万穴/hm²。③肥水管理，基肥、分蘖肥、穗肥的比例以4：4：2为宜，采用浅水栽插，寸水返青，薄水分蘖，保水抽穗杨花，干湿交替灌溉方式。④根据植保预测预报，综合防治病虫害，注意防治稻瘟病。

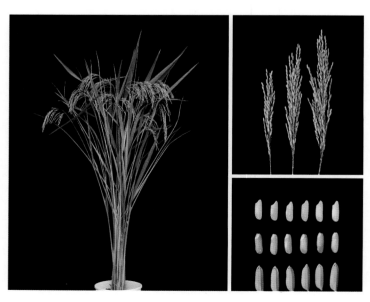

蓉18优198 (Rong 18 you 198)

品种来源：四川正兴种业有限公司以蓉18A/天恢198配组而成。2012年通过国家农作物品种审定委员会审定。

形态特征和生物学特性：属三系杂交中籼稻迟熟品种。长江上游作一季中稻种植，全生育期平均155.6d，比对照Ⅱ优838短3.1d。有效穗数211.5万穗/hm²，株高119.5cm，穗长25.3cm，每穗平均着粒186.7粒，结实率77.8%，千粒重30.9g。

品质特性：整精米率56.9%，糙米长宽比2.7，垩白粒率13%，垩白度3.3%，胶稠度81mm，直链淀粉含量15.4%。

抗性：稻瘟病综合指数3.4级，穗瘟损失率最高级5级，抗性频率33.3%，褐飞虱7级，中感稻瘟病，感褐飞虱；耐热性弱。

产量及适宜地区：2009—2010年参加长江上游中籼迟熟组品种区域试验，2年区域试验平均产量8.79t/hm²，比对照Ⅱ优838增产5.2%；2011年生产试验，平均产量9.12t/hm²，比对照Ⅱ优838增产4.5%。适宜在云南、贵州（武陵山区除外）、重庆（武陵山区除外）的中低海拔籼稻区、四川平坝丘陵稻区、陕西南部稻区的稻瘟病轻发区作一季中稻种植。

栽培技术要点：①适时播种，秧龄35d左右。②栽插密度12万～18万穴/hm²。③基肥、分蘖肥、穗肥比例以4：4：2为宜。④浅水栽插、寸水返青、薄水分蘖、保水抽穗、后期干湿交替。⑤注意及时防治稻瘟病、白叶枯病、稻蓟马、稻飞虱、螟虫、稻苞虫等病虫害。

蓉18优22 (Rong 18 you 22)

品种来源：四川省农业科学院水稻高粱研究所以蓉18A/泸恢22配组而成。2013年通过国家农作物品种审定委员会审定。

形态特征和生物学特性：属籼型三系杂交中稻品种。长江上游稻区作一季中稻种植，全生育期平均157.3d，比对照II优838短0.8d。株高110.9cm，穗长25.3cm，有效穗数220.5万穗/hm²，每穗总粒数183.6粒，结实率77.6%，千粒重29.7g。

品质特性：整精米率57.1%，糙米长宽比3.0，垩白粒率25.0%，垩白度5.0%，胶稠度81mm，直链淀粉含量15.9%，达到国家三级优质稻谷标准。

抗性：抽穗期耐热性较差，中感稻瘟病，高感褐飞虱。

产量及适宜地区：2010—2011年参加长江上游中籼迟熟组区域试验，2年区域试验平均产量9.02t/hm²，比对照II优838增产5.2%。2011年生产试验，平均产量9.19t/hm²，比对照II优838增产6.7%。适宜在云南、贵州（武陵山区除外）、重庆（武陵山区除外）的中低海拔籼稻区，四川平坝丘陵稻区，陕西南部稻区作一季中稻种植。

栽培技术要点：①适时早播，稀播培育壮秧，大田用种量15～18.75kg/hm²。②适时早栽，秧龄35～40d，栽插密度15万～18万穴/hm²，保证基本苗达60万～75万苗/hm²。③按照"前促、中稳、后保"的原则施肥，施纯氮150～195kg/hm²、五氧化二磷120kg/hm²、氧化钾120～150kg/hm²、硫酸锌15kg/hm²，磷、锌肥全部用作底肥，氮肥的60%底肥、20%作分蘖肥、20%作穗粒肥；钾肥的70%作底肥、30%作拔节肥；提倡施用水稻专用复合肥或复混肥。④注意防治稻瘟病、纹枯病、螟虫、褐飞虱等病虫害。

蓉18优447 (Rong 18 you 447)

品种来源：四川省成都市农林科学院作物研究所以蓉18A/蓉恢447配组而成。2010年通过四川省农作物品种审定委员会审定。

形态特征和生物学特性：属籼型三系杂交水稻迟熟品种。全生育期150.2d，比对照冈优725长0.4d。株高121.9cm，叶色深绿，叶鞘紫色，下位叶较窄、略内卷，上层叶片中宽、较直立，株型适中。分蘖力较强，有效穗数225万穗/hm²，穗纺锤形，穗长24.9cm，每穗平均着粒174.6粒，结实率80.5%，颖壳黄色，籽粒细长形，颖尖紫色，种皮白色，无芒，千粒重29.5g。

品质特性：糙米率79.9%，整精米率60.6%，糙米粒长7.2mm，糙米长宽比2.9，垩白粒率24%，垩白度2.9%，胶稠度42mm，直链淀粉含量20.5%，蛋白质含量9.8%。

抗性：感稻瘟病。

产量及适宜地区：2007—2008年参加四川省水稻中籼迟熟组区域试验，2年区域试验平均单产8.44t/hm²，比对照冈优725增产4.47%；2009年生产试验，平均单产8.56t/hm²，比对照冈优725增产5.94%。适宜四川平坝和丘陵地区种植。

栽培技术要点：①适时播种，海拔400m以下平丘区，3月上旬至下旬播种，海拔400~800m的平丘区，3月中旬至4月上旬播种，秧龄35~45d。②合理密植，宽窄行栽插，栽插密度19.5万~22.5万穴/hm²，每穴栽插2苗。③肥水管理，需肥量中等，重底肥，早追肥，看苗补施穗粒肥，施纯氮90~120kg/hm²，氮、磷、钾合理搭配，本田前期浅水分蘖，中期够苗晒田，后期薄水或湿润灌溉至成熟。④根据植保预测预报，综合防治病虫害，注意防治稻瘟病。

蓉18优662 (Rong 18 you 662)

品种来源：绵阳市农业科学研究院和成都市农林科学院作物研究所合作以蓉18A/绵恢662配组而成。2012年通过国家农作物品种审定委员会审定。

形态特征和生物学特性：属三系杂交中籼稻迟熟品种。长江上游作一季中稻种植，全生育期平均156.8d，比对照Ⅱ优838短1.9d。株型适中，剑叶较宽，叶色浅绿，穗颈微包，叶耳、叶舌、柱头无色，分蘖力较强，熟期转色好，有效穗数226.5万穗/hm²，株高116.4cm，穗长25.3cm，每穗平均着粒179.9粒，结实率78.6%，颖壳黄色，籽粒长椭圆形，稃尖无色，种皮白色，顶芒，千粒重28.3g。

品质特性：整精米率67.1%，糙米长宽比2.8，垩白粒率9%，垩白度1.5%，胶稠度82mm，直链淀粉含量16.2%，达到国家二级优质稻谷标准。

抗性：中感稻瘟病，高感褐飞虱。

产量及适宜地区：2009—2010年参加国家长江上游中籼迟熟组品种区域试验，2年区域试验平均产量8.48t/hm²，比对照Ⅱ优838增产1.4%。2011年生产试验，平均产量8.99t/hm²，比对照Ⅱ优838增产4.7%。适宜在云南、贵州（武陵山区除外）、重庆（武陵山区除外）的中低海拔籼稻区，四川平坝丘陵稻区作一季中稻种植。

栽培技术要点：①秧龄45d以内，培育多蘖壮秧。②移栽时带3个以上分蘖，基本苗150万苗/hm²以上。③增施磷、钾肥，巧施穗粒肥，一般施尿素225～300kg/hm²、过磷酸钙600kg/hm²、钾肥225kg/hm²，氮肥按底肥、分蘖肥、穗粒肥6：3：1比例施用，磷肥全作底肥，钾肥分底肥和穗肥两次施用。④返青期深水护苗，分蘖期浅水勤灌，够苗后及时晒田，后期干湿交替。⑤播前做好种子消毒处理，注意及时防治稻瘟病、纹枯病、螟虫、稻飞虱等病虫害。

蓉稻415（Rongdao 415）

品种来源：四川省成都市第二农业科学研究所以蓉18A/蓉恢415配组而成。2007年通过四川省农作物品种审定委员会审定；2010年通过湖南省引种鉴定。

形态特征和生物学特性：属籼型三系杂交中稻品种。全生育期148.4d，比对照汕优63长1.4d。株高118.4cm，株型适中、剑叶较长、角度较小，叶鞘、叶缘、柱头紫色，叶舌无色，熟期转色好，有效穗数217.5万穗/hm²，穗长26.0cm，每穗平均着粒170.0粒，结实率79.0%，颖壳黄色，籽粒细长形，颖尖紫色，种皮白色，无芒，千粒重27.9g。

品质特性：糙米率78.9%，整精米率55.7%，糙米长宽比3.2，垩白粒率42%，垩白度5.8%，胶稠度81mm，直链淀粉含量16%，蛋白质含量7.3%。

抗性：感稻瘟病。

产量及适宜地区：2005—2006年参加四川省中籼迟熟优质组区域试验，2年区域试验平均单产7.86t/hm²，比对照汕优63增产5.65%；2006年生产试验平均单产8.08t/hm²，比对照汕优63增产1.90%。适宜四川平坝和丘陵地区作一季中稻种植。

栽培技术要点：①适期播种，秧龄35～45d为宜。②宜采用宽窄行栽培，栽插密度19.5万～22.5穴/hm²，基本苗120万～150万苗/hm²。③中等肥力田，底肥以有机肥为主，施尿素90kg/hm²、过磷酸钙375kg/hm²、氯化钾105kg/hm²；移栽返青后施分蘖肥，施尿素60kg/hm²，确保后期不缺肥。④稻田要求前期浅水管理，中期苗够晒田，后期湿润管理到成熟。

蓉稻8号（Rongdao 8）

品种来源：四川省成都市第二农业科学研究所以江农早ⅡA/蓉恢906配组而成。2004年通过四川省农作物品种审定委员会审定。

形态特征和生物学特性：属籼型三系杂交中稻品种，全生育期153～154d，比对照汕优63长1～2d。株高114cm左右，株型集散适中，茎秆淡绿色，叶片深绿色，剑叶较宽、直立，剑叶不早衰，叶耳、叶舌无色，叶鞘、柱头紫色，分蘖力较强，抽穗整齐，后期落黄转色好，后劲足，落粒性好。有效穗数240万～255万穗/hm²，穗长25厘米左右，每穗平均着粒170粒，结实率81.4%，颖壳黄色，籽粒长椭圆形，稃尖紫色，种皮白色，无芒，千粒重25g左右。

品质特性：糙米率84.1%，精米率70.6%，整精米率54.4%，糙米长宽比2.8，垩白粒率36%，垩白度6.3%，胶稠度60mm，直链淀粉含量27%。

抗性：高感稻瘟病。

产量及适宜地区：2001—2002年参加四川省中籼迟熟组区域试验，2年区域试验平均产量8.36t/hm²，比对照汕优63增产5.6%；2003年生产试验，平均产量8.31t/hm²，比对照汕优63增产8.01%。适宜四川省平坝、丘陵地区种植。

栽培技术要点：①适时早播、稀播、匀播，培育多蘖壮秧 大田用种量为15.0～22.5kg/hm²，秧龄45d。②合理密植，采用宽窄行栽培，栽插规格为（33.3+20.0）cm×14.5cm，栽插24万穴/hm²以上，栽插基本苗120万～150万苗/hm²。③科学肥水管理，中等肥水田块施纯氮120～150kg/hm²，重施底肥，早施追肥，注意增施磷、钾肥。大田水分管理做到深水返青，浅水分蘖，促蘖早生快发，中期适时晒田，做到苗够晒田，时到晒田，后期干湿交替，以利通气养根，灌浆壮籽，成熟前切忌过早断水，以保证籽粒充实饱满。④加强田间病虫害防治，根据当地植保部门的预报及时防治病虫害等。

蓉稻9号（Rongdao 9）

品种来源：四川省成都市第二农业科学研究所以绵5A/蓉恢408配组而成，又名：绵优408。2004年通过四川省农作物品种审定委员会审定。

形态特征和生物学特性：属籼型三系杂交中稻品种。全生育期151～152d，比对照汕优63长2d。株型较紧凑，茎秆健壮，剑叶较宽、直立，叶色浅绿，熟期落黄转色好，剑叶不早衰，落粒性好。株高119cm左右，有效穗数234.3万穗/hm²，成穗率64.1%，穗长24.9cm，每穗平均着粒158.7粒，每穗实粒119粒，结实率75.2%，颖壳黄色，籽粒细长形，稃尖紫色，种皮白色，顶芒，千粒重28.3g。

品质特性：糙米率80%，精米率71.2%，整精米率52.5%，糙米长宽比3.3，垩白粒率25%，垩白度4.6%，胶稠度68mm，直链淀粉含量23.9%，蛋白质含量8.4%。米质达到国颁三级优质米标准。2002年四川省第三届"稻香杯"评选，荣获"稻香杯"奖。

抗性：中感稻瘟病。

产量及适宜地区：2002—2003年参加四川省水稻中籼迟熟优质米组区域试验，2年区域试验平均单产7.63t/hm²，比对照汕优63减产3.09%；2003年生产试验，平均单产8.22t/hm²，比对照汕优63增产6.81%。适宜四川平坝、丘陵地区种植。

栽培技术要点：①适期播种，培育壮秧，秧龄45d。②合理密植，插足基本苗，栽插密度22.5万～25.5万穴/hm²，栽培规格（33.3+20.0）cm×14.5cm，栽插基本苗120万～150万苗/hm²。③施肥重底肥早追肥，氮、磷、钾配合施用。④浅水灌溉，适时晒田。⑤及时防治病虫、杂草。

蓉优1808（Rongyou 1808）

品种来源：四川农业大学农学院和成都市农林科学院作物研究所合作以蓉18A/HR7308配组而成。2012年通过四川省农作物品种审定委员会审定。

形态特征和生物学特性：属籼型三系杂交中稻品种。作中稻栽培，全生育期155.8d，比对照冈优725长2.7d。株型适中，苗期长势旺，剑叶较宽、挺直，叶色深绿，叶鞘、柱头、叶耳紫色，分蘖力中等，株高128.7cm，有效穗193.5万穗/hm²，穗长26.0cm，每穗平均着粒188.2粒，结实率79.9%，颖壳黄色，籽粒椭圆形，颖尖紫色，种皮白色，顶芒，千粒重30.5g。

品质特性：糙米率79.6%，整精米率61.8%，糙米长宽比2.7，垩白粒率18%，垩白度3.9%，胶稠度80mm，直链淀粉含量16.1%、蛋白质含量8.0%。

抗性：感稻瘟病。

产量及适宜地区：2010—2011年参加四川省水稻中籼迟熟组区域试验，2年区域试验平均产量8.21t/hm²，比对照冈优725增产4.39%。增产点率95%。2011年生产试验，平均产量8.49t/hm²，比对照冈优725增产5.83%。适宜四川平坝和丘陵地区作一季中稻种植。

栽培技术要点：①适时早播，3月上旬至4月初播种，秧龄40～45d。②合理密植，宽窄行种植，栽插18万穴/hm²左右。③肥水管理，宜采用重底肥、早追肥、后补肥的施肥方式，底肥占70%，以有机肥为最好，氮、磷、钾肥搭配使用，前期浅水管理，后期湿润管理至成熟。④根据植保预测预报，综合防治病虫害，注意防治稻瘟病。

蓉优908（Rongyou 908）

品种来源：四川省农业科学院生物技术核技术研究所和成都市农林科学院作物研究所合作以蓉18A/川航恢908配组而成。2013年通过四川省农作物品种审定委员会审定。

形态特征和生物学特性：属籼型三系杂交中稻品种。作中稻栽培，全生育期平均152.2d，与对照冈优725相当。株高122.2cm，株型适中，叶片深绿，叶耳、叶缘、柱头紫色，茎秆较粗，节间黄色，熟期转色好，有效穗数204万穗/hm^2，穗长25.3cm，每穗平均着粒189.8粒，结实率76.6%，颖壳黄色，籽粒细长形，稃尖紫色，种皮白色，顶芒，千粒重28.4g。

品质特性：糙米率81.3%，整精米率54.7%，糙米长宽比3.0，垩白粒率40%，垩白度7.2%，胶稠度75mm，直链淀粉含量14.1%，蛋白质含量8.4%。

抗性：感稻瘟病。

产量及适宜地区：2010—2011年参加四川省水稻中籼迟熟组区域试验，2年区域试验平均产量7.87t/hm^2，比对照冈优725增产5.00%；2012年生产试验，平均产量8.07t/hm^2，比对照冈优725增产3.01%。适宜四川平坝和丘陵地区种植。

栽培技术要点：①适时播种，3月上旬至4月上旬播种，秧龄30～40d。②合理密植，栽插密度15万～18万穴/hm^2，每穴栽插2苗。③肥水管理，重底肥，早追肥，氮、磷、钾合理搭配。④病虫害防治，根据植保预测预报，及时防治病虫害，注意防治稻瘟病。

蓉优918（Rongyou 918）

品种来源：四川省成都市农林科学院作物研究所和仲衍种业股份有限公司合作以蓉18A/蓉恢918配组而成。2011年通过四川省农作物品种审定委员会审定。

形态特征和生物学特性：属籼型三系杂交中稻品种。作中稻栽培，全生育期151.6d，比对照冈优725短1.6d。株型适中，剑叶较宽，叶色深绿，叶耳、叶鞘、柱头紫色，分蘖力较弱，熟期转色好，株高124.7cm，有效穗数180万穗/hm²，穗纺锤形，穗长26.0cm，每穗平均着粒153.0粒，结实率77.5%，颖壳黄色，籽粒椭圆形，颖尖紫色，种皮白色，千粒重30.1g。

品质特性：糙米率80.5%，整精米率58.2%，糙米粒长6.8mm，糙米长宽比2.6，垩白粒率30%，垩白度7.6%，胶稠度86mm，直链淀粉含量13.8%、蛋白质含量8.0%。

抗性：感稻瘟病。

产量及适宜地区：2009—2010年参加四川省水稻中籼迟熟组区域试验，2年区域试验平均产量7.94t/hm²，比对照冈优725增产6.00%。2年区域试验增产点率94%；2010年生产试验，平均产量7.92t/hm²，比对照冈优725增产5.07%。适宜四川平坝和丘陵地区种植。

栽培技术要点：①适时播种，3月上旬至4月上旬播种，秧龄35～45d。②合理密植，宽窄行栽植，栽插密度19.5万～22.5万穴/hm²，每穴栽插2苗，有效穗240万～300万穗/hm²。③肥水管理，重底肥，早追肥，看苗补施穗粒肥，需肥量中等，本田前期浅水分蘖，中期够苗晒田，后期薄水或湿润灌溉至成熟。④根据植保预测预报，综合防治病虫害，注意防治稻瘟病。

瑞优399 (Ruiyou 399)

品种来源：四川省成都科瑞农业研究中心以瑞1A/瑞恢399配组而成。2009年通过国家农作物品种审定委员会审定。

形态特征和生物学特性：属籼型三系杂交中稻品种。在武陵山区作一季中稻种植，全生育期平均146.3d，比对照Ⅱ优58长0.7d。株型适中，剑叶中长挺直，叶色淡绿，叶鞘、叶耳、柱头紫色，有效穗数264万穗/hm²，株高113.0cm，穗长23.6cm，每穗平均着粒149.2粒，结实率81.7%，颖壳黄色，籽粒细长形，稃尖紫色，种皮白色，短芒，千粒重29.2g。

品质特性：整精米率58.2%，糙米长宽比3.2，垩白粒率54%，垩白度8.8%，胶稠度60mm，直链淀粉含量22.7%。

抗性：抗稻瘟病，中感纹枯病，中抗稻曲病。

产量及适宜地区：2007—2008年参加武陵山区中籼组品种区域试验，2年区域试验平均单产8.78t/hm²，比对照Ⅱ优58增产4.26%；2008年生产试验，平均单产8.70t/hm²，比对照Ⅱ优58增产5.03%。适宜贵州、湖南、湖北、重庆的武陵山区海拔800m以下稻区作一季中稻种植。

栽培技术要点：①育秧，根据武陵山区各地中稻生产季节要求适时播种，稀播，在3～4叶龄施"断奶肥"，移栽前5d施"送嫁肥"，培育带蘖壮秧。②秧龄30～35d左右移栽，栽插密度20cm×（25～33）cm，栽插密度15万～18万穴/hm²。③肥水管理，多施有机肥，配施磷、钾肥。前作宜绿肥或油菜，冬闲田可施用复合肥195～270kg/hm²作底肥，移栽后早施追肥，用尿素195～225kg/hm²+氯化钾75～120kg/hm²混合施用。水分管理上应注意后期采取间隙灌溉，忌断水过早。④病虫害防治，注意及时防治稻瘟病、螟虫、白叶枯病、稻飞虱、稻瘟病等病虫害。

瑞优425（Ruiyou 425）

品种来源：四川省成都科瑞农业研究中心和四川省农业科学院作物研究所以瑞1A/成恢425配组而成。2010年通过四川省农作物品种审定委员会审定。

形态特征和生物学特性：属籼型三系杂交早熟中稻品种。全生育期158.1d，比对照汕窄8号长2.3d。株型适中，苗期长势较旺，剑叶直立，叶色深绿，叶鞘、叶缘、柱头紫色，分蘖力较强，熟期转色好，株高90.2cm，有效穗数226.5万穗/hm²，穗长24.5cm，每穗平均着粒153.0粒，结实率76.4%，颖壳黄色，颖尖紫色，籽粒椭圆形，种皮白色，顶端部分籽粒有顶芒，千粒重29.1g，

品质特性：糙米率79.8%，整精米率53.3%，糙米粒长7.0mm，糙米长宽比2.7，垩白粒率38%，垩白度6.8%，胶稠度66mm，直链淀粉含量23.8%，蛋白质含量7.7%。

抗性：感稻瘟病。

产量及适宜地区：2008—2009年参加四川省水稻中籼早熟组区域试验，2年区域试验平均单产7.65t/hm²，比对照汕窄8号增产12.57%；2009年生产试验，平均单产7.45t/hm²，比对照汕窄8号增产14.43%。适宜四川海拔800～900m山区种植。

栽培技术要点：①适时播种，秧龄30d左右。②合理密植，栽插密度22.5万～27万穴/hm²。③科学施肥，需肥量中等，施纯氮150～180kg/hm²。④根据植保预测预报，综合防治病虫害，注意防治稻瘟病。

汕优149 (Shanyou 149)

品种来源：四川省农业科学院作物研究所用珍汕97A作母本，与成恢149作父本测配育成。分别通过四川省（1995）和贵州省（2000）农作物品种审定委员会审定。

形态特征和生物学特性：属籼型三系杂交中稻品种。全生育期148d，比对照汕优63早0.9d。株型较紧凑，剑叶较宽，叶色浅绿，叶鞘、叶缘、柱头紫色，分蘖力较强，熟期转色好，株高107.7cm，有效穗数270万穗/hm²，每穗平均着粒142.2粒，结实率84.13%，颖壳黄色，籽粒椭圆形，稃尖紫色，种皮白色，顶芒，千粒重29.0g。

品质特性：糙米率80.7%，精米率65.1%，整精米率59.0%，直链淀粉含量22.84%，碱消值4.5级，胶稠度61mm，粗蛋白8.13%。

抗性：中感稻瘟病。

产量及适宜地区：1993—1994年参加四川省水稻中籼迟熟组区域试验，2年区域试验平均产量8.10t/hm²，比对照汕优63增产2.04%；1994年生产试验，平均产量8.08t/hm²，比对照汕优63增产7.1%。贵州省内多点示范平均产量7.80～8.10t/hm²，比对照汕优63增产2%～3%。该品种1995年以来累计推广面积超过30.4万hm²。适宜四川省平坝、丘陵地区和贵州省海拔1 100m以下的黔西南、黔南等的中低海拔水稻适宜地区种植。

栽培技术要点：①适时播种，采用旱育秧或两段育秧培育壮秧。②合理密植，栽插密度22.5万～30万穴/hm²，栽插基本苗120万～150万苗/hm²。③施足基肥，重施分蘖肥，补施适量的穗肥，注意氮、磷、钾的合理搭配。④及时防治病虫害，适时收获。

汕优 195 （Shanyou 195）

品种来源：四川省农业科学院水稻高粱研究所用珍汕97A/HR195测配选育而成。1994年通过四川省农作物品种审定委员会审定。

形态特征和生物学特性：属籼型三系杂交中稻早熟品种。全生育期在山区为150d左右；在平丘区为135～140d，与对照汕优64相当，比对照汕优63早熟10～12d。株高在山区为90～95cm，在平丘区为105～110cm。株叶型好，生长势旺，叶色深绿，叶鞘、叶缘、柱头紫色，分蘖力中等，熟期转色好，有效穗270万穗/hm^2，每穗着粒130～150粒，结实率85%～90%，千粒重27～28g。

品质特性：稻米心腹白小，外观品质较优，米饭适口性较好。

抗性：中抗稻瘟病，耐肥、耐寒性较强，秆硬抗倒伏。

产量及适宜地区：1992—1993年参加四川省中籼早熟组区域试验，2年区域试验平均产量7.53t/hm^2，比对照汕窄8增产5.52%；生产试验示范比对照汕窄8号增产13%～18%。该品种1994年以来累计推广面积超过5万hm^2。适宜四川省海拔800m以上高山区种植，在川西平坝区可作早熟品种搭配种植。

栽培技术要点：①适时播种，采用地膜育秧，培育分蘖壮秧。②栽足基本苗，栽插基本苗180万苗/hm^{2}以上，秧龄30～35d，采用宽行窄株条栽，平丘区以23cm×16cm、山区以20cm×13cm为宜。③增肥促蘖，施肥应掌握"施足底肥、增施磷钾肥、早施追肥"的原则，底肥施有机肥22～30t/hm^2、尿素150kg/hm^2、磷肥600kg/hm^2、钾肥100kg/hm^2；栽秧后7～10d追施尿素150kg/hm^2，促进早分蘖、多分蘖，尽快达到有效苗数。④注意及时防治病虫害。

汕优22（Shanyou 22）

品种来源：四川省农业科学院作物研究所用不育系珍汕97A与恢复系CDR22测配选育而成。1993年通过四川省农作物品种审定委员会审定。

形态特征和生物学特性：属籼型三系杂交迟熟中稻品种。全生育期150.7d，比对照汕优63迟熟1.4d。植株生长整齐，株型集散适中，叶色淡绿，剑叶较宽大，叶鞘、叶缘、叶耳、柱头紫色，穗层整齐，熟色好，谷黄秆青，株高106.9cm，穗长24.4cm，每穗平均着粒135.6粒，结实率84.8%，颖壳黄色，籽粒椭圆形，秭尖紫色，种皮白色，顶芒，千粒重26.6g。

品质特性：糙米率82.0%，精米率71.2%，蛋白质含量9.2%，直链淀粉含量20.2%。心腹白小，透明度好，食味品质优于汕优63。

抗性：中抗稻瘟病，耐寒性强。

产量及适宜地区：1991—1992年参加四川省中籼迟熟组区域试验，平均产量8.01t/hm^2，比对照汕优63减产0.28%；1992年生产试验，平均产量8.29t/hm^2，比对照汕优63增产10.23%。该品种1993年以来累计推广面积超过45万hm^2。适宜四川、贵州、云南、重庆中稻区种植。

栽培技术要点：适宜主栽汕优63的地区种植，其播、栽期及育秧方法和栽培技术与汕优63相同，施肥水平略高于汕优63。

汕优413 (Shanyou 413)

品种来源：中国水稻研究所以珍汕97A/中413配组而成。1996年通过四川省农作物品种审定委员会审定。

形态特征和生物学特性：属中籼三系杂交中稻品种。全生育期147.6d，比对照汕优63短1.1d。茎秆粗壮，株型适中，叶姿挺拔，剑叶较宽，叶鞘、叶耳、叶缘、柱头紫色，根系发达，生长势旺，分蘖力强，穗大粒多，不早衰，熟相好。株高110cm，有效穗数262.05万穗/hm^2，每穗平均着粒164.1粒，结实率80.6%，颖壳黄色，籽粒椭圆形，稃尖紫色，种皮白色，无芒，千粒重26.9g。

品质特性：糙米率79.9%，精米率73.5%，整精米率53.2%。

抗性：抗稻瘟病，中抗白叶枯病，抗褐稻虱和细菌性条斑病，耐肥，抗倒伏。

产量及适宜地区：1993—1994年参加四川省中籼迟熟组区域试验，2年区域试验平均产量8.09t/hm^2，比对照汕优63增产1.91%；生产试验平均产量8.58t/hm^2，比对照汕优63增产4.47%。适宜四川省平坝、丘陵地区作中稻种植。

栽培技术要点：适时早播，3月中下旬至4月上旬播种，秧龄40～45d；稀播培育多蘖壮秧；栽插密度19.5万～22.5万穴/hm^2，每穴栽插2苗；重底肥，早追肥，中等偏上肥水管理。

汕优448（Shanyou 448）

品种来源：四川省农业科学院作物研究所用珍汕97A/成恢448配组而成。2003年通过国家农作物品种审定委员会审定。

形态特征和生物学特性：属籼型三系杂交晚稻品种。全生育期平均120d，比对照汕优64迟熟3.7d。株型紧散适中，茎秆粗壮，韧性较好，苗期长势旺，叶色淡绿，叶主茎叶片数15～17叶，叶鞘、叶缘、柱头紫色，分蘖力中等偏上，株高94.6cm，有效穗数285万穗/hm²，穗长23.5cm，每穗平均着粒111.9粒，结实率82.6%，颖壳黄色，籽粒椭圆形，颖尖紫色，种皮白色，无芒，千粒重29.3g。

品质特性：整精米率60.4%，糙米长宽比2.6，垩白粒率73%，垩白度16.1%，胶稠度37.5mm，直链淀粉含量21.4%。

抗性：感稻瘟病、白叶枯病、褐飞虱。

产量及适宜地区：1999—2000年参加国家晚籼早熟组区域试验，2年区域试验平均单产7.05t/hm²，比对照汕优64增产7.03%；2001年参加生产试验，平均单产8.13t/hm²，比对照汕优64、汕优46分别增产15.42%、13.41%。适宜在江西、湖南、浙江省的长江流域偏南，以及安徽、湖北省长江以南稻瘟病、白叶枯病轻发区作双季晚稻种植。

栽培技术要点：①播种期，根据当地生长季节适时播种，一般6月中旬播种。②栽插密度，一般栽插24万～30万穴/hm²，栽插基本苗150万～180万苗/hm²为宜。③施肥，需肥量中等，一般施纯氮120～150kg/hm²、磷肥375～450kg/hm²、钾肥225～300kg/hm²。④病虫害防治，根据当地植保部门的预报，及时做好病虫防治工作，特别是要做好稻瘟病、白叶枯病的防治。

汕优5064（Shanyou 5064）

品种来源：四川省农业科学院作物研究所用珍汕97A/5064配组而成。1990年通过四川省农作物品种审定委员会审定。

形态特征和生物学特性：属籼型三系杂交早熟中稻品种。在四川省盆周山区种植，全生育期为145d左右。株型紧凑，苗期长势旺，叶片长宽适中、略披，叶色浓绿，叶鞘、柱头紫色，分蘖力强，后期转色好，易脱粒。株高85cm左右，穗长20cm左右，每穗平均着粒135粒，结实率75%左右，颖壳黄色，籽粒长椭圆形，稃尖紫色，种皮白色，无芒，千粒重25～26g。

品质特性：糙米率80%左右，精米率65%～68%，米质较优，食味较好。

抗性：抗稻瘟病，轻感纹枯病和稻曲病；秆硬抗倒。

产量及适宜地区：1988—1989年参加四川省中籼早熟组区域试验，2年区域试验平均产量8.17t/hm²，比对照种汕窄8号增产5.4%；1989年生产试验，平均产量7.72t/hm²，比对照种汕窄8号增产8.51%，大面积示范种植，一般产量7.50t/hm²左右。适宜四川省盆周山区与汕窄8号搭配种植。

栽培技术要点：①适时播种，培育多蘖壮秧。盆周山区3月下旬至4月上旬播种为宜。栽插基本苗180万～225万苗/hm²，生产水平较高的地区取低值，反之取高值。②合理施肥。该组合耐肥力中等，不宜过多施用氮肥，肥力中上田块，一般施纯氮120kg/hm²左右，应以有机肥为主、化肥为辅，重施底肥，早施追肥。保水保肥的田块，可采用一次施肥，应注意氮、磷、钾三要素的适量配合，效果更佳。③根据植保的预报，及时防治病虫害。

汕优51（Shanyou 51）

品种来源：四川省荣县种子公司以珍汕97A/青科51（窄叶青8号/IR30）配组而成。1985年通过四川省农作物品种审定委员会审定。

形态特征和生物学特性：属籼型三系杂交早稻品种。全生育期130d左右。株型适中，剑叶较宽，叶色浓绿，叶鞘、叶缘、柱头紫色，分蘖力中等，落粒性较强，株高95～100cm，每穗着粒130粒，结实率80%左右，颖尖紫褐色，颖壳秆黄色，种皮白色，无芒，千粒重26.5g。

品质特性：米质较好。

抗性：中感稻瘟病。

产量及适宜地区：1983—1984年四川省水稻区域试验，2年区域试验平均产量7.97t/hm²，比对照泸双1011增产18.45%；大面积生产示范一般产量在6.75t/hm²左右。1986年四川种植面积1万hm²。适宜四川省盆周山区海拔800～1 000m的地区种植。

栽培技术要点：注意在九成黄熟时及时收获。

汕优86 （Shanyou 86）

品种来源：四川省万县市农业科学研究所以珍汕97A/万恢86配组而成。1996年通过四川省农作物品种审定委员会审定。

形态特征和生物学特性：属籼型三系杂交中稻品种。全生育期146d，与对照矮优S熟期相当。苗期长势旺，株型较好，剑叶较宽大，叶色深绿，叶鞘、叶缘、叶耳、柱头紫色，分蘖力强，后期熟色好，株高106cm，有效穗数18万穗/hm²左右。每穗平均着粒138.9粒，结实率83.4%，颖壳黄色，籽粒椭圆形，种皮白色，顶芒，千粒重28.4g。

品质特性：糙米率80.53%，精米率69.08%。外观和食味品质中等。

抗性：感稻瘟病，秆粗抗倒伏。

产量及适宜地区：1994—1995年参加四川省水稻新品种区域试验，2年区域试验平均产量7.97t/hm²，比对照矮优S增产5.23%；1995年在万县市梁平、涪陵、达川、广汉等点进行生产试验，平均产量7.85t/hm²，比对照矮优S增产5.82%；同年在万县、涪陵、达川三地（市）生产示范20.5hm²，平均产量7.96t/hm²，比对照矮优S增产4.6%。适宜四川省盆周山区800m左右地带及川东伏旱区水源较差的稻田种植。

栽培技术要点：①适时播种，采用旱育早发技术，培育多蘖壮秧。②栽插密度22.5万穴/hm²左右，栽插基本苗150万苗/hm²左右。③重底肥，早追肥，一般施纯氮150kg/hm²左右，氮、磷、钾比例为1：0.5：0.5。浅水栽秧，深水护苗，薄水分蘖，够苗搁田。④注意及时防治稻瘟病等病虫害。

汕优92-4（Shanyou 92-4）

品种来源：四川省内江杂交水稻科技开发中心用内恢92-4与珍汕97A配组而成。1999年通过四川省农作物品种审定委员会审定。

形态特征和生物学特性：属籼型三系杂交中稻品种。全生育期149d。株型较紧凑，繁茂性好，群体整齐，剑叶中长、较宽大，不早衰，叶鞘、叶缘、柱头紫色，分蘖力强，容穗量大，株高110cm，穗长24cm，每穗平均着粒140粒，结实率85%，颖壳黄色，籽粒椭圆形，稃尖紫色，种皮白色，无芒，千粒重28g左右。

品质特性：精米率、直链淀粉含量、蛋白质含量、碱消值4项指标达优质米一级标准；胶稠度、糙米率、粒型3项指标达到国颁二级优质米标准。

抗性：感稻瘟病，秆粗抗倒伏。

产量及适宜地区：1996—1997年参加四川省水稻中籼迟熟组区域试验，2年区域试验平均产量8.61t/hm²，比对照汕优63增产2.61%；1998年生产试验，平均产量9.15t/hm²，比对照汕优63增产9.08%。适宜四川省平坝、丘陵地区作一季中稻种植。

栽培技术要点：①川东南3月中下旬播种，川西北4月上旬，再生稻区3月中旬播种；秧龄35～45d。②栽插密度195万～22.5万穴/hm²，双株栽插。有效穗控制在255万～285万穗/hm²。③中等偏上肥水管理。

汕优94-11（Shanyou 94-11）

品种来源：四川省内江杂交水稻科技开发中心用珍汕97A为母本与自育内恢94-11配组而成。分别通过四川省（1999）和贵州省（2000）农作物品种审定委员会审定。

形态特征和生物学特性：属籼型三系杂交中稻。全生育期145.6d，比对照汕优63长0.8d。株型适中，剑叶长直，叶色较深，叶鞘、叶缘、叶耳、柱头紫色，分蘖力强，穗层整齐，成熟转色好，株高110～115cm，每穗着粒140～160粒，结实率85%～90%，颖壳黄色，籽粒椭圆形，稃尖紫色，种皮白色，无芒，千粒重27.5g。

品质特性：糙米率80.8%，精米率74.2%，整精米率73.9%，糙米粒长6.2mm，糙米长宽比2.5，垩白粒率60.0%，垩白度31.2%，透明度3.0级，碱消值4.4级，胶稠度66mm，直链淀粉含量21.0%，蛋白质含量9.6%。

抗性：感稻瘟病，秆硬抗倒。

产量及适宜地区：1997—1998年四川省水稻中籼迟熟组区域试验，2年区域试验平均产量8.21t/hm²，比对照汕优63增产3.1%。1998年在江油、简阳、南充、直宾、渠县5点生产试验，平均产量8.39t/hm²，比对照汕优63增产5.38%。适宜在南方稻区作一季中稻或一季中稻加再生稻或双季晚稻种植。

栽培技术要点：3月下旬至4月上旬播种，秧龄40～45d，栽插密度19.5万～22.5万穴/hm²，重底肥，早追肥，氮、磷、钾搭配。

汕优94-4 （Shanyou 94-4）

品种来源：四川省内江杂交水稻科技开发中心用内恢94-4与珍汕97A配组而成。1999年通过四川省农作物品种审定委员会审定。

形态特征和生物学特性：属籼型三系杂交中稻品种。全生育期146.7d，与对照汕优63同熟期。株型紧凑，繁茂性较好，剑叶宽大，叶色浓绿，叶鞘、叶缘、柱头紫色，分蘖力强，熟期转色好，株高108.2cm，穗长23.7cm，有效穗数273.3万穗/hm²，每穗平均着粒137.2粒，结实率82.7%，颖壳黄色，籽粒椭圆形，稃尖紫色，种皮白色，无芒，千粒重26.9g。

品质特性：糙米率80.8%，精米率74.3%，整精米率49.0%，糙米粒长6.3mm，糙米长宽比2.5，垩白粒率60.2%，垩白度24.1%，透明度4.0级，碱消值4.8级，胶稠度80.8mm，直链淀粉含量20.8%，蛋白质含量9.2%。

抗性：中感稻瘟病。

产量及适宜地区：1997—1998年参加四川省区域试验，2年区域试验平均产量8.20t/hm²，比对照汕优63增产2.47%；1998在四川省5个生态区进行生产试验，平均产量8.55t/hm²，比对照汕优63增产5.56%。适合四川省平坝和丘陵地区作一季中稻种植。

栽培技术要点：3月中下旬至4月上旬播种，适时早播，秧龄40～45d，稀播培育多蘖壮秧。栽插密度19.5万～22.5万穴/hm²，栽插基本苗240万～300万苗/hm²。重底肥，早追肥，中等偏上肥水管理。

汕优多系 1 号 （Shanyouduoxi 1）

品种来源：四川省内江杂交水稻科技开发中心用珍汕97A与多系1号配组而成。分别通过四川省（1993）、贵州省（1995）、福建省（1996）和国家（1998）农作物品种审定委员会审定。

形态特征和生物学特性：属籼型三系杂交中稻品种。全生育期148d。株型适中，长势旺，剑叶较宽，叶色浓绿，叶鞘、叶缘、柱头紫色，成穗率高，熟色好，不早衰，再生力强。株高110cm，每穗平均着粒148粒，结实率85%以上，颖壳黄色，籽粒椭圆形，稃尖紫色，种皮白色，无芒，千粒重27.5g。

品质特性：糙米率80.8%，精米率74.3%，整精米率49.0%，糙米粒长6.3mm，糙米长宽比2.5，垩白粒率60.2%，垩白度24.1%，透明度4.0级，碱消值4.8级，胶稠度80.8mm，直链淀粉含量20.8%，蛋白质含量9.2%。1992年评为四川省优质米，荣获"稻香杯"奖。

抗性：高抗稻瘟病，中感纹枯病，苗期耐寒。

产量及适宜地区：1997—1998年参加四川省区域试验，2年区域试验平均产量8.20t/hm²，比对照汕优63增产2.47%；1998年在四川省五个生态区进行生产试验，平均产量8.55t/hm²，比对照汕优63增产5.56%。1993—1994年参加全国籼型杂交稻区域试验，2年区域试验平均产量8.72t/hm²，比对照汕优63增产3.45%。该品种1993年以来累计推广面积710万hm²。适合南方稻区作一季中稻种植。

栽培技术要点：适时早播，3月中下旬至4月上旬播种，秧龄40～45d，稀播培育多蘖壮秧。栽插密度19.5万～22.5万穴/hm²，双株栽植。重底肥，早追肥，中等偏上肥水管理。

汕窄8号 (Shanzhai 8)

品种来源：四川省雅安地区种子公司以珍汕97A/窄叶青8号配组而成。1985年通过四川省农作物品种审定委员会审定。

形态特征和生物学特性：属籼型三系杂交早熟中稻品种。全生育期135～137d，与对照泸双1011相近。株型较紧凑，苗期长势旺，叶色深绿，叶鞘、柱头紫色，分蘖力较强，穗大粒多，熟期转色好，株高90～95cm，有效穗数180万穗/hm²，每穗着粒130～150粒，结实率85%～90%，颖壳黄色，籽粒椭圆形，稃尖紫色，种皮白色，无芒，千粒重27～28g。

品质特性：米质中至中上，腹白小，适口性好。

抗性：中抗稻瘟病，茎秆坚韧抗倒伏，耐瘠、耐寒。

产量及适宜地区：雅安地区区域试验和四川省大区对比试验，均表现良好。1984年四川省区域试验，平均产量7.82t/hm²，比对照泸双1011增产11.75%。大面积生产示范种植产量6.75t/hm²左右。该品种1985年以来累计推广面积超过25万hm²。适宜四川省山区海拔800～1 000m地区种植。

栽培技术要点：①适时播种，采用地膜育秧，培育分蘖壮秧。②栽足基本苗。要求秧龄30～35d，采用宽行窄株条栽，平丘区以23cm×16cm、山区以20cm×13cm为宜，栽插基本苗120万苗/hm²以上。③增肥促蘖。施肥应掌握"施足底肥、增施磷钾肥、早施追肥"的原则。

蜀龙优3号（Shulongyou 3）

品种来源：四川蜀龙种业有限责任公司、四川省种子工程技术研究所以Z833A/蜀龙恢862配组而成，又名：Z优2号。2004年通过四川省农作物品种审定委员会审定。

形态特征和生物学特性：属籼型三系杂交中稻品种。全生育期149.5d，比对照辐优838长1d。株型松散适中，幼苗矮壮，叶色绿，剑叶较宽、开角较大，叶鞘、叶缘、柱头紫色，分蘖力强，熟期转色好，株高103cm，有效穗数225万穗/hm²，穗长24cm，每穗着粒数144～150粒，结实率81%，颖壳黄色，籽粒椭圆形，秆尖紫色，种皮白色，无芒，千粒重30g。

品质特性：糙米率80.9%，整精米率38.3%，糙米长宽比3.0，垩白粒率39%，垩白度0.9%，透明度3级，碱消值4.3级，胶稠度82mm，直链淀粉含量13.1%。

抗性：高感稻瘟病，抗倒性强。

产量及适宜地区：2002—2003省参加四川省中籼中熟组区域试验，2年区域试验平均产量7.78t/hm²，比对照辐优838增产5.36%；2003年省生产试验，五点平均产量7.91t/hm²，比对照辐优838增产8.69%。适宜四川省平坝、丘陵地区作搭配品种种植。

栽培技术要点：①适时早播，培育壮秧。根据当地气候和耕作特点，播期宜3月20日至4月5日，秧田要施足基肥，以有机肥为主。适当增加秧苗期施肥次数，增加秧田分蘖，培育壮秧。②合理密植，保证足够的基本苗，秧龄控制在35～45d以内，中等肥力田块栽插密度15万～18万穴/hm²为宜，根据田块肥力而适当增减，栽插基本苗以150万苗/hm²左右为宜。③合理施肥。重底肥，早追肥，底肥以有机肥为主，配施锌肥，增施磷、钾肥。氮、磷、钾肥比例为1：0.5：0.7，钾肥以穗肥为主。④水分管理。宜采用浅水栽秧，寸水返青，薄水分蘖，扬花灌浆期浅水灌溉，蜡熟期干湿交替。⑤病虫害防治。生育期间注意及时防治常发病虫害，如稻蓟马、螟虫、稻苞虫，以及纹枯病等，并要注意防治穗颈稻瘟。

蜀龙优4号（Shulongyou 4）

品种来源：四川蜀龙种业有限责任公司、江油川江水稻所和中国水稻研究所以中9A/JR885（6号）配组而成。2004年通过四川省农作物品种审定委员会审定，2007年通过重庆市引种鉴定。

形态特征和生物学特性：属籼型三系杂交中稻品种。全生育期149d，比对照汕优63短1d。株型松散适中，叶色淡绿，叶鞘绿色，柱头无色，分蘖力较强，熟期转色好，株高118cm，有效穗数240.75万穗/hm²，成穗率66%；穗长26厘米，每穗平均着粒170粒左右，结实率78.93%，颖壳黄色，籽粒细长形，稃尖无色，种皮白色，顶芒，千粒重26～27g。

品质特性：糙米率81.3%，整精米率50.8%，糙米长宽比3.0，垩白粒率24%，垩白度3.8%，胶稠度82mm，直链淀粉含量22.6%。

抗性：高感稻瘟病。

产量及适宜地区：2002—2003年参加四川省中籼迟熟优质组区域试验，2年区域试验平均产量7.91t/hm²，比对照汕优63增产1.5%；2003年生产试验，平均产量8.16t/hm²，比对照汕优63增产5.94%。该品种2004年以来累计推广面积超过1.6万hm²。适宜四川平坝、丘陵地区作一季中稻栽培。

栽培技术要点：①适期播种，适龄移栽，秧龄35～45d；②一般肥力田施纯氮150kg/hm²；③合理密植，一般栽插规格23.3cm×16.7cm或26.7cm×16.7cm为宜，栽插基本苗135万～150万苗/hm²；④及时防治病虫害。

硕丰2号 （Shuofeng 2）

品种来源：四川省江油市农业科学研究所以Ⅱ-32A/THR-2-1配组而成。2004年通过四川省农作物品种审定委员会审定。2009年获国家植物新品种权，品种权号：CNA20060086.9。

形态特征和生物学特性：属籼型三系杂交中稻品种。全生育期154d，比对照汕优63长4d。植株粗壮，株型紧凑，叶片狭长，叶色深绿，基部叶鞘深紫色，叶缘、柱头紫色，分蘖力较强，抽穗期集中，穗层整齐，后期转色快，落黄好，株高118cm，有效穗225万～255万穗/hm²，穗长26～27cm，每穗着粒170～182粒，结实率79.8%～82.2%，颖壳黄色，籽粒椭圆形，稃尖浅紫色，种皮白色，无芒，千粒重27g。

品质特性：糙米率80.5%，精米率73.1%，整精米率61.1%，糙米粒长6.1mm，糙米长宽比2.4，垩白粒率39%，垩白度7.4%，透明度1级，碱消值6.2级，胶稠度76mm，直链淀粉含量24.3%，蛋白质含量8.7%。

抗性：感稻瘟病。

产量及适宜地区：2002—2003年四川省中籼迟熟组区域试验，2年区域试验平均单产8.27t/hm²，比对照汕优63增产4.05%；2003年生产试验平均单产8.27t/hm²，比对照汕优63增产10.47%。适宜四川省平坝和丘陵区作一季中稻种植。

栽培技术要点：①适时播种，培育多蘖壮秧。②适时栽插，最适秧龄为40d左右，最迟不超过50d。③需肥水条件较高，施纯氮不少于150kg/hm²。④及时防治病虫害。

泰香5号（Taixiang 5）

品种来源：四川省农业科学院水稻高粱研究所和作物研究所用川香29A/泸香恢1号配组而成。2004年通过四川省农作物品种审定委员会审定。

形态特征和生物学特性：属籼型三系杂交中稻品种。全生育期153d，比对照汕优63长3～4d。前期叶片深绿、较大，叶鞘、叶缘、叶耳、柱头紫色，分蘖能力强，繁茂性好，株型清秀；后期青秆黄熟，子粒饱满，熟相好。株高118cm左右，穗长25cm左右，有效穗225万穗/hm²，成穗率65.6%，每穗平均着粒193粒，每穗实粒数136粒，结实率70.6%，颖壳黄色，籽粒细长形，稃尖紫色，种皮白色，顶芒，千粒重27g。

品质特性：糙米率80.5%，整精米率59.2%，糙米长宽比2.9，垩白粒率14%，垩白度3.6%，胶稠度68mm，直链淀粉含量14.9%。

抗性：高感稻瘟病，高抗白叶枯病。

产量及适宜地区：2002—2003年参加四川省水稻中籼迟熟组区域试验，2年区域试验平均产量7.76t/hm²，比对照汕优63减产0.5%；2003年生产试验，平均产量8.30t/hm²，比对照汕优63增产3.92%。该品种2004年以来累计推广面积超过1万hm²。适宜四川省平坝和丘陵地区种植。

栽培技术要点：①适期播种，培育适龄壮秧。以秧苗移栽期确定播种期，尽量不栽超龄秧。立足稀播育壮秧，秧苗1叶1心期，每公顷喷施15%多效唑可湿性粉剂750g，有明显的促蘖控长作用，利于培育多蘖壮秧。②合理密植。大田用种量15kg/hm²，栽足一定的基本苗，一季稻栽插规格17cm×（20～27）cm，一般栽插密度24万～27万穴/hm²为宜。③科学合理肥水管理。一般大田施纯氮262.5kg/hm²为宜，氮、磷、钾肥搭配使用。中期要重视烤田控苗，苗长势过旺，要重搁，防止中、后期长势太旺造成倒伏和感染稻曲病；抽穗灌浆期不宜断水，切忌后期氮肥投入过多而导致贪青晚熟；后期干干湿湿壮籽粒，忌断水过早。④注意防治病虫害。生长期间主要病虫害有稻蓟马、卷叶螟、纹枯病、稻瘟病等。注意结合当地病虫测报，对症用药，及时防治。

泰优99 (Taiyou 99)

品种来源：四川省农业科学院水稻高粱研究所用D62A/泸恢1345配组而成。分别通过重庆市（2006）、国家（2009）和江西省（2011）农作物品种审定委员会审定。

形态特征和生物学特性：属籼型三系杂交中稻。在长江上游作一季中稻种植，感光性中等。全生育期平均159.8d，比对照Ⅱ优838长3.1d。株型适中，长势繁茂，叶片直立，叶宽中等，叶色浓绿，叶鞘、叶缘、叶耳、柱头紫色，主茎叶片数17左右。分蘖力较强，熟期转色好，一次枝梗较发达。较易脱粒。株高120.7cm，成穗率65%左右。有效穗数240万穗/hm²，穗呈纺锤形，穗长25.8cm，每穗平均着粒169.9粒，结实率80.6%，颖壳黄色，籽粒长椭圆形，颖尖紫色，种皮白色，顶芒，千粒重30.7g。

品质特性：整精米率56.7%，糙米长宽比2.4，垩白粒率31%，垩白度5.4%，胶稠度47mm，直链淀粉含量22.4%。

抗性：感稻瘟病，高感褐飞虱，抽穗期耐热性中等，对低温敏感。

产量及适宜地区：2003—2004年参加重庆市迟熟杂交稻区域试验，平均产量8.4t/hm²，比对照汕优63增产9.32%；2005年生产试验，平均产量8.9t/hm²，比对照汕优63增产9.78%。2007—2008年参加国家长江上游迟熟中籼组品种区域试验，2年区域试验平均单产9.41t/hm²，比对照Ⅱ优838增产6.52%；2008年生产试验，平均单产9.00t/hm²，比对照Ⅱ优838增产7.28%。2009—2010年参加江西省水稻区域试验，2年区域试验平均产量8.12t/hm²。该品种2006年以来累计推广面积超过18万hm²。适宜在云南、贵州、重庆的中低海拔籼稻区（武陵山区除外），四川平坝丘陵稻区、陕西南部稻区的稻瘟病轻发区作一季中稻种植，江西省稻瘟病轻发区种植。

栽培技术要点：①育秧，适时早播，采取地膜湿润育秧，稀播培育壮秧。②移栽，适时早栽，栽插密度15万～22.5万穴/hm²，每穴栽插2苗。③肥水管理，本田施足底肥，中等肥力田施纯氮150～195kg/hm²，配合磷钾肥，注意在幼穗分化始期适当追施穗肥。水分管理参照各地中稻生产要求。④病虫害防治，注意及时防治螟虫、稻瘟病、褐飞虱等病虫。

天龙8优177 (Tianlong 8 you 177)

品种来源：四川省绵阳市天龙水稻研究所以天龙8A／成恢177配组而成。2010年通过四川省农作物品种审定委员会审定。

形态特征和生物学特性：属籼型三系杂交中稻品种。全生育期147.7d，比对照辐优838长0.4d。株型适中，剑叶较宽，叶色绿色，叶鞘绿色，叶耳、柱头无色，分蘖力较强，熟期转色好，株高110.9cm，有效穗数217.5万穗/hm²，穗长26.5cm，每穗平均着粒173.1粒，结实率82.9%，颖壳黄色，籽粒长椭圆形，稃尖无色，种皮白色，顶芒，千粒重27.4g。

品质特性：糙米率78.5%，整精米率59.7%，糙米粒长6.9mm，糙米长宽比2.8，垩白粒率21%，垩白度4.2%，胶稠度68mm，直链淀粉含量22.4%，蛋白质含量7.4%，米质达到国颁三级优质米标准。

抗性：感稻瘟病。

产量及适宜地区：2008—2009年参加四川省水稻中籼中熟组区域试验，2年区域试验平均单产7.97t/hm²，比对照辐优838增产6.16%；2009年生产试验，平均单产7.98t/hm²，比对照辐优838增产7.38%。适宜四川平坝丘陵地区作搭配品种种植。

栽培技术要点：①适时早播，培育壮秧，秧龄35d以内。②合理密植，栽插密度15万～18万穴/hm²。③肥水管理，重底肥早追肥，氮、磷、钾肥搭配使用，忌后期氮肥过量。④根据植保部门预测预报，综合防治病虫害，注意防治稻瘟病。

天龙优540（Tianlongyou 540）

品种来源：四川省绵阳市天龙水稻研究所以天龙5A/天龙恢140配组而成。2008年通过四川省农作物品种审定委员会审定。

形态特征和生物学特性：属籼型三系杂交中稻品种。全生育期149.1d，比对照冈优725短0.3d。株型适中，叶色深绿，剑叶斜立微内卷，叶鞘、叶耳、柱头紫红色，分蘖力较强，熟转色好，株高128.4cm，有效穗数213万穗/hm²，穗长26.7cm，每穗平均着粒187.7粒，结实率75.9%，颖壳黄色，籽粒细长形，稃尖紫红色，种皮白色，短顶芒，千粒重28.7g。

品质特性：糙米率82.3%，整精米率60.2%，糙米粒长7.1mm，糙米长宽比3.0，垩白粒率51%，垩白度8.2%，胶稠度59mm，直链淀粉含量26.5%，蛋白质含量9.9%。高直链淀粉专用杂交稻组合。

抗性：感稻瘟病。

产量及适宜地区：2006—2007年参加四川省中籼优质组区域试验，2年区域试验平均单产8.41t/hm²，比对照冈优725增产6.65%；2007年生产试验平均单产8.62t/hm²，比对照冈优725增产3.07%。适宜四川省平坝和丘陵地区种植。

栽培技术要点：①适时早播，培育适龄壮秧。②合理密植，栽插密度18万~22.5万穴/hm²，每穴栽插2苗。③重施底肥，早施分蘖肥，看苗补施穗肥，氮、磷、钾肥配合施用，切忌中后期氮肥过量。④精细管水，深水返青，薄水分蘖，够苗晒田，有水抽穗，干湿壮籽，黄熟落干。⑤根据植保预测预报，综合防治病虫害。

田丰优109（Tianfengyou 109）

品种来源：四川田丰农业科技发展有限公司以Ⅱ-32A/田恢109（原名6109）配组育成。2005年通过四川省农作物品种审定委员会审定，2007年通过重庆市引种鉴定。

形态特征和生物学特性：属籼型三系杂交中稻品种。全生育期154.3d，比对照汕优63长2.7d。株型紧凑，茎秆粗壮，叶色深绿，剑叶长宽中等直立，剑叶角度小而直立，叶鞘、叶缘、柱头紫色，穗藏剑叶下，分蘖力较强，后期转色好，脱粒性好。株高113.0cm，有效穗数225.45万穗/hm²，穗长24.6cm，每穗平均着粒155.2粒，结实率85.1%，颖壳浅黄色，籽粒椭圆形，颖尖紫色，种皮白色，顶芒，千粒重28.4g。

品质特性：整精米率49.0%，垩白粒率48.0%，垩白度11.0%，直链淀粉含量27.2%。

抗性：高感稻瘟病。

产量及适宜地区：2003—2004年参加四川省中籼迟熟组区域试验，2年区域试验平均产量8.31t/hm²，比对照汕优63增产4.66%。2004年生产试验平均产量8.82t/hm²，比对照汕优63增8.53%。该品种2005年以来累计推广面积超过2万hm²。适宜四川省平坝、丘陵地区作一季中稻种植。

栽培技术要点：①播种期，川东南3月中、下旬播种，川西北宜清明前后播种。②栽培密度，栽基本苗120万/hm²左右。③施肥，中等肥力田，施纯氮150kg/hm²、磷肥750kg/hm²、氯化钾225kg/hm²，重施底肥，早施追肥，看苗施穗肥。④适期综合防治病虫害。

香优1号 （Xiangyou 1）

品种来源：四川省农业科学院作物研究所用川香28A/CDR22配组而成。1999年通过四川省农作物品种审定委员会审定。

形态特征和生物学特性：属籼型三系杂交中稻品种。全生育期平均151d，比对照汕优63早熟0.75d。株型紧散适度，苗期长势旺，叶片较窄，叶鞘、柱头紫色，分蘖力强，成穗率较高，后期转色好，秆青谷黄，穗层整齐，株高110cm，有效穗270万穗/hm²，穗长24～26cm，每穗着粒140～150粒，结实率82.0%，颖壳黄色，籽粒细长形，稃尖紫色，种皮白色，无芒，籽粒饱满，千粒重27g。

品质特性：糙米率80.7%，精米率72.4%，整精米率53.8%，糙米长宽比3.3，垩白粒率37%，垩白度13.6%，胶稠度68mm，直链淀粉含量16.4%，碱消值4.3级。

抗性：感稻瘟病。

产量及适宜地区：1996—1997年参加四川省水稻中籼迟熟优米组区域试验，2年区域试验平均产量7.90t/hm²，比对照汕优63减产2.9%；1998年生产试验，平均产量7.91t/hm²，比对照汕优63增产2.63%。适宜四川省平坝、丘陵地区作一季中稻种植。

栽培技术要点：播期与汕优63相同，栽插密度22.5万穴/hm²左右，栽插基本苗150万～180万苗/hm²为宜，需肥量中等。

协优027（Xieyou 027）

品种来源：四川华丰种业有限责任公司以协青早A／华恢027配组而成。2008年通过四川省农作物品种审定委员会审定。

形态特征和生物学特性：属籼型三系杂交中稻品种。全生育期148.6d，比对照冈优725长0.3d。株型适中，剑叶短、较宽、色浓绿，叶鞘、叶缘、柱头紫色，分蘖力较强，后期转色好，株高112.3cm，有效穗234万穗/hm²，穗长24.5cm，每穗平均着粒162.7粒，结实率82.5%，颖壳黄色，籽粒椭圆形，稃尖无色，种皮白色，无芒，千粒重27.1g。

品质特性：糙米率79.3%，整精米率58.8%，糙米粒长6.2mm，糙米长宽比2.6，垩白粒率98.0%，垩白度18.6%，胶稠度56mm，直链淀粉含量26.2%，蛋白质含量8.1%。

抗性：感稻瘟病。

产量及适宜地区：2006—2007年参加四川省中籼迟熟组区域试验，2年区域试验平均单产8.14t/hm²，比对照冈优725增产7.32%；2007年生产试验平均单产8.18t/hm²，比对照冈优725增产4.45%。适宜四川省平坝和丘陵地区种植。

栽培技术要点：①适时播种，培育壮秧。②栽插密度18万～22.5万穴/hm²，每穴栽插2苗。③重底肥早追肥，氮、磷、钾肥配合施用。④根据植保预测预报，综合防治病虫害。

协优527 (Xieyou 527)

品种来源：四川农业大学水稻研究所用协青早A/蜀恢527配组而成。分别通过四川省（2003）、国家（2004）和湖北省（2004）农作物品种审定委员会审定。2005年获国家植物新品种权，品种权号：CNA20030434.8。2005年农业部确认为超级稻品种。

形态特征和生物学特性：属籼型三系杂交迟熟中稻品种，全生育期151.9d，比对照汕优63长0.4d。株型适中，剑叶长、宽、挺，叶色较淡，叶舌、叶鞘、节环、柱头紫色，分蘖力较强，田间生长势旺，穗长，着粒较稀，株高112.4cm，有效穗数250.5万穗/hm²，穗长24.3cm，每穗平均着粒143.3粒，结实率87%，颖壳黄色，籽粒细长形，稃尖紫色，种皮白色，有顶芒，千粒重31.1g。

品质特性：整精米率60.9%，糙米长宽比3.1，垩白粒率35%，垩白度6.8%，胶稠度74mm，直链淀粉含量21.9%。

抗性：高感稻瘟病和褐飞虱，感白叶枯病，耐寒性较弱。

产量及适宜地区：2001—2002年四川省中籼迟熟组区域试验，2年区域试验平均产量8.68t/hm²，比对照汕优63增产9.59%；2002年生产试验5点平均产量8.57t/hm²，比对照汕优63增产10.39%。2002—2003年参加国家长江上游中籼迟熟高产组区域试验，2年区域试验平均产量8.93t/hm²，比对照汕优63增产6.12%。2003年生产试验平均产量9.78t/hm²，比对照汕优63增产12.31%。该品种2003年以来累计推广面积超过13万hm²。适宜云南、贵州、重庆中低海拔稻区（武陵山区除外），四川平坝和丘陵，陕西南部稻瘟病、白叶枯病轻发区，湖北省鄂西南山区以外的地区作一季中稻种植，广东省韶关市中茬地区种植及前作为黄烟、西瓜等较早熟作物迹地晚茬使用。

栽培技术要点：①培育壮秧，根据当地种植习惯与汕优63同期播种，秧田播种量150kg/hm²；②移栽，秧龄控制在40~45d，栽插密度22.5万~25.5万穴/hm²，栽插基本苗120万~150万苗/hm²；③肥水管理，施纯氮150~180kg/hm²，重底肥，早追肥，增施磷、钾肥。水分管理要做到干湿交替，够苗晒田，后期不可脱水过早；④防治病虫害，特别注意防治稻瘟病，注意防治白叶枯病。

协优63 (Xieyou 63)

　　品种来源：安徽省广德县农业科学研究所以协青早A/明恢63配组而成。四川省种子公司1985年冬从安徽省引进。1988年通过四川省农作物品种审定委员会审定。

　　形态特征和生物学特性：属籼型三系杂交中稻品种。作中稻栽培，全生育期150d左右，比对照汕优63略早熟。株型较紧凑，叶片较窄而直立，叶色浓绿，叶鞘、叶缘、柱头紫色，分蘖力较强，后期转色好，株高100～105cm，有效穗数274万穗/hm²，每穗平均着粒110粒左右，结实率85%左右，颖壳黄色，籽粒长椭圆形，稃尖紫色，顶芒，千粒重30g左右。

　　品质特性：糙米率80%～81%，加工品质与汕优63相近，食味和外观品质优于汕优63。

　　抗性：感稻瘟病，耐肥、抗倒伏，抗寒性差。

　　产量及适宜地区：1986—1987年四川省区域试验，2年区域试验平均产量8.40t/hm²；大面积示范种植一般产量7.50t/hm²。适宜四川省平丘及海拔800m以下的低山区作搭配品种种植。

　　栽培技术要点：作中稻栽培一般3月中、下旬播种，秧龄40～45d为宜，两段育秧，不宜超过55d。栽插基本苗150万～180万苗/hm²，施纯氮120～150kg/hm²。

新香527 (Xinxiang 527)

品种来源：广汉大地种业有限公司和四川农业大学水稻研究所合作以新香A/蜀恢527配组而成。2005年通过四川省农作物品种审定委员会审定。

形态特征和生物学特性：属中籼三系杂交中稻品种。全生育期150d左右，比对照汕优63短1d。株型适中，茎秆粗壮，叶色淡绿，叶片较宽，叶鞘、叶耳、环节、柱头紫色，主茎叶片数16～17叶，繁茂性好，分蘖力较强，成穗率高，有效穗240万～255万穗/hm²，株高107cm左右，穗长24～25cm，每穗着粒152粒，结实率81%，颖壳黄色，籽粒细长形，颖尖紫色，种皮白色，顶芒，千粒重30.5g。

品质特性：糙米率81.4%，精米率73.8%，整精米率51.4%，糙米粒长7.1mm，糙米长宽比3.0，垩白粒率57%，垩白度10%，透明度2级，碱消值5.5级，胶稠度76mm，直链淀粉含量23.3%，蛋白质含量9.1%。综合评价为部颁普通4等食用稻。

抗性：高感稻瘟病。

产量及适宜地区：2003—2004年参加四川省中籼迟熟优质组区域试验，2年区域试验平均产量8.25t/hm²，比对照汕优63增产4.53%；2004年在生产试验，平均产量8.76t/hm²，比对照汕优63增产11.36%。适宜在四川省平坝、丘陵地区作一季中稻种植。

栽培技术要点：适时早播，培育多蘖壮秧，合理密植，栽足基本苗，栽插密度22.5万～25.5万穴/hm²，栽插基本苗120万～150万苗/hm²；合理施肥、重底肥早追肥，施纯氮150～180kg/hm²，氮、磷、钾搭配；够苗晒田，控制无效分蘖；加强纹枯病和螟虫防治。

阳鑫优1号（Yangxinyou 1）

品种来源：四川省南充市农业科学研究院、四川农业大学水稻研究所以D702A/南恢511配组而成。2005年通过四川省农作物品种审定委员会审定。2008年通过重庆市引种鉴定。2009年获国家植物新品种权，品种权号：CNA20050604.8。

形态特征和生物学特性：属籼型三系杂交中稻品种。全生育期150.2d，比对照汕优63短0.2d。株型紧凑，叶片直立，叶色浓绿，叶鞘、柱头紫色，分蘖力强，后期转色好，株高110.0cm，有效穗数233.4万穗/hm²，穗长24.9cm，每穗平均着粒157.3粒，实粒134.4粒，结实率85.2%，颖壳黄色，籽粒椭圆形，稃尖紫色，种皮白色，无芒，千粒重29.5g。

品质特性：糙米率81.0%，精米率73.4%，整精米率49.5%，垩白粒率84%，垩白度14.4%，透明度2级，碱消值5.8级，胶稠度64mm，直链淀粉含量24.0%，蛋白质含量8.9%。

抗性：高感稻瘟病。

产量及适宜地区：2003—2004年参加四川省中籼迟熟组区域试验，2年区域试验平均产量8.56t/hm²，比对照汕优63增产7.35%；2004年生产试验平均产量8.63t/hm²，比对照汕优63增产9.45%。适宜四川平坝和丘陵地区和重庆市海拔800m以下地区作一季中稻种植。

栽培技术要点：①培育壮秧，根据当地种植习惯与汕优63同期播种，秧龄30～45d。②移栽，栽播密度18万穴/hm²左右，栽插基本苗135万～150万苗/hm²。③施肥。重底肥，早追肥，一般施纯氮150～180kg/hm²左右，氮磷钾比例为1：0.5：0.5。④田间管理。浅水栽秧，深水护苗，薄水分蘖，够苗晒田。

一丰8号 （Yifeng 8）

品种来源：四川省农业科学院水稻高粱研究所用K22A/蜀恢527配组而成，又名：K优2527。分别通过四川省（2004）和国家（2006）农作物品种审定委员会审定。2006年农业部确认为超级稻品种。

形态特征和生物学特性：属籼型三系杂交中稻品种。全生育期150d，与对照汕优63相当。株型紧散较适中，叶鞘、叶缘和柱头均为紫色，分蘖力中等，穗大粒多粒大，转色好，落粒性适中。株高114cm左右，穗长24～25cm，有效穗数255万～270万穗/hm²，结实率80%以上，颖壳黄色，籽粒细长形，种皮白色，无芒，千粒重31～32g，

品质特性：整精米率54.9%，糙米长宽比3.1，垩白粒率58%，垩白度10.3%，胶稠度54mm，直链淀粉含量21.6%。

抗性：感稻瘟病。

产量及适宜地区：2002—2003年参加四川省中籼迟熟组区域试验，2年区域试验平均单产8.44t/hm²，比对照汕优63增产7.06%；2003年生产试验，平均单产8.78t/hm²，比对照汕优63增产8.86%。2004—2005年参加国家长江上游中籼迟熟组品种区域试验，2年区域试验平均单产9.15t/hm²，比对照汕优63增产8.04%；2005年生产试验，平均单产8.41t/hm²，比对照汕优63增产9.19%。该品种2004年以来累计推广面积超过2万hm²。适宜云南、贵州、重庆中低海拔籼稻区（武陵山区除外），四川平坝丘陵稻区、陕西南部稻区的稻瘟病轻发区作一季中稻种植。

栽培技术要点：①育秧，根据各地中籼生产季节适时播种，大田用种量18.75～22.5kg/hm²。②栽插密度18万～22.5万穴/hm²，每穴栽插2苗。③肥水管理。氮、磷、钾配合施肥，一般施纯氮120～150kg/hm²、过磷酸钙300kg/hm²、钾肥75kg/hm²作基肥，移栽后7d施45kg/hm²纯氮作追肥。水浆及其他田间管理可参照汕优63。④病虫害防治，注意及时防治稻瘟病等病虫害。

宜香10号（Yixiang 10）

品种来源：四川省宜宾市农业科学院以宜香1A/宜恢10号配组而成，又名宜香优3678、宜香优10号。分别通过国家（2005）和浙江省（2007）农作物品种审定委员会审定。2007年获国家植物新品种权，品种权号：CNA20030112.8。

形态特征和生物学特性：属籼型三系杂交中稻品种。在长江上游稻区作一季中稻种植，全生育期平均155.6d，比对照汕优63迟熟1.7d。株型紧凑，剑叶挺直，叶色浓绿，叶鞘绿色，柱头无色，长势繁茂，分蘖力强，后期转色好，易落粒，株高119.2cm，有效穗数240万穗/hm²，穗长25.6cm，每穗平均着粒179.6粒，结实率74.3%，颖壳黄色，籽粒长椭圆形，稃尖无色，种皮白色，顶芒，千粒重28.9g。

品质特性：整精米率66.7%，糙米长宽比2.9，垩白粒率14%，垩白度1.9%，胶稠度67mm，直链淀粉含量16.9%，达到国家二级优质稻谷标准。

抗性：中抗白叶枯病，高感稻瘟病，感褐飞虱。

产量及适宜地区：2003—2004年参加国家长江上游中籼迟熟优质组区域试验，2年区域试验平均单产8.76t/hm²，比对照汕优63增产2.02%；2004年生产试验平均单产8.45t/hm²，比对照汕优63增产7.51%。2005—2006年参加浙江省单季杂交晚籼稻区域试验，2年区域试验平均单产7.96t/hm²，比对照汕优63增产7.4%；2006年生产试验平均单产7.71t/hm²，比对照汕优63增产3.4%。该品种2005年以来累计推广面积超过15万hm²。适宜云南、贵州、重庆中低海拔稻区（武陵山区除外），四川平坝和丘陵稻区、陕西南部稻区的稻瘟病轻发区作一季中稻种植；及浙江省中低肥籼稻区作单季晚稻种植。

栽培技术要点：①育秧，适时播种，秧田播种量150kg/hm²，稀播、地膜覆盖保温培育壮秧。②秧龄30～40d移栽，栽插方式以宽窄行为好，栽插密度18万～22.5万穴/hm²，基本苗在150万苗/hm²左右。③肥水管理。大田以有机肥为主，氮、磷、钾配合施用，每公顷施纯氮180kg，氮、磷、钾比例为1：0.5：0.5；重底肥，早追肥。在水分管理上，做到浅水栽秧，深水护苗，薄水分蘖，够苗晒田，后期断水不宜过早。④病虫害防治，注意及时防治稻瘟病、螟虫、稻飞虱、纹枯病等病虫。

宜香101（Yixiang 101）

品种来源：四川省自贡市农业科学研究所、宜宾市农业科学研究所以宜香1A/GR101配组而成的籼型三系杂交水稻品种。分别通过四川省（2006）、云南省（2009）（红河、西双版纳）和贵州省（2012）农作物品种审定委员会审定。

形态特征和生物学特性：属籼型三系杂交中稻品种。全生育期151.3d，比对照油优63长1.3d。株型适中，剑叶挺直、宽大，叶鞘绿色，叶耳、柱头无色，后期转色好，株高116.6cm，有效穗数223.5万穗/hm²，穗长26.9cm，每穗平均着粒158.5粒，结实率76.7%，颖壳黄色，籽粒细长形，颖尖秆黄色，种皮白色，无芒，千粒重31.3g。

品质特性：糙米率78.8%，整精米率56.9%，糙米长宽比3.0，垩白粒率19%，垩白度8.3%，胶稠度78mm，直链淀粉含量13.3%。

抗性：高感稻瘟病。

产量及适宜地区：2004—2005年参加四川省中籼迟熟组区域试验，2年区域试验平均产量8.19t/hm²，比对照油优63增产6.77%；2005年生产试验，平均产量7.84t/hm²，比对照油优63增产7.88%。2009—2010年参加贵州省水稻区域试验，2年区域试验平均产量8.87t/hm²，比对照增产4.71%；2011年生产试验平均产量8.51t/hm²，比对照油优63增产7.0%。适宜四川平坝和丘陵地区、贵州省中迟熟杂交籼稻地区，云南省红河哈尼族彝族自治州海拔1 400m以下的中稻区，西双版纳傣族自治州中、低海拔稻区种植。稻瘟病常发区慎用。

栽培技术要点：①播种期，海拔400m以下平丘区宜3月上旬至下旬播种，海拔400m以上丘陵山区宜3月中旬至4月上旬播种，秧龄30～45d。②栽插密度，栽插密度18万～22.5万穴/hm²为宜，每穴栽插2苗。③施肥管理，本田应采用氮、磷、钾、锌配合施用，氮、磷、钾比为2：1：1.5，施纯氮120～150kg/hm²，采用重底肥、早追肥、加穗肥的施用方法。④科学管水，前期浅水灌溉为主，中期够穗苗晒田，后期薄水或湿润灌溉至成熟。⑤病虫害防治，以综合防治为主，重点对稻螟虫、稻蓟马、稻飞虱和稻瘟病、纹枯病的防治。

宜香1313（Yixiang 1313）

品种来源：四川省宜宾市农业科学院以宜香1A/宜恢1313配组而成。2005年通过四川省农作物品种审定委员会审定。2007年获国家植物新品种权，品种权号：CNA20040246.3。

形态特征和生物学特性：属籼型三系杂交中稻迟熟品种。全生育期153d左右，比对照汕优63迟1～2d。株型适中，剑叶挺直、较宽，叶鞘绿色，叶耳浅绿，柱头白色，分蘖力强，后期转色好。株高118cm，有效穗数240万穗/hm²左右，穗长25cm，每穗平均着粒151粒，结实率78.1%，颖壳黄色，籽粒细长形，稃尖无色，种皮白色，无芒，千粒重31.1g。

品质特性：整精米率75.5%，糙米长宽比2.9，垩白粒率73%，垩白度13.6%，胶稠度86mm，直链淀粉含量22.5%。

抗性：中感稻瘟病。

产量及适宜地区：2003—2004年参加四川省中籼迟熟高产组区域试验，2年区域试验平均单产8.33t/hm²，比对照汕优63增产5.73%；2004年生产试验，平均单产8.35t/hm²，比对照汕优63增产8.71%。该品种2005年以来累计推广面积2.5万hm²。适宜于四川平坝、丘陵地区作一季中稻种植。

栽培技术要点：①适时播种，培育多蘖壮秧，秧龄30～40d。②合理密植，栽插密度19.5万～22.5万穴/hm²，每穴栽插2苗。③合理施肥，重底肥早追肥，氮、磷、钾配合施用；中等肥力田每公顷施有机肥1 125kg以上、尿素112.5kg、磷肥600kg、钾肥112.5kg；移栽返青后施促分蘖肥尿素60kg/hm²；抽穗前15～20d施穗粒肥尿素45kg/hm²，钾肥75kg/hm²。④科学管水，花期浅水管理，中期够苗晒田，后期湿润管理到成熟。⑤及时防治病虫害。

宜香1577 (Yixiang 1577)

品种来源：四川省宜宾市农业科学院用宜香A/宜恢1577配组而成，又名宜香优1577、天协6号。2003年分别通过国家和四川、江苏、安徽、陕西、贵州、广西、江西省（自治区）农作物品种审定委员会审定，2004年通过湖北省农作物品种审定委员会审定。2003年获国家植物新品种权，品种权号：CNA20010141.2。

形态特征和生物学特性：属籼型三系杂交中稻品种。全生育期152.5d，比对照汕优63长3.2d，株高1114cm，苗期长势旺，株型适中，剑叶较宽，叶片深绿色，叶鞘、叶耳绿色，柱头无色，分蘖力中等，后期转色好，有效穗数235.5万穗/hm²，穗长26.8cm，每穗平均着粒169.2粒，结实率82.7%，糙米粒长6.7mm，谷粒宽2.5mm，糙米长宽比2.68，颖壳黄色，籽粒椭圆形，稃尖无色，种皮白色，无芒，千粒重27g。

品质特性：糙米率80.2%，精米率73.7%，整精米率65.2%，糙米长宽比2.7，垩白粒率23.5%，垩白度4.7%，碱消值6.7级，胶稠度55mm，直链淀粉含量21%，蛋白质含量10.2%。1999年获四川省第二届"稻香杯"奖。

抗性：感稻瘟病和白叶枯病，高感褐飞虱。

产量及适宜地区：2001—2002年参加四川省中籼迟熟优质米组区域试验，2年区域试验平均产量8.54t/hm²，比对照汕优63增产6.53%；2002年生产试验，平均产量8.52t/hm²，比对照汕优63增产9.3%。2001—2002年参加国家长江上游中籼迟熟优质组和长江中下游中籼迟熟优质组区域试验，上游平均产量8.60t/hm²，比对照汕优63增产2.11%，中下游平均产量8.85t/hm²，比对照汕优63增产1.95%；2002年生产试验，平均产量8.86t/hm²，比对照汕优63增产6.32%。该品种2003年以来累计推广面积超过75万hm²。适宜四川、湖北、湖南、江西、福建、安徽、浙江、江苏省长江流域和重庆、云南、贵州中、低海拔稻区以及陕西省汉中、河南省信阳地区种植。

栽培技术要点：①适时播种，播期同汕优63，秧田播种量120～150kg/hm²，秧龄30～35d。②合理密植，栽插密度18万～22.5万穴/hm²，每穴栽插2苗。③科学用肥，施足基肥，早追肥，氮、磷、钾配合施用。④防治病虫害，注意防治稻瘟病、白叶枯病及稻飞虱的危害。

宜香1979（Yixiang 1979）

品种来源：四川省宜宾市农业科学研究所宜香1A/宜恢1979配组而成。2006年通过国家农作物品种审定委员会审定。2007年获国家植物新品种权，品种权号：CNA20040247.1。

形态特征和生物学特性：属籼型三系杂交中稻品种。在长江上游稻区作一季中稻种植，全生育期平均154.1d，比对照汕优63迟熟1.3d。株型紧凑，长势繁茂，叶色深绿，叶鞘绿色，叶耳、叶舌、柱头无色，分蘖力中等，后期转色好，株高122.9cm，有效穗数259.5万穗/hm²，穗长26.2cm，每穗平均着粒173.4粒，结实率79.1%，颖壳黄色，籽粒椭圆形，稃尖无色，种皮白色，无芒，千粒重26.9g。

品质特性：糙米率81.7%，精米率75.1%，整精米率65.2%，糙米粒长6.4mm，糙米长宽比2.7，垩白粒率39%，垩白度5.5%，透明度2级，碱消值5.9级，胶稠度65mm，直链淀粉含量14.8%。

抗性：高感稻瘟病。

产量及适宜地区：2004—2005年参加国家长江上游中籼迟熟组品种区域试验，2年区域试验平均单产9.04t/hm²，比对照汕优63增产6.75%；2005年生产试验，平均单产8.79t/hm²，比对照汕优63增产15.21%。该品种2006年以来累计推广面积超过6.7万hm²。适宜云南、贵州、重庆中低海拔籼稻区（武陵山区除外），四川平坝和丘陵稻区、陕西南部稻区的稻瘟病轻发区作一季中稻种植。

栽培技术要点：①育秧，根据各地中籼生产季节适时播种，一般可与汕优63同期播种，秧田播种量150kg/hm²，采用地膜覆盖保温，培育壮秧。②栽插方式以宽窄行为宜，栽插密度18万～22.5万穴/hm²，基本苗150万/hm²左右。③肥水管理，大田以有机肥为主，氮、磷、钾配合施用，施纯氮150kg/hm²，氮、磷、钾比例为1：0.5：0.5；重施基肥、早施追肥，后期不可脱水过早。④病虫害防治，注意及时防治稻瘟病、纹枯病、螟虫、稻飞虱等病虫害。

宜香2079（Yixiang 2079）

品种来源：四川省达州市农业科学研究所、宜宾市农业科学研究院以宜香1A/达恢2079配组而成。分别通过四川省（2008）、陕西省（2009）农作物品种审定委员会审定。

形态特征和生物学特性：属籼型三系杂交中稻品种。全生育期150.5d，比对照冈优725长1.1d。株形适中，叶鞘绿色，叶耳浅绿色，剑叶挺直宽大，柱头无色，后期转色好。株高118.5cm，有效穗数229.5万穗/hm²，穗长27.8cm，每穗平均着粒161.7粒，结实率75.1%，颖壳黄色，籽粒细长形，稃尖无色，种皮白色，无芒，千粒重31.2g。

品质特性：糙米率81.6%，整精米率66.7%，糙米粒长7.4mm，糙米长宽比3.1，垩白粒率25%，垩白度3.9%，胶稠度74mm，直链淀粉含量15.3%，蛋白质含量11%，米质达到国颁三级优质米标准。

抗性：感稻瘟病。

产量及适宜地区：2006—2007年参加四川省中籼迟熟组区域试验，2年区域试验平均产量8.10t/hm²，比对照冈优725增产3.79%；2007年生产试验平均产量8.27t/hm²，比对照冈优725减产1.10%。2007—2008年参加陕西省水稻区域试验，平均产量10.08t/hm²，比对照汕优63增产8.68%；2008年参加陕西省生产试验，平均产量9.24t/hm²，比对照汕优63增产6.11%。适宜四川省平坝和丘陵地区，陕西省陕南作一季中稻种植。

栽培技术要点：①适时播种，培育壮秧。②合理密植，栽足基本苗。③重底肥，早追肥，氮、磷、钾肥合理搭配。④稻田前期浅水管理，中期够穗晒田，后期湿润管理到成熟，适时收获。⑤根据当地植保部门的病虫预报，及时对螟虫、稻瘟病等病虫害进行预防与防治。

宜香2084（Yixiang 2084）

品种来源：四川宜宾市农业科学院用宜香1A/宜恢2084配组而成。分别通过陕西省（2006）和四川省（2007）农作物品种审定委员会审定。2011年获国家植物新品种权，品种权号：CNA20070247.5。

形态特征和生物学特性：属籼型三系杂交中稻品种。全生育期155.1d，比对照汕优63长4.4d。株形适中，剑叶较宽大、挺直，叶鞘绿色，叶耳浅绿色，柱头无色，分蘖力强，后期转色好，易脱粒。株高123.1cm，有效穗239.4万穗/hm²，穗层整齐，穗长26.9cm，每穗平均着粒158.8粒，结实率73.9%，颖壳黄色，籽粒细长形，稃尖无色，种皮白色，无芒，千粒重28.8g。

品质特性：糙米率81.9%，精米率75.6%，整精米率38.6%，糙米长宽比3.1，垩白粒率30%，垩白度5.5%，透明度1级，碱消值6.0级，胶稠度46mm，直链淀粉含量21.6%。

抗性：感稻瘟病。

产量及适宜地区：2004—2005年参加四川省中籼迟熟组区域试验，2年区域试验平均单产7.99t/hm²，比对照汕优63增产4.09%；2006年生产试验，平均单产8.18t/hm²，比对照汕优63增产7.17%。2004—2005年参加陕西省晚稻区域试验，2年区域试验平均产量9.788t/hm²，比汕优63增产7.55%；2005年陕西省生产试验，平均产量9.15t/hm²，比对照汕优63增产9.86%。适宜四川平坝、丘陵地区及陕南地区稻瘟病非常发区种植。

栽培技术要点：①适时播种，宜在3月上旬至4月初播种，秧龄40～45d。②适宜宽窄行种植，栽插密度18万穴/hm²。③宜采用重底肥、早追肥、后补肥的施肥方法，底肥占总用肥量的70%，以有机肥为主；氮、磷、钾肥配合施用，比例为2：1：1，施纯氮120～150kg/hm²。④稻田要求前期浅水管理，中期够穗苗晒田，后期湿润管理到成熟。⑤根据当地植保部门的病虫预报，及时对螟虫，稻瘟病等病虫害进行预防与防治。

宜香2239 (Yixiang 2239)

品种来源：四川宜宾市农业科学院用宜香1A/宜恢2239配组而成。2007年通过四川省农作物品种审定委员会审定。2011年获国家植物新品种权，品种权号：CNA20070250.5。

形态特征和生物学特性：属籼型三系杂交中稻品种。全生育期152.3d，比对照汕优63长2.5d。株形适中，剑叶较宽、挺直，叶片深绿色，叶鞘绿色，叶耳浅绿色，柱头无色，分蘖力较强，后期转色好，易脱粒。株高121.4cm，有效穗数233.1万穗/hm²，穗层整齐，穗长26.0cm，每穗平均着粒149.9粒，结实率77.9%，颖壳黄色，籽粒长椭圆形，稃尖无色，种皮白色，无芒，千粒重29.9g。

品质特性：糙米率79.2%，精米率70.4%，整精米率53.8%，糙米粒长6.8mm，糙米长宽比2.8，垩白粒率25%，垩白度4.5%，透明度1级，碱消值5.7级，胶稠度81mm，直链淀粉含量15.5%，蛋白质含量9.2%，米质达到国颁三级优质米标准。

抗性：感稻瘟病。

产量及适宜地区：2004—2005年参加四川省中籼迟熟优质组区域试验，2年区域试验平均单产8.01t/hm²，比对照汕优63增产5.52%；2006年生产试验，平均单产8.07t/hm²，比对照汕优63增产5.69%。该品种2007年以来累计推广面积超过6.6万hm²。适宜四川平坝和丘陵地区作一季中稻种植。

栽培技术要点：①适时播种，宜在3月上旬至4月初播种，秧龄40～45d。②适宜宽窄行种植，栽插密度18万穴/hm²。③宜采用重底肥、早追肥、后补肥的施肥方法，底肥占总用肥量的70%，以有机肥为最好；氮、磷、钾肥配合施用，比例为2：1：1，施纯氮120～150kg/hm²。④稻田要求前期浅水管理，中期够穗苗晒田，后期湿润管理到成熟。⑤根据当地植保部门的病虫预报，及时对螟虫、稻瘟病等病虫害进行预防与防治。

宜香2292（Yixiang 2292）

品种来源：四川省宜宾市农业科学院以宜香1A/宜恢2292配组而成，又名宜香优2292。分别通过国家（2004）和江西省（2004）、云南省（2005）、四川省（2005）、重庆市（2006）农作物品种审定委员会审定；分别通过陕西省（2006）、贵州省（2007）引种鉴定。2005年获国家植物新品种权，品种权号：CNA20030114.4。

形态特征和生物学特性：属籼型三系杂交中稻品种。在长江中下游稻区作一季中稻种植，全生育期平均136.3d，比对照汕优63迟熟3.1d。株高120.7cm，有效穗数264万穗/hm^2，穗长26.1cm，每穗总粒数138.2粒，结实率76.2%，千粒重29.9g。在四川作中稻栽培，全生育期152.9d，比汕优63迟2.6d。株高120.3cm，有效穗数208.5万穗/hm^2，穗长26.4cm，每穗平均着粒154.3粒，结实率76.1%，千粒重30g。株型适中，长势繁茂，叶片、叶鞘绿色，叶耳浅绿色，柱头无色，易脱粒，颖壳黄色，籽粒长椭圆形，稃尖无色，种皮白色，无芒。

品质特性：糙米率80.2%，精米率72.9%，整精米率56.4%，糙米粒长7.0mm，糙米长宽比2.9，垩白粒率14%，垩白度2.7%，透明度1级，碱消值5.4级，胶稠度81mm，直链淀粉含量15.5%，蛋白质含量9.3%，米质达到国颁三级优质米标准。

抗性：感稻瘟病，中感白叶枯病和褐飞虱。

产量及适宜地区：2002—2003年参加国家长江中下游中籼迟熟高产组区域试验，2年区域试验平均单产8.03t/hm^2，比对照汕优63增产2.79%；2003年生产试验平均单产8.64t/hm^2，比对照汕优63增产0.84%。2003—2004年参加四川省中籼迟熟组区域试验，2年平均单产8.12t/hm^2，比汕优63增产1.92%；2004年生产试验平均单产8.57t/hm^2，比对照汕优63增产9.34%。该品种2004年以来累计推广面积超过20万hm^2。适宜福建、江西、湖南、湖北、安徽、浙江、江苏长江流域（武陵山区除外）以及河南南部稻瘟病轻发区，云南、贵州籼稻地区，四川平坝和丘陵地区，重庆市海拔700m以下地区，陕西南部地区作一季中稻种植。

栽培技术要点：①培育壮秧，根据当地种植习惯与汕优63同期播种，秧田播种量150kg/hm^2，秧龄25～35d。②中等肥力田栽插规格为30cm×13.3cm或（46.7+20）cm×16.7cm，每穴栽插2苗。③加强肥水管理。④防治病虫害，注意防治稻瘟病和白叶枯病。

宜香2308 （Yixiang 2308）

品种来源：四川宜宾市农业科学研究所用宜香1A/宜恢2308配组而成。2004年分别通过四川省和江苏省农作物品种审定委员会审定，2009年、2011年通过云南省（文山、西双版纳）农作物品种审定委员会特审，2006年通过陕西省引种鉴定。2007年获国家植物新品种权，品种权号：CNA20030116.0。

形态特征和生物学特性：属籼型三系杂交中稻品种。全生育期152d，比对照汕优63长2d。株型适中，苗期长势旺，叶色淡绿，剑叶短宽，叶鞘绿色，叶耳、柱头无色，后期转色好，易落粒。株高121～122cm，有效穗数243.9万穗/hm²，穗长27cm，每穗平均着粒152.67粒，结实率79.94%，颖壳黄色，籽粒细长形，稃尖无色，种皮白色，有短芒，千粒重29.16g。

品质特性：糙米率80.2%，整精米率43.3%，糙米长宽比3.2，垩白粒率16%，垩白度2.6%，胶稠度69mm，直链淀粉含量15.5%。

抗性：感稻瘟病，抗寒力较强。

产量及适宜地区：2002—2003年参加四川省优质米组区域试验，2年区域试验平均产量7.82t/hm²，比对照汕优63增产0.93%；2003年生产试验，平均产量8.29t/hm²，比对照汕优63增产6.88%。2002—2003年参加江苏省中籼稻组区域试验，2年区域试验平均产量8.45t/hm²，比对照汕优63增产2.7%；2003年在区域试验同时组织生产试验，平均产量6.51t/hm²，比对照汕优63减产2.16%。该品种2004年以来累计推广面积超过1万hm²。适宜四川省平坝和丘陵地区作一季中稻种植，江苏省中籼稻地区中上等肥力条件下种植。

栽培技术要点：①适期播种，培育壮秧。一般3月下旬至4月上旬播种，大田用种量15.0～22.5kg/hm²。②适时移栽，合理密植。秧龄35d左右。大田栽插密度18万穴/hm²左右，基本茎蘖苗150万苗/hm²左右。③大田施用纯氮187.5～225kg/hm²，氮、磷、钾配合施用；肥料运筹采取"前重、中控、后补"的原则；水分管理采取浅水栽插、寸水活棵、薄水分蘖，适时分次搁田，后期田间干干湿湿，收割前一周断水。④病虫草害防治，重点突出白叶枯病的防治，注意对螟虫、稻飞虱、纹枯病等病虫害的综合防治。

宜香3003 （Yixiang 3003）

品种来源：四川省宜宾市农业科学研究所用宜香1A/宜恢3003配组育成。分别通过国家（2004）和重庆市（2004）、江西省（2005）、广东省（2006）农作物品种审定委员会审定。2007年获国家植物新品种权，品种权号：CNA20030117.9。

形态特征和生物学特性：属籼型三系杂交中稻品种。在长江上游稻区作一季中稻种植，全生育期平均153.1d，比对照汕优63迟熟0.5d。株叶形适中，叶色淡绿，叶鞘绿色，叶耳浅绿色，柱头无色，穗层整齐，穗长着粒偏稀，籽粒大，后期转色好，易脱粒。株高115.3cm，有效穗数270万穗/hm²，穗长26.2cm，每穗平均着粒142.6粒，结实率78.4%，颖壳黄色，籽粒细长形，稃尖无色，种皮白色，有顶芒，千粒重29.9g。

品质特性：整精米率61.5%，糙米长宽比3.0，垩白粒率16%，垩白度3.2%，胶稠度80mm，直链淀粉含量16%。

抗性：高感稻瘟病和褐飞虱，中感白叶枯病，耐寒性强，抗倒力弱。

产量及适宜地区：2002—2003年参加国家长江上游中籼迟熟优质组区域试验，2年区域试验平均单产8.89t/hm²，比对照汕优63增产5.84%；2003年生产试验平均单产8.36t/hm²，比对照汕优63增产1.57%。2003—2004年参加江西省水稻区域试验，2年区域试验平均产量7.453t/hm²，与对照汕优63产量相近。该品种2004年以来累计推广面积超过28万hm²。适宜云南、贵州、重庆海拔700m以下稻区和四川平坝稻区、陕西南部、江西省稻瘟病轻发区作一季中稻种植；以及广东省粤北以外稻作区早造和各稻作区晚造种植。

栽培技术要点：①培育壮秧，根据当地种植习惯与汕优63同期播种，秧田播种量150kg/hm²，秧龄30～40d。②栽插规格为30cm×13.3cm，每穴栽插2苗。③肥水管理，施底肥有机肥7.5t/hm²、尿素112.5kg/hm²、磷肥600kg/hm²、钾肥112.5kg/hm²；返青后施尿素60kg/hm²；抽穗前15～20d左右，施穗粒肥尿素45kg/hm²，钾肥75kg/hm²。水分管理要求前期浅水管理，中期够苗晒田，后期湿润管理到成熟。④防治病虫害，特别注意防治稻瘟病，注意防治白叶枯病。

宜香305（Yixiang 305）

品种来源：四川隆平高科种业有限公司、宜宾市农业科学研究院合作以宜香1A/FUR305配组而成。分别通过云南省（2007）、四川省（2008）和陕西省（2008）农作物品种审定委员会审定。

形态特征和生物学特性：属籼型三系杂交中稻品种。全生育期149.2d，比对照汕优63长2.2d。株型适中，茎秆粗壮，叶色深绿，叶鞘、叶耳、柱头均为无色，分蘖力较强，成穗率较高，落粒性中等，成熟转色好，株高120.9cm，有效穗数230.1万穗/hm²，穗长26.7cn，每穗平均着粒171.9粒，结实率79.9%，颖壳黄色，籽粒细长形，稃尖无色，种皮白色，无芒，千粒重27.1g。

品质特性：糙米率77.3%，整精米率57.3%，糙米粒长6.4mm、糙米长宽比2.8，垩白粒率62.0%，垩白度11.0%，胶稠度79.0mm，直链淀粉含量21.8%，蛋白质含量7.3%。

抗性：感稻瘟病。

产量及适宜地区：2005—2006年参加四川省中籼优质组区域试验，2年区域试验平均产量8.11t/hm²，比对照汕优63增产8.25%；2006年生产试验平均产量8.80t/hm²，比对照汕优63增产6.65%。2006—2007年参加陕西省中籼区域试验，2年区域试验平均产量9.87t/hm²。2005—2006年参加云南省籼型杂交稻品种区域试验，2年区域试验平均产量9.77t/hm²，比对照汕优63增产3.56%；生产示范平均产量10.53t/hm²。该品种2007年以来累计推广面积超过5万hm²。适宜四川省平坝和丘陵地区以及陕南汉中、安康海拔650m以下稻区和云南省种植汕优63的籼稻区种植。

栽培技术要点：①适时播种，培育壮秧。②合理密植，栽插密度18万～19.5万穴/hm²。③配方施肥，重底肥早追肥，看苗补施穗粒肥，施纯氮180～210kg/hm²，氮、磷、钾肥合理搭配。④够苗晒田，控制无效分蘖。⑤根据植保预测预报，综合防治病虫害。

宜香3551（Yixiang 3551）

品种来源：四川宜宾市农业科学研究所用宜香1A/宜恢3551配组而成。2005年分别通过四川省和重庆市农作物品种审定委员会审定。2007年获国家植物新品种权，品种权号：CNA20030115.2。

形态特征和生物学特性：属籼型三系杂交中稻品种。全生育期153.9d，比对照汕优63迟2.3d。株形适中，剑叶挺直，叶片、叶鞘绿色，叶耳浅绿色，柱头无色，分蘖力较强，后期转色好，易脱粒。株高118cm左右，有效穗数245.1万穗/hm²，穗层整齐，穗长26.0cm，每穗平均着粒162.2粒，结实率82.6%，颖壳黄色，籽粒椭圆形，稃尖无色，种皮白色，无芒，千粒重28.3g。

品质特性：糙米率79.5%，精米率72.8%，整精米率64.2%，糙米粒长6.2mm，糙米长宽比2.4，垩白粒率74%，垩白度15.5%，透明度2级，碱消值6.2级，胶稠度72mm，直链淀粉含量23.3%，蛋白质含量7.6%。

抗性：中感稻瘟病。

产量及适宜地区：2003—2004年参加四川省中籼迟熟高产组区域试验，2年区域试验平均单产8.49t/hm²，比对照汕优63增产6.23%；2004年生产试验平均单产8.31t/hm²，比对照汕优63增产7.57%。2003—2004年参加重庆市杂交水稻普通稻组区域试验，2年区域试验平均产量8.22t/hm²，比对照汕优63增产5.7%；2004年生产试验，平均产量8.03t/hm²，比对照汕优63增产7.1%。该品种2005年以来累计推广面积超过3.5万hm²。适宜四川平坝、丘陵地区和重庆市海拔800m以下稻瘟病非常发区作一季中稻种植。

栽培技术要点：①适时播种，培育多蘖壮秧，秧龄30～40d。②合理密植，栽插密度19.5万～22.5万穴/hm²为宜，每穴栽插2苗。③合理施肥。重底肥早追肥，氮、磷、钾配合施用，中等肥力田，施用底肥有机肥1 125kg/hm²以上、尿素112.5kg/hm²、磷肥600kg/hm²、钾肥112.5kg/hm²；移栽秧返青后施用促分蘖肥尿素60kg/hm²；抽穗前15～20d，施穗粒肥尿素45kg/hm²，钾肥75kg/hm²。④科学灌水。稻田要求前期浅水管理，中期够穗苗晒田，后期湿润管理到成熟。⑤及时防治病虫害。

宜香3724（Yixiang 3724）

品种来源：四川省绵阳市农业科学研究所用宜香1A与绵恢3724配组育成。分别通过四川省（2005）和云南省（临沧、西双版纳、玉溪）（2011）农作物品种审定委员会审定。2009年获国家植物新品种权，品种权号：CNA20050766.4。

形态特征和生物学特性：属籼型三系杂交中稻品种。全育期150d，与对照汕优63相当。株型紧凑，叶片硬直，剑叶中长，叶片、叶鞘绿色，叶舌、叶耳、柱头无色，穗大粒多，成熟转色好。株高117cm左右，穗长27cm，有效穗数203.4万穗/hm²，每穗平均着粒155粒，结实率81%，颖壳黄色，籽粒长椭圆形，稃尖无色，种皮白色，无芒，千粒重30.1g。

品质特性：糙米率80.4%，精米率72.2%。整精米率54.3%，糙米粒长6.8mm，糙米长宽比2.8，垩白粒率21%，垩白度4.5%，透明度1级，胶稠度83mm，碱消值6.7级，直链淀粉含量16%，蛋白质含量9.4%，米质达到国颁三级优质米标准。

抗性：感稻瘟病。

产量及适宜地区：2002—2004年参加四川省中籼迟熟优米组区域试验，2年区域试验平均产量8.23t/hm²，比对照汕优63增产4.74%；2004年生产试验，平均产量8.76t/hm²，比对照汕优63增产7.26%。该品种2005年以来累计推广面积超过2万hm²。适宜四川省平坝、丘陵地区作一季中稻种植。

栽培技术要点：适时播种，培育多蘖壮秧，秧龄40～50d；合理密植，栽插密度22.5万穴/hm²，栽插基本苗165万～195万苗/hm²；重底肥、早追肥，氮、磷、钾合理配方，补施穗肥；科学管水，及时防治病虫害。

宜香3728 (Yixiang 3728)

品种来源：四川省绵阳市农业科学研究所和宜宾市农业科学研究所用宜香1A/绵恢3728配组育成。2005年通过四川省农作物品种审定委员会审定。2009年获国家植物新品种权，品种权号：CNA20050767.2。

形态特征和生物学特性：属籼型三系杂交中稻品种。全生育期154.1d，比对照汕优63长3d。株型紧凑，剑叶较长，叶色淡绿，叶舌、叶耳无色，分蘖较弱，穗层整齐，成熟转色好，株高118cm，有效穗数202.35万穗/hm²，穗长26.6cm，每穗平均着粒147粒，结实82%，颖壳黄色，籽粒长椭圆形，稃尖无色，种皮白色，无芒，千粒重32.5g。

品质特性：糙米率79.3%，精米率71.3%，整精米率54.1%，糙米粒长7.1mm，糙米长宽比2.9，垩白粒率15%，垩白度2.6%，透明度1级，胶稠度82mm，碱消值7.0级，直链淀粉含量17.2%，蛋白质含量8.8%，米质达到国颁二级优质米标准。

抗性：中感稻瘟病。

产量及适宜地区：2003—2004年参加四川省优质稻组区域试验，2年区域试验平均单产8.03t/hm²，比对照汕优63增产3.64%；2005年生产试验平均单产8.67t/hm²，比对照汕优63增6.92%。适宜四川省平坝、丘陵地区作一季中稻种植。

栽培技术要点：①适时播种，培育多蘖壮秧，秧龄40～50d。②合理密植，栽插密度22.5万穴/hm²，栽插基本苗165万～195万苗/hm²。③重底肥，早追肥，氮、磷、钾合理配方，补施穗肥。④科学管水，及时防治病虫害。

宜香3774（Yixiang 3774）

品种来源：四川省宜宾市农业科学研究所用宜香1A/宜恢3774配组而成。2006年通过四川省农作物品种审定委员会审定。

形态特征和生物学特性：属籼型三系杂交中稻迟熟品种。全生育期172.8d，比对照汕优63短0.4d。株型适中，苗期长势旺，叶色淡绿，剑叶挺直，叶鞘、叶片绿色，叶耳浅绿色，柱头无色，分蘖力强，穗层整齐，穗大粒多，后期转色佳。株高99.4cm，成穗率68.4%，有效穗数288万穗/hm²，穗长24.4cm，每穗平均着粒156.5粒，颖壳黄色，籽粒椭圆形，稃尖无色，种皮白色，无芒，结实率81.9%。

品质特性：糙米率79.9%，精米率73.6%，整精米率68.6%，糙米粒长6.2mm，糙米长宽比2.5，垩白粒率30%，垩白度4.0%，透明度1级，碱消值6.5级，胶稠度55mm，直链淀粉含量17.5%，蛋白质含量9.6%。

抗性：中感稻瘟病，抗寒力较强。

产量及适宜地区：2002—2003年参加四川省凉山彝族自治州杂交水稻新品种区域试验，2年区域试验平均产量10.26t/hm²，比对照汕优63增产4.6%。2004年参加凉山彝族自治州生产试验，平均产量9.49t/hm²，比对照汕优63增产4.5%。适宜四川凉山彝族自治州种植。

栽培技术要点：①适时播种，采用地膜育秧、湿润育秧或两段育秧，培育多蘖壮秧。②栽插密度22.5万～30.0万穴hm²，栽插规格26.7cm×16.7cm或20.0cm×16.7cm，最高苗控制在300万～330万苗/hm²为宜。③施肥管理，重底肥早追肥，氮、磷、钾配合施用。④及时防治病虫害。

宜香4106 (Yixiang 4106)

品种来源：四川宜宾市农业科学院用宜香1A/宜恢4106配组而成。2006年通过国家农作物品种审定委员会审定。2008年获国家植物新品种权，品种权号：CNA20040251.X。

形态特征和生物学特性：属籼型三系杂交中稻品种。在长江上游稻区作一季中稻种植，全生育期平均153.7d，比对照汕优63迟熟0.9d。株型紧凑，苗期长势旺，剑叶较宽，叶色深绿，叶片挺直，叶耳浅绿色，柱头无色，分蘖力强，后期转色好，易落粒，株高115.7cm，有效穗数261万穗/hm²，穗长25.2cm，每穗平均着粒161.7粒，结实率73.4%，颖壳黄色，籽粒长椭圆形，稃尖无色，种皮白色，无芒，千粒重31.2g。

品质特性：糙米率81.8%，精米率75.3%，整精米率61.3%，糙米长宽比2.9，垩白粒率38%，垩白度5.3%，胶稠度70mm，直链淀粉含量22.3%。

抗性：高感稻瘟病。

产量及适宜地区：2004—2005年参加国家长江上游中籼迟熟组区域试验，2年区域试验平均单产8.94t/hm²，比对照汕优63增产5.62%；2005年生产试验，平均单产8.63t/hm²，比对照汕优63增产12.43%。该品种2006年以来累计推广面积超过2.7万hm²。适宜在云南省、贵州省、重庆市的中低海拔籼稻区（武陵山区除外），四川省平坝丘陵稻区、陕西省南部稻区的稻瘟病轻发区作一季中稻种植。

栽培技术要点：①育秧，根据各地中籼生产季节适时播种，一般可与汕优63同期播种，秧田播种量150kg/hm²，采用地膜覆盖保温，培育壮秧。②移栽，栽插方式以宽窄行为宜，栽插密度18万～22.5万穴/hm²，栽插基本苗150万苗/hm²左右。③大田以有机肥为主，氮、磷、钾配合施用，施纯氮180kg/hm²，氮、磷、钾比例为1：0.5：0.5，重施底肥，早施追肥。④病虫害防治，及时防治稻瘟病、纹枯病、螟虫、稻飞虱等病虫害。

宜香4245（Yixiang 4245）

品种来源：四川宜宾市农业科学院用宜香1A/宜恢4245配组而成。分别通过四川省（2008）和国家（2012）农作物品种审定委员会审定。

形态特征和生物学特性：属籼型三系杂交中稻。全生育期151.2d，与对照冈优725相当。株型紧凑，剑叶较宽、挺直，叶色浓绿，叶耳、叶鞘绿色，柱头无色，分蘖力较强，后期转色好，株高110.0cm，有效穗数219万穗/hm²，穗长27.0cm，每穗平均着粒181.0粒，结实率78.4%，颖壳黄色，籽粒细长形，稃尖无色，种皮白色，顶芒，千粒重28.2g。

品质特性：糙米率80.5%，整精米率65.0%，糙米粒长7.2mm，糙米长宽比3.1，垩白粒率9%，垩白度0.9%，胶稠度69mm，直链淀粉含量15.8%，蛋白质含量10.3%，米质达到国颁三级优质米标准。

抗性：感稻瘟病，高感褐飞虱。

产量及适宜地区：2007—2008年参加四川省水稻中籼迟熟组区域试验，2年区域试验平均单产8.33t/hm²，比对照冈优725增产1.86%；2008年生产试验平均单产8.41t/hm²，比对照冈优725增产4.56%。2009—2010年参加国家长江上游中籼迟熟组区域试验，2年区域试验平均单产8.77t/hm²，比对照Ⅱ优838增产3.8%；2011年生产试验，平均单产9.23t/hm²，比对照Ⅱ优838增产7.1%。适宜在云南、贵州（武陵山区除外）的中低海拔籼稻区，四川平坝丘陵稻区、陕西南部稻区的稻瘟病轻发区作一季中稻种植。

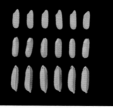

栽培技术要点：①根据当地种植习惯，与汕优63等同期播种，地膜覆盖保温育秧，秧龄30～40d，培育壮秧。②宽窄行栽插，栽插基本苗150万苗/hm²左右。③大田以有机肥为主，氮、磷、钾肥配合施用，比例为1∶0.5∶0.5，重底肥，早追肥。④浅水栽秧，深水护苗，薄水分蘖，够苗晒田，后期不可脱水过早。⑤及时防治稻瘟病、稻螟、稻飞虱、纹枯病等病虫。

宜香527 （Yixiang 527）

品种来源：四川农业大学水稻研究所、四川省宜宾市农业科学研究所用宜香1A/蜀恢527配组而成。2006年通过国家农作物品种审定委员会审定。2008年获国家植物新品种权，品种权号：CNA20050544.0。

形态特征和生物学特性：属籼型三系杂交中稻迟熟品种，在长江上游稻区作一季中稻种植，全生育期平均155.0d，比对照汕优63迟熟2.0d。株型适中，叶片挺立，叶色浅绿，叶鞘绿色，叶耳、柱头无色，分蘖力强，成穗率高，后期转色好，有效穗数258万穗/hm²，株高114.0cm，穗长25.8cm，每穗平均着粒152.5粒，结实率76.7%，颖壳黄色，籽粒细长形，稃尖无色，种皮白色，无芒，千粒重31.7g。

品质特性：整精米率58.2%，糙米长宽比3.1，垩白粒率18%，垩白度3.0%，胶稠度62mm，直链淀粉含量15.2%，达到国家三级优质稻谷标准。

抗性：稻瘟病平均5.2级，最高7级，抗性频率21.4%。

产量及适宜地区：2004—2005年参加国家长江上游中籼迟熟组品种区域试验，2年区域试验平均产量8.96t/hm²，比对照汕优63增产5.27%；2005年生产试验，平均产量8.24t/hm²，比对照汕优63增产7.26%。该品种2006年以来累计推广面积超过6万hm²。适宜云南、贵州、重庆中低海拔籼稻区（武陵山区除外），四川平坝丘陵稻区、陕西南部稻区的稻瘟病轻发区作一季中稻种植。

栽培技术要点：①育秧，根据各地中籼生产季节适时早播，培育多蘖壮秧。②栽插密度18万～22.5万穴/hm²，每穴栽插2苗。③肥水管理，施纯氮120～150kg/hm²，总肥量中提高农家肥的比例，施肥方法：基肥占60%～70%，分蘖肥占20%～30%，穗肥施10%。后期干湿交替。④病虫害防治，根据当地病虫害实际和发生动态，注意及时防治稻瘟病、褐飞虱等病虫害。

宜香707 (Yixiang 707)

品种来源：四川农业大学水稻研究所和宜宾市农业科学研究所合作用宜香1A/蜀恢707配组而成。2005年通过四川省农作物品种审定委员会审定，2009年、2011年前后通过云南省（普洱、西双版纳）农作物品种审定委员会特审。2008年获国家植物新品种权，品种权号：CNA20050717.6。

形态特征和生物学特性：属籼型三系杂交中稻品种。全生育期150.3d，比对照汕优63长1.7d。植株适中，叶色深绿，叶片较宽，叶鞘、叶耳、节间、柱头无色，分蘖力中等，后期转色好，株高117cm，有效穗数232.2万穗/hm²，成穗率75%，穗长27cm，每穗平均着粒155粒，结实率75%，颖壳黄色，籽粒细长形，稃尖无色，种皮白色，无芒，千粒重31.5g。

品质特性：糙米率81.7%，精米率74.6%，整精米率55.0%，糙米粒长7.3mm，糙米长宽比3.1，垩白粒率15%，垩白度2.8%，透明度2级，胶稠度70mm，碱消值6.2级，直链淀粉含量15.4%，蛋白质含量10.2%，米质达到国颁三级优质米标准。

抗性：高感稻瘟病。

产量及适宜地区：2003—2004年参加四川省中籼迟熟优质组区域试验，2年区域试验平均单产8.27t/hm²，比对照汕优63增3.37%；2004年生产试验平均单产8.41t/hm²，比对照汕优63增产9.2%。该品种2005年以来累计推广面积超过1.5万hm²。适宜四川省平坝、丘陵地区作一季中稻种植。

栽培技术要点：适时早播，培育壮秧，合理密植，栽足基本苗，栽插密度225万～255万穴/hm²；配方施肥，重底肥，早追肥，着重补施穗粒肥，一般中等肥力田施纯氮180～210kg/hm²，氮、磷、钾合理搭配；够苗晒田，控制无效分蘖；加强纹枯病和螟虫的防治。

宜香725 （Yixiang 725）

品种来源：四川省绵阳市农业科学研究所用宜香1A/绵恢725配组育成，又名：国豪国香5号、宜香优725。2004年通过四川省农作物品种审定委员会审定，2009年、2010年前后通过云南省（普洱、西双版纳）农作物品种审定委员会特审，2005年分别通过重庆市、陕西省引种鉴定。2003年获国家植物新品种权，品种权号：CNA20020270.7。

形态特征和生物学特性：属籼型三系杂交中稻品种。全生育期151～152d，比对照汕优63长1～2d。株型较紧凑，叶片长大，剑叶坚挺，有包颈现象，叶鞘绿色，叶耳、柱头无色，繁茂性好，分蘖力中，穗层整齐，成熟时转色好，株高117cm左右，穗长26.39cm，有效穗237.2万穗/hm²，每穗平均着粒156.37粒，结实率78.67%，颖壳黄色，籽粒细长形，稃尖无色，种皮白色，有顶芒，千粒重30.24g。

品质特性：精米率73.5%，胶稠度68mm，整精米率56.1%，糙米长宽比3.0，垩白粒率5%，垩白度1.1%，直链淀粉含量15.2%，米质达到国颁三级优质米标准。

抗性：高感稻瘟病。

产量及适宜地区：2002—2003年参加四川省水稻中籼迟熟优质米组区域试验，2年区域试验平均单产8.03t/hm²，比对照汕优63增产3.58%；2003年生产试验，平均单产8.66t/hm²，比对照汕优63增产9.12%。该品种2004年以来累计推广面积超过32万hm²。适宜四川省平坝丘陵区、重庆市海拔1 000m以下地区、陕西省南部地区的稻瘟病非常发区、云南西双版纳傣族自治州和普洱市一季中稻区作中稻种植。

栽培技术要点：适期播种，培育多蘖壮秧，栽插密度22.5万穴/hm²左右，栽插基本苗165万～195万苗/hm²，双株栽插；重底肥，早追肥，氮、磷、钾配合，补施穗肥；科学管水，及时防治病虫害，注意防治稻瘟病。

宜香9号（Yixiang 9）

品种来源：四川省宜宾市农业科学研究所用宜香1A/宜恢9号配组育成。分别通过国家（2005）和湖南省（2006）农作物品种审定委员会审定。2007年获国家植物新品种权，品种权号：CNA20030111.X。

形态特征和生物学特性：属籼型三系杂交中稻品种。在长江上游稻区作一季中稻种植，全生育期平均157.2d，比对照汕优63迟熟2.9d。株型适中，叶色深绿，叶片挺直，叶鞘绿色，叶耳浅绿色，柱头无色，分蘖力较强，后期转色好，株高124.7cm，有效穗数234万穗/hm²，穗长26.0cm，每穗平均着粒193.3粒，结实率77.9%，颖壳黄色，籽粒椭圆形，稃尖无色，无芒，千粒重26.5g。

品质特性：糙米率80.3%，精米率74.3%，整精米率67.8%，糙米粒长6.1mm，糙米长宽比2.6，垩白粒率19%，垩白度4.3%，透明度2级，碱消值6.5级，胶稠度67mm，直链淀粉含量21.1%，蛋白质含量8.1%。

抗性：中抗白叶枯病，高感稻瘟病，感褐飞虱。

产量及适宜地区：2003—2004年参加国家长江上游中籼迟熟高产组区域试验，2年区域试验平均单产8.78t/hm²，比对照汕优63增产2.19%；2004年生产试验平均单产8.16t/hm²，比对照汕优63增产3.09%。适宜云南、贵州、重庆中低海拔稻区（武陵山区除外），四川平坝丘陵稻区、陕西南部稻区、湖南省海拔200～700m地区的稻瘟病轻发区作一季中稻种植。

栽培技术要点：①育秧，适时播种，秧田播种量150kg/hm²，稀播培育壮秧。②秧龄30～40d移栽，栽插方式以宽窄行为好，栽插密度18万～22.5万穴/hm²，栽插基本苗在150万苗/hm²左右。③肥水管理，大田以有机肥为主，氮、磷、钾配合施用，施纯氮180kg/hm²，氮、磷、钾比例为1：0.5：0.5。在水分管理上，做到浅水栽秧，深水护苗，薄水分蘖，够苗晒田，后期断水不宜过早。④病虫害防治，注意及时防治穗瘟病、稻螟、稻飞虱、纹枯病等病虫害。

宜香907（Yixiang 907）

品种来源：四川省农业科学院生物技术核技术研究所和宜宾市农业科学院合作以宜香1A/川恢907配组而成。2009年通过四川省农作物品种审定委员会审定。

形态特征和生物学特性：属籼型三系杂交中稻品种。全生育期150.2d，比对照冈优725短0.1d。株高121.9cm，颖尖秆黄色，有效穗225.0万穗/hm²，穗长26.9cm，每穗平均着粒168.1粒，结实率76.0%，千粒重29.9g。

品质特性：糙米率83.0%，整精米率66.0%，糙米粒长7.4mm，糙米长宽比3.1，垩白粒率27%，垩白度4.4%，胶稠度72mm，直链淀粉含量14.7%，蛋白质含量9.5%。

抗性：感稻瘟病。

产量及适宜地区：2006—2007年参加四川省水稻中籼迟熟组区域试验，2年区域试验平均产量7.95t/hm²，比对照冈优725增产5.65%；2008年生产试验平均产量8.53t/hm²，比对照冈优725增产6.09%。适宜四川平坝和丘陵地区种植。

栽培技术要点：①适时播种，培育壮秧，秧龄40d左右。②合理密植，栽足基本苗。③配方施肥。④根据植保预测预报，综合防治病虫害，注意防治稻瘟病。

宜香99E-4（Yixiang 99 E-4）

品种来源：四川省宜宾市农业科学研究所和眉山市裕丰种业公司以宜香1A/99E-4配组而成。分别通过四川省（2004）和河南省（2008）农作物品种审定委员会审定，2008年、2009年、2010年、2012年先后通过云南省（文山、普洱、临沧、红河）农作物品种审定委员会的特审。2013年获国家植物新品种权，品种权号：CNA20070483.4。

形态特征和生物学特性：属籼型三系杂交中稻品种。全生育期152d左右，比对照汕优63长3d左右。株型适中，剑叶中宽直立，叶色浅绿，幼苗叶鞘紫色，叶耳、柱头无色，株高120cm左右，有效穗数249.75万穗/hm²，成穗率69.8%，穗长26.7cm，每穗平均着粒156.5粒，穗平均实粒118.4粒，结实率75.7%，颖壳黄色，籽粒细长形，稃尖无色，种皮白色，无芒，千粒重29.4g。

品质特性：糙米率79.2%，整精米率62.4%，糙米长宽比3.0，垩白粒率21%，垩白度4.1%，胶稠度68mm，直链淀粉含量16.3%。

抗性：高感稻瘟病。

产量及适宜地区：2002—2003年四川省中籼迟熟优质组区域试验，2年区域试验平均产量8.00t/hm²，比对照汕优63增产2.52%。2005—2006年参加河南省中籼稻区域试验，2年区域试验平均产量8.11t/hm²，比对照Ⅱ优838增产1.15%；2007年生产试验，平均产量8.76t/hm²，比对照Ⅱ优838增产8.6%。该品种2004年以来累计推广面积超过20万hm²。适宜四川省汕优63种植区和河南省南部籼稻区种植，以及云南省文山壮族苗族自治州700～1400m的籼稻主产区、普洱市海拔1350m以下的稻区、临沧市海拔1350m以下的籼稻区、红河哈尼族彝族自治州海拔1400m以下杂交水稻生产适宜区种植。

栽培技术要点：适期早播，培育分蘖壮秧，重底肥，早追肥，氮、磷、钾配合施用，增施有机肥。其他参照汕优63栽培技术。

宜香优1108（Yixiangyou 1108）

　　品种来源：四川省宜宾市农业科学院以宜香1A/宜恢1108配组而成。2011年通过四川省农作物品种审定委员会审定。

　　形态特征和生物学特性：属籼型三系杂交中稻品种。作中稻栽培，全生育期152.9d，比对照冈优725长1.0d。株型适中，剑叶挺直，叶色淡绿，叶鞘、叶缘绿色、叶耳浅绿色，柱头无色，分蘖力较强，后期转色好，易脱粒。株高122.5cm，有效穗数214.5万穗/hm²，穗长27.0cm，每穗平均着粒182.8粒，结实率82.8%，颖壳黄色，籽粒长椭圆形，稃尖无色，种皮白色，少数籽粒有短顶芒，千粒重28.9g。

　　品质特性：糙米率79.0%，整精米率55.4%，糙米粒长7.3mm，糙米长宽比2.9，垩白粒率16%，垩白度3.4%，胶稠度82mm，直链淀粉含量16.1%，蛋白质含量8.0%，米质达到国颁三级优质米标准。

　　抗性：感稻瘟病。

　　产量及适宜地区：2009—2010年参加四川省水稻中籼迟熟组区域试验，2年区域试验平均产量8.05t/hm²，比对照冈优725增产5.48%，2年区域试验增产点率95%；2010年生产试验，平均产量8.02t/hm²，比对照冈优725增产6.30%。适宜四川平坝和丘陵地区种植。

　　栽培技术要点：①适时播种，3月上旬至4月初播种，秧龄40～45d。②合理密植，栽插密度18万穴/hm²左右。③肥水管理，重底肥，早追肥，氮、磷、钾肥配合施用，本田要求前期浅水灌溉，中期够苗晒田，后期湿润管理至成熟。④根据植保预测预报，综合防治病虫害，注意防治稻瘟病。

宜香优2115（Yixiangyou 2115）

品种来源：四川农业大学农学院、宜宾市农业科学院、四川绿丹种业有限责任公司以宜香1A/雅恢2115配组而成。分别通过四川省（2011）和国家（2012）农作物品种审定委员会审定。

形态特征和生物学特性：属三系杂交中籼稻迟熟品种。长江上游稻区作一季中稻种植，全生育期平均156.7d，比对照Ⅱ优838短1.5d。株型适中，剑叶挺直，叶色淡绿，叶鞘绿色、叶耳浅绿色，柱头无色，分蘖力较强，后期转色好，株高117.4cm，有效穗数225万穗/hm²，穗长26.8cm，每穗平均着粒156.5粒，结实率82.2%，颖壳黄色，籽粒细长形，稃尖无色，种皮白色，无芒，千粒重32.9g。

品质特性：糙米率79.1%，整精米率56.7%，糙米粒长7.6mm，糙米长宽比2.9，垩白粒率16%，垩白度2.2%，胶稠度74mm，直链淀粉含量16.6%，蛋白质含量8.2%，米质达到国颁二级优质米标准。

抗性：中感稻瘟病，高感褐飞虱。

产量及适宜地区：2009—2010年参加四川省水稻中籼迟熟组区域试验，2年区域试验平均产量7.79t/hm²，比对照冈优725增产4.53%；2010年生产试验，平均产量8.04t/hm²，比对照冈优725增产3.85%。2010—2011年参加国家长江上游中籼迟熟组区域试验，2年区域试验平均产量9.06t/hm²，比Ⅱ优838增产5.6%；2011年生产试验，平均产量9.35t/hm²，比Ⅱ优838增产7.1%。适宜云南、贵州（武陵山区除外）、重庆（武陵山区除外）的中低海拔籼稻区，四川平坝丘陵稻区、陕西南部稻区作一季中稻种植。

栽培技术要点：①适时播种，3月上旬至4月初播种，秧龄40～45d。②合理密植，宽窄行种植，栽插密度18万穴/hm²左右。③肥水管理，重底肥，早追肥，氮、磷、钾肥配合施用，本田要求前期浅水灌溉，中期够苗晒田，后期湿润管理至成熟。④根据植保预测预报，综合防治病虫害，注意防治稻瘟病。

宜香优2168（Yixiangyou 2168）

品种来源：四川农业大学农学院、宜宾市农业科学院合作用宜香1A/HR2168配组而成。2010年通过四川省农作物品种审定委员会审定。

形态特征和生物学特性：属籼型三系杂交中稻品种。全生育期145.8d，比对照冈优725短4.4d。株型适中，剑叶直立，叶色淡绿，叶鞘绿色、叶耳浅绿色，柱头无色，分蘖力较强，后期转色好，株高112.0cm，有效穗数231万穗/hm²，穗长25.2cm，每穗平均着粒145.5粒，结实率81.8%，颖壳黄色，籽粒椭圆形，稃尖无色，种皮白色，无芒，千粒重28.7g。

品质特性：糙米率79.6%，整精米率63.2%，糙米粒长7.1mm，糙米长宽比2.8，垩白粒率28%，垩白度4.9%，胶稠度66mm，直链淀粉含量15.1%，蛋白质含量11.4%，米质达到国颁三级优质米标准。

抗性：感稻瘟病。

产量及适宜地区：2007—2008年参加四川省水稻中籼迟熟组区域试验，2年区域试验平均产量8.25t/hm²，比对照冈优725增产3.78%；2009年生产试验，平均产量8.25t/hm²，比对照冈优725增产5.77%。适宜四川平坝和丘陵地区种植。

栽培技术要点：①适时播种，3月上旬至4月初播种，秧龄40～45d。②合理密植，宽窄行种植，栽插密度18万穴/hm²左右。③肥水管理，采用重底肥、早追肥、后补肥的施肥方式，底肥占70%，氮、磷、钾肥配合施用，本田前期浅水灌溉，中期够苗晒田，后期湿润管理至成熟。④根据植保预测预报，综合防治病虫害，注意防治稻瘟病。

宜香优7633（Yixiangyou 7633）

品种来源：四川省宜宾市农业科学院用宜香1A/宜恢7633配组而成。2010年通过四川省农作物品种审定委员会审定。

形态特征和生物学特性：属籼型三系杂交中稻品种。全生育期153.4d，比对照冈优725长3.7d。株型适中，苗期长势旺，剑叶挺直，叶色浓绿，叶鞘绿色，叶耳浅绿色，柱头无色，分蘖力较弱，后期转色好，株高119.3cm，有效穗186万穗/hm²，穗长形，穗长27.4cm，每穗平均着粒181.3粒，结实率77.3%，颖壳黄色，籽粒细长形，稃尖无色，种皮白色，顶芒，千粒重28.1g。

品质特性：糙米率79.9%，整精米率65.3%，糙米粒长7.2mm，糙米长宽比3.3，垩白粒率12%，垩白度1.3%，胶稠度68mm，直链淀粉含量16.3%，蛋白质含量9.9%，米质达到国颁二级优质米标准。

抗性：感稻瘟病。

产量及适宜地区：2007—2008年参加四川省水稻中籼迟熟组区域试验，2年区域试验平均产量7.82t/hm²，比对照冈优725减产2.09%；2009年生产试验，平均产量8.40t/hm²，比对照冈优725增产3.95%。适宜四川平坝和丘陵地区种植。

栽培技术要点：①适时早播，3月上旬至4月初播种，秧龄40～45d。②合理密植，宽窄行种植，栽插密度18万穴/hm²左右。③肥水管理，采用重底肥、早追肥、后补肥的施肥方式，底肥占70%，以有机肥为最好，氮、磷、钾肥搭配使用，施纯氮120～150kg/hm²，前期浅水管理，中期够苗晒田，后期湿润管理至成熟。④根据植保预测预报，综合防治病虫害，注意防治稻瘟病。

宜香优 7808 （Yixiangyou 7808）

品种来源：四川省宜宾市农业科学院用宜香1A/宜恢7808配组而成。2010年通过四川省农作物品种审定委员会审定。

形态特征和生物学特性：属籼型三系杂交中稻品种。全生育期152.4d，比对照冈优725长2.2d。株型适中，苗期长势旺，剑叶直立，叶色淡绿，叶鞘绿色，叶耳浅绿色，柱头无色，分蘖力较强，后期转色好，株高117.0cm，有效穗226.5万穗/hm²，穗长形，穗长25.9cm，每穗平均着粒178.6粒，结实率79.0%，颖壳黄色，籽粒椭圆形，稃尖无色，种皮白色，无芒，千粒重29.6g。

品质特性：糙米率77.9%，整精米率56.3%，糙米粒长7.3mm，糙米长宽比2.7，垩白粒率14%，垩白度2.1%，胶稠度44mm，直链淀粉含量21.4%，蛋白质含量10.5%。

抗性：感稻瘟病。

产量及适宜地区：2008—2009年参加四川省水稻中籼迟熟组区域试验，2年区域试验平均单产8.48t/hm²，比对照冈优725增产4.92%；2009年生产试验，平均单产8.38t/hm²，比对照冈优725增产7.35%。适宜四川平坝和丘陵地区种植。

栽培技术要点：①适时播种，3月上旬至4月初播种，秧龄40～45d。②合理密植，宽窄行种植，栽插密度18万穴/hm²左右。③肥水管理，采用重底肥、早追肥、后补肥的施肥方式，底肥占70%，以有机肥为最好，氮、磷、钾肥搭配使用，本田前期浅水管理，中期够苗晒田，后期湿润管理至成熟。④根据植保预测预报，综合防治病虫害，注意防治稻瘟病。

宜香优800（Yixiangyou 800）

品种来源：眉山市东坡区祥禾作物研究所和四川省宜宾市农业科学院合作以宜香1A/祥恢800配组而成。2011年通过四川省农作物品种审定委员会审定。

形态特征和生物学特性：属籼型三系杂交中稻品种。作中稻栽培，全生育期153.0d，比对照冈优725长2.1d。株型适中，剑叶直立、内卷，叶色、叶鞘绿色，柱头无色，分蘖力强，后期转色好，株高125.5cm，有效穗数210万穗/hm²，穗长28.4cm，每穗平均着粒181.3粒，结实率75.2%。颖壳黄色，籽粒椭圆形，稃尖无色，种皮白色，无芒，千粒重31.8g。

品质特性：糙米率79.8%，精米率73.6%，整精米率59.6%，糙米粒长7.2mm，糙米长宽比2.7，垩白粒率36%，垩白度7.4%，胶稠度82mm，直链淀粉含量15.8%，蛋白质含量8.5%。

抗性：感稻瘟病。

产量及适宜地区：2009—2010年参加四川省水稻中籼迟熟组区域试验，2年区域试验平均产量8.14t/hm²，比对照冈优725增产6.60%；2010年生产试验，平均产量8.12t/hm²，比对照冈优725增产4.86%。适宜四川平坝和丘陵地区种植。

栽培技术要点：①适时播种，3月底至4月初播种，秧龄40～45d。②合理密植，栽插密度18万～19.5万穴/hm²。③肥水管理，重底肥早追肥，氮、磷、钾肥合理搭配，需肥量中等，本田前期浅水分蘖，中期够苗晒田，后期薄水或湿润灌溉至成熟。④根据植保预测预报，综合防治病虫害，注意防治稻瘟病。

宜优3003（Yiyou 3003）

品种来源：四川宜宾市农业科学研究所用Ⅱ-32A/宜恢3003配组而成。2004年通过四川省农作物品种审定委员会审定。2007年获国家植物新品种权，品种权号：CNA20030147.0。

形态特征和生物学特性：属籼型三系杂交迟熟中稻品种。全生育期154d，比对照汕优63长4d。株型适中，剑叶挺直，叶色淡绿，叶鞘、叶耳、柱头紫色，分蘖力强，后期转色好，株高117cm左右，有效穗数286.5万穗/hm²，穗长24.1cm，每穗平均着粒148.7粒，结实率83.3%，颖壳黄色，籽粒椭圆形，稃尖紫色，种皮白色，无芒，千粒重27.7g。

品质特性：糙米率81.9%，整精米率61.2%，糙米长宽比2.5，垩白粒率48%，垩白度13.3%，胶稠度86mm，直链淀粉含量20.5%。

抗性：高感稻瘟病。

产量及适宜地区：2002—2003年四川省中籼迟熟组区域试验，2年区域试验平均产量8.37t/hm²，比对照汕优63增产4.92%；2003年生产试验，平均产量8.66t/hm²，比对照汕优63增产9.31%。该品种2004年以来累计推广面积超过1万hm²。适宜四川省平坝、丘陵区种植。

栽培技术要点：适期早播，培育壮秧，秧龄30～40d；合理密植，重底肥、早追肥，施纯氮120～150kg/hm²，氮、磷、钾配合施用。

优 I 130 （You I 130）

品种来源：四川眉山农校以优 I A/R130 配组而成。1998 年通过四川省农作物品种审定委员会审定。

形态特征和生物学特性：属籼型三系杂交中稻品种。全生育期 147.5d，比对照汕优 63 长 0.5d。株型适中，剑叶中宽直立，分蘖力较强，穗层整齐，后期转色好，株高 107cm，每穗平均着粒 128.5 粒，穗实粒 111.6 粒，结实率 86.8%，颖壳黄色，籽粒长椭圆形，稃尖紫色，种皮白色，无芒，千粒重 29.7g。

品质特性：糙米率 81.5%，精米率 69.5%，整精米率 40.5%。

抗性：感稻瘟病。

产量及适宜地区：1996—1997 年参加四川省中籼优质米组区域试验，2 年区域试验平均产量 8.28t/hm²，比对照汕优 63 增产 2.1%；1997 年生产试验，平均产量 10.43t/hm²，比对照汕优 63 增产 9.91%。大面积生产示范一般产量 9.00t/hm² 左右。适宜四川省川西、川中汕优 63 种植区域种植。

栽培技术要点：适时播种，培育多蘖壮秧。栽插基本苗 120 万～150 万苗/hm²。重施底肥，早施追肥，后期看苗补肥，氮、磷、钾、有机肥配合施用；后期不能过早断水，注意病虫害防治。

早汕优1号（Zaoshanyou 1）

品种来源：四川省南江县种子站以珍汕97A/早泰引1号（泰引1号的早熟变异株）配组而成。1986年通过四川省农作物品种审定委员会审定。

形态特征和生物学特性：属籼型三系杂交中稻品种。全生育期145d左右。株型紧凑，叶窄、短而直立，叶鞘、柱头紫色，分蘖成穗率高，后期转色好，株高100cm左右，有效穗数270万～300万穗/hm^2，每穗平均着粒140粒左右，结实率80%以上。颖壳黄色，籽粒椭圆形，稃尖紫色，种皮白色，无芒。

品质特性：米质中等，糙米率80.5%。

抗性：抗稻瘟病。

产量及适宜地区：1983—1985年参加四川省中籼早熟组区域试验，3年区域试验平均产量8.75t/hm^2，大面积示范产量达到8.25～9.00t/hm^2。适宜四川盆地周围海拔600～900m的稻区种植。

栽培技术要点：适期播种，培育多蘖壮秧。宜在4月上旬播种，秧田播种量225kg/hm^2，秧龄40～50d，栽插规格13.2cm×19.8cm，栽插密度30万～37.5万穴/hm^2，栽插基本苗150万苗/hm^{2}左右。增施肥料，重底肥，早追肥；前期浅水灌溉，后期湿润灌溉。

中优 177（Zhongyou 177）

品种来源：四川省农业科学院作物研究所、中国水稻研究所用中9A/成恢177配组育成。2003年通过国家农作物品种审定委员会审定。2008年获国家植物新品种权，品种权号：CNA20050167.4。

形态特征和生物学特性：属籼型三系杂交中稻品种。在长江上游稻区作中稻种植，全生育期平均151.2d，比对照汕优63早熟2.1d。株叶形态好，剑叶较宽、挺直，叶片、叶鞘绿色，叶耳、叶舌、柱头无色，分蘖力偏弱，成穗率较高，穗粒重协调，后期转色好，株高108.1cm，有效穗数259.5万穗/hm²，穗长25.3cm，每穗平均着粒157.9粒，结实率81.7%，颖壳黄色，籽粒细长形，稃尖无色，种皮白色，有顶芒，千粒重27.3g。

品质特性：糙米率80.5%，精米率72.3%，整精米率57.5%，糙米长宽比3.1，垩白粒率23%，垩白度2.9%，胶稠度50mm，直链淀粉含量22.2%。米质达到国颁三级优质米标准。

抗性：中抗稻瘟病，中感白叶枯病、褐飞虱，耐寒性强。

产量及适宜地区：2001—2002年参加国家长江上游中籼迟熟优质组区域试验，2年区域试验平均产量8.87t/hm²，比对照汕优63增产5.31%；2002年生产试验，平均产量8.18t/hm²，比对照汕优63增产16.95%。该品种2003年以来累计推广面积超过20万hm²。适宜在贵州、云南省、重庆市中低海拔稻区（武陵山区除外），四川省平坝稻区以及陕西省的汉中地区作一季中稻种植。

栽培技术要点：①适时播种，一般在3月下旬至4月上旬播种，秧田播种量150～225kg/hm²。②合理密植，栽插密度22.5万穴/hm²，栽插基本苗150万～180万苗/hm²为宜。③施肥，每公顷施纯氮120～150kg、磷肥375～450kg、钾肥225～300kg。④防治病虫害，注意防治稻瘟病、白叶枯病和褐飞虱等病虫的危害。

中优31 （Zhongyou 31）

品种来源：四川省新津县种子公司、四川省种子站合作以中9A/R31配组而成。2007年通过四川省农作物品种审定委员会审定。

形态特征和生物学特性：属中籼三系杂交中稻品种。全生育期148.6d，比对照汕优63短0.2d。株型适中，叶色浓绿，剑叶直立，叶鞘绿色，叶舌、柱头无色，分蘖力较强，成穗率高，穗层整齐，熟期转色好，不早衰，株高120.4cm，有效穗236.7万穗/hm²，穗长25.6cm，每穗平均着粒176.9粒，结实率81.2%，颖壳黄色，籽粒椭圆形，稃尖无色，种皮白色，无芒，千粒重25.2g。

品质特性：糙米率82.1%，整精米率55.3%，糙米粒长6.0mm，糙米长宽比2.5，垩白粒率60%，垩白度6.7%，胶稠度68mm，直链淀粉含量25.8%，蛋白质含量10.2%。

抗性：感稻瘟病。

产量及适宜地区：2004—2005年参加四川省中籼迟熟组区域试验，2年区域试验平均产量7.95t/hm²，比对照汕优63增产6.29%；2006年生产试验平均产量8.45t/hm²，比对照汕优63增产10.68%。适宜四川平坝和丘陵地区作一季中稻种植。

栽培技术要点：①适时播种，秧龄40～45d。②栽插密度22.5万～27万穴/hm²，栽插基本苗150万～180万苗/hm²。③施肥管理，重底肥，早追肥，氮、磷、钾配合，适当偏施钾肥，切忌偏重偏迟施用氮素化肥。④稻田要求前期浅水管理，中期够穗苗晒田，后期湿润管理到成熟。⑤及时防治病虫害。

中优 368 （Zhongyou 368）

品种来源：四川农业大学水稻研究所和四川川单种业有限责任公司合作用中9A/蜀恢368配组而成。2005年通过四川省农作物品种审定委员会审定。

形态特征和生物学特性：属籼型三系杂交中稻品种。全生育期148.6d，与对照汕优63相同。株型适中，剑叶挺直，叶片、叶鞘绿色，叶耳、柱头无色，分蘖力强，后期转色好，株高113.0cm，有效穗185.1万穗/hm²，穗长25.6cm，每穗平均着粒174.95粒，结实率77.05%，颖壳黄色，籽粒细长形，稃尖无色，种皮白色，有顶芒，千粒重25.96g。

品质特性：糙米率81.8%，糙米率73.6%，整精米率59.3%，糙米粒长6.6mm，糙米长宽比3.0，垩白粒率18%，垩白度4.8%，透明度2级，碱消值6.2级，胶稠度56mm，直链淀粉含量21.9%，蛋白质含量11.9%，米质达到国颁三级优质米标准。

抗性：高感稻瘟病。

产量及适宜地区：2003—2004年参加四川省中籼迟熟优质稻组区域试验，2年区域试验平均产量8.14t/hm²，比对照汕优63增产1.88%；2004年生产试验，平均产量8.42t/hm²，比对照汕优63增产8.73%。适宜在四川省平坝、丘陵区作一季中稻种植。

栽培技术要点：①适时播种，培育多蘖壮秧，温室育秧或旱育秧，秧龄45d左右。②合理密植，栽足基本苗，栽插密度18万～21万穴/hm²，栽插基本苗135万～150万苗/hm²。③合理施肥，重底肥，早追肥，底肥占60%，分蘖肥30%，穗肥10%。一般施氮量120～165kg/hm²，氮、磷、钾比例1：0.5：0.5。④浅水栽秧，深水护苗，薄水分蘖，够苗晒田。⑤及时防治病虫，重点防治蓟马、螟虫、稻苞虫。

中优445 (Zhongyou 445)

品种来源：四川省南充市农业科学研究所以中9A/南恢445配组而成。2005年通过四川省农作物品种审定委员会审定。2009年获国家植物新品种权，品种权号：CNA20050790.7。

形态特征和生物学特性：属籼型三系杂交中稻品种。全生育期149.8d，与对照汕优63相同。株高120.0cm，株型适中，叶鞘、叶片绿色，叶耳紫色，剑叶长、宽、直立，分蘖力中等，后期转色好，有效穗175.05万穗/hm²，穗长26.9cm，每穗平均着粒169粒，结实率78.5%，颖壳黄色，籽粒细长形，稃尖无色，护颖较长，种皮白色，顶芒，千粒重29.2g。

品质特性：糙米率79.2%，精米率72.8%，整精米率57.7%，糙米粒长7.1mm，糙米长宽比3.1，垩白粒率26%，垩白度4.0%，透明度2级，胶稠度78mm，碱消值5.6，直链淀粉含量22.8%，蛋白质含量10.6%，米质达到国颁三级优质米标准。

抗性：高感稻瘟病。

产量及适宜地区：2003—2004年参加四川省中籼迟熟优质组区域试验，2年区域试验平均单产8.21t/hm²，比对照汕优63增产2.68%；2004年生产试验平均单产8.45t/hm²，比对照汕优63增产7.56%。该品种2005年以来累计推广面积超过4.5万hm²。适宜四川平坝、丘陵地区作一季中稻种植。

栽培技术要点：①适时早播，培育多蘖壮秧，秧龄30～45d。②栽插密度18万穴/hm²左右，每穴栽插2苗。③合理施肥，重底肥早追肥，补施穗肥，一般施纯氮150～180kg/hm²，氮、磷、钾比例为1∶0.5∶0.5。④浅水栽秧，深水护苗，薄水分蘖，够苗晒田。⑤注意防治病虫害，后期注意防治稻瘟病。

中优448（Zhongyou 448）

品种来源：四川省农业科学院作物研究所和中国水稻研究所合作以中9A/成恢448配组育成。2003年通过国家农作物品种审定委员会审定。

形态特征和生物学特性：属籼型三系杂交晚稻品种。在长江流域作双季晚稻种植，全生育期平均114.2d，与对照汕优64相仿。株叶形态好，群体整齐，剑叶挺直，叶鞘绿色，柱头无色，分蘖力强，穗层整齐，穗形较大，后期转色好，株高97cm，有效穗数292.5万穗/hm^2，穗长23.9cm，每穗平均着粒119.9粒，结实率83.4%，颖壳黄色，籽粒细长形，稃尖无色，种皮白色，顶芒，千粒重27.6g。

品质特性：糙米率80.3%，精米率72.3%，整精米率55.7%，糙米长宽比3.3，垩白粒率24%，垩白度3%，胶稠度50mm，直链淀粉含量21.8%。米质达到国颁三级优质米标准。

抗性：中感稻瘟病、白叶枯病、褐飞虱，易感纹枯病，不抗倒伏。

产量及适宜地区：2001—2002年参加国家长江流域早熟双季晚籼优质组区域试验，2年区域试验平均产量7.16t/hm^2，比对照汕优64增产1.83%；2002年生产试验平均产量6.95t/hm^2，比对照汕优64减产2.20%。该品种2003年以来累计推广面积超过5万hm^2。适宜江西、湖南、湖北、安徽、浙江等省双季稻区作晚稻种植。

栽培技术要点：①适时播种，一般在6月中下旬播种，秧田播种量150～80kg/hm^2。②合理密植，栽插密度24万穴/hm^2，栽插基本苗150万～180万苗/hm^{2}为宜。③肥水管理，中等肥力田块，一般施纯氮120～150kg/hm^2、磷肥375～450kg/hm^2、钾肥225～300kg/hm^2，科学管水，注意防止倒伏。④防治病虫害，注意防治稻瘟病、白叶枯病和褐飞虱等病虫的危害。

中优7号（Zhongyou 7）

品种来源：江油市川江水稻研究所，四川省川丰种业育种中心和中国水稻研究所合作以中9A/川江恢727配组而成，又名：凯丰7号。2004年通过国家农作物品种审定委员会审定。2009年获国家植物新品种权，品种权号：CNA20050159.3。

形态特征和生物学特性：属籼型三系杂交中稻品种。在长江上游稻区作一季中稻种植，全生育期平均151.8d，比对照汕优63早熟0.8d。株叶形适中，剑叶较长、窄，叶片、叶鞘绿色，叶耳、柱头无色，分蘖力强，穗粒重协调，后转色好，株高113.2cm，有效穗数264万穗/hm²，穗长25.2cm，每穗平均着粒166.8粒，结实率80.6%，颖壳黄色，籽粒细长形，稃尖无色，种皮白色，无芒，千粒重26.0g。

品质特性：整精米率57.4%，糙米长宽比3.1，垩白粒率9%，垩白度0.9%，胶稠度55mm，直链淀粉含量22%。

抗性：高感稻瘟病，中感白叶枯，高感褐飞虱。

产量及适宜地区：2002—2003年参加国家长江上游中籼迟熟优质组区域试验，2年区域试验平均产量8.79t/hm²，比对照汕优63增产4.71%；2003年生产试验平均产量8.91t/hm²，比对照汕优63增产8.49%。适宜在云南、贵州、重庆中低海拔稻区（武陵山区除外）和四川平坝稻区、陕西南部稻瘟病轻发区作一季中稻种植。

栽培技术要点：①培育壮秧，根据当地习惯与汕优63同期播种，秧田播种量150～225kg/hm²。②栽插规格为22cm×24cm，栽插基本苗135万～150万苗/hm²。③肥水管理，施纯氮120～150kg/hm²，氮、磷、钾比例为1：0.5：0.7。水分管理要做到浅水勤灌，适时晒田，后期不可脱水过早。④防治病虫害，特别注意防治稻瘟病，注意防治白叶枯病。

中优85（Zhongyou 85）

品种来源：四川省种子公司、中国水稻研究所、四川省蒲江县种子公司以中9A/蒲恢85配组而成，又名：中9优85。分别通过贵州省（2003）、云南省（2004）和国家（2005）农作物品种审定委员会审定。2007年获国家植物新品种权，品种权号：CNA20040347.8。

形态特征和生物学特性：属籼型三系杂交中稻品种。长江上游稻区作一季中稻种植，全生育期平均154.3d，比对照汕优63迟熟0.2d。株高117.0cm，有效穗数240万穗/hm²，穗长26.5cm，每穗总粒数174.7粒，结实率81.0%，千粒重28.7g。长江中下游稻区作一季中稻种植，全生育期平均132.3d，比对照汕优63早熟0.4d。株高125.8cm，有效穗数243万穗/hm²，穗长27.7cm，每穗平均着粒170.2粒，结实率76.8%，千粒重28.5g。株型适中，剑叶挺直、较宽、内卷，叶片、叶鞘绿色，叶耳、柱头无色，分蘖力强，后期转色好，易落粒，颖壳黄色，籽粒细长形，稃尖无色，种皮白色，有顶芒。

品质特性：整精米率61.4%，糙米长宽比3.1，垩白粒率26%，垩白度4.3%，胶稠度79mm，直链淀粉含量22.0%，米质达到国颁三级优质米标准。

抗性：高感稻瘟病、褐飞虱，抗白叶枯病。

产量及适宜地区：2003—2004年参加国家长江上游中籼迟熟优质组区域试验，2年区域试验平均产量9.25t/hm²，比对照汕优63增产6.93%；2004年生产试验平均产量8.21t/hm²，比对照汕优63增产3.52%。该品种1983年以来累计推广面积超过30万hm²。适宜云南、贵州、重庆的中低海拔稻区（武陵山区除外），四川平坝丘陵稻区、陕西南部稻区，以及福建、江西、湖南、湖北、安徽、浙江、江苏的长江流域稻区，河南南部稻区的稻瘟病、白叶枯病轻发区作一季中稻种植。

栽培技术要点：①育秧，适时播种，秧田播种量150kg/hm²。②秧龄在35～45d移栽，栽插基本苗120万～150万苗/hm²。③肥水管理，施纯氮150kg/hm²，氮、磷、钾比例1：0.5：0.7，重施底肥，早施追肥，底肥以农家有机肥为主。在水分管理上，做到干湿交替，适时适度晒田。④防治病虫害，注意及时防治稻瘟病、白叶枯病、纹枯病、螟虫、稻苞虫、稻飞虱等病虫害。

中优 936 （Zhongyou 936）

品种来源：四川省达州市农业科学研究所以中9A/达恢936配组而成。2004年通过四川省农作物品种审定委员会审定，2008年通过云南省（红河）农作物品种审定委员会特审，2007年通过陕西省引种鉴定。

形态特征和生物学特性：属籼型三系杂交中稻品种。全生育期150d，比对照辐优838长1～2d。株型紧凑，生长势强，生长整齐，剑叶较宽、挺直，叶色淡绿，叶鞘绿色，叶耳、柱头无色，分蘖力中等，成穗率高，着粒较稀，熟期转色好，株高111cm，有效穗数225万穗/hm²，穗长25.7cm，每穗平均着粒174粒，结实率73.6%，颖壳黄色，籽粒细长形，稃尖无色，种皮白色，顶芒，千粒重27.6g。

品质特性：糙米率80.7%，整精米率57.8%，糙米长宽比3.0，垩白粒率38%，垩白度11.3%，胶稠度40mm，直链淀粉含量19.5%。

抗性：高感稻瘟病，耐寒性强。

产量及适宜地区：2002—2003年四川省中籼中熟组区域试验，2年区域试验平均单产7.71t/hm²，比对照辐优838增产4.4%；2003年生产试验，平均单产8.21t/hm²，比对照辐优838增产11.35%。适宜四川省丘陵中海拔地区和平坝多熟制地区作中熟中稻种植，陕西省陕南海拔650m以下地区和云南省红河哈尼族彝族自治州内地海拔1 400m以下地区、边疆1 350m的籼型杂交水稻区种植。

栽培技术要点：①适期播种，适龄移栽，采用湿润育秧或旱育秧，秧龄35～45d。②合理密植，平坝区26.7cm×16.7cm或（30+16.7）cm×16.7cm，丘陵区（26.7+16.7）cm×16.7cm。③重底肥早追肥，增施磷钾肥。

竹丰优009（Zhufengyou 009）

品种来源：四川省绵竹市种子公司和西南科技大学水稻研究所合作以竹丰1A/绵恢2009配组而成。2005年通过四川省农作物品种审定委员会审定，2009年通过云南省（文山、普洱）农作物品种审定委员会特审，2007年通过陕西省引种鉴定。

形态特征和生物学特性：属籼型三系杂交中稻品种。全生育期155d，比对照汕优63长2.3d。株型紧凑，剑叶较宽大，叶鞘、叶耳、叶缘、柱头紫色、分蘖力较强，株高113.4cm，有效穗数242.55万穗/hm²，穗层整齐，穗长25.8cm，每穗平均着粒159.6粒，结实率82.5%，颖壳黄色，籽粒长椭圆形，稃尖紫色，种皮白色，顶芒，千粒重32.1g，后期转色好。

品质特性：糙米率78.8%，精米率70.3%，整精米率50.5%，糙米粒长7.3mm，糙米长宽比2.9，垩白粒率72.0%，垩白度14.0%，透明度1级，碱消值5.1级，胶稠度84mm，直链淀粉含量24.2%，蛋白质含量7.7%。

抗性：感稻瘟病。

产量及适宜地区：2003—2004年参加四川省中籼迟熟组区域试验，2年区域试验平均单产8.55t/hm²，比对照汕优63增6.09%；2004年生产试验平均单产8.75t/hm²，比对照汕优63增产9.21%。适合四川省平坝和丘陵地区、陕西南部地区作一季中稻种植；云南省文山壮族苗族自治州海拔1 400m以下和普洱市海拔1 350m以下的稻区种植。

栽培技术要点：适期早播稀播，培育多蘖壮秧，秧龄35～50d。适时移栽，栽插规格一般为33.3cm×16.7cm，或根据当地的高产栽培模式进行栽插，栽插基本苗150万～180万苗/hm²。一般施纯氮120～150kg/hm²、磷120kg/hm²、钾150kg/hm²，重底肥早追肥，底肥占80%，追肥占20%，同时增施有机肥。浅水灌溉，湿润管理，够苗适时晒田（晾田），控制无效分蘖，高肥田块防止倒伏。选用高效、低毒、低残留农药及时防治病虫害。

第三节　部分老品种介绍

表3-1　部分老品种介绍

品种名称	育成年份	育成单位	亲本来源	特征特性
1107（1107）	1979	四川省农业科学院水稻研究所	二九青/珍珠矮	常规早籼稻品种，全生育期114d，株高75cm，每穗粒数中等，种皮白色，无芒，颖尖、颖壳秆黄色，千粒重25g，分蘖力强，米质中等，感稻瘟，产量在5.25～6.0t/hm²。1979年推广面积1.7万hm²
2134（2134）	1976	四川省农业科学院水稻研究所	泸双1011/万早31-8	常规中籼稻品种。全生育期135～140d，株高100～105cm，每穗粒数多，千粒重25～26g，分蘖力中等，米质中等，高感稻瘟，产量在6.75t/hm²。累计推广面积76万hm²
66-40（66-40）	1968	四川省内江地区农业科学研究所	农垦58系选	常规晚粳稻品种，全生育期150d，株高115cm，每穗粒数中等，千粒重20g，分蘖力强，米质中等，感稻瘟病，产量5.25t/hm²，1973年推广面积1.67万hm²
矮麻谷（Aimagu）	1964	四川省农业科学院作物研究所	广场矮1号/灌县黑谷子	常规中籼稻品种。全生育期139d，株高100cm，每穗粒数中，千粒重22g，分蘖力中，米中等，抗稻瘟病，耐瘠，产量5.25t/hm²，1977推广面积0.67万hm²
成都矮4号（Chengduai 4）	1963	四川省农业科学院作物研究所	矮脚南特/川农422	常规中籼稻品种。全生育期145d，株高90cm，每穗粒数中，千粒重25g，分蘖力强，米质上，抗稻瘟病，产量6.0t/hm²，1965年推广面积2万hm²
成都矮597（Chengduai 597）	1974	四川省农业科学院作物研究所	IR8/成都矮4号	常规中籼稻品种。全生育期138d，株高100cm，每穗粒数中，千粒重27g，分蘖力中，米质中，感稻瘟病，产量6.75t/hm²，1981年推广面积2万hm²
成都晚粳（Chengduwangeng）	1974	四川省农业科学院作物研究所	农红73系选	常规晚粳稻品种，全生育期150d，株高100cm，分蘖力中，每穗粒数少，籽粒阔卵形，颖壳秆黄色，种皮白色，无芒，千粒重25g，米质中，耐寒，产量4.5t/hm²，适宜四川平坝、丘陵区种植。1977年推广面积2.667万hm²
川农422（Chuannong 422）	1938	原四川省农业改进所	灌县谷儿系选	常规中籼稻品种。全生育期135d，株高150cm，每穗粒数中，千粒重24g，分蘖力强，米质上等，抗稻瘟病，产量4.5t/hm²，1955年推广面积5.1万hm²
冈矮1号（Gang'ai 1）	1976	四川农学院	冈二九矮7号A/泰引1号	籼型三系杂交中稻品种。全生育期150～160d，株高100cm，分蘖力强，株型紧凑，叶片直立，叶色深绿，后期退色较早，穗平着粒160粒，结实率高，千粒重25g，米质中上。中抗稻瘟病。一般产量达8.25t/hm²。适宜四川省盆周低山区和川西地区作搭配品种使用。该品种1987年推广面积超过8.6万hm²
冈矮63（Gang'ai 63）	1985	四川农学院	冈二九矮7号A/明恢63	籼型三系杂交中稻品种。全生育期145～150d，株高95～100cm，每穗粒数多，千粒重27g，分蘖力强，株型紧凑，叶片直立，叶色深绿，后期退色较早。米质上等。中抗稻瘟病。一般产量达7.5t/hm²。适宜四川省盆周低山区和川西地区作搭配品种使用。该品种1987年推广面积超过6.67万hm²
冈朝阳1号A（Gangchaoyang 1 A）	1975	四川农学院（现四川农业大学）	冈比亚卡/矮脚南特//69-641///72-192/4/朝阳1号	三系早籼不育系，全生育期90～95d，株高60cm，每穗粒数中等，千粒重23g，分蘖力强，米质中，开花好，异交率高，柱头外露率46%。不育株率100%，不育度稳定，花药败育以典败为主

（续）

品种名称	育成年份	育成单位	亲本来源	特征特性
冈二九矮7号A (Ganger jiuai 7 A)	1975	四川农学院	冈比亚卡/矮脚南特//69-641///72-192/4/二九矮7号	三系早籼不育系。全生育期110～115d，每穗粒数多，千粒重24g，株高83cm，分蘖力中，开花好，异交率高，柱头外露率79%。不育株率100%，不育度稳定，花药败育以典败为主
灌县黑谷子 (Guanxianheiguzi)		四川省灌县	地方种	常规中籼稻品种，全生育期131～136d，株高120cm，分蘖力中等，每穗90粒，千粒重28g，较抗倒，抗稻瘟病。1958年推广面积9.3万hm²
虹双2275 (Hongshuang 2275)	1972	四川省农业科学院作物研究所	虹糯/双广3号	常规中粳稻品种。全生育期140d，株高100cm左右，每穗粒数多，千粒重25g，分蘖力中等，籽粒椭圆形、无芒、颖壳、颖尖秆黄色，种皮白色。米质中等。感稻瘟病。一般产量6.75t/hm²。该品种累计推广面积11.33万hm²，1979年最大推广面积6.67万hm²。适宜四川省丘陵、平坝稻瘟病非常发区种植
凉籼1号 (Liangxian 1)	1983	四川省凉山州西昌农业科学研究所	八四矮63/籼251	常规中籼稻品种。全生育期157d，株高100cm，每穗粒数多，千粒重25.2g，分蘖力中，米质中等，感稻瘟病，产量8.25t/hm²。1988年推广面积3 000hm²
泸成矮3号 (Lucheng'ai 3)	1967	四川省农业科学院水稻高粱研究所	广场矮1号/成都矮1号	常规中籼稻品种。全生育期139d，分蘖力中等，株高112cm，每穗粒数多，颖尖紫褐色，颖壳秆黄色，种皮白色，无芒。千粒重25.5g。米质中等。感稻瘟。一般产量在6.0t/hm²左右。累计推广面积3.33万hm²。适宜四川平坝、丘陵地区非稻瘟病常发区种植
泸科1号 (Luke 1)	1978	四川省农业科学院水稻研究所	泸成17/泸双1011	常规中籼稻品种。全生育期140d，株高102cm，每穗粒数多，千粒重24.5g，分蘖力中等，米质中等，中抗稻瘟，产量7.5t/hm²左右。1981年推广面积1.33万hm²
泸南630 (Lunan 630)	1985	四川省农业科学院水稻研究所	泸南早1号A/圭630	籼型三系杂交迟熟中稻品种。全生育期145d，比汕优2号早熟3d左右。株高110cm，苗期长势旺，分蘖力强，着粒多，千粒重30～32g，米质上等。中感稻瘟病。1982—1984年四川省区域试验平均产量8.24t/hm²。大面积示范种植产量在7.50t/hm²左右，高的可达9.00t/hm²。适宜四川省稻瘟病非常发区中等肥力的田块种植
泸南早1号A (Lunanzao 1 A)	1978	四川省农业科学院水稻高粱研究所	二九南1号A/泸南早1号（二九矮/矮南早1号）	三系早籼不育系。全生育期120d，株高80cm，每穗粒数中，千粒重28g，分蘖力中，米质差，开花中，异交率中，柱头外露率15%。不育株率100%，不育度稳定，花药败育以典败为主
泸南早2号 (Lunanzao 2)	1975	四川省农业科学院水稻研究所	南洋密种/东南亚五谷种	常规早籼稻品种。全生育期116～118d，株高83.5cm，每穗粒数中等，千粒重24g，分蘖力中等，米质上等，感稻瘟，产量在5.25～6.0t/hm²。1982年推广面积1万hm²
泸三矮12 (Lusan'ai 12)	1970	四川省农业科学院水稻高粱研究所	广场矮1号/泸场3号	常规中籼稻品种。全生育期120d，株高110cm，每穗粒数多，分蘖力中等，颖尖、颖壳秆黄色，籽粒椭圆形，种皮白色，无芒，千粒重26.5g，米质中等。感稻瘟病。产量一般在6.0t/hm²左右。最大年（1974年）推广面积3.33万hm²。适宜四川省平坝、丘陵地区非稻瘟病常发区种植
泸三矮4号 (Lusan'ai 4)	1970	四川省农业科学院水稻高粱研究所	广场矮1号/泸场3号	常规中籼稻品种。全生育期134d，株高96cm，每穗粒数多，分蘖力中等，颖尖、颖壳秆黄色，籽粒椭圆形，种皮白色，无芒，千粒重25g。米质中等。感稻瘟病。大田生产产量一般在6.0t/hm²左右。最大年（1973年）推广面积3.33万hm²。适宜四川省平坝、丘陵地区非稻瘟病常发区种植

（续）

品种名称	育成年份	育成单位	亲本来源	特征特性
泸胜2号 (Lusheng 2)	1969	四川省农业科学院水稻高粱研究所	胜利籼/矮脚南特	常规中籼稻品种。全生育期140d，株高85cm，分蘖力强，每穗粒数多，颖壳黄色，籽粒椭圆形，种皮白色，无芒，千粒重26g。米质上等。感稻瘟病。产量在6.0t/hm²以上。1972年推广面积20万hm²。适宜四川平坝、丘陵地区非稻瘟病常发区种植
泸团早12 (Lutuanzao 12)	1971	四川省农业科学院水稻研究所	二九矮/团粒矮	常规早籼稻品种。全生育期118d，株高78cm，每穗粒数少，千粒重25g，分蘖力中等，米质中等，感稻瘟，产量在5.25t/hm²左右。累计推广面积0.67万hm²以上
泸晚23 (Luwan 23)	1970	四川省农业科学院水稻高粱研究所	61-118/大粒1号	常规晚粳稻品种。全生育期135d，株高110cm，每穗粒数少，分蘖力中等，籽粒阔卵形，颖壳秆黄色，种皮白色，无芒，千粒重34g。米质中等。中感稻瘟病、纹枯病。产量一般在5.25～6.0t/hm²，适宜四川省作晚稻种植。累计推广面积4万hm²
泸晚4号 (Luwan 4)	1967	四川省农业科学院水稻高粱研究所	"苏州青"中系统选育	常规晚粳稻品种。全生育期140d，株高90～100cm，每穗粒数少，分蘖力强。籽粒阔卵形，颖壳秆黄色，种皮白色，无芒，千粒重25～28g。米质中等。轻感稻瘟病、纹枯病。产量一般在4.5～5.25t/hm²，适宜四川省作晚稻种植。最大年（1978年）推广面积6.67万hm²
泸晚8号 (Luwan 8)	1968	四川省农业科学院水稻高粱研究所	"571-2"中系统选育	常规晚粳稻品种。全生育期140d，株高85cm，每穗粒数少，分蘖力强。籽粒阔卵形，颖壳秆黄色，种皮白色，无芒，千粒重27g左右。米质中等。感稻瘟病。产量在4.5～5.25t/hm²。适宜四川省作晚稻种植。累计推广面积10.67万hm²
泸洋早2号 (Luyangzao 2)	1968	四川省农业科学院水稻研究所	矮脚南特/洋早谷	常规早籼稻品种。全生育期112d，株高72cm，每穗粒数中等，千粒重28g，分蘖力中等，米质中等，感稻瘟，产量在6.0t/hm²左右。累计推广面积3.33万hm²以上
泸岳13 (Luyue 13)	1968	四川省农业科学院水稻高粱研究所	广场矮1号/岳农1号	常规中籼稻品种。全生育期135d，株高100cm，每穗粒数多，千粒重26g，分蘖力中等，颖尖紫褐色、颖壳秆黄色、种皮白色、无芒。米质中等。中抗稻瘟病。产量在6.75t/hm²左右。1973年推广面积2.67万hm²。适宜四川平坝、丘陵区种植
泸岳2号 (Luyue 2)	1968	四川省农业科学院水稻高粱研究所	广场矮1号/岳农1号	常规中籼稻品种。全生育期139d，株高115cm，每穗粒数多，分蘖力中等，颖尖紫褐色、颖壳秆黄色、种皮白色、无芒，千粒重26g。米质中等。感稻瘟病。产量在6.75t/hm²左右。1971年推广面积2.67万hm²。适宜四川平坝、丘陵非稻瘟病常发区种植
泸岳5号 (Luyue 5)	1968	四川省农业科学院水稻高粱研究所	广场矮1号/岳农1号	常规中籼稻品种。全生育期139d，株高110cm，分蘖力中等，每穗粒数多，颖尖紫褐色、颖壳秆黄色、种皮白色、无芒，千粒重26g。米质中等。感稻瘟病。产量在6.0t/hm²左右。1972年推广面积3.33万hm²。适宜四川平坝、丘陵非稻瘟病常发区种植
七一粳 (Qiyigeng)	1975	四川省凉山州西昌农业科学研究所	台北8号/黄壳早廿日	常规中粳稻品种。全生育期153d，株高105cm，分蘖力中等，籽粒阔卵形，种皮白色，颖尖红褐色、颖壳褐斑秆黄，无芒，每穗粒数中等，千粒重27g。米质中等。感稻瘟病、中抗白叶枯病。一般大田生产产量在7.5t/hm²左右。适宜凉山彝族自治州的西昌、德昌、宁南、越西、米易县二半山区海拔1 600～1 800m的非稻瘟病常发区搭配种使用
胜利矮 (Shengliai)	1970	四川省双流县团结大队	南高广3号/胜利籼	常规中籼稻品种。全生育期137d，株高90cm，每穗粒数多，千粒重26g，分蘖力强，米质中等，感稻瘟病，产量6.0t/hm²，1979年推广面积17万hm²

（续）

品种名称	育成年份	育成单位	亲本来源	特征特性
蜀丰1号 (Shufeng 1)	1971	四川农业大学	Diss D52/37/广场矮100	常规早籼稻品种。全生育期124d，株高80cm，每穗粒数中等，千粒重32g，分蘖力中等，米质上等，中抗白叶枯病，产量6.0t/hm²，累计推广面积1.33万hm²
万中7127 (Wanzhong 7127)	1971	四川省万县地区农业科学研究所	广场矮1号中系选	常规中籼稻品种。全生育期127d左右，苗期矮健，株高98cm，分蘖力中等，每穗平均着粒数多，千粒重25g。颖尖、颖壳秆黄色，种皮白色。米质中等。感稻瘟病。一般产量7.05t/hm²。适宜四川省丘陵和平坝非稻瘟病常发区种植。该品种1980年以来累计推广面积超过4.67万hm²
五八矮1号 (Wubaai 1)	1974	四川省农业科学院作物研究所	成都矮5号/成都矮8号	常规中籼稻品种。全生育期140d，分蘖力中等，株高110cm，每穗粒数中，籽粒长粒、阔卵形，无芒，颖尖、颖壳秆黄色，种皮白色，千粒重26g，米中等。感稻瘟病。一般产量在6.0t/hm²左右。该品种累计推广面积6.67万hm²。适宜四川省平丘区稻瘟病非常发区种植
籼251 (Xian 251)	1965	四川省凉山州西昌农业科学研究所	矮仔占系选	常规中籼稻品种。全生育期149d，株高138cm，每穗粒数中等，千粒重26.8g，分蘖力中，米质中等，感稻瘟病，产量6.75t/hm²。1970年推广面积1.33万hm²
一四矮2127 (Yisiai 2127)	1972	四川省农业科学院作物研究所	矮沱谷151/大谷矮4号	常规中籼稻品种。全生育期140d，株高95cm，每穗粒数中，千粒重27g，分蘖力中，米质中等，感稻瘟病，产量6.75t/hm²。累计推广面积11.6万hm²，1982年推广面积2.67万hm²
跃进3号 (Yuejin 3)	1957	四川农学院（四川农业大学前身）	京都旭鉴定	常规晚粳稻品种，全生育期115~120d，株高85~90cm，每穗粒数少，籽粒阔卵形，颖壳秆黄色，种皮白色，无芒，千粒重25g，分蘖力强，米质中等，轻感稻瘟病，产量3.3~3.9t/hm²。适宜四川平坝、丘陵区种植。1958—1964年推广面积3.33万hm²
跃进4号 (Yuejin 4)	1957	四川农学院	北部2号鉴定	常规晚粳稻品种，全生育期119d，株高85~90cm，每穗粒数少，籽粒阔卵形，颖壳秆黄色，种皮白色，无芒，千粒重25.5g，分蘖力强，米质中等，产量3.45~3.9t/hm²。适宜四川平坝、丘陵区种植。1958—1964年推广面积6.67万hm²

第四章
重庆市稻作区划与品种改良概述

重庆位于中国西南部，长江上游，东经105°17′～110°11′、北纬28°10′～32°13′之间的青藏高原与长江中下游平原的过渡地带。全市东西长470km，南北宽450km，辖区面积8.24万km²。重庆辖区内，北有大巴山，东有巫山，东南有武陵山，南有大娄山，地形大势由南北向长江河谷倾斜。市内最高海拔2 796.8m，最低73.1m，海拔高差2 723.7m。境内山地面积占76%，丘陵占22%，河谷平坝仅占2%。其中，海拔500m以下的面积3.2万km²，占38.6%；海拔500～800m的2.1万km²，占25.4%；海拔800～1 200m的1.7万km²，占20.4%；海拔1 200m以上的1.28万km²，占15.6%。属亚热带季风性湿润气候，年平均气温在18℃左右，冬季最低气温平均在6～8℃，夏季平均气温在27～29℃，日照总时数1 000～1 200h，冬暖夏热，无霜期长、雨量充沛、温润多阴、雨热同季，常年降水量1 000～1 400mm，春夏之交夜雨尤甚，素有"巴山夜雨"之说。2013年重庆共辖38个区县（自治县），213个乡，611个镇，192个街道办事处，5 721个居委会，8 318个村；划分为都市功能核心区、都市功能拓展区、城市发展新区、渝东北生态涵养发展区、渝东南生态保护发展区五个功能区域；户籍总人口3 375.20万人，农业人口2 003.08万人，非农业人口1 372.12万人，城镇化率59.6%。

水稻是重庆第一大粮食作物和基本口粮，稻作类型为中籼，其中杂交稻占95%以上。1997年重庆直辖初期水稻播种面积81.6万hm²，占全年粮食播种面积的39.1%；稻谷总产量525.4万t，占粮食总产量的46.7%；其中，以单季中稻为主，早晚稻面积1万hm²，占水稻播种面积1.2%。2014年水稻播种面积69万hm²，全部为单季中稻，占全年粮食播种面积的30.6%；稻谷总产量503.4万t，占总产量的44.0%。

第一节　重庆市稻作区划

根据全国稻作区划，整个重庆属于华中单双季稻作区，目前种植的全部为单季中稻和部分"中稻+再生稻"。根据重庆市自然环境、光温生态、季节变化、种植模式等因素，将重庆市水稻种植区域划分为浅丘河谷稻作区、深丘与低山稻作区和中高山稻作区。

一、浅丘河谷稻作区

浅丘河谷稻作区主要分布于海拔400m以下的浅丘河谷地区，面积31万hm²左右，主要分布在渝西和渝中，渝东和渝南有少量分布，年平均气温在17.1℃以上，伏旱频率为53%～87%，高温伏旱突出，使用的品种需要具备较强的耐高温能力。水稻播种期在3月10日前后（除秀山外），抽穗期在7月10日前后，抽穗灌浆期高温和低昼夜温差气候条件基本不适宜优质稻生产，但再生稻生长发育中后期气候温和，对再生稻优质比较有利。在该区域中海拔350m以下的地区，年平均气温大于18.5℃，在直辖前该区域是双季稻适宜区，目前已全部改为单季中稻或"中稻+再生稻"，单季中稻的稻谷单产7.5t/hm²左右，"中稻+再生稻"单产12t/hm²左右。

渝西集中分布在永川区、铜梁区、江津区、荣昌区、潼南区、合川区、巴南区和璧山区，面积15万hm²左右；其中，"中稻+再生稻"面积近10万hm²，集中分布在永川和铜梁。

渝中分布在渝北区、长寿区、涪陵区和梁平县，面积10万hm²左右，是重庆水稻主产区和机械化水平较高的区域；其中，"中稻+再生稻"面积近1万hm²，分布在长寿和涪陵。渝东集中分布在开县和万州区，面积5万hm²左右；其中，"中稻+再生稻"面积4万hm²左右，秋季光照条件较好，是"中稻+再生稻"的高产区，大面积再生稻单产达到6t/hm²。渝南主要分布在秀山县，面积2万hm²左右，由于播种期在3月下旬，不适宜蓄留再生稻。

二、深丘与低山稻作区

深丘与低山稻作区在整个重庆都有分布，海拔在400～900m，全部为单季中稻，面积33万hm²左右。本区域在水稻抽穗灌浆期的气候较温和，是重庆优质稻谷主产区。本区域地形与地貌复杂，低山、丘陵，岗地、冲沟和倒置台地交错分布，年平均气温14.6～16℃，年日照时数1 000～1 500h，年降水量1 000～1 200mm，光、热、水资源丰富，但夏、秋两季干旱的概率较高，伏旱频率为15%～55%，重伏旱发生频率较小。主要分布在垫江和梁平大部，江津四面山、綦江横山、巴南铜锣山、南川金佛山、彭水仙女山、开县九龙山，贯穿涪陵、丰都、忠县和万州的方斗山和七曜山，以及酉阳、黔江、秀山、石柱的武陵山区。稻瘟病是该区域的主要病虫害，需要使用具备抗稻瘟病能力的品种，或在栽培管理中强化稻瘟病预防。

三、中高山稻作区

中高山稻作区主要分布在巫山、巫溪、奉节、云阳、开县、万州、丰都、石柱、涪陵、南川、酉阳、忠县等区县海拔900～1 200m地区，面积5万hm²左右。本区域年平均气温在12.9～14.1℃之间，水稻生育期间的日照时数在850～1 000h以上，光照资源相对丰富，籽粒结实期间的气温对品质形成都比较有利，伏旱频率为31%～46%，伏旱发生频率较小，强度较弱，基本不受伏旱高温影响，总体气候适宜优质稻生产。该区域的低温和水温回升较慢，在4月上中旬播种，播种期较晚，同时，抽穗灌浆期容易受寒露风影响，需要中熟品种。

第二节　重庆市水稻品种改良历程

重庆市1997年之前归属四川省，直辖市成立较晚、历史较短，直辖之前水稻品种改良主要由4个地级农业科学研究所承担，主要承担四川省科研院所在重庆实施的品种适应性试验，育种创新能力弱，靠引进四川省的品种支撑生产。其水稻品种改良可分为3个阶段：1997—2000年过渡阶段，2001—2005年自主创新能力培养阶段，2006年至今的发展阶段。

一、过渡阶段（1997—2000年）

由于1997年重庆变为直辖市，四川省科研院所在重庆设立的试验点（站）逐步撤离，加上重庆自身的育种水平较低，在此期间主要靠引进市外的不育系和恢复系进行杂交组合配组，开始以恢复系为主的育种工作，品种改良目标以高产为主。

在此之间，由原重庆市作物研究所、西南农业大学和万县农业科学研究所等以恢复系为重点，先后培育出三系杂交水稻恢复系渝10号、万恢88和不育系45A。与引进的不育系冈46A、Ⅱ-32A、优ⅠA等配组，培育并审定杂交组合3个：Ⅱ优1539、渝优10号、冈优88。

二、自主创新能力培养阶段（2001—2005年）

这一阶段重庆市"十五"水稻联合育种公关重大专项，主要的育种单位有西南大学（西南农业大学）、重庆市种子公司、重庆市作物研究所、重庆市农业科学研究所、涪陵农业科学研究所、万县农业科学研究所。这一时期，水稻育种工作是开展不育系、恢复系创新，育种资源搜集、鉴定，根据当时市场需求，育种方向开始向优质转变。培育出三系不育系8个：115A、Q1A、Q2A、441A、渝5A、万6A、万1A、陵420A，恢复系13个：9815R、渝恢1351、R3、渝恢933/涪恢311、涪恢50329、涪恢311、涪恢9303、涪恢9801、R21、缙恢10号、R27、R1005。审定杂交水稻新品种21个，培育出重庆第一个优质杂交稻Q优2号，结束了重庆不能生产优质稻的历史，在此期间共审定优质杂交稻7个，在当时为重庆优质稻的发展奠定了基础。

三、发展阶段（2006年至今）

这一阶段，重庆水稻育种取得飞跃发展。在杂交、回交、复交等常规育种技术基础上，结合应用分子标记辅助育种早代定向选择等技术，育种水平进一步提高。共培育审定杂交水稻新品种26个，其中，达到国家三级优质稻谷标准以上的优质品种18个，二级优质品种4个，Q优6号和Q优8号被认定为超级稻品种，育成品种实现了品质、产量和抗性同步提升。创制优质不育系庆1A、Q3A、陵1A等15个，恢复系渝恢2103、涪恢9802、R78等20个。

参考文献

魏兴萍，张艳军，2009. 水稻条纹叶枯病抗性遗传和育种研究进展[J]. 现代农业(6): 186-187.

高阳华，陈志军，等，2007. 重庆市优质稻气候资源及其开发利用研究[J]. 西南大学学报(自然科学版)(11): 110-114.

第三节 重庆市品种介绍

Ⅱ优1539（Ⅱ you 1539）

品种来源：重庆市农业科学院与四川农业大学水稻研究所用合作育成的恢复系1539与不育系Ⅱ-32A配组而成。1998年通过重庆市农作物品种审定委员会审定。

形态特征和生物学特性：属籼型三系杂交中稻。全生育期平均162.1d，株型紧凑，叶色浓绿，株高120cm，穗长28cm，每穗平均着粒200.0粒，结实率85.2%，颖壳黄色，籽粒椭圆形，稃尖紫色，无芒，种皮白色，千粒重27.0g。

品质特性：糙米率80.5%，蛋白质含量10.12%，直链淀粉含量18.6%。

抗性：感稻瘟病。

产量及适宜地区：1993—1994年参加重庆市区域试验，2年区域试验平均产量8.69t/hm²，适宜重庆中低海拔稻区作中稻种植。

栽培技术要点：①育秧，根据各地生产季节适时早播。②秧龄40d左右移栽，栽插密度15.0万～18.0万穴/hm²，每穴栽插2苗。③施肥。中等肥力田施纯氮120～150kg/hm²、五氧化二磷90kg/hm²、氧化钾120kg/hm²。磷肥作基肥，氮肥60%作基肥、30%作追肥、10%作穗粒肥，钾肥60%作基肥、40%作穗粒肥。追肥在移栽后7～10d后施用，穗粒肥在拔节期施用。④病虫害防治。注意及时防治稻瘟病、纹枯病、稻飞虱、螟虫等病虫害。

Ⅱ优50329（Ⅱ you 50329）

品种来源：重庆市涪陵区农业科学研究所用不育系Ⅱ-32A与恢复系涪恢50329配组而成。2001年通过重庆市农作物品种审定委员会审定。

形态特征和生物学特性：属籼型杂交中稻。全生育期162.5d，比汕优63长5.0d，株型较紧凑，分蘖力强，剑叶直立，后期转色落黄好，每穗平均着粒159.3粒，结实率84.1%，颖壳黄色，籽粒椭圆形，稃尖紫色，无芒，种皮白色，千粒重26.7g。

品质特性：糙米率80.0%，整精米率55.3%，糙米粒长6.4mm，糙米长宽比2.6，垩白粒率60%，垩白度13.2%，透明度2级，碱消值4.4，胶稠度74mm，直链淀粉含量21.1%。

抗性：中抗稻瘟病。

产量及适宜地区：1999—2000年参加重庆市区域试验，2年区域试验平均产量7.86t/hm²。适宜在重庆市海拔800m以下区域作中稻种植。

栽培技术要点：海拔在500m以下的区域3月上中旬播种，500m以上区域3月下旬播种，用种量15.0kg/hm²，秧龄30～45d。栽插密度18.0万～24.0万穴/hm²，施纯氮120～150kg/hm²，五氧化二磷45～60kg/hm²，氧化钾90kg/hm²，可采用底肥一次施用。注意防治二化螟，抽穗前及时防治稻瘟病等病虫害。

Ⅱ优缙9（Ⅱ youjin 9）

品种来源：西南大学用不育系Ⅱ-32A与恢复系缙恢13配组而成。2009年通过重庆市农作物品种审定委员会审定。

形态特征和生物学特性：属籼型三系杂交中稻。海拔400m以上全生育期149～160d，400m以上153～170d，平均155.8d。株高平均116.2cm，株型较紧凑，叶片直立，叶色浓绿，分蘖力较强。颖壳黄色，籽粒椭圆形，稃尖紫色，种皮白色。

品质特性：糙米率81.4%，整精米率60.5%，糙米长宽比2.5，垩白粒率27.0%，垩白度6.5%，胶稠度50mm，直链淀粉含量21.4%。

抗性：稻瘟病综合评价7级，感病。

产量及适宜地区：2006—2007年参加重庆市区域试验，2年区域试验平均产量8.27t/hm²，比对照Ⅱ优838增产5.31%；2008年生产试验平均产量8.57t/hm²，比对照Ⅱ优838增产5.60%。适宜重庆海拔800m以下地区作中稻种植。

栽培技术要点：①育秧。根据当地中稻生产季节适时早播。②移栽。秧龄40d左右移栽，栽插密度18.0万～22.5万穴/hm²，每穴栽插2苗。③肥水管理。中等肥力田施纯氮150kg/hm²、五氧化二磷90kg/hm²、氧化钾120kg/hm²。磷肥全作基肥，氮肥60%作基肥、30%作追肥、10%作穗粒肥，钾肥60%作基肥、40%作穗粒肥。追肥在移栽后7～10d后施用，穗粒肥在拔节期施用。后期保持湿润，不可过早断水。④病虫害防治。注意及时防治稻瘟病、纹枯病、稻飞虱、螟虫等病虫害。

K优88 （K you 88）

品种来源：重庆三峡农业科学院用不育系K18A与恢复系万恢88配组而成。2001年通过重庆市农作物品种审定委员会审定。

形态特征和生物学特性：属籼型三系杂交中稻。全生育期151.5d，与对照汕优63相当。株高114.2cm，株型紧凑，叶色淡绿。每穗平均着粒155.0粒，结实率85.4%，颖壳黄色，籽粒细长形，稃尖无色，无芒，种皮白色，千粒重28.9g。

品质特性：整精米率26.9%，糙米长宽比3.0，垩白粒率14%，垩白度2.9%，胶稠度91mm，直链淀粉含量17.8%。

抗性：叶瘟4级，穗颈瘟5级，中感稻瘟病。

产量及适宜地区：1998—1999年参加重庆市区域试验，2年区域试验平均产量8.19t/hm²，比对照汕优63增产6.74%；2000年生产试验，平均产量8.35t/hm²，比汕优63增产7.20%。适宜在重庆的中低海拔籼稻区作一季中稻种植。

栽培技术要点：①育秧。根据各地中籼生产季节适时早播。②移栽。秧龄40d左右移栽，栽插密度15.0万～22.5万穴/hm²，每穴栽插2苗。③肥水管理。中等肥力田施纯氮120～150kg/hm²、五氧化二磷75～120kg/hm²、氧化钾75～120kg/hm²。磷肥全作基肥，氮肥60%作基肥、30%作追肥、10%作穗粒肥，钾肥60%作基肥、40%作穗粒肥。追肥在移栽后8～12d后施用，穗粒肥在拔节期施用。后期保持湿润，不可过早断水。④病虫害防治。注意及时防治稻瘟病、纹枯病、稻飞虱、螟虫等病虫害。

Q香101 （Q xiang 101）

品种来源：重庆中一种业有限公司用不育系Q香1A与恢复系Q恢101配组而成。2007年通过重庆市农作物品种审定委员会审定。

形态特征和生物学特性：属籼型三系杂交中稻。全生育期158d左右，株高123.1cm，有效穗数222万穗/hm²，每穗平均着粒191.0粒，结实率75.5%，颖壳黄色，籽粒细长形，种皮白色。千粒重26.8g。

品质特性：糙米率81.7%，精米率73.7%，整精米率61.9%，糙米粒长6.8mm，糙米长宽比3.1，垩白粒率23.0%，垩白度4.9%，透明度2级，胶稠度88mm，直链淀粉含量20.4%，达到国家三级优质稻谷标准。

抗性：中感稻瘟病。

产量及适宜地区：2004—2005年参加重庆市区域试验，2年区域试验平均产量7.65t/hm²，生产试验平均产量8.27t/hm²。适宜重庆海拔800m以下地区作中稻种植。

栽培技术要点：①适时播种。海拔400m以下的浅丘河谷，3月上旬播种；深丘和400～600m低山区，在3月中旬播种；海拔600m以上的地区，3月下旬播种。②移栽。秧苗4.5叶左右移栽，栽插密度18万～22.5万穴/hm²，每穴栽插2苗。③配方施肥。中等肥力田施纯氮135kg/hm²、五氧化二磷75kg/hm²、氧化钾90kg/hm²。磷肥全作基肥，氮肥70%作基肥、30%作分蘖肥，钾肥60%作基肥、40%作穗粒肥。追肥在移栽后7～10d后施用，穗粒肥在拔节期施用。④病虫害综合防治。按当地植保部门的预测预报及时防治稻飞虱、一代和二代螟虫。稻瘟病常发区在破口期防治一次稻瘟病。

Q优1号 (Q you 1)

品种来源：重庆中一种业有限公司用不育系115A与恢复系绵恢725配组而成。2002年通过重庆市农作物品种审定委员会审定。

形态特征和生物学特性：属籼型三系杂交中稻。全生育期159.0d，叶色深绿，分蘖力中等。株高115.0cm，每穗平均着粒185.5粒，结实率85.6%，颖壳黄色，籽粒细长形，无芒，种皮白色，千粒重26.7g。

品质特性：糙米率81.0%，整精米率59.9%，糙米粒长6.8mm，糙米长宽比3.0，垩白粒率39%，垩白度4.7%，透明度1级，胶稠度48mm，直链淀粉含量23.0%。

抗性：感稻瘟病。

产量及适宜地区：2000—2001年参加重庆市区域试验，2年区域试验平均产量8.08t/hm²，生产试验，平均产量8.53t/hm²。适宜重庆海拔800m以下地区作一季中稻种植。

栽培技术要点：①播种。海拔400m以下的浅丘河谷3月上旬、深丘和400～600m低山区3月中旬、海拔600m以上3月下旬播种。②移栽。秧苗4.5叶移栽，栽插密度15.0万～18.0万穴/hm²，每穴栽插2苗。③配方施肥。中等肥力田施纯氮135kg/hm²、五氧化二磷75kg/hm²、氧化钾90kg/hm²。磷肥全作基肥，氮肥70%作基肥、30%作分蘖肥，钾肥60%作基肥、40%作穗粒肥。追肥在移栽后7～10d后施用，穗粒肥在拔节期施用。④病虫害防治。按当地植保部门的预测预报及时防治稻飞虱、螟虫。稻瘟病常发区在破口期防治一次稻瘟病。

Q优108（Q you 108）

品种来源：重庆中一种业有限公司用不育系Q1A与恢复系Q恢108配组而成。2006年通过国家农作物品种审定委员会审定。

形态特征和生物学特性：属籼型三系杂交中稻。全生育期154.8d，株高113.3cm，株型适中，茎秆粗壮、剑叶较长、内卷，叶色深绿，叶鞘、叶耳、叶枕、柱头无色。分蘖力中等，成穗率高，有效穗数247.5万穗/hm²，穗长24.6cm，每穗平均着粒180.3粒，结实率81.2%，颖壳黄色，籽粒椭圆形，稃尖无色，种皮白色。千粒重26.5g。

品质特性：整精米率66.6%，糙米长宽比2.5，垩白粒率27%，垩白度2.7%，胶稠度64mm，直链淀粉含量17.2%。

抗性：感稻瘟病。

产量及适宜地区：2004—2005年参加长江上游区域试验，2年区域试验平均产量9.16kg/hm²，2005年生产试验，平均产量8.30t/hm²。适宜云南、贵州、重庆中低海拔籼稻区（武陵山区除外），四川省平坝丘陵、陕西省南部稻区的稻瘟病轻发区作一季中稻种植。

栽培技术要点：①育秧。3月上旬至4月下旬播种。②移栽。秧龄35d左右，栽插密度15.0万～18.0万穴/hm²，每穴栽插2苗。③肥水管理。中等肥力田施纯氮150kg/hm²、五氧化二磷90kg/hm²、氧化钾120kg/hm²。磷肥全作基肥，氮肥60%作基肥、30%作分蘖肥、10%作穗粒肥，钾肥60%作基肥、40%作穗粒肥。④病虫害防治。注意及时防治稻瘟病。

Q优11（Q you 11）

品种来源：重庆中一种业有限公司用不育系Q3A与恢复系R1099配组而成。2009年通过重庆市农作物品种审定委员会审定。

形态特征和生物学特性：属籼型三系杂交中稻。全生育期153.0d，与对照汕优63相同，株高113.7cm，株型松紧适中，叶色深绿，剑叶直立，叶鞘基部浅紫色，叶耳、叶舌紫色，柱头黑色，分蘖力强，有效穗数203.1万穗/hm²，每穗平均着粒170.4粒，结实率79.65%。颖壳黄色，籽粒椭圆形，稃尖紫色，种皮白色。千粒重28.8g。

品质特性：糙米率80.6%，整精米率45.6%，糙米长宽比2.7，垩白粒率34%，垩白度6.5%，胶稠度77mm，直链淀粉含量14.1%。

抗性：叶瘟5级、穗瘟3级，中抗稻瘟病。

产量及适宜地区：2006—2007年参加重庆市区域试验，2年区域试验平均产量8.06t/hm²，比对照Ⅱ优838增产4.11%；2008年生产试验平均产量8.43t/hm²，比对照Ⅱ优838增产3.98%。适宜重庆海拔800m以下的地区作中稻种植。

栽培技术要点：①适时播种。海拔400m以下的浅丘河谷3月上旬，深丘和400～600m低山区3月中旬播种，600m以上3月下旬播种。②移栽。秧苗4.5叶移栽，栽插密度15.0万～18.0万穴/hm²，每穴栽插2苗。③施肥。中等肥力田施纯氮150kg/hm²、五氧化二磷90kg/hm²、氧化钾120kg/hm²。磷肥全作基肥，氮肥70%作基肥、30%作分蘖肥，钾肥60%作基肥、40%作穗粒肥。追肥在移栽后7～10d后施用，穗粒肥在拔节期施用。④综合防治病虫害。按当地植保部门的预测预报及时防治稻飞虱、螟虫。稻瘟病常发区在破口期防治一次稻瘟病。

Q优12 (Q you 12)

品种来源：重庆中一种业有限公司与重庆市农业科学院联合培育，用不育系Q4A与恢复系R1222配组而成。2008年重庆市农作物品种审定委员会审定。

形态特征和生物学特性：属籼型三系杂交中稻。全生育期156.0d，株高116.6cm，株型松散适中，叶片直立，叶色浓绿，柱头黑色，分蘖力强，有效穗数197.1万穗/hm²，每穗平均着粒173.5粒，结实率81.0%，颖壳黄色，籽粒椭圆形，稃尖紫色，无芒，种皮白色。千粒重30.6g。

品质特性：糙米率81.0%，整精米率58.7%，糙米粒长6.8mm，糙米长宽比2.6，垩白粒率29%，垩白度5.3%，胶稠度54mm，直链淀粉含量20.7%。

抗性：中感稻瘟病。

产量及适宜地区：2006—2007年参加重庆市区域试验，2年区域试验平均产量8.32t/hm²；生产试验，平均产量8.33t/hm²。适宜重庆海拔800m以下地区作一季中稻种植。

栽培技术要点：①适时播种。海拔400m以下的浅丘河谷，3月上旬播种；深丘和400～600m低山区，3月中旬播种；海拔600m以上的地区，3月下旬播种。②移栽。秧苗4.5叶左右移栽，栽插密度18万～22.5万穴/hm²，每穴栽插2苗。③重底肥，早追肥、配方施肥。中等肥力田施纯氮150kg/hm²、五氧化二磷90kg/hm²、氧化钾120kg/hm²。磷肥全作基肥，氮肥60%作基肥、40%作分蘖肥，钾肥60%作基肥、40%作穗粒肥。追肥在移栽后7～10d后施用，穗粒肥在拔节期施用。④综合防治病虫害。按当地植保部门的预测预报及时防治稻飞虱、一代和二代螟虫。稻瘟病常发区在破口期防治一次稻瘟病。

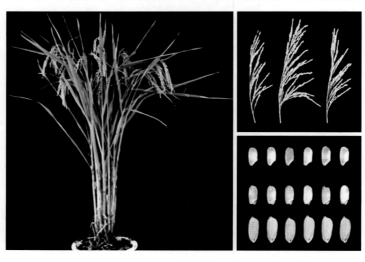

Q优18（Q you 18）

品种来源：重庆中一种业有限公司与重庆市农业科学院联合培育，用不育系Q3A与恢复系R1018配组而成。2008年通过重庆市农作物品种审定委员会审定。

形态特征和生物学特性：属籼型三系杂交中稻。全生育期152.1d，株高110.4cm，株型紧凑，叶片直立，叶色绿，柱头黑色，分蘖力较强，有效穗数214.5万穗/hm²，每穗平均着粒159.6粒，结实率82.0%，颖壳黄色，籽粒细长形，稃尖紫色，无芒，种皮白色。千粒重30.5g。

品质特性：糙米率82.5%，整精米率61.2%，糙米粒长7.2mm，糙米长宽比3.1，垩白粒率20%，垩白度3.8%，胶稠度58mm，直链淀粉含量21.5%，达到国家三级优质稻谷标准。

抗性：中感稻瘟病。

产量及适宜地区：2006—2007年参加重庆市区域试验，2年区域试验平均产量8.13t/hm²，生产试验平均产量8.02t/hm²。适宜重庆海拔800m以下地区作一季中稻种植。

栽培技术要点：①适时播种。海拔400m以下的浅丘河谷，3月上旬播种；深丘和400～600m低山区，3月中旬播种；海拔600m以上的地区，3月下旬播种。②移栽。秧苗4.5叶左右移栽，栽插密度18.0万～22.5万穴/hm²，每穴栽插2苗。③重底肥，早追肥、配方施肥。中等肥力田施纯氮135kg/hm²、五氧化二磷75kg/hm²、氧化钾90kg/hm²。磷肥全作基肥，氮肥60%作基肥、40%作分蘖肥，钾肥60%作基肥、40%作穗粒肥。追肥在移栽后7～10d后施用，穗粒肥在拔节期施用。④综合防治病虫害。按当地植保部门的预测预报及时防治稻飞虱、一代和二代螟虫。稻瘟病常发区在破口期防治一次稻瘟病。

Q优2号（Q you 2）

品种来源：重庆中一种业有限公司用不育系Q1A与恢复系成恢047配组而成。分别通过重庆市（2002）和国家（2004）农作物品种审定委员会审定。

形态特征和生物学特性：属籼型三系杂交中稻。全生育期154.1d，株高108.0cm，分蘖力强，穗平均着粒170.3粒，结实率80.8%，株型松散适中，叶色深绿，剑叶直立，穗顶谷粒有短芒。颖壳黄色，籽粒细长型，种皮白色，千粒重25.2g。

品质特性：整精米率66.3%，糙米长宽比3.0，垩白粒率14%，垩白度2.9%，胶稠度57mm，直链淀粉含量15.4%，达到国家三级优质稻谷标准。

抗性：中感稻瘟病。

产量及适宜地区：2002—2003年参加长江上游国家区域试验，2年区域试验平均产量8.40t/hm²，2003年生产试验，平均产量8.90t/hm²。适宜云南、贵州、重庆的中低海拔稻区（武陵山区除外），四川平坝丘陵稻区、陕西南部稻区作一季中稻种植。

栽培技术要点：①适时播种。海拔400m以下的浅丘河谷，3月上旬播种；深丘和400～600m低山区，3月中旬播种；海拔600m以上的地区，3月下旬播种。②移栽。秧苗4.5叶左右移栽，栽插密度18.0万～22.5万穴/hm²，每穴栽插2苗。③配方施肥。中等肥力田施纯氮135kg/hm²、五氧化二磷75kg/hm²、氧化钾90kg/hm²。磷肥全作基肥，氮肥60%作基肥、40%作分蘖肥，钾肥60%作基肥、40%作穗粒肥。追肥在移栽后7～10d后施用，穗粒肥在拔节期施用。④综合防治病虫害。按当地植保部门的预测预报及时防治稻飞虱、一代和二代螟虫。稻瘟病常发区在破口期防治一次稻瘟病。

Q优4108 (Q you 4108)

品种来源：重庆中一种业有限公司用不育系Q4A与恢复系Q恢108配组而成。2010年通过重庆市农作物品种审定委员会审定。

形态特征和生物学特性：属籼型三系杂交中稻。全生育期156.3d，株高115.7cm，株型适中，叶片挺直，叶色浓绿，分蘖力较强，有效穗数200.7万穗/hm²，每穗平均着粒164.9粒，结实率84.5%，颖壳黄色，籽粒椭圆形，种皮白色，千粒重29.2g。

品质特性：糙米率78.1%，整精米率32.7%，糙米长宽比2.8，垩白粒率24%，垩白度5.3%，胶稠度82mm，直链淀粉含量25.3%。

抗性：感稻瘟病。

产量及适宜地区：2008—2009年参加重庆市区域试验，2年区域试验平均产量8.47t/hm²，2009年生产试验平均产量8.09t/hm²。适宜重庆海拔800m以下地区作一季中稻种植。

栽培技术要点：①适时播种。海拔400m以下的浅丘河谷，3月上旬播种；深丘和400～600m低山区，3月中旬播种；海拔600m以上的地区，3月下旬播种。②移栽。秧苗4.5叶左右移栽，栽插密度18.0万～22.5万穴/hm²，每穴栽插2苗。③配方施肥。中等肥力田施纯氮135kg/hm²、五氧化二磷75kg/hm²、氧化钾90kg/hm²。磷肥全作基肥，氮肥60%作基肥、40%作分蘖肥，钾肥60%作基肥、40%作穗粒肥。追肥在移栽后7～10d后施用，穗粒肥在拔节期施用。④综合防治病虫害。按当地植保部门的预测预报及时防治稻飞虱和螟虫。稻瘟病常发区在破口期防治一次稻瘟病。

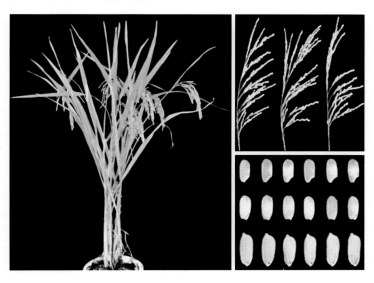

Q优5号（Q you 5）

品种来源：重庆中一种业有限公司与重庆市农业科学院用不育系Q2A与恢复系成恢047配组而成。分别通过重庆市（2003）和国家（2004）农作物品种审定委员会审定。

形态特征和生物学特性：属籼型三系杂交中稻，全生育期154.2d，株型松散适中，叶色深绿，剑叶直立，株高111.6cm，分蘖力强，每穗平均着粒181.1粒，结实率80.3%，穗顶谷粒有短芒，颖壳黄色，籽粒椭圆形，种皮白色，千粒重25.1g。

品质特性：整精米率66.4%，糙米长宽比2.9，垩白粒率15%，垩白度2.7%，胶稠度63mm，直链淀粉含量15.8%，达到国家三级优质稻谷标准。

抗性：叶瘟4级、穗颈瘟5级，感稻瘟病。

产量及适宜地区：2003—2004年参加长江上游国家区域试验，2年区域试验平均产量8.68t/hm²，2004年生产试验，平均产量8.36t/hm²，比对照汕优63增产6.92%。适宜云南、贵州、重庆的中低海拔稻区（武陵山区除外），四川平坝丘陵稻区、陕西南部稻区作一季中稻种植。

栽培技术要点：①适时播种。海拔400m以下浅丘河谷，3月上旬播种；深丘和400～600m低山区，3月中旬播种；600m以上地区，3月下旬播种。②移栽。秧苗4.5叶左右移栽，栽插密度18.0万～22.5万穴/hm²，每穴栽插2苗。③配方施肥。中等肥力田施纯氮150kg/hm²、五氧化二磷75kg/hm²、氧化钾90kg/hm²。磷肥全作基肥，氮肥60%作基肥、40%作分蘖肥，钾肥60%作基肥、40%作穗粒肥。追肥在移栽后7～10d后施用，穗粒肥在拔节期施用。④综合防治病虫害。按当地植保部门的预测预报及时防治稻飞虱、螟虫。稻瘟病常发区在破口期防治一次稻瘟病。

Q优6号（Q you 6）

品种来源：重庆中一种业有限公司与重庆市农业科学院联合培育，用不育系Q2A与恢复系R1005配组而成。分别通过重庆市（2005）、贵州省（2005）、湖北省（2006）、湖南省（2006）和国家（2006）农作物品种审定委员会审定。2006年被农业部认定为超级稻。

形态特征和生物学特性：属籼型三系杂交中稻。在长江上游作中稻种植全生育期153.7d，比对照汕优63相同。株型松散适中，叶色浓绿，茎秆轻度弯曲，茎节外露，叶色浓绿，叶片略宽长，剑叶较宽、挺直，叶鞘紫色。穗层整齐，穗型较大，着粒较稀，后期转色好，株高112.6cm，穗长26cm，有效穗数196.5万穗/hm²，每穗平均着粒176.6粒，结实率80%，颖壳黄色，籽粒细长形，稃尖紫色，有顶芒，种皮白色。千粒重29.0g。

品质特性：整精米率65.6%，糙米长宽比3.0，垩白粒率16%，垩白度2.6%，胶稠度58mm，直链淀粉含量16.2%，达到国家二级优质稻谷标准。

抗性：感稻瘟病，耐高温，抗倒伏性较差。

产量及适宜地区：2004—2005年参加长江上游区域试验，2年区域试验平均产量8.98t/hm²，比对照汕优63增产6.66%；2005年生产试验，平均产量8.35t/hm²，比对照汕优63增产5.87%。适宜云南、贵州中低海拔稻区（武陵山区除外），四川平坝丘陵稻区、陕西南部稻区，湖南、湖北作一季中稻种植。

栽培技术要点：①育秧。3月上旬至4月下旬播种。②移栽。秧龄35d左右，适宜栽插密度15万～18万穴/hm²，每穴栽插2苗。③肥水管理。中等肥力田施纯氮150kg/hm²、五氧化二磷90kg/hm²、氧化钾120kg/hm²。磷肥全作基肥，氮肥60%作基肥、40%作分蘖肥、10%作穗粒肥，钾肥60%作基肥、40%作穗粒肥。追肥在移栽后7～10d后施用，穗粒肥在拔节期施用。④病虫害防治。注意及时防治稻瘟病、纹枯病、稻飞虱、螟虫等病虫害。

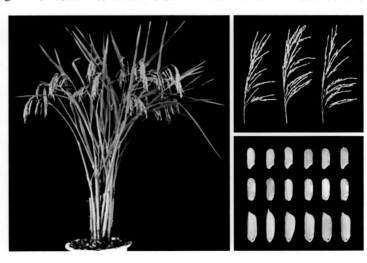

Q优8号（Q you 8）

品种来源：重庆中一种业有限公司与重庆市农业科学院联合培育，用不育系Q3A与恢复系R78配组而成。2008年通过重庆市农作物品种审定委员会审定。2010年被农业部认定为超级稻。

形态特征和生物学特性：属籼型三系杂交中稻。全生育期155.5d，株高111.7cm，株型松散适中，叶片较直立，叶鞘、叶缘、叶舌紫色，柱头黑色，分蘖力一般。有效穗数189万穗/hm²，穗长26.8cm，每穗平均着粒178.2粒，结实率82.7%，颖壳黄色，籽粒椭圆形，颖尖红色，无芒，种皮白色。千粒重30.0g。

品质特性：糙米率80.9%，整精米率50.6%，糙米粒长6.9mm，糙米长宽比2.8，垩白粒率23%，垩白度4.8%，胶稠度57mm，直链淀粉含量23.2%，达到国家三级优质稻谷标准。

抗性：叶瘟4级、穗瘟3级，中抗稻瘟病。

产量及适宜地区：2006—2007年参加重庆市区域试验，2年区域试验平均产量8.48t/hm²，生产试验，平均产量8.59t/hm²。适宜重庆海拔800m以下地区作一季中稻种植。

栽培技术要点：①适时播种。海拔400m以下的浅丘河谷，3月上旬播种；深丘和400～600m低山区，3月中旬播种；海拔600m以上的地区，3月下旬播种。②移栽。秧苗4.5叶左右移栽，栽插密度15万～18万穴/hm²，每穴栽插2苗。③配方施肥。中等肥力田施纯氮150kg/hm²、五氧化二磷90kg/hm²、氧化钾120kg/hm²。磷肥全作基肥，氮肥70%作基肥、30%作分蘖肥，钾肥60%作基肥、40%作穗粒肥。追肥在移栽后7～10d后施用，穗粒肥在拔节期施用。④综合防治病虫害。按当地植保部门的预测预报及时防治稻飞虱、一代和二代螟虫。

富优1号（Fuyou 1）

品种来源：西南农业大学用不育系Ⅱ-32A与恢复系R21配组而成。分别通过重庆市（2002）、国家（2003、2005）和海南省（2007）农作物品种审定委员会审定。

形态特征和生物学特性：属籼型三系杂交中稻。长江中下游全生育期137.5d，比对照汕优63长4.6d。株高122.4cm，穗着粒密，熟期转色好。有效穗数265.5万穗/hm²，穗长24.8cm，每穗平均着粒150.4粒，结实率84.1%，颖壳黄色，籽粒椭圆形，稃尖紫色，无芒，种皮白色，千粒重27.2g。

品质特性：整精米率69.5%，糙米长宽比2.3，垩白粒率51%，垩白度11.6%，胶稠度68mm，直链淀粉含量23.6%。

抗性：稻瘟病综合抗性病级5.2级，最高9级；白叶枯病7级；褐飞虱3级。耐寒性强。

产量及适宜地区：2003—2004年参加长江中下游区域试验，2年区域试验平均产量8.64t/hm²，比对照汕优63增产10.26%；2004年生产试验，平均产量7.87t/hm²，比对照汕优63增产8.37%。2003—2004年武陵山区区域试验，2年区域试验平均产量8.69t/hm²，比对照Ⅱ优58增产4.81%；2004年生产试验，平均产量8.48t/hm²，比对照Ⅱ优58增产10.67%。适宜云南、贵州、重庆中低海拔籼稻区（武陵山区除外），四川省平坝丘陵稻区、陕西省南部稻区的稻瘟病轻发区作中稻种植。

栽培技术要点：①育秧，适时播种，田秧播种量150kg/hm²。②移栽。秧龄35～40d移栽，栽插密度22.5万～30.0万穴/hm²，每穴栽插2苗。③肥水管理。施肥量可比当地一般杂交中籼增加10%～20%，施足底肥，注意有机肥与无机肥相结合，氮、磷、钾配合施用，做到浅水分蘖、够苗晒田，后期保持湿润。④病虫防治，注意及时防治稻瘟病、白叶枯病、褐飞虱等病虫害。

冈优88（Gangyou 88）

品种来源：重庆三峡农业科学院用不育系冈46A与恢复系万恢88配组而成。1998年通过重庆市农作物品种审定委员会审定。

形态特征和生物学特性：属籼型三系杂交中稻。全生育期平均151.6d，比对照汕优63长2.1d。株高110.0cm，叶片较宽。每穗平均着粒168.14粒，结实率85.1%，颖壳黄色，籽粒椭圆形，稃尖紫色，无芒，种皮白色，千粒重26.7g。

品质特性：整精米率60.1%，糙米长宽比2.8，垩白粒率28%，垩白度4.5%，胶稠度82mm，直链淀粉含量22.4%。

抗性：中抗稻瘟病，中抗纹枯病。

产量及适宜地区：1996—1997年参加重庆市区域试验，2年区域试验平均产量8.96t/hm²。1997年重庆市生产试验，平均产量8.65t/hm²，比对照汕优63增产8.4%。适宜在重庆作中稻种植。

栽培技术要点：①育秧，根据各地中籼生产季节适时早播。②移栽。秧龄40d左右移栽，栽插密度15.0万～22.5万穴/hm²，每穴栽插2苗。③肥水管理。中等肥力田施纯氮120～150kg/hm²、五氧化二磷75～120kg/hm²、氧化钾75～120kg/hm²。磷肥全作基肥，氮肥60%作基肥、30%作追肥、10%作穗粒肥，钾肥60%作基肥、40%作穗粒肥。追肥在移栽后8～12d后施用，穗粒肥在拔节期施用。后期保持湿润，不可过早断水。④病虫防治，注意及时防治稻瘟病、纹枯病、稻飞虱、螟虫等病虫害。

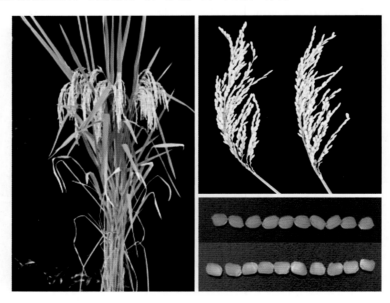

禾优1号（Heyou 1）

品种来源：重庆市农业科学院与重庆市禾源科技有限公司用不育系禾1A与恢复系R491配组而成。2007年通过重庆市农作物品种审定委员会审定。

形态特征和生物学特性：属籼型三系杂交中稻，全生育期平均156.0d，比对照Ⅱ优838迟熟1d。株型紧凑，叶色浓绿，株高118.7cm，有效穗数219万穗/hm²，每穗平均着粒185.1粒，结实率82.7%，颖壳黄色，籽粒细长形，种皮白色。千粒重28.0g。

品质特性：糙米率80.6%，整精米率61.0%，糙米粒长7.3mm，糙米长宽比3.3，垩白粒率20.0%，垩白度4.0%，透明度1级，胶稠度88mm，直链淀粉含量22.3%，达到国家三级优质稻谷标准。

抗性：稻瘟病综合评价3级，中抗。

产量及适宜地区：2005—2006年参加重庆市区域试验，2年区域试验平均产量8.36t/hm²，比对照汕优63增产5.1%；2006年生产试验，平均产量8.65t/hm²，比对照Ⅱ优838增产6.31%。适宜重庆海拔800m以下地区作一季中稻种植。

栽培技术要点：①3月上旬播种，地膜保温育秧或旱育抛秧，稀播匀播，培育多蘖壮秧，用种量15.0kg/hm²。②秧龄5.0叶左右移栽，栽插密度15.0万～18.0万穴/hm²，每穴栽插2苗。③重底肥，早追肥，配方施肥，中等肥力田施纯氮150kg/hm²、五氧化二磷90kg/hm²、氧化钾120kg/hm²。磷肥全作底肥，氮肥70%作底肥、30%作追肥，钾肥70%作底肥、30%作拔节肥施用。④综合防治病虫害。

合优3号（Heyou 3）

品种来源：重庆市农业科学院、重庆禾源农业科技开发有限责任公司、四川省原子核应用技术研究所联合选育，用恢复系川核3号与不育系G46A配组而成。2001年通过重庆市农作物品种审定委员会审定。

形态特征和生物学特性：属籼型三系杂交中稻。全生育期156.3d，比对照汕优63长2d，剑叶中宽上挺，分蘖力较强，株高113.6cm，每穗平均着粒165.4粒，结实率8.15%。颖壳黄色，籽粒椭圆形，稃尖紫色，无芒，种皮白色，千粒重26.5g。

品质特性：直链淀粉含量、碱消值、蛋白质含量3项指标达优质米一级标准，糙米率、精米率、整精米率、粒长、长宽比、透明度、胶稠度7项指标达国颁二级优质米标准，品质与汕优63相当。

抗性：感稻瘟病。

产量及适宜地区：1997—1998年参加重庆市区域试验，2年区域试验平均产量8.49t/hm²，适宜重庆海拔600m以下地区作中稻种植。

栽培技术要点：浅丘河谷3月5日前播种，深丘及中山地区3月中旬播种，地膜保温育秧或早育抛秧，稀播匀播培育多蘖壮秧，秧田用种量150～118.5kg/hm²。秧苗4～5叶移栽，栽插密度18.0万穴/hm²，最高苗控制在330万苗/hm²。采用"前促、中稳、后保"的施肥方法。

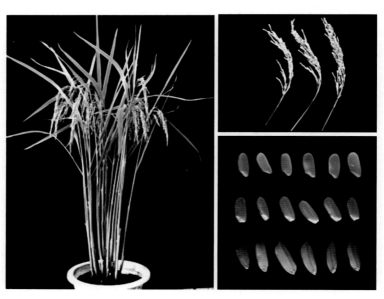

陵优1号（Lingyou 1）

  品种来源：重庆市涪陵区农业科学研究所用不育系陵420A与恢复系万恢88配组而成。2004年通过重庆市农作物品种审定委员会审定。

  形态特征和生物学特性：属籼型三系杂交中稻。全生育期158.1d，株高111.4cm，分蘖力强，叶耳、叶枕无色，每穗平均着粒167.1粒，结实率83.2%，颖壳黄色，籽粒阔卵形，稃尖无色，种皮白色，谷粒有顶芒。千粒重27.8g。

  品质特性：整精米率52.3%，糙米长宽比2.2，垩白粒率43%，垩白度12.4%，胶稠度61mm，直链淀粉含量22.4%。

  抗性：感叶瘟，中抗苗瘟和穗颈瘟。

  产量及适宜地区：2002—2003年参加重庆市区域试验，2年区域试验平均产量7.72t/hm²，生产试验平均产量7.76t/hm²。适宜长江上游稻区作一季中稻种植。

  栽培技术要点：海拔500m以下区域3月上、中旬播种，500m以上区域3月下旬播种。秧苗5～6叶时移栽，栽插密度18.0万～22.5万穴/hm²，每穴栽插2苗。施纯氮120～150kg/hm²、五氧化二磷50～60kg/hm²、氧化钾90kg/hm²，适时防治稻瘟病及其他病虫害。

陵优 2 号 （Lingyou 2）

品种来源：重庆市涪陵区农业科学研究所用不育系陵1A与恢复系涪恢9802配组而成。2008年通过重庆市农作物品种审定委员会审定。

形态特征和生物学特性：属籼型三系杂交中稻。全生育期154.0d，株高102.5cm，株型较紧凑，叶鞘基部紫色，叶耳、叶枕紫色，分蘖力强，有效穗220.5万穗/hm²，每穗平均着粒178.6粒，结实率80.0%，颖壳黄色，籽粒细长形，稃尖紫色，无芒，种皮白色，千粒重27.8g。

品质特性：糙米率82.6%，整精米率63.6%，糙米粒长6.7mm，糙米长宽比3，垩白粒率6%，垩白度1.2%，透明度2级，胶稠度86mm，直链淀粉含量22%，达国家二级优质稻谷标准。

抗性：稻瘟病综合抗性指数1.75，综合评价1级，抗病。

产量及适宜地区：2006—2007年参加重庆市区域试验，2年区域试验平均产量8.40t/hm²，生产试验平均产量9.04t/hm²。适宜重庆市海拔800m以下地区作中稻种植。

栽培技术要点：海拔500m以下区域宜于3月上、中旬播种，500m以上区域宜于3月下旬播种。秧苗5～6叶移栽，栽插密度18万～22.5万穴/hm²，每穴栽插2苗。施纯氮120～150kg/hm²，五氧化二磷50～60kg/hm²，氧化钾90kg/hm²。

陵优3号 （Lingyou 3）

品种来源：重庆市涪陵区农业科学研究所用不育系陵420A与恢复系涪恢98072配组而成。2009年通过重庆市农作物品种审定委员会审定。

形态特征和生物学特性：属籼型三系杂交中稻。全生育期155.0d，株高105.2cm，株型较紧凑，剑叶直立，叶耳、叶枕无色，每穗平均着粒165.7粒，结实率90.6%，颖壳黄色，籽粒椭圆形，稃尖无色，种皮白色。千粒重25.6g。

品质特性：整精米率49.8%，糙米粒长6.9mm，糙米长宽比2.8，其糙米率79.7%，垩白粒率36%，垩白度9.4%，胶稠度50mm，直链淀粉含量25.2%。

抗性：稻瘟病综合抗性指数6.75，感稻瘟病。

产量及适宜地区：2006—2007年参加重庆市区域试验，2年区域试验平均产量8.03t/hm²，生产试验平均产量8.53t/hm²。适宜在重庆市海拔800m以下地区作一季中稻种植。

栽培技术要点：海拔500m以下区域3月上、中旬播种，500m以上区域3月下旬播种。秧苗5～6叶移栽，栽插密度18.0万～22.5万穴/hm²，每穴栽插2苗。施纯氮120～150kg/hm²，五氧化二磷50～60kg/hm²，氧化钾90kg/hm²。适时防治稻瘟病、纹枯病、螟虫、飞虱及其他病虫害。

陵优4号 （Lingyou 4）

品种来源：重庆市涪陵区农业科学研究所用不育系陵405A与恢复系涪恢98070配组而成。2010年通过重庆市农作物品种审定委员会审定。

形态特征和生物学特性：属籼型三系杂交稻。全生育期158.4d，株高112.5cm，株型较紧凑，生长整齐，剑叶直立，茎秆弹性好，叶鞘基部绿色，叶耳、叶枕无色，后期转色好，分蘖力强，有效穗数221万穗/hm²，每穗平均着粒186.6粒，结实率85.6%。颖壳黄色，籽粒细长形，稃尖无色，顶芒，种皮白色，千粒重26.3g。

品质特性：糙米率78.5%，整精米率50.3%，糙米粒长6.7mm，糙米长宽比2.9，垩白粒率34%，垩白度8.9%，胶稠度70mm，直链淀粉含量24.9%。

抗性：稻瘟病综合抗性指数6.75，感稻瘟病。

产量及适宜地区：2008—2009年参加重庆市区域试验，2年区域试验平均产量8.64t/hm²，生产试验平均产量7.94t/hm²。适宜重庆市海拔800m以下地区作一季中稻种植。

栽培技术要点：海拔500m以下区域宜于3月上、中旬播种，500m以上区域宜于3月下旬播种。秧苗5～6叶移栽，栽插密度18万～22.5万穴/hm²，每穴栽插2苗。施纯氮120～150kg/hm²，五氧化二磷50～60kg/hm²，氧化钾90kg/hm²。适时防治稻瘟病、纹枯病、螟虫、飞虱及其他病虫害。

泸优1号 （Luyou 1）

品种来源：泸州金土地水稻研究所与西南大学用不育系西农香1A与恢复系金恢1号配组而成。2008年通过重庆市农作物品种审定委员会审定。

形态特征和生物学特性：属籼型三系杂交中稻。全生育期154.1d，与对照Ⅱ优838相当。株高116.5cm，株型松散适中，叶片较直立，叶色绿，分蘖力强，有效穗数225万穗/hm²，每穗平均着粒165.1粒，结实率82.0%，颖壳黄色，籽粒细长形，种皮白色。千粒重28.2g。

品质特性：糙米率83.7%，整精米率57.3%，糙米粒长7.0mm，糙米长宽比3.0，垩白粒率21%，垩白度3.9%，胶稠度66mm，直链淀粉含量21.8%，达国家三级优质稻谷标准。

抗性：稻瘟病综合评价3级，中抗。

产量及适宜地区：2005—2006年参加重庆市区域试验，2年区域试验平均产量8.17t/hm²，比对照Ⅱ优838增产1.28%；2007年生产试验，平均产量8.81t/hm²，比对照Ⅱ优838增产7.38%。适宜重庆市海拔800m以下地区作中稻种植。

栽培技术要点：①育秧，根据各地中籼生产季节适时早播。②渝西及沿江河谷地区适宜3月初播种，深丘及武陵山区适宜3月下旬播种。③栽插密度18.0万穴/hm²，每穴栽插2苗。④病虫害防治，种子必须进行包衣处理。

庆优78（Qingyou 78）

品种来源：重庆中一种业有限公司与重庆市农业科学院联合培育，用不育系庆1A与恢复系R78配组而成。2010年通过重庆市农作物品种审定委员会审定。

形态特征和生物学特性：属籼型三系杂交中稻。全生育期157.7d，与对照Ⅱ优838相当，株高114.1cm，株型适中，叶片直立，叶色绿，分蘖力较强。每穗平均着粒180.2粒，结实率87.4%，颖壳黄色，籽粒椭圆形，种皮白色，千粒重29.3g。

品质特性：糙米率78.4%，整精米率47.6%，糙米粒长6.9mm，糙米长宽比2.9，垩白粒率14%，垩白度4.0%，胶稠度61mm，直链淀粉含量22.5%，达国家三级优质稻谷标准。

抗性：稻瘟病综合病级5级，中感。

产量及适宜地区：2008—2009年参加重庆市区域试验，2年区域试验平均产量8.89t/hm²，比对照Ⅱ优838增产9.6%；2010年生产试验平均产量8.67t/hm²，比对照Ⅱ优838增产9.8%。适宜重庆市海拔800m以下地区作一季中稻种植。

栽培技术要点：①适时播种。海拔400m以下的浅丘河谷上旬、深丘和400～600m低山区3月中旬、600m以上3月下旬播种。②移栽。秧苗4.5叶左右移栽，栽插密度18.0万～22.5万穴/hm²，每穴栽插2苗。③配方施肥。中等肥力田施纯氮150kg/hm²、五氧化二磷75kg/hm²、氧化钾90kg/hm²。磷肥全作基肥，氮肥60%作基肥、40%作分蘖肥，钾肥60%作基肥、40%作穗粒肥。追肥在移栽后7～10d后施用，穗粒肥在拔节期施用。④综合防治病虫害。按当地植保部门的预测预报及时防治稻飞虱、螟虫。稻瘟病常发区在破口期防治1次稻瘟病。

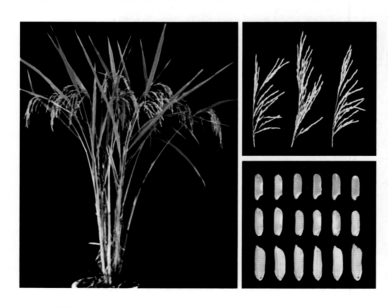

蓉优8号 （Rongyou 8）

品种来源：重庆市农业科学院、成都市种子总公司用不育系渝6A与恢复系渝恢5号配组而成。2006年通过重庆市农作物品种审定委员会审定。

形态特征和生物学特性：属籼型三系杂交中稻。全生育期155.1d，与对照汕优63相当。株高109.6cm，生长势旺盛，株型整齐，松紧适中，叶色深绿，叶鞘、柱头紫色，剑叶挺直，分蘖力中等，后期转色好。有效穗数211.5万穗/hm²，穗长30cm，每穗平均着粒178.5粒，结实率85.5%，颖壳黄色，籽粒细长形，稃尖紫色，无芒，种皮白色。千粒重28g。

品质特性：整精米率48.6%，糙米长宽比3.1，垩白粒率36%，垩白度4.9%，胶稠度70mm，直链淀粉含量22.9%。

抗性：稻瘟病叶瘟4级，穗瘟7级，感病。抗倒伏。

产量及适宜地区：2004—2005年参加重庆市区域试验，2年区域试验平均产量8.51t/hm²，比对照汕优63增产5.8%；2005年生产试验，平均产量9.09t/hm²，比对照汕优63增产10.8%。适宜重庆市海拔800m以下地区作一季中稻种植。

栽培技术要点：①适时播种，3月上旬。②合理稀植，栽插密度18.0万穴/hm²。③施肥，施足基肥，早施重施追肥，适施穗肥和保花肥。④防治病虫害，注意防治稻瘟病。

万香优1号（Wanxiangyou 1）

品种来源：重庆三峡农业科学院用不育系万1A与恢复系万恢88配组而成。2005年通过重庆市农作物品种审定委员会审定。

形态特征和生物学特性：属籼型三系杂交中稻。全生育期162.8d，比对照汕优63长3.3d。株高113.7cm，剑叶较长而直立，叶色淡绿。穗长26.5cm，有效穗240万穗/hm²，每穗平均着粒184.4粒，结实率68.2%～92.5%。颖壳黄色，籽粒细长形，种皮白色，颖尖无色，穗顶谷粒有短芒。千粒重28.3g。

品质特性：整精米率38.5%，糙米长宽比3.1，垩白粒率10%，垩白度2.6%，胶稠度80mm，直链淀粉含量15.2%，达国家三级优质稻谷标准。

抗性：叶瘟6级，穗颈瘟9级，高感稻瘟病。

产量及适宜地区：2002—2003年参加重庆市区域试验，2年区域试验平均产量6.90t/hm²。2004年生产试验，平均产量7.76t/hm²。适宜重庆市中低海拔稻区的稻瘟病轻发区种植。

栽培技术要点：①育秧，根据各地中籼生产季节适时早播。②移栽。秧龄40d左右移栽，栽插密度15.0万～22.5万穴/hm²，每穴栽插2苗。③肥水管理。中等肥力田施纯氮120～150kg/hm²、五氧化二磷75～120kg/hm²、氧化钾75～120kg/hm²。磷肥全作基肥，氮肥60%作基肥、30%作追肥、10%作穗粒肥，钾肥60%作基肥、40%作穗粒肥。追肥在移栽后8～12d后施用，穗粒肥在拔节期施用。后期保持湿润，不可过早断水。④病虫害防治，注意及时防治稻瘟病、纹枯病、稻飞虱、螟虫等病虫害。

万优2号 （Wanyou 2）

品种来源：重庆三峡农业科学院用不育系宜香1A与恢复系万恢355配组而成。2006年通过重庆市农作物品种审定委员会审定。

形态特征和生物学特性：属籼型三系杂交水稻。全生育期157.2d，比对照汕优63短3.4d。株高109.7cm，株型紧凑，剑叶直立，分蘖力强，生长旺盛，抽穗整齐，稻穗纺锤形，熟期转色好，易脱粒。有效穗数255万～285万穗/hm^2，穗长27.5cm，每穗平均着粒158.4粒，结实率86.5%。颖壳黄色，籽粒椭圆形，稃尖无色，无芒，种皮白色。千粒重28.9g。

品质特性：整精米率37.8%，糙米长宽比2.8，垩白粒率29%，垩白度4.1%，胶稠度62mm，直链淀粉含量15.1%。

抗性：稻瘟病抗性指数7.25，高感。

产量及适宜地区：2004—2005年参加重庆市区域试验，2年区域试验平均产量7.78t/hm^2，2005年生产试验，平均产量8.80t/hm^2。适宜重庆市稻瘟病轻发区作中稻种植。

栽培技术要点：①育秧，根据各地中籼生产季节适时早播。②移栽。秧龄40d左右移栽，栽插密度18.0万～22.5万穴/hm^{2}左右，每穴栽插2苗。③肥水管理。中等肥力田施纯氮120～150kg/hm^2、五氧化二磷75～120kg/hm^2、氧化钾75～120kg/hm^2。磷肥全作基肥，氮肥60%作基肥、30%作追肥、10%作穗粒肥，钾肥60%作基肥、40%作穗粒肥。追肥在移栽后8～12d后施用，穗粒肥在拔节期施用。后期保持湿润，不可过早断水。④病虫防治，注意及时防治稻瘟病、纹枯病、稻飞虱、螟虫等病虫害。

万优6号 (Wanyou 6)

品种来源：重庆三峡农业科学院用不育系万6A与恢复系万恢88配组而成。2005年通过重庆市农作物品种审定委员会审定。

形态特征和生物学特性：属籼型三系杂交水稻。全生育期159.5d，比对照汕优63短2d。株高111.6cm，剑片较长而直立，穗长26cm，有效穗195万穗/hm²左右，每穗平均着粒154.8粒，结实率80%左右。颖壳黄色，籽粒椭圆形，种皮白色，千粒重28.4g。

品质特性：整精米率54.6%，糙米长宽比2.9，垩白粒率29%，垩白度4.1%，胶稠度79mm，直链淀粉含量22.6%。

抗性：叶瘟感病，高感穗颈瘟。

产量及适宜地区：2001—2002年参加重庆市区域试验，2年区域试验平均产量8.32t/hm²，比对照增产4.3%。2004年生产试验，平均产量8.03t/hm²，比对照增产7.01%。适宜重庆市稻瘟病轻发区种植。

栽培技术要点：①育秧，根据各地中籼生产季节适时早播。②移栽。秧龄40d左右移栽，栽插密度18.0万～22.5万穴/hm²，每穴栽插2苗。③施肥。中等肥力田施纯氮120～150kg/hm²、五氧化二磷75～120kg/hm²、氧化钾75～120kg/hm²。磷肥全作基肥，氮肥60%作基肥、30%作追肥、10%作穗粒肥，钾肥60%作基肥、40%作穗粒肥。追肥在移栽后8～12d后施用，穗粒肥在拔节期施用。④病虫害防治，注意及时防治稻瘟病。

万优9号（Wanyou 9）

品种来源：重庆三峡农业科学院用育不育系万3A与恢复系万恢88配组而成。2006年通过重庆市农作物品种审定委员会审定。

形态特征和生物学特性：属籼型三系杂交中稻。全生育期155.0d，与对照汕优63相同。株高110.7cm，苗期长势旺，茎秆较粗，剑叶较短挺直，叶片浅绿色，叶鞘色紫色，叶片浅绿色，剑叶较短、挺直。穗长28.3cm，每穗平均着粒181.2粒，颖壳黄色，籽粒椭圆形，稃尖紫色，种皮白色。千粒重26.6g。

品质特性：整精米率54.6%，糙米长宽比2.7，垩白粒率46%，垩白度5.9%，胶稠度72mm，直链淀粉含量22.9%。

抗性：稻瘟病综合抗性指数7.25，高感。

产量及适宜地区：2004—2005年参加重庆市区域试验，2年区域试验平均产量8.52t/hm²，2005年生产试验平均产量8.47t/hm²，比对照汕优63增产5.77%。适宜在重庆市稻瘟病轻发区种植。

栽培技术要点：①育秧，根据各地中籼生产季节适时早播。②移栽。秧龄40d左右移栽，栽插密度15.0万～22.5万穴/hm²，每穴栽插2苗。③肥水管理。中等肥力田施纯氮150kg/hm²、五氧化二磷75～120kg/hm²、氧化钾75～120kg/hm²。磷肥全作基肥，氮肥60%作基肥、30%作追肥、10%作穗粒肥，钾肥60%作基肥、40%作穗粒肥。追肥在移栽后8～12d后施用，穗粒肥在拔节期施用。后期保持湿润，不可过早断水。④病虫害防治，注意及时防治稻瘟病、纹枯病、稻飞虱、螟虫等病虫害。

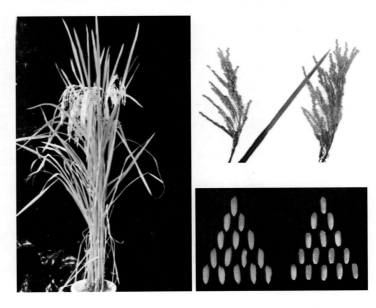

西农优10号 （Xinongyou 10）

品种来源：西南大学用不育系西农1A与恢复系缙恢14配组而成。2008年通过重庆市农作物品种审定委员会审定。

形态特征和生物学特性：属籼型三系杂交中稻。全生育期153.2d，比对照Ⅱ优838短1.0d。株高104.0cm，植株矮健，株型紧凑，叶片直立，叶色绿，分蘖力较强，有效穗210万穗/hm²。每穗平均着粒182.0粒，结实率83.1%，颖壳黄色，籽粒细长形，种皮白色，千粒重27.3g。

品质特性：糙米率80.2%，整精米率57.7%，糙米粒长7.1mm，糙米长宽比3.1，垩白粒率29%，垩白度4.2%，胶稠度82mm，直链淀粉含量20.8%，达国家三级优质稻谷标准。

抗性：稻瘟病综合评价7级，感病。

产量及适宜地区：2006—2007年参加重庆市区域试验，2年区域试验平均产量8.16t/hm²，比对照Ⅱ优838增产4.88%，2007年生产试验，平均产量8.43t/hm²，比对照Ⅱ优838增产5.91%。适宜重庆市海拔800m以下地区作中稻种植。

栽培技术要点：①渝西及沿江河谷地区3月初播种，深丘及山区3月下旬播种。②栽插密度18.0万穴/hm²，每穴栽插2苗。③种子必须进行包衣处理，特别注意稻瘟病和纹枯病防治。

西农优2号 （Xinongyou 2）

品种来源：西南农业大学用不育系D62A与恢复系缙恢10号配组而成。2005年通过重庆农作物品种审定委员会审定。

形态特征和生物学特性：属籼型三系杂交中稻。全生育期162.7d，比对照汕优63长3.6d，株高114.0cm，有效穗数234万穗/hm²，穗长25.6cm。每穗平均着粒178.7粒，结实率82.0%，颖壳黄色，籽粒椭圆形，稃尖紫色，无芒，种皮白色，千粒重27.0g。

品质特性：糙米率78.5%，整精米率24.1%，糙米粒长6.5mm，糙米长宽比2.8，垩白粒率78%，垩白度21.1%，透明度2级，胶稠度62mm，直链淀粉含量19.8%。

抗性：稻瘟病叶瘟8级、穗颈瘟9级，高感。

产量及适宜地区：2003—2004年参加重庆市区域试验，2年区域试验平均产量8.26t/hm²，比对照汕优63增产6.16%；2004年生产试验，平均产量8.06t/hm²，比对照汕优63增产7.47%。适宜重庆市海拔800m以下地区作中稻种植。

栽培技术要点：适时早播，稀播培育壮秧；适时早栽，栽插密度22.5万穴/hm²，每穴栽插2苗。中等肥力田施纯氮150～195kg/hm²，注意及时防治稻瘟病。

西农优3号 （Xinongyou 3）

品种来源：西南大学用不育系D62A与恢复系缙恢13配组而成。2006年通过重庆市农作物品种审定委员会审定。

形态特征和生物学特性：属籼型三系杂交中稻。全生育期平均155.8d，比对照汕优63长0.2d。株高108.2cm，株型适中，叶色浓绿，剑叶较长，叶鞘、叶缘、柱头紫色，有效穗数228万穗/hm²，穗长24.9cm，每穗平均着粒165.8粒，结实率85.8%，颖壳黄色，籽粒椭圆形，稃尖无色，无芒，种皮白色。千粒重27.3g。

品质特性：整精米率45.2%，糙米长宽比2.9，垩白粒率32%，垩白度3.5%，胶稠度46mm，直链淀粉含量21.0%。

抗性：稻瘟病叶瘟2级，穗瘟7级，感病。

产量及适宜地区：2004—2005年参加重庆市区域试验，2年区域试验平均产量8.53t/hm²，2005年生产试验，平均产量9.16t/hm²。适宜重庆市海拔800m以下地区作中稻种植。

栽培技术要点：适时早播，稀播培育壮秧；适时早栽，栽插密度18.0万穴/hm²，每穴栽插2苗。中等肥力田施纯氮150～180kg/hm²，注意及时防治稻瘟病。

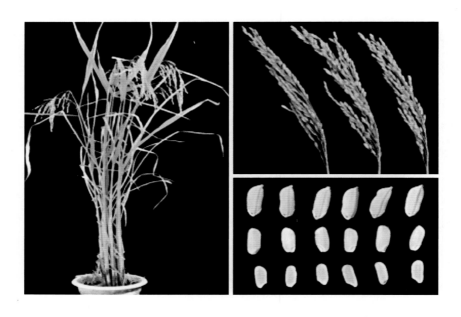

西农优30 （Xinongyou 30）

品种来源：西南大学用不育系中9A与恢复系R30配组而成。2006年通过国家农作物品种审定委员会审定。

形态特征和生物学特性：属籼型三系杂交中稻。全生育期154.9d，比对照汕优63长2.0d。株高116.8cm，株型适中，叶色浓绿，剑叶较长，有效穗数262.5万穗/hm²，穗长26.2cm，每穗平均着粒175.3粒，结实率76.1%，颖壳黄色，籽粒细长形，秆尖无色，无芒，种皮白色。千粒重26.7g。

品质特性：整精米率64.1%，糙米长宽比3.0，垩白粒率15%，垩白度2.3%，胶稠度51mm，直链淀粉含量19.2%，达国家二级优质稻谷标准。

抗性：稻瘟病综合抗性指数6.7级，最高9级，感病。

产量及适宜地区：2004—2005年参加长江上游区域试验，2年区域试验平均产量8.78t/hm²，比对照汕优63增产3.2%；2005年生产试验，平均产量8.33t/hm²，比对照汕优63增产8.98%。适宜云南、贵州、重庆的中低海拔籼稻区（武陵山区除外）、四川省平坝丘陵稻区、陕西省南部稻区的稻瘟病轻发区作中稻种植。

栽培技术要点：①育秧。根据各地中籼生产季节适时早播，稀播培育壮秧。②移栽。适时早栽，每穴栽插2苗，栽插密度15.0万～18.0万穴/hm²。③施肥。中等肥力田施纯氮120～150kg/hm²。④病虫害防治，及时防治稻瘟病、纹枯病、稻飞虱、螟虫等病虫害。

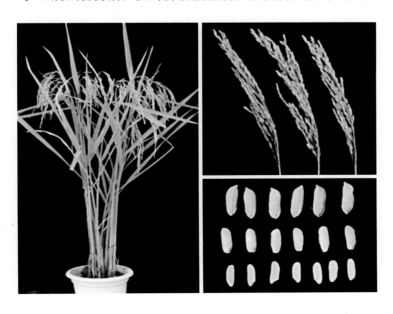

西农优5号（Xinongyou 5）

品种来源：西南大学用不育系Ⅱ-32A与恢复系缙恢12配组而成。2006年通过重庆市农作物品种审定委员会审定。

形态特征和生物学特性：属籼型三系杂交中稻。全生育期157.5d，比对照汕优63长3.0d。株高113.8cm，株型适中，分蘖力强，生长旺盛整齐，茎秆粗壮，有效穗数300万穗/hm^2，穗长24.6cm，每穗平均着粒数166.2粒，结实率86.1%，颖壳黄色，籽粒椭圆形，秆尖无色，无芒，种皮白色。千粒重27.8g。

品质特性：整精米率58.0%，糙米长宽比2.5，垩白粒率34%，垩白度3.7%，胶稠度57mm，直链淀粉含量20.3%。

抗性：稻瘟病叶瘟6级、穗瘟9级，高感。

产量及适宜地区：2004—2005年参加重庆市区域试验，2年区域试验平均产量8.39t/hm^2，2005年生产试验，平均产量8.95t/hm^2。适宜重庆市海拔800m以下的地区作中稻种植。

栽培技术要点：适时早播，稀播培育壮秧；栽插密度15.0万～18.0万穴/hm^2，每穴栽插2苗。中等肥力田施纯氮150～180kg/hm^2，注意及时防治稻瘟病。

西农优7号（Xinongyou 7）

品种来源：西南大学用不育系II-32A与恢复系R27配组而成。2004年通过重庆市农作物品种审定委员会审定。

形态特征和生物学特性：属籼型三系杂交中稻，全生育期160.0d，比对照汕优63长5.0d。株高117.4cm，苗期长势好，生长整齐，株型较紧凑，叶色淡绿，分蘖力强。每穗平均着粒161.3粒，结实率86.1%。颖壳黄色，籽粒阔卵形，种皮白色，稃尖紫色，无芒，千粒重27.2g。

品质特性：糙米率80.3%，整精米率17.3%，糙米粒长5.8mm，糙米长宽比2.3，胶稠度62mm，垩白粒率70%，垩白度27%，直链淀粉含量27.2%。

抗性：中抗苗瘟和叶瘟，感穗颈瘟，感稻瘟病。耐肥，抗倒伏。

产量及适宜地区：2001—2002年参加重庆市区域试验，2年区域试验平均产量8.04t/hm²，2003年生产试验，平均产量7.81t/hm²。适宜重庆市海拔700m以下地区作中稻种植。

栽培技术要点：根据各地正常播种期适时早播，稀播培育壮秧，适时早栽。栽插密度18.0万~22.5万穴/hm²，每穴栽插2苗。中等肥力施纯氮150~195kg/hm²。

西农优8号（Xinongyou 8）

品种来源：西南大学用不育系金23A与恢复系缙恢15配组而成。2008年通过重庆市农作物品种审定委员会审定。

形态特征和生物学特性：属籼型三系杂交中稻，全生育期155.2d，比对照Ⅱ优838长1d。株高104.4cm，植株矮健，株型紧凑，叶片直立，叶色浓绿，分蘖力强，有效穗数210万穗/hm²，每穗平均着粒154.5粒，结实率84.0%，颖壳黄色，籽粒细长形，秄尖紫色，无芒，种皮白色。千粒重30.7g。

品质特性：糙米率82.9%，整精米率58.5%，糙米粒长7.0mm，糙米长宽比2.9，垩白粒率26%，垩白度3.6%，胶稠度61mm，直链淀粉含量20.6%，达国家三级优质稻谷标准。

抗性：稻瘟病综合评价7级，感病。

产量及适宜地区：2006—2007年参加重庆市区域试验，2年区域试验平均产量8.22t/hm²，比对照Ⅱ优838增产3.54%，2007年生产试验，平均产量8.61t/hm²，比对照Ⅱ优838增产4.99%。适宜重庆市海拔800m以下地区作中稻种植。

栽培技术要点：①渝西及沿江河谷地区3月初播种，深丘及山区适宜3月下旬播种。②栽插密度18.0万～21.0万穴/hm²，每穴栽插2苗。③种子必须进行包衣处理，特别注意稻瘟病和纹枯病防治。

西优11（Xiyou 11）

　　品种来源：西南大学用不育系西农1A与恢复系2005R169配组而成。2009年通过重庆市农作物品种审定委员会审定。

　　形态特征和生物学特性：属籼型三系杂交中稻。全生育期156.2d，比对照Ⅱ优838长1.2d，株高平均113.8cm，株型较紧凑，叶片较直立，叶色浓绿，分蘖力较强。

　　品质特性：糙米率77.1%，整精米率49.1%，糙米长宽比2.6，垩白粒率24%，垩白度6.4%，胶稠度55mm，直链淀粉含量22.7%。

　　抗性：稻瘟病抗性综合指数7级，感病。

　　产量及适宜地区：2006—2007年参加重庆市区域试验，2年区域试验平均产量8.39t/hm²，比对照Ⅱ优838增产4.61%；2008年生产试验平均产量8.19t/hm²，比对照Ⅱ优838增产1.00%。适宜重庆市海拔800m以下地区作一季中稻种植。

　　栽培技术要点：①渝西及沿江河谷地区3月上中旬播种，深丘及山区3月中下旬播种。②栽插密度15.0万～18.0万穴/hm²，每穴栽插2苗。③种子应进行包衣处理，注意稻瘟病防治。

西优17（Xiyou 17）

品种来源：西南大学用不育系西农1A与恢复系2005R28配组而成。2010年通过重庆市农作物品种审定委员会审定。

形态特征和生物学特性：属籼型三系杂交中稻。全生育期158.4d，比对照Ⅱ优838长3.2d。株高112.7cm，叶片直立，叶色浓绿，分蘖力较强。每穗平均着粒168.0粒，结实率84.01%，千粒重27.1g。

品质特性：糙米率79.7%，整精米率54.8%，糙米长宽比2.8，垩白粒率25%，垩白度4.9%，胶稠度47mm，直链淀粉含量22.1%。

抗性：稻瘟病抗性综合指数7级，感病。

产量及适宜地区：2007—2008年参加重庆市区域试验，2年区域试验平均产量8.23t/hm²，比对照Ⅱ优838增产3.24%。2009年生产试验平均产量8.37t/hm²，比对照Ⅱ优838增产5.86%。适宜重庆市海拔800m以下地区作中稻种植。

栽培技术要点：①根据各地正常播种期适时早播，稀播培育壮秧。②中苗移栽，栽插密度15.0万～18.0万穴/hm²，每穴栽插2苗。③中等肥力施纯氮150～185kg/hm²。④种子应进行包衣处理，特别注意稻瘟病防治。

宜香481（Yixiang 481）

品种来源：重庆三峡农业科学院用不育系宜香1A与恢复系万恢481配组而成。2007年通过国家农作物品种审定委员会审定。

形态特征和生物学特性：属籼型三系杂交中稻。全生育期平均155.9d，比油优63长2.9d。株高115.3cm，株型适中，长势繁茂，叶鞘、叶耳、柱头无色，有效穗数262.5万穗/hm²，穗长26.3cm，每穗平均着粒161.6粒，结实率72.7%，颖壳黄色，籽粒细长形，稃尖无色，种皮白色。千粒重29.8g。

品质特性：整精米率61.5%，糙米长宽比3.1，垩白粒率22%，垩白度4.2%，胶稠度55mm，直链淀粉含量15.3%，达国家三级优质稻谷标准。

抗性：稻瘟病加权平均级4.7级，穗瘟损失率最高级7级。

产量及适宜地区：2004—2005年参加长江上游中稻区域试验，2年区域试验平均产量8.59t/hm²，比对照油优63增产0.86%。2005年生产试验，平均产量7.91t/hm²，比对照油优63增产2.8%。适宜长江上游作一季中稻种植。

栽培技术要点：①育秧，根据各地中籼生产季节适时早播。②移栽，秧龄40d左右移栽，采用宽行窄株栽插，栽插密度18万～22.5万穴/hm²左右，每穴栽插2苗。③肥水管理，中等肥力田施纯氮120～150kg/hm²、五氧化二磷75～120kg/hm²、氧化钾75～120kg/hm²。磷肥全作基肥，氮肥60%作基肥、30%作追肥、10%作穗粒肥，钾肥60%作基肥、40%作穗粒肥。追肥在移栽后8～12d后施用，穗粒肥在拔节期施用。后期保持湿润，不可过早断水。④病虫害防治，注意及时防治稻瘟病、纹枯病、稻飞虱、螟虫等病虫害。

宜香9303（Yixiang 9303）

品种来源：重庆市涪陵区农科所用不育系宜香1A与恢复系涪恢9303配组而成。2004年通过重庆市农作物品种审定委员会审定。

形态特征和生物学特性：属籼型三系杂交中稻。全生育期165.5d，株高111.7cm，株型较紧凑，剑叶直立，叶色浓绿，柱头、叶耳、叶忱无色。每穗平均着粒139.1粒，结实率为81.3%。颖壳黄色，籽粒细长形，稃尖无色，无芒，种皮白色，千粒重28.2g。

品质特性：糙米率79.5%，精米率73.3%，整精米率41.4%，糙米粒长6.8mm，糙米长宽比2.8，垩白粒率35%，垩白度4.2%，透明度2级。

抗性：感稻瘟病。

产量及适宜地区：2001—2002年参加重庆市区域试验，2年区域试验平均产量7.28t/hm²，生产试验平均产量7.67t/hm²。适宜重庆市海拔800m以下地区作一季中稻种植。

栽培技术要点：海拔500m以下区域3月上中旬播种，500m以上区域3月下旬播种；秧苗5～6叶移栽，栽插密度18.0万～22.5万穴/hm²，每穴栽插2苗。施纯氮120～150kg/hm²，五氧化二磷50～60kg/hm²，氧化钾90kg/hm²。秧田期防治稻蓟马，本田期防治二化螟虫、稻纵卷叶螟和飞虱。

渝糯优16（Yunuoyou 16）

品种来源：重庆市农业科学院、重庆再生稻研究中心用以泰国糯稻作母本与地方小糯谷的自然变异株进行杂交选育而成，2006年通过重庆市农作物品种审定委员会审定。

形态特征和生物学特性：属常规中籼迟熟糯稻品种。全生育期平均156d，比对照汕优63长3d。株高101.0cm，每穗平均着粒157.0粒，结实率89.6%，颖壳黄色，籽粒阔卵形，无芒，种皮白色，千粒重27.6g。

品质特性：整精米率50.7%，糙米长宽比2.0，胶稠度100mm，直链淀粉含量2.6%。

抗性：稻瘟病叶瘟6级，穗瘟9级，高感。

产量及适宜地区：2001年和2013年参加重庆市特种稻区域试验，2年区域试验平均产量6.41t/hm²，比对照汕优63减产12.3%。2005年多点展示7.65t/hm²，比对照胜泰1号增产17.2%。适宜重庆市海拔800m以下地区作中稻种植。

栽培技术要点：①适时播种。一般于3月5日前播种深丘及山区在3月中旬播种，地膜保育秧或旱育抛秧，稀播匀播培育多蘖壮秧，用种量15.0～18.7kg/hm²。②合理稀植。秧苗3.5～4.5叶时移栽，栽插密度18.0万穴/hm²，每穴栽插2苗。③施肥。施足基肥，早施、重施追肥，适施穗肥和保花肥。中等肥力田施纯氮150kg/hm²、五氧化二磷90kg/hm²、氧化钾120～150kg/hm²、硫酸锌15kg/hm²。磷锌肥全作底肥，氮肥的60%底肥、20%作分蘖肥、20%作穗粒肥于孕穗期施用，钾肥的70%作底肥、30%作拔节肥施用。④防治病虫害，注意防治稻瘟病。

渝香203（Yuxiang 203）

品种来源：重庆市农业科学院用不育系宜香1A与恢复系渝恢2103配组而成。分别通过重庆市（2006）和国家（2010）农作物品种审定委员会审定。

态特征和生物学特性：属籼型三系杂交中稻。全生育期156.8d，与对照Ⅱ优838相当。株高119.2cm，株型松散适中，剑叶直立，生长势旺，叶鞘、叶耳、叶舌、柱头无色，分蘖力较强，有效穗数244.5万穗/hm²，穗长30cm，每穗平均着粒162.8粒，结实率76.4%，颖壳黄色，籽粒细长形，稃尖无色，顶芒，种皮白色，千粒重30.1g。

品质特性：整精米率59.0%，糙米长宽比3.0，垩白粒率13%，垩白度2.3%，胶稠度64mm，直链淀粉含量18.7%，达国家二级优质稻谷标准。

抗性：稻瘟病综合指数5.0级，穗瘟损失率最高级7级，感病；褐飞虱9级；抽穗期耐热性中等，耐冷性较弱。

产量及适宜地区：2007—2008年参加长江上游中籼迟熟组区域试验，2年区域试验平均产量8.61t/hm²，比对照Ⅱ优838减产2.5%；2009年生产试验平均产量8.74t/hm²，比Ⅱ优838增产4.8%。适宜在贵州、重庆的中低海拔籼稻区（武陵山区除外），四川平坝丘陵稻区、陕西南部稻区的稻瘟病轻发区作一季中稻种植。

栽培技术要点：①育秧，适时早播，地膜覆盖湿润育秧或旱育抛秧，用种量15.0kg/hm²，稀播匀播，培育多蘖壮秧。②移栽。秧龄4.5叶左右移栽，栽插密度18.0万～22.5万穴/hm²，每穴栽插2苗，高肥田和低海拔地区适当稀植，低肥田地区适当密植。③加强肥水管理。重底肥，早追肥，配方施肥。磷肥全作底肥，氮肥60%作底肥、30%作追肥、10%作穗粒肥，钾肥60%作底肥、40%作拔节肥。科学管水，浅水促蘖，够苗及时晒田，孕穗抽穗期保持浅水层，灌浆结实期干湿交替，后期切忌断水过早。④病虫害防治，注意及时防治稻瘟病、纹枯病、螟虫、稻飞虱等病虫害。

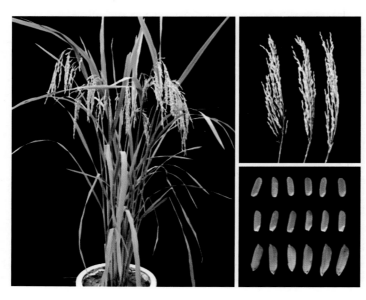

渝优1号（Yuyou 1）

品种来源：重庆市农业科学院与重庆金穗种业有限责任公司用不育系渝5A与恢复系渝恢933配组而成。分别通过重庆市（2005）和湖北省（2010）农作物品种审定委员会审定。

形态特征和生物学特性：属籼型三系杂交中稻。重庆全生育期166.3d，比对照汕优63长1d；湖北全生育期134.2d，比对照扬两优6号短8.0d。株高102.1cm，株型松散适中，叶色深绿，叶鞘紫色，剑叶挺直，分蘖力中等，生长势旺盛，后期转色好。有效穗数210万穗/hm^2，穗长27cm，每穗平均着粒203.0粒，结实率87.0%，颖壳黄色，籽粒细长形，稃尖紫色，有顶芒，种皮白色。千粒重28.8g。

品质特性：糙米率79.8%，整精米率47.5%，糙米长宽比3.2，垩白粒率16%，垩白度3.7%，透明度1级，胶稠度77mm，直链淀粉含量21.8%，达国家三级优质稻谷标准。

抗性：稻瘟病叶瘟4级，穗颈瘟7级，感病；高感白叶枯病。抗倒伏。

产量及适宜地区：2003—2004年参加重庆市区域试验，2年区域试验平均产量6.83t/hm^2，比对照汕优63增产4.4%；2004年生产试验，平均产量7.75t/hm^2，比对照汕优63增产4.7%。2008—2009年湖北省区域试验平均单产9.45t/hm^2，比对照扬两优6号增产3.7%。适宜重庆市海拔800m以下地区作一季中稻种植，湖北省鄂西南以外的稻瘟病无病区或轻病区作中稻种植。

栽培技术要点：①播种期。一般于3月上旬播种，深丘及高山地区在3月中、下旬播种，地膜保温育秧或旱育秧抛秧，稀播匀播，培育多蘖壮秧，用种量15.0～22.5kg/hm^2。②栽插规格。秧苗4.5叶移栽，栽插密度18.0万穴/hm^2，每穴栽插2苗。③施肥。采用"重底肥、早追肥"的配方施肥。磷肥全作底肥，氮肥70%作底肥、30%作追肥，钾肥70%作底肥、30%作拔节肥施用。④病虫害防治，按当地植保部门的预测及时防治稻飞虱和螟虫。

渝优10号（Yuyou 10）

　　品种来源：重庆市农业科学院用恢复系10号与不育系45A配组而成。分别通过重庆市（2000）、安徽省（2003）农作物品种审定委员会审定。

　　形态特征和生物学特性：属籼型三系杂交中稻。全生育期156.2d，与汕优63相当，株高113.4cm，每穗平均着粒173.7粒，结实率85.1%左右。颖壳黄色，籽粒椭圆形，秆尖无芒、颖尖有色，种皮白色，千粒重26.5g。

　　品质特性：品质略低于汕优63。

　　抗性：中抗稻瘟病，感白叶枯病。

　　产量及适宜地区：1997—1998年参加重庆市区域试验，2年区域试验平均产量8.76t/hm²。2001—2003年安徽省中籼区域试验，3年区域试验平均产量8.03t/hm²，2003年生产试验，平均产量8.20t/hm²。适宜重庆市浅丘平坝中稻区种植，安徽省皖东南一季稻白叶枯病轻发区种植。

　　栽培技术要点：重庆最佳播种期在2月底至3月初。秧苗4～5叶移栽，栽插密度15万～18万穴/hm²，每穴栽插2苗。中等肥力田施纯氮105～120kg/hm²、五氧化二磷75kg/hm²、氧化钾120kg/hm²，重底肥，早追肥。秧苗拔节期不宜追施氮肥。在安徽作一季中稻栽培，5月初播种，秧龄30d，栽插密度30万穴/hm²，注意防治白叶枯病。

渝优11（Yuyou 11）

　　品种来源：重庆市农业科学院、重庆再生稻研究中心用恢复系1351与不育系金23A配组而志。2004年通过重庆市农作物品种审定委员会审定。

　　形态特征和生物学特性：属籼型三系杂交中稻。全生育期160.5d，比对照汕优63长1.5d，株高105.6cm，叶鞘基部浅紫色，叶耳、叶舌紫色。分蘖力强，每穗平均着粒166.6粒，穗顶部有少量短芒，颖壳黄色，籽粒细长形，稃尖紫色，种皮白色，千粒重26.1g。

　　品质特性：糙米率79.1%，糙米粒长6.8mm，糙米长宽比3.1，垩白粒率34%，垩白度6.8%，胶稠度71mm，直链淀粉含量20.2%。

　　抗性：叶瘟4级、穗颈瘟3级，中抗稻瘟病。

　　产量及适宜地区：2001—2002年参加重庆市区域试验，2年区域试验平均产量7.43t/hm²，适宜重庆市海拔800m以下地区作中稻种植。

　　栽培技术要点：海拔500m以下地区3月初播种，500m以上地区3月中旬播种，用种15.0kg/hm²。秧苗3.5～4.5叶移栽，宽行窄株或宽窄行栽插，栽插密度15.0万～18.0万穴/hm²，每穴栽插2苗；低海拔地区及肥力水平较高的田块宜适当稀植；配方施肥，中等肥力田施纯氮120kg/hm²，重施底肥、适当追施分蘖肥，后期不宜追肥。

渝优12（Yuyou 12）

品种来源：重庆市农业科学院用恢复系9815R与不育系441A配组而成。2004年通过重庆市农作物品种审定委员会审定。

形态特征和生物学特性：属籼型三系杂交中稻。全生育期160.4d，比对照汕优63长2.8d；株高114.5cm，穗长28cm，有效穗数210万～225万穗/hm²。每穗平均着粒177.0粒，结实率84.2%，稃尖有少量顶芒，颖壳黄色，籽粒阔卵形，种皮白色。千粒重27.0g。

品质特性：糙米率80.3%，整精米率50.1%，糙米粒长5.7mm，糙米长宽比2.3，胶稠度64 mm，直链淀粉含量23.3%，垩白粒率为63%，垩白度为17.3%，透明度2级。

抗性：中感稻瘟病，感白叶枯病、稻曲病。

产量及适宜地区：2003—2004年参加重庆市区域试验，2年区域试验平均产量8.15t/hm²，适宜重庆市海拔800m以下地区，陕西汉中、安康海拔650m以下地区作中稻种植。

栽培技术要点：海拔500m以下区域3月初播种，500～800m的区域3月中旬播种，用种量15～18kg/hm²，秧龄45d左右。宽行窄株或宽窄行栽插，栽插密度15.0万穴/hm²，每穴栽插2苗。采用"前促、中稳、后保"的施肥方法，中等肥力田施纯氮150～180kg/hm²、五氧化二磷120kg/hm²、氧化钾120kg/hm²、硫酸锌15kg/hm²。磷、锌肥全作底肥，氮肥的60%底肥、20%作分蘖肥、20%作穗粒肥，钾肥的70%作底肥、30%作拔节肥。

渝优13（Yuyou 13）

品种来源：重庆市农业科学院用不育系45A与恢复系R3配组而成。2004年通过重庆市农作物品种审定。

形态特征和生物学特性：属籼型三系杂交中稻。全生育期158.5d，比对照汕优63长1d。株高116.0cm，穗长26.4cm，有效穗205.5万穗/hm²。每穗平均着粒174.7粒，结实率81.5%，颖壳黄色，稃尖无色，籽粒椭圆形，种皮白色，千粒重26.8g。

品质特性：糙米率79.9%，整精米率25.1%，糙米粒长6.9mm，糙米长宽比2.9，垩白粒率27%，垩白度6.9%，透明度2，胶稠度84mm，直链淀粉含量14.5%。

抗性：稻瘟病叶瘟6级，穗颈瘟9级，高感。

产量及适宜地区：2002—2003年参加重庆市区域试验，2年区域试验平均产量7.72t/hm²，比对照汕优63增产3.4%；2004年生产试验，平均产量8.02t/hm²增产6.9%。适宜重庆海拔800m以下作一季中稻种植。

栽培技术要点：①播种期。海拔500m以下区域宜3月初播种，海拔500m以上区域3月中旬、下旬播种，用种量15.0～18.7kg/hm²。②移栽。秧龄45～50d，栽插密度15.0万～18.0万穴/hm²，每穴栽插2苗。③施肥。中等肥力田施纯氮150～180kg/hm²、五氧化二磷120kg/hm²、氧化钾120～150kg/hm²、硫酸锌15kg/hm²。磷、锌肥全作底肥，氮肥60%作底肥、20%作分蘖肥、20%作穗粒肥于孕穗期施用，钾肥的70%作底肥、30%作拔节肥施用。注意防治病虫害。

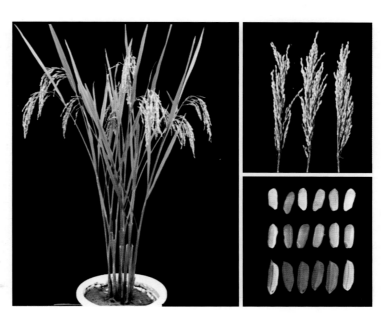

渝优1351 （Yuyou 1351）

品种来源：重庆市农业科学院、重庆再生稻研究中心用恢复系R1351与不育系802A配组而成。2010年通过重庆市农作物品种审定委员会审定。

形态特征和生物学特性：属籼型三系杂交中稻。全生育期159.2d，与对照Ⅱ优838相当；株高112.7cm，株型适中，叶片直立，叶色深绿，分蘖力强，有效穗数222万穗/hm²，每穗平均着粒184.6粒，结实率82.1%，颖壳黄色，籽粒细长形，稃尖无色，顶芒，种皮白色，千粒重27.3g。

品质特性：糙米率79.9%，整精米率55.1%，糙米长宽比3.2，垩白粒率21%，垩白度3.0%，透明度1级，胶稠度68mm，直链淀粉含量21.7%，达国家三级优质稻谷标准。

抗性：稻瘟病综合抗性7级，感病。

产量及适宜地区：2007—2008年参加重庆市区域试验，2年区域试验平均产量8.21t/hm²，2009年生产试验，平均产量8.53t/hm²，适宜重庆市海拔800m以下地区作中稻种植。

栽培技术要点：重庆市渝西及沿江河谷海拔500m以下地区3月上旬播种，渝东及海拔500m以上地区3月中、下旬播种，用种量15.0kg/hm²，稀播。秧苗3.5～4.5叶移栽，栽插密度12.0万～15.0万穴/hm²，每穴栽插2苗。中等肥力田施纯氮120～150kg/hm²、五氧化二磷90kg/hm²、氧化钾120kg/hm²、硫酸锌15kg/hm²。磷、锌肥全作底肥，氮肥60%作底肥、20%作分蘖肥、20%作穗粒肥，钾肥70%作底肥、30%作拔节肥；稻瘟病常发区重视稻瘟病防治。

渝优15（Yuyou 15）

品种来源：重庆市农业科学院用不育系805A与恢复系2603R配组而成。2006年通过重庆市农作物品种审定委员会审定。

形态特征和生物学特性：属籼型三系杂交中稻。全生育期161.0d，比对照汕优63迟熟0.7d。株高113cm，株型松散适中，叶色深绿，剑叶较直立，叶鞘、叶耳无色，分蘖力较强，茎秆粗壮，生长势旺。有效穗数285万穗/hm²，穗长26.8cm，每穗平均着粒180粒，结实率82%，颖壳黄色，籽粒椭圆形，稃尖无色，顶芒，种皮白色。千粒重28g。

品质特性：糙米率81.3%，糙米长宽比2.8，垩白粒率32%，垩白度5%，胶稠度60mm，直链淀粉含量16.8%。

抗性：稻瘟病抗性综合指数6.25，感病。

产量及适宜地区：2003—2004年参加重庆市区域试验，2年区域试验平均产量7.35t/hm²，比对照汕优63增产5.8%；2005年生产试验，平均产量9.02t/hm²，比汕优63增产9.0%。适宜重庆海拔800m以下地区作一季中稻种植。

栽培技术要点：①播种期。浅丘河谷3月5日前播种，深丘及中山地区3月中旬播种，地膜保温育秧或旱育抛秧，稀播匀播培育多蘖壮秧，用种量15.0～18.0kg/hm²。②移栽。秧苗3.5～4.5叶移栽，栽插密度18.0万～22.5万穴/hm²，每穴栽插2苗。③施肥。采用"前促、中稳、后保"的施肥方法，中等肥力田施纯氮120～150kg/hm²、五氧化二磷90kg/hm²、氧化钾120kg/hm²、硫酸锌30kg/hm²。磷肥、锌肥全作底肥，氮肥70%底肥、20%作分蘖肥、10%作穗粒肥于孕穗期施用，钾肥70%作底肥、30%作拔节肥施用。

渝优35（Yuyou 35）

品种来源：重庆市农业科学院用不育系805A与恢复系1351R配组而成。2006年通过重庆市农作物品种审定委员会审定。

形态特征和生物学特性：属籼型三系杂交中稻。全生育期161.5d，比对照汕优63长2.7d。株高113cm，株型集散适中，叶色深绿，剑叶挺直略内卷，生长势旺，叶鞘、叶耳、叶舌、柱头无色，分蘖力较强，有效穗数217.5万穗/hm²，穗长29.5cm，每穗平均着粒165.0粒，结实率81.1%，颖壳黄色，籽粒细长形，稃尖无色，顶芒，种皮白色。千粒重28.5g。

品质特性：整精米率50.1%，糙米长宽比3.0，垩白粒率9%，垩白度0.8%，胶稠度73mm，直链淀粉含量14.0%。

抗性：稻瘟病叶瘟7级，穗瘟7级，感病。

产量及适宜地区：2003—2004年参加重庆市区域试验，2年区域试验平均产量7.99t/hm²，比对照汕优63增产3.5%；2005年生产试验，平均产量8.98t/hm²，增产10.65%。适宜重庆海拔600m以下地区作一季中稻种植。

栽培技术要点：①适时播种。一般于3月5日前播种，深丘及山区在3月中旬播种，地膜保温育秧或旱育抛秧，稀播匀播培育多蘖壮秧，用种量15.0～18.7kg/hm²。②合理稀植。秧苗3.5～4.5叶时移栽，栽插密度15.0万～18.0万穴/hm²，每穴栽插2苗。③施肥。施足基肥，早施重施追肥，适施穗肥和保花肥。中等肥力田施纯氮120～150kg/hm²、五氧化二磷90kg/hm²、氧化钾120kg/hm²、硫酸锌30kg/hm²。④防治病虫害，注意防治稻瘟病。

渝优528（Yuyou 528）

品种来源：重庆市农业科学院用不育系802A与恢复系R5028配组而成。分别通过重庆市（2008）和云南省（红河）（2010）农作物品种审定委员会审定。

形态特征和生物学特性：属籼型三系杂交中稻。全生育期156.4d，比对照Ⅱ优838长1.6d。株高115.1cm，株高适中，株型松散，叶片易披垂，叶色浓绿，分蘖力较强，有效穗数211.5万穗/hm²，穗长26.3cm，每穗平均着粒186.7粒，结实率80.8%，颖壳黄色，籽粒椭圆形，稃尖无色，无芒，种皮白色。千粒重27.0g。

品质特性：糙米率80.7%，整精米率61.2%，糙米粒长6.6mm，糙米长宽比2.8，垩白粒率26%，垩白度3.0%，胶稠度76mm，直链淀粉含量22.9%，达国家三级优质稻谷标准。

抗性：稻瘟病综合评价7级，感病。

产量及适宜地区：2006—2007年参加重庆市区域试验，2年区域试验平均产量8.17t/hm²，比对照Ⅱ优838增产3.1%；2007年生产试验，平均产量8.56t/hm²，比Ⅱ对照优838增产7.6%。2008—2009年云南红河哈尼族彝族自治州区域试验平均产量9.62t/hm²，比对照Ⅱ优838增产5.3%；2009年生产试验10.57t/hm²，增产4.7%。适宜重庆海拔800m以下地区作一季中稻种植，云南红河州南部边疆县海拔1350m、内地县海拔1400m以下的籼稻区种植。

栽培技术要点：①渝西及沿江河谷地区适宜3月初播种，深丘及武陵山区适宜3月下旬播种。②每穴栽插2苗，栽插密度15.0万~18.0万穴/hm²；每穴栽插1苗，栽插密度21.0万穴/hm²。③后期注意控制施用氮肥。④病虫害防治，种子必须进行包衣处理，特别注意稻瘟病防治。

渝优6号（Yuyou 6）

品种来源：重庆市农业科学院用不育系金23A与恢复系渝恢5号配组而成。2006年通过重庆市农作物品种审定委员会审定。

形态特征和生物学特性：属籼型三系杂交中稻。全生育期157.3d，与对照汕优63相当。株高111.0cm，株型适中，叶鞘、柱头紫色，剑叶挺直，分蘖力中等，后期转色好。有效穗数213万穗/hm²，穗长31cm，每穗平均着粒175.9粒，结实率85.24%，颖壳黄色，籽粒椭圆形，稃尖紫色，无芒，种皮白色。千粒重27.3克g。

品质特性：整精米率36.7%，糙米长宽比2.8，垩白粒率70%，垩白度9.4%，胶稠度75mm，直链淀粉含量22.3%。

抗性：稻瘟病叶瘟6级，穗瘟9级，高感。

产量及适宜地区：2004—2005年参加重庆市区域试验，2年区域试验平均产量7.94t/hm²，比对照汕优63增产7.8%；2005年生产试验，平均产量8.31t/hm²，比对照汕优63增产3.8%。适宜重庆市海拔800m以下地区作一季中稻种植。

栽培技术要点：①适时播种，3月上旬。②合理稀植，栽插密度18.0万～22.5万穴/hm²。③施肥，施足基肥，早施重施追肥，适施穗肥和保花肥。④防治病虫害，注意防治稻瘟病。

渝优600（Yuyou 600）

品种来源：重庆市农业科学院用不育系802A与恢复系6003R配组而成。2006年通过重庆市农作物品种审定委员会审定。

形态特征和生物学特性：属籼型三系杂交中稻。全生育期平均161.5d，与对照汕优63相当。株高115cm，株型松紧适中，田间长势整齐，剑叶直立，茎秆粗壮，后期转色好，叶鞘、叶耳紫色，分蘖力强，有效穗数210万穗/hm²，穗长30cm，每穗平均着粒183粒，结实率82.1%，颖壳黄色，籽粒细长形，稃尖紫色，顶芒，种皮白色。千粒重28.7g。

品质特性：糙米率81.6%、胶稠度72mm，垩白粒率29%、垩白度3.1%、直链淀粉含量23.8%，糙米长宽比2.9，达国家三级优质稻谷标准。

抗性：稻瘟病综合抗性指数5.25，中感。

产量及适宜地区：2003—2004年参加重庆市区域试验，2年区域试验平均产量7.74t/hm²，比对照汕优63增产11.1%；2005年生产试验，平均产量8.06t/hm²，与对照汕优63平产。适宜重庆市海拔800m以下地区作一季中稻种植。

栽培技术要点：①3月5日前适时播种。②合理稀植，栽插密度15.0万穴/hm²。③施肥，施足基肥，早施重施追肥，适施穗肥和保花肥。④防治病虫害，注意防治稻瘟病。

渝优 7109（Yuyou 7109）

品种来源：重庆市农业科学院、重庆再生稻研究中心用不育系802A与恢复系R7109配组而成。2010年通过国家品种审定委员会审定。

形态特征和生物学特性：属籼型三系杂交中稻。全生育期平均159.6d，比Ⅱ优838迟熟3.1d。株型紧凑，叶色浓绿，叶姿挺直，剑叶内卷，叶鞘紫色，分蘖力较强，有效穗247.5万穗/hm²，穗长26cm，株高113.9cm，每穗平均着粒193.3粒，结实率76.4%，颖壳黄色，籽粒椭圆形，稃尖紫色，顶芒，种皮白色，千粒重26.7g。

品质特性：整精米率59.8%，糙米长宽比2.8，垩白粒率8%，垩白度1.7%，胶稠度64mm，直链淀粉含量23.4%，达国家三级优质稻谷标准。

抗性：稻瘟病综合指数6.1级，穗瘟病损失率最高级7级，抗性频率57.9%；褐飞虱平均级8级，最高级9级。

产量及适宜地区：2007—2008年参加长江上游中籼迟熟组区域试验，2年区域试验平均产量9.17t/hm²，比对照Ⅱ优838增产3.4%；2009年生产试验平均产量8.85t/hm²，比Ⅱ优838增产6.1%。适宜在云南、贵州、重庆中低海拔籼稻区（武陵山区除外），四川平坝丘陵稻区、陕西南部稻区的稻瘟病轻发区作一季中稻种植。

栽培技术要点：①育秧，适时早播，培育多蘖壮秧。②移栽，秧龄40d左右中苗移栽，栽插密度18.0万～22.5万穴/hm²，每穴栽插2苗。③施肥，氮、磷、钾配方施肥。中等肥力田施纯氮150kg/hm²、五氧化二磷90kg/hm²、氧化钾120kg/hm²。磷肥全作底肥，氮肥60%作底肥、30%作追肥、10%作穗粒肥，钾肥60%作底肥、40%作拔节肥。追肥在移栽后7d左右施用，穗粒肥在拔节期施用。④病虫害防治，注意及时防治稻瘟病、螟虫、稻飞虱等病虫害。

中9优11（Zhong 9 you 11）

品种来源：重庆市涪陵区农业科学研究所用不育系中9A与恢复系涪恢99011配组而成。2008年通过重庆市农作物品种审定委员会审定。

形态特征和生物学特性：属籼型三系杂交中稻。全生育期152.2d，株高112.9cm，茎秆粗壮，稃尖、叶耳、叶枕无色，有效穗数205.5万穗/hm²，每穗平均着粒181.8粒，结实率82.2%，颖壳黄色，籽粒细长形，稃尖无色，无芒，种皮白色，千粒重28.6g。

品质特性：糙米率80.3%，整精米率50.2%，糙米粒长7.3mm，糙米长宽比3.2，垩白粒率8%，垩白度0.7%，胶稠度81mm，直链淀粉含量21.7%，达国家三级优质稻谷标准。

抗性：稻瘟病综合抗性指数4.75，中感。

产量及适宜地区：2006—2007年参加重庆区域试验，2年区域试验平均产量8.56t/hm²，生产试验平均产量8.75t/hm²。适宜重庆市海拔800m以下地区作一季中稻种植。

栽培技术要点：海拔500m以下区域3月上中旬播种，500m以上区域3月下旬播种。秧苗5～6叶移栽，栽插密度18.0万～22.5万穴/hm²，每穴栽插2苗。施纯氮110～140kg/hm²，五氧化二磷50～60kg/hm²，氧化钾90kg/hm²。秧田期防治稻蓟马，本田期防治二化螟、稻纵卷叶螟和飞虱，出穗期防治稻瘟病。

中9优804 （Zhong 9 you 804）

品种来源：重庆市涪陵区农科所用不育系中9A与恢复系涪恢9804配组而成。2009年通过重庆市农作物品种审定委员会审定。

形态特征和生物学特性：属籼型三系杂交中稻。全生育期155.4d，株高117.4cm，株型适中，茎秆粗壮，叶鞘基部绿色，叶色淡绿，稃尖、叶耳、叶枕无色，后期转色，好分蘖力强，有效穗195万穗/hm²，每穗平均着粒192.9粒，结实率81.4%。颖壳黄色，籽粒细长形，稃尖无色，无芒，种皮白色。千粒重26.0g。

品质特性：糙米率81.6%，整精米率59.6%，糙米粒长7.0mm，糙米长宽比3.2，垩白粒率16%，垩白度2.9%，透明度1级，碱消值4.5级，胶稠度73mm，直链淀粉含量20.8%，达国家二级优质稻谷标准。

抗性：稻瘟病综合抗性7级，感病。

产量及适宜地区：2007—2008年参加重庆市区域试验，2年区域试验平均产量8.53t/hm²，生产试验平均产量8.37t/hm²。适宜重庆市海拔800m以下地区作一季中稻种植。

栽培技术要点：海拔500m以下区域3月上中旬播种，500m以上区域3月下旬播种。秧苗5～6叶移栽，栽插密度18.0万～22.5万穴/hm²，每穴栽插2苗。施纯氮105～145kg/hm²，五氧化二磷50～60kg/hm²，氧化钾90kg/hm²。秧田期防治稻蓟马，本田期防治二化螟、稻纵卷叶螟和稻飞虱，始穗期防治稻瘟病。

中优9801 （Zhongyou 9801）

品种来源：重庆市涪陵区农业科学研究所用不育系中9A与恢复系涪恢9801配组而成。分别通过重庆市（2005）和国家（2006）农作物品种审定委员会审定。

形态特征和生物学特性：属籼型三系杂交中稻。全生育期153.0d，株高116.3cm，剑叶较长，上部节间较细，叶色浓绿，叶耳、柱头白色。每穗平均着粒175.5粒，结实率75.4%，颖壳黄色，籽粒细长形，稃尖无色，无芒，种皮白色，千粒重26.5g。

品质特性：整精米率62.4%，糙米粒长9.8mm，糙米长宽比3.1，垩白粒率12%，垩白度3.2%，胶稠度78mm，直链淀粉含量21.4%，达国家三级优质稻谷标准。

抗性：中感稻瘟病。

产量及适宜地区：2003—2004年参加重庆市区域试验，2年区域试验平均产量6.89t/hm²。长江上游国家区域试验，2年区域试验平均产量8.72t/hm²，生产试验平均产量8.27kg/hm²。适宜云南、贵州、重庆的中低海拔籼稻区（武陵山区除外），四川平坝丘陵稻区，陕西南部稻区的稻瘟病轻发区作一季中稻种植。

栽培技术要点：根据各地中籼生产季节适时播种，培育多蘖壮秧；栽插密度18.0万～22.5万穴/hm²，每穴栽插2苗。施纯氮105～145kg/hm²，五氧化二磷50～60kg/hm²，氧化钾90kg/hm²。及时防治稻瘟病等病虫害。

第五章
著名育种专家

万安良

　　四川省射洪县人（1916—1998），研究员。1943年毕业于四川大学农艺系，先后在四川大学农学院农艺系、四川省农业改进所和四川省农业科学院作物研究所工作。享受国务院政府特殊津贴。

　　一直从事水稻育种、栽培和种质资源研究，是四川省水稻育种和稻种资源研究的奠基人之一。先后主持育成了川农422、川农303、成都矮4号、成都矮7号、成都矮8号、泸双1011、矮沱谷151、八四矮63、14矮2127和虹双2275等优良品种，曾在生产上大面积推广应用。泸双1011、矮沱谷151、八四矮63、成都矮8号、虹双2275分别累计推广面积320万hm^2、130万hm^2、60万hm^2、33万hm^2、11万hm^2。自20世纪70年代后期开始主要从事稻种资源研究。

　　泸双1011累计推广面积达320万hm^2，获1979年四川省重大成果二等奖。"四川地方稻种的遗传评价与利用研究"获1984年四川省重大科技成果奖四等奖。主编出版了《四川稻作》，参与编写的著作有《中国稻资源目录》《四川经济动植物资源开发》《稻种资源的研究和利用》等。先后在国家级和省级刊物上发表论文20余篇。

阴国大

四川省泸县人（1925—　），研究员。1949年毕业于金陵大学农学系。1949—1950年在泸州四中任教，1950—1953年在川南行署农事试验场任工园作物组组长，1953—1954年在云南省农业厅干部学校负责教务兼任教，1956—1986年在四川省农业科学院水稻高粱研究所工作，先后担任育种室主任、副所长、学术委员会主任。享受国务院政府特殊津贴。

　　长期从事水稻育种研究，曾任全国水稻育种攻关专家组成员，全国作物品种评审委员会委员、全国中籼品种选育组组长、四川省水稻育种攻关组组长。先后主持或主研培育了泸南630、泸红早1号、泸早872、泸光2S、泸科3号等良种，其中泸红早1号累计推广超过面积80万hm^2，曾成为我国南方早稻的对照品种。

　　泸科3号在四川累计推广面积43万hm^2，获四川省1982年度科技进步奖二等奖。先后在《遗传》《四川农业科技》《细胞遗传学》等杂志上发表了30篇文章，为《农业文摘》《水稻文摘》翻译译文400余条，参加了《四川稻作》《优质稻》两书的撰写和审稿。

游述麟

四川省眉山县人（1928—2008），研究员。1952年7月毕业于四川大学农艺系，同年进入四川省农业科学院工作，先后任四川省农业科学院水稻研究所副所长、作物研究所所长、院科技处处长。1983—1984年任四川省农业厅副厅长，1985年任四川省农业科学院副院长、院长。1984—1994年任农业部、中国农业科学院学术委员会委员。1980年获四川省劳动模范称号，1982年被选为中共十二大代表。

长期从事水稻育种及科研管理工作。主持或主研育成成都矮5号、成都矮7号、成都矮8号、矮沱谷151、泸成17、泸洋早2号、泸岳2号、泸岳13、泸晚17、泸双1011等水稻矮秆良种，在四川及南方稻区得到应用。

泸双1011累计推广面积达320万hm^2，获1978年全国科学大会奖及四川省重大成果二等奖。共同完成的"四川农业科研经济评价方法及其在农业科管中的应用研究"获农业部一等奖、四川省二等奖。先后发表《四川省粮食稳定增长因素及其相应措施的综合报告》等论文25篇。

周开达

重庆市江津县人（1933—2013），中国工程院院士，四川农业大学教授、博士生导师。1953年江津农校毕业，在江津县德感区公所任干事；1956年考入四川大学农学院，毕业后留校工作；1965年起在四川农学院水稻研究室工作；1988年创建四川农业大学水稻研究所并任所长。1992年获四川省重奖，1994年被评为四川省十大英才，1999年被人事部记一等功。被评为国家有突出贡献的专家、全国先进工作者、四川省劳动模范。1999年11月当选为中国工程院院士。

长期从事水稻杂种优势利用研究，在杂交水稻育种理论与方法研究中有诸多建树：①发明了籼亚种内品种间杂交培育水稻雄性不育系的新方法，拓宽了水稻种质资源的利用范围，促进了杂交稻细胞质源多样化。②成功探索杂交稻超高产育种新途径——亚种间重穗型杂交稻育种。运用这个技术路线，先后育成Ⅱ优162、Ⅱ优6078、冈优501等单穗重达4.5g以上的重穗型组合，比汕优63增产10%以上。③运用生态育种法选育两系杂交稻。经过7年的努力，育成了一批在23℃低温下保持稳定不育性的光温敏不育系蜀光612S、蜀光570S等。④利用无融合生殖特性培育永久性杂交稻。为了进一步扩大水稻杂种优势利用范围，简化制种技术，于1988年开始了水稻无融合生殖研究。1990年第一份无融合生殖材料SAR-1具有未受精卵细胞自行发育成胚，未受精极核自发形成胚乳和低频率不定胚等无融合生殖特性。培育的杂交稻品种在四川及南方稻区得到广泛的应用，其中冈矮1号、冈优12、冈优22、D优1号、D优63、Ⅱ优162、Ⅱ优6078、冈优501分别累计推广面积6.7万hm²、188万hm²、930万hm²、7.3万hm²、640万hm²、90万hm²、54万hm²、350万hm²，取得了显著的社会效益和经济效益，为我国杂交水稻的发展作出了重大贡献。

科研成果先后获国家发明一等奖、国家科技进步二等奖等省部以上成果奖23项。其中"籼亚种内品种间杂交培育雄性不育系及冈、D型杂交稻"项目获1988年国家发明一等奖。在《中国科学》（B、C辑）、《科学通报》《遗传学报》《作物学报》《中国农业科学》《四川农业大学学报》《中国水稻科学》《杂交水稻》等刊物上发表论文100多篇；编撰《水稻生物技术育种》《生物技术在水稻育种中的应用研究》《亚种间重穗型杂交稻研究》《水稻无融合生殖研究》专著4部。

黎汉云

广东兴宁市人（1933— ），研究员。1958年毕业于武汉大学生物系。从20世纪70年代初起，专职从事水稻杂种优势利用研究。1987年以来担任四川农业大学水稻研究所三系研究室主任。获四川省劳动模范、全国高校先进工作者、四川省有重大贡献科技工作者、四川省科技杰出贡献奖等荣誉称号，享受国务院政府特殊津贴，第八届、九届全国政协委员。

长期从事水稻遗传育种、良种繁育和推广等研究工作。首创聚合杂交与早代配合力测定相结合、人工制保选育大穗型高配合力不育系的育种新方法，育成了大穗型高配合力不育系冈46A。主持选配的抗稻瘟病、易繁制的强优势组合D优63，实现了杂交稻组合的第二次更新换代奖。作为主研共同发明了籼亚种内品种间杂交培育水稻雄性不育系的新方法，拓宽了水稻种质资源的利用范围，促进了杂交稻细胞质源多样化。选育了冈、D型不育系和配组了系列杂交稻。共同发起并组织建立的"科研与生产相结合""育、繁、推"一体化的四川冈型、D型杂交稻协作组。对促进杂交水稻的发展作出了重大贡献。

由于在杂交稻研究中作出了重大贡献和创造了巨大社会经济效益，2015年被授予四川省科技杰出贡献奖。"籼亚种内品种间杂交培育雄性不育系及冈、D型杂交稻"项目获1988年国家发明一等奖。大穗型高配合力不育系冈46A，获2000年国家科技进步二等奖。强优势组合D优63，获1988年四川省科技进步特等奖。主要著作有《冈型杂交稻的选育及利用》《D297A选育及配组鉴定》《亚种间高产优质杂交稻Ⅱ优162的制种技术》《调整稻米结构应因地制宜》等，参编《作物良种繁育学》。

龙太康

重庆市铜梁县人（1936—2010），研究员。1956年毕业于遂宁农校，1975年毕业于四川外语学院。曾在遂宁农校、三台县长坪乡、绵阳农校、绵阳农业专科学校、绵阳市农业科学研究所工作。曾任四川省第五、六、七届人大代表，绵阳农业专科学校校长，绵阳市科协副主席。全国五一劳动奖章获得者，享受国务院政府特殊津贴。

多年来致力于农业科研和教学工作，先后担任四川省水稻育种攻关组副组长、农业厅联合育种组组长，在水稻育种和栽培领域有较高造诣。先后主持育成常规稻品种涪江2号、糯选1号；三系恢复系绵恢501、绵恢502、绵恢725、绵恢6206等；三系不育系二汕A、八汕A、卡竹A、卡潭A等；杂交水稻品种Ⅱ优501、冈优501、二汕63、八汕63、卡优6206、Ⅱ优725、冈优725等。其中冈优725、Ⅱ优501、Ⅱ优725分别累计推广面积400万hm²、350万hm²、270万hm²，取得显著的社会效益和经济效益。

获国家、省（部）、市级科技成果奖13项，其中"优质广适重穗型杂交水稻恢复系绵恢725的选育与应用"先后获四川省科技进步一等奖、农业部中华农业科技一等奖和国家科技进步二等奖。在《西南农业学报》《杂交水稻》《西南科技大学学报》《植物学报》等刊物发表论文近30篇。

罗文质

　　四川省泸县人（1936—2004），研究员。1952—1961年在四川省水稻研究所工园组从事油菜研究，1962—1986年在四川省农业科学院水稻高粱研究所从事水稻育种研究，曾任所长。亦曾任全国作物育种攻关专家委员会委员、全国水稻育种攻关专家组副组长、四川省水稻育种攻关组副组长、四川省农作物品种审定委员会水稻专业组组长、四川省作物学会理事、泸州市科协副主席。四川省劳动模范，享受国务院政府特殊津贴。

　　长期从事水稻遗传育种工作，先后主持或主研育成泸开早26、泸三矮7号、泸团早14、泸珍早、泸洋早2号、泸南早1号、泸南早2号、1107、泸早872等早籼良种；泸三矮4号、泸岳2号、泸岳13、泸胜2号、泸成17、2134、泸双1011、泸科3号等中籼良种；晚粳良种泸晚4号、泸晚6号、泸晚7号、泸晚8号、泸晚23及泸辐晚1号等。育成品种在四川及南方稻区得到广泛应用，其中2134、泸成17、泸科3号、泸胜2号、泸双1011分别累计推广面积76万hm²、67万hm²、43万hm²、20万hm²、320万hm²，取得显著的社会效益和经济效益。

　　获全国科学大会奖2项、四川省科学大会奖3项、四川省重大科技成果奖3项。主编《水稻育种》一书，参与编撰《中国油菜栽培学》《双季稻生产技术问答》《四川农业科技手册》《中国水稻品种系谱》4部专著，在国家级和省级学术刊物上发表论文30余篇。

彭兴富

重庆市忠县人（1936—　），研究员。1959年毕业于四川万县农校农学专业，分配到四川省农业科学院从事水稻育成工作至今。1986年获国家"三委一部"嘉奖，1997年被国家科委评为科技推广先进个人，享受国务院政府特殊津贴。

40余年来，一直从事水稻育种研究工作。主持或参与育成水稻新品种15个，其中常规稻品种虹双2275、成糯88、80-133等6个，杂交水稻品种冈优22、汕优22、香优1号等6个，杂交稻亲本恢复系CDR22、不育系川7A、川75A等3个。80-133在四川累计推广面积27万hm^2，冈优22在我国南方稻区累计推广面积930万hm^2，CDR22是我国杂交中籼稻的骨干亲本之一。冈优22、CDR22的育成对我国杂交中籼稻的发展具有积极的推动作用。

1979年获四川省科学大会奖，获四川省科技进步一等奖1项，四川省和农业部科技进步三等奖各1项。在《西南农业学报》《四川农业大学学报》《杂交水稻》《四川农业科技》等杂志发表论文23篇。

邓达胜

　　广西壮族自治区平南县人（1937—　　），研究员。1963年毕业于广西大学农学院，分配到四川主要从事水稻辐射育种研究，曾任四川省原子核应用技术研究所第三研究室主任。2008年担任来自越南农业大学学员的辐射育种技术培训班主讲老师。

　　先后承担全国植物辐射遗传育种水稻专项协作研究项目以及四川省"六五""七五""八五""九五"水稻育种攻关课题。20世纪70年代用辐射诱变技术育成早熟恢复系"辐恢06"，为三系育种开辟了新途径。相继育成了大面积应用的辐恢838、辐恢718、糯恢1号及辐74A、辐76A等系列恢复系和不育系。育成Ⅱ优838、Ⅱ优718、金优718及辐优系列、糯优系列等品种（组合）20多个，在全国及越南累计种植面积达1 290万hm²以上。Ⅱ优838在20世纪90年代末接替汕优63，成为国家区域试验对照种，是我国应用时间最长、种植面积最大、出口越南等国的主要品种之一。

　　在《遗传》《核农学通报》《原子能农业应用》《核农学报》《杂交水稻》以及联合国粮农组织主办的《突变育种通讯》等杂志上发表论文30多篇。

肖培村

　　重庆市江津县人（1945—　　），九三学社社员。研究员。1969年毕业于西南农学院，同年分配至四川省内江地区农业科学研究所工作。曾任四川省内江市农业科学院院长，内江杂交水稻科技开发中心主任，以及四川省水稻育种攻关专家组副组长、四川省市地州农业科学院（所）水稻联合育种项目专家组组长。1988年被评为国家有突出贡献的青年专家，享受国务院政府特殊津贴。获四川省农业科技先进工作者、四川省学术技术带头人称号。

　　长期从事水稻稻瘟病病原菌致病性和品种改良研究，建立了一套完整、适用的抗病育种和优质育种程序。先后主持育成了对稻瘟病抗性遗传背景各异的优质、抗病三系恢复系多系1号、内恢99-14、内恢2539、内恢5550等18个；优质三系不育系菲改A、内香1A、内香2A、内香3A、内香5A、内香6A等9个；育成通过国家级或省级审定的杂交水稻品种汕优多系1号、D优68、冈优多系1号、内香优1号、内香2550、内香8518、内7优39等70个。获得植物新品种权38项。育成的多系1号、菲优、N优、内香等系列品种，在南方稻区累计推广面积2 000万 hm^2，取得显著的社会效益和超过100亿元人民币的经济效益。其中汕优多系1号成为四川省杂交水稻第三代主栽品种之一，也是我国南方稻区杂交中籼的主栽品种之一，累计推广面积507万 hm^2。

　　先后获得省（部）级和市级科技成果奖20项。其中汕优多系1号的选育与应用获四川省科技进步一等奖。在《西南农业学报》《杂交水稻》《中国稻米》等核心刊物发表相关论文20多篇。

谢崇华

四川省德阳市旌阳区人（1953—   ），研究员。1976年毕业于绵阳地区农业专科学校留校从事水稻科研和教学，1980年9月至1981年7月在西南大学（西南农学院）研修。1994年任绵阳农业专科学校作物研究所副所长，1995年任绵阳经济技术高等专科学校作物研究所副所长，1999年任绵阳经济技术高等专科学校水稻研究所所长，2001—2013年任西南科技大学水稻研究所所长，享受国务院政府特殊津贴，获四川省农业科技先进工作者、四川省学术与技术带头人称号，四川省"五一劳动奖章"获得者。

从事水稻遗传育种40年，在杂交水稻新质源开发、新不育系和新恢复系选育等方面做了大量工作，主持或主研育成了三系恢复系绵恢501、绵恢2009、绵恢2040、绵恢2095等，三系不育系803A、CA、红矮A、B659A、二汕A、八汕A等，杂交水稻品种冈优501、D优501、二汕501、红优2009、冈优2009、B优827、B优811、B优840、红优527、C优2009、C优2040等，先后有29个品种通过国家级或省级农作物品种审定委员会审定并在生产上大面积推广应用，取得显著的社会效益和经济效益。

先后获得省（部）级科技进步奖13项，其中利用爪哇稻胞质育成的"杂交水稻新质源不育系803A的创制及应用"获四川省2009年科技进步一等奖，2010—2011年度农业部中华农业科技一等奖。在《中国水稻科学》《西南大学学报》《西南农业学报》《杂交水稻》《植物研究》《西南科技大学学报》《绵阳经济技术高等专科学校学报》《植物营养与肥料学报》等刊物上发表论文80余篇。

汪旭东

四川省犍为县人（1963—2015），研究员。1983年9月就读于四川农业大学，1990年6月获得四川农业大学硕士学位，同年7月进入四川农业大学水稻研究所工作。四川省学术与技术带头人，曾任四川农业大学水稻研究所副所长、四川省水稻育种攻关组组长、四川省农作物品种审定委员会水稻专业委员会副主任等职。

主要从事水稻科研和教学工作，先后主持选育了三系恢复系蜀恢162、蜀恢163、蜀恢168、蜀恢361、蜀恢362、蜀恢363、蜀恢366、蜀恢368等，三系不育系D62A、D63A、D64A、D65A、D66A等，以及D优68、D优162、D优361、D优362、D优163、D优363、D优128、D优67、D优3232、Ⅱ优162、Ⅱ优6078等杂交稻新品种，在四川及南方稻区得到广泛应用。其中D优68、Ⅱ优162、D优162分别累计推广面积105万hm^2、90万hm^2、11万hm^2，取得显著的社会效益和经济效益。

获国家科技进步二等奖2项、四川省科技进步一等奖3项及二等奖2项。主编4部水稻文集；在《中国科学》（B、C辑）、《科学通报》《遗传学报》《作物学报》《中国农业科学》《中国水稻科学》《西南农业学报》《四川农业大学学报》《杂交水稻》等杂志上发表主撰与合撰论文近百篇。培养博士、硕士研究生10余名。

第六章
品种检索表

品种名	英文（拼音）名	类　型	审定（育成）年份	审定编号	品种权号	页码
1107	1107	常规中籼稻	1979			535
2134	2134	常规中籼稻	1976			535
66-40	66-40	常规晚粳稻	1968			535
80-133	80-133	常规中籼稻	1980			45
80优151	80 you 151	三系杂交中籼稻	1999	川审稻100号		151
Ⅱ优11	Ⅱ you 11	三系杂交中籼稻	2007	国审稻2007006		152
Ⅱ优1313	Ⅱ you 1313	三系杂交中籼稻	2000	川审稻130号		153
Ⅱ优1539	Ⅱ you 1539	三系杂交中籼稻	1998	渝农作品审稻第19号		544
Ⅱ优1577	Ⅱ you 1577	三系杂交中籼稻	2002	川审稻2002018	CNA20030447.X	154
Ⅱ优162	Ⅱ you 162	三系杂交中籼稻	1997	川审稻（97）64号 浙品审字第195号 国审稻20000003 鄂审稻008-2001 闽审稻2002J01（宁德）		155
Ⅱ优3028	Ⅱ you 3028	三系杂交中籼稻	1997	川审稻74号		156
Ⅱ优3213	Ⅱ you 3213	三系杂交中籼稻	2008	川审稻2008009		157
Ⅱ优363	Ⅱ you 363	三系杂交中籼稻	2004	川审稻2004008 国审稻2005010	CNA20040581.0	158
Ⅱ优448	Ⅱ you 448	三系杂交中籼稻	1998	川审稻88号		159
Ⅱ优498	Ⅱ you 498	三系杂交中籼稻	2007	川审稻2007002	CNA20070220.3	160
Ⅱ优501	Ⅱ you 501	三系杂交中籼稻	1993	川审稻46号 鄂审稻002-1998 国审稻2001004		161
Ⅱ优50329	Ⅱ you 50329	三系杂交中籼稻	2001	渝农作品审稻2001005号	CNA20030218.3	545
Ⅱ优518	Ⅱ you 518	三系杂交中籼稻	2006	川审稻2006005		162
Ⅱ优527	Ⅱ you 527	三系杂交中籼稻	2003	川审稻2003017 国审稻2003069 黔审稻2003007号		163
Ⅱ优602	Ⅱ you 602	三系杂交中籼稻	2002	川审稻2002030 国审稻2004004		164
Ⅱ优6078	Ⅱ you 6078	三系杂交中籼稻	1995	渝作品审稻第9号 黔品审240号 滇特（普洱）审稻2012007号		165
Ⅱ优615	Ⅱ you 615	三系杂交中籼稻	2008	川审稻2008005		166

（续）

品种名	英文（拼音）名	类 型	审定（育成）年份	审定编号	品种权号	页码
Ⅱ优63	Ⅱ you 63	三系杂交中籼稻	1990	川审稻36号 闽审稻1997J01（宁德） 浙品审字第192号 黔品审249号		167
Ⅱ优7号	Ⅱ you 7	三系杂交中籼稻	1998	川审稻82号 渝农发[2001]369号 闽审稻2004G04（三明）		168
Ⅱ优718	Ⅱ you 718	三系杂交中籼稻	2000	川审稻112号 鄂审稻012-2002 渝审稻2003001 国审稻2003007	CNA20050125.9	169
Ⅱ优725	Ⅱ you 725	三系杂交中籼稻	2000	川审稻133号 黔品审241号 国审稻2001003 鄂审稻007-2001 滇特（红河）审稻200502号		170
Ⅱ优734	Ⅱ you 734	三系杂交中籼稻	1997	川审稻（97）68号		171
Ⅱ优746	Ⅱ you 746	三系杂交中籼稻	1997	川审稻（97）71号		172
Ⅱ优802	Ⅱ you 802	三系杂交中籼稻	1996	川审稻62号		173
Ⅱ优838	Ⅱ you 838	三系杂交中籼稻	1995	川审稻53号 1998年河南审定 国审稻990016 闽审稻1999J01（宁德） 闽审稻2000A02（福州） 桂审稻200062号 湖南审定XS004-2003		174
Ⅱ优86	Ⅱ you 86	三系杂交中籼稻	1994	川审稻50号		175
Ⅱ优9号	Ⅱ you 9	三系杂交中籼稻	2002	川审稻2002019		176
Ⅱ优906	Ⅱ you 906	三系杂交中籼稻	1999	川审稻101号 赣审稻2001018 鄂审稻2005009		177
Ⅱ优92-4	Ⅱ you 92-4	三系杂交中籼稻	1998	川审稻83号		178
Ⅱ优949	Ⅱ you 949	三系杂交中籼稻	2001	川审稻147号		179
Ⅱ优95-18	Ⅱ you 95-18	三系杂交中籼稻	2001	川审稻149号	CNA20030380.5	180
Ⅱ优96	Ⅱ you 96	三系杂交中籼稻	2003	川审稻2003014	CNA20030559.X	181
Ⅱ优D069	Ⅱ you D 069	三系杂交中籼稻	2001	川审稻2002007 渝农作品审稻2001004号		182
Ⅱ优H103	Ⅱ you H 103	三系杂交中籼稻	2002	川审稻2002028		183
Ⅱ优多57	Ⅱ youduo 57	三系杂交中籼稻	1996	川审稻67号		184

（续）

品种名	英文（拼音）名	类　型	审定（育成）年份	审定编号	品种权号	页码
Ⅱ优多系1号	Ⅱ youduoxi 1	三系杂交中籼稻	2000	川审稻134号 黔品审250号		185
Ⅱ优缙9	Ⅱ youjin 9	三系杂交中籼稻	2009	渝审稻2009008		546
Ⅱ优香13	Ⅱ youxiang 13	三系杂交中籼稻	2004	国审稻2004011	CNA20030379.1	186
B优0301	B you 0301	三系杂交中籼稻	2005	川审稻2005012		187
B优0601	B you 0601	三系杂交中籼稻	2005	川审稻2005007		188
B优811	B you 811	三系杂交中籼稻	2003	川审稻2003005 国审稻2004016 黔引稻2008007号		189
B优817	B you 817	三系杂交中籼稻	2003	川审稻2003013		190
B优827	B you 827	三系杂交中籼稻	2002	川审稻2002021 国审稻2003049 豫审稻2005006 闽审稻2005008 鄂审稻2005010		191
B优838	B you 838	三系杂交中籼稻	2001	川审稻142号		192
B优840	B you 840	三系杂交中籼稻	2000	川审稻123号 滇审稻2010023号 渝引稻2005010		193
CDR22	CDR 22	恢复系	1993			124
C优130	C you 130	三系杂交中籼稻	2000	川审稻113号		194
C优2009	C you 2009	三系杂交中籼稻	2002	川审稻2002022		195
C优2040	C you 2040	三系杂交中籼稻	2002	川审稻2002023 滇特（普洱）审稻2009018号		196
C优2095	C you 2095	三系杂交中籼稻	2004	川审稻2004006		197
C优22	C you 22	三系杂交中籼稻	1999	川审稻94号		198
C优527	C you 527	三系杂交中籼稻	2003	川审稻2003007		199
C优725	C you 725	三系杂交中籼稻	2003	川审稻2003009 黔引稻2005003号	CNA20030425.9	200
C优多系1号	C youduoxi 1	三系杂交中籼稻	2001	川审稻138号		201
D297A	D 297 A	不育系	1985			110
D62A	D 62 A	不育系	1993		CNA20000075.6	111
D702A	D 702 A	不育系	1996		CNA20000074.8	112
D汕A	D shan A	不育系	1979			113
D香101	D xiang 101	三系杂交中籼稻	2005	川审稻2005016		202

（续）

品种名	英文（拼音）名	类　型	审定（育成）年份	审定编号	品种权号	页码
D香707	D xiang 707	三系杂交中籼稻	2007	川审稻2007008 黔引稻2008010号	CNA20060667.0	203
D优1号	D you 1	三系杂交中籼稻	1985	川审稻5号		204
D优10号	D you 10	三系杂交中籼稻	1990	川审稻35号 闽审稻1998006		205
D优116	D you 116	三系杂交中籼稻	2003	川审稻2003016		206
D优128	D you 128	三系杂交中籼稻	2002	川审稻2002015 琼审稻2004005 国审稻2004015	CNA20040270.6	207
D优13	D you 13	三系杂交中籼稻	2001	川审稻136号 黔品审231号 渝农发[2001]369号 国审稻2001008 闽审稻2002G04（三明） 陕引稻2003001	CNA20010110.2	208
D优130	D you 130	三系杂交中籼稻	2003	川审稻2003010 闽审稻2006008		209
D优158	D you 158	三系杂交中籼稻	2006	国审稻2006025 湘引种201007号	CNA20070274.2	210
D优1609	D you 1609	三系杂交中籼稻	1991	川审稻38号		211
D优162	D you 162	三系杂交中籼稻	1996	川审稻66号 陕审稻2002001 闽审稻2004F01（龙岩）		212
D优17	D you 17	三系杂交中籼稻	2005	川审稻2005023 浙审稻2009008	CNA20050546.7	213
D优177	D you 177	三系杂交中籼稻	2003	川审稻2003019 豫审稻2008008 渝引稻2007004		214
D优193	D you 193	三系杂交中籼稻	2000	川审稻132号 陕引稻2007006		215
D优202	D you 202	三系杂交中籼稻	2004	川审稻2004010 桂审稻2005010号 浙审稻2005001 皖品审06010503 闽审稻2006G02（三明） 鄂审稻2007010 国审稻2007007	CNA20040691.4	216
D优2362	D you 2362	三系杂交中籼稻	2005	川审稻2005022		217
D优261	D you 261	三系杂交中籼稻	2003	川审稻2003022		218
D优287	D you 287	三系杂交中籼稻	1989	川审稻28号		219

（续）

品种名	英文（拼音）名	类 型	审定（育成）年份	审定编号	品种权号	页码
D优3232	D you 3232	三系杂交中籼稻	1997	川审稻72号 鄂审稻2004006		220
D优361	D you 361	三系杂交中籼稻	2000	川审稻124号		221
D优362	D you 362	三系杂交中籼稻	1998	川审稻87号		222
D优363	D you 363	三系杂交中籼稻	2002	川审稻2002004 国审稻2004009	CNA20040582.9	223
D优448	D you 448	三系杂交中籼稻	2001	川审稻152号 黔引稻2006002号 湘引稻[2007]3号		224
D优49	D you 49	三系杂交早籼稻	1992	认定		225
D优501	D you 501	三系杂交中籼稻	1994	川审稻49号		226
D优527	D you 527	三系杂交中籼稻	2000	黔品审242号 川审稻135号 闽审稻2002002 陕引稻2003002 国审稻2003005 滇特（红河）审稻200503号	CNA20010111.0	227
D优63	D you 63	三系杂交中籼稻	1987	川审稻16号 GS01017-1990 豫审D优63 黔稻29号 滇引籼杂2号		228
D优64	D you 64	三系杂交中籼稻	1987	川认定		229
D优6511	D you 6511	三系杂交中籼稻	2005	川审稻2005010 陕引稻2008001号 滇特（红河）审稻2008002号 滇特（临沧）审稻2010026号	CNA20050603.X	230
D优68	D you 68	三系杂交中籼稻	1997	川审稻（97）66号 国审稻20000002 陕审编号393 闽审稻2001008 2000年河南审定		231
D优725	D you 725	三系杂交中籼稻	2001	川审稻143号 滇特（普洱）审稻2009022号		232
D优多系1号	D youduoxi 1	三系杂交中籼稻	2000	川审稻128号 闽审稻2001011 国审稻2001009 黔引稻2007002号		233
E优512	E you 512	常规中籼糯稻	2002	川审稻2002012		46
F优498	F you 498	三系杂交中籼稻	2011	国审稻2011006 湘审稻2009019		234
G优802	G you 802	三系杂交中籼稻	2006	国审稻2006021		235

（续）

品种名	英文（拼音）名	类　型	审定（育成）年份	审定编号	品种权号	页码
HR195	HR 195	恢复系	1989			125
K17A	K 17 A	不育系	1992		CNA20000105.1	114
K青A	K qing A	不育系	1990			115
K优047	K you 047	三系杂交中籼稻	2000	川审稻127号 黔品审230号 渝农作品审稻2001003号 国审稻2001010		236
K优1号	K you 1	三系杂交中籼稻	1994	川审稻48号		237
K优130	K you 130	三系杂交中籼稻	1998	川审稻84号 陕审稻2002002 （广东省韶关市）韶审稻第200404号		238
K优17	K you 17	三系杂交中籼稻	1997	川审稻75号 国审稻990010 湘品审第269号		239
K优195	K you 195	三系杂交中籼稻	1998	川审稻91号 黔品审239号 陕审编号334		240
K优21	K you 21	三系杂交中籼稻	2006	川审稻2006009	CNA20040655.8	241
K优213	K you 213	三系杂交中籼稻	2007	国审稻2007018		242
K优3号	K you 3	三系杂交中籼稻	1993	川审稻42号		243
K优40	K you 40	三系杂交中籼稻	2000	川审稻126号		244
K优402	K you 402	三系杂交早籼稻	1996	川审稻71号 国审稻980008		245
K优404	K you 404	三系杂交早籼稻	1999	国审稻990012		246
K优48-2	K you 48-2	三系杂交早籼稻	1993	川审稻47号		247
K优5号	K you 5	三系杂交中籼稻	1996	川审稻70号 渝农作品审稻第10号 黔品审167号 国审稻990011		248
K优77	K you 77	三系杂交晚籼稻	2000	国审稻2001007 黔品审238号		249
K优8149	K you 8149	三系杂交中籼稻	2000	川审稻117号		250
K优817	K you 817	三系杂交中籼稻	2000	川审稻122号		251
K优8527	K you 8527	三系杂交中籼稻	2003	川审稻2003020		252
K优8602	K you 8602	三系杂交中籼稻	2002	川审稻2002029 国审稻2006051 渝引稻2005008	CNA20040330.3	253

（续）

品种名	英文（拼音）名	类　型	审定（育成）年份	审定编号	品种权号	页码
K 优 8615	K you 8615	三系杂交中籼稻	2001	川审稻 140 号 渝引稻 2007002		254
K 优 8725	K you 8725	三系杂交中籼稻	2000	川审稻 125 号		255
K 优 877	K you 877	三系杂交中籼稻	2002	川审稻 2002027 赣审稻 2008032 陕引稻 2009005 号		256
K 优 88	K you 88	三系杂交中籼稻	2001	渝农作品审稻 2001001 号		547
K 优 926	K you 926	三系杂交中籼稻	1999	渝农作品审稻第 23 号		257
K 优 AG	K you AG	三系杂交中籼稻	2006	川审稻 2006007	CNA20060580.1	258
N 优 1577	N you 1577	三系杂交中籼稻	2003	川审稻 2003012		259
N 优 69	N you 69	三系杂交中籼稻	2001	川审稻 148 号 黔引稻 2005009 号 滇特（红河）审稻 2008009 号 滇特（文山）审稻 2011008 号	CNA20070013.8	260
N 优 92-4	N you 92-4	三系杂交中籼稻	2000	黔品审 232 号 川审稻 2002010	CNA20030381.3	261
N 优 94-11	N you 94-11	三系杂交中籼稻	2001	川审稻 150 号	CNA20030382.1	262
Q 香 101	Q xiang 101	三系杂交中籼稻	2007	渝审稻 2007002		548
Q 优 1 号	Q you 1	三系杂交中籼稻	2002	渝审稻 2002001 号 滇特（红河）审稻 200501 号 滇特审（文山）稻 200507 号	CNA20030049.0	549
Q 优 108	Q you 108	三系杂交中籼稻	2006	国审稻 2006077		550
Q 优 11	Q you 11	三系杂交中籼稻	2009	渝审稻 2009001		551
Q 优 12	Q you 12	三系杂交中籼稻	2008	渝审稻 2008002		552
Q 优 18	Q you 18	三系杂交中籼稻	2008	渝审稻 2008011 鄂审稻 2010023		553
Q 优 2 号	Q you 2	三系杂交中籼稻	2002	渝审稻 2002002 号 国审稻 2004017 赣审稻 2006071	CNA20030050.4	554
Q 优 4108	Q you 4108	三系杂交中籼稻	2010	渝审稻 2010006		555
Q 优 5 号	Q you 5	三系杂交中籼稻	2004	渝审稻 2004001 号 国审稻 2005011	CNA20040435.0	556
Q 优 6 号	Q you 6	三系杂交中籼稻	2005	渝审稻 2005001 黔审稻 2005014 号 湘审稻 2006032 国审稻 2006028 鄂审稻 2006008 粤种引稻 2010001	CNA20050868.7	557
Q 优 8 号	Q you 8	三系杂交中籼稻	2008	渝审稻 2008007	CNA20090588.7	558

（续）

品种名	英文（拼音）名	类　型	审定（育成）年份	审定编号	品种权号	页码
Y两优973	Y liangyou 973	两系杂交中籼稻	2012	川审稻2012007		263
Z优272	Z you 272	三系杂交中籼稻	2007	川审稻2007006 渝引稻2010004 滇特（版纳）审稻2009034号		264
矮麻谷	Aimagu	常规中籼稻	1964			535
矮沱谷151	Aituogu 151	常规中籼稻	1961			47
矮优S	Aiyou S	三系杂交中籼稻	1985	川审稻7号		265
八汕63	Bashan 63	三系杂交中籼稻	1987	川审稻17号		266
八四矮63	Basi'ai 63	常规中籼稻	1972			48
标优2号	Biao you 2	三系杂交中籼稻	2003	川审稻2003004 黔引稻2005002号		267
昌米011	Changmi 011	常规中籼稻	1999	川审稻107号		49
昌米446	Changmi 446	常规中籼稻	2007	川审稻2007013		50
长优838	Changyou 838	三系杂交中籼稻	2002	川审稻2002006 湘审稻2009020		268
常优87-88	Changyou 87-88	三系杂交中籼稻	1994	川审稻52号		269
成都矮4号	Chengduai 4	常规中籼稻	1963			535
成都矮5号	Chengduai 5	常规中籼稻	1965			51
成都矮597	Chengduai 597	常规中籼稻	1974			535
成都矮7号	Chengduai 7	常规中籼稻	1965			52
成都矮8号	Chengduai 8	常规中籼稻	1963			53
成都晚粳	Chengduwangeng	常规晚粳稻	1974			535
成丰优188	Chengfengyou 188	三系杂交中籼稻	2013	川审稻2013003		270
成恢047	Chenghui 047	恢复系	1999		CNA20000080.2	126
成恢177	Chenghui 177	恢复系	1995		CNA19990100.7	127
成恢448	Chenghui 448	恢复系	1995			128
成恢727	Chenghui 727	恢复系	2007		CNA20080630.0	129
成糯24	Chengnuo 24	常规中粳糯稻	1985	四川认定		54
成糯397	Chengnuo 397	常规中籼糯稻	2002	川审稻2002005		55
成糯88	Chengnuo 88	常规中粳糯稻	2003	川审稻2003011		56
楚粳28	Chugeng 28	常规中粳稻	2012	川审稻2012010		57
楚粳29	Chugeng 29	常规中粳稻	2012	川审稻2012011		58

（续）

品种名	英文（拼音）名	类　型	审定（育成）年份	审定编号	品种权号	页码
川106A	Chuan 106 A	不育系	2010	琼审稻2012008		116
川7优89	Chuan 7 you 89	三系杂交中籼稻	2002	川审稻2002026		271
川丰3号	Chuanfeng 3	三系杂交中籼稻	2000	川审稻121号		272
川丰4号	Chuanfeng 4	三系杂交中籼稻	2001	川审稻154号		273
川丰5号	Chuanfeng 5	三系杂交中籼稻	2001	川审稻155号 黔引稻2005005号		274
川丰6号	Chuanfeng 6	三系杂交中籼稻	2002	川审稻2002013 鄂审稻2008019 黔引稻2005006号 渝引稻2005003 陕引稻2006002	CNA20020142.5	275
川丰7号	Chuanfeng 7	三系杂交中籼稻	2002	川审稻2002008 滇审DS005-2004 陕引稻2005002	CNA20020143.3	276
川谷优202	Chuanguyou 202	三系杂交中籼稻	2010	国审稻2010038		277
川谷优204	Chuanguyou 204	三系杂交中籼稻	2011	国审稻2011010		278
川谷优2348	Chuanguyou 2348	三系杂交中籼稻	2013	川审稻2013006		279
川谷优399	Chuanguyou 399	三系杂交中籼稻	2011	川审稻2011007 滇审稻2012016号		280
川谷优538	Chuanguyou 538	三系杂交中籼稻	2012	国审稻2012033		281
川谷优6684	Chuanguyou 6684	三系杂交中籼稻	2013	川审稻2013016		282
川谷优7329	Chuanguyou 7329	三系杂交中籼稻	2013	川审稻2013013		283
川谷优918	Chuanguyou 918	三系杂交中籼稻	2011	川审稻2011005 国审稻2013004 滇特（文山）审稻2011010号		284
川恢802	Chuanhui 802	恢复系	1993			130
川江优527	Chuanjiangyou 527	三系杂交中籼稻	2006	国审稻2006078 黔引稻2008003号		285
川米2号	Chuanmi 2	常规中籼稻	1989	川审稻33号		59
川农优298	Chuannongyou 298	三系杂交中籼稻	2012	国审稻2012004		286
川农优445	Chuannongyou 445	三系杂交中籼稻	2013	川审稻2013012		287
川农优498	Chuannongyou 498	三系杂交中籼稻	2008	川审稻2008002		288
川农优527	Chuannongyou 527	三系杂交中籼稻	2008	川审稻2008003 国审稻2009007 浙审稻2010013		289
川农优华占	Chuannongyouhuazhan	三系杂交中籼稻	2012	川审稻2012004		290

（续）

品种名	英文（拼音）名	类　型	审定（育成）年份	审定编号	品种权号	页码
川香29A	Chuanxiang 29 A	不育系	2000		CNA20010002.5	117
川香3号	Chuanxiang 3	三系杂交中籼稻	2003	川审稻2003018		291
川香317	Chuanxiang 317	三系杂交中籼稻	2008	川审稻2008004 渝引稻2011003		292
川香8号	Chuanxiang 8	三系杂交中籼稻	2004	川审稻2004014 豫审稻2007009 国审稻2008009 国审稻2010042		293
川香8108	Chuanxiang 8108	三系杂交中籼稻	2008	川审稻2008015		294
川香858	Chuanxiang 858	三系杂交中籼稻	2006	川审稻2006001 湘引种201019号		295
川香9号	Chuanxiang 9	三系杂交中籼稻	2004	川审稻2004015		296
川香9838	Chuanxiang 9838	三系杂交中籼稻	2004	川审稻2004012 渝引稻2007009 滇审稻2012003号		297
川香稻5号	Chuanxiangdao 5	三系杂交中籼稻	2004	川审稻2004017 渝引稻2005011		298
川香优178	Chuanxiangyou 178	三系杂交中籼稻	2007	川审稻2007011 国审稻2009006	CNA20080632.7	299
川香优198	Chuanxiangyou 198	三系杂交中籼稻	2010	川审稻2010003		300
川香优2号	Chuanxiangyou 2	三系杂交中籼稻	2002	川审稻2002003 国审稻2003051 黔引稻2006018号 韶审稻第200706号	CNA20020030.5	301
川香优308	Chuanxiangyou 308	三系杂交中籼稻	2013	川审稻2013007		302
川香优3203	Chuanxiangyou 3203	三系杂交中籼稻	2010	川审稻2010004 浙审稻2010012		303
川香优37	Chuanxiangyou 37	三系杂交中籼稻	2013	川审稻2013015		304
川香优425	Chuanxiangyou 425	三系杂交中籼稻	2007	川审稻2007012 黔引稻2008002号		305
川香优506	Chuanxiangyou 506	三系杂交中籼稻	2011	川审稻2011010		306
川香优6号	Chuanxiangyou 6	三系杂交中籼稻	2005	国审稻2005016		307
川香优907	Chuanxiangyou 907	三系杂交中籼稻	2007	川审稻2007004 豫审稻2009005 渝审稻2006014		308
川新糯	Chuanxinnuo	常规中籼糯稻	1985	四川认定		60
川优5108	Chuanyou 5108	三系杂交中籼稻	2010	国审稻2010041		309
川优6203	Chuanyou 6203	三系杂交中籼稻	2011	川审稻2011002		310

（续）

品种名	英文（拼音）名	类　型	审定（育成）年份	审定编号	品种权号	页码
川优727	Chuanyou 727	三系杂交中籼稻	2009	川审稻2009001 国审稻2011027		311
川优75535	Chuanyou 75535	三系杂交中籼稻	2001	川审稻139号		312
川优8377	Chuanyou 8377	三系杂交中籼稻	2012	国审稻2012012		313
川优9527	Chuanyou 9527	三系杂交中籼稻	2006	黔审稻2006002号 国审稻2007010		314
川植3号	Chuanzhi 3	常规中籼稻	1989	川审稻29号		61
川作6优177	Chuanzuo 6 you 177	三系杂交中籼稻	2010	川审稻2010011		315
川作6优178	Chuanzuo 6 you 178	三系杂交中籼稻	2013	川审稻2013018		316
德香4103	Dexiang 4103	三系杂交中籼稻	2008	川审稻2008001 国审稻2012024 渝引稻2011001 滇特（普洱 文山）审稻2011003号 滇特（红河）审稻2012016号		317
德香优146	Dexiangyou 146	三系杂交中籼稻	2013	川审稻2013004		318
地优151	Diyou 151	三系杂交中籼稻	1997	川审稻77号		319
多恢57	Duohui 57	恢复系	1993			131
多系1号	Duoxi 1	恢复系	1993			132
二汕63	Ershan 63	三系杂交中籼稻	1993	川审稻44号		320
二汕优501	Ershanyou 501	三系杂交中籼稻	1988	川审稻24号		321
菲改A	Feigai A	不育系	1977			118
菲优188	Feiyou 188	三系杂交中籼稻	2006	川审稻2006010		322
菲优63	Feiyou 63	三系杂交中籼稻	1988	川审稻23号		323
菲优99-14	Feiyou 99-14	三系杂交中籼稻	2002	川审稻2002009	CNA20030383.X	324
菲优多系1号	Feiyouduoxi 1	三系杂交中籼稻	1998	川审稻86号 黔品审237号 国审稻2001005 国审稻2003033 陕引稻2004002号		325
丰大优2590	Fengdayou 2590	三系杂交中籼稻	2008	川审稻2008011 滇特（普洱 红河）审稻2011004号		326
涪江2号	Fujiang 2	常规中籼稻	1986	川审稻10号		62
辐415	Fu 415	常规中籼稻	1988	川审稻25号		63
辐74A	Fu 74 A	不育系	1988			119

（续）

品种名	英文（拼音）名	类　型	审定（育成）年份	审定编号	品种权号	页码
辐76A	Fu 76 A	不育系	1990			120
辐92-9	Fu 92-9	常规中粳糯稻	1997	川审稻79号		64
辐恢718	Fuhui 718	恢复系	1995			133
辐恢838	Fuhui 838	恢复系	1990			134
辐龙香糯	Fulongxiangnuo	常规中粳糯稻	1995	川审稻60号		65
辐糯101	Funuo 101	常规中籼糯稻	1987	川审稻21号		66
辐糯402	Funuo 402	常规中籼糯稻	1989	川审稻31号		67
辐优130	Fuyou 130	三系杂交中籼稻	1997	川审稻63号（1997）		327
辐优151	Fuyou 151	三系杂交中籼稻	2002	川审稻2002024 渝引稻2005004		328
辐优19	Fuyou 19	三系杂交中籼稻	2002	川审稻2002020		329
辐优21	Fuyou 21	三系杂交中籼稻	2010	国审稻2010029		330
辐优63	Fuyou 63	三系杂交中籼稻	1992	川审稻40号		331
辐优6688	Fuyou 6688	三系杂交中籼稻	2008	川审稻2008008		332
辐优802	Fuyou 802	三系杂交中籼稻	1998	川审稻89号		333
辐优838	Fuyou 838	三系杂交中籼稻	1997	川审稻73号		334
福优310	Fuyou 310	三系杂交中籼稻	2005	国审稻2005032 渝引稻2008007	CNA20050453.3	335
福优994	Fuyou 994	三系杂交中籼稻	2002	川审稻2002017		336
富优1号	Fuyou 1	三系杂交中籼稻	2002	渝审稻2002003号 国审稻2003048 国审稻2005030 琼审稻2007007	CNA20040132.7	559
富优21	Fuyou 21	三系杂交中籼稻	2006	国审稻2006022 国审稻2007025		337
富优4号	Fuyou 4	三系杂交中籼稻	2004	川审稻2004001 黔引稻2005011号 渝引稻2008002	CNA20040638.8	338
赣香优702	Ganxiangyou 702	三系杂交中籼稻	2013	川审稻2013017		339
冈46A	Gang 46 A	不育系	1984			121
冈矮1号	Gang'ai 1	三系杂交中籼稻	1976			535
冈矮63	Gang'ai 63	三系杂交中籼稻	1985			535
冈朝阳1号A	Gangchaoyang 1 A	不育系	1975			535
冈二九矮7号A	Ganger jiuai 7 A	不育系	1975			536

（续）

品种名	英文（拼音）名	类　型	审定（育成）年份	审定编号	品种权号	页码
冈香707	Gangxiang 707	三系杂交中籼稻	2008	滇审稻2008001号 国审稻2010007		340
冈香828	Gangxiang 828	三系杂交中籼稻	2008	川审稻2008010 渝引稻2011006 滇特（红河）审稻2010012号		341
冈优118	Gangyou 118	三系杂交中籼稻	2001	川审稻145号		342
冈优12	Gangyou 12	三系杂交中籼稻	1992	川审稻39号 渝农作物审稻第3号 黔品审252号		343
冈优130	Gangyou 130	三系杂交中籼稻	2000	川审稻116号		344
冈优1313	Gangyou 1313	三系杂交中籼稻	1998	川审稻90号		345
冈优151	Gangyou 151	三系杂交中籼稻	1997	川审稻（97）69号 黔品审244号		346
冈优1577	Gangyou 1577	三系杂交中籼稻	1999	川审稻97号 国审稻2003003	CNA20010143.9	347
冈优158	Gangyou 158	三系杂交中籼稻	2007	国审稻2007008	CNA20070275.0	348
冈优169	Gangyou 169	三系杂交中籼稻	2011	川审稻2011012		349
冈优177	Gangyou 177	三系杂交中籼稻	2000	川审稻115号 渝引稻2003002号 黔引稻2005004号 韶审稻第200705号 豫审稻2007008 琼审稻2011007	CNA20020199.9	350
冈优182	Gangyou 182	三系杂交中籼稻	2000	川审稻111号 渝引稻2003001号 闽审稻2007H04（南平）	CNA20020245.6	351
冈优188	Gangyou 188	三系杂交中籼稻	2005	川审稻2005025 黔审稻2005015号 国审稻2006039	CNA20050348.0	352
冈优19	Gangyou 19	三系杂交中籼稻	2000	川审稻131号	CNA20030006.7	353
冈优198	Gangyou 198	三系杂交中籼稻	2008	川审稻2008006		354
冈优2009	Gangyou 2009	三系杂交中籼稻	2000	川审稻118号		355
冈优22	Gangyou 22	三系杂交中籼稻	1995	川审稻54号 黔品审136号 陕审333 国审稻980009 闽审稻1999009 桂审稻200056号		356
冈优26	Gangyou 26	三系杂交中籼稻	1997	川审稻（97）67号		357

（续）

品种名	英文（拼音）名	类　型	审定（育成）年份	审定编号	品种权号	页码
冈优305	Gangyou 305	三系杂交中籼稻	2006	川审稻2006008 滇特（普洱）审稻2009025号		358
冈优336	Gangyou 336	三系杂交中籼稻	2001	川审稻151号 豫审稻2005005 渝引稻2003003号		359
冈优3551	Gangyou 3551	三系杂交中籼稻	2001	川审稻137号 国审稻2003046	CNA20010146.3	360
冈优361	Gangyou 361	三系杂交中籼稻	2002	川审稻2002014 陕引稻2006001		361
冈优363	Gangyou 363	三系杂交中籼稻	2002	川审稻2002011 国审稻2005013 渝引稻2003004号	CNA20040583.7	362
冈优364	Gangyou 364	三系杂交中籼稻	1999	川审稻95号 国审稻20000001 滇审编号DS006-2004		363
冈优501	Gangyou 501	三系杂交中籼稻	1996	川审稻63号		364
冈优527	Gangyou 527	三系杂交中籼稻	2000	川审稻110号 黔品审229号 国审稻2003004 闽审稻2005011		365
冈优615	Gangyou 615	三系杂交中籼稻	2000	川审稻120号		366
冈优6366	Gangyou 6366	三系杂交中籼稻	2006	国审稻2006017		367
冈优725	Gangyou 725	三系杂交中籼稻	1998	川审稻81号 黔品审236号 国审稻2001006 赣审稻2001019 鄂审稻014-2002 渝引稻2003005号		368
冈优734	Gangyou 734	三系杂交中籼稻	1997	川审稻（97）70号		369
冈优825	Gangyou 825	三系杂交中籼稻	2005	国审稻2005028 桂审稻2005011号 国审稻2006016	CNA20040639.6	370
冈优827	Gangyou 827	三系杂交中籼稻	2003	川审稻2003015 黔审稻2005006号 国审稻2005015 浙审稻2006003 湘审稻2008018	CNA20040690.6	371
冈优88	Gangyou 88	三系杂交中籼稻	1998	渝农作品审稻第21号		560
冈优881	Gangyou 881	三系杂交中籼稻	1999	川审稻96号		372
冈优900	Gangyou 900	三系杂交中籼稻	2011	国审稻2011007		373

（续）

品种名	英文（拼音）名	类　型	审定（育成）年份	审定编号	品种权号	页码
冈优906	Gangyou 906	三系杂交中籼稻	1997	川审稻（97）65号 皖品审07010612 黔引稻2005007号 滇特（红河）审稻2011014号		374
冈优94-11	Gangyou 94-11	三系杂交中籼稻	2000	川审稻119号		375
冈优94-4	Gangyou 94-4	三系杂交中籼稻	2000	川审稻114号		376
冈优99	Gangyou 99	三系杂交中籼稻	2012	川审稻2012009		377
冈优99-14	Gangyou 99-14	三系杂交中籼稻	2005	川审稻2005009		378
冈优D069	Gangyou D 069	三系杂交中籼稻	2001	川审稻146号		379
冈优多系1号	Gangyouduoxi 1	三系杂交中籼稻	1995	川审稻55号		380
高原粳1号	Gaoyuangeng 1	常规中粳稻	1996	川审稻65号		68
高原粳2号	Gaoyuangeng 2	常规中粳稻	1998	川审稻92号		69
粳香糯1号	Gengxiangnuo 1	常规中粳糯稻	2003	川审稻2003021		70
谷梅2号	Gumei 2	常规中籼稻	1982			71
灌县黑谷子	Guanxianheiguzi	常规中籼稻				536
广优498	Guangyou 498	三系杂交中籼稻	2013	国审稻2013009		381
广优9939	Guangyou 9939	三系杂交中籼稻	2013	川审稻2013005		382
禾优1号	Heyou 1	三系杂交中籼稻	2007	渝审稻2007006		561
合优3号	Heyou 3	三系杂交中籼稻	2001	渝农作品审稻2001006号		562
和优66	Heyou 66	三系杂交中籼稻	2010	川审稻2010013		383
黑优1号	Heiyou 1	三系杂交中籼稻	1997	川审稻80号		384
红优2009	Hongyou 2009	三系杂交中籼稻	2001	川审稻141号 国审稻2003047		385
红优22	Hongyou 22	三系杂交中籼稻	1999	川审稻105号		386
红优44	Hongyou 44	三系杂交中籼稻	2005	川审稻2005004		387
红优527	Hongyou 527	三系杂交中籼稻	2003	川审稻2003006 国审稻2004007		388
红优5355	Hongyou 5355	三系杂交中籼稻	1999	川审稻99号		389
虹双2275	Hongshuang 2275	常规晚粳稻	1972			536
花香7号	Huaxiang 7	三系杂交中籼稻	2007	渝审稻2007005 川审稻2011011 滇审稻2012020号	CNA20070219.X	390
花香优1号	Huaxiangyou 1	三系杂交中籼稻	2012	川审稻2012003		391

（续）

品种名	英文（拼音）名	类　型	审定（育成）年份	审定编号	品种权号	页码
花香优1618	Huaxiangyou 1618	三系杂交中籼稻	2011	川审稻2011004		392
华优1199	Huayou 1199	三系杂交中籼稻	2013	川审稻2013002		393
华优75	Huayou 75	三系杂交中籼稻	2007	川审稻2007007 陕引稻2008005号 滇特（版纳）审稻2010031号 滇特（文山）审稻2011011号 滇特（红河）审稻2012014号		394
江优126	Jiangyou 126	三系杂交中籼稻	2012	国审稻2012007		395
江优151	Jiangyou 151	三系杂交中籼稻	1996	川审稻69号		396
金谷202	Jingu 202	三系杂交中籼稻	2004	渝审稻2004008号 国审稻2005031 桂审稻2006031号 滇审稻200706号	CNA20040692.2	397
金谷优3301	Jinguyou 3301	三系杂交中籼稻	2012	国审稻2012010 桂审稻2013032号		398
金优10号	Jinyou 10	三系杂交中籼稻	2000	川审稻129号 渝引稻2007003		399
金优11	Jinyou 11	三系杂交中籼稻	2006	国审稻2006032 浙审稻2009017		400
金优182	Jinyou 182	三系杂交中籼稻	2001	川审稻144号 陕引稻2005004	CNA20020246.4	401
金优188	Jinyou 188	三系杂交中籼稻	2004	川审稻2004021 赣审稻2005084	CNA20050710.9	402
金优2248	Jinyou 2248	三系杂交中籼稻	1999	川审稻109号	CNA20040584.5	403
金优448	Jinyou 448	三系杂交晚籼稻	2004	国审稻2004025 陕引稻2009003号	CNA20050243.3	404
金优527	Jinyou 527	三系杂交中籼稻	2002	川审稻2002002 国审稻2004012 陕引稻2003003	CNA20020043.7	405
金优718	Jinyou 718	三系杂交中籼稻	2003	川审稻2003008 渝引稻2005012 陕引稻2005003	CNA20020228.6	406
金优725	Jinyou 725	三系杂交中籼稻	2002	川审稻2002001 鄂审稻011-2002 皖品审03010382 陕引稻2003004 渝引稻2005007	CNA20010109.9	407
金竹49	Jinzhu 49	常规早籼稻	1985	川审稻8号		72
旌优127	Jingyou 127	三系杂交中籼稻	2013	川审稻2013001		408
卡优6206	Kayou 6206	三系杂交中籼稻	1997	川审稻76号		409

（续）

品种名	英文（拼音）名	类　型	审定（育成）年份	审定编号	品种权号	页码
科成1号	Kecheng 1	常规中籼稻	1986	川审稻11号		73
科稻3号	Kedao 3	三系杂交中籼稻	2005	川审稻2005020		410
乐5优177	Le 5 you 177	三系杂交中籼稻	2013	川审稻2013014		411
乐丰优329	Lefengyou 329	三系杂交中籼稻	2010	川审稻2010007		412
乐丰优536	Lefengyou 536	三系杂交中籼稻	2013	川审稻2013008		413
乐恢188	Lehui 188	恢复系	2003		CNA20030560.3	135
乐优198	Leyou 198	三系杂交中籼稻	2012	川审稻2012002		414
乐优2号	Leyou 2	三系杂交中籼稻	1999	川审稻104号 湘审稻2006042		415
立新粳	Lixingeng	常规中粳稻	1968			74
凉粳1号	Lianggeng 1	常规中粳稻	1987	川审稻20号		75
凉籼1号	Liangxian 1	常规中籼稻	1983			536
凉籼2号	Liangxian 2	常规中籼稻	1995	川审稻59号		76
凉籼3号	Liangxian 3	常规中籼稻	2001	川审稻153号		77
陵优1号	Lingyou 1	三系杂交中籼稻	2005	渝审稻2005013 黔引稻2007006号		563
陵优2号	Lingyou 2	三系杂交中籼稻	2008	渝审稻2008005		564
陵优3号	Lingyou 3	三系杂交中籼稻	2009	渝审稻2009006		565
陵优4号	Lingyou 4	三系杂交中籼稻	2010	渝审稻2010002		566
六优105	Liuyou 105	三系杂交中籼稻	1998	川审稻93号		416
龙优8号	Longyou 8	三系杂交中籼稻	2011	川审稻2011006		417
泸场3号	Luchang 3	常规中籼稻	1953			78
泸朝1号	Luchao 1	常规中籼稻	1981			79
泸成17	Lucheng 17	常规中籼稻	1969			80
泸成矮3号	Lucheng'ai 3	常规中籼稻	1967			536
泸红早1号	Luhongzao 1	常规早籼稻	1986	川审稻12号 GS01018-1990 湘品审第33号 赣审稻1990002		81
泸恢17	Luhui 17	恢复系	1996			136
泸恢3028	Luhui 3028	恢复系	1994			137
泸恢8258	Luhui 8258	恢复系	2002		CNA20060230.6	138
泸开早1号	Lukaizao 1	常规早籼稻	1967			82

（续）

品种名	英文（拼音）名	类　型	审定（育成）年份	审定编号	品种权号	页码
泸开早26	Lukaizao 26	常规早籼稻	1969			83
泸科1号	Luke 1	常规中籼稻	1978			536
泸科3号	Luke 3	常规中籼稻	1985	四川认定		84
泸南630	Lunan 630	三系杂交中籼稻	1985	川审稻6号		536
泸南早1号	Lunanzao 1	常规早籼稻	1970			85
泸南早1号A	Lunanzao 1 A	不育系	1978			536
泸南早2号	Lunanzao 2	常规早籼稻	1972			536
泸三矮12	Lusan'ai 12	常规中籼稻	1970			536
泸三矮4号	Lusan'ai 4	常规中籼稻	1970			536
泸胜2号	Lusheng 2	常规中籼稻	1969			537
泸双1011	Lushuang 1011	常规中籼稻	1969			86
泸团早12	Lutuanzao 12	常规早籼稻	1971			537
泸晚23	Luwan 23	常规晚粳稻	1970			537
泸晚4号	Luwan 4	常规晚粳稻	1967			537
泸晚8号	Luwan 8	常规晚粳稻	1968			537
泸香615	Luxiang 615	三系杂交中籼稻	2004	川审稻2004004 国审稻2006029		418
泸香658	Luxiang 658	三系杂交中籼稻	2008	桂审稻2008013号 赣审稻2009030 国审稻2010033 滇特（普洱、文山、西双版纳）审稻2011006号		419
泸洋早2号	Luyangzao 2	常规早籼稻	1968			537
泸优1号	Luyou 1	三系杂交中籼稻	2006	渝审稻2008008 滇审稻2009019号 滇特（红河）审稻200602号		567
泸优5号	Luyou 5	三系杂交中籼稻	2009	川审稻2009005		420
泸优502	Luyou 502	三系杂交中籼稻	1995	川审稻56号		421
泸优908	Luyou 908	三系杂交中籼稻	2012	川审稻2012006		422
泸优9803	Luyou 9803	三系杂交中籼稻	2011	国审稻2011013		423
泸岳13	Luyue 13	常规中籼稻	1968			537
泸岳2号	Luyue 2	常规中籼稻	1968			537
泸岳5号	Luyue 5	常规中籼稻	1968			537
泸早872	Luzao 872	常规早籼稻	1990	川审稻34号		87

（续）

品种名	英文（拼音）名	类　型	审定（育成）年份	审定编号	品种权号	页码
马坝香糯	Mabaxiangnuo	常规中籼糯稻	1989	川审稻32号		88
眉糯1号	Meinuo 1	常规中籼糯稻	2001	川审稻156号		89
绵2优151	Mian 2 you 151	三系杂交中籼稻	2002	川审稻2002025	CNA20030424.0	424
绵2优838	Mian 2 you 838	三系杂交中籼稻	2002	鄂审稻013-2002 国审稻2004005 陕引稻2004001号	CNA20020214.6	425
绵5优3551	Mian 5 you 3551	三系杂交中籼稻	2004	川审稻2004011	CNA20040166.1	426
绵5优5240	Mian 5 you 5240	三系杂交中籼稻	2010	川审稻2010008		427
绵5优527	Mian 5 you 527	三系杂交中籼稻	2003	川审稻2003001 皖品审03010380 渝审稻2004003号 赣引稻2006007 豫引稻2007004	CNA20030427.5	428
绵恢501	Mianhui 501	恢复系	1989			137
绵恢725	Mianhui 725	恢复系	1995			138
绵香576	Mianxiang 576	三系杂交中籼稻	2006	川审稻2006003 滇特（版纳）审稻2010030号 滇特（红河）审稻2010020号 滇特（玉溪）审稻2011001号	CNA20080215.1	429
内5优306	Nei 5 you 306	三系杂交中籼稻	2012	川审稻2012001		430
内5优317	Nei 5 you 317	三系杂交中籼稻	2010	国审稻2010008		431
内5优39	Nei 5 you 39	三系杂交中籼稻	2009	川审稻2009003 国审稻2011009		432
内5优5399	Nei 5 you 5399	三系杂交中籼稻	2009	国审稻2009005	CNA20090956.1	433
内5优828	Nei 5 you 828	三系杂交中籼稻	2013	川审稻2013011		434
内5优H25	Nei 5 you H 25	三系杂交中籼稻	2012	国审稻2012006		435
内6优816	Nei 6 you 816	三系杂交中籼稻	2013	川审稻2013010		436
内7优39	Nei 7 you 39	三系杂交中籼稻	2012	川审稻2012005		437
内恢182	Neihui 182	恢复系	1997		CNA20020247.2	141
内恢92-4	Neihui 92-4	恢复系	1992		CNA20030373.2	142
内恢99-14	Neihui 99-14	恢复系	1999		CNA20030370.8	143
内香2128	Neixiang 2128	三系杂交中籼稻	2007	川审稻2007009 国审稻2008011	CNA20070001.4	438
内香2550	Neixiang 2550	三系杂交中籼稻	2005	国审稻2005017	CNA20070006.5	439
内香2924	Neixiang 2924	三系杂交中籼稻	2006	国审稻2006015	CNA003500	440

（续）

品种名	英文（拼音）名	类型	审定（育成）年份	审定编号	品种权号	页码
内香6优498	Neixiang 6 you 498	三系杂交中籼稻	2013	国审稻2013007		441
内香8156	Neixiang 8156	三系杂交中籼稻	2006	川审稻2006004 国审稻2008002	CNA20070008.1	442
内香8514	Neixiang 8514	三系杂交中籼稻	2006	川审稻2006002	CNA003503	443
内香8518	Neixiang 8518	三系杂交中籼稻	2006	国审稻2006024 粤审稻2006052	CNA20070009.X	444
内香优1号	Neixiangyou 1	三系杂交中籼稻	2004	川审稻2004020 国审稻2005019	CNA20030376.7	445
内香优10号	Neixiangyou 10	三系杂交中籼稻	2005	川审稻2005003 滇特（红河）审稻200603号 赣审稻2005058	CNA20070005.7	446
内香优18	Neixiangyou 18	三系杂交中籼稻	2005	国审稻2005018 川审稻2005021	CNA20050851.2	447
内香优3号	Neixiangyou 3	三系杂交中籼稻	2004	国审稻2004010 浙审稻2006004 粤审稻2006035	CNA20030377.5	448
内中152	Neizhong 152	常规中籼稻	1985	四川认定		90
糯N2A	Nuo N2A	籼糯稻不育系	1993			122
糯选1号	Nuoxuan 1	常规中籼糯稻	1986	川审稻13号		91
糯优1号	Nuoyou 1	三系杂交中籼糯稻	1995	川审稻58号		449
糯优100	Nuoyou 100	三系杂交中籼糯稻	2010	川审稻2010014		450
糯优2号	Nuoyou 2	三系杂交中籼糯稻	1999	川审稻108号		451
七一粳	Qiyigeng	常规晚粳稻	1975			537
青江糯2号	Qingjiangnuo 2	常规中粳糯稻	1986	川审稻15号		92
庆优78	Qingyou 78	三系杂交中籼稻	2010	渝审稻2010007		568
蓉18优188	Rong 18 you 188	三系杂交中籼稻	2010	川审稻2010001		452
蓉18优198	Rong 18 you 198	三系杂交中籼稻	2012	国审稻2012005		453
蓉18优22	Rong 18 you 22	三系杂交中籼稻	2013	国审稻2013005		454
蓉18优447	Rong 18 you 447	三系杂交中籼稻	2010	川审稻2010009		455
蓉18优662	Rong 18 you 662	三系杂交中籼稻	2012	国审稻2012011		456
蓉稻415	Rongdao 415	三系杂交中籼稻	2007	川审稻2007005 湘引种201020号		457
蓉稻8号	Rongdao 8	三系杂交中籼稻	2004	川审稻2004009		458
蓉稻9号	Rongdao 9	三系杂交中籼稻	2004	川审稻2004019		459
蓉优1808	Rongyou 1808	三系杂交中籼稻	2012	川审稻2012008		460

（续）

品种名	英文（拼音）名	类　型	审定（育成）年份	审定编号	品种权号	页码
蓉优8号	Rongyou 8	三系杂交中籼稻	2006	渝审稻2006018 陕引稻2007003		569
蓉优908	Rongyou 908	三系杂交中籼稻	2013	川审稻2013009		461
蓉优918	Rongyou 918	三系杂交中籼稻	2011	川审稻2011009		462
瑞优399	Ruiyou 399	三系杂交中籼稻	2009	国审稻2009038		463
瑞优425	Ruiyou 425	三系杂交中籼稻	2010	川审稻2010012		464
汕优149	Shanyou 149	三系杂交中籼稻	1995	川审稻57号 黔品审254号		465
汕优195	Shanyou 195	三系杂交中籼稻	1994	川审稻51号		466
汕优22	Shanyou 22	三系杂交中籼稻	1993	川审稻43号		467
汕优413	Shanyou 413	三系杂交中籼稻	1996	川审稻68号		468
汕优448	Shanyou 448	三系杂交晚籼稻	2003	国审稻2003006		469
汕优5064	Shanyou 5064	三系杂交中籼稻	1990	川审稻37号		470
汕优51	Shanyou 51	三系杂交中籼稻	1985	川审稻3号		471
汕优86	Shanyou 86	三系杂交中籼稻	1996	川审稻64号		472
汕优92-4	Shanyou 92-4	三系杂交中籼稻	1999	川审稻102号		473
汕优94-11	Shanyou 94-11	三系杂交中籼稻	1999	川审稻98号 黔品审222号		474
汕优94-4	Shanyou 94-4	三系杂交中籼稻	1999	川审稻103号		475
汕优多系1号	Shanyouduoxi 1	三系杂交中籼稻	1993	川审稻45号 黔品审135号 闽审稻1996003 国审稻980010		476
汕窄8号	Shanzhai 8	三系杂交中籼稻	1985	川审稻4号		477
胜利矮	Shengli'ai	常规中籼稻	1970			537
蜀丰1号	Shufeng 1	常规中籼稻	1971			538
蜀丰108	Shufeng 108	常规中籼稻	1988	川审稻26号		93
蜀丰109	Shufeng 109	常规中籼稻	1989	川审稻27号		94
蜀恢162	Shuhui 162	恢复系	1993		CNA20040694.9	144
蜀恢498	Shuhui 498	恢复系	2006		CNA20070221.1	145
蜀恢527	Shuhui 527	恢复系	1996		CNA20000073.X	146
蜀恢881	Shuhui 881	恢复系	1997			147
蜀龙优3号	Shulongyou 3	三系杂交中籼稻	2004	川审稻2004024		478

（续）

品种名	英文（拼音）名	类型	审定（育成）年份	审定编号	品种权号	页码
蜀龙优4号	Shulongyou 4	三系杂交中籼稻	2004	川审稻2004022 渝引稻2007006		479
双桂科41	Shuangguike 41	常规中籼稻	1987	川审稻19号		95
硕丰2号	Shuofeng 2	三系杂交中籼稻	2004	川审稻2004007	CNA20060086.9	480
泰激2号选6	Taiji 2 xuan 6	常规中籼稻	2005	川审稻2005024		96
泰香5号	Taixiang 5	三系杂交中籼稻	2004	川审稻2004013		481
泰优99	Taiyou 99	三系杂交中籼稻	2006	渝审稻2006004 国审稻2009004 赣审稻2011004		482
天粳1号	Tiangeng 1	常规中粳稻	2010	川审稻2010015		97
天龙8优177	Tianlong 8 you 177	三系杂交中籼稻	2010	川审稻2010010		483
天龙优540	Tianlongyou 540	三系杂交中籼稻	2008	川审稻2008012		484
田丰优109	Tianfengyou 109	三系杂交中籼稻	2005	川审稻2005013 渝引稻2007008		485
沱江糯5号	Tuojiangnuo 5	常规中粳糯稻	1986	川审稻14号		98
万香优1号	Wanxiangyou 1	三系杂交中籼稻	2005	渝审稻2005002		570
万优2号	Wanyou 2	三系杂交中籼稻	2006	渝审稻2006017		571
万优6号	Wanyou 6	三系杂交中籼稻	2005	渝审稻2005011 陕引稻2006004	CNA20050145.3	572
万优9号	Wanyou 9	三系杂交中籼稻	2006	渝审稻2006016	CNA20060764.2	573
万早246	Wanzao 246	常规早籼稻	1975			99
万早38-1	Wanzao 31-8	常规早籼稻	1975			100
万早4号	Wanzao 4	常规早籼稻	1987	川审稻18号		101
万中7127	Wanzhong 7127	常规中籼稻	1971			538
万中80	Wanzhong 80	常规中籼稻	1980			102
温竹糯	Wenzhunuo	常规中籼糯稻	1983			103
五八矮1号	Wubaai 1	常规中籼稻	1974			538
西南175	Xi'nan 175	常规中粳稻	1955			104
西农优10号	Xinongyou 10	三系杂交中籼稻	2008	渝审稻2008001		574
西农优2号	Xinongyou 2	三系杂交中籼稻	2005	渝审稻2005012	CNA20070506.7	575
西农优3号	Xinongyou 3	三系杂交中籼稻	2006	渝审稻2006008	CNA20070507.5	576
西农优30	Xinongyou 30	三系杂交中籼稻	2005	渝审稻2005006 国审稻2006080		577

（续）

品种名	英文（拼音）名	类　型	审定（育成）年份	审定编号	品种权号	页码
西农优5号	Xinongyou 5	三系杂交中籼稻	2006	渝审稻2006009 滇特（红河）审稻2009012号 滇特（临沧）审稻2010027号	CNA20070508.3	578
西农优7号	Xinongyou 7	三系杂交中籼稻	2004	渝审稻2004006号		579
西农优8号	Xinongyou 8	三系杂交中籼稻	2008	渝审稻2008003		580
西优11	Xiyou 11	三系杂交中籼稻	2009	渝审稻2009005		581
西优17	Xiyou 17	三系杂交中籼稻	2010	渝审稻2010003		582
籼251	Xian 251	常规中籼稻	1965			538
香粳2号	Xianggeng 2	常规中粳稻	2008	川审稻2008016		105
香粳3号	Xianggeng 3	常规中粳稻	2009	川审稻2009006		106
香优1号	Xiangyou 1	三系杂交中籼稻	1999	川审稻106号	CNA20030047.4	486
香优61	Xiangyou 61	常规中籼稻	2002	川审稻2002016		107
协优027	Xieyou 027	三系杂交中籼稻	2008	川审稻2008007		487
协优527	Xieyou 527	三系杂交中籼稻	2003	川审稻2003003 国审稻2004008 鄂审稻2004007 韶审稻第200402号	CNA20030434.8	488
协优63	Xieyou 63	三系杂交中籼稻	1988	川审稻22号		489
新香527	Xinxiang 527	三系杂交中籼稻	2005	川审稻2005011		490
阳鑫优1号	Yangxinyou 1	三系杂交中籼稻	2005	川审稻2005002 渝引稻2008006	CNA20050604.8	491
一丰8号	Yifeng 8	三系杂交中籼稻	2004	川审稻2004002 国审稻2006020		492
一四矮2127	Yisiai 2127	常规中籼稻	1972			538
宜恢1313	Yihui 1313	恢复系	1993		CNA20030145.4	148
宜恢1557	Yihui 1577	恢复系	1995		CNA20010144.7	149
宜恢3551	Yihui 3551	恢复系	2000		CNA20010145.5	150
宜糯931	Yinuo 931	常规中籼糯稻	1997	川审稻78号		108
宜香10号	Yixiang 10	三系杂交中籼稻	2005	国审稻2005014 浙审稻2007014	CNA20030112.8	493
宜香101	Yixiang 101	三系杂交中籼稻	2006	川审稻2006006 黔审稻2012004号 滇特（西双版纳）审稻 2009033号 滇特（红河）审稻2009011号		494
宜香1313	Yixiang 1313	三系杂交中籼稻	2005	川审稻2005008	CNA20040246.3	495

（续）

品种名	英文（拼音）名	类　型	审定（育成）年份	审定编号	品种权号	页码
宜香1577	Yixiang 1577	三系杂交中籼稻	2003	川审稻2003002 浙审稻2003014 皖品审03010381 陕审稻2003002 黔审稻2003013号 国审稻2003052 桂审稻2003011号 赣审稻2003010 鄂审稻2004008	CNA20010141.2	496
宜香1979	Yixiang 1979	三系杂交中籼稻	2006	国审稻2006026		497
宜香1A	Yixiang 1 A	不育系	2000		CNA20010090.4	123
宜香2079	Yixiang 2079	三系杂交中籼稻	2008	川审稻2008014 陕审稻2009006号		498
宜香2084	Yixiang 2084	三系杂交中籼稻	2006	川审稻2007010 陕审稻2006002	CNA20070247.5	499
宜香2239	Yixiang 2239	三系杂交中籼稻	2007	川审稻2007001	CNA20070250.5	500
宜香2292	Yixiang 2292	三系杂交中籼稻	2004	国审稻2004021 川审稻2005018 赣审稻2004012 滇审稻200525号 渝审稻2006010 陕引稻2006005 黔引稻2007004号	CNA20030114.4	501
宜香2308	Yixiang 2308	三系杂交中籼稻	2004	川审稻2004005 苏审稻200403 陕引稻2006003 滇特（文山）审稻2009001号 滇特（西双版纳）审稻2011037号	CNA20030116.0	502
宜香3003	Yixiang 3003	三系杂交中籼稻	2004	渝审稻2004005号 国审稻2004013 赣审稻2005062 粤审稻2006053	CNA20030117.9	503
宜香305	Yixiang 305	三系杂交中籼稻	2007	滇审稻200716号 川审稻2008013 陕审稻2008002		504
宜香3551	Yixiang 3551	三系杂交中籼稻	2005	川审稻2005005 渝审稻2005014	CNA20030115.2	505
宜香3724	Yixiang 3724	三系杂交中籼稻	2005	川审稻2005014 滇特（临沧、西双版纳、玉溪）审稻2011038号	CNA20050766.4	506
宜香3728	Yixiang 3728	三系杂交中籼稻	2005	川审稻2005001	CNA20050767.2	507
宜香3774	Yixiang 3774	三系杂交中籼稻	2006	川审稻2006011		508

（续）

品种名	英文（拼音）名	类　型	审定（育成）年份	审定编号	品种权号	页码
宜香4106	Yixiang 4106	三系杂交中籼稻	2006	国审稻2006079	CNA20040251.X	509
宜香4245	Yixiang 4245	三系杂交中籼稻	2009	川审稻2009004 国审稻2012008		510
宜香481	Yixiang 481	三系杂交中籼稻	2006	国审稻2006031		583
宜香527	Yixiang 527	三系杂交中籼稻	2006	国审稻2006030 黔引稻2007005号	CNA20050544.0	511
宜香707	Yixiang 707	三系杂交中籼稻	2005	川审稻2005015 滇特（普洱）审稻2009028号 滇特（西双版纳）审稻2011036号	CNA20050717.6	512
宜香725	Yixiang 725	三系杂交中籼稻	2004	川审稻2004003 渝引稻2005005 陕引稻2005001 滇特（普洱）审稻2009023号 滇特（西双版纳）审稻2010029号	CNA20020270.7	513
宜香9号	Yixiang 9	三系杂交中籼稻	2005	国审稻2005008 湘审稻2006045	CNA20030111.X	514
宜香907	Yixiang 907	三系杂交中籼稻	2009	川审稻2009002		515
宜香9303	Yixiang 9303	三系杂交中籼稻	2004	渝审稻2004002号		584
宜香99E-4	Yixiang 99 E-4	三系杂交中籼稻	2004	川审稻2004016 豫审稻2008006 滇特（文山）审稻2008001号 滇特（普洱）审稻2009027号 滇特（临沧）审稻2010028号 滇特（红河）审稻2012020号	CNA20070483.4	516
宜香优1108	Yixiangyou 1108	三系杂交中籼稻	2011	川审稻2011003		517
宜香优2115	Yixiangyou 2115	三系杂交中籼稻	2011	川审稻2011001 国审稻2012003		518
宜香优2168	Yixiangyou 2168	三系杂交中籼稻	2010	川审稻2010005		519
宜香优7633	Yixiangyou 7633	三系杂交中籼稻	2010	川审稻2010002		520
宜香优7808	Yixiangyou 7808	三系杂交中籼稻	2010	川审稻2010006		521
宜香优800	Yixiangyou 800	三系杂交中籼稻	2011	川审稻2011008 黔审稻2014007号		522
宜优3003	Yiyou 3003	三系杂交中籼稻	2004	川审稻2004018	CNA20030147.0	523
优Ⅰ130	You Ⅰ 130	三系杂交中籼稻	1998	川审稻85号		524
渝糯优16	Yunuoyou 16	常规中籼糯稻	2006	渝审稻2006021		585

（续）

品种名	英文（拼音）名	类　型	审定（育成）年份	审定编号	品种权号	页码
渝香203	Yuxiang 203	三系杂交中籼稻	2006	渝审稻2006001 赣审稻2009007 国审稻2010006 陕引稻2008002号 黔引稻2008009号		586
渝优1号	Yu you 1	三系杂交中籼稻	2005	渝审稻2005005 鄂审稻2010008	CNA20060235.7	587
渝优10号	Yuyou 10	三系杂交中籼稻	1999	渝农作品审稻第22号 皖品审05010471	CNA20010019.X	588
渝优11	Yuyou 11	三系杂交中籼稻	2004	渝审稻2004004号	CNA20050173.9	589
渝优12	Yuyou 12	三系杂交中籼稻	2005	渝审稻2005010 陕引稻2009001号		590
渝优13	Yuyou 13	三系杂交中籼稻	2005	渝审稻2005007		591
渝优1351	Yuyou 1351	三系杂交中籼稻	2010	渝审稻2010008		592
渝优15	Yuyou 15	三系杂交中籼稻	2006	渝审稻2006007 陕引稻2009002号		593
渝优35	Yuyou 35	三系杂交中籼稻	2006	渝审稻2006006 湘引种201015号		594
渝优528	Yuyou 528	三系杂交中籼稻	2008	渝审稻2008004 滇特（红河）审稻2010013号		595
渝优6号	Yuyou 6	三系杂交中籼稻	2006	渝审稻2006019		596
渝优600	Yuyou 600	三系杂交中籼稻	2006	渝审稻2006002	CNA20070330.7	597
渝优7109	Yuyou 7109	三系杂交中籼稻	2010	国审稻2010009		598
跃进3号	Yuejin 3	常规晚粳稻	1957			538
跃进4号	Yuejin 4	常规晚粳稻	1957			538
早籼优1号	Zaoshanyou 1	三系杂交中籼稻	1986	川审稻9号		525
中9优11	Zhong 9 you 11	三系杂交中籼稻	2008	渝审稻2008006		599
中9优804	Zhong 9 you 804	三系杂交中籼稻	2009	渝审稻2009009		600
中农4号	Zhongnong 4	常规中籼稻	1946			109
中优177	Zhongyou 177	三系杂交中籼稻	2003	国审稻2003050	CNA20050167.4	526
中优31	Zhongyou 31	三系杂交中籼稻	2007	川审稻2007003		527
中优368	Zhongyou 368	三系杂交中籼稻	2005	川审稻2005019 滇特（文山）审稻2011009号		528
中优445	Zhongyou 445	三系杂交中籼稻	2005	川审稻2005017	CNA20050790.7	529
中优448	Zhongyou 448	三系杂交晚籼稻	2003	国审稻2003061		530

（续）

品种名	英文（拼音）名	类　　型	审定（育成）年份	审定编号	品种权号	页码
中优7号	Zhongyou 7	三系杂交中籼稻	2004	国审稻2004014	CNA20050159.3	531
中优85	Zhongyou 85	三系杂交中籼稻	2003	黔审稻2003011号 滇审DS003-2004 国审稻2005012	CNA20040347.8	532
中优936	Zhongyou 936	三系杂交中籼稻	2004	川审稻2004023 陕引稻2007004 滇特（红河）审稻2008004号		533
中优9801	Zhongyou 9801	三系杂交中籼稻	2005	渝审稻2005004 国审稻2006027		601
竹丰优009	Zhufengyou 009	三系杂交中籼稻	2005	川审稻2005006 陕引稻2007005 滇特（普洱）审稻2009019号 滇特（文山）审稻2009005号		534